39,-

Das

ERHABENE

Herausgegeben von
Christine Pries

VCH

Acta humaniora

Der lange Zeit wenig beachtete und zeitweilig sogar gänzlich in Vergessenheit geratene Begriff des Erhabenen erlebt heute unübersehbar eine Renaissance. Er hat das Schöne als ästhetisches Ideal und philosophischen Bezugspunkt verdrängt. Der Sammelband stellt die unterschiedlichen historischen Ausprägungen des Erhabenen in Musik, bildender Kunst, Literatur und Philosophie exemplarisch vor und zeigt die Relevanz des Begriffs in den zeitgenössischen Künsten. Darüber hinaus untersuchen die Autoren kritisch, inwiefern die Kategorie des Erhabenen dem heutigen Denken, gerade in der sogenannten „postmodernen" Zeit, neue Impulse verleihen kann.

Die Diskussion um das Erhabene krankte bisher vielfach an der Unschärfe des Begriffs und der Bezugslosigkeit der einzelnen Stellungnahmen. Der vorliegende Band macht die Thematik erstmals präzise einem breiteren Publikum zugänglich und kann so als Grundlage für die weiterführende Diskussion um das Erhabene jenseits vom feuilletonistischen Schlagwortaustausch gelten.

Das
ERHABENE

Zwischen Grenzerfahrung und Größenwahn

Herausgegeben von
Christine Pries

Mit Beiträgen von
K. Bartels, H. Böhme, S. Bollmann,
N. Bolz, V. Bresemann, M. Imdahl†, J.-F. Lyotard, D. Mathy,
H.-G. Nicklaus, K. Poenicke, Ch. Pries, G. Scobel,
J. Villwock, W. Welsch und C. Zelle

VCH
Acta humaniora

CIP-Titelaufnahme der Deutschen Bibliothek

Das **Erhabene** : zwischen Grenzerfahrung und Grössenwahn /
hrsg. von Christine Pries. Mit Beitr. von K. Bartels ... –
Weinheim : VCH, Acta Humaniora, 1989
ISBN 3-527-17664-0
NE: Pries, Christine [Hrsg.]; Bartels, Klaus [Mitverf.]

Satz: Mitterweger Werksatz GmbH, D-6831 Plankstadt
Druck: Heidelberger Verlagsanstalt und Druckerei GmbH, D-6900 Heidelberg
Bindung: Verlagsbuchbinderei G. Kränkl, D-6148 Heppenheim

Printed in the Federal Republic of Germany

Inhalt

Einleitung

Christine Pries

„Die Frage nach dem Undarstellbaren [...] ist in meinen Augen [...] die einzige, die im kommenden Jahrhundert den Einsatz von Leben und Denken lohnt."
Jean-François Lyotard

Die Renaissance des Erhabenen

»Le sublime est à la mode.« Mit dieser lapidaren Feststellung begann Jean-Luc Nancy 1984 einen Aufsatz über das Erhabene bei Kant[1]. Was schon damals in Frankreich offensichtlich war, scheint inzwischen auch auf deutsche Verhältnisse zuzutreffen: Das Erhabene ist in Mode. Wie noch vor kurzem ein anderer Import aus dem welschen Nachbarland, die „Postmoderne", spukt jetzt das Erhabene durch die germanischen Köpfe und den teutonischen Blätterwald, und wieder scheinen dieselben (französischen) Denker dafür verantwortlich zu sein.

Die Renaissance des Erhabenen ist um so erstaunlicher, als dieser Begriff, der in der deutschen Philosophie auf eine lange Tradition zurückblicken kann, im Laufe des 20. Jahrhunderts so sehr in Vergessenheit geraten ist, daß heute kaum noch jemand weiß, was er eigentlich bedeutet. Im Gegensatz zur französischen Umgangssprache, in der sich *sublime* als Bezeichnung für etwas Großartiges erhalten hat, war das „Erhabene" in Deutschland aus dem alltäglichen Sprachgebrauch verschwunden. „Das Erhabene" klingt altertümlich; Inhalte werden damit kaum noch verbunden. Gerade dadurch konnte es aber – ähnlich wie „Postmoderne" – zum Passepartoutbegriff im intellektuellen Smalltalk avancieren. Im Feuilleton ist das längst unübersehbar: kaum noch ein Artikel in aestheticis, in dem nicht vom Erhabenen die Rede wäre. Dabei dient der Terminus nur selten als spezifische ästhetische Kategorie, sondern wird zumeist als generelles Schmuckwort verwendet, ob nun im ZDF von der „erhabenen Linie Marcel Duchamps" oder in der FAZ von der „sublimen Form der Unterhaltung" bei Picabia gesprochen wird. Diese Tendenz setzt sich bis in den Alltagsjournalis-

1) „L'offrande sublime", erstmals in: *Poesie* 30 (1984), S. 76–103. Wiederabdruck in dem kürzlich erschienenen Sammelband: *Du Sublime.* Hrsg. von Jean-Luc Nancy und Michel Deguy, Paris 1988, S. 37–75, dem auch der im vorliegenden Band abgedruckte Beitrag von Jean-François Lyotard entnommen ist.

mus hinein fort. In der Freude über das olympische Dressur-Gold preist ein Sportkommentator „den erhabenen Gang" des siegreichen Pferdes, und die Boulevardpresse stellt fest, daß Beckenbauers ehemalige Freundin beim Abschiedstreffen „erhaben" ihrem Sportcoupé entstieg.

Ein bloßes Modewort also, dem man weiter keine Beachtung zu schenken braucht? Keineswegs, denn auch diese Mode hat tiefere Gründe. Die journalistischen Ausuferungen sind Reflexe sehr ernstzunehmender neuerer Auseinandersetzungen mit dem Erhabenen. Seitdem Jean-François Lyotard, hierzulande vor allem als einer der Hauptverfechter der „Postmoderne" bekannt, das Erhabene ins Zentrum seines Interesses gerückt und – unter ausdrücklichem Rückbezug auf Kant – mit den Avantgardebewegungen der modernen Kunst in Verbindung gebracht hat, ist der Begriff plötzlich in aller Munde[2]. Es scheint, als habe das Thema schon lange in der Luft gelegen und unerwartet den Nerv unseres Wirklichkeitsverständnisses jenseits bloßer Zeitgeist-Attitüden getroffen. Anders ist die Vehemenz der Reaktionen kaum zu erklären. Das Erhabene ist allgegenwärtig. Die großen Theoretiker des Erhabenen werden wieder gelesen, und man versucht, neue Perspektiven aus ihren Theorien abzuleiten. Es wird Lyotard widersprochen, zugestimmt, es wird auf Widersprüche in seinen Ausführungen hingewiesen oder auf neue Anschlüsse hinausgedacht. Eine Flut von wissenschaftlichen Publikationen steht uns bevor, denn es gibt kaum noch eine Universität, die nicht mindestens ein Seminar zum Erhabenen anbietet, und das in den unterschiedlichsten Disziplinen. Nach Kunstgeschichte, Literaturwissenschaft und Philosophie nehmen sich nun vermehrt auch Theologie, Psychologie sowie Politik- und Gesellschaftswissenschaften des Erhabenen an. Und das nicht nur in der westlichen Hemisphäre: So forderte kürzlich der sowjetische Historiker Afanassjew im Rahmen der ‚Perestroika' eine Entmythologisierung Lenins mit der Begründung, „Lenin würde noch viel erhabener vor uns stehen, wenn er als Mensch gezeigt würde, der suchte und nicht immer die Antwort auf entstehende Fragen fand"[3]. Nachdem Lyotard dem Kapitalismus erhabene Züge attestiert hat, dürfte der Terminus wohl bald in den Wirtschaftswissenschaften Einzug halten, und selbst in den Naturwissenschaften scheint eine Erörterung des Erhabenen angesichts der neuesten Forschungen über das Chaos angebracht zu sein. Woran diese Relevanz des Erhabenen in nahezu allen Lebensbereichen heute im einzelnen liegen mag, ist ein Problem, dessen Lösung noch nicht abzusehen ist. Im Moment sind wir mit seinem plötzlichen, aber um so heftigeren Wiederauftauchen konfrontiert. Das Phänomen ist nicht mehr zu leugnen. Bleibt die Frage, was das Erhabene eigentlich ist.

2) Übrigens wird der Begriff des Erhabenen in den USA schon seit längerem unter ganz unterschiedlichen Gesichtspunkten diskutiert.

3) Zitiert nach *Neue Zürcher Zeitung*, 29.7.88.

Die Crux mit dem Erhabenen

Die Antwort auf diese Frage fällt schwerer als erwartet, weil der Begriff des Erhabenen sich durch die Vielzahl seiner unterschiedlichen und sogar gegensätzlichen Ausprägungen und Konnotationen einer exakten Bestimmung geradezu zu entziehen scheint. Unter dem Erhabenen wurde im Laufe der Zeit dann auch ganz Verschiedenes verstanden.

Es begann seine Karriere als rhetorische Kategorie (bei ‚Longinos'), konnte aber bereits hier seine von Platon und Aristoteles herrührende Verwandtschaft sowohl mit dem Enthusiasmus als auch mit Pathos und Katharsis kaum verhehlen, ohne jedoch darauf reduzierbar zu sein. Dadurch überschritt das Erhabene einerseits die Grenzen der Rhetorik (im engeren Sinne) in Richtung Ästhetik und erlangte andererseits – spätestens seit den Stoikern – moralische Bedeutung. Zudem besaß es immer schon eine theologische Komponente. Die Rede vom ‚erhabenen Gott' spielte in der Antike eine zentrale Rolle und setzte sich über die christliche Mystik des Mittelalters bis in die Neuzeit fort. Das jüdische Bilderverbot ist hier ebenfalls zu nennen. Das Erhabene war so etwas wie das Unsichtbare, das Unnennbare, das Undarstellbare oder „das Ungedachte, das zu denken bleibt"[4].

Die Kategorie des Erhabenen wurde aber nicht nur auf Gott, sondern auch auf Menschen und des weiteren rezeptionsästhetisch auf Naturgegenstände sowie deren Form bzw. Unform oder produktionsästhetisch auf Darstellungen in der Kunst sowie deren Inhalt angewandt, wobei es sowohl als anzustrebendes und im Prinzip erlernbares Stilideal gelten als auch – so in der Genieästhetik – als ‚Naturgabe' angesehen werden konnte. Einmal wurde das Erhabene mit der höchsten Vollkommenheit in Verbindung gebracht, ein andermal mit Chaos und Roheit. Es stand für Kultur und das Absolute und galt doch häufig als „Ueberspannung und Unsinn" (Schiller), wurde als irrational, ja wahnsinnig und daher mangelhaft qualifiziert. Für die einen bezeugte es größte Bewunderung, höchste Leidenschaft, sogar Ekstase, für die anderen Affektlosigkeit, Zynismus und Schadenfreude. Das Erhabene war nacheinander Steigerung (Dubos), Gegenpol (Kant) und Vorstufe (Hegel) der anderen ästhetischen Kategorie nämlich des Schönen, oder wurde – wie in der Romantik – gar nicht davon unterschieden.

‚Intern' erfreute es sich hingegen vieler Differenzierungsversuche: neben Kants „Mathematisch-" und „Dynamisch-Erhabenes" trat ein „Kontemplativ-" und ein „Pathetisch-Erhabenes" (in Schillers Tragödientheorie), ein Erhabenes

4) Jean-François Lyotard, „Das Erhabene und die Avantgarde", in: *Merkur* 2 (1984), S. 151–164, hier S. 162; rep. in: *Verabschiedung der (Post-)Moderne?*. Hrsg. von Jacques Le Rider und Gérard Raulet, Tübingen 1987, S. 251–269, hier S. 265.

der Substanz, der Gesinnung oder ein Prächtig- und ein Würdevoll-Erhabenes (bei Volkelt). Vielfach wurde das Erhabene auch in die Nähe von Witz und Komik im allgemeinen gerückt. Vom „bathos" der englischen Tradition ist es über Jean Pauls Bestimmung des Humors als „umgekehrtes Erhabenes" nicht mehr weit zu dem Napoleon zugeschriebenen Ausspruch *Du sublime au ridicule, il n'y a qu'un pas.* Auf der Rückseite des Erhabenen wartet immer schon das Lächerliche – oder Melancholie, wenn nicht gar Schrecken. Ob in Dennis' „delightful horrour", in Mendelssohns „süßem Schauer" oder in Hitchcocks „suspense": vom Erhabenen geht eine Ästhetik des Schreckens aus, die uns, positiv und geschichtsphilosophisch gewendet (und durchaus politisch gedacht), in Kants „Enthusiasmus" und Benjamins „Chock" wiederbegegnet. Während dieser „Chock" sich nur flüchtig einstellt, galt das Erhabene Schopenhauer als „das ewige Weltauge".

Auch mit den traditionell-hierarchischen Stufenleitern wird man des Erhabenen nicht Herr. Einmal zeigt es sich empirisch-sensualistisch in der Nähe von Sinnlichkeit, Endlichkeit und Menschlichkeit, ein andermal tritt es als Geistiges, als im buchstäblichen Sinne Sublimes oder ‚Sublimiertes' auf und wird als Unendliches und Übermenschliches gepriesen oder als Unmenschliches gefürchtet.

Diese Aufzählung, die sich beliebig fortsetzen ließe, mag genügen, um aufzuzeigen, wie divergent die einzelnen Ausprägungen des Erhabenen sind[5]. Ebenso unterschiedlich sind auch seine Interpretationsmöglichkeiten.

Das machte sich schon in der berühmten *Querelle des Anciens et des Modernes* bemerkbar, in der *beide Parteien* ‚Longinos' Theorie des Erhabenen für sich in Anspruch nahmen. Ähnliches setzt sich bis in die Gegenwart fort. Während die einen vor der Selbsterhebung des Menschen warnen, die sie im Erhabenen vorgezeichnet sehen, glauben die anderen im Erhabenen die größte Möglichkeit der Selbstbescheidung zu erkennen. Dort kritisiert man das Erhabene als Agenten der Theodizee und wittert in seiner Renaissance eine Gefahr; hier meint man ganz im Gegenteil, es sei das raffinierte Gefühl, das noch solcher Kritik zugrunde liege, und stelle daher eine Chance dar. Schon Aristophanes denunzierte das Erhabene als Bombast, Kant hingegen betonte seine Schlichtheit. Manche sehen im Erhabenen den Inbegriff des Feudalismus, der in der antiken Heroik wurzelt, und in der heutigen Renaissance des Erhabenen Anzeichen einer

5) Zur weiteren Information sei hier auf die einschlägigen Begriffsgeschichten verwiesen: vgl. z.B. den Artikel über das Erhabene in: *Historisches Wörterbuch der Philosophie*. Hrsg. von Joachim Ritter, Bd. 2, Sp. 624ff.; insbesondere für das 18. Jahrhundert vgl. Christian Begemann, „Erhabene Natur. Zur Übertragung des Begriffs des Erhabenen auf Gegenstände der äußeren Natur in den deutschen Kunsttheorien des 18. Jahrhunderts", in: *Deutsche Vierteljahrsschrift für Literaturwissenschaft und Geistesgeschichte* Bd. LVIII (1984), Heft 1, S. 74–110.

Refeudalisierung, andere meinen, das Erhabene sei konstitutiv mit dem Bürgertum verbunden. Einer Auffassung zufolge ist für das Erhabene die Antike charakteristisch, nach einer anderen die Neuzeit oder die moderne Avantgarde, wenn nicht gar eine postmoderne Remythologisierung. Das Erstaunliche ist: in gewisser Weise haben alle diese Interpreten recht. Denn es ist jeweils von durchaus verschiedenen Versionen des Erhabenen die Rede.

Die zeitgenössische Diskussion um das Erhabene wird durch diese zweitausendjährige Tradition nicht gerade erleichtert. Denn all die diversen Konnotationen des Erhabenen sind in ‚unserem' Begriff mehr oder weniger präsent. Hinzu kommt, daß die einzelnen Aspekte des Erhabenen nicht gänzlich getrennt voneinander betrachtet werden können. Sie weisen vielmehr Verbindungen und Überschneidungen auf, wenn auch nur partiale. Es wäre eine übergroße Vereinfachung, wenn man, wie das verschiedentlich versucht worden ist, von zwei im großen und ganzen linear verlaufenden Traditionslinien des Erhabenen spräche, etwa von einer rhetorisch-poetisch-künstlerischen (‚Longinos', klassische Poetik, Boileau, deutsche Frühaufklärung) auf der einen und einer ästhetisch-sensualistisch-‚natürlichen' (‚die Engländer', Kant usw.) auf der anderen Seite. Die wechselseitigen Einflüsse und Absetzungen sind weitaus komplizierter. Die unterschiedlichen Konnotationen des Erhabenen nehmen zu unterschiedlichen Zeiten unterschiedliche Gewichtungen an, so daß ganz unterschiedliche Phänomene als erhaben bezeichnet werden und man resignierend fragen möchte, ob es ‚das Erhabene' überhaupt gibt.

Sogar bei ein und demselben Autor läßt sich im Hinblick auf das Erhabene eine deutliche Unsicherheit sowohl bei der genauen Begriffsbestimmung als auch bei den Zuordnungen feststellen, was erhaben sei. Ein eklatantes Beispiel dafür ist Kant, zweifellos einer der gewichtigsten Autoren zum Thema. Selbst wenn man einmal von den eher anthropologisch orientierten und zu unendlichen Aufzählungen, Klassifizierungen und Unterklassifizierungen neigenden vorkritischen „Beobachtungen zum Gefühl des Schönen und Erhabenen" (1764) absieht, die heute eher komisch wirken[6)], fällt auf, daß auch der kritische Kant der *Kritik der Urteilskraft* noch gänzlich verschiedene, ja gegensätzliche Dinge als ‚erhaben' bezeichnet, wie einerseits die Affekte „von der wackeren Art" und andererseits die Affektlosigkeit[7)] oder die „Beziehung auf Gesellschaft" und zugleich die „Absonderung von der Gesellschaft" (*KUK*, 123). Entsprechend divergieren die Auffassungen der Interpreten: die einen sehen im Kantischen Erhabenen das Zerbrechen des neuzeitlichen Subjekts, die anderen dessen endgültige Zementie-

6) die ich jedoch nicht minder zur Lektüre empfehlen möchte: *Akademie-Ausgabe,* Bd. II, Berlin 1968, S. 205–256.

7) Vgl. Immanuel Kant, *Kritik der Urteilskraft,* Hamburg ^{5}1974, S. 124 (im folgenden: *KUK* mit Seitenangabe der Meiner-Ausgabe).

rung – und wiederum muß man sagen, daß es für beide Auffassungen gute Gründe gibt. Woran liegt das?

Das Erhabene als Paradox

Das Erhabene ist, wie wir gesehen haben, nicht nur in seinen historischen Ausprägungen sehr variantenreich, sondern auch *in sich* äußerst widersprüchlich. Diese Widersprüchlichkeit macht sein Charakteristikum aus. Wenn man ein gemeinsames Merkmal der diversen Konzeptionen des Erhabenen benennen will, so ist es in dem Umstand zu sehen, daß sie alle mit extremen Doppelungen arbeiten. Das Erhabene wird jeweils durch Gegensatzpaare beschrieben, in deren Spannungsfeld es sich konstituiert. Das macht eine Theorie des Erhabenen greifbarer, aber nicht einfacher. Sie müßte eine Theorie des *Paradoxes* sein.

Das Paradox entsteht, weil mit dem Erhabenen in all seinen Ausprägungen etwas Unmögliches versucht wird, nämlich die Benennung von etwas Unnennbarem, kantisch gesprochen: die Darstellung von etwas Undarstellbarem (der Idee). Wenn das Erhabene selbst immer schon etwas Unnennbares zu bezeichnen sucht und mehr oder weniger daran scheitert bzw. wenn dieses Unnennbare sich nur in einem *Gefühl* äußert, dann erscheint es kaum aussichtsreich, dies in einer Theorie des Erhabenen auf den Begriff bringen zu wollen. Die Theorie des Erhabenen müßte gewissermaßen selbst erhaben sein. Genau diesen Eindruck gewinnt, wer die unterschiedlichen Versuche einer solchen Theorie und Begriffsbestimmung des Erhabenen Revue passieren läßt.

Schon in der ersten uns bekannten theoretischen Abhandlung über das Erhabene, *peri hypsos,* die aller Wahrscheinlichkeit nach im ersten nachchristlichen Jahrhundert entstanden ist und lange Zeit fälschlicherweise Longinos zugeschrieben wurde, fällt auf, welche Mühe der Autor hat, das Erhabene eindeutig innerhalb der Grenzen der Rhetorik einzuordnen. Er steht vor der Frage, ob der ‚erhabene Stil' überhaupt lehrbar oder vielmehr eine angeborene Fähigkeit sei, und muß diese Frage letztlich offenlassen. Interessanterweise sind es dabei weniger die vielfältigen inhaltlichen Bestimmungsversuche des Autors, die uns dem Erhabenen näherbringen, als sein eigener ‚erhabener Stil'[8]. Die Theorie des Erhabenen beugt sich – gleichsam selbstreferentiell – ihrem Gegenstand.

Diese Unentschiedenheit des ‚Longinos', bzw. das Changieren des Erhabenen nach zwei Seiten – weitergehend formuliert: seine Ortlosigkeit, sein Verharren *auf* einer Grenze –, ist in der Folge erhalten geblieben. Sie gilt sogar noch bei Kant, dem ‚Grenzenzieher' par excellence.

8) Vgl. dazu z.B. Reinhard Brandt in seiner Einleitung zu der von ihm herausgegebenen Ausgabe von Pseudo-Longinos, *Vom Erhabenen,* Darmstadt 1966, S. 13.

Kants „Analytik des Erhabenen"

Kant bietet sich als Beispiel dessen, was mit dem Erhabenen auf dem Spiel steht, in besonderer Weise an. Denn er nimmt innerhalb der Tradition gleichsam eine ‚Schaltstellenfunktion' zwischen den älteren Theorien und den neueren Reflexionen ein. Er hat das Gefühl des Erhabenen in genauer Kenntnis der vorausgegangenen Bestimmungen so grundlegend wie kein anderer analysiert und in sein kritisches System integriert. Damit machte er das Erhabene, das vor ihm entweder sehr viel unsystematischer und empirischer oder sehr viel ‚metaphysischer', in jedem Fall aber literatur- und kunstbezogener diskutiert worden war, für die Philosophie ‚salonfähig' und leitete eine neue Epoche in der Betrachtung des Erhabenen ein.

Kant schrieb seine „Analytik des Erhabenen" am Ende eines Jahrhunderts, in dem sich (ähnlich wie gegenwärtig wieder) die Beschäftigung mit dem Erhabenen geradezu explosionsartig ausgebreitet hatte. Er konnte besonders viele der hierbei entwickelten Gesichtspunkte in seine Analyse des Erhabenen aufnehmen[9], weil er sich zwar vornehmlich auf die empirisch-sensualistischen Untersuchungen der englischen Tradition stützte, die Metaphysik dabei jedoch nicht aus den Augen verlor. Da er die einzelnen Aspekte nicht vermengte, sondern sie in analytischer Distinktion beließ, ist er für unsere Fragestellung besonders interessant. Kants „Analytik des Erhabenen" setzte Maßstäbe, an denen sich jeder seiner Nachfolger messen und messen lassen mußte (und muß) – dies freilich sowohl im positiven als auch im negativen Sinne: das Erhabene wurde, wie Adorno es formuliert hat, nach Kant nicht nur zum „geschichtlichen Konstituens von Kunst selber"[10] – und verschwand dabei aus dem Vordergrund der philosophischen Diskussion –, sondern erfuhr auch vehementen Widerspruch. Das läßt sich auf gegenwärtige Verhältnisse übertragen. Kant ist auch in der heute neuentbrannten Debatte um Wert und Unwert des Erhabenen Hauptgewährsmann und Hauptgegner. Seine Analyse des Erhabenen ist präzise und gehaltvoll genug, um anhand ihrer erstens zeigen zu können, was das Charakteristische des Erhabenen auch über Kant hinaus ausmacht, und um zweitens plausibel zu machen, was das Erhabene gerade heute so interessant, aber auch umstritten macht.

Systematisch abgehandelt wird das Erhabene bei Kant in der *Kritik der Urteilskraft,* und zwar in dem Teil, der gemeinhin als Kants Ästhetik angesehen

9) Sogar Kants Beschränkung auf die Rezeptionsseite des Erhabenen und seine Beschränkung auf das Natur-Erhabene – und damit die Vernachlässigung der künstlerischen Tradition des Erhabenen (von Longinus über Boileau zu Lessing und Mendelssohn) – ist nur vordergründig. Es ließe sich ohne weiteres zeigen, daß sich die Kantische Konzeption des Erhabenen auch auf die Kunst anwenden läßt.

10) Theodor W. Adorno, *Ästhetische Theorie,* Frankfurt/M. 1973, S. 293.

wird. Insofern scheint es nur einen recht begrenzten Bereich der Wirklichkeit zu betreffen. Doch in Kants ‚Ästhetik' geht es bekanntlich um mehr als das, was heute gemeinhin unter Ästhetik im Sinne einer Theorie der (schönen) Kunst verstanden wird. Thema ist dort vielmehr die „Zweckmäßigkeit" zweier subjektiver Gefühle, nämlich des Schönen einerseits und des Erhabenen andererseits. Der *Kritik der Urteilskraft* kommt die Aufgabe zu, über diese „Zweckmäßigkeit" die *Kritik der reinen Vernunft* und die *Kritik der praktischen Vernunft*, mit anderen Worten: Verstand und Vernunft, Endlichkeit und Unendlichkeit zu verbinden. Erst dieser „Übergang" vervollständigt das kritische Programm, das die Grundlage für „eine jede künftige Metaphysik" schaffen soll.

Wie und ob der *Kritik der Urteilskraft* dieser Übergang gelungen ist, darüber wird gestritten. Sie ist kein homogenes Buch, das nur eine Lesart zuläßt. Manche meinen, Kant habe die systematische Aufgabe, die er in der Einleitung formulierte, im Laufe des Buches aus den Augen verloren. Andere halten den gesuchten „Übergang" bereits durch das Schöne für gewährleistet. Dritte weisen darauf hin, daß der Übergang nicht, wie von Kant angekündigt, in der Ästhetik, sondern erst im zweiten Teil des Buches, in der „Kritik der teleologischen Urteilskraft", erfolge. Kaum einer schenkt dabei der „Analytik des Erhabenen" Beachtung – anscheinend mit Recht, hat Kant diese doch selbst als bloßen „Anhang" abqualifiziert (*KUK*, 90).

Wenn man jedoch von der „Architektonik" der Kantischen Vermögen und dem in der Einleitung der *Kritik der Urteilskraft* angekündigten „Übergang" ausgeht, so ergibt sich folgendes Bild: Verstand und Vernunft sollen durch das sinnliche Vermögen der Einbildungskraft vermittelt werden, alle drei vermögen ein einheitliches Subjekt konstituieren. Im Gefühl des Schönen werden aber nur *Einbildungskraft und Verstand* in ein zweckmäßiges Verhältnis zueinander gesetzt. Das Gefühl des Erhabenen hingegen resultiert aus dem Verhältnis von *Einbildungskraft und Vernunft.* So gesehen, kommt dem Erhabenen eine tragende Rolle bei der Etablierung des gesuchten „Übergangs" zu. Doch das ‚erhabene' Verhältnis von Einbildungskraft und Vernunft gestaltet sich so problematisch, daß es Kants ganzes ‚Projekt' zu gefährden droht. Warum?

Im Gegensatz zum Schönen, bei dem sich aus dem freien Spiel von Einbildungskraft und Verstand spontan ein subjektives, aber gleichwohl allgemeines Wohlgefallen ergibt, ist das Erhabene ein zweiphasiges, ein „gemischtes Gefühl" (wie Schiller sagen wird[11)]). Es setzt sich aus zwei Gefühlsmomenten zusammen, die nicht gegensätzlicher sein könnten, nämlich aus Unlust und Lust.

Erste Phase: Bei der Begegnung mit bestimmten Naturphänomenen – nämlich solchen, die über alle Maßen groß oder über alle Maßen mächtig zu sein

11) Friedrich Schiller, „Über das Erhabene", in: *Sämtliche Werke in 5 Bänden*, Bd. V, München o.J., S. 218.

scheinen – gelingt es der Einbildungskraft als sinnlichem und endlichem Vermögen nicht mehr, die auf sie einstürmenden Eindrücke zu verarbeiten. Sie ist z.B. nicht mehr imstande, einen über alle Maßen großen Gegenstand in eine zweckmäßige Form zu synthetisieren, ihn in Raum und Zeit darzustellen, wie das noch beim Schönen der Fall war. Die Einbildungskraft scheitert, der Übergang mißlingt; die Natur scheint zweckwidrig zu sein. Daraus ergibt sich Unlust.

Zweite Phase: Zu dieser Unlust gesellt sich trotzdem Lust, denn in der weiteren Reflexion kommt dem betreffenden ‚Subjekt' der Gedanke, daß selbst die so übergroße und übermächtige Natur, gemessen am unendlichen Ideenvermögen (der Vernunft), nur verschwindend klein ist und ihre Macht zwar der endlichen, sinnlichen Seite des Menschen, nicht aber diesem seinem intelligiblen Vermögen etwas anhaben kann, daß es sich also als Vernunftwesen in Sicherheit befindet und der Natur überlegen ist. Die Tatsache, daß überhaupt Lust entsteht, beweist für Kant das Vorhandensein von Ideen und deren Vermögen, der Vernunft. Daher ist für das Erhabene weitaus mehr „Kultur" vonnöten als für das Schöne (vgl. *KUK*, 112). Auf der Ebene der Vermögen formuliert: Die Vernunft greift der scheiternden Einbildungskraft gleichsam hilfreich unter die Arme, so daß sich in der Zweckwidrigkeit der Natur eine höhere Zweckmäßigkeit zu erkennen gibt, nämlich die Zweckmäßigkeit dieses Gefühls im Subjekt. Diese beweist die Existenz und Größe der Vernunft. Es kommt zu einer „negativ[en]" Darstellung (*KUK*, 123) des Unendlichen – der Idee.

Natürlich lassen sich diese beiden Phasen im Gefühl des Erhabenen nicht ganz so eindeutig voneinander trennen, wie es hier vorgeführt wurde. Kant selbst spricht von einem „schnellwechselnden Abstoßen und Anziehen" (*KUK*, 103). Das grundlegende sinnliche und das übersinnlich-moralische Vermögen befinden sich im „Widerstreit" (*KUK*, 88). Man könnte auch von einer – im Kantischen Sinne – dialektischen Struktur des Erhabenen sprechen. Die Lust entsteht „vermittelst" der Unlust (*KUK*, 105). Das Scheitern der Einbildungskraft ist Voraussetzung dafür, daß die Idee in Erscheinung treten kann.

Der „Übergang" der Idee in die Empirie, anders gesagt: die Vereinheitlichung des Subjekts wird jedoch ihrerseits schon von der Vernunft provoziert und nur durch deren Gewalt gegenüber der Einbildungskraft erreicht. Denn so selbstlos, wie es scheint, ist die Vernunft bei ihrer Hilfeleistung nicht. Sie ist es, die von vornherein die Einbildungskraft zwingt, die betreffenden Gegenstände zusammenzufassen. Die Einbildungskraft handelt als „Werkzeug der Vernunft" (*KUK*, 116). Die Unlust entsteht also bereits nur aufgrund einer Forderung der Vernunft, die gleichsam im Verborgenen darauf lauerte, sich bemerkbar zu machen, ihre Überlegenheit über das sinnliche Vermögen zu demonstrieren. Die Einbildungskraft als sinnliche Seite im Subjekt und ihr objektives Pendant, die Natur, werden dabei in gleichem Maße überrollt. Denn nicht die Natur, sondern das betrachtende Subjekt ist erhaben (vgl. *KUK*, 102). Auf diese Weise kann sich die Vernunft im wahrsten Sinne des Wortes über die Natur ‚erheben'.

Daraus kann man nun schließen, daß die Sinnlichkeit kasteit werden muß, um zur Moralität zu gelangen. Daraus könnte man des weiteren schließen, daß im Kantischen Erhabenen subjektiv die letzten unbewältigten Bastionen der Natur analog zur neuzeitlichen objektiven Naturbeherrschung durch die instrumentelle Vernunft ‚domestiziert' werden[12]. Doch dann hätte man den „Widerstreit" der Vermögen nicht ernst genug genommen. Immerhin gelangt die Vernunft nicht ‚allein' zum Erhabenen, sondern benötigt dafür die Einbildungskraft. Das Erhabene ist kein reines Vernunftsgefühl, wie Kant ausdrücklich betont, sondern findet, „ohne zu vernünfteln", „rein in der Anschauung" statt (*KUK*, 88). Es ist eine „negative Lust" (*KUK*, 88), die Niederlage bleibt im Triumph präsent. Die Negativität der Darstellung des Unendlichen verhindert die Raserei „mit Vernunft" (*KUK*, 123). Auf der anderen Seite folgt aus dem Erhabenen jedoch auch keine „ungemilderte Negativität", wie noch Adorno (im Banne der deutschen Romantik bzw. der modernen Melancholie) behaupten wird[13], weil es mit Lust vermischt ist und neue Horizonte eröffnet.

Fassen wir zusammen: Dem Erhabenen, bei dem *das* sinnliche und *das* übersinnliche Vermögen unmittelbar aufeinandertreffen, kommt eine zentrale Position innerhalb der für das Gelingen des Kantischen Projekts entscheidenden Übergangsproblematik zu. Doch seine Ambivalenz, die seine ganze systematische Funktion durchzieht, ist nicht zu beseitigen. Auf der einen Seite gehört zum Gefühl des Erhabenen die Ohnmacht und Infragestellung des Subjekts angesichts der übermächtigen Natur, des einstürmenden ‚Zuviel'. Das Subjekt kann mit den (Un-)Formen, die ihm begegnen, nichts mehr anfangen, kann nicht mehr auf die „Zweckmäßigkeit" der Natur vertrauen, von der die Einheit der Welt (und des Subjekts) sowie die Möglichkeit einer aus den schönen Formen der Natur noch ableitbaren Metaphysik abhängen. *Gleichzeitig* zeigt das Erhabene aber, wie aus den zwei Welten der Kritik doch noch eine einheitliche Metaphysik, wie also der Vielheit eine Einheit abgerungen werden kann – sei es auch um den Preis der gewalttätigen Unterwerfung nicht nur der äußeren, sondern auch der inneren Natur unter die Vernunftsidee[14].

Entsprechend ambivalent fällt Kants Beurteilung des Erhabenen aus. So bezeichnet er den Enthusiasmus, eine Spielart des Erhabenen, in der *Kritik der Urteilskraft* als „Wahnsinn" (123), fügt jedoch fast entschuldigend und diese

12) Vgl. z.B. Christian Begemann, *Furcht und Angst im Prozeß der Aufklärung. Zu Literatur und Bewußtseinsgeschichte des 18. Jahrunderts,* Frankfurt/M. 1987.

13) A.a.O., S. 296.

14) Vgl. *KUK*, 107f., 110. Insofern ist die „Dialektik der Aufklärung" im Kantischen Erhabenen bereits angelegt.

Verurteilung wieder einschränkend hinzu, der Enthusiasmus sei ein „vorübergehender Zufall, der den gesundesten Verstand bisweilen wohl betrifft" (*ebd.*). In den geschichtsphilosophischen Schriften – die häufig als der dritte Teil der *Kritik der Urteilskraft* angesehen werden – scheint der Enthusiasmus vollends rehabilitiert zu werden. Er ist ein Zeichen dafür, daß die Menschheit sich im „Fortschreiten zum Besseren" befindet: der Enthusiasmus, den die Zuschauer der Französischen Revolution empfinden, bezeugt „eine moralische Anlage im Menschengeschlecht"[15].

Wenn man bedenkt, daß auch diese positive Äußerung Kants zum erhabenen Gefühl des Enthusiasmus dessen dubiose Seiten keineswegs unterschlägt – denn es ist ein „Affekt", der „als ein solcher Tadel verdient" (*ebd.*, 84f.) –, so wird deutlich, daß das Erhabene für Kant insgesamt und unaufhebbar ein *in sich* widersprüchliches Gefühl ist. Der „Kontrast" der beteiligten Gemütskräfte (*KUK*, 103) ist konstitutiv für das Erhabene. Es setzt sich aus zwei Extremen zusammen, die sich nicht vereinbaren, nicht in einer höheren Synthese ‚aufheben' lassen. Das Subjekt bleibt gespalten. Das Erhabene ist gerade nicht das ‚Aufgehobene'. Es ist ein *Paradox*.

Chancen und Gefahren der Ambivalenz des Erhabenen

Da sich ein Paradox begrifflich nicht oder allenfalls sehr unvollkommen fassen läßt, muß der Versuch einer exakten Begriffsbestimmung von vornherein scheitern. Man kann über das Erhabene nichts aussagen, ohne gleichzeitig das Gegenteil behaupten zu müssen. Im Gefühl des Erhabenen fallen nicht nur Unlust und Lust zusammen, sondern es enthält in all seinen anderen, nicht minder paradoxen Versionen über Kant und scheinbar harmlose ästhetische Fragestellungen hinaus nahezu sämtliche Ausprägungen der abendländischen Dichotomie: Irrationalität und Rationalität, Passivität und Aktivität, Empirizität und Transzendentalität, Negation und Affirmation, Loslösung und Anbindung, Natur und Kultur, *physis* und *techne,* Krise und Größenwahn, Kritik und Metaphysik, Abgrund und Übergang, Chaos und Ordnung, Revolution und Restauration – auch diese Reihe ließe sich beliebig fortsetzen.

Beide Extreme sind für das Gefühl konstitutiv. Man kann sich nicht für eines der beiden entscheiden, denn das Erhabene aktiviert weder das *eine* noch das *andere,* sondern *beide zugleich*. Es markiert die *Grenze* zwischen den Extremen.

15) Immanuel Kant, *Streit der Fakultäten,* Zweiter Abschnitt: Der Streit der philosophischen Fakultät mit der juristischen, Hamburg 1975, S. 84.

„Erhaben" bedeutet etymologisch „bis unter die oberste Schwelle"[16]. Es bezeugt das Bewußtsein dieser Grenze. Nicht mehr, aber auch nicht weniger. Das Erhabene *ist* die Grenze. Es berührt beide Extreme, beide Reiche, versperrt den Zugang zum einen, erweitert jedoch den Blick auf das andere. Denn „in allen Grenzen ist auch etwas Positives"[17]. Kantisch formuliert: Das Erhabene liegt gleichzeitig innerhalb und außerhalb der Endlichkeit des kritischen ‚Systems'. Es ist der Übergang von der Kritik zur Metaphysik. Das Erhabene bleibt unentschieden, in der Schwebe, es schwankt. Dieses Schwanken bedingt die grundlegende Ambivalenz des Erhabenen.

Diese grundlegende, um nicht zu sagen ihm *per definitionem anhaftende Ambivalenz* des Erhabenen erklärt, warum die Anwendung dieses Begriffs so unterschiedlich ausfällt, warum es so kontroverse Ansichten darüber gibt, warum Verbindungen, Überschneidungen und wechselseitige Einflüsse zwischen den einzelnen Konzeptionen sich ändern und ihre Gewichte sich ständig verschieben. Die Vielfalt möglicher Äußerungen über das Erhabene ist also nicht Ausdruck von Beliebigkeit, sondern Folge der paradoxen und ‚unfaßlichen' Struktur des Erhabenen selbst.

Die Ambivalenz des Erhabenen bedeutet eine große Chance, aber auch eine große Gefahr. Das Erhabene ist ein *défi* in der ganzen Doppelbedeutung des Wortes, d.h., es ist *gleichzeitig* Herausforderung und Bedrohung. Die Chance des Erhabenen liegt darin, im *kritischen* Bewußtsein der Grenze neue Denkperspektiven zu erschließen; die Gefahr darin, daß das Erhabene nicht nur eine ‚kritische', fast subversive, sondern auch eine totalitäre Seite hat. Unter dem Deckmantel des Erhabenen können bedenklich reaktionäre Ansichten verborgen liegen.

Deswegen ist es unerläßlich, die unterschiedlichen Aspekte und Implikationen des Erhabenen zu analysieren und seine Komplexität und Ambivalenz in ihren Möglichkeiten und Risiken so deutlich wie möglich vor Augen zu bringen. Dazu soll der vorliegende Sammelband beitragen.

16) Abgeleitet von sub-limen; vgl. Menge/Güthling, *Lat.-Dt./Dt.-Lat. Handschulwörterbuch*, Berlin 1911, 6. Aufl. o.J., S. 723.

17) Immanuel Kant, *Prolegomena zu einer jeden künftigen Metaphysik*, Hamburg ^{5}1976, S. 120.

Zu den Texten

Ohne modische Angleichung möchte der vorliegende Sammelband der Renaissance des Erhabenen Rechnung tragen. Er will die Thematik des Erhabenen einem breiteren Publikum zugänglich machen und die unabhängig voneinander entstandenen neueren Stellungnahmen zueinander in Beziehung setzen. Er soll eine Grundlage für die weiterführende Diskussion schaffen und pointierte Anregungen geben, um der gegenwärtig drohenden beliebigen Verwendung des Begriffs möglichst früh entgegenzuarbeiten.

Nur ein Sammelband mit vielen unterschiedlichen Stellungnahmen kann der Komplexität, ja Widersprüchlichkeit und Vielschichtigkeit des Erhabenen gerecht werden und sich einer Theorie desselben nähern. Man kann auch sagen: *erstmals* nähern. Denn es ist mehr als erstaunlich, wie sehr die Forschung das Erhabene bisher vernachlässigt hat und in welchem Maße selbst die zeitgenössischen Kommentare zu den einschlägigen Ausgaben der ‚klassischen' Theoretiker des Schönen und Erhabenen immer noch das Schöne privilegieren.

Kontroverse Phänomene müssen kontrovers diskutiert werden. Die einzelnen Autoren sind keineswegs einer Meinung über das Erhabene. Die Beiträge stellen in ihrer sowohl inhaltlichen als auch formalen Verschiedenheit (neben genuin wissenschaftlichen Untersuchungen finden sich Essays sowie ein Gespräch) Einzelaspekte des Erhabenen vor und nebeneinander. Dadurch entsteht zum einen ein Netz von Bezügen, das die Gemeinsamkeiten der unterschiedlichen Theorien des Erhabenen deutlich macht, ohne ihre Diversität zu leugnen. Durch diese partialen Verbindungslinien entspinnt sich zwischen den einzelnen Beiträgen der Dialog bzw. Widerstreit, der verhindert, daß ein Sammelband zu einem bloßen Sammelsurium von Texten wird. Zum anderen ergeben sich Hinweise darauf, welche Aspekte des Erhabenen heute relevant und welche inakzeptabel oder nur noch von historischem Interesse sind. Indem die ‚reaktionären' Gefahren nicht ausgeblendet, sondern thematisiert werden, können die ‚revolutionären' Potentiale des Erhabenen um so glaubhafter vorgestellt und eingeklagt werden. Furcht vor Widersprüchlichkeit wäre ein schlechter Ratgeber in Sachen des Erhabenen.

Bei der Auswahl der Beiträge wurde auf eine Mischung geachtet, die einerseits den historischen ‚Meilensteinen' in der Tradition des Erhabenen Rechnung trägt und andererseits Aktuelles, neue Perspektiven, aber auch Kritik und vielleicht sogar scheinbar Abwegiges zum Erhabenen thematisiert. Dabei wurde weniger Wert darauf gelegt, jeden Autor, der sich im Lauf der Zeit mit dem Erhabenen auseinandergesetzt hat, in einer Art akademisch-historischer Abfolge zu berücksichtigen, als darauf, die Widersprüchlichkeit des Erhabenen exemplarisch zu verdeutlichen. Ein Band wie dieser erfordert sicherlich Mut zur Lücke. Den Autoren des 19. Jahrhunderts wurde z.B. deshalb kein eigener Beitrag gewidmet, weil sie sich in ihren Konzeptionen des Erhabenen entweder stark an Kant anlehnen (wie Schopenhauer) oder an die Romantik und Hegel (wie Vischer). Sie bleiben jedoch nicht unerwähnt, denn die einzelnen Abteilungen, die in diesem Sammelband zur besseren Orientierung des Lesers eingerichtet wurden, sind in sich nicht abgeschlossen, sondern sprechen auch andere Themenkreise an.

Es versteht sich von selbst, daß Kants Konzeption des Erhabenen, an der bis auf den heutigen Tag keine Diskussion über das Erhabene vorbeikommt, in diesem Sammelband der herausragende historische Bezugs- und Reibungspunkt ist. Als besonders aktuell erweisen sich dabei interessanterweise diejenigen Seiten an Kant, die in der deutschen Kant-Forschung bisher eher stiefmütterlich behandelt wurden. In Frankreich scheint man das schon vor längerer Zeit bemerkt zu haben. Jean-François Lyotard hat durch seine Wiederaufnahme des Erhabenen gerade unter Rückgriff auf Kant die zeitgenössische Diskussion um das Erhabene entfacht. Kant und Lyotard sind die beiden Fluchtpunkte der in diesem Band versammelten Beiträge.

In einer *ersten Abteilung* werden diejenigen Konzeptionen des Erhabenen präsentiert, die in der Tradition am bedeutendsten waren und denen auch heute noch kanonischer Rang zukommt: ‚Longinos', seine neuzeitliche Rezeption, die Theorie der Engländer sowie Kant und die deutsche Romantik. Die einzelnen Beiträge beschränken sich jedoch nicht notwendigerweise auf die historische Perspektive.

Jörg Villwock widmet sich der Schrift, die man ohne Umschweife als den ‚Urtext' aller Theorien über das Erhabene bezeichnen kann: *peri hypsos*. Entgegen der gängigen Auffassung, wonach sich die Ästhetik von der Rhetorik emanzipiere und das Erhabene bei ‚Longinos' bereits einen entscheidenden Schritt in diese Richtung tue, ist Villwock bestrebt, die Kontinuität von Rhetorik und Ästhetik anhand des Begriffs des Erhabenen nachzuweisen. Zu diesem Zweck propagiert er einen weitgefaßten Rhetorik- und Mimesisbegriff. Villwock zeigt zum einen, inwiefern ‚Longinos'' Konzeption des Erhabenen in die antike Geistlehre eingebunden ist, wodurch sie sich jeder direkten neuzeitlichen Aneignung verweigert. Dabei setzt er die Rhetoriktheorie des ‚Longinos' ins Verhältnis zur antiken Tragödientheorie und weist auf die Verbindungslinien zu Aristoteles auf der einen sowie den Neuplatonikern und der christlichen Mystik auf der anderen Seite hin. Zum anderen deutet sich Villwock zufolge schon bei ‚Longinos' im Erhabenen jenes Paradox von Abhebung und Verbindung an, das auch die neuzeitlichen Theorien des Erhabenen prägen wird. Villwock stellt fest, daß der erhabene Stil bzw. das Erhabene selbst bei ‚Longinos' nichts mit der hohlen Grandiosität zu tun hat, die ihm häufig in den rhetorischen Lehren zugeschrieben wurde. Das Erhabene ist weniger ein anzustrebendes Stilideal als an sich selbst schon Stil. In diesem Zusammenhang ist auch die Frage zu sehen, inwiefern ‚Longinos', anstatt das Erhabene begrifflich zu bestimmen, selbst ‚erhaben' schreibt und inwiefern die Undeutlichkeit des ‚Longinos' bezüglich des Erhabenen in diesem selbst begründet ist, also die Unmöglichkeit ausdrückt, den erhabenen Stil in einer Rhetorik im engeren Sinne zu lehren. Villwock setzt dem einen noologisch angereicherten Rhetorik-Begriff entgegen, der ‚Longinos'' Verfahrensweise zu rechtfertigen und in ihrer Reichhaltigkeit zu würdigen versucht.

Im Text von *Carsten Zelle* geht es um die Wirkung der erst im 16. Jahrhundert wiederaufgefundenen antiken Schrift *peri hypsos* in der ersten Hälfte des 18. Jahrhunderts. Anhand der drei Kunsttheorien von Boileau in Frankreich, Dennis in England sowie Bodmer und Breitinger in der Schweiz, die alle drei im Spannungsfeld zwischen der klassischen Poetik und der sich ausbildenden modernen Ästhetik entstehen, kann Zelle entscheidend zur Klärung des erstaunlichen Phänomens beitragen, warum die moderne Ästhetik von Anfang an gewissermaßen ‚doppelt' war und sich später explizit in eine „Ästhetik des Schönen" und eine „Ästhetik des Erhabenen" aufspaltete. Das Verdienst, ‚Longinos' für die Neuzeit zugänglich gemacht zu haben, kommt Nicolas Boileau zu, der in seinem *Traité du sublime* die Schrift *peri hypsos,* wenn auch erheblich modifiziert, ins Französische übersetzte und damit zur *Querelle des Anciens et des Modernes* beitrug. Allerdings leitete Boileau damit weniger eine Wiederentdeckung des ‚Longinos' als eine Neuentdeckung des Erhabenen ein. Das geschah unter den veränderten Voraussetzungen einer Zeit, in der die Kunsttheorien immer stärker emotionalisiert wurden – ein Vorgang, ohne den die späteren Ästhetiken des 18. Jahrhunderts undenkbar wären. Die begrifflich noch undeutlich fixierte Unterscheidung von Schönem und Erhabenem führte, wie Zelle zeigt, kurz nach Boileau John Dennis in England ein, der die Erfahrung des Erhabenen am eigenen Leibe anläßlich einer Reise durch die Alpen gemacht hatte. Dennis rekurriert ausdrücklich auf den Schrecken und hatte für die Lust daran eine rationale und eine emotionale Erklärung. Diese Dualität, die von der erst teilweisen Ablösung vom rational orientierten Klassizismus herrührt, setzt sich auch in der ‚Longinos'-Aufnahme Bodmers und Breitingers fort, die erstmals im deutschen Sprachraum das Schöne und das Erhabene explizit voneinander scheiden. Bodmer unterscheidet dabei bereits ein mit der „Größe" und ein mit dem „Ungestümen" verbundenes Erhabenes, worin man unschwer Kants „Mathematisch-" und „Dynamisch-Erhabenes" angelegt findet. Bezüglich aller drei Konzeptionen weist Zelle nach, daß die eigentliche Ablösung von der klassischen Regel- und Nachahmungspoetik nicht durch das Schöne – das seine ganze Eigenständigkeit erst später erlangte –, sondern durch die Entdeckung des Erhabenen erfolgt, das zu dieser Zeit – sicherlich auch wegen seiner vielfachen theologischen Konnotationen – einen höheren Stellenwert als das Schöne besaß.

Klaus Poenicke stellt in seinem Beitrag einige Aspekte des Erhabenen aus der angelsächsischen Tradition vor. Er nimmt die zeitgenössische Diskussion über das Erhabene in den USA zum Anlaß, um neues Licht auf ältere Konzeptionen des Erhabenen zu werfen. Dabei schlägt Poenicke sehr kritische Töne an. Er akzentuiert den Umschlag von Angst in Machtphantasien und -demonstrationen, wie er sich im Erhabenen manifestiert und in der faschistischen Politik funktionalisiert wurde. Poenicke sieht diesen Mechanismus bereits in der vorkantischen und voridealistischen Diskussion um das Erhabene in England angelegt. Die durch die entstehende Naturwissenschaft hervorgerufene „Öffnung des Raumes“ wirkte sich auf die englischen Empiristen so aus, daß sie sich einerseits auf diese furchterregende Weite sehr weit einließen, andererseits aber bestrebt waren, sie durch einen festen und sicheren Rahmen wieder zu begrenzen, entweder durch Einschränkung des Erhabenen auf die Kunst (Addison) oder durch Ersetzung der gefährlichen Theorieelemente durch extrem konservative, ja reaktionäre (Burke). Dieses *„framing“* hatte großen Einfluß auf die angelsächsische Literatur, wie Poenicke an den *gothic novels* von Anne Radcliffe, an Melvilles Abhängigkeit von der „Power-Droge“ des Erhabenen und auch an Edgar Allan Poe nachweist, der sich vom Macht-Mechanismus im Erhabenen zwar lösen wollte, aber in diesem Bestreben letztlich nur einen neuen Rahmen konstruierte. Darüber hinaus stellt Poenicke die Frage, inwieweit es sich bei der ‚erhabenen‘ „Power-Droge“ um typische „Männerphantasien“ handelt – ein Topos, der sich von der griechischen Heroik bis hin zu Kants amüsanter Beobachtung über die Schönheit der Frauen und die Erhabenheit der Männer verfolgen läßt.

Jean-François Lyotard hat das Erhabene verschiedentlich sehr eigenwillig im Hinblick auf Avantgarde und Postmoderne thematisiert und damit die zeitgenössische Diskussion um die Relevanz des Erhabenen ins Rollen gebracht. Für diesen Sammelband hat er einen Beitrag anderer Art gewählt, nämlich eine kant-immanente Analyse des Erhabenen, die freilich gleichwohl über Kant hinausgeht. Mit Blick auf die unterschiedlichen „Interessen“ der Kantischen Vermögen unterstreicht er erstens die Absetzung des Erhabenen vom Schönen. Diese grundsätzliche Trennung bewirkt, daß die Metaphysik der schönen Naturformen sowie die Einheit des Subjekts und die Existenz einer ästhetischen Gemeinschaft, wie das Schöne sie verspricht, durch den Interessenkonflikt der Vermögen im Erhabenen radikal in Frage gestellt, „geopfert“ werden. Zweitens arbeitet Lyotard die genuin ästhetische Grundstruktur des Erhabenen heraus, das sonst häufig als bloße Variante eines moralischen Gefühls angesehen wird. Es ist nämlich gerade das dem Erhabenen inhärente „Interesse“ der Vermögen, das es vom reinen, interesselosen moralischen Gefühl der Achtung unterscheidet.

In gewissem Gegensatz dazu steht der Aufsatz von *Hartmut Böhme,* der von einer anderen Auffassung des Kantischen Erhabenen ausgeht. Wie schon in seinem Text über die „Apokalypse“[18], in dem er das Erhabene als „Strategie der Selbstbehauptung“ des Subjekts, mittels deren die Vernunft über die Angst triumphieren kann, und als „Erbe der theologischen Apokalyptiken“ interpretiert hat (*ebd.*, S. 40), erkennt er auch hier im Kantischen Erhabenen das Streben des autonomen Subjekts zum Herrscher über die Natur, wie es für die Aufklärung und das Bürgertum typisch ist. Kants Natur-Erhabenes resultiert aus der Domestizierung der letzten Bastionen unbewältigter Natur, vor der die reale Angst dank der zeitgenössischen naturwissenschaftlichen Erfindungen geschwunden war, so daß sie überhaupt zum Gegenstand von Lustempfindungen werden konnte. Eine Auflösung der Kantischen Ichsetzung sieht Böhme im romantischen „Steinernen“ vorgenommen. Er führt Novalis gegen Kant ins Feld. Das „Menschenfremdeste“, das der Stein verkörpert, wird in der romantischen Poesie nicht als ein Anderes ausgegrenzt, sondern in einer dialektischen Bewegung als Anderes im Eigenen anerkannt. Kants Ausschluß der Kunst von der Erhabenheit wird in der Romantik poetisch, gleichsam ‚praktisch‘ überwunden. In deren erhabenen Zügen findet Böhme die moderne Kunst mit ihrem ganzen Risiko „des erhabenen Wahns der Poesie“ angelegt.

Auch *Dietrich Mathy* geht es um die romantische Überschreitung des Kantischen Erhabenen in Richtung auf die moderne Kunst. Er folgt dabei jedoch nicht wie Böhme den Pfaden der Literatur, sondern hält sich an die theoretischen Schriften der Romantik. Friedrich Schlegels Konzeption des Erhabenen leistet Mathy zufolge den entscheidenden Brückenschlag zwischen Kant und der modernen Kunst. Gegenüber der Kantischen Rezeptionsästhetik entwickelt Schlegel eine historisch orientierte philosophische Ästhetik, in der das Schöne und das Erhabene einander nicht mehr entgegengesetzt werden, sondern der Schönheitsbegriff so erweitert wird, daß das Erhabene in ihm aufgeht. Mathy will damit die systematische Absicht nachweisen, die hinter der von ihm vorgeführten Schwierigkeit steht, Schönes und Erhabenes in der Romantik eindeutig zu trennen. Die romantische Kunst ist dem Erhabenen verpflichtet – der Enthusiasmus ist konstitutiv für Schlegels Poesiekonzeption –, doch fällt dieses „in Latenz“, wie schon Adorno bemerkt hat. Denn die Ineinssetzung von Kunst und Leben, die aus der Integration des Erhabenen ins Schöne folgt, hatte nicht nur großen Einfluß auf die modernen Avantgardebewegungen,

18) in: *Spuren* 22 (Februar 1988), S. 37–40.

sondern führt auch dazu, daß das Erhabene in der Folge nicht mehr als eigenständige ästhetische Kategorie auftaucht. Ähnliche Tendenzen sieht Mathy bei Schelling und Hegel, von denen er Schlegel jedoch abzugrenzen sucht, da jene letztlich nicht der Poesie, sondern der Philosophie und deren Begriffen den höchsten Wert einräumten (weshalb es nicht verwunderlich ist, daß das Erhabene nach seiner ‚Aufhebung' in Hegels System jegliche Bedeutung verlor).

Die *zweite Abteilung* widmet sich drei Autoren, die auf der Schwelle zur heutigen Zeit wichtige Ergänzungen zu den älteren Konzeptionen des Erhabenen geleistet und damit – zumindest implizit – die heutige Diskussion um das Erhabene beeinflußt haben: Nietzsche, Benjamin und Adorno.

Norbert Bolz stellt in seinem Beitrag den theologisch-metaphysischen Aspekt des Erhabenen heraus, den Nietzsche zu überwinden, zu „verwinden" versuchte. Der „Wille zur Macht", der dem so interpretierten Erhabenen eigen ist, wird von Nietzsches Zarathustra ebenso entlarvt wie „der Erhabene", von dem man – in dieser substantivierten Form – angesichts der extrem subjektivistischen Theorien des Erhabenen (z.B. bei Kant) durchaus sprechen kann. Nietzsche empfiehlt die Verlachung des Erhabenen und kehrt die Perspektive um: an die Stelle des erhabenen Gottes tritt der Übermensch; gegen die humanistische Liebe zum Geist wird der Leib gesetzt; die häßlichen Wahrheiten werden vom schönen Schein der fröhlichen Wissenschaft abgelöst. Doch auch Nietzsches Überblendungsversuch des Erhabenen mit dem Lächerlichen einerseits und dem Schönen andererseits entkommt, wie Bolz zeigt, dem Erhabenen nicht. Das Lachen des „gehobenen" Zarathustra bleibt eine bloße Umwertung und Umkehrung des Erhabenen, der schöne Schein verwindet zwar das Erhabene, doch dieses wird seinerseits zur ästhetischen Verwindung der entsetzlichen tragischen Erkenntnis benötigt. Das „Medusenhaupt" der fröhlichen Wissenschaft, der „Wahnsinn Übermensch" ist selbst wieder erhaben.

Bei Benjamin muß man das Erhabene aufspüren. Direkt wird es nur in den frühen Schriften zur Literatur thematisiert. Als weitaus interessanter (und folgenreicher) sind aber seine indirekten Bezugnahmen auf das Erhabene zu betrachten. *Vera Bresemann* behandelt Benjamins Versuch, im „Chock" des „dialektischen Bildes" den Abgrund zwischen den abstrakten philosophischen Begriffen und der Wirklichkeit in ihrer Präsenz zu überspringen. Die Aufgabe der Philosophie, eine eigentlich unerkennbare Wahrheit darzustellen, soll durch eine „Konstellation" von Begriffen im Text erreicht werden, der so zum Material für die Erkenntnis des „historischen Materialisten" wird. Dabei strebt Benjamin keine herkömmliche dialektische Synthese, sondern eine „Nicht-Synthese" an, die die Form des Textes selbst destruiert. Die Wahrheit erscheint in der

Schönheit, die jedoch ebenfalls nicht verfügbar ist, so daß die Wahrheit angesichts des von Benjamin konstatierten Verlusts von Erfahrung und der Entwertung der Welt nur „jenseits der Schönheit“ blitzartig als Ereignis im Text sichtbar wird. Diese Annäherung von Kunst und Philosophie in der Absicht, die Wirklichkeit nicht mehr durch philosophische Begriffe totalitär zu verdecken, führt Bresemann – ihrerseits in einer Art Benjaminscher „Konstellation“ – mit den Überlegungen Lyotards zum Erhabenen zusammen, wobei sie auf die Übereinstimmung mit Adornos „Thesen über die Sprache des Philosophen“ hinweist.

Adorno ist der Beitrag von *Wolfgang Welsch* gewidmet. Gegen die herrschende Meinung zeigt Welsch, wie zentral das Erhabene für die Ästhetik Adornos ist. Es bildet nicht nur deren impliziten Kern, sondern veranlaßt Adorno sogar, von dem für ihn gemeinhin als verbindlich geltenden Versöhnungsgedanken abzurücken. Auf der Grundlage einer dezidierten Kritik der traditionellen Erscheinungsform des Erhabenen – nämlich einer erhabenen Gegenständen verpflichteten ‚bombastischen‘ Kunst – entwickelt Adorno, wie Welsch herausarbeiten kann, eine Konzeption des Erhabenen, die den Menschen nicht mehr als „Naturbezwinger“ auffaßt, sondern ihm seine eigene „Naturhaftigkeit“ bewußt macht und ihn dadurch – ebenso wie die Natur – vom Herrschaftszwang befreit. Das derart umgedeutete Erhabene wird für Adorno zum „Konstituens“ und Ideal der modernen Kunst, die die Widersprüchlichkeit ihrer Aufgabe, herrschaftlich verfahren und zugleich gegen ihre eigene (äußere und innere) Herrschaftlichkeit sich wenden zu müssen, in sich austrägt. Diese Paradoxie bewirkt ein „Erzittern“ der modernen Kunst in sich selber und entspricht in ihrer Unschlichtbarkeit – der „Dynamik des Erhabenen“, die den Horizont der Versöhnung in Adornos Denken aufsprengt. An seine Stelle tritt das Ideal der „Gerechtigkeit gegenüber dem Heterogenen“, in dem Welsch – neben mancher Differenz – eine deutliche Verbindung zu Lyotard erkennt, der sich gerade in Sachen des Erhabenen häufig direkt auf Adorno zurückbezieht. Dieses Ideal der Gerechtigkeit weist Welsch zufolge auch den Weg zu einem aktuellen „ästhetischen Denken“, das die Kategorie des Erhabenen in sich aufgenommen hat und das sich über die Kunst hinaus als ästhetische Reflexion der Wirklichkeit insgesamt versteht, insofern also eine Art „Erste Philosophie“ der Gegenwart darstellt.

In der *dritten Abteilung* wird – teilweise in direktem Rückbezug auf Nietzsche, Benjamin und Adorno – die Relevanz des Erhabenen für die zeitgenössischen Künste untersucht. Gelingt es der Kunst, ihre Bindung an die Form zu überwinden und das Undarstellbare darzustellen, oder kann sie nur zeigen, daß es ein Undarstellbares gibt?

Hans-Georg Nicklaus untersucht die unterschiedlichen Ausprägungen des Erhabenen in der Musik. Dabei arbeitet er eine Entwicklung heraus, die durch den Versuch gekennzeichnet ist, dem von ‚Longinos' der Musik zugeschriebenen Defizit zu entkommen, wonach in der Musik im Gegensatz zu sprachlichen Kunstwerken keine erhabenen Effekte erzielt werden können – ein Verdikt, das lange Zeit auch die Bildenden Künste traf –, weil sie an einen (Klang-)Körper gebunden sei. Dem antwortet die Musik durch das Streben nach einem Höchstmaß an Bedeutung und ‚Ideen' unter größtmöglicher Überforderung, ja sogar Unterdrückung der Einbildungskraft. Das führte einerseits zu den bombastischen Tondichtungen von Richard Strauss, an denen das Problem abzulesen ist, daß die Beschreibung des Erhabenen bzw. dessen ‚Erreichung' selbst schon einen erhabenen Standpunkt impliziert. Diese Tendenz sieht Nicklaus auch in den theoretischen Schriften über das Erhabene – z.B. bei ‚Longinos' und Kant – angelegt, in denen jeweils ein ‚Jenseits' des Einbildbaren angestrebt werde. Einzig der Wiener Schule ist es Nicklaus zufolge gelungen, dieses ‚Jenseits' im ‚Diesseits' der Musik zu vermitteln. Andererseits führt das Streben nach der reinen Bedeutung in der Musik zu einer immer weiteren Übersteigung des Klangkörpers bis hin zu seiner Auflösung in der totalen elektronischen Verfügbarkeit des Klangs in der zeitgenössischen Musik. Daß dies jedoch nicht unbedingt die endgültige Preisgabe des Sinnlichen zugunsten der Berechenbarkeit durch Computer bedeutet, zeigt Nicklaus am Beispiel von John Cage, dessen „Dispensierung" des Subjekts das Spannungsverhältnis zwischen Idee und Einbildungskraft aufzulösen sucht – im Schweigen.

In seiner Analyse des Bildes Who's afraid of red, yellow and blue III von Barnett Newman gibt *Max Imdahl* ein Beispiel des Erhabenen in der abstrakten Kunst. Es handelt sich hierbei um den einzigen älteren Text in diesem Sammelband – Max Imdahl hat ihn uns großzügigerweise kurz vor seinem Tod zur Verfügung gestellt. Der Aufsatz hat offenbar nichts von seiner Aktualität eingebüßt: auch für Lyotards Thesen zum Erhabenen ist Newman noch immer exemplarisch. Imdahl bezieht sich nicht nur auf die Bilder, sondern auch auf die Texte Newmans, die ausdrücklich vom Erhabenen handeln – Newman hat sich mit ‚Longinos', Burke und Kant befaßt. Er versteht seine Malerei als „metaphysischen Akt", doch ist sie, wie Imdahl betont, gleichwohl Malerei, Arbeit mit und am Material der Farbe, gleichsam Reduktion auf die Farbe, die im Bild „erschaffen" wird. Durch ihre Intensität sprengt sie die Form des Bildes, es wird nichts repräsentiert, sondern auf ein Unsichtbares als eigentliches Thema des Bildes verwiesen, Transzendenz angestrebt. Newman selbst nennt diesen Vorgang ein „Drama". Der Betrachter, der nach Newmans Vorstellung das Bild aus der Nähe anschauen soll, fühlt sich irritiert und überfordert, der Zeitverlauf der Rezeption verzögert sich. Jede vertraute Erfahrung wird überschritten, der

Betrachter erfährt sein Wahrnehmen, seine Präsenz und sich selbst neu. Er wird dadurch zu einer moralischen Person erhöht. Imdahl betont, daß diese ,Erhöhung' politisch als Freiheitserfahrung zu verstehen ist – Newman sprach sich damit gegen jede Form von Dogmatismus aus. Die Malerei Newmans kann als exemplarisch für eine ganze Strömung in der amerikanischen Nachkriegskunst gelten. Den ausdrücklichen Verzicht Newmans auf die „etablierte Rhetorik der Schönheit" und das Streben nach Erhabenheit als höchste Bestimmung von Kunst sieht Imdahl ähnlich auch bei Pollock und Rothko angelegt, wenn sich das Erhabene bei letzterem auch anders akzentuiert, weil er keine Transzendenz, sondern eine Hingabe des betrachtenden Subjekts jenseits allen Wollens beabsichtigt.

Stefan Bollmann untersucht das Erhabene bei Botho Strauß mit Blick auf die Philosophie. Er betrachtet die gegenwärtig zu beobachtende ,Hinwendung zur Ästhetik' als Zeichen einer Wende vom geschichtlichen zum kosmologischen Denken, analog derjenigen vom wissenschaftlichen zum geschichtsphilosophischen Denken, die Odo Marquard bei Kant konstatierte und in der das Erhabene eine entscheidende Rolle spielte: Es wies, wie Bollmann zeigt, zwar die Richtung in die Geschichtsphilosophie, lenkte bei Kant aber gleichzeitig davon ab und wurde erst bei Hegel in dialektisierter Wendung zur „Vollzugsform von Geschichtsphilosophie". Die berechtigten Zweifel an dieser Art Geschichtsphilosophie führen heute zu einer Rückbesinnung auf Kant und auf die Frage, ob das Erhabene nicht eher den Übergang in kosmologisches Denken weise, dies allerdings in veränderter Form. Die Kritik am herkömmlichen Erhabenen als ,Großartigem', den Menschen ,Erhebendem' usw. führt Bollmann unter Rückbezug auf Nietzsche vor, wenngleich dessen Äußerungen zum Erhabenen äußerst ambivalent seien. Im Ekel des Zarathustra sieht Bollmann die Struktur des Erhabenen angelegt, das jedoch nicht mehr ,erhebt', sondern im Gegenteil als „größtes Schwergewicht" niederwirft und dem Menschen seine Sonderstellung entzieht, ihn – kosmologisch gedacht – wieder zu einem Naturwesen werden läßt. Diese Denkbewegung und Umwendung findet Bollmann bei Botho Strauß wieder. Als Ausdruck einer Sonderstellung des Menschen hat das Erhabene abgedankt – Strauß folgt Foucaults These vom ,Verschwinden des Menschen' angesichts des Trugs der menschlichen Ordnung und des immer weiter vordringenden Chaos. Das ,erhebende' Erhabene wird mit seiner Fallhöhe konterkariert: In der Straußschen Farce schlägt es ins Komische um. Die beiden strukturell ähnlichen Gefühle des Erhabenen und Komischen wechseln einander in einer Art Pendelbewegung zwischen „erhabenen Anwandlungen" und „komischen Ausfällen" ab. Strauß votiert für eine Ästhetik der „Allegorie" – der Bezug zu Benjamin und dessen ,Erhabenem' liegt nahe, zumal Bollmann zeigt, daß bei

Strauß' Versuch, das „Ungedachte und Begriffslose in eine direkte Beziehung zum Denken" zu bringen, ähnlich wie bei Benjamin Sprachlosigkeit droht.

Auch in der *vierten Abteilung* geht es um die Relevanz des Erhabenen für die Gegenwart, allerdings nicht mehr in seiner ‚klassischen' Rolle als Kategorie der Kunst oder der Ästhetik, sondern nun – ungewöhnlich, aber aufschlußreich – im Hinblick auf Naturwissenschaft und Technik.

Gert Scobel zeigt, daß man hinsichtlich der ‚Übergangsproblematik' die Kantische „Analytik des Erhabenen" mit den neuesten Forschungen der sogenannten ‚harten' Naturwissenschaften in Verbindung bringen kann. Dabei ergibt sich die Verwandtschaft nicht – wie bei Bollmann – im Hinblick auf die Ordnung, sondern angesichts des Chaos bzw. der ‚Ordnung aus dem Chaos'. Die Chaosforschung thematisiert die von den klassischen Naturwissenschaften ausgeschlossenen Unregelmäßigkeiten, indem sie eine Theorie für den – der klassischen Naturwissenschaften ungeregelt erscheinenden – Übergang pluralistischer Strukturen ineinander auszuarbeiten sucht. Die vorher ‚undarstellbare' Komplexität, z.B. von nichtlinearen Systemen, kann mit Hilfe von Computern sichtbar gemacht werden, wobei Zufall und Notwendigkeit, Ordnung und Chaos *zugleich* auftreten. Eine ähnliche Entwicklung verfolgt Scobel in der Philosophie. Im allgemeinen wurde hier das Chaos einerseits als Problem des Anfangs (das Gähnen – griech. *chaos* – vor aller Begrifflichkeit) und andererseits als alle Einheit zu negieren scheinende Mannigfaltigkeit für bedrohlich gehalten. Doch schon Hesiod konzipiert das Chaos nicht nur als Abgrund, der mit den klassischen Metaphern des Erhabenen beschrieben wird, sondern auch als Übergang zum ‚Werden'. Die Erforschung dieses Chaos sieht Scobel in Kunst, Psychoanalyse, ansatzweise in der deutschen Romantik, explizit jedoch erst in der postmodernen Philosophie angestrebt. Insbesondere deren Wiederaufnahme des Kantischen Erhabenen bedeutet Scobel zufolge den Ansatz einer Theorie des Übergangs, weil gerade das Erhabene bei Kant zeigt, daß es ‚undarstellbare' Übergänge im Sinnlich-Mannigfaltigen selbst gibt, die sich jeder vereinheitlichenden Synthese zu entziehen scheinen und insofern – ‚chaotisch' – die bisherige (schöne) Ordnung des Kantischen Systems zerstören. Diese Übergänge sind zwar inzwischen dank des Einsatzes von Computern darstellbarer geworden. Die Wahrnehmungsfähigkeit des Menschen aber übersteigen sie nach wie vor.

Der Aspekt des Technischen wird von *Klaus Bartels* weiter ausgearbeitet. Seiner These zufolge ist es die Eigenart der Moderne, das Dynamisch-Erhabene der Natur als Tempo-Erhabenes der Technik zu lesen. Entgegen der gängigen Forschungsmeinung, daß sich das Erhabene durch seine Anwendung auf Naturgegenstände im 19. Jahrhundert endgültig aus dem rhetorischen Kontext löse, vertritt Bartels die Auffassung, daß das Erhabene immer nur der technische Aspekt dieser Natur gewesen sei. Die Natur fungiert dabei als Zeichen, als Stellvertreter in einer Semiotik der Fiktion, während das Erhabene immer schon künstlich, mit Hilfe von technischen Mitteln erzeugt worden ist. Dieses „Technisch-Erhabene" findet Bartels bereits in Burkes „künstlicher Unendlichkeit", in der Architektur und den Landschaftsgärten des 18. und 19. Jahrhunderts, insbesondere jedoch bei Kant angelegt, in dessen Konzeption des Dynamisch-Erhabenen der reale Schrecken vermieden wird, indem ein fiktives Gattungs-Ich namens ‚Menschheit' die rohe Natur als rhetorisches Zeichen betrachtet. Die Widersprüche, in die Kant sich dabei verwickelt, sieht Bartels einerseits in Herders und Hegels Auflösung der Dichotomie von Schönem und Erhabenem zugunsten des Schönen, andererseits aber durch das Technisch-Erhabene der Vernunft getilgt. Auf dessen Entwicklung im 19. Jahrhundert richtet Bartels sein besonderes Augenmerk. Denn die für das Gefühl des Erhabenen unabdingbare Sicherheit (aus der erst die ‚Macht' des Ichs resultiert) wird durch technische Errungenschaften garantiert, die die Kategorien von Raum und Zeit bereits im 18. Jahrhundert relativieren und z.B. bei Vischer, der Kants „negative Lust" zu ‚positivieren' suchte, aber auch bei Heine und Schopenhauer als erhaben beschrieben werden. Mit Schopenhauers Bestimmung des Erhabenen als „ewiges Weltauge" erfolgt, wie Bartels zeigt, eine Wendung des Erhabenen zur Sichtbarkeit. Die Erfindung der Kamera verschiebt die Produktion des Technisch-Erhabenen von der Architektur auf die Optik, die ‚dynamischere', also erhabenere Ausblicke auf die Welt gestattet. Neben der Natur wird auch der Krieg zum rhetorischen Zeichen und technisch-erhaben, wie Bartels an Vischer, Jean Paul, Goethe und der Berichterstattung über den Krimkrieg nachweist. Dieses Geschwindigkeitsideal wird im 20. Jahrhundert noch einmal übertroffen, als die Fotodynamik durch die Flugdynamik ergänzt wird, die eine noch erhabenere Sicht der Dinge aus dem Flugzeug erlaubt, wie etwa Kischs Reportagen belegen. Höhepunkt und Abschluß findet diese Entwicklung in der Geschwindigkeit der Computer, die die vollständige Realisierung der Kantischen Stellvertretertheorie durch absolute Fiktion bedeuten.

Im *Anhang* wird abschließend ein *Gespräch* abgedruckt, das ich im Mai 1988 mit *Jean-François Lyotard* zum Thema des Undarstellbaren geführt habe. Es dokumentiert Lyotards Stellung in der zeitgenössischen Diskussion um das Erhabene in Kunst und Philosophie. Besondere Berücksichtigung fanden dabei seine Kant-Rezeption, die Problematik der Neuen Technologien sowie Fragen der Politik, des Subjekts und der „Postmoderne".

Die *Bibliographie* zum Erhabenen von *Peer Sporbert,* die außerdem im *Anhang* abgedruckt ist, soll zur Weiterarbeit anregen und die Vertiefung derjenigen Aspekte des Erhabenen ermöglichen, die in diesem Band nur angerissen werden konnten.

Das Erhabene als ‚Gefühl unserer Zeit'

Woran liegt die Aktualität des Erhabenen? Warum ist es plötzlich in aller Munde und welche Perspektiven könnte es eröffnen? Zwei Gründe machen plausibel, warum gerade das Gefühl des Erhabenen zum ‚Gefühl unserer Zeit' geworden ist, und lassen zugleich erkennen, *welcher* Typ des Erhabenen uns heute *inwiefern* neue Perspektiven eröffnen könnte.

Ästhetizität und Pluralität – das Erhabene zwischen Moderne und Postmoderne

Bei aller Vieldeutigkeit ist und bleibt das Erhabene ein genuin *ästhetisches* Gefühl. Genau dieser Charakter rückt es ins Zentrum des heutigen Interesses. Das liegt nicht etwa an einem neuen Ästhetizismus und Irrationalismus oder an einem neuen Hang zu Gefühlsduselei und auch nicht an einer unterschwelligen Panik angesichts der drohenden Apokalypse, die das Erhabene ästhetisierend ‚abfedern' soll. Die Betonung des Ästhetischen resultiert hier aus der Bezugnahme auf *aisthesis* im ursprünglichen und weiten Sinn von *Wahrnehmung*. Einer solchen Ästhetik kommt heute – und das nicht nur in der Philosophie, sondern in allen Wirklichkeitsbereichen – eine zentrale Rolle zu. Gerade weil mit Hilfe der Neuen Technologien eine zweite, künstliche Realität erschaffen werden kann, sind wir mehr als je zuvor auf unsere Wahrnehmungsfähigkeiten angewiesen. Sie gewinnen sowohl erschließende als auch korrektive Funktion. Noch den anästhetischen Tendenzen unserer Zeit kann letztlich nur eine erweiterte Sensibilität gewachsen sein[19].

Dieser zutiefst ästhetischen Fundierung der heutigen Zeit und ‚Wirklichkeit' vermag das Erhabene als ästhetische Kategorie am ehesten gerecht zu werden. Und das in mehrfacher Hinsicht: In der Kantischen „Analytik des Erhabenen" kann man bereits erkennen, daß das Scheitern der grundlegendsten Synthesen ein Problem der Ästhetik nicht nur im engeren, sondern auch im weiteren Sinne ist, nämlich hinsichtlich der die Erkenntnis konstituierenden reinen Anschauungsformen von Raum und Zeit. Das Erhabene ‚unterläuft' gleichsam die Natur und deren Materie. Eben dieses Unterminieren der Begriffe der neuzeitlichen Natur-

19) Vgl. Wolfgang Welsch, „Zur Aktualität ästhetischen Denkens", in: *Kunstforum International* 100 (1989), S. 100–149.

wissenschaft hat es mit den ‚immateriellen' Neuen Technologien gemeinsam. Das primäre Scheitern der Synthese und das sekundäre Dennoch-Synthetisieren im Erhabenen führen vor, wie Zeit überhaupt synthetisiert wird. Insofern ist das Erhabene im doppelten Sinne des Wortes ‚an der Zeit'. Es setzt bei der Wahrnehmungsfähigkeit selbst an und ist in der Lage, diese zu *schärfen*. Die Einbildungskraft erfährt eine immense Erweiterung, und das sowohl durch sich selber als auch durch das rationale Moment, das die Vernunft beiträgt. Die Kategorien von Raum und Zeit werden überschritten, und neue Möglichkeiten der Weltsicht – bis hin zur absoluten Fiktion in ihrer ganzen Ambivalenz – werden erprobt. Ob dieser Parallelität zu den Neuen Technologien vermag das Erhabene den Umgang mit deren Auswirkungen zu ‚trainieren', und sei es nur, indem es uns fühlen läßt, was dabei mit unserer Wahrnehmungsfähigkeit geschieht.

Gegenüber dem anderen ästhetischen Gefühl, dem Schönen, hat das Erhabene erstens den Vorzug, daß sein Verhältnis zur ‚Wirklichkeit' immer schon ein gebrochenes ist. Es enthält in sich ein Zögern, eine Negativität und damit schon ein kritisches Potential. Die Ästhetik des Schönen ist längst unkritisch zum Design verkommen. Wenn das Schöne im Zentrum des Interesses stünde, könnte man vielleicht von einem neuen Ästhetizismus sprechen. Doch vom Ideal des ‚Schönen-Wahren-Guten' ist das Erhabene meilenweit entfernt. Dadurch birgt es eine kritische Dimension – die freilich auch eingelöst werden muß. Zweitens hat das Erhabene gegenüber dem Schönen den Vorteil, daß es, wie wir gesehen haben, *zusätzlich* zu seiner Ästhetizität noch jeweils andere Konnotationen aufweist. So war es von Anfang an nicht nur ästhetisch, sondern immer auch schon politisch oder moralisch usw., besitzt also über seine Ästhetizität hinaus Relevanz für andere Wirklichkeitsbereiche.

Daß zur Ästhetizität des Erhabenen jeweils noch ein anderer Aspekt hinzukommt, verweist schon auf den zweiten Grund, warum gerade das Erhabene zum ‚Gefühl der heutigen Zeit' werden konnte. Denn das Gefühl des Erhabenen ist plural, und zwar *in sich*. Das heißt, es ist nicht nur plural, weil es zu unterschiedlichen Zeiten die unterschiedlichsten Formen angenommen hat, die alle noch in ‚unserem' Begriff des Erhabenen präsent sind, sondern es ist auch in sich plural, gespalten, und zwar *irreduzibel*. Das Erhabene läßt sich nur mit Gewalt zu einem einheitlichen und eindeutigen Gefühl vereinfachen. Dadurch wird es – eher als das einheitliche Schöne – der grundlegenden Pluralität und Komplexität der heutigen Zeit gerecht. Ja, es fordert diese Pluralität durch seine interne Inkommensurabilität sogar ausdrücklich ein. Nur indem man den „Widerstreit" von Einbildungskraft und Vernunft im Erhabenen berücksichtigt, trifft man den Kern dieses Gefühls. Pluralität und Kritik hängen eng zusammen. Das Erhabene ist auch von daher ein zutiefst kritisches Gefühl.

Nun könnte man freilich einwenden, daß eben diese Komplexität das Erhabene völlig unbrauchbar mache, denn niemand könne klar sagen, von welchem Erhabenen er spricht. Doch dieser Einwand griffe zu kurz. Wenn man angesichts der heutigen Komplexität überhaupt noch zu einer kritischen Position in der Lage sein will, dann nützt es nichts, an alter, deckungslos gewordener Eindeutigkeit festzuhalten und der Komplexität sich zu verweigern. Das Erhabene ist eine Möglichkeit, die Herausforderung (und die Drohung, den *défi*) der Komplexität anzunehmen. Seine Vielschichtigkeit kann nicht als Beliebigkeit abgetan werden. Vielmehr ermöglicht sie – und gerade sie –, nach dem Verlust des einen sicheren kritischen Standpunktes, den jede der neuzeitlichen Ideologien garantieren zu können glaubte, eine kritische Haltung einzunehmen, die den Zeitverhältnissen gewachsen ist. Das Erhabene ist plural, aber nicht beliebig. Die ‚Doppelung', die jede Konzeption des Erhabenen auszeichnet, läßt zwei Extreme aufeinandertreffen, die nicht unverbunden nebeneinander stehenbleiben, sondern einander angenähert und in ein Verhältnis zueinander gesetzt werden, das beide nicht unberührt läßt (was z.B. erklärt, warum im Erhabenen höchste Feierlichkeit und größte Lächerlichkeit leicht ineinander umschlagen). Die reine Negativität der ersten Phase wird relativiert durch die Positivität der zweiten Phase, die jedoch selbst wiederum nicht rein positiv ist. Weder reiner Nihilismus noch reine Selbsterhebung des Subjekts, keine reine Metaphysik und nicht der ‚erhabene Ton' in der Literatur (der heute nur noch wie Kitsch oder hohles Pathos wirkt), sondern das ‚Dazwischen', das vielleicht heute – nach dem Scheitern aller Ideologien – die einzig mögliche kritische Haltung ausmacht, kennzeichnet das Erhabene.

Die interne und grundlegende Pluralität des Erhabenen erinnert an die Konzeption von „Postmoderne", welche die Postmoderne dort beginnen läßt, „wo das Ganze aufhört"[20], und sie als „Verfassung radikaler Pluralität" versteht (*ebd.*, S. 4). Ist das Erhabene ein ‚postmodernes Gefühl'? Ja und nein. Paradox formuliert: das Erhabene ist postmodern in dem Maße, wie es modern ist. Es bildet ein Scharnier zwischen Moderne und Postmoderne. Es ist kein Zufall, daß Lyotard gerade das Erhabene zur Illustration des Unterschiedes, nämlich der konstitutiven *Akzentverschiebung* zwischen Moderne und Postmoderne, aber auch ihrer Kontinuität herangezogen hat und dabei von einer modernen und einer postmodernen Variante des Erhabenen spricht:

„Wenn es stimmt, daß die Moderne sich im Zurückweichen des Realen als das erhabene Verhältnis von Darstellbarem und Denkbarem entfaltet, so können doch innerhalb dieses Verhältnisses zwei Modi unterschieden werden, zwei Tonarten, wie Musiker sagen würden. Der Akzent kann auf die Ohnmacht des Darstellungsvermögens gelegt werden, auf die Sehnsucht nach einer Anwesenheit, die das menschliche Subjekt empfindet, auf den dunklen und vergeblichen

20) Wolfgang Welsch, *Unsere postmoderne Moderne,* Weinheim 1987, ²1988, S. 39.

Willen, der es trotz allem beseelt. Der Akzent kann aber auch auf das Denkvermögen gelegt werden [...], und auf die Steigerung des Seins und den Jubel, die von der Erfindung neuer Spielregeln, bildnerischer oder künstlerischer oder ganz anderer ausgelöst werden."[21] Und wenig später:

„Die moderne Ästhetik ist eine Ästhetik des Erhabenen, bleibt aber als solche nostalgisch. Sie vermag das Nicht-Darstellbare nur als abwesenden Inhalt anzuführen, während die Form dank ihrer Erkennbarkeit dem Leser oder Betrachter weiterhin Trost gewährt und Anlaß von Lust ist. Diese Gefühle aber bilden nicht das wirkliche Gefühl des Erhabenen, in dem Lust und Unlust aufs innerste miteinander verschränkt sind [...]. Das Postmoderne wäre dasjenige, das im Modernen in der Darstellung selbst auf ein Nicht-Darstellbares anspielt; das sich dem Trost der guten Formen verweigert, dem Konsens eines Geschmacks, der ermöglicht, die Sehnsucht nach dem Unmöglichen zu teilen; das sich auf die Suche nach neuen Darstellungen begibt, jedoch nicht, um sich an deren Genuß zu verzehren, sondern um das Gefühl dafür zu schärfen, daß es ein Undarstellbares gibt" (*ebd.*, S. 141f.; S. 29; S. 202).

Der Unterschied zwischen Moderne und Postmoderne besteht also nur in einer unterschiedlichen Akzentuierung der beiden Pole des Erhabenen. Er ist eine Frage des Tons. Das Erhabene fungiert auch hier als eine ‚Schaltstelle'. Es ist der nichthomogenisierende Übergang par excellence, der heute mehr denn je jede Philosophie zwischen Widerstreit und herrschaftsfreier Kommunikationsgemeinschaft beschäftigt. Eben deshalb konnte das Erhabene zum ‚Gefühl unserer Zeit' avancieren.

Perspektiven

Die grundlegende Ambivalenz des Erhabenen macht seinen Reiz aus, mahnt aber auch zu höchster Vorsicht. Das Erhabene ist nicht nur ein „gemischtes Gefühl", sondern ruft auch ein solches hervor. Angesichts der Vielfalt der Ebenen und der Konnotationen, die dieser Begriff aufweist, muß man Rechenschaft darüber ablegen, von ‚welchem' Erhabenen jeweils die Rede ist.

Bei der Thematisierung des Erhabenen kann es nicht darum gehen, sich für den einen oder anderen Pol des Erhabenen zu entscheiden, gehören doch, wie wir gesehen haben, *beide* Pole *konstitutiv* zum Erhabenen. Man kann nur eine *Akzentuierung* des einen oder des anderen Pols vornehmen, die den jeweils anderen jedoch keineswegs verleugnen darf.

21) Jean-François Lyotard, „Beantwortung der Frage: Was ist postmodern?", in: *Tumult* 4 (1982), S. 131–142, hier S. 140; rep. in: ders., *Postmoderne für Kinder,* Wien 1987, S. 11–31, hier S. 26f., und in: *Wege aus der Moderne.* Hrsg. von Wolfgang Welsch, Weinheim 1988, S. 193–203, hier S. 201.

Doch selbst bei dieser Akzentuierung ist Vorsicht geboten. Heute sind längst nicht mehr alle Implikationen des Erhabenen akzeptabel. Es ist nicht ‚alles erlaubt'. Zwar gibt es keinen perfekten Kriteriensatz[22], aber ein ‚Leitfaden' für die Bewertung des Erhabenen ist doch klar erkennbar, nämlich die Unterscheidung zwischen einem ‚Kritisch-' und einem ‚Metaphysisch-Erhabenen', genauer gesagt: zwischen einer kritischen und einer metaphysischen Akzentuierung des Erhabenen. Das Erhabene ist heute nur noch als kritisch annehmbar. Was ist damit gemeint?

Wie wir uns erinnern, standen die beiden gegensätzlichen Pole des Erhabenen in einer Art dialektischem Verhältnis. Die erste Phase war durch eine Krise gekennzeichnet, die in der zweiten Phase beigelegt wurde. Anders gesagt: auf die Trennung von zwei Bereichen in der ersten Phase folgte dennoch eine mehr oder weniger gewaltsame Verbindung in der zweiten. Beide Phasen gehen Hand in Hand. Ich meine nun, daß man den Akzent auf die erste, die kritische Phase legen müßte. Die zweite Phase geht dabei keineswegs verloren, die ‚Idee' bleibt auch im Kritisch-Erhabenen gleichsam als Hintergrund erhalten. Sie wird jedoch nicht als ‚das Undarstellbare' im Sinn einer jenseitigen Größe hypostasiert[23], sondern ist im Diesseits präsent, kann also auch nicht als jenseitige Übermacht die Gewalt ausüben, die mit der Vereinheitlichung von Heterogenem unweigerlich verbunden ist.

Das Erhabene wurde viel zu häufig mit einem Übergewicht auf der metaphysischen Seite ausgestattet. Ein Übergewicht, das implizit schon bei Kant angelegt war und sich in der Folge über die deutsche Romantik, Hegel und Schopenhauer bis zu Faschismus und SDI hin ausgewirkt hat und für das die Knechtung der Sinnlichkeit, der Primat des absoluten Geistes, die Herrschaft des Subjekts über die Natur, kurz: der neuzeitliche Größenwahn charakteristisch ist[24]. *Dieses* Erhabene, das sich dem Schönen annähert – ich komme darauf zurück –, muß aufs schärfste kritisiert, ihm muß Widerstand entgegengesetzt werden.

Angesichts der Bedrohung der Welt durch die Herrschaft der instrumentellen Vernunft gilt es mehr denn je, das Erhabene nicht metaphysisch als ‚Aufgehobenes', als Erhebung oder Überheblichkeit des Menschen zu verstehen, sondern als

22) Vermutlich aus Wesensgründen, denn für das Gefühl des Erhabenen ist *reflektierende* Urteilskraft erforderlich, also Regelsuche, nicht Regelbesitz.

23) Insofern geht es bei der gegenwärtigen Thematisierung des Erhabenen gerade nicht um die „Anbetung des Numinosen", die Martin Seel mit Blick auf Lyotard befürchtet. Vgl. Martin Seel, „Dialektik des Erhabenen. Kommentare zur ‚ästhetischen Barbarei heute'", in: *Vierzig Jahre Flaschenpost: ‚Dialektik der Aufklärung' 1947–1987.* Hrsg. von Willem van Reijen und Gunzelin Schmid Noerr, Frankfurt/M. 1987, S. 34.

24) Zu Schopenhauer vgl. Wolfgang Welsch/Christine Pries, „Alt für neu. Kritische Bemerkungen zu Schopenhauers traditioneller Auslegung des Erhabenen", in: *Zeitschrift für Didaktik der Philosophie* 2 (1988), S. 63–69.

das, was es immer auch schon war, als die zutiefst *kritische* Situation eines ‚Zuviel', eines Zuviel an Information, wenn man so will, auf jeden Fall einer Überwältigung und des Bewußtseins der *Endlichkeit* des Menschen. Das so verstandene Erhabene erhebt nicht, sondern „würkt mit großen Schlägen", ist also im buchstäblichen Sinne „hinreißend"[25].

Die Zukunft wird zeigen müssen, ob das Erhabene als dieses endliche und gerade deshalb *ästhetische* Phänomen wieder zu seinem Recht kommt. Seine einseitig rationale ‚metaphysische' Ausrichtung ist schon viel zu lange vertreten und ausgenutzt worden. Auch deshalb ist eine Zeit, in der sich das Bewußtsein der Notwendigkeit einer Kritik der einseitig rationalen Vernunft ausbreitet und die eine Rückbesinnung auf die *aisthesis* einfordert, so empfänglich für das Erhabene. Man mag diese Zeit „postmodern" nennen oder nicht. Fest steht, daß es dabei nicht um ein ebenso einseitiges Verlassen der rationalen Ebene zugunsten einer ausschließlich ästhetischen Ausrichtung geht, sondern um die Balance zwischen der ästhetischen Wahrnehmung und der rationalen Reflexion. Das Erhabene ist nicht kritisch im Sinne reiner Negativität, sondern im Sinne solcher Pluralität.

Zugegeben, das deutsche Wort ‚erhaben' legt tendenziell eine Favorisierung des metaphysischen Pols des Erhabenen nahe, bis hin zu seiner Verabsolutierung, die den anderen Pol, die Sinnlichkeit, tilgt: Wenn jemand ‚über etwas erhaben ist', wie es so ‚schön' heißt, dann berührt ihn nichts mehr. Er läßt sich gerade nicht mehr von Wahrnehmungen affizieren, sondern schwebt über den Dingen; er lebt gleichsam ausschließlich auf der zweiten Stufe des Erhabenen, realisiert nur dessen rationalen Pol. Dieses hehre Gefühl ist aber nur scheinbar die Höchstform des Erhabenen. In Wahrheit ist es seine Schrumpfform.

Das französische Wort *sublime* steht dem kritischen Sinn des Erhabenen sehr viel näher als das deutsche ‚erhaben'. Man verbindet damit nicht automatisch die Vorstellung einer Erhebung oder Überhebung, sondern denkt viel eher an *Subtilität* oder *Feinsinnigkeit,* an die „Kultur" (und Kultivierung), die schon bei Kant unabdingbare Voraussetzung des Erhabenen war. Die Gefahr des Erhabenen liegt in seiner ungebrochen rationalen, seine Chance hingegen in seiner bewußt ästhetischen Akzentuierung. Das kann gar nicht oft genug betont werden.

Im Sinne dieser kritischen Akzentuierung gilt es noch auf einen letzten Punkt mit Nachdruck hinzuweisen, der die politischen Implikationen des Erhabenen betrifft. Die Stelle des Undarstellbaren darf nicht besetzt, ‚das Erhabene' nicht real eingelöst werden, wie das z.B. im Faschismus geschehen ist. Denn daraus

25) Johann Georg Sulzer, Artikel „Erhaben", in: *Allgemeine Theorie der schönen Künste,* 2. Teil, Leipzig 1786, S. 84.

folgte unweigerlich Terror[26]. Mit der Rede vom Erhabenen ist daher auch keinesfalls eine faschistoide Monumentalität gemeint, wie es ein oberflächlicher und unreflektierter Wortgebrauch zumindest im Deutschen noch immer allzu leicht suggeriert. An solchem Wortgebrauch sind die deutschen Romantiker (die den Unterschied von Schönem und Erhabenem zugunsten des Schönen einebneten) und Hegel (der das Erhabene im Schönen ‚aufgehoben' sah) nicht ganz schuldlos. Denn das hohle Pathos und der Bombast des Faschismus sind gerade Versuche, die implizite Inkommensurabilität des Erhabenen zu ‚beschönigen', seine beunruhigende Kraft vorschnell in eine Harmonie aufzulösen. Nicht das Erhabene, sondern solche Transformation des Erhabenen ins Schöne leistet dem Faschismus Vorschub. Das Erhabene ist im Gegenteil die Kategorie, die dem Totalitarismus entgegentritt, indem sie das Aushalten von Widersprüchen fordert und eine Kultur des Dissenses fördert, statt Versöhnung zu versprechen. Insofern gilt es heute mehr denn je, den *Widerstreit* der Vermögen im Erhabenen zu berücksichtigen und es deutlichst vom Schönen zu unterscheiden.

Fassen wir abschließend zusammen: Das Erhabene enthält viel, es ist selbst ein ‚Zuviel', und man muß darauf achten, dieses Zuviel nicht vorschnell in eine einheitliche Richtung unter eine Regel, eine Ideologie zu bringen. Nur dieses Zuviel kann der Komplexität der heutigen Zeit gerecht werden. Das Erhabene ist das Gefühl, das von der gegenwärtigen Komplexität selbst hervorgerufen wird. Es ist die Signatur unserer Zeit; einer Zeit, in der die aus den herkömmlichen Ideologien abgeleiteten Normen in Frage stehen und neue Orientierungen gesucht werden müssen – vielleicht liegt hier die Parallele zum 18. Jahrhundert, das sich seinerseits von der Theologie löste. Das Erhabene ist das Gefühl einer Krise und hat – in der besten Kantischen Tradition des „Geschichtszeichens" – durchaus indikatorischen Wert. Es macht uns fühlen, was es heißt, just „bis unter die oberste Schwelle" gekommen zu sein. Es bezeugt *nicht mehr* als das Bewußtsein dieser Grenze, *aber auch nicht weniger.* Es *ist* die Grenze.

26) So Lyotard z.B. im Gespräch mit Florian Rötzer, in: Florian Rötzer, *Französische Philosophen im Gespräch,* München 1986, S. 101–118, hier S. 118.

I.

Die historischen Meilensteine in der Diskussion um das Erhabene

Sublime Rhetorik

Zu einigen noologischen Implikationen der Schrift *Vom Erhabenen*

Jörg Villwock

Seit dem 18. Jahrhundert gehört der Begriff des Erhabenen in den Rahmen einer Disziplin, die der Antike, in der das Erhabene primär als rhetorisches Thema behandelt wurde, unbekannt war, nämlich der Ästhetik. Allzu leicht verdeckt jedoch der neue Name, daß hier im Grunde eine Renaissance geschieht. Das ästhetische Denken der neuzeitlichen Aufklärung löst die alte Rhetorik nicht einfach nur im negativen Sinne ab, es wahrt in wesentlichen Hinsichten die Kontinuität zu ihr, ja hebt ihr Verständnis auf eine höhere Stufe und findet dabei zugleich einen zündenden Kontakt zur antiken Geistlehre. Wenn Kants *Kritik der Urteilskraft* von der Frage ausgeht, wie ästhetische Bewertungen möglich sind, so zielt der Gedankengang letztlich auf den Ursprung dessen, was die antike Rhetorik „pithanon", das Glaubwürdige[1] nannte und ihr als Maßstab galt. Dabei wird das Unzureichende einer Fakultäten- und Ichpsychologie deutlich, die den Menschen in einzelne Vermögen aufspaltet und über der analytischen Trennung von Denken, Wollen und Fühlen deren tieferen Zusammenhang aus dem Blick verliert. Kants Untersuchung macht einsichtig, daß das Problem der Glaubwürdigkeit sich philosophisch zureichend nur fassen läßt, wenn man auf die geistige Wurzel des Ichs zurückgeht. Allein dieser Schritt gestattet uns, das tiefere Recht, die spezifische Gültigkeit solcher Bewußtseinsinhalte einzusehen, an die man glaubt, weil ihnen eine „notwendige Empfindung" inhärent ist.

Es bildet die philosophisch wohl wichtigste Leistung der Romantik, die Bedeutung der skizzierten Gedankenbewegung für das Verständnis von Kunst, Religion und Geschichte erkannt und methodisch entfaltet zu haben. Das gilt nicht nur für die Deutschen Schlegel und Schelling, das gilt z.B. auch für den Schotten Thomas Carlyle, der in seiner Schrift *Heldenverehrung* sagt, „daß die geistige Natur des Menschen, die Lebenskraft, die ihm innewohnt, ihrem Wesen

1) Zum Stellenwert dieses Begriffs für die Aufgabenbestimmung der Rhetorik vgl. Aristoteles, *Rhetorik* 1355 b 10. In Hinsicht auf das Problem der Glaubwürdigkeit als Implikation des Erhabenen bei Longinus vgl. auch Suzanne Guerlac, „Longinus and the Subject of the Sublime", in: *New Literary History* XVI (1985) 2, S. 278 f.

nach einfach und unteilbar ist; daß das, was wir Kombinationsgabe, Phantasie, Verstand usw. nennen, nur verschiedene figürliche Bezeichnungen für dieselbe Kraft der Einsicht sind, unlösbar miteinander verknüpft, einander verwandt und ähnlich, daß wir alle kennen, wenn wir eine von ihnen kennen. Die Sittlichkeit selbst, das, was wir den sittlichen Rang eines Menschen nennen, ist nichts als eine andere Seite der einen Lebenskraft, durch die er ist und wirkt."[2] Die Einheit des Geistes ist eine andere als die organische des Leibes, dessen Teile relativ unabhängig voneinander bestehen. Auf der geistigen Ebene kann sich dagegen das Ganze nur vollständig oder gar nicht erhalten, weil hier jeder Teil unmittelbar das Ganze ist, so daß dem Menschen ohne Sittlichkeit „auch die Ausübung seines Intellekts unmöglich" wäre: „ein gänzlich unsittlicher Mensch könnte überhaupt gar nichts erkennen! Um ein Ding zu erkennen, was wir nämlich erkennen nennen, muß der Mensch zunächst dieses Ding lieben, er muß mit ihm sympathisieren: das heißt, er muß in einer tugendhaften Beziehung zu ihm stehen. Wenn er nicht die Gerechtigkeit besitzt, seine eigene Selbstsucht jederzeit zu unterdrücken, und den Mut, sich jederzeit auf die Seite der gefährlichen Wahrheit zu stellen, wie kann er da erkennen?"[3]

Man sieht: Carlyle hat, durchaus im Sinne der Romantik, die in Kants *Kritik der Urteilskraft* angelegten Konsequenzen gezogen. Die geistige Erhabenheit gewinnt bei ihm zumal erkenntnis- und geschichtsbegründende Bedeutung. Auch wird die Absicht deutlich, die Voraussetzung dafür faßbar zu machen, daß Glaubwürdigkeit und Stilisierung Hand in Hand gehen können. Denn die Einheit des Geistes ist das Urphänomen des Stils, insofern auch für diesen das Kriterium gilt, in jedem seiner Elemente als Ganzes anwesend zu sein.

Diese knappen Hinweise auf eine moderne Entwicklung stehen hier nicht für sich, sondern sollen den methodischen Ausgangspunkt für den folgenden Deutungsversuch der Schrift *Vom Erhabenen* markieren. Ich möchte zeigen, daß schon in den Betrachtungen des Longinus[4] Denkmotive der antiken Geistlehre eine wesentliche Rolle spielen und im Begriff des Erhabenen die Konvergenz von

2) Thomas Carlyle, *Heldenverehrung*. Übers. und eingel. v. Egon Friedell, München 1914, S. 127 f.

3) *Ebd.*

4) Der Autor der Schrift *Vom Erhabenen* konnte historisch nicht eindeutig identifiziert werden. Das gilt auch für die Entstehungszeit. Hier schwanken die Zuweisungen zwischen dem ersten und dem dritten nachchristlichen Jahrhundert. Gelegentlich wurde der Neuplatoniker Cassius Longinus (3. Jh. n. Chr.) als Verfasser ins Spiel gebracht, und unlängst hat Konrad Heldmann (*Antike Theorien über Entwicklung und Verfall der Redekunst*, München 1982, S. 286 ff.) für eine Datierung nach Tacitus' *Dialogus de oratoribus* (2. Jh.) plädiert. Dagegen steht noch immer die Auffassung Ulrich von Wilamowitz-Moellendorffs, der die Schrift den Jahren zwischen 20 und 50 n. Chr. zurechnet. Mit Rücksicht auf die Offenheit dieser chronologischen Proble-

Rhetorik und „Noologie"[5] enthüllt wird. Denn durch die dortige Konzeption des Erhabenen als Einheit von Abhebung und Verbindung wird es bereits implizit der Struktur des Geistes als der in sich unterschiedenen Einheit von Denkendem und Gedachtem zugeordnet.

In welcher Weise der erhabene Stil aus der Kunst des Kontrastierens und Beziehens erwächst, wird von Longinus erst allgemein erläutert und dann am Beispiel eines Sappho-Gedichts aufgezeigt. „Da allen Dingen von Natur gewisse Bestandteile zugehören, die dem Stoff innewohnen, wird uns notwendig zur Ursache der erhabenen Sprache das Vermögen, aus den vorhandenen stets die glücklichsten Ausdrücke zu wählen und diese durch ihre Aneinanderfügung zusammen gleichsam zu einem Leib zu bilden. Das eine zieht den Hörer durch die Wahl des Ausdrucks an, das zweite durch die Verdichtung des Ausgewählten. So nimmt Sappho die Zeichen der Leidenschaft, welche rauschende Liebe begleitet, jedesmal aus den sichtbaren Erscheinungen und der Wirklichkeit selbst. Worin aber zeigt sich ihre Größe? In ihrer vollendeten Fähigkeit, das Äußerste davon und zu höchst Gespannte wie auszuwählen so miteinander zu verbinden."[6] Das Gedicht, das Longinus im Auge hat, lautet folgendermaßen: „Jenen wähn ich Göttern am meisten gleichend/ Jenen Mann, der dir gegenüber lagert/ Dem du dicht am Ohre süße Silben flüsterst/ Der nur auf dich hört/ Wenn dein Lachen klingt alle Sehnsucht weckend./ Dann verbirgt sich scheu mir das Herz im Busen/ Und erspäh ich kurz dich, so kommt der Lippe/ Nichts mehr an Worten./ Denn die Zunge ist mir gebrochen – zarte Flamme unterrieselt so rasch die Haut mir/ Mit den Augen faß ich nichts mehr und Brandung/ Braust in den Ohren./ Schweiß ergießt sich an mir herab, ein Zittern/ Überfällt mich, bleicher als gilber Rasen/ Bin ich. Wenig trennt mich vom Tode plötzlich./ ... alles./ Bleibt zu wagen, wenn es die Stunde zuläßt."[7] Höchste Ekstasis bestimmt den

matik verwenden wir in dieser Arbeit den Namen Longinus als indefinite Bezeichnung anstelle des ebenfalls gebräuchlichen Pseudo-Longinus. (Zur Chronologie vgl. auch Hans Selb, *Probleme der Schrift peri hypsus. Untersuchungen zur Datierung und Lokalisierung der Schrift sowie textkritische Erläuterungen,* Diss. Heidelberg 1956.)

5) Der Ausdruck geht auf den griechischen Terminus für Geist zurück, der νοῦς lautet, und meint folglich die Formen der „Aufweisung des Geistes".

6) Renata von Scheliha, *Die Schrift vom Erhabenen. Dem Longinus zugeschrieben.* Griechisch und Deutsch, Berlin 1938 (Nachdruck: Stuttgart 1970), Kap. X, S. 47 f. Weitere Ausgaben, die zu Rate gezogen wurden: Hermann Friedrich Müller, *Die Schrift über das Erhabene.* Deutsch mit Einleitung und Erläuterungen, Heidelberg 1911; Reinhard Brandt, *Pseudo-Longinus. Vom Erhabenen.* Griechisch und Deutsch, Darmstadt 1966; Donald A. Russel, *'Longinus' On the Sublime.* With Introduction and Commentary, Oxford 1964; Otto Schönberger, *Longinus. Vom Erhabenen.* Griechisch/Deutsch, Stuttgart 1988.

7) von Scheliha, *Die Schrift vom Erhabenen,* Kap. X, S. 49.

Anfangston des Gedichts, das mit dem Ausdruck des Selbstbewußtseins letzter Entschiedenheit endet. Unwillkürlich fühlt man sich durch diese Form der Festigkeit am Abgrund an das erinnert, was Gottfried Benn einmal den „Mit-dem-Rücken-an-der-Wand-Stil" genannt hat[8]. Als Grundzug erhabener Rede erscheint die Einkehr zu sich selbst im Moment höchster Bedrohung, der Selbstgewinn aus der äußersten Gefahr des Selbstverlustes heraus. Literarhistorisch wird Sappho der sogenannten äolischen Lyrik zugeordnet, die sich von ihrem Gegenstück, der dorischen Liedkunst, vor allem darin unterscheidet, daß sie Vorstellungen und Gefühle des individuellen Seelenlebens zur Sprache bringt, während diese zumeist öffentlichen Themen gewidmet ist. Die gattungsgeschichtliche Ortung bringt eine wesentliche Implikation des Sappho-Zitats bei Longinus ans Licht. Der individuelle Inhalt widerspricht keineswegs der Möglichkeit erhabener Stilisierung. Diese ist vielmehr gerade eine an den einzelnen als solchen gebundene Kategorie, weil sie die Bewegung mimetisch nachvollzieht, in der sich das Individuum von sich selbst unterscheidet, sich über sich selbst erhebt und so gerade zur Integrität seines Selbstbewußtseins findet. Das Erhabene entspricht der Konstitution des Individuums, das nur dann, wenn es sich ganz seiner Vergänglichkeit zu exponieren vermag und zu vergehen riskiert, eine Vergangenheit und damit zugleich die eigentliche und höchste Präsenz gewinnt: „Bewunderst du nicht wie sie im gleichen Augenblick die Seele, den Leib, die Ohren, die Zunge, die Augen, die Haut, als wäre all dies ihr fremd geworden und entschwunden, aufsucht, wie sie sich in Gegensätzen bewegt, gleichzeitig friert und glüht, den Verstand verliert und besonnen ist – denn furchtlos bleibt sie, die beinahe den Tod litt – damit nicht eine Erregung allein an ihr sich zeige, sondern der Zusammenprall aller Erregungen? Das alles geschieht den Liebenden, aber wie ich sagte, das Aufgreifen des Äußersten und seine Zusammenballung zu einem Ganzen haben diese einzigartige Vollkommenheit bewirkt."[9]

Ein zweites Beispiel für die innige Verschränkung von Integration und abhebender Kontrastierung, die den erhabenen Stil charakterisiert, entnimmt Longinus der Nekyia, der berühmten Totenbeschwörung im elften Gesang der *Odyssee*, wo er im Schweigen des Aias den Ausdruck großer Gesinnung erkennt[10]. Dieser Hinweis ist besonders erhellend, wenn man ihm nachgeht und die bezeichnete Szene etwas genauer betrachtet. Dabei zeigt sich zunächst, daß die Begegnung zwischen Aias und Odysseus in gewissem Sinne schon

8) Vgl. Gottfried Benn, *Briefe an F. W. Oelze 1945-1949.* Hrsg. v. Harald Steinhagen u. Jürgen Schröder, Wiesbaden/München 1979, Nr. 317, S. 52 f.

9) von Scheliha, *Die Schrift vom Erhabenen,* Kap. X, S. 49.

10) *Ebd.*

insofern erhaben zu nennen ist, als sie sich vom unmittelbaren Kontext sehr deutlich unterscheidet. Der einzige unter den erscheinenden Toten, der nicht klagt, sondern im Schweigen verharrt, ist Aias, der Feind des Odysseus, der auch im Tode noch der Unversöhnliche bleibt und sich als Selbstmörder über die Lebensgier der anderen erhebt, indem er stumm und aufrecht dasteht, während die übrigen lechzend und lüstern herandrängen, um nach dem Blutgenuß sofort in beredten Jammer zu verfallen. Ersichtlich wird hier der narrativen Logik Abbruch getan, nach welcher der Bluttrank die Bedingung der Sichtbarkeit sein sollte. Aias wird herausgenommen, exponiert, und doch fügt sich seine Begegnung mit Odysseus gerade durch ihre Sonderstellung auf einer höheren Sinnebene in den Konsistenzzusammenhang des Ganzen ein. Die starre Fixierung auf Erfahrungen und Verhaltensweisen, die auch für sein *Leben* bestimmend waren, verbindet ihn nämlich mit den beiden Iliashelden, Agamemnon und Achill, in deren Begleitung er auftritt. Für alle drei ist der Übergang ins Jenseits ohne prägenden Erfahrungsgehalt geblieben. Sie sind auch in der Unterwelt noch so, wie sie im Leben waren, im Innersten festgelegt auf das, was ihrem Leben die Richtung gab. Der Perhorreszierung des Weiblichen bei Agamemnon und Achills Widersprüchlichkeit entspricht bei Aias die trotzige Abkehr. Hinsichtlich dieses Fixiertseins fällt das Schweigen des Aias nicht aus dem kontextuellen Rahmen, sondern fügt sich bruchlos in ihn ein.

Wenn das Erhabene in einem Satz aussagbar werden soll, bei dem sich das Gefühl sinnhafter Gültigkeit einstellt, so bedarf es hierzu einer Form, welche Affirmation und Negation konvergieren läßt. Das ist das Hauptkriterium der Rhetorik des Erhabenen. Alles kommt hier auf die dynamische Struktur der Ineinsfügung von Auflösung und Erhebung an.

Ein aufschlußreiches Beispiel für eine historische Phänomenologie des erhabenen Stils bietet Theodor Mommsens berühmte und denkwürdige Charakteristik der Größe Caesars, weil sie die vom Gesetz der Erhabenheit grundsätzlich geforderte Verflechtung von Integration und Abhebung sprachlich besonders prägnant zum Ausdruck bringt. Mommsens Darstellung entzündet sich am Rätselbild der geschichtlichen Erscheinung, sofern es historiographischer Explanation letztlich entzogen bleibt. Dialektische Wendungen führen an das Geheimnis heran, indem sie es weniger lösen als sichtbar machen. Denn das Geheimnis ist gerade die vollendete Einheit des Entgegengesetzten: „Menschlich wie geschichtlich steht Caesar in dem Gleichungspunkt, in welchem die großen Gegensätze des Daseins sich ineinander aufheben. Von gewaltiger Schöpfungskraft und doch zugleich vom durchdringendsten Verstande; nicht mehr Jüngling und noch nicht Greis; vom höchsten Wollen und vom höchsten Vollbringen; erfüllt von republikanischen Idealen und zugleich geboren zum König; ein Römer im tiefsten Kern seines Wesens und wieder berufen, die römische und die hellenische Entwicklung in sich wie nach außen hin zu versöhnen und zu vermählen, ist Caesar der ganze und vollständige Mann."[11] Zum Bild dieser Größe, das Mommsen hier zu zeichnen sucht, gehört nun ferner auch eine eigentümliche Anonymität, eine merkwürdige Unpersönlichkeit, ein Erlöschen der spezifischen Merkmale. Dem historisch Gewürdigten ergeht es in Mommsens Beschreibung wie der Sonne Heraklits, die entschwinden muß, um in desto strahlenderem Glanz sich zu erheben. Die aus schärfster Dissonanz entstehende Harmonie ist das entscheidende Bestimmungskriterium für den erhabenen Stil. So verbindet sich bei Mommsen mit der extremen Herausstellung Caesars eine ebenso extreme Kontextualisierung: „Darum fehlt es denn auch bei ihm mehr als bei irgend einer anderen geschichtlichen Persönlichkeit an den sogenannten charakteristischen Zügen, welche ja doch nichts anderes sind als Abweichungen von der naturgemäßen menschlichen Entwicklung. Was dem ersten oberflächlichen Blick dafür gilt, zeigt sich bei näherer Betrachtung nicht als Individualität, sondern als Eigentümlichkeit der Kulturepoche oder der Nation; wie denn seine Jugendabenteuer ihm mit allen gleichgestellten begabteren Zeitgenossen gemein sind, sein unpoetisches, aber energisch logisches Naturell das Naturell der Römer überhaupt ist. [...] Aber ebenhierin liegt auch die Schwierigkeit, man darf vielleicht sagen die Unmöglichkeit Caesar anschaulich zu schildern."[12] Diese Sätze dokumentieren unreflektiert, aber deutlich zwei grundlegende Aspekte des Erhabenen: zum einen seine Unanschaulichkeit, zum andern seine Fundierung im Prinzip der „extremen Mitte".

Es trifft gewiß die Absicht des Verfassers der Schrift *Vom Erhabenen,* wenn man ihn dem erhabenen Stil eine gewisse Unüberwindlichkeit zuschreiben läßt, deren Spezifikum in der Grundqualität besteht, sich immer wieder der Überwindung anzubieten, in ihrem Gegenteil also sich darzustellen. Dabei entsteht ein Spiel, bei dem in überraschender Wendung hinter der Schwäche die Stärke hervortritt. Der erhabene Stil manifestiert seine zeittranszendierende Kraft gerade dadurch, daß er sich über die eigenen „Kunstfehler" erhebt und auf diese Weise nicht nur die unberechtigte, sondern auch die berechtigte Kritik scheitern läßt. Die Größe schließt Anstößigkeit ein: „das Unanstößige wird nie getadelt, das Große aber wird bewundert. Wozu außerdem noch sagen, daß ein jeder dieser Männer so oft alle Fehlgriffe durch einen einzigen erhabenen und rechten Wurf ausgleicht und, was das Wichtigste: daß, würde einer alle Schnitzer des Homer, des Demosthenes, des Platon und anderer, soviel es nur Größte gibt, auflesen und auf eines häufen, er doch das Wenigste, noch nicht einmal das allerkleinste Teilchen finden würde von dem, was diese Heroen allenthalben aufgestellt haben? Alle Zeitalter und Leben – nicht kann sie der Neid des Aberwitzes zeihen – brachten und gaben ihnen deshalb die Siegeszeichen, die bis

11) Theodor Mommsen, *Römische Geschichte,* Bd. 3, Berlin 1882, S. 467 f.
12) *Ebd.*

heute unangetastet blieben, und werden sie ihnen wohl bewahren."[13] Kennzeichen des erhabenen Stils ist die beständige Nähe zur Ekstasis: „Es ist nämlich, wie ich zu sagen nie aufhöre, für jedes kühngewagte Wort dies Lösung und versöhnliches Mittel: daß große Leidenschaft und Tat dicht an der äußersten Grenze stehen."[14]

Im XII. Kapitel der Schrift *Vom Erhabenen* wird der Versuch unternommen, den erhabenen Stil von dem abzugrenzen, was man in der antiken Rhetorik als αὔξησις (Mehrung, Erweiterung) begrifflich zu fixieren pflegte. Der Vergleich bietet sich insofern an, als es in beiden Fällen um Formen der Steigerung geht, welche den „Logos in eine bestimmte Art von Größe einhüllen"[15]. Der Verfasser zeigt logische Bildung, wenn er ausdrücklich fordert, trotz der Konvergenz den spezifischen Unterschied nicht zu verkennen, der durch die Doppelseitigkeit entsteht, die am Logos zutage tritt: je nachdem, ob man das Geredete als solches oder das durch die Rede Erscheinende ins Auge faßt. Aus diesem zwiefachen Aspekt ergeben sich nämlich zwei Formen der Verstärkung: Die eine steigert die Geltungskraft des Logos, indem sie den Eindruck weitsichtiger Deskriptivität vermittelt und zum Weiterreden einlädt; nach Longinus besteht sie „in der Ballung aller im Gegenstand enthaltenen besonderen und allgemeinen Züge, welche durch ihre Nachdrücklichkeit eine Beweisführung verstärkt"[16]. Die andere Form der Steigerung erfolgt dagegen durch die Erhöhung des im Logos Enthüllten selbst. Sie bewirkt den zündenden Kontakt, den ergreifenden Augenblick, die Neugeburt des Gegenstandes aus dem Subjekt, in das er eingegangen und das ihn er- und durchlitten hat. Dies ist die Steigerungsform des erhabenen Stils, zu dem wesentlich die Isolation, die Ausblendung, das Abbrechen, das Schweigen und Verschweigen, die Verrätselung und das Zwanghafte des So-und-nicht-anders-Könnens gehören. Seine Unterscheidung des erhabenen Stils einerseits und des Anreicherungsstils andererseits faßt Longinus folgendermaßen zusammen: „Am glücklichsten (καιρός) stellt sich der demosthenisch hochgespannte Stil im Überwältigenden und in den heftigen Leidenschaften dar und dort, wo es gilt, die Hörer zutiefst zu erschüttern, der breite Erguß aber dort, wo man sie mitschwemmen muß. Denn er eignet sich in den meisten Fällen für allgemeine Betrachtungen, abschließende Beweisführungen und Abschweifungen, für alle beschreibenden und ausschmückenden Abschnitte und für geschichtliche, naturwissenschaftliche wie auch nicht wenig andere Gegenstände."[17] Der erhabene Stil setzt eine Bejahung des Schmerzes und des Leidens voraus, insofern nur das Durchlittene wahrhaft

13) von Scheliha, *Die Schrift vom Erhabenen,* Kap. XXXVI, S. 107.
14) *Ebd.*, Kap. XXXVIII, S. 111: τὰ ἐγγὺς ἐκστάσεως ἔργα καὶ πάθη.
15) *Ebd.*, Kap. XII, S. 52: τῷ λόγῳ περιτίθησιν ποιόν τι μέγεθος.
16) *Ebd.*, Kap. XII, S. 55.
17) *Ebd.*

erhaben dargestellt werden kann[18]. Nach Longinus ist der erhabene Stil eine Spielart von Enthusiasmus und Pathos. Er entsteht, wenn „du aus Begeisterung und Leidenschaft zu schauen meinst, was du sagst und den Hörern vor Augen stellst“[19]. Der erhabene Stil konstituiert sich in der Transposition von Leiden in Bilder, wobei die Subjektivität des Künstlers im Moment ihrer höchsten Steigerung aufgegeben wird[20].

Longinus berührt ein zentrales Problem der Rhetorik des Erhabenen, wenn er deren Verhältnis zum Tragischen erörtert. Euripides kommt mit Partien seiner Chorlyrik zu Wort, die in ihrer Beschwingtheit eindeutig dem erhabenen Stil zuzurechnen sind. Longinus bemerkt dazu, daß die Tragik der Euripideischen Dramen im wesentlichen auf der Darstellung von Wahnsinn und Eros beruhe, insofern sie ohne irgendwie noch faßliche Ordnung nach dem Prinzip der Tyche ins Sinnlose treiben[21]. Auch der Bruch zwischen dem chorlyrischen Aufschwung einerseits und dem in der dramatischen Handlung erfolgenden Abgleiten in die Destruktion andererseits wird von Longinus angedeutet. Schon die Auswahl der Beispiele läßt erkennen, daß das Nebeneinander von nichterhabener Tragik auf der Handlungsebene – man denke etwa an die *Helena,* die zeigt, daß der ganze trojanische Krieg um ein Trugbild geführt wurde – und nichttragischer Erhabenheit in Sprache und Melos der Chorlyrik den spezifischen Stil des Euripideischen Dramas ausmacht. Das Erhabene wurzelt hier in der Kraft des musikalischen Ausdrucks, vom unaufhaltsam zu Destruktion und Auflösung drängenden dramatischen Geschehen abzulenken.

18) Den Blick für die metaphysische Tragweite dieses Satzes öffnet der Hinweis, den Heidegger in der Schrift „Zur Seinsfrage“ (*Wegmarken,* Frankfurt/M. 1978, S. 398) auf den Zusammenhang zwischen Geist und Schmerz gegeben hat, wobei er die Verwandtschaft des griechischen Wortes ἄλγος (Schmerz) mit ἀλέγω anführt, „das als Intensivum zu λέγω das innige Versammeln bedeutet“. Seinem metaphysischen Wesen nach ist dann der Schmerz „das ins Innigste Versammelnde“.

19) von Scheliha, *Die Schrift vom Erhabenen,* Kap. XV, S. 63.

20) Vgl. *ebd.* Das rhetorische Phantasiebild hat seinen Grund in der Mitbewegung (συγκίνησις) mit dem Dargestellten. Dieser Gedanke geht auf Platon (*Timaios* 90 A) zurück, dürfte dem Verfasser der Schrift *Vom Erhabenen* jedoch, wie Joseph Hans Kühn (*ΥΨΟΣ. Eine Untersuchung zur Entwicklungsgeschichte des Aufschwunggedankens von Platon bis Poseidonios,* Stuttgart 1941, S. 21 ff. u. 97 f.) wahrscheinlich gemacht hat, durch Poseidonios vermittelt sein, nach dessen Lehre lebendige Teilnahme (συμπάθεια, συγκίνησις) am Menschlichen, welche nicht erniedrigt, nur unter der Voraussetzung einer geistigen Bindung ans Göttliche möglich ist, da außerhalb des Ursprungsbezugs die Verhärtung der Seelen (σκληρότης) unausweichlich ist. Demnach wäre der erhabene Stil, wo er gelingt, immer eine Form göttlicher Offenbarung.

21) Vgl. dazu auch: Karl Reinhardt, „Die Sinneskrise bei Euripides“, in: *Tradition und Geist. Gesammelte Essays zur Dichtung,* Göttingen 1960, S. 238.

Freilich hat Longinus ersichtliche Schwierigkeiten, die Euripideische Gebrochenheit in der erhabenen Stilisierung unmißverständlich zu charakterisieren. Er behilft sich mit dem Ausdruck προσηνάγκασεν (er zwang sich; Kap. XV 3), um kenntlich zu machen, daß bei Euripides' Bezug zum Erhabenen das Willentliche vorherrsche. Er sieht darin etwas künstlich Erzwungenes, dem die natürliche Grundlage fehlt. Das Erhabene bei Euripides ist nicht φύσει, sondern θέσει und in diesem Sinne relativ unecht, verglichen etwa mit dem Homerischen. Weder dem destruktiven Wahnsinn (μανία) noch der erotischen Gier eignet die Qualität erhabener Leidenschaft, die sich dadurch auszeichnet, daß sie in eine die bloß verstandesmäßige Deutlichkeit übersteigende Klarheit erhebt, während jene die Logizität unterbieten, indem sie die Fähigkeit zu vernünftiger Überlegung außer Kraft setzen. Das irrationale Pathos ist nach Longinus nicht erhaben. Das Pathos, das er allein als konstitutiv für das wahrhaft Erhabene (ἀληθὲς ὕψος) gelten läßt, hat Erkenntniswert. Es ist nicht unterlogisch, sondern erzeugt vielmehr ein die begriffliche Aussage transzendierendes Wissen.

Longinus sieht nun einen entscheidenden Unterschied darin, ob dieses höhere Pathos ursprünglich mitgegeben ist – so bei Homer und Platon – oder sekundär erworben wird. Letzteres gilt insbesondere für Euripides, dem Longinus die Befähigung zur erhabenen Tragik (das μεγαλοφυής) abspricht. Die Form von Erhabenheit, die er gleichwohl an ihm wahrnimmt, weil Euripides in der Lage sei, seine Seele der Größe zuzuwenden (ἀνατρέφειν τὴν ψυχὴν πρὸς τὰ μεγέθη), ist bedingt durch die Mimesis, durch den intensiven, liebenden Umgang mit jener höheren Dichtung, die aus dem unmittelbaren geistigen Kontakt mit dem Göttlichen entsprungen ist. Dieser zündende Kontakt fehlt bei Euripides, und das unterscheidet ihn von den anderen Dichtern, denen er noch gewährt war, vor allem von Homer, dessen Epos in Longinus' Augen geradezu Offenbarungsdignität besitzt. Es ist die Urquelle des Erhabenen und als solche die vollendete Einheit von Musik, Dichtung und Philosophie, welche ganz im Zeichen echter geistiger Mitbewegung (συγκίνησις) mit dem Göttlichen steht. Auf der Basis dieser Voraussetzung gewinnt der Mimesisbegriff bei Longinus seine eigentliche Bedeutung. Er bezeichnet die geschichtlichen Überlieferungsformen jener Ursprungskraft, die sich aus dem authentischen Gott-Mensch-Bezug generiert und deren Präsenz so auch – wenngleich graduell abgeschwächt – für Zeiten gerettet werden kann, die die urmenschliche Innigkeit im Verhältnis zum Göttlichen verloren haben.

Was die Erhabenheit im tragischen Stil des Sophokles ausmacht, wird von Longinus nur kurz angedeutet, wobei er allerdings mit sicherem Griff die wesentliche Stelle heraushebt, nämlich die Entrückung des Helden im Alterswerk *Oedipus auf Kolonnos,* die in der Tat ein höchst prägnantes Paradigma erhabener Darstellung ist. „Auf der Höhe ist auch Sophokles, wenn er Ödipus, den Sterbenden und unter Götterzeichen sich selbst zu Grabe Bringenden, malt."[22] Diese Formulierung zündet, wenn man sie direkt auf den berühmten Botenbericht am Schluß des Dramas bezieht, der in der deutschen Übersetzung Karl Reinhardts folgendermaßen lautet:

> Doch da des Jammers
> Genug war und die Klage sich gelegt,
> Da ward es still umher – als eine Stimme
> Zu ihm erscholl, daß uns vor jähem Schrecken,
> Allsamt das Haar in Angst zu Berge stand.
> Denn einmal übers andere ruft der Gott:
> ‚O du! Du Ödipus! Was zaudern wir
> Zu gehn? Du säumst zu lang an deinem Teil'... (V. 1621–1628).

An dieser Stelle wird besonders deutlich, was Longinus wiederholt betont: daß nämlich die Erhabenheit mit hohler, nach außen gewendeter Grandiosität nichts zu tun hat. Denn es ist das innige Verhältnis von Mensch und Gott, das hier zum Ausdruck kommt. Die Verwandlung von Ödipus' Schicksal erreicht ihren Höhepunkt dadurch, daß der Konflikt mit dem Göttlichen in eine Harmonie übergeht, in welcher der Gott in der Fremdheit vertraut und in der Distanziertheit zart erscheint. Dem entspricht die Gestaltung des Todes, die besonders erhaben ist, weil sie ihm alles Zwanghafte nimmt und ihn nahezu in einen rhetorischen Akt verwandelt, der den Menschen in eine Entscheidung ruft. So erweist sich der Tod als Vereinigung des Willentlichen und des Unwillentlichen. Genau dies meint Longinus mit dem Hinweis, daß es erhaben sei, wenn Sophokles Ödipus als den „unter Götterzeichen sich selbst zu Grabe Bringenden" auffaßt. Der Tod wird hier als ein Freiheitsakt gedeutet, der das passive Nachgeben nicht aus-, sondern wesentlich miteinschließt. Das Ende bedeutet nicht den Absturz ins Nichts, sondern wird wieder zum Anfang: in dem Moment, da Ödipus es ergreift, wird es zum Weg, den der Gott, der ihn weist, dadurch eröffnet, daß er abwartend zurücktritt.

Eine Bemerkung von Longinus über Aischylos mutet auf den ersten Blick merkwürdig an. Sie lautet: „So wird bei Aischylos die Königsburg des Lykurgos beim Erscheinen des Dionysos auf unvorstellbare Weise vom Gott begeistert: ‚Im Taumel schon das Haus, in Raserei das Dach.' " Sie gewinnt erst Sinn, wenn sie auf die Theologie des Aischylos bezogen wird. Dann wird deutlich, daß Longinus' Bemerkung eine für diesen Tragiker spezifische Form der erhabenen Darstellung exemplarisch kenntlich macht. Immer wieder zeigt Aischylos nämlich das Göttliche unter dem Aspekt seiner drastischen Präsenz, seiner augenblicklichen, alles ergreifenden, unwiderstehlichen Wirkung. Gewiß geben die Longinischen Darstellungen alles andere als klare Bestimmungen des am Material jeweils Gesehenen, doch geht aus ihnen zumindest deutlich hervor, daß sich die offensichtlichen Gestaltungsunterschiede zwischen den drei großen

22) von Scheliha, *Die Schrift vom Erhabenen,* Kap. XV, S. 65.

Tragikern als gleichrangige Möglichkeiten erhabener Stilisierung betrachten lassen.

Zwei weitere wesentliche Aspekte des Erhabenen, die bei Longinus Beachtung finden, berührt ein in der berühmten *Olympischen Rede* überlieferter Ausspruch des Dio Chrysostomos von Prusa, der die Eindruckskraft der Zeus-Plastik des Phidias beschreibt und folgendermaßen lautet: „Das ist das Große am Zeus des Phidias, daß, wer ihn gesehen hat, nie mehr ein anderes Bild in sich aufkommen lassen wird.“[23] Hier klingt zunächst die Qualität der Unvergeßlichkeit an, die das Erhabene mit dem griechischen Aletheiabegriff der Wahrheit verbindet, denn ἀλήθεια bedeutet wörtlich das der „Lethe“, der Vergessenheit, Entnommene, immer wieder zu Erinnernde. Genau darin erkennt Longinus ein entscheidendes Kriterium für das Erhabene, wenn er es geradezu im Rekurs auf die μνήμη, die Erinnerung, definiert. Tatsächlich groß ist ihm nur das, „was häufige Betrachtung fordert, Widerstand schwierig, ja unmöglich macht, was haftet und unauslöschlich im Gedächtnis bleibt“[24]. Zum zweiten deutet das angeführte Dion-Zitat auf das eigentümliche Rätsel des erhabenen Stils hin: daß etwas real nicht Vorkommendes gleichwohl in seinem Sein erschlossen wird. Das Erhabene ist ein „ens fictionis“, das trotz seiner Kontingenz einen Wirklichkeitsgehalt und höchste Überzeugungskraft besitzt. Es scheint beliebig viele Möglichkeiten zu geben, sich den Zeus des Mythos in der Phantasie vorzustellen – und doch ist es dem Phidias nach Dio Chrysostomos gelungen, dem Gott im plastischen Bild eine verbindliche Gestalt zu geben. In Übereinstimmung mit dieser Auffassung rät Longinus dem Adressaten seiner Schrift: „Halte du für schön, für erhaben und echt, was allen Zeiten und Allen Genüge tut. Denn wenn Menschen von verschiedenen Bestrebungen, Lebensformen, Leidenschaften, Altersstufen und Denkweisen alle insgesamt eines und dasselbe über das Gleiche meinen, dann gewährt das übereinstimmende Urteil so verschiedener Geister ein sicheres und unbestreitbares Zeichen für die Echtheit des Bewunderten.“[25]

Signum des Erhabenen ist, daß es wiederholter Betrachtung standhält, ja zu wiederholter Betrachtung geradezu einlädt, indem es den Betrachtenden für die Betrachtung stärkt. Sehr feinsinnig beobachtet Longinus, wie im Verhältnis zum Erhabenen die Differenz zwischen Produktivität und Rezeptivität sich aufhebt: „Denn von Natur wird unsere Seele durch das wahrhaft Erhabene emporgehoben, im stolzen Aufschwung von Freude erfüllt und hochgestimmt, als habe sie das, was sie vernimmt, selbst geschaffen.“[26] Die Möglichkeit der Verbindung

23) Dio Chrysostomos, *or.* XII, 54 (hrsg. v. Hans Arnim, 2 Bde., Berlin 1893/96; Neudruck 1962).
24) von Scheliha, *Die Schrift vom Erhabenen,* Kap. VII, S. 35.
25) *Ebd.*
26) *Ebd.*

von aktivem Selbstverständnis und betrachtender Passivität wurzelt im Moment der Unwillkürlichkeit, das dem erhabenen Stil unablöslich anhaftet und bewirkt, daß der Autor sich das Gelingen nie ganz und ausschließlich selbst zurechnen kann.

Sofern der Wille das personale Zentrum ausmacht, läßt sich hier von einem Zug zur Unpersönlichkeit, zur Anonymität sprechen. Ohne das Verlassen des Willenszentrums ist Erhabenheit in der Darstellung nicht zu erreichen. Wo sie erscheint, begleitet sie dementsprechend eine gewisse Wärme als sinnliche Qualität, der jedoch auf der anderen Seite eine abstandhaltende Kühle in dem Maße das Gleichgewicht hält, wie jenes Verlassen kein vollständiges Hinausgehen über das Willenszentrum bedeutet. So umhüllt die Gestalten des Erhabenen nicht selten der vornehme Zauber wärmender Entrücktheit bzw. herber Milde.

In diesem Grundzug spiegelt sich nicht nur das dynamische Prinzip der bildlichen Produktivität des Erhabenen wider, sondern vor allem auch seine innere Affinität zur Metapher des Kreises. Der Kreis ist zweifellos das angemessene Bild der für das Erhabene charakteristischen Verschränkung von Verharren und Bewegtheit. Darüber hinaus ist der Kreis in gewissem Sinne zugleich die Metapher der Struktur von Metaphorik selbst, weil er eine Form der Heraushebung bedeutet, die die Rückbindung an ihren Ausgangspunkt einschließt[27)].

So ist der Zusammenhang von Erhabenheit und Stilisierung nicht kontingent in dem Sinne, daß das Erhabene lediglich der Gegenstand oder allenfalls ein okkasionelles Attribut des Stils wäre. Vielmehr ist dieser selbst eine Eigenschaft des Erhabenen, und zwar vor allem der eigentümlichen Distanziertheit wegen, die es wahrt, auch wenn es uns ganz nahekommt. Seiner Wirklichkeit ist immer auch ein Zug von Unwirklichkeit beigemischt, eine untilgbare Fremdheit haftet ihm wesensmäßig an und bewirkt, daß das Phänomen des Erhabenen – auch wenn es an Naturphänomenen wie Sturm oder Meeresrauschen wahrgenommen wird – in sich und vor aller ausdrücklichen Beschreibung schon stilvoll wirkt. Das Erhabene ist ein Übermaß, das doch in sich verharrt und Kontinuität bewahrt. Auch darin gleicht es dem Kreis, der als ein übermäßiger Punkt insofern betrachtet werden kann, als er im Hinausgehen über die Punktualität gleichwohl auf diese rückbezogen bleibt. Das Erhabene ist einerseits das, was im Moment der Entgrenzung sich der Fassung darbietet, andererseits aber gleichzeitig der konzeptuellen Fixierung in dem Maße widerstrebt, wie es sich selbst begrenzt.

Wie das Erhabene den Willensbereich überschreitet und dabei doch auf ihn zurückbezogen bleibt, so steht es auch zum Intellekt in einem gespaltenen

27) Vgl. hierzu auch Jörg Villwock, *Metapher und Bewegung*, Frankfurt/Bern 1983.

Verhältnis. Es entzieht sich dem begrifflichen Bestimmungsvermögen und bleibt dennoch logischen Ansprüchen verpflichtet. Entsprechend übt Longinus eine entschiedene Kritik an Vergleichsbildungen, die im offenkundigen Streben nach Erhabenheit zureichende Überlegung vermissen lassen. Hier bietet sich ein unmittelbarer Rekurs auf die Geistidee an. Das Erhabene verweist im transzendierenden Rückbezug auf den einheitlichen Geistgrund von Wille und Intellekt, der an ihm zum Leben erwacht. Longinus stellt diese Angewiesenheit der geistigen Seele auf das Erhabene kurz und prägnant fest: „Denn deren Wirksamkeit läßt nach und löst sich auf, wenn sie nicht durch Erhöhung gestärkt wird.“[28)] Die Entfaltung des geistigen Seins ist an die Bedingung der Steigerung geknüpft, deren Ausbleiben unweigerlich ein Absinken von Energie und Wirksamkeit nach sich zieht. Unter diesem Gesichtspunkt erweist sich das Erhabene im Longinischen Sinne als „Seele“ oder „innere Form“ der Rhetorik, gegenüber der Figuren wie die Amplifikation oder die Emphasis nur eine derivative Bedeutung haben. „Dies [die Anreicherung der Rede] mag durch Verallgemeinerung oder Hervorhebung – das Überbetonen der Tatsachen oder Argumente – oder durch ein Hinzufügen schildernder und leidenschaftlicher Stellen geschehen (denn es gibt zahllose Möglichkeiten der Anreicherung), in jedem Falle ist notwendig, daß der Redner erkenne, wie deren keine ohne Erhabenheit sich allein genügen kann.“[29)]

Die grundlegende Struktur der Erhabenheit ist die Differenz in der Ungeschiedenheit (διάκρισις ἀδιαίρετος). Das Erhabene vereinigt in sich den κοινωνία- und den ἀσυγχία-Aspekt, Gemeinschaftsbezug und Absonderung. Sein Hauptsymbol ist das Licht, das dabei unter dem Aspekt seiner artikulierenden und zugleich verbindenden Kraft gesehen wird. Zweifellos gehört deshalb die Lichtmetaphorik ins Zentrum der Rhetorik des Erhabenen. Philosophisch bedeutet das die Einheit von Analogie- und Kausalitätsidee, das bipolare Verständnis der Ursache als Anfangs- und Sinngrund, als Wirk- und Zielprinzip.

Von wesentlicher Bedeutung für die geschichtliche Zuordnung der Rhetorik des Erhabenen ist der ihr inhärente Anspruch, stilisierten Ausdruck mit einer Erkenntnisform zu verknüpfen, die die innere Bindung an das Erkannte wahrt. Hierin rückt sie zwangsläufig in Gegensatz zum neuzeitlichen Bewußtsein, das auf die Dissoziation von Erkenntnis und Bindung drängt. Unter neuzeitlichen Prämissen besteht der Sinn der Erkenntnis in der Ablösung, während das, woran sich der Mensch gebunden weiß, das Erkenntnisverlangen scheitern läßt. So hat z.B. die erkenntnismäßige Durchdringung des Kosmos durch Kopernikus in der

28) von Scheliha, *Die Schrift vom Erhabenen,* Kap. XI, S. 53.
29) *Ebd.*

Hauptsache die Ablösung des Menschen vom kosmischen Gefüge als eines lebensbestimmenden Faktors zur Folge.

Das Verhaltenskorrelat des neuzeitlichen Erkenntnisbegriffs heißt Zudringlichkeit. Wo sie auf Widerstand stößt, wird eine Entwertung vorgenommen. Durch seine Zuordnung zum Dunklen gerät das Erhabene in den Verdacht, Deckbild des Niederen bzw. des Bösen zu sein. Diese neuzeitliche Grundannahme erfährt eine extreme Zuspitzung in Nietzsches Moralkritik, die mit dem Diktum einsetzt: „Aber die Moral gebietet nicht nur über jede Art von Schreckmitteln, um sich kritische Hände und Folterwerkzeuge vom Leib zu halten; ihre Sicherheit liegt noch mehr in einer gewissen Kunst der Bezauberung, auf die sie sich versteht – sie weiß zu ‚begeistern'."[30] Eine „Kunst der Bezauberung" – das ist nun die Rhetorik des Erhabenen, die hier ganz auf der Linie der neuzeitlichen Erkenntnisidee als Prinzip der Gegenaufklärung gesehen wird. Die Abspaltung der Erkenntnis vom Leben und die Irrationalisierung des letzteren ist eine damit unmittelbar zusammenhängende, für die Neuzeit ebenso charakteristische Tendenz. Entsprechend kann das, was den Menschen lebendig ergreift, immer nur ein Faktor sein, der sich der Einsicht und der intellektuellen Bewältigung verweigert.

Demgegenüber impliziert die Rhetorik des Erhabenen im Longinischen Sinne zum einen, daß die Erhebung des Anderen nicht unmittelbar an eine Selbstherabsetzung geknüpft ist, sondern vielmehr die Selbstmiterhebung des Erhebenden erfordert, zum anderen den Begriff einer Erkenntnis, die von lebendiger Berührung ausgeht und auf lebendige Berührung zuläuft. Diese ist hier das Ferment des Begreifens, das sich seinerseits als Ermöglichungs- und Steigerungsfaktor von Anrührung und Ergriffenwerden bestimmt.

Longinus betont die „kairotische" Ereignishaftigkeit des erhabenen Stils, wenn er schreibt: „Das Erhabene aber, wenn es im rechten Augenblick hervorbricht, zerstreut alle Dinge nach Art eines Blitzstrahls."[31] Das Erhabene

30) Friedrich Nietzsche, *Morgenröte* (Aph. 3), Werke I, hrsg. v. Karl Schlechta, München 1979, S. 1012.

31) von Scheliha, *Die Schrift vom Erhabenen,* Kap. I, S. 25. Wer nach weiteren Beispielen für erhabene Darstellung sucht, den möchte ich an dieser Stelle insbesondere auf Joseph Conrads *Der goldene Pfeil* verweisen. Die weibliche Zentralfigur des Romans, Doña Rita, ist ersichtlich als erhabene Gestalt gezeichnet: „Bei all seinem lebendigen Ausdruck bewahrte ihr Gesicht eine Art von Reglosigkeit. Die Worte, gleich, ob leidenschaftlich oder rührend, schienen sich gleichsam in der Luft, unabhängig von ihren Lippen, zu bilden. Deren Kontur veränderte sich kaum, blieb anmutig und ernst, kraftvoll, wie von der Inspiration eines Künstlers erschaffen; weder vorher noch nachher habe ich etwas Vergleichbares in der Natur gesehen" (*Der goldene Pfeil. Eine Geschichte zwischen zwei Bemerkungen,* Frankfurt/M. 1966, S. 104). Die Leidenschaft für die im Sinne der Begnadung erhabene Frau ist selbst erhaben und schließt folglich die Ablösung ein. Das hebt sie über den destruktiven Wahnsinn

entsteht in der spontanen Verschmelzung äußerster Gegensätze, in der Koinzidenz von Selbstaufhebung und Selbsterhebung, Ekstasis und Reflexion, die nur für einen Augenblick vollzogen werden kann. Dabei bleibt festzuhalten, daß das Erhabene für Longinus nichts vom Leben Abgelöstes darstellt. Mit dem Erhabenen wird das gewöhnliche Dasein überschritten, doch gleichzeitig ist das Erhabene für Longinus die Form des ganzen Lebenszusammenhangs, etwas Abgehobenes also, das gleichwohl die Verbindung mit der Ganzheit des geschichtlichen Daseins wahrt.

Der Augenblick des erhabenen Stils stellt sich nicht unvermittelt ein, sondern bedarf der Vorbereitung durch eine entsprechende Lebensführung, ohne freilich kausal aus ihr abgeleitet werden zu können. Dieser Gedanke wird im Schlußkapitel der Schrift *Vom Erhabenen* ausgeführt, das ein höchst kritisches Bild der Zeit unter dem Aspekt ihrer mangelnden Affinität zum Erhabenen entwirft. Aus zahlreichen Beispielen für den Verlust jeder höheren Orientierung wird hier das Überhandnehmen von Verfall und Dekadenz gefolgert: „Daß es so kommt, ist höhere Notwendigkeit, auch daß die Menschen nicht mehr emporschauen, daß selbst Nachruhm keinen Wert mehr hat, sondern daß sich in diesem Kreislauf allmählich das Leben zu Ende wirkt, Geistiges abstirbt und verdorrt und Größe ungesucht bleibt, so oft man sein sterbliches und niederes Teil allzusehr achtet, sein unsterbliches zu mehren hingegen außer acht läßt. Wo schon einer, dessen Urteil bestochen ist, kaum noch frei und gesund über Gerechtes und Schönes urteilen könnte (notwendig erscheint dem Käuflichen einzig der eigene Vorteil

hinaus, mit dem sie freilich verbunden ist. Der Erzähler ‚George' erkennt das im Anblick seines der Frau völlig verfallenen unselig-umgetriebenen „Nebenbuhlers": „Wir beide bildeten eine entsetzliche Gemeinschaft; es gab eine Verbindung zwischen seiner wahnwitzigen Quälerei und dem erhabenen Schmerz meiner Leidenschaft" (*ebd.*, S. 310). Das Erhabene überzeugt, indem es als Gnadenerscheinung bezaubert, als Unterbrechung in der Kontinuität der Schwerkraftwirkung.

Dieser Gedanke öffnet den Blick für einen weiteren höchst bemerkenswerten Zusammenhang, den ich hier zumindest im Vorbeigehen noch erwähnen möchte. Er betrifft sowohl den Zeitaspekt des Erhabenen als auch sein Verhältnis zur Technik und impliziert ein Problem, das in den Kontext der geschichtsphilosophischen Erörterung des Erhabenen im Hinblick auf die Neuzeit gehört. Für die Erfindung der Räderuhr nämlich, die zu den neuzeitlichen Inauguralereignissen zählt, kommt der Intuition des Erhabenen eine wesentliche Bedeutung zu. Offenbar haben solche technischen Konstruktionen eine geistige Seite. Jedenfalls beruht auch die Räderuhr auf der momentanen Hemmung der Schwerkraftwirkung. Dazu schreibt Ernst Jünger: „Von Anfang an wird sichtbar, daß sich eine Auseinandersetzung mit der Schwerkraft anbahnt, die keinen Vorgang besitzt. Diese Auseinandersetzung wird weit hinausführen. Sie wirkt von Anbeginn nicht nur räumlich, sondern auch zeitlich, in Form der Hemmung bei der Ersinnung der Räderuhr. Die Hemmung ist das Pendant der Hochstrahlung" („Das Sanduhrbuch", in: *Essays IV: Fassungen.* Werke Bd. 8, Stuttgart 1963, S. 176 f.).

schön und gerecht), und wo bereits Bestechlichkeit das ganze Dasein eines jeden von uns bestimmt, auch das Jagen nach dem Tod des Anderen, das Lauern auf Erbschaften, und wo ein jeder von uns seine Seele verkauft, um aus allem Nutzen zu ziehen, und wir Knechte der ... geworden sind, glauben wir dann noch im Ernst, daß bei so seuchengleicher Verderbnis des Seins ein freier und unbestechlicher Richter der großen überdauernden Dinge leben könnte und nicht im Amt verdorben wurde durch Sucht nach Mehrung seiner eigenen Habe?"[32]

Dieses Dekadenzmodell gibt ex negativo das zu erkennen, was man mit einem anachronistischen Ausdruck die existentielle Voraussetzung des erhabenen Stils nennen könnte. Es handelt sich dabei vor allem um die Überwindung des niederen Egoismus, der sklavischen Selbstbehauptung um des Genusses willen und des daraus sich ergebenden Mangels an Sinn für Gerechtigkeit. „Die Gier nach Geld, an der wir alle unstillbar schon leiden, und die Gier nach Genuß machen uns zu Sklaven, mehr noch, man kann wohl sagen, sie stürzen das Leben mit Mann und Maus bereits in die Tiefe."[33] Wo die Existenz einseitig vom bloßen Erhaltungstrieb dominiert wird, verliert die große Kunstäußerung ihre wesentliche Grundlage. Dem erhabenen Stil kann nur eine Lebensweise entsprechen, deren Gesamtorientierung auf den Höhepunkt der Koinzidenz von Selbsterhebung und Selbstaufhebung zielt und so in besonderem Maße durch das Bewußtsein des je eigenen Todes bestimmt ist. Da das Todesbewußtsein den Menschen tief in das Leben hineinzieht und zugleich weit über es hinaushebt, kann es als zentrale Bedingung für die Erfahrung des Erhabenen betrachtet werden.

In diesem Zusammenhang muß eine ihrer Kürze wegen leicht zu unterschätzende Formulierung des Longinus gesehen werden, worin der erhabene Stil als Spiegel der Hochsinnigkeit bezeichnet wird: ὕψος μεγαλοφροσύνης ἀπήχημα (das Erhabene ist ein Nachklang der Hochsinnigkeit)[34]. Die Stelle verdient Beachtung, weil sie mit dem Ausdruck μεγαλοφροσύνη (Hochsinn, Seelengröße) einen weiteren Schlüsselbegriff der Rhetorik des Erhabenen zur Sprache bringt und sich damit einer Tradition anschließt, die von Aristoteles ihren Ausgang nimmt und im Neuplatonismus wieder aufgenommen und weiterentwickelt wird. Aristoteles leitet die Erörterung des Begriffs im vierten Buch der *Nikomachischen Ethik* mit folgender Feststellung ein: „Wie aus dem Wort unmittelbar hervorzugehen scheint, ist die Hochsinnigkeit (die Seelengröße) auf das bezogen, was groß ist."[35] Hochsinnigkeit ist nach Aristoteles eine Art des Selbstbewußtseins, die den Willen zur Differenz einschließt und sich im Vollzug

32) von Scheliha, *Die Schrift vom Erhabenen*, Kap. XLIV, S. 127 f.
33) *Ebd.*
34) *Ebd.*, Kap. IX, S. 38.
35) Aristoteles, *Nikomachische Ethik* 1123 b 1.

der Aufrichtung durch eine Urentscheidung gegen die Schwerkraft konstituiert. Für das Verständnis dieser ethischen Problematik ist die Erinnerung an das erforderlich, was Aristoteles in der Schrift *Über den Himmel* in bezug auf das Oben (το ἄνω) sagt: ihm eigne die Natur des Bestimmten, τοῦ ὁρισμένου, dem Unten die des Unbestimmten, Dyadischen[36]. Wie sehr diese Differenzierung den Grundansatz der Aristotelischen Ethik bestimmt, wird unmittelbar aus der folgenden Formulierung deutlich, die gewiß zu ihren Zentralthesen gezählt werden darf: „Ferner ist das Verfehlen vielfältig (denn das Schlechte gehört zum Unbegrenzten, wie die Pythagoreer urteilen, das Gute aber zum Begrenzten), das Rechthandeln aber ist von *einer* Art. (Daher ist das eine leicht, das andere schwierig. Leicht ist es, das Ziel zu verfehlen, schwierig es zu treffen.) Und daher gehört zur Schlechtigkeit das Übermaß und das Versäumnis, zur Tugend aber das Mitte-Halten."[37] In der Schrift *Über den Himmel* findet man den gesamten ethischen Konstitutionszusammenhang vorgezeichnet. Wenn es dort heißt, daß das Oben im Verhältnis zum Rechten der Entstehung nach das Frühere sei, so bedeutet das hinsichtlich der ethischen Problematik, daß die Wahl des Rechten dem Erreichen von Höhe nicht etwa vorausgeht, sondern umgekehrt die Dimension des Rechten erst in der Urentscheidung für die Höhe gewonnen wird. In diesem Sinne ist bei Aristoteles die Hochsinnigkeit das ethische Grundprinzip. Denn eigentlich existiert der Unterschied von Richtigem und Falschem nur für den Hochsinnigen, während das menschliche Handeln ansonsten insofern immer richtig und immer falsch ist, als es den Bezugspunkt der Beurteilung außer sich hat. Es gibt stets einen Standort, von dem aus es sich als richtig, und einen, von dem aus es sich als unrichtig erweist. Wo die Hochsinnigkeit fehlt, greift folglich das Sich-etwas-Vormachen um sich, die auf die Indifferenz von richtig und falsch sich stützende Größenimagination. Zum Gegenteil dessen, was Aristoteles μεγαλοψυχία nennt, gehört die Selbsttäuschung, die Indirektheit im Selbstbezug, das Ansichselbsthaften in der Flucht vor sich selbst, das Umschweifige, die Selbstsucht, die Indifferenz, das Verschweben in immer neuen und anderen Möglichkeiten – das mit gierigem Streben nach Geld und Macht als den Repräsentanten der unbegrenzten, bloß abstrakten Potentialität sich verbindet –, das Schwärmen – weil das Große immer nur im Außen erscheint –, das Parasitäre, Symbiotische, der Hang zum Bösen. „Unmöglich", sagt Aristoteles, „würde es zum Wesen des Hochsinnigen passen, vor einer Gefahr Hals über Kopf davonzulaufen oder ein Unrecht zu begehen. Denn wozu sollte er sich die Mühe machen, Böses zu tun, er, dem nichts ‚groß' ist?"[38] Zur Hochsinnigkeit gehört nach Aristoteles das Sich-von-sich-selbst-Unterscheiden, die Distanz gegenüber

36) Aristoteles, *De coelo* IV, 4.
37) Aristoteles, *Nikomachische Ethik* 1106 b 28 ff.
38) *Ebd.* 1123 b 31.

dem sicheren Leben, ohne in Sorglosigkeit zu geraten. Wie dem Mangel an Hochsinn der Überschwang korrespondiert, weil der Nichthochsinnige überall dem Schein von Größe erliegt, der ihm die Gelegenheit bietet, von sich selbst wegzusehen, so entspricht der Hochsinnigkeit eine gewisse Zurückhaltung, die nicht mit Kälte zu verwechseln ist. Der Hochsinnige „kennt keine nervöse Spannung, er ist auch nicht leicht hingerissen, denn nichts ist ‚groß' "[39].

Wenn die Hochsinnigkeit ferner von zwei gegensätzlichen Lebensentwürfen abgegrenzt wird, deren Mitte sie darstellt – wobei der eine dadurch gekennzeichnet ist, daß er „sich selbst das wegnimmt, was ihm zuständе", und der andere dadurch, daß er auch das an sich rafft, was ihm nicht zusteht –, so wird daraus zum einen die grundlegende Bedeutung ersichtlich, die Aristoteles dem megalopsychia-Begriff hinsichtlich der Gerechtigkeit beimißt[40], zum anderen aber auch das, was man den „eschatologischen" Grundzug des Aristotelischen Begriffs der Mitte nennen könnte. Denn er meint damit nicht die bequeme und wagnislose Durchschnittlichkeit des nivellierenden Ausgleichs, sondern weist auf ein Äußerstes (ἔσχατον) hin, das nur schwer und selten erreicht wird: „denn in jedem einzelnen Fall die Mitte zu fassen, ist keine leichte Sache: den Mittelpunkt des Kreises findet nicht unterschiedslos ein jeder, sondern nur der Wissende. So ist das Zornigwerden leicht, das kann jeder, ebenso Geld herschenken und verschwenden – allein das Richtige zu bestimmen in Hinsicht auf Person, Ausmaß, Zeit, Zweck und Weise, das ist nicht jedem gegeben, das ist nicht leicht. Daher ist richtiges Verhalten selten; es ist des Lobes wert und es ist edel."[41]

Im Horizont einer solchen extremen Auffassung gewinnt der Begriff der Mitte eine deutliche innere Affinität zur rhetorischen Konzeption des Erhabenen. Diese Nähe tritt bei Longinus darin zutage, daß er das Spezifische des erhabenen Stils gerade unter dem Aspekt seines Mittecharakters beschreibt: „Ganz allgemein scheint Schwulst zu den Fehlern zu gehören, die meist am schwersten zu meiden sind. Denn zu ihm werden unwillkürlich alle, die nach großartigem Ausdruck streben – indem sie den Vorwurf der Kraftlosigkeit und Trockenheit fliehen – ich weiß nicht wie verleitet; sie vertrauen wohl dem Satz: Erhaben auszugleiten ist noch ein edler Fehltritt. Aber Aufblähungen sind am Leibe so häßlich wie an der Rede, deren Schwammigkeit unwahr ist und uns leicht ins Gegenteil unserer selbst verkehrt. Sagt man doch: Nichts ist trockener als der Wassersüchtige. Der Schwulst will sich noch über das Erhabene hinausheben,

39) *Ebd.* 1124 a 15 ff.

40) Gleiches gilt auch in Hinsicht auf die παρρησία, die „Freiheit des Wortes", die sich dem entgegenzusetzen vermag, „was die Leute meinen", und die nach Aristoteles ebenfalls in der Hochsinnigkeit wurzelt (vgl. *ebd.* 1124 b 29).

41) *Ebd.* 1109 a 24 ff.

kindische Rechthaberei aber steht dem Großartigen ganz entgegen, denn sie ist niedrig in jedem Betracht, kleinsinnig und wirklich ein höchst unedler Fehler. Was ist nun diese kindische Rechthaberei? Doch offenbar eine schulmeisterliche Denkweise, die durch Übergeschäftigkeit in Erstarrung endet. Dieser Art verfallen, die nach dem Außergewöhnlichen, dem Gemachten, vor allem nach dem Anreizenden streben, aber der Kleinlichkeit und gezierten Manier zutreiben."[42)]

Der Gedanke, daß der erhabene Stil sowohl manieristisch-gekünstelte Kargheit als auch schwülstige Überladenheit zu vermeiden hat, ist traditionsgeschichtlich in zwei Richtungen signifikant: Er weist zurück auf den Aristotelischen Begriff des Hochsinns, in dem das ethische Korrelat der Erhabenheit ersichtlich wird, und bestimmt zugleich ein Kriterium, dem bei der Entwicklung der neuplatonischen Gebetstheorie tragende Bedeutung zukommt. Diese bringt in ihrem Kern den höchsten Anspruch der Rhetorik zum Ausdruck: das Hineinwirken in die göttliche Dimension. Dazu nun abschließend einige wenige Hinweise, die die philosophische Reichweite dessen zumindest andeuten sollen, was bei Longinus in bezug auf den noologischen Aspekt der Rhetorik des Erhabenen anklingt.

Im Zentrum der neuplatonischen Auffassung des Gebets steht die Erfahrung der Erhabenheit des Geistes, die vorwiegend durch das Kategorienpaar πέρας und ἄπειρον – die Grenze und das Grenzenlose – expliziert wird. Der Geist ist ursprüngliches μέσον (Mitte) von Begrenztem und Unbegrenztem. Er gibt allem anderen Maß und Grenze, bleibt aber selbst maß- und grenzenlos in dem Sinne, daß er sich von nichts begrenzen läßt. Die Erhabenheit über alle äußere Begrenzung ist hier eine Funktion des inneren Aktes der Selbstbegrenzung. Die Annahme, daß nur das in sich Begrenzte nach außen hin eine begrenzende Wirkung zu entfalten vermag, gehört zu den rhetorischen Grundmotiven der neuplatonischen Lehre von der dynamischen Identität des Geistes, dessen wesensmäßige Bewegtheit aus der Selbstbegrenzung in der Entgrenzung und der Entgrenzung in der Selbstbegrenzung entsteht.

Die Bedeutung der Gebetsrhetorik im Neuplatonismus erschließt sich vollständig erst im Hinblick auf die Problematik des Bösen. Die Identifikation des Einzelnen mit dem Ursprung würde sich sofort ins bösartig Wahnhafte verkehren, wenn sie nicht an die Form des Gebets zurückgebunden bliebe. Deren Funktion ist die Meidung der negativen Erhabenheit – die den Inbegriff des Bösen ausmacht –, der falschen Vergeistigung, die die Sinne unerleuchtet läßt. Dagegen grenzt sich das Gebet vor allem durch seinen descensus-Aspekt ab: In ihm erfolgt der Aufstieg zum geistigen Sein nur über den freiwilligen Abstieg. Der Erhebung in die Grunddimension geht hier die Anerkennung des Abstands

42) von Scheliha, *Die Schrift vom Erhabenen,* Kap. III, S. 29.

zu ihr voraus. In dieser Hinsicht entspricht der erhabene Gebetsstil dem gespaltenen Grundcharakter der Wirklichkeit. Denn diese ist nach neuplatonischer Auffassung wesentlich durch den Widerspruch gekennzeichnet, daß die geistige Ursprungsdimension zugleich anwest und abwest[43], wobei eins untrennbar mit dem anderen verbunden ist: die Not der Differenz und das Glück der Einheit. Als Beleg für diesen Zusammenhang kann die folgende Reflexion des Proklos gelten, die die Gebetshymnik unter dem Gesichtspunkt der „Homoiosis" (Anähnlichung) an Gott betrachtet und unmittelbar an die Forderung nach Angemessenheit im erhabenen Stil erinnert: „Hymnus auf den Vater sind nicht zusammengestellte Worte, nicht Verrichtung von Werken; der einzig unvergänglich ist, nimmt einen vergänglichen Hymnus nicht auf. Wir wollen nicht hoffen, den Herrn der wahren Worte weder mit einem neuen Sturm der Worte noch durch ein Zurschaustellen kunstvoll aufgeputzter Werke überreden zu können. Ungeschminkte Schönheit liebt Gott. Als Hymnus wollen wir daher dem Gotte darbringen: die Anähnlichung an ihn."[44] Die Einheit von Erhabenheit und Gebetsform wird hier ebenso deutlich wie die dazugehörige Idee einer Erfüllung des Menschlichen in seiner Überschreitung, die letztlich wohl auch der Longinischen Konzeption der „Seelengröße" zugrunde liegen und ihre theologische Tiefendimension ausmachen dürften.[45]

43) Proklos, in *Tim.* III 143, 18. Hier findet sich die Pointe dieser Charakteristik in die paradoxe Formel gefaßt, es sei „alles Seiende hervorgegangen und nicht hervorgegangen." (Vgl. dazu: Werner Beierwaltes, *Proklos. Grundzüge seiner Metaphysik*, Frankfurt/M. 1965.)

44) Proklos, *Ecl. de philosophia chaldaica.* Hrsg. v. Albert Jahn, Halle 1891, 2, 11-18. (Übersetzung nach Walter Beierwaltes, *Proklos*, S. 327.)

45) Die sich hier unmittelbar aufdrängende Frage nach den traditionsgeschichtlichen Bezügen dieses Gedankens zu Nietzsches Entwurf des „Übermenschen" sowie zu Heideggers „Humanismuskritik" sei an dieser Stelle zumindest angedeutet. Auch die Bezüge zu Carlyles Begriff des Heroischen, in dessen Zentrum der allen Schein- und Selbsttäuschungsmechanismen überlegene Wirklichkeitssinn steht, sowie zu Ernst Jüngers Idee des „heroischen Realismus" wären einmal zu durchdenken. In diesem Zusammenhang möchte ich schließlich noch auf zwei Studien hinweisen, die mit der oft beschworenen, aber nur selten konkret aufgezeigten philosophischen Dignität der Schrift *Vom Erhabenen* Ernst machen: Neil Hertz, „Lecture de Longin", in: *Poétique* 15 (1973), S. 292–306, sowie die schon in Anm. 1 angeführte Arbeit von Suzanne Guerlac. Hertz erfaßt die geglückte Unifikation, die Ablösung einschließt und so den Abstand zwischen den Geeinten wahrt, als Kern von Longinus' Begriff des Erhabenen. Sehr umsichtig wird auch die kunstvolle Subtilität der Longinischen Zitationsweise herausgestellt. Guerlacs Studie ist besonders deshalb wertvoll, weil sie die Interpretation des Longinus-Textes auf das Niveau einer systematisch-philosophischen Betrachtung zu heben sucht. Literarische Besonderheiten der Longinischen Darstellungsweise werden nicht nur benannt, sondern in ihrem Problemgehalt durchdacht. Die Möglichkeiten, die Guerlac dabei entdeckt, den Ansatz des antiken

Als rhetorische Kategorie verweist der Begriff der Erhabenheit auf den onto-theologischen Gedanken, daß die Dinge noch in ihrer Entfremdungsgestalt eine höhere Ordnung abbilden, die ihre „Eigentlichkeit", ihr „Ansichsein" verbürgt, und daß ihre faktische Trennung die wesenhafte Ursprungsbindung nicht aufzuheben vermag. In diesem Sinne wahrt die Rhetorik des Erhabenen die Kontinuität zum Mimesispostulat, indem sie die nichtobjektivierbare metaphysische Bewegungsstruktur der Wirklichkeit zum Ausdruck bringt. Mimesis steigert sich im erhabenen Stil zu einer lebendig vollzogenen Wiederholung. Ziel der Stilisierung ist das gesteigerte Geschehenlassen dessen, was sprachlich beschrieben wird. Sie bildet die geistgetragene und als Steigerung zu erfahrende Rückkehr aus der Differenzierung des Seienden in die Einheit des Ungesonderten ab. Die zentrale Intuition des Longinus besteht m.E. darin, daß die Rhetorik des Erhabenen absolut und daher präsentisch ist, mithin ihr Gelingen davon abhängt, daß sie das thematische Was im Wie der Darstellung zwanglos anwesen zu lassen vermag. Wo die Möglichkeit solcher „Zeitigung" aus dem Horizont des existierenden Daseins verschwindet, geraten Kunst und Lebensführung notwendig in die Nähe des Manierismus.

Autors mit Fragestellungen der Gegenwartsphilosophie (Heidegger, Derrida, Lacan) zu vergleichen, sind interessant und, wo nicht überzeugend, so doch zumindest erwägenswert. Was man beiden Arbeiten allenfalls kritisch vorhalten könnte, ist eine gewisse Unbekümmertheit um das hermeneutische Problem der „Horizontverschmelzung". Eklatantes Beispiel: Hertz führt Longinus' Genesis-Zitat an, ohne die Kenntnis der hellenistischen Geist- bzw. Logosmetaphysik zu beachten, die darin besonders klar zum Ausdruck kommt. Die Übereinstimmung mit Philo von Alexandrien, die Eduard Norden (*Das Genesiszitat in der Schrift vom Erhabenen*, Berlin 1955) philologisch überzeugend nachgewiesen hat, wird ignoriert, um eine isolierende Optik durchzuhalten, die den behandelten Text tendenziell entwurzelt und in eine allzu lineare Unmittelbarkeit zur Gegenwart versetzt, während sie seine Formation als blindes Sprachgeschehen („Une citation en suggère une autre...") erscheinen läßt, dessen Bewegungen durch einzelne Worte bestimmt werden. Übergänge, wie die von Homer zu Moses, bleiben letztlich uneinsichtig, ohne tieferes Recht, sofern man nicht ein Geistverständnis zugrunde legt, das den zentralen Blickpunkt für eine „andere", dynamischere Geschichte sichert, für die Erfahrung von Zeitüberwindung, von Gleichzeitigkeit in einem „überpositivistischen", traumhaften Sinne.

Schönheit und Erhabenheit

Der Anfang doppelter Ästhetik bei Boileau, Dennis, Bodmer und Breitinger

Carsten Zelle

Das Vorurteil, daß die Disziplin der Ästhetik es mit dem Schönen als ihrer zentralen Kategorie allein zu tun habe[1], korrigierte der französische Frühaufklärer Fénelon mit der Feststellung: „Le beau qui n'est que beau [...], n'est beau qu'à demi."[2] Der also spricht nur über die Hälfte des Schönen, der von der leidenschaftlichen Kraft des Erhabenen[3] schweigt. In meinem Aufsatz möchte ich nun nicht nur von der anderen Hälfte des Schönen, vom Erhabenen, sprechen. Vielmehr schlage ich vor, die beiden ästhetischen Kategorien im Zusammenhang einer seit der *Querelle des Anciens et des Modernes* sich ausbildenden doppelten Ästhetik der Moderne zu situieren. Ich tue dies im

1) Etwa Jared S. Moore, „The Sublime, and Other Subordinate Esthetic Concepts", in: *The Journal of Philosophy* XLV (1948), H. 2, S. 42–47, hier S. 42: „Beauty I take to be the central concept of esthetics [...]." – Der vorliegende Text ist ein um Anmerkungen ergänzter Vortrag, gehalten auf der 12. Jahrestagung der ‚German Studies Association' in Philadelphia (6. bis 9. Oktober 1988) u.d.T. „Schönheit und Schrecken. Zur Dichotomie des Schönen und Erhabenen in der Ästhetik des 18. Jahrhunderts". Für die Förderung meiner Forschungs- und Vortragsreise in die USA im Oktober 1988 danke ich der Gerda Henkel Stiftung in Düsseldorf.

2) Zit. nach Elbert Benton Op't Eynde Borgerhoff, *The Freedom of French Classicism,* Princeton N. J. 1950, S. 231, vgl. S. 232.

3) Dazu drei Standardwerke und zwei einschlägige Neuerscheinungen: Samuel H. Monk, *The Sublime. A Study of Critical Theories in XVIII.-Century England,* Ann Arbor ²1960 (zuerst 1935); Karl Vietor, „Die Idee des Erhabenen in der deutschen Literatur" (zuerst 1937), erw. in: ders., *Geist und Form. Aufsätze zur deutschen Literaturgeschichte,* Bern 1952, S. 234–266 u. S. 346–357; Théodore A. Litman, *Le Sublime en France (1660–1714),* Paris 1971; Verf., *„Angenehmes Grauen". Literaturhistorische Beiträge zur Ästhetik des Schrecklichen im achtzehnten Jahrhundert,* Hamburg 1987; Christian Begemann, *Furcht und Angst im Prozeß der Aufklärung. Zu Literatur und Bewußtseinsgeschichte des 18. Jahrhunderts,* Frankfurt/M. 1987, bes. S. 97–164; dazu Verf.s Rez. in: *Archiv für das Studium der neueren Sprachen und Literaturen,* Jg. 140/Bd. 225 (1988), H. 2, S. 358–364.

Kontext des westeuropäischen Literaturensembles und greife nach einigen Stichworten zum ästhetischen Neuansatz Ende des 17., Anfang des 18. Jahrhunderts drei frühe Stationen der doppelten Ästhetik heraus: Boileaus paradoxen Coup, der ihm 1674 mit der gleichzeitigen Veröffentlichung seiner *L'Art poétique* als Synthese der klassizistischen Doktrin und seiner Pseudo-Longinos-Übertragung *Traité du Sublime* als deren Dementi gelingt (Abschnitt I); John Dennis' Alpenüberquerung im Jahre 1688, in deren Bericht wir erstmals die moderne, d.h. ambivalente, Gefühlsmischung des ‚delightful horror' greifen können, sowie deren literaturkritischen Niederschlag in seinen 1704 erschienenen *Grounds of Criticism* (Abschnitt II); Bodmers Separierung des Erhabenen vom Schönen in den Formen des ‚Großen' und ‚Ungestümen' und Breitingers System einer doppelten Poetik in seiner *Critischen Dichtkunst* von 1740 (Abschnitt III).

Die Tatsache, daß die faktisch seit Ende des 17. Jahrhunderts und dem Begriff nach seit Alexander Gottlieb Baumgarten (1714–1762) ausgebildete Ästhetik[4] nicht um eine, sondern wesentlich um zwei Kategorien zentriert ist, wird in der Forschung in den letzten Jahren zwar gelegentlich in Spezialuntersuchungen zu einzelnen Kritikern und Kunsttheoretikern der Aufklärung wahrgenommen[5]. Daß die Dichotomie des Schönen und Erhabenen die Ästhetik im 18. Jahrhundert in umfassender Weise organisiert hat, scheint dagegen bisher nicht reflektiert worden zu sein. Zudem lehrt der Blick in das 18. Jahrhundert, daß

4) Vgl. die beiden ‚klassischen' Werke von Alfred Baeumler, *Das Irrationalitätsproblem in der Ästhetik und Logik des 18. Jahrhunderts bis zur Kritik der Urteilskraft* (zuerst 1923), Darmstadt 1967, und Ernst Cassirer, *Die Philosophie der Aufklärung* (zuerst 1932), Tübingen ³1973, Kap. VII (Die Grundprobleme der Ästhetik), S. 368–482. Ferner: Armand Nivelle, *Literaturästhetik der europäischen Aufklärung*, Wiesbaden 1977; Joachim Ritter, „Ästhetik, ästhetisch", in: *Historisches Wörterbuch der Philosophie*, Bd. I (1971), Sp. 555–580; Robert C. Holub, „The Rise of Aesthetics in the Eighteenth Century", in: *Comparative Literature Studies* 15 (1978), S. 271–283; Rolf Grimminger, „Die Utopie der vernünftigen Lust. Sozialphilosophische Skizze zur Ästhetik des 18. Jahrhunderts bis zu Kant", in: *Aufklärung und literarische Öffentlichkeit.* Hrsg. v. Christa Bürger, Peter Bürger und Jochen Schulte-Sasse, Frankfurt/M. 1980, S. 116–132.

5) Jeffrey Barnouw [„The Morality of the Sublime: Kant and Schiller", in: *Studies in Romanticism* 19 (1980), H. 4, S. 497–514, hier S. 501] hat in typologisierender Absicht mit Blick auf die Analytiken des Schönen und Erhabenen Kants „Kritik der ästhetischen Urteilskraft" (1790) als „dual esthetic" gekennzeichnet. Jean Starobinski [*1789. Die Embleme der Vernunft.* Hrsg. v. Friedrich A. Kittler, Paderborn/München/Wien/Zürich 1981, S. 223–228, hier S. 223] erinnerte in exkursartigen Anmerkungen zu Furcht und Erhabenheit namentlich daran, daß neben Kant auch Burke eine „doppelte Ästhetik" vorgelegt habe. Jüngst hat Reinhard Brandt [„‚... ist endlich eine edle Einfalt, und eine stille Größe'", in: *Johann Joachim Winckelmann (1717-1768).* Hrsg. v. Thomas W. Gaehtgens, Hamburg 1986, S. 41–53, hier S. 48] auf

schon hier die Schriftsteller das Erhabene unter ästhetikimmanenten Gesichtspunkten als Oppositionskategorie nutzen, um sich gegen die je herrschende Definition des Schönen zu munitionieren – ein Aspekt des Sublimen, der bei den amerikanischen Avantgardemalern nach dem Zweiten Weltkrieg[6] und der bei der Wiederauferstehung des Erhabenen in der Ästhetik des Postmodernismus[7] ebenfalls zu beobachten ist. Auch der Traditionsbruch hat mithin seine Tradition.

Die Wende der Kunst- und Literaturtheorie zur „Ästhetik" im modernen Sinne einer „Wissenschaft von der sinnlichen Erkenntnis"[8] entsteht ja gerade

die Winckelmanns frühen *Gedanken über die Nachahmung der griechischen Werke in der Malerei und Bildhauerkunst* (1755) zugrundeliegende „duale[n] Struktur des Ästhetischen" hingewiesen. Schon 1967 hatten freilich Eugenio Battisti und Rosario Assunto in ihrem glänzenden Artikel zu „Tragedy and the Sublime" [in: *Encyclopedia of World Art,* Bd. XIV (1967), Sp. 264–276, hier Sp. 276] gegen eine monistische Kunsttheorie die Frage nach dem „twofold esthetic value" des Schönen und Erhabenen in der philosophischen Ästhetik überhaupt offenhalten wollen.

6) Vgl. Barnett B. Newman, „the sublime is now", in: *The Tiger's Eye* I (1948), H. 6, S. 51–53, hier S. 52: „The impulse of modern art was this desire to destroy beauty". Dazu Jean-François Lyotard, „Der Augenblick, Newman", in: *Zeit. Die vierte Dimension in der Kunst.* Hrsg. v. Michel Baudson, Weinheim 1985, S. 99–105.

7) Vgl. insbesondere die Arbeiten von Jean-François Lyotard, „Beantwortung der Frage: Was ist postmodern?" in: *Tumult* 4 (1982), S. 131–142; „Das Erhabene und die Avantgarde", in: *Merkur* 38 (1984), H. 2, S. 151–164; „Über den Terror und das Erhabene. Ein Nachtrag", in: *Verabschiedung der (Post-)Moderne? Eine interdisziplinäre Debatte.* Hrsg. v. Jacques Le Rider und Gérard Raulet, Tübingen 1987, S. 269–274; *Der Enthusiasmus. Kants Kritik der Geschichte* (frz. 1986), Wien 1988; „Das Interesse des Erhabenen", im vorliegenden Band S. 91–118. Die genannten Texte bilden Vorarbeiten zu einer umfassenden ‚Ästhetik des Erhabenen'. Strategisch zielt Lyotards Interesse am Erhabenen auf die Zerstörung der konzeptiven Begründung von Konsens, die sowohl Kants Analytik des Schönen als auch Habermas' Theorie kommunikativen Handelns anstreben.

8) Alexander Gottlieb Baumgarten, *Theoretische Ästhetik. Die grundlegenden Abschnitte aus der „Aesthetica" (1750/58),* lateinisch/deutsch. Übers. und hrsg. v. Hans Rudolf Schweizer, Hamburg 1983, § 1, S. 2 f. In Anknüpfung an Joachim Ritters immer noch unveröffentlichte Ästhetik-Vorlesungen (WS 1947/48 ff.) hat vor allem Odo Marquard [„Kant und die Wende zur Ästhetik", in: *Zeitschrift für philosophische Forschung* XVI (1962), S. 231–243 und S. 363–374; „Kompensationstheorien des Ästhetischen", in: *Studien zur Ästhetik und Literaturgeschichte der Kunstperiode.* Hrsg. v. Dirk Grathoff, Gießen 1986, S. 103–120] immer wieder den spätzeitlichen Charakter der Ästhetik hervorgehoben. Marquards These, daß die Ästhetik im 18. Jahrhundert entsteht, weil „das Schöne nicht mehr das Gegebene" in der Welt sei und daher „zum Pensum der Kunst" werde („Kompensationstheorien", S. 113), übersieht jedoch, daß die Ästhetik sich von Anfang an historisch als Disziplin des Nichtmehrschönen ausbildet. Vgl. Marquards jetzt u.d.T. *Transzendentaler Idealismus, romantische Naturphilosophie, Psychoanalyse* (Köln 1987, bes. S. 129 ff.) gedruckte Habilitationsschrift von 1963.

nicht im Anschluß an Schönheit bestimmende Begriffe wie Vollkommenheit, Symmetrie und Proportion, mit denen im Klassizismus und in der Klassik Formen zur Ruhe gelangten, gelungenen oder geglückten Lebens konnotiert wurden[9], sondern im Zuge einer die Befindlichkeit der französischen und englischen Mußeschichten reflektierenden Psychologie der Langeweile und einer damit einhergehenden Emotionalisierung der Kunsttheorie. Eine Station dieses ästhetischen Neuansatzes markiert der *Traité du Beau* (1715) des Cartesianers Jean-Pierre de Crousaz (1663–1748). Zwar formuliert Crousaz einerseits einen intellektualistischen Schönheitsbegriff, der objektivistisch um die Bestimmungen „variété", „uniformité", „regularité", „ordre" und „proportion" versammelt ist. Andererseits jedoch tendiert Crousaz unter Bezugnahme auf die von Descartes herausgearbeitete Struktur des Selbstgefühls[10], die ausdrücklich mit der Psychologie des „ennui" begründet wird, zu einer subjektiven Fassung des Schönen. Ein Gegenstand, der als schön bezeichnet werden will, muß lebhafte Empfindungen hervorrufen. Diese Psychologisierung führt Crousaz zur Ergänzung des oben angeführten Katalogs objektiver Kriterien um einige ausschließlich durch ihre emotive Wirkung begründete Prinzipien. Crousaz nennt „grandeur", „nouveauté", „diversité" und den Glanz des die Schönheit erhebenden „désordre"[11].

Die Hauptaspekte des ästhetischen Neuansatzes, der in Frankreich politisch ins Tauwetter der Régence fällt, hat bekanntlich Jean Baptiste Dubos (1670–1742) in seinen *Réflexions critiques sur la Poësie et sur la Peinture* (1719) zusammengefaßt. Für unseren Zusammenhang ist vor allem wichtig, daß Dubos unter dem Schlachtruf „sublime" einen wirkungspoetischen Mangel des bloß Schönen herausstellt. Es reiche nämlich nicht aus, wie Dubos, gestützt auf ein ‚falsches'

9) Nebenbei: Hegel beruhigt ein Jahrhundert später die Ästhetik wieder zur „Philosophie der schönen Kunst", indem er die im 18. Jahrhundert ausgebildete Ästhetik als eine philosophische Disziplin der nicht mehr schönen Künste übergeht, in deren Zentrum im wesentlichen das Erhabene, namentlich das Schrecklich-Erhabene, stand. Den Preis des klassizistischen Rückgewinns und der Hochwertung des Schönen als sinnlichem Scheinen der Idee bei Hegel rechnet freilich die Randstellung des Erhabenen als frühe, nur symbolische Kunstform, der Satz vom Ende der Kunst, sowie die Verachtung der romantischen Literatur vor, die dem Zufälligen und Gewöhnlichen, kurz: „dem Unschönen einen ungeschmälerten Spielraum" gönnt.

10) René Descartes, *Die Leidenschaften der Seele* (frz. 1649), französisch/deutsch. Hrsg. und übers. v. Klaus Hammacher, Hamburg 1984, § 94, S. 146: „plaisir à se sentir émouvoir."

11) Jean-Pierre de Crousaz, *Traité du Beau*, Amsterdam 1715, hier bes. Chap. III („Caractères réels & naturels du Beau") und Chap. VII („De l'Empire de la Beauté sur nos sentiments").

Zitat aus der Dichtkunst des Horaz (Verse 99/100), bemerkt, daß die Dichtung nur schön, regelmäßig und fein sei, vielmehr müsse sie das Herz rühren und aufregen[12].

I

Sowohl der werkpoetische Aspekt der Unordnung als auch der wirkungspoetische Effekt der Rührung, auf den die frühen Zeugnisse der sensualistischen Wende zur Ästhetik bei Crousaz und Dubos anspielen, können auf das poetologische Werk von Nicolas Boileau-Despréaux (1636–1711) zurückbezogen werden. Denn ihm gelingt 1674 mit der gleichzeitigen Veröffentlichung seiner *L'Art poétique* und seiner Pseudo-Longinos-Übertragung *Traité du Sublime* der doppeldeutige[13] Coup, den im Sinne der doctrine classique[14] ausgedeuteten Poetiken von Aristoteles und Horaz einen ebenfalls durch die Antike legitimierten, jedoch ‚unverbrauchten' Gewährsmann gleichrangig zur Seite zu stellen. Mit der neuen antiken Autorität im Rücken eröffnete sich Boileau die Möglichkeit, in werk-, produktions- und wirkungspoetischen Fragen über den Klassizismus hinauszugehen, ohne ihn jedoch schlechthin in Frage zu stellen. Besonders eignete sich der Begriff des Sublimen dazu, sowohl gegen die von Boileau verurteilte christlich-heroische und preziös-galante Dichtung im einzelnen als auch gegen den „goût de la cour" im ganzen zu

12) Jean-Baptiste Dubos, *Réflexions critiques sur la Poësie et sur la Peinture*, 2 Bde., Paris 1719 (2. Aufl. in 3 Bden. 1733); dtsch. v. Gottfried Benedictus Funk, 3 Tle., Kopenhagen 1760–1761. Vgl. hier die frz. Ausgabe nach dem Nachdruck der 7. Aufl. 1770, Genf 1967, Bd. II, Sec. 1, S. 1 ff.

13) Ernst Robert Curtius [*Europäische Literatur und lateinisches Mittelalter* (zuerst 1948), Bern/München [10]1984, S. 402] ruft verwundert aus: „Es berührt grotesk, daß ein Magister wie Boileau seinen [d.i. „Longinus"; Verf.] Namen bekannt gemacht hat." Litman, *Le Sublime en France*, S. 70, stellt fest, daß im Werk Boileaus der *Traité du Sublime* „quelque chose d'original, de paradoxal" darstelle.

14) Vgl. René Bray, *La formation de la doctrine classique en France*, Paris 1927. In Brays Standardwerk sucht man Hinweise auf den hier thematisierten Zusammenhang vergebens. Er geht dem Erhabenen aus dem Weg. Pseudo-Longinos fehlt. Als Gewährsmänner erscheinen Aristoteles und Horaz. Selbst die Ausführungen zu „merveilleux" gehen auf Boileaus Pseudo-Longinos-Übertragung, die dieses Stichwort doch immerhin im Untertitel führt, nicht ein. Gegen Brays einseitigen Klassizismusbegriff hat Borgerhoff (*The Freedom of French Classicism*) unter Hervorhebung der poetologischen Begriffe „je ne sais quoi", „sublime" und „beau désordre", vor allem in seinem Kapitel ‚The Secret of the Critics' (S. 174–234), die andere Seite des Klassizismus hervorgehoben.

polemisieren. Boileau gehörte freilich dem Klassizismus an, aber wie dessen böses Gewissen[15]. Mochte es auch nicht in der Absicht Boileaus gelegen haben, so lieferte er doch mit der Wiederentdeckung von Pseudo-Longinos die antike Begründung für die Moderne. Denn zunächst vor allem in Frankreich wegen seiner mitreißenden Wirkung favorisiert, entwickelte sich das Erhabene schnell zu der poetischen Kategorie, die alle jene Phänomene versammelte, die nicht im Prokrustesbett klassizistischer Schönheit Platz fanden, aber gleichwohl ästhetisches Interesse beanspruchten. Unter dem Mantel des Erhabenen findet das Nichtschöne: das Entsetzliche, Häßliche und Schreckliche Einlaß in die Kunsttheorie des 18. Jahrhunderts.

Boileau selbst betrachtete die Übertragung des im ersten nachchristlichen Jahrhundert entstandenen Traktats *Vom Erhabenen*[16], wie er in der Vorrede der Werkausgabe von 1674 ausdrücklich hervorhebt, als eine Art Fortsetzung der *Art poétique*, denn diese habe mit dem Traktat einigen Zusammenhang und entnehme ihm auch mehrere Lehrsätze[17]. Insbesondere dem 33. Kapitel der Schrift *Vom Erhabenen*, von dem Ernst Robert Curtius noch glaubte, Boileau schiene es „nicht gelesen oder nicht verstanden zu haben“[18], entnimmt Boileau etwa die folgenreiche Bemerkung, daß die großen Dichter „keineswegs frei von Fehlern“ seien. Die werkpoetischen Kriterien Fehlerfreiheit, Schliff und eleganter Stil haben gegenüber dem wirkungspoetischen Effekt, daß die Dichtung mitreißend sein solle wie Feuer und Sturm, das Nachsehen[19]. Boileaus

15) Vgl. Erich Köhler, *Klassik II.* Hrsg. v. Henning Krauß, Stuttgart/Berlin/Köln/Mainz 1983 (Vorlesungen zur Geschichte der französischen Literatur), S. 109 f.: „In der jüngeren und jüngsten Forschung hat die Auffassung, Boileau sei ein intransigenter Rationalist gewesen und geblieben, eine Einschränkung erfahren, die wenn sie sich bestätigte, das Bild Boileaus zweifellos weniger prägnant und schwerer klassifizierbar, dafür aber komplexer und interessanter erscheinen ließe.“ Vgl. Litman, *Le Sublime en France*, S. 67: „Paradoxalement, le sublime devait miner *L'Art poétique* et ouvrir la voie à des nouvelles conceptions esthétiques qui allaient éventuellement détruire le classicisme lui-même.“

16) Pseudo-Longinos, *Vom Erhabenen*, griechisch/deutsch v. Reinhard Brandt, Darmstadt 1966 (hiernach im folgenden zitiert).

17) Nicolas Boileau-Despréaux, „Au Lecteur“ in: ders., *Œuvres complètes.* Introduction par Antoine Adam, Textes établis et annotés par Françoise Escal, Paris 1966 (Bibl. de la Pléiade, 188), S. 856: „J'y ay ajoûté aussi la Traduction du Traité que le Rheteur Longin a composé du Sublime ou du Merveilleux dans le Discours. J'ay fait originairement cette Traduction pour m'instruire, plûtôst que dans le dessein de la donner au Public. Mais j'ay creu qu'on ne seroit pas fâché de la voir ici à la suite de la Poetique, avec laquelle ce Traité a quelque rapport, et où j'ay mesme inseré plusieurs préceptes qui en sont tirés.“

18) Curtius, *Europäische Literatur*, S. 403.

19) Pseudo-Longinos, *Vom Erhabenen*, 33, 2 und 33, 5. Vgl. Nicolas Boileau-Despréaux,

Übertragung dieser Passage unter der Kapitelüberschrift „Si l'on doit préférer le mediocre parfait au sublime qui a quelques defauts" geht in seine Dichtkunst durch den auf die Ode bezogenen Begriff „beau desordre" ein. Den entsprechenden Vers „Chez elle [d.i. „L'Ode"; C.Z.] un beau desordre est un effet de l'art"[20] hat Boileau bezeichnenderweise in der *Querelle des Anciens et des Modernes* in seinem kurzen *Discours sur l'Ode* (1693) nochmals wiederholt, um gegen den Angriff Charles Perraults (1628–1703), die Dichtung der Alten, etwa die Oden Pindars, sei voller Fehler[21], Front zu machen. Wohl nicht zu Unrecht ist daher von der Forschung festgestellt worden, daß die Kategorie des Erhabenen einer der Kernpunkte der *Querelle* gewesen sei[22]. Wie schon Pseudo-Longinos das „fiat lucet" (1 Mose 1, 3) der *Genesis* neben Versen aus Homers *Ilias* als Beispiele erhabener Dichtungskraft anführt[23], verbindet auch sein französischer Übersetzer christliche und heidnische Dichtung durch ihren Bezug aufs Erhabene. Mit Blick sowohl auf Pindar als auch auf die Psalter Davids – in dem Maße, wie die *Heilige Schrift* ihren Offenbarungscharakter verliert, wird sie ästhetisch ‚gerettet' als Muster erhabener Dichtung – kommentiert Boileau sein jede Regelpoetik auf den Kopf stellendes Konzept schöner Unordnung damit, daß die Regel, sich nicht um Regeln zu scheren, „un mystère de l'art" sei[24].

Neben dieser werk- und produktionspoetischen Seite ist es vor allem der wirkungsästhetische Effekt, der Boileau am Traktat *Vom Erhabenen* fesselt. Im

„Traité du Sublime, ou du Merveilleux dans le Discours, traduit du Grec de Longin", in: ders., *Œuvres complètes,* S. 331–440, hier Chap. XXVII, S. 386–387.

20) Nicolas Boileau-Despréaux, „L'Art poétique", in: ders., *Œuvres complètes,* S. 155–185, hier Chant II, Vers 72, S. 164. Vgl. Herbert Dieckmann, „Zur Theorie der Lyrik im 18. Jahrhundert in Frankreich, mit gelegentlicher Berücksichtigung der englischen Kritik", in: *Immanente Ästhetik – ästhetische Reflexion. Lyrik als Paradigma der Moderne.* Hrsg. v. Wolfgang Iser, München 1966 (Poetik und Hermeneutik, 2), S. 73–112, bes. S. 83 ff.

21) Vgl. Charles Perrault, *Parallèles des Anciens et des Modernes en ce qui regarde les Arts et les Sciences* (4 Bde., 1688–1697). Hrsg. v. Hans Robert Jauß und Max Imdahl, München 1964, bes. Bd. I (1688), S. 24 ff., und Bd. III (1692), S. 160 ff. (Originalpag.).

22) Litman, *Le Sublime en France,* S. 161: „Sans nul doute, le sublime est à la base de la célèbre querelle." Vgl. S. 171.

23) Pseudo-Longinos, *Vom Erhabenen,* 9, 9 ff.

24) Boileau-Despréaux, „Discours sur l'Ode", in: ders., *Œuvres complètes,* S. 227–229, hier S. 227: „Ce precepte effectivement qui donne pour regle de ne point garder quelquefois des regles, est un mystere de l'art [...]." Vgl. Köhler, *Klassik II,* S. 110: „Das ist in der Tat ein völlig unerwarteter Ton." In seinen „Réflexions critiques sur quelques Passages du Rheteur Longin" (1694; in: ders., *Œuvres complètes,* S. 491–540) ist Boileau in „Réflexion VIII" (S. 527 ff.) nochmals auf seine Pindar-Verteidigung zurückgekommen.

Préface, das dem *Traité du Sublime* vorangestellt ist, unterlegt er Pseudo-Longinos, daß dieser unter dem Sublimen nicht den bloßen Ornatus des „stile sublime" – der „oratorische[n] Firniss[e]", wie es bei Bodmer[25] heißen wird – verstehe, sondern vielmehr „cet extraordinaire et ce merveilleux qui frape dans le discours, et qui fait qu'un ouvrage enleve, ravit, transporte". Oder wie es wenige Sätze später zusammenfassend heißt: „Il faut donc entendre par Sublime dans Longin, l'Extraordinaire, le Surprenant, et comme je l'ai traduit, le Merveilleux dans le discours."[26] Jahrzehnte später wird Boileau, ausgelöst durch den Streit, ob das „fiat lucet" der *Genesis* zutreffend als Beispiel sublimer Simplizität zu werten sei, auf die affektgebundene Bestimmung des Erhabenen zurückkommen, wenn er in der zwölften, 1710 niedergeschriebenen, aber erst 1713 postum gedruckten *Réflexion sur Longin* festhält, daß das Erhabene eine gewisse Kraft der Rede sei, die die Seele erhebt und mitreißt[27].

Bei seiner Bestimmung kann Boileau vor allem an die Oppositionen anknüpfen, mit denen Pseudo-Longinos in der Terminologie antiker Rhetorik gleich zu Beginn seines Traktats versucht hatte, die emotiven Wirkungen des Erhabenen auf den Zuhörer näher zu beschreiben: „Das Übergewaltige nämlich führt die Hörer nicht zur Überzeugung, sondern zur Ekstase; überall wirkt, was uns erstaunt und erschüttert, jederzeit stärker als das Überredende und Gefällige, denn ob wir uns überzeugen lassen, hängt meist von uns selbst ab, jenes aber übt eine unwiderstehliche Macht und Gewalt auf jeden Zuhörer aus und beherrscht ihn vollkommen."[28] Ausgespielt wird die pathetische Kraft des Erstaunens und Erschütterns gegen eine sich an den Verstand wendende, ethische Redefunktion. Gegenübergestellt werden das Schöne, das gefällt, und das Erhabene, das durch Macht und Gewalt hinreißt. In einer späteren Passage verbindet Pseudo-Longinos das zweigliedrige Dispositionsschema schöner und erhabener Redeweisen mit der Dichotomie zweier Landschaftstypen und liefert damit die Stichworte, auf die sich die doppelte Ästhetik des 18. Jahrhunderts zwanglos beziehen wird. Zugleich sollte die schon in dem Traktat von Pseudo-Longinos

25) Johann Jacob Bodmer, *Critische Briefe*, Zürich 1746 (Nachdruck 1969), *Der vierte Brief. Vom Erhabenen in der Sprache*, S. 103–108, hier S. 104.
26) Boileau, „Traité du Sublime", Préface, S. 333–340, hier S. 338.
27) Boileau, „Réflexions critiques", Réflexion X–XII (postum 1713), S. 541–563, hier S. 562 f.: „Le Sublime est une certaine force de discours, propre à eslever et à ravir l'Ame, et qui provient ou de la grandeur de la pensée et de la noblesse du sentiment, ou de la magnificence des paroles, ou du tour harmonieux, vif et animé de l'expression; c'est-à-dire d'une de ces choses regardées separément, ou ce qui fait le parfait Sublime, de ces trois choses jointes ensemble."
28) Pseudo-Longinos, *Vom Erhabenen*, 1, 4. Vgl. Boileau, „Traité du Sublime", Chap. I, bes. S. 341 f.

vorgenommene Verknüpfung davor warnen, bei der Frage nach der Renaissance des Erhabenen im 18. Jahrhundert ein „rhetorical sublime“ von einem „natural sublime“ trennen zu wollen. „Von der Natur [...] geleitet, bewundern wir [...] nicht die kleinen Bäche, [...] wenn sie auch durchsichtig und nützlich sind, sondern den Nil und die Donau oder den Rhein und noch viel mehr als sie den Ozean. Und über dem Flämmchen hier, das wir selbst anzünden, staunen wir, auch wenn es sein Leuchten rein bewahrt, nicht so sehr wie über jene Feuer des Himmels, die doch häufig ins Dunkel tauchen; auch die Krater des Ätnas halten wir für ein größeres Wunder [...]. Von all diesen Phänomenen kann man das folgende sagen: das Nützliche oder auch Notwendige ist uns leicht bei der Hand, Bewunderung jedoch erregt immer das Unerwartete.“[29]

II

Blicken wir nach England, so ergibt sich auch dort, daß die Anknüpfung an Pseudo-Longinos zur Dichotomisierung der Dichtungstheorie führt. Der Stellenwert der ästhetischen Theorien von „Sir Tremendous Longinus“, wie die Zeitgenossen John Dennis (1657–1734) spöttisch nannten, ist lange übersehen worden[30]. Er stellte als erster in seinen poetologischen Schriften „Terrour“ und „Horrour“ ins Zentrum der Kategorie des Erhabenen, die er im legitimierenden Rückgriff aus Pseudo-Longinos' Traktat und unter Berufung auf den Bildgehalt von Miltons *Paradise Lost* (1667) konturierte und – das ist sein entscheidender Beitrag zur kommenden Ästhetik des 18. Jahrhunderts – vom nur Schönen separiert hat.

Dennis' dichtungstheoretisches System in seinem Hauptwerk *The Grounds of Criticism in Poetry* (1704), welches aus Mangel an Subskribenten Fragment blieb, ist präfiguriert durch die Wahrnehmung des Gegensatzes zweier Empfindungsformen, die sich ihm 1688 auf einer Reise durch die Alpen, genauer durch Savoyen über den Mont Cenis nach Italien, aufdrängten. Die Aussichten, die sich ihm hier eröffneten, riefen eine vermischte Empfindung hervor, nämlich, wie Dennis in seiner Reisebeschreibung niederschreibt, „a delightful Horrour, a

29) Pseudo-Longinos, *Vom Erhabenen,* 35, 4. Vgl. Boileau, „Traité du Sublime“, Chap. XXIX, bes. S. 390.

30) Neben Monk, *The Sublime,* S. 44–54, vgl. jetzt William Price Albrecht, *The Sublime Pleasures of Tragedy. A Study of Critical Theory from Dennis to Keats,* Lawrence/Manhatten/Wichita 1975, S. 13–24; Jeffrey Barnouw, „The Morality of the Sublime: To John Dennis“, in: *Comparative Literature* 35 (1984), H. 1, S. 21–42.

terrible Joy, and at the same time, that I was infinitely pleas'd, I trembled"[31]. Die Natur, die solche formlose, hochalpine Landschaft geschaffen hat, erscheint ihm in einer Reflexion, mit der er diesen Gefühlsaufstand zu verarbeiten trachtet, dem genialen Verfasser von Oden und deren von Boileau hervorgehobenem Strukturmerkmal eines „beau désordre" vergleichbar: „[...] we may well say of her [d. i. „Nature"; C. Z.] what some affirm of great Wits, that her careless, irregular and boldest Strokes are most admirable." Ganz deutlich ist hier, wie unter wirkungsästhetischem Vorzeichen der ob seiner frappierenden affektiven Kraft von Boileau – sein Werk war Dennis vertraut – herausgestellte „beau désordre" der Odendichtung auf die schroffe Naturerscheinung übertragen wird und zu ihrer positiven Wertung führt.

Die neue Erfahrung des angenehmen Grauens kontrastiert mit dem vertrauten Vergnügen am Schönen. Der alte Vergleich, der dem Italienreisenden die gefährliche Durchquerung der Alpen versüßen sollte, dieser unordentliche Gebirgsklotz sei gleichsam eine Mauer, ausersehen, den Garten Italiens zu umschließen, um etwa die kalten Nordwinde fernzuhalten, wird von Dennis systematisch in eine umfassende Opposition eingefügt. Möglicherweise unter Anspielung auf die einschlägige Pseudo-Longinos-Stelle, vergleicht Dennis den „Garden *Italy*" mit „the *Alps*", wobei er das alte vertraute Vergnügen gegen die neue und ungewöhnliche Erschütterung abwägt. Altes und neues Landschaftsideal, traditionelles und modernes Empfinden stehen nebeneinander: „I am delighted, 'tis true at the prospect of Hills and Valleys, of flowry Meads, and murmuring Streams, yet it is a delight that is consistent with Reason, a delight that creates or improves Meditation. But transporting Pleasures follow'd the sight of the *Alpes* and what unusual transports think you were those, that were mingled with horrours, and sometime almost with despair?" Auf deskriptiver Ebene setzt Dennis die gemischte Gemütsbewegung rührender Erhabenheit angesichts ungebändigter Natur der vergnügenden, den Verstand ansprechenden Schönheit amöner Kulturlandschaft entgegen. Die Wirkung beider Erscheinungsformen, die die Natur dem Auge des Betrachters darbietet, miteinander vergleichend, kommt Dennis zu dem Schluß: „Yet she [d. i. „Nature"; C. Z.] moves us less, where she studies to please us more." Dem klassizistischen Schönheitsbegriff regelhafter Proportion und Harmonie gibt die dissonante Empfindung des „delightful Horrour" den Abschied.

31) John Dennis, „Letter describing his crossing the Alps, dated from Turin, Oct. 25, 1688", in: ders., *The Critical Works.* Hrsg. v. Edward Niles Hooker, 2. Bde., Baltimore 1939/43 (Nachdruck 1964), Bd. II, S. 380–382 (dort auch die weiteren Zitate). Vgl. Clarence De Witt Thorpe, „Two Augustans Cross the Alps: Dennis and Addison on Mountain Scenery", in: *Studies in Philology* XXXII (1935), H. 3, S. 463–482.

Die Lektüre von Dennis' *Grounds of Criticism* erweist, daß der 1688 wahrgenommene Gegensatz der Erfahrungsformen einer Dichotomisierung seiner Poetik entspricht, die er mit dem Scheidemittel des Schreckens betreibt. Die Aufwertung der emotiven Seite der Dichtung[32] führt ihn zu einer neuartigen Hierarchisierung des Gattungsensembles in „greater Poetry" und „less Poetry". Epos, Tragödie und größere lyrische Dichtung wühlten „great Passion" auf; Komödie, Satire, Schäfergedichte und lyrische Kleinformen erregten dagegen nur „less Passion" und seien im übrigen moraldidaktisch orientiert. Überlagert wird diese Unterscheidung nach Maßgabe der leidenschaftserregenden Kraft jedes Genres[33] durch eine weitere, die die Natur der erregten Leidenschaft selbst betrifft. Und zwar spaltet Dennis „great Passion" nochmals in „Vulgar Passion" und „Enthusiastick Passion, or Enthusiasm"[34] auf. Dabei ist es vor allem der Schrecken, der für Dennis zum Inbegriff der Kategorie des Erhabenen wird und deren spezifische Dignität begründet: „Enthusiastick Terror contributes extremely to the Sublime [...]."[35]

An Pseudo-Longinos' oben zitierter Abgrenzung des ekstatischen Effekts erhabener Dichtung von der nur überredenden und gefälligen Wirkung der Rhetorik orientiert, begründet Dennis' Trennung von „Enthusiasm" und „Passion" eine Poesie, die in Sujet, Wirkung und Adressatenkreis von alltäglicher Prosa absticht. Den ordnungsstiftenden Sinn im Gattungsensemble erhält die Unterscheidung von „Enthusiasm" und „Passion" dadurch, daß jeweils unterschiedliche Gattungen der „greater Poetry" zugeordnet werden. Insbesondere das Epos erregt „Enthusiastick Passions", für die nur ein kleiner Zirkel empfänglich ist „and thousands have no feeling and no notion for them"[36]. „Vulgar Passions" dagegen, die jedermann rühren, werden eher durch dramatische Gattungen, insbesondere durch die Tragödie, erregt, die zudem für eine nützliche Morallehre zuständig ist: „[...] and therefore Tragedy must necessarily both please and instruct, more generally than Epick Poetry."[37]

Dennis' Unterscheidungen führen in das kunsttheoretische Denken eine entscheidende Zweiteilung ein, der nun in unterschiedlicher Weise weitere Oppositionspaare zugeordnet werden können. So stehen etwa bei Dennis zwei

32) Vgl. John Dennis, „The Advancement and Reformation of Modern Poetry" (1701), in: ders., *The Critical Works,* Bd. I, S. 197–278, bes. Chap. V, S. 215 ff.: „That Passion is the chief Thing in Poetry, and that all Passion is either ordinary Passion, or Enthusiasm."

33) Vgl. Dieckmann, „Zur Theorie der Lyrik", S. 90 ff.

34) John Dennis, „The Grounds of Criticism in Poetry" (1704), in: ders., *The Critical Works,* Bd. I, S. 325–373, hier S. 338.

35) *Ebd.,* S. 361.

36) *Ebd.,* S. 339.

37) *Ebd.*

Erklärungen des Vergnügens an schrecklichen Gegenständen, eine rationalistische und eine emotionalistisch-enthusiastische, nebeneinander, ohne daß man, wie dies in der Forschung geschieht[38], daraus auf eine Unausgeglichenheit seines Denkens schließen sollte. Vielmehr besteht gerade in dieser Ambivalenz der Witz von Dennis' dualem poetologischen System. Von Dennis' implizit vorgetragener doppelten Ästhetik ist es nur noch ein kleiner Schritt zu Addison[39], der einige Jahre später das Erhabene vom Schönen begrifflich trennen und damit der Ästhetik des 18. Jahrhunderts ihr wesentliches Kategorien*paar* vorgeben sollte.

Da die Gefühlsdissonanz des „delightful Horrour" und die Rührung des „Enthusiastick Terror" unter Schönheit nicht zu subsumieren waren, wurde die Einführung einer neuen, gleichrangigen poetologischen Kategorie notwendig. Eine solche Unterscheidung faßte im übrigen schon Dennis selbst ins Auge, als er 1717 in einem Brief rückblickend ein Verspaar aus der *Ars Poetica* des Horaz (Verse 99/100) aufgreift und – ähnlich wie Dubos – im Sinne seines doppelten Systems interpretiert: „After all, the *pulchrum* in Poetry moves as certainly as the *dulce*, but the first moves the Enthusiastick Passions, as the latter does the vulgar ones."[40] Der Dualismus, der damit in die Poetik einzieht, findet seine Pointe darin, daß eine neue Hierarchisierung der Dichtung begründbar wird. Ein poetologisches Ordnungssystem treibt ein kulturpolitisches Wertungssystem hervor, in dem das Schöne gegenüber dem Erhabenen abgewertet wird. Dieser Schritt zur doppelten Ästhetik des 18. Jahrhunderts, den Dennis vollzieht, paßt die Kunst- und Dichtungstheorie dieses Säkulums in die nicht nur von Foucault hervorgehobene große Serie der binären Oppositionen ein[41], die das Jahrhundert der Aufklärung insgesamt kennzeichnet. Erst seitdem ist auch das ästhetische Denken so disponiert, daß etwa Kant in seinen frühen *Beobachtungen über das Gefühl des Schönen und Erhabenen* (1764) die Bewertung der individuellen und nationalen Charaktere sowie das Verhältnis der Geschlechter

38) Irène Simon, „John Dennis and Neoclassical Criticism", in: *Revue Belge de Philologie et d'Histoire* 56 (1978), H. 3, S. 662–677, bes. S. 677: „Still, on reading him we sense a certain imbalance [...]."

39) Vgl. Joseph Addison, „Essays on the Pleasures of the Imagination" (1712), in: Joseph Addison/Richard Steele, *The Spectator,* 4 Bde. Hrsg. v. Gregory Smith, New York/London 1967 (Everyman's Library), Bd. III, No. 411–421, S. 276–309, bes. No. 412.

40) John Dennis, „Letter To Mr. *** Dated Oct. 1, 1717", in: ders., *The Critical Works,* Bd. II, S. 401–402.

41) Vgl. Michel Foucault, *Sexualität und Wahrheit.* Bd. I: *Der Wille zum Wissen,* Frankfurt/M. 1977 (frz. 1976), S. 98 (Körper/Seele, Fleisch/Geist, Instinkt/Vernunft, Triebe/Bewußtsein).

zueinander in der Weise diskriminieren kann, daß etwa den Frauen eine nur am Mitleid orientierte ‚schöne', den Männern jedoch eine auf Pflicht und Vernunftgebrauch beruhende ‚erhabene' Tugend eigne.

III

Früh erscheint die programmatische Rolle des Erhabenen bei den Schweizer Kunstrichtern Johann Jacob Bodmer (1698–1783) und Johann Jacob Breitinger (1701–1776) in der ‚Vorrede' ihrer gemeinsamen Schrift *Von dem Einfluß und Gebrauche der Einbildungs=Krafft* (1727). Diese war als Auftakt eines mehrbändigen Werkes über die Dichtkunst geplant, dessen abschließender Band Pseudo-Longinos' Traktat einer kapitelweisen Kritik unterziehen und „gantz neue Begriffe von dem Erhabnen" festsetzen sollte[42]. Die Ankündigung dieses Buchs, das in der in Aussicht gestellten Form nie geschrieben wurde und als dessen Ersatz wir uns mit zwei *Critischen[n] Briefe[n]* von 1746 mit *Lehrsätze[n] von dem Wesen der erhabenen Schreibart* und *Vom Erhabenen in der Sprache* begnügen müssen, hat Bodmer freilich bei seinem Schüler Johann Heinrich Füßli, dem späteren Maler, den Spitznamen „Bodmer-Longinus"[43] eingebracht.

In den *Lehrsätzen* visiert Bodmer den enthusiastischen Schrecken als Wirkungsabsicht des Erhabenen an, das er unter Vernachlässigung seiner inneren Differenzierung, auf die ich gleich zurückkommen werde, systematisch vom Schönen abgrenzt. Erhaben gilt Bodmer, „was auch die grösten Geister in

42) Johann Jacob Bodmer/Johann Jacob Breitinger, *Von dem Einfluß und Gebrauche der Einbildungs=Krafft* [...], Frankfurt/Leipzig 1727, „Vorrede". Hier zit. nach dies., *Schriften zur Literatur.* Hrsg. v. Volker Meid, Stuttgart 1980, S. 308 f., Anm. 8. Vgl. Wolfgang Bender, *J. J. Bodmer und J. J. Breitinger,* Stuttgart 1973, bes. S. 70 ff.

43) Füßli an Bodmer, Lyon, Febr. 1766; zit. nach Marilyn K. Torbruegge, „Johann Heinrich Füßli und Bodmer-Longinus. Das Wunderbare und das Erhabene", in: *Deutsche Vierteljahrsschrift für Literaturwissenschaft und Geistesgeschichte* 46 (1972), S. 161–185, hier S. 161. Vgl. dies., „Bodmer and Longinus", in: *Monatshefte* 63 (1971), H. 4, S. 341–357. Obwohl die beiden *Critische[n] Briefe* das Stichwort ‚Erhaben' schon im Titel führen, werden sie von Torbruegge nicht beachtet. Vgl. dagegen Steven D. Martinson, *On Imitation, Imagination and Beauty. A Critical Reassessment of the Concept of the Literary Artist During the Early German ‚Aufklärung',* Bonn 1977, bes. S. 133 und S. 144. Vgl. jetzt Christian Begemann, „Erhabene Natur. Zur Übertragung des Begriffs des Erhabenen auf Gegenstände der äußeren Natur in den deutschen Kunsttheorien des 18. Jahrhunderts", in: *Deutsche Vierteljahrsschrift für Literaturwissenschaft und Geistesgeschichte* 58 (1984), H. 1, S. 74–110, bes. S. 87–99.

Erstaunen hinreisset, oder mit Schrecken anfüllet“[44]. Gegenüber dieser pathetischen tritt jede aufklärerische Kunstfunktion völlig zurück. Eigentliche Aufgabe der Poesie sei nicht „zu unterrichten oder zu ergetzen, sondern [...] den Menschen in Bestürzung, in Schrecken, in Mitleiden zu setzen“[45]. Schließlich faßt Bodmer gegen Ende der *Lehrsätze* sein poetologisches Kategoriensystem, in dem die drei rhetorischen Redefunktionen ‚permovere‘, ‚delectare‘ und ‚probare‘ erkennbar werden, zusammen: „Das Erhabene ist die höchste Kraft des Herzens, wie das Scharfsinnige des Witzes, und das Tiefsinnige des Verstandes. Sein Gegenstand ist das Große, das Vortreffliche in den freyen Handlungen, wie der Witz das Schöne, und der Verstand das Wahre zum Gegenstande hat. Es zeiget ein großes Herz oder eine hohe Natur; das Scharfsinnige einen schönen Geist; das Vernünftige ein gesundes Urteil. Ein großes Herz entzücket und verursacht eine gewisse Bewunderung, mit Bestürzung und Erstaunen vermischet; da der Witz durch die Ähnlichkeiten ergetzet; die Vernunft überzeuget.“[46] Dieser Gegenüberstellung der Leitbegriffe des Schönen und Erhabenen sind Ketten weiterer Oppositionspaare zugeordnet, durch die wiederum eine Hierarchisierung der Dichtung möglich wird. Die Wirkung des Schönen ist ein ‚Ergötzen‘, ein reines Vergnügen, das aus dem intellektuellen Vergleich von Urbild und Abbild entspringt. Das Erhabene dagegen rührt das ‚große Herz‘ mit einer vermischten Empfindung – einem Widerspiel von Schrecken und Entzükken. Mit diesem Dualismus ist zugleich eine doppelte wertmäßige Unterscheidung verbunden: Gegenüber dem Erhabenen, das die eigentlichen, religiös gefärbten Inhalte ausspricht, wird das Schöne zur moralischen Nachhilfe oder zur zeitvertreibenden Spielerei abgewertet. Gleichzeitig ist eine Differenzierung des Adressatenkreises angedeutet: Das Erhabene fordert den kleinen Kreis großer Gemüter.

Schon einige Jahre zuvor hatte Bodmer in seinen *Critischen Betrachtungen über die poetischen Gemählde der Dichter* (1741) neben der m. W. in der deutschen Poetikgeschichte erstmaligen Entgegensetzung von Schönheit und Erhabenheit diese andere Kategorie selbst noch einmal unter den Bezeichnungen des „Großen“ und „Ungestümen“ – Präfigurationen des Mathematisch- und Dynamisch-Erhabenen bei Kant – unterteilt. Neben dem ‚Neuen‘, das als Modus und nicht als Materie der Mimesis wenig interessiert, konzentriert sich Bodmer auf „das Schöne, das Große und das Heftige oder Ungestüme“ als Sujets künstlerischer Nachahmung und auf „das Angenehme, das Erstaunliche und das

44) Bodmer, *Critische Briefe, Der vierte Brief. Vom Erhabenen in der Sprache*, S. 103–108, hier S. 104.

45) Bodmer, *Critische Briefe, Der dritte Brief. Lehrsätze von dem Wesen der erhabenen Schreibart*, S. 94–103, hier S. 98.

46) *Ebd.*, S. 102.

Widrige" als deren wirkungspoetische Ergänzungen[47]. Zielt das Schöne werkpoetisch auf Übereinstimmung in der Mannigfaltigkeit, auf „Ordnung, Ebenmaß und Harmonie", wirkungsästhetisch auf „Freude [...], Fröhlichkeit und Ergetzen"[48], so ist dagegen das Große „ungeheuer" an Maß und „unendlich" an Zahl[49]. Die Sinne, unfähig, es zu umfassen, werden von einem mächtigen Gewaltstreich „gleichsam davon verschlungen". Die Wirkung ist „Erstaunung [...], angenehme Bestürzung und Stille"[50]. Gesteigert noch ist der Effekt des Ungestümen, denn er ist eine „gewalttätige Bewegung", die das Gemüt gänzlich niederschlägt[51]. Übersteigt das Große die Fassungskraft menschlichen Geistes, so bedroht das Ungestüme den Menschen in seiner sinnlichen Existenz.

Das Große der Natur, dessen Anblick solche heftigen Affekte hervorruft, ist form- und grenzenlos: Es bietet dem Auge keinen Fixpunkt. Zur Illustration übersetzt Bodmer ohne Kennzeichnung aus Addisons 412. Stück des *Spectator*: „Von dieser Art sind, die Aussicht in ein weites Land, die weder durch Berge noch durch Hügel oder Wälder gehemmet wird, in eine sehr große unangebaute Wüste, an ungeheure Haufen von Bergen, hohe Klippen und hängende Felsen=Wände, in eine weit ausgestreckte See."[52] Solche Landschaften besitzen keinerlei Schönheit, aber eine um so attraktivere „wilde Pracht"[53]. In einer späteren Schrift setzt Bodmer – wie übrigens auch Breitinger – das Große und Erhabene mit dem ‚Wunderbaren' in wirkungspoetischer Absicht gleich[54].

Anders als das Große, das im Duktus der ‚angenehmen Bestürzung' unmittelbar gefällt, vergnügt das Ungestüme der Natur nur in der Nachahmung. Es liefert dem Künstler das Sujet seiner Darstellung und „versieht ihn mit dem Widrigen, Furchtbaren und Erschrecklichen, aus welchem er durch seine Kunst [...] das Ergetzen selbst herausziehen kann, [der]gestalt das Schrecken selbst

47) Johann Jacob Bodmer, *Critische Betrachtungen über die Poetischen Gemählde der Dichter*, Zürich 1741 (Nachdruck 1971), bes. 7. Abschn. („Von den Gemählden des Schönen"), S. 152 ff., 8. Abschn. („Von dem Grossen"), S. 211 ff., 9. Abschn. („Von dem Ungestümen"), S. 239 ff., hier S. 152.
48) *Ebd.*, S. 153.
49) *Ebd.*
50) *Ebd.*, S. 153 f.
51) *Ebd.*, S. 154.
52) *Ebd.*, S. 212.
53) *Ebd.*
54) Bodmer, *Critische Briefe, Der fünfte Brief. Anmerkungen zu dem Grundrisse eines epischen Gedichtes von dem geretteten Noah,* S. 109–119, hier S. 109: das Wunderbare, „[...] welches in den Werken der Natur liegt, zum Exempel in unbegränzten Aussichten, stürmischen Seen, und entsetzlich hohen Bergen; oder in den menschlichen Handlungen, als in hohen Proben von Großmuth, oder ungemeinen Gesinnungen".

unter seiner Hand angenehm wird [...]"[55]. Aufgezählt werden Bilder des Sturmes, der Gefahr und des Schiffbruchs, Schilderungen der Sintflut und anderer verheerender Unwetter. Bodmer zielt auf eine intellektualistische Erklärung des Vergnügens an Schreckensbildern, ohne den Mechanismus, durch den unter der künstlerischen Hand der Schrecken in Ergötzen sich wandelt, hier[56] weiter auszuführen. Er widerspricht sich freilich, wenn er bei Gelegenheit einer Schiffbruchsschilderung in Homers *Odyssee* (Ges.V, Verse 291 ff. u. 313 ff.) in wirkungspoetischer Absicht pauschal von der „Beschreibung des Erschrecklichen"[57] fordert, sie müsse „die Größe der Gefahr [...] so lebhaft vorstellen, daß das Gemüthe des Lesers mit Schrecken und Bangigkeit eingenommen würde"[58]. Will Bodmer in Pseudo-Longinos-Nachfolge auf die pathetische Kraft des Ungestümen abheben, so überspringt er – ähnlich wie Dennis, den er m. W. nicht kannte – die vorher ins Auge gefaßte Kunstdifferenz völlig, indem er dem Dichter nahelegt, er solle dem Rezipienten „das Schrecken und die Furcht mit vollem Nachdruck in die Brust sencken"[59].

Im Licht der für Boileau, Dennis und Bodmer herausgestellten Dichotomie von Schönheit und Erhabenheit schärft sich der Blick für die zweigliedrige Struktur, die auch Breitingers *Critische[r] Dichtkunst* zugrunde liegt. Er zielt hierin auf ein zweifaches Wirkungsmodell der Kunst. Neben einem intellektualistischen des scharfsinnig-‚witzigen' Vergleichs zwischen Abbild und Urbild steht ein emotionalistisches Konzept pathetisch-‚herzrührender' Gemütsbewegung. Die von Bodmer in den *Lehrsätzen* getroffene Zuordnung der ästhetischen Kategorien des Schönen und Erhabenen zu den Vermögen des Witzes und des Herzens ist in der doppelten Wirkungspoetik seines Kollegen vorgeprägt. Breitinger unterscheidet in dem Abschnitt „Von der Kunst gemeinen Dingen das Ansehen der Neuheit beizulegen" in systematischer Absicht zwischen einem „Betrug der Sinne" und einem „Betrug der Affekte"[60]. Jener bezieht sich auf den Modus, dieser auf die Materie der Nachahmung. Der „angenehme[n] Betrug

55) Bodmer, *Critische Betrachtungen,* S. 240.
56) Über den Grund des Vergnügens an schrecklichen Gegenständen streiten ausführlich Bodmer und Calepio im *Brief=Wechsel von der Natur des poetischen Geschmackes,* Zürich 1736 (Nachdruck 1966). Vgl. Verf., „Angenehmes Grauen", Kap. III, Abschn. 3 a („Reflektorisches und empfindliches Ergötzen – intellektualistische und sensualistische Deutung des angenehmen Schreckens bei Bodmer und Calepio"), S. 262–272.
57) Bodmer, *Critische Betrachtungen,* S. 243.
58) *Ebd.*, S. 242.
59) *Ebd.*, S. 274.
60) Johann Jacob Breitinger, *Critische Dichtkunst worinnen die poetische Mahlerey in Absicht auf die Erfindung im Grunde untersuchet und mit Beyspielen aus den berühmtesten Alten und Neuern erläutert wird,* Zürich 1740 (Nachdruck 1966), Abschnitt 9, S. 291–347, hier S. 291.

der Sinne“ ergötzt den Verstand[61], der „Betrug der Affecte und Gemüthes=Leidenschaften“ hingegen rührt das Herz[62]. Die ergötzlichen Künste sprechen die Vernunft an. Sie sind nützlich und taugen daher, wie es mit einer Reverenz an den italienischen Kunstrichter Conti di Calepio (1693–1762) heißt, als ‚artes populares‘. In Fragen der „Erkänntniß der Wahrheit“ ist „aller Pöbel“ ein „Kind“ – die Wahrheit muß daher in der Verkleidung der Kunst schmackhaft gemacht werden[63]. Dagegen erregt die ‚herzrührende‘ Poesie durch Vergegenwärtigung ihrer Sujets heftige Affekte. In diesem Zusammenhang entwickelt Breitinger im Rückgriff auf den „berühmte[n] griechische[n] Lehrer des Erhabenen“[64] bezeichnenderweise eine Theorie der Odendichtung, wobei auch der „Enthusiasmo“, der „heilige[n] Rausch“, gestreift wird[65], der freilich – so die frühaufklärerische Einschränkung – von der Vernunft geleitet werden müsse, damit er das rechte Maß nicht übersteige. Zudem entspricht der wirkungspoetischen Unterscheidung Breitingers eine der Sujets. Pseudo-Longinos' einschlägige Gegenüberstellung ergänzend, heißt es: „[...] eine sanfte Musik, das murmelnde Rauschen einer Bache [!], und das gräßliche Gebrülle des Donners machen gantz verschiedene Eindrücke auf den Sinn des Gehöres; die Morgenröthe, die untergehende Sonne, der Zug und die Bewegungen eines Kriegs=Heeres, ein Sturm auf der See, ein Wasser=Fall, die Eißberge, die von den Schweitzern Glätscher genannt werden, sind alles Sachen, die nach ganz verschiedenen Weisen auf das Gemüthe würcken.“[66]

Insbesondere auch hinsichtlich des paradoxen Vergnügens an schrecklichen Gegenständen kommt dieses zweifache Wirkungsmodell zum Tragen, das einerseits in der Tradition der mimesistheoretischen Konvention des Klassizismus steht und andererseits dem ästhetischen Neuansatz verpflichtet ist. Wird im ersten Falle das Vergnügen des Betrachters durch die geschickte künstlerische Nachahmung eines schrecklichen Sujets hervorgebracht (intellektualistischer Urbild-Abbild-Vergleich), so wird im anderen Falle der angenehme Schrecken durch die pathetische Kraft des Nachgeahmten selbst hervorgetrieben (emotionalistische Urbild-Abbild-Referenz) – weshalb der „Wahl der Materie“[67] im kritischen Werk der Schweizer eine überragende Bedeutung zukommt.

Bei Breitinger ist die ausführliche Untersuchung der Frage „Warum die erschrecklichen Dinge uns in der Nachahmung ergetzen“[68] von der Spannung

61) *Ebd.*, S. 299.
62) *Ebd.*, vgl. S. 310.
63) *Ebd.*, S. 124, vgl. S. 9, 161, u. 124 f.
64) *Ebd.*, S. 323.
65) *Ebd.*, S. 329 f.
66) *Ebd.*, S. 81, vgl. S. 118 f.
67) *Ebd.*, Abschnitt 4 („Von der Wahl der Materie“), S. 77–106.
68) *Ebd.*, S. 52.

zwischen der Rührung, die die Kunst kraft ihres Sujets hervorruft, und dem Vergnügen, das die künstlerische Gestaltung gewährt, gekennzeichnet. Einerseits wird ihm das Vergnügen an häßlichen oder schrecklichen Gegenständen geradewegs zum Beweis eines Sieges der schönen Form über ihren häßlichen Inhalt[69]. Andererseits arbeitet Breitinger die emotionalistische Quelle des Ergötzens bezeichnenderweise im Kapitel „Von der Wahl der Materie" heraus. Die Wirkung der Kunst resultiert nun unmittelbar aus der Kraft des schrecklichen Sujets. Die Betonung liegt auf der Rührung des Herzens. Die vornehmste Aufgabe der Kunst sei es, wie Breitinger unter Bezug auf Dubos betont, „das Gemüthe in Bewegung zu setzen", die „lange Weile" zu vertreiben „und dadurch den verdrüßlichen Zustand einer Bewegungs=leeren Stille aufzuheben"[70].

Nun mag, wie die bisherige Bodmer/Breitinger-Forschung kritisiert, die „kumulierende Reihe" Aristotelischer Vergleichung und Dubosscher Empfindung keine „einheitliche Theorie des Ergötzens"[71] darstellen. Doch übersieht das vorschnelle Urteil vom ‚eklektischen' und ‚heterogenen' Abwechseln[72] intellektualistischer und emotionalistischer Strömungen im ästhetischen System der Schweizer dessen Perspektivierung nicht auf eine, sondern auf zwei werk- und wirkungspoetisch bestimmte Grundkategorien: Schönheit und Ergötzen versus Erhabenheit und Herzrührung. Daneben erscheint es nun mit Blick auf Boileaus ‚Préface' zur Pseudo-Longinos-Übertragung fast als beiläufig, daß in Breitingers *Critischer Dichtkunst* unter dem Aspekt ‚hertzrührender' Wirkungsintention „das Große, Wunderbare und Erhabene"[73], das Verwunderung, Erstaunen und Schrecken erregt, gleichgesetzt und als Wesen von Dichtung schlechthin begriffen wird.

Friedrich Gottlieb Klopstock (1724–1803) wird an die Dichotomie der Schweizer anknüpfen und programmatisch die nur schöne Prosa, die gefällt und belehrt, gegenüber der „heiligen" Poesie, die rührt und das Herz erhebt, abwerten. Die wirkungsästhetische Essenz seiner doppelten Poetik drängte Klopstock gelegentlich, und übrigens ähnlich wie Schiller[74], in die epigrammatischen Verse:

69) Vgl. *ebd.*, S. 68.
70) *Ebd.*, S. 85.
71) Hans Peter Herrmann, *Naturnachahmung und Einbildungskraft. Zur Entwicklung der deutschen Poetik von 1670–1740*, Bad Homburg/Berlin/Zürich 1970, S. 230.
72) Vgl. Alberto Martino, *Geschichte der dramatischen Theorien in Deutschland im 18. Jahrhundert.* Bd. I: *Die Dramaturgie der Aufklärung (1730–1780)* (ital. 1967), Tübingen 1972, S. 73.
73) Johann Jacob Breitinger, *Fortsetzung der critischen Dichtkunst worinnen die poetische Mahlerey in Absicht auf den Ausdruck und die Farben abgehandelt wird,* Zürich 1740 (Nachdruck 1966), S. 434.
74) Vgl. Friedrich Schiller, „Schön und Erhaben" (1795; später u.d.T. „Die Führer des

„Darum nennen wir Schön, was gerngefühlt uns bewegt,
Und Erhaben das, was uns am mächtigsten trifft.“[75]

Daß die doppelte Ästhetik um 1750 nicht abbricht, sondern über die Sattelzeit hinaus von Burke, Mendelssohn, Kant und Schiller bis Nietzsche, vielleicht gar bis Newman oder Lyotard reicht, kann nach dem Gesagten leicht fortgesponnen werden. Aber auch hier gelten die Worte, mit denen Schiller dem Altertumswissenschaftler Johann Wilhelm Süvern (1775–1829) in einem Brief vom 26. Juli 1800 die Ausführung seiner bemerkenswerten Dichotomie des Schönen und Erhabenen vorenthält: „Die Schönheit ist für ein glückliches Geschlecht, aber ein unglückliches muß man erhaben zu rühren suchen. Doch darüber zu einer anderen Zeit.“[76]

Lebens“), in: ders., *Werke*. Nationalausgabe. Begr. v. Julius Petersen, Weimar 1943 ff., hier Bd. I, S. 272.

75) Friedrich Gottlieb Klopstock, *Werke und Briefe*. Hist.-krit. Ausgabe. Abt. *Werke*, Bd. II: *Epigramme*. Hrsg. v. Klaus Hurlebusch, Berlin 1982, Nr. 160, S. 54. Als Entstehungsdatum des Epigramms wird 1795 bis 1803 vermutet.

76) Schiller, *Werke*, Bd. 30, Nr. 215, S. 176–177. Eine umfassende Studie über *Doppelte Ästhetik der Moderne* bereitet Verf. vor.

Eine Geschichte der Angst?

Appropriationen des Erhabenen in der englischen Ästhetik des 18. Jahrhunderts

Klaus Poenicke

In *The Romantic Sublime: Studies in the Structure and Psychology of Transcendence* betont Thomas Weiskel die Dringlichkeit einer Geschichte der Angst, zu der seine eigene, weit in die strukturale Linguistik, Semiotik, Kulturpsychologie und Psychoanalyse ausgreifende Arbeit dann auch gleich ein erstes, ebenso spannendes wie anspruchsvolles Kapitel bereitstellt[1]. Für Weiskel entspringt die bemerkenswerte Hinwendung zum Schrecklich-Erhabenen im 18. Jahrhundert vor allem der wachsenden Unlust an der umfriedet-bürgerlichen Welt, hinter deren Langeweile sich „the most basic of modern anxieties, the anxiety of nothingness" konturiert[2]. Diese Dimension des Bedeutungslosen findet man beispielsweise in der Schelte veranschaulicht, die vor allem Benjamin Franklin von der Romantik bis zur Moderne als Personifikation des krämerhaften Ungeistes dieser Epoche auf sich zog. So placiert ihn Herman Melville in *Israel Potter* vor eine Landkarte, auf der das Wort ‚Wüste' ausgestrichen ist, und noch für D. H. Lawrence trottet er im Raum seiner kalkulierten Rollen- und Regelspiele umher „like a grey nag in a paddock"[3].

Liest man jedoch die Intensivierung des Diskurses über das Erhabene im 18. Jahrhundert vor allem als eine Emanation der Angst, sei dies nun der Angst vor der Leere totaler Bedeutungslosigkeit oder aber – und dies stellt natürlich das weitaus gängigere Argument für die Genese dieser Ästhetik dar – der Angst vor einem *flooding*, einem gewalttätigen Zuviel an Sprache, Bild oder auch Sinn, *signifier* oder *signified*, so besetzt man vielleicht doch etwas zu eindeutig die Partien von Opfer und Verfolger. Nicht umsonst hält Paul H. Fry den Titel seines Leitbeitrages zu einer Sondernummer über das Erhabene in den *Studies in Romanticism*, „The Possession of the Sublime"[4], in semantischer Doppeldeu-

1) Baltimore/London 1976.
2) *Ebd.*, S. 18.
3) *Classic American Literature*, New York 1923, S. 16.
4) „The Sublime: A Forum", in: *Studies in Romanticism* 26 (1987), S. 187–207.

tigkeit. Fry, der brillant die Kosten des in dieser Ästhetik Verdrängten vor allem bei Kant aufrechnet, rückt damit jedoch nur kompromißloser in den Blick, was von Anfang an für das Erhabene wesentlich gewesen ist: ein unaufhebbares, bis ins Sado-Masochistische gehendes Ineinander von Angst und Lust, von Übermächtigt-Werden und Übermächtigen-Wollen.

Ohne Frage kleidet sich das *hypsos,* wie Weiskel heraushebt, spätestens seit Longinus stets in „metaphors of aggression“[5]. Und doch hat schon David Hume in *Treatise Concerning Human Understanding* auch klar das Aggressiv-Aktionistische unserer Reaktion auf diese ‚Entgrenzung‘ mitgedacht. Sehen wir – so jener Empirist, der die dunkelsten Aporien unseres eigenen Diskurses über die Wirklichkeit erahnte – in einer Begegnung mit dem Übermächtigen auch nur die geringste eigene Chance, so setzt das in uns bislang ungekannte Kräfte frei: „In collecting our force to overcome the opposition, we invigorate the soul, and give it an elevation with which otherwise it would never have been acquainted ...“[6] Ein darauf folgender Satz, in dem ich zwei Worte hervorgehoben habe, macht die Verkehrung der Rollen noch augenfälliger: „Opposition not only enlarges the soul; but the soul, when full of courage and magnanimity, in a manner *seeks opposition.*“

Zu welch traumatischen Extremen sich diese Verkehrung wie vor allem auch ihr Vergessen dann historisch treiben läßt, hat in der Romantik wohl niemand schonungsloser offengelegt als Melville. Spätestens mit Blick auf den monomanen Ahab und seine Sündenbock-Ideologie in *Moby-Dick* hätte sich eigentlich unüberhörbar auch die Frage nach der ‚Politik‘ des Erhabenen stellen müssen. Aber der Wahn der Größe mußte wohl erst realere Blüten treiben, ehe 1949 Henry A. Murray in einer brillanten Analyse *den* Roman des Erhabenen im 19. Jahrhundert als „the superbest prophesy of the essence of fascism that any literature produced“, diagnostizierte[7]. Im eigentlichen Sinne wird das Politisch-Erhabene jedenfalls erst in allerjüngster Zeit thematisiert. So stellt Gary Shapiro in einer unlängst erschienenen Sondernummer zum Erhabenen in *New Literary History* mit Blick auf Heidegger fest, daß „... an exclusive poetics of the sublime can lend itself all too easily to irrationalist, fascist politics“[8].

Im weiteren hat es ohne Frage erst der bemerkenswerten Energien bedurft, die sich heute in *women's studies* als einer der fruchtbarsten internationalen Theoriebewegungen manifestieren, um uns zur widerwilligen Einsicht zu

5) Weiskel, *The Romantic Sublime,* S. 5.
6) Zitiert in Walter John Hipple, *The Beautiful, the Sublime and the Picturesque in Eighteenth-Century British Aesthetic Theory,* Carbondale, Ill. 1957, S. 43.
7) „Introduction“, in: *Pierre, or, The Ambiguities,* New York 1949; Nachdruck 1957, S. xxxi.
8) „From the Sublime to the Political“, in: *New Literary History* 16 (1985), S. 216.

bewegen, welch eine zwielichtige Rolle die Ästhetik des Erhabenen von ihren ersten Anfängen an im Zusammenhang der *politics of gender* gespielt hat. Hier harrt – trotz einiger vielversprechender Ansätze[9] – der ideologische Hintergrund noch in zumindest zweifacher Hinsicht der Erhellung: Wie sollen wir 1. die unausrottbare Verquickung der (meist minderen) ästhetischen Kategorie des Schönen, das für Ronald Paulson im Kontext des jüngsten Theoriediskurses fast zu einem „agent of repression" verkommt[10], mit dem ‚Weiblichen' bewerten? Und wie sollen wir 2. mit dem ebenso hartleibigen Versuch umgehen, die Macht (ganz zu schweigen von den höchst ambivalenten Bildern) des Erhabenen, koste es, was es wolle, auf Dauer als ‚männlich' zu kodieren?

Der ästhetische Umgang mit dem Erhabenen verdeckt offenkundig auch seit jeher ein Spiel um individuelle und gesellschaftliche Macht. Man könnte sagen, daß sogar jener kritische Diskurs, der heute dieses Spiel um *power* neu und facettenreich beleuchtet, ihm gelegentlich noch unbewußt selber frönt. „The challenge", sagt Weiskel in seinem gerade für die ‚imperialistischen' Potentiale des Erhabenen sensibilisierten Text, „is to find *the* structure that is immanent in a *vast* and eclectic *theory and practice* ...[11]. Während aus dem *vast* hier nur unbefangen der alte Anspruch dieser Ästhetik spricht, daß große Themen auch große Theorien brauchen, entspringt das Projekt, *die* psychische und ästhetische Grundstruktur eines mehr als zweitausendjährigen, komplexen interkulturellen Phänomens zu ergründen, wohl immer noch der geheimen Sehnsucht der strukturalen Linguistik und Anthropologie, sich der proteischen Prozessualität der Welt mittels *eines* funktionierenden Gefüges formelhafter Reduktionen, gewissermaßen *eines* Ur-Satzes, zu bemächtigen.

Die Lust an kritischer Übermächtigung läßt sich im weiteren besonders deutlich aus dem jahrzehntelang betriebenen Versuch ablesen, die Geschichte des Erhabenen (gäbe es sie denn überhaupt als *eine* Geschichte) rigoros teleologisch zu begreifen. In dieser Lesart vermindern sich die vielfältigen – besonders natürlich die schottisch-englischen – Denkleistungen zu Wesen und Wirken des Erhabenen, wie erstmals 1957 Walter Hipple in seinem konsequent werkimmanenten *The Beautiful, the Sublime and the Picturesque* moniert, vor dem deutschen Idealismus auf „an unconscious prolegomenon to Kant"[12]. Eine solche Privilegierung der „German mode, with its refugium in some ultimately

9) Vgl. u.a. Frances Fergusson, „The Sublime of Edmund Burke, or the Bathos of Experience", in: *Glyph: Johns Hopkins Textual Studies,* Baltimore/London 1981, S. 62–78, sowie W. J. T. Mitchell, „Eye and Ear: Edmund Burke and the Politics of Sensibility", in: *Iconology: Image, Text, Ideology,* Chicago/London 1986, S. 116–149.

10) „Versions of a Human Sublime", in: *New Literary History* 16 (1985), S. 428.

11) Weiskel, *The Romantic Sublime,* S. 5 (Hervorhebungen von mir).

12) S. 284.

unanalyzable Gestalt"[13] nimmt bereits 1935 S. H. Monks Pionierwerk *The Sublime: A Study of Critical Theories in Eighteenth-Century England*[14] vor. Und auch mein ‚*Dark Sublime*': *Raum und Selbst in der amerikanischen Romantik*[15] erliegt noch 1971 wohl in manchem dieser Suggestion, weil gerade jene amerikanischen Romantiker, die sich am überzeugendsten von Kant und Schiller her erschließen, gedanklich so ungleich reicher wirken als etwa der besonders Burke verpflichtete Schauerroman. Und schließlich meint noch 1975 Jürgen Klein seine Aufgabe in *Der gotische Roman und die Ästhetik des Bösen* nicht lösen zu können, ohne zuvor „an Hand von Baumgarten und Kant die Unzulänglichkeit des empiristisch-sensualistischen Standpunktes in aestheticis aufzuzeigen, sowie auch anzudeuten, daß der pure Empirismus kein Mittel an die Hand gibt, den bloßen Eudaimonismus zu überwinden als eine Lehre, die dem Menschen als Noumenon wesentlich nicht gerecht wird"[16].

Die Prolegomena-Theorie ist auch nach Hipple auf Widerstand gestoßen. Dabei entspringt die Heftigkeit, mit der Theodore Wood 1972 in *The Word ‚Sublime' and Its Context: 1650–1760*[17] mit Rückendeckung durch Iris Murdoch gegen das Kantianische vorgeht, noch erfrischend direkt jener Tradition des Mißtrauens, aus der heraus die Engländer – wenn man einmal von einigen Coleridges oder Carlyles absieht – seit jeher vom sicheren Boden des *common sense* aus kopfschüttelnd die Steilflüge des deutschen Denkens vom Idealismus bis Heidegger, Wittgenstein oder auch der Frankfurter Schule beobachtet haben. Auf ganz andere Weise mag es überraschen, daß auch Jean-François Lyotard, bedeutender Theoretiker eines postmodernen Wissenschaftsbegriffs, in einer weithin beachteten Wiederanrufung des Sublimen sich mehr auf Boileau, Burke und in unserem Jahrhundert Barnett Baruch Newman als auf Kant beruft. Nun liegen gewisse Affinitäten zwischen der Postmoderne, „obsessed with breakage, aporia, slippage, indeterminacy, and incoherence", und einer dem Erhabenen seit jeher impliziten Hermeneutik des Exzesses sicherlich auf der Hand, und die gegenwärtige Rückstufung der „small, discrete, closed analyses of the New Criticism"[18] in die mindere Kategorie des Schönen hebt den antimodernistischen Affekt noch schärfer heraus.

Wenn Lyotard in diesem Zusammenhang die primäre Energie der Ästhetik des Erhabenen auf Burke zurückbezieht und zugleich Kant vorhält, diese um ihr Entscheidendes verkürzt zu haben, nämlich um den Schrecken, „daß das *Es*

13) Hipple, *The Sublime,* S. 307.
14) Nachdruck mit neuem Vorwort, Ann Arbor, Mich. 1960.
15) Heidelberg 1972.
16) Darmstadt 1975 (Impulse der Forschung, Bd. 20), S. 371.
17) The Hague/Paris 1972.
18) Paulson, „Version of a Human Sublime", S. 428.

geschieht nicht geschieht, daß es zu geschehen aufhört"[19], so will er auf eine im Gesamtzusammenhang der Postmoderne durchaus einsichtige Weise genau jenes große geistesgeschichtliche Projekt kritisieren, das von Kant und Schiller bis zur existentialistischen Moderne dieses Erschrecken auf ebenso zwang- wie formelhafte Weise in einen Dennoch-Sieg unserer ‚Ideen', des unbeugsam männlich-menschlichen Geistes oder auch (mit Klein) des „Menschen als Noumenon" hat umkodieren wollen. Lyotards Erhabenes hingegen generiert sich als ein radikales Jetzt, welches das Bewußtsein außer Fassung bringt, es mit dem konfrontiert, „was ihm nicht zu denken gelingt und was es vergißt, um sich selbst zu konstituieren"[20]. „Und die Größe der Rede ist wahr", so rückt Lyotard an anderer Stelle noch deutlicher die Mächtigkeit eines ganz anti-kantianisch verstandenen Erhabenen ins Vorfeld der Postmoderne, „wenn sie Zeugnis ablegt von der Inkommensurabilität von Denken und wirklicher Welt"[21].

Nun hat sich natürlich auch die voridealistische Ästhetik jenem schreckensvollen – mit Pynchon – „overspeaking of life"[22], das sie im erhabenen Moment freisetzen wollte, nie unvermittelt ausgesetzt. Zwar versagt sich in der Tat gerade der Sensualismus jede allzu sichtbare Kopfsteuerung und sucht das paradoxe Spiel von (übermächtigender) Nähe und (ästhetisch sicherndem) Abstand konsequent körperlich zu fassen. Doch wenn die Postmoderne für die vielfache List der Vernunft besonders den Begriff des *framing* in Anspruch nimmt, so läßt sich dessen Doppelsinn – er meint zum einen ‚einfassen', ‚rahmen', zum anderen aber auch ‚austricksen', ‚überlisten' – schon bemerkenswert wörtlich für die Frühphasen des Machtspiels um das Erhabene einsetzen.

Die Subsumierung der vorkantischen Ästhetik des Erhabenen unter einem besonders mit Longinus und Boileau assoziierten rhetorischen oder *author's sublime* einerseits und einem vor allem Burke und den Engländern zugeschriebenen natürlichen oder *reader's sublime* andererseits hat sich als zu forciert erwiesen, wie jüngst besonders eindrucksvoll Paul H. Fry in „Longinus at Colonus"[23] aufgezeigt hat. Und doch werden die im 18. und 19. Jahrhundert literaturwirksamsten Kräfte dieser Ästhetik ohne Zweifel aus dem Natürlich- und vor allem dem Räumlich-Erhabenen generiert. Schließlich hatten die dramatischsten Einbrüche der *New Science* in das christliche Weltbild, verbunden mit Namen wie Kopernikus, Kepler, Galilei, vor allem eine schwindelerre-

19) „Das Erhabene und die Avantgarde", in: *Verabschiedung der (Post-)Moderne?*. Hrsg. v. Jacques Le Rider und Gérard Raulet, Tübingen 1987 (Deutsche Textbibliothek, Bd. 7), S. 261.
20) *Ebd.*, S. 252.
21) *Ebd.*, S. 257.
22) Thomas Pynchon, *Gravity's Rainbow*, New York 1973, S. 720.
23) In: *The Reach of Criticism: Method and Perception in Literary Theory*, New Haven/London 1983, S. 47–86.

gende Öffnung des neuzeitlichen Bewußtseins auf ein Raum-Unendliches bewirkt. „Shakespeare", so pointiert David Masson diesen Umbruch, „lived in a world of time, Milton in a universe of space."[24] Wie Donne und viele andere dokumentiert auch Pascal in den *Pensées* den mit dieser Öffnung unaufhebbar verbundenen Schrecken, daß das (vor allem durch die raumzeitliche Hermetik der Heilslehre garantierte) *„Es geschieht"* – um an Lyotard anzuschließen – nicht (mehr) geschieht: „Le silence éternel de ces espaces infinis m'effraie."[25]

Doch schon die *Cambridge Platonists* konnten sich vor dem drohenden *horror vacui* durch den kühnen Sprung auf eine Meta-Ebene retten – und so gleichzeitig vom allzu Anthropomorphen der mittelalterlichen Theologie abrücken. Was, so fragt beispielsweise Henry More, vermöchte uns die unfaßbare Größe und Güte des Schöpfers überwältigender näherzubringen als der Ausblick in die Unendlichkeit des Alls? Bald gerieten alle Erscheinungen dieser Welt, die irgendwie über die Grenzen der menschlichen Vorstellungskräfte hinausweisen, in den Sog dieser neuen kosmischen Frömmigkeit: „Awe, compounded of mingled terror and exultation, once reserved for God, passed over in the 17th century first to an expanded cosmos, then from the macrocosm to the greatest objects in the geocosm – mountains, ocean, desert ... Scientifically minded Platonists, reading their ideas of infinity into a God of Plenitude, then reading them out again, transfered from God to Space to Nature conceptions of majesty, grandeur, vastness in which both admiration and awe were combined. The 17th century discovered ‚The Aesthetics of the Infinite'."[26]

Marjorie Nicholson, deren seinerzeit wegweisendem *Mountain Gloom and Mountain Glory* die obige Passage entnommen ist, hat in *Newton Demands the Muse*[27] auch den wesentlichen Einbrüchen des Empirismus in das tradierte Weltbild nachgespürt, wobei sie ihren Blick auf die Folgen der optischen Spekulationen Newtons richtet, insbesondere an Hand des Topos vom zerstörten Regenbogen. Dieser manifestiert die vom Phänomen der Lichtbrechung ausgelösten Ängste vor der Uneigentlichkeit des Schönen, das eine ungleich mächtigere, gewalttätigere Wirklichkeit maskiert. Schon für Joseph Addison offenbart sich von hier aus das Verhältnis der primären und sekundären Eigenschaften der Materie als eine bedrohliche Schein-Sein-Beziehung. In seinen vielgelesenen „Pleasures of the Imagination" verformt sich durch den Ansturm des ‚Primären' die vertraute, mild-pastorale Farbigkeit unserer Welt bis zur Unkenntlichkeit

24) Zitiert in Marjorie Nicholson, *Science and the Imagination,* Ithaca, N. Y. 1956, S. 96.

25) Blaise Pascal, *Pensées.* Hrsg. v. Léon Brunschvicg, Paris 1904, Nr. 206.

26) Marjorie Nicholson, *Mountain Gloom and Mountain Glory: The Development of the Aesthetics of the Infinite,* Ithaca, N. Y. 1959, S. 143.

27) *Newton Demands the Muse: Newton's ‚Optics' and the Eighteenth Century Poets,* Princeton, N. J. 1949.

(ein Motiv, das sich bald darauf in Popes *Dunciad*, Thomsons *Castle of Indolence* und in abgeschwächter Form auch in Johnsons *Rasselas* wiederfindet): „In short, our Souls are at present delightfully lost and bewildered in a pleasing Delusion, and we walk about like the Enchanted Hero of a Romance, who sees beautiful Castles, Woods, and Meadows; and at the same time hears the warbling of Birds, and the purling of Streams; but upon the finishing of some secret Spell, the fantastick Scene breaks up, and the disconsolate Knight finds himself on a barren Heath, or in a solitary Desart."[28]

Der Rückgriff auf die Märchenbildlichkeit der *romance* hält diese Aussage noch halb im Spielerisch-Spekulativen. Und doch sind darin bereits erste Anzeichen jener zunehmend schmerzhafteren Entfremdung zwischen Wahrgenommenem und Wirklichem zu spüren, mit der anderthalb Jahrhunderte später Melville in „The Whiteness of the Whale" auf grundsätzlichere Weise abrechnen wird. Dazu paßt, daß nirgends in Addisons Werk Begriffe wie *unfathomable, immensity, Labyrinth, Chasm, Void, lost, confounded, swallowed up* dichter gesät erscheinen als in der kurzen, dem literarischen Feuilletonverbrauch zweier Wochen (20. Juni – 3. Juli 1712) zugemessenen Folge von Essays über die dichterische Einbildungskraft.

„The Pleasures of the Imagination" bestechen durch die Vielfalt, die Frische, den Wagemut der Gedanken. In der Tat scheinen alle zukünftigen problematischen Aspekte der Ästhetik des Erhabenen hier zumindest ansatzweise schon berührt zu sein. Dabei entspringen die Essays keinem konsequent durchdachten gedanklichen System. Sie bleiben im besten Sinne ‚Versuche', deren Denkreiz ebenso in ihren Doppeldeutigkeiten und Widersprüchen wie in der intuitiven Kraft ihrer Einsichten gründet. Bewundert man einerseits den Mut, mit dem sich Addison an einer Stelle tiefer auf das Spiel der Entgrenzung als Zerreißprobe sich einander entfremdender Bewußtseinskräfte einläßt, so ist doch andererseits ebenso spannend zu beobachten, mit welch umfassender Strategie des *framing* er an anderer Stelle Sorge trägt, daß dieses Spiel nicht irreversibel den Rahmen rational gegründeter Erfahrung sprengt. In diesem Wechsel von Kühnheit und Vorsicht, Sehnsucht nach Selbstaufgabe und Drang zur Selbstbehauptung offenbart sich eine der Geschichte des Erhabenen zwischen Klassizismus und Romantik besonders eigene Form der Bewußtseinsspannung, die – folgen wir Weiskel und besonders Arthur Fry[29] – spätestens im Zweiwelten-Denken von Kant und Schiller zur Bewußtseinsspaltung wird.

Für Addison steigt die Lust der Einbildungskraft um so steiler an, je größer

28) In: *The Spectator* No. 423 (June 24, 1712). Zitiert nach der Ausgabe von Donald F. Bond, Oxford 1965, Bd. 3, S. 546–547.

29) Weiskel, *The Romantic Sublime,* insbesondere in bezug auf die *alienation,* S. 44 ff., sowie Fry, „The Possession of the Sublime".

und ungewöhnlicher ihr Gegenstand ist. Die Vernunft (Addison gebraucht, anders als später Coleridge, *reason* und *understanding* noch synonym) setzt dieser Lust immer höhere Ziele und zieht die Einbildungskraft schließlich ins Unendliche hinaus. Was jedoch deren höchste Seligkeit bewirken müßte, wird ihr paradoxerweise zur Qual: „The Understanding, indeed, opens an infinite Space on every side of us, but the Imagination, after a few faint efforts, is immediately at a stand, and finds her self swallowed up in the Immensity of the Void that surrounds it."[30] Dieses Scheitern der Einbildungskraft bei ihrem Streben, dem Höhenflug der Vernunftideen zu folgen, ortet Lovejoy bereits in den *Pensées* Pascals[31] als Quelle der „misère et grandeur de l'homme". Später wird vor allem Kant alles daran setzen, diese abgründige Krise doch noch in einen Sieg unseres Geistes zu wenden. Addison nutzt zunächst einfach das Prinzip der Assoziation, um aus der ebenso revolutionären wie bedrohlichen Bild- und Begriffswelt der *New Philosophy* ein neues Erlebnis der Freiheit zu extrapolieren. Dabei kann er freilich jene Bildbereiche, die eher Übermächtigung durch Nähe suggerieren, noch überhaupt nicht unterbringen: „The Mind of Man naturally hates every thing that looks like a Restraint upon it, and is apt to fancy it self under a sort of Confinement, when the Sight is pent up in a narrow Compass, and shortned on every side by the Neighbourhood of Walls or Mountains. On the contrary, a spacious Horizon is an Image of Liberty ... Such wide and undetermined Prospects are as pleasing to the Fancy, as the Speculations of Eternity or Infinitude are to the Understanding."[32]

So ganz überzeugt Addison dieser Selektionszwang ebenso wie der abschließende Analogieschluß aber offenkundig selber nicht. Darum fällt er am Ende doch wieder auf den unergründlichen Ratschluß einer *prima causa* zurück, um die zuvor aufgebrochene Kluft zwischen Vorstellungskraft und Denken einerseits und einer bedrohlichen und einer befreienden Bildwelt andererseits zu schließen. Wenn uns nämlich letztlich die Betrachtung eines *jeden* Gegenstandes erschüttert, der „a great deal of room in the Fancy" einnimmt, so darum, weil uns alles Große nur das unendlich Größere des All-Mächtigen näherbringt. Aufs Höchste steigert sich dann naturgemäß unsere Gemütsbewegung, „when we contemplate his Nature, that is neither circumscribed by Time nor Place, nor to be comprehended by the largest Capacity of a Created Being"[33].

Ähnlich ambivalent wie das Verhältnis von Einbildungskraft und Vernunft gestaltet sich bei Addison das von Erhabenem und Schönem. Wie den meisten

30) In: *The Spectator* No. 420 (Bond, Bd. 3, S. 576).
31) Arthur O. Lovejoy, *The Great Chain of Being: A Study of the History of an Idea*, Cambridge, Mass. 1942, S. 127.
32) In: *The Spectator* No. 412 (Bond, Bd. 3, 540–541).
33) In: *The Spectator* No 413, (Bond, Bd. 3, S. 545).

anderen Theoretikern stellt sich ihm die Welt des letzteren als die grundsätzlich mindere, weniger rätselhafte und erregende dar. Verhalten gerät sie sogar schon hier, wie sich aus der Lockeschen Parabel vom Ritter in der verwunschenen Landschaft herauslesen läßt (Texte wie Johnsons *Rasselas,* Thomsons *Castle of Indolence* und Melvilles *Typee* werden dies aggressiver ausbeuten), in den Geruch des potentiell Subversiven, Ver- oder doch zumindest Irreführenden, weil sie ein ungleich Mächtigeres und Wahreres verdeckt. Doch wiederum umschifft Addison die rüderen epistemologischen Strudel, indem er auf das traditionelle *argument from design* zurückfällt. Wenn der Schöpfer das Erhabene so häufig durch das Schöne maskiert, so nur, um uns die permanente Übermächtigung durch das erstere zu ersparen.

Will nun Addison, wie seine schroffe Unterscheidung zwischen dem Befreienden eines weiten Horizontes und dem Bedrängenden der Bergmauern deutlich macht, zumindest im Bereich der durch unsere unmittelbare Wahrnehmung konstituierten *primary imagination* keinesfalls jede Erfahrung eines Großen umstandslos als ‚erhaben' honorieren, so zeigt er bezüglich der Freuden der *secondary imagination* solche Hemmungen nicht. Im Bereich der Kunst ist auch der Genuß des Bedrohlich-Grauenvollen möglich und erlaubt, da allein die gewußte Nachahmung bereits ein *framing* garantiert. Weder der schreckliche Gegenstand als solcher noch die Eigenart seiner Beschreibung bewirkt also die ästhetische Lust, sondern vielmehr – und dieser zusätzliche Aspekt, mit dem sich schon Addison von konventionelleren Deutungen löst, wird bald darauf von Edmund Burke mit ganz anderer Wucht zum Schlüssel des erhabenen Moments dynamisiert – vor allem die in diese Wahrnehmung einschießende Reflexion über unsere eigene Sicherheit: „When we look on such hideous Objects, we are not a little pleased to think we are in no Danger of them. We consider them at the same time, as Dreadful and Harmless; so that the more frightful Appearance they make, the greater is the Pleasure we receive from the Sense of our own Safety."[34]

Bei Addison werden also die Gegenwelten des Schönen und Erhabenen umrißhaft sichtbar, auch wenn er selber noch nicht vom *sublime,* sondern vom ‚Großen' oder ‚Ungewöhnlichen' spricht. Zugleich beginnt sich dessen Erfahrung klarer als ein durch bestimmte Bilder ausgelöster Zusammenstoß verschiedener, in ihrem Vermögen dramatisch ungleicher Bewußtseinskräfte zu konturieren. Addison spürt wohl das Identitätsbedrohende dieser Konfrontation, versucht ihr aber noch auf ebenso eklektische wie widerspruchsvolle Weise auszuweichen. Burkes *Philosophical Enquiry into the Origin of our Ideas of the*

34) In: *The Spectator* No. 412 (Bond, Bd. 3, S. 540).

Sublime and Beautiful (1757)[35], dem Hipple zusammen mit Addisons Essays den höchsten Rang für „the course of British aesthetic speculation in the 18th century" einräumt[36], erweist sich als ein radikalerer Text. Spekulationen über letzte Ursachen werden grundsätzlich aus der ästhetischen Theorie verwiesen. Anstelle einer vermessen metaphysischen oder fragwürdig assoziationspsychologischen Deutung fordert Burke eine streng sensualistische: „When we go but one step beyond the immediately sensible qualities of things, we go out of our depth."[37]

Die Spannung zwischen dem Schönen und Erhabenen, die Addison teilweise wieder zu verschleiern suchte, schreibt Burke nunmehr als Ausdruck zweier gegensätzlicher Urinstinkte des Menschen fest. Zugleich ordnet er alle wesentlichen sinnlich-seelischen Erscheinungen in langen Katalogen der einen oder anderen Kategorie unter. Das Erhabene aktiviert dabei in seinen Augen grundsätzlich den Selbsterhaltungstrieb, da es sich unaufhebbar mit dem Schrecklichen verbindet: „Indeed terror is in all cases whatsoever either more openly or latently the ruling principle of the sublime."[38] Dies erfordert aber auch im Bereich der *primary imagination* eine ausreichende Distanz als *sine qua non* des erhabenen Moments. Nun hat freilich schon Anfang des Jahrhunderts John Dennis – dem Wood in *The Word ‚Sublime'* ein ganzes Kapitel widmet – in *The Grounds of Criticism in Poetry* (1704) das Sublime emphatisch mit einem *Enthusiastick Terror* verbunden. Da Dennis mit diesem aber noch ausschließlich „the Wrath and Vengeance of an angry God" erfahrbar machen will[39], kann für ihn jede Mediatisierung des Schreckens – den er ebenso durch eine imaginäre, im dichterischen Wort gestaltete wie durch eine reale Bedrohung auslösbar sieht – nur *counter-productive* sein.

Auch Burke sieht zwischen der unmittelbaren Erfahrung des sturmgepeitschten Ozeans und seiner Nachgestaltung durch den Maler oder Dichter nur einen graduellen Unterschied. ‚Erhaben' jedoch kann für ihn der eine wie der andere Modus – Weiskel sieht beide als „structurally cognate"[40] an – immer nur so lange sein, wie der Erlebende dazu den für ein Reflexionsurteil erforderlichen Mindestabstand hält: „When danger or pain press too nearly, they are incapable of giving any delight, and are simply terrible, but at certain distances, and with certain modifications, they may be, and they are delightful, as we every day

35) Hier wird durchgängig die zweite, wesentlich erweitere Ausgabe von 1759 zugrunde gelegt, die J. T. Boulton (London 1958) herausgegeben hat.
36) Hipple, *The Sublime,* S. 83.
37) Burke, *Enquiry,* S. 131.
38) *Ebd.*, S. 58.
39) Zitiert in Wood, *The Word ‚Sublime',* S. 178.
40) Weiskel, *The Romantic Sublime,* S. 11.

experience."[41] Der erhabene Moment tut sich für Burke also stets als eine Erfahrung in zwei Phasen kund. Die erste ist von einem Gefühl totaler Übermächtigung bestimmt, die zweite von einer mit ebenso totaler Lust gekoppelten Reflexion über diese Erfahrung. Weiskel, der beiden noch eine dritte, durch ein aus Langeweile geborenes Ungleichgewicht bestimmte Phase vorschaltet, nimmt dabei zugleich eine wichtige Differenzierung in Richtung auf das vor, was Kant später das ‚Mathematisch-' und das ‚Dynamisch-Erhabene' nennt. Er unterscheidet nämlich einen Exzeß im Bereich des Zeichenspenders, also des ‚erhabenen' Wort- oder Wahrnehmungs-Stimulans, und einen Exzeß im Bereich des Zeichenempfängers, also des durch die Zeichen wachgerufenen ‚Sinnes'[42].

Das Erhabene konstituiert sich also schon für Burke in jedem Fall als ein ‚Sprung' des Bewußtseins in etwas erdrückend Bedrohliches, dem in Sekunden ein Aufschrei der Erlösung folgt, weil das Ich sich selber der Gefahr entzogen und ihr darum für einen Augenblick titanisch gewachsen fühlt. Der unmittelbare *pay-off* äußerster Angst ist also ein ihr strikt umkehrgleiches Gefühl äußerst gesteigerter Macht. Indem wir daraufhin die Begegnung mit dem Erhabenen bewußt zu *suchen* beginnen, erproben wir offenkundig Rezepturen einer potenten *power*-Droge, und der Weg in die dunklere Romantik wäre in diesem Sinne nicht einfach als Kapitel einer ‚Geschichte der Angst', sondern ebenso als Stationendrama einer aktiven Beschaffungssucht zu lesen.

Die ‚negative' Lust erlebter Selbstbehauptung faßt Burke als so grundsätzlich verschieden von der positiven Freude am Schönen (*pleasure*), daß er einen anderen Ausdruck für sie wählt (*delight*). Das ‚Schöne' verbindet sich mit allem, was im Erlebenden nicht Angst, sondern Liebe weckt. Es aktiviert den Sozialtrieb, nicht den Selbsterhaltungstrieb. Seine Bildwelt erscheint von grundsätzlich sanfterem, schwächerem, ‚weiblicherem' Wesen – eine Ausweitung notorischer *gender*-Stereotypen und männlicher Allmachtsphantasien, die dann Kant noch penetranter betreibt (und die vielleicht Stoff für eine Geschichte ganz anderer Ängste liefern könnte). Bemerkenswert ist weiterhin, daß das Erhabene bei Burke deskriptiv, das Schöne fast durchgängig präskriptiv behandelt wird: „... sublime objects are vast in their dimensions, beautiful ones comparatively small; beauty should be smooth, and polished; the great, rugged and negligent; beauty should shun the right line, yet deviate from it insensibly; the great in many cases loves the right line, and when it deviates, it often makes a strong deviation; beauty should not be obscure; the great ought to be dark and gloomy; beauty should be light and delicate; the great ought to be solid, and even

41) Burke, *Enquiry*, S. 40.
42) Weiskel, *The Romantic Sublime*, S. 21 ff.

massive. They are indeed ideas of a very different nature, one being founded on pain, the other on pleasure."[43]

Indem Burke, wohl auch einer calvinistischen Strähne der eigenen Erziehung folgend, das Erhabene massiv hierarchisch-männlich bestimmt, distanziert er sich deutlich von allen ‚Humanisierungen', wie sie etwa im Platonismus (und später dem Harmonisch-Erhabenen der *Cambridge Platonists)* oder einem stark neutestamentarisch geprägten Christentum zum Ausdruck kommen. Dessen Schwächlichkeit hat wohl niemand mit so *gender*-gerichteter Häme wie Melville desavouiert: „When Angelo paints even God the Father in human form, mark what robustness is there. And whatever they may reveal of the divine love in the Son, the soft, curled, hermaphroditical Italian pictures, in which his idea has been most successfully embodied; these pictures ... hint nothing of any power, but the mere negative, feminine one of submission and endurance ..."[44] Schon für Burke, von dessen *Enquiry* Melville bereits 1849 eine Ausgabe erwarb, inkarniert sich das Erhabene natürlich in nichts so überwältigend wie im zürnenden, unberechenbaren Jehova. Die Begegnung mit ihm bedeutet einen so ungeheuren Überschuß an Signifikat, daß jeder Signifikant – und hierin liegt natürlich auch der Sinn des alttestamentarischen Bildverbots – blasphemisch wäre.

Aber auch anderswo läßt sich Burke weit tiefer mit dem Irrationalen ein als Addison. Schon Addison entdeckt ja einen Widerstreit zwischen Einbildungskraft und Vernunft. Doch bleibt für ihn die letztere – wie später für Kant – stets die ungleich bedeutungsvollere. Burke hingegen definiert das Erhabene mit an Feindseligkeit grenzender Genugtuung als immer neue Niederlage des die Phantasie einschränkenden Verstandes: „Whenever the wisdom of our Creator intended that we should be affected with any thing, he did not confide the execution of his design to the languid and precarious operation of our reason; but he endued it with powers and properties that prevent the understanding, and even the will, which seizing upon the senses and imagination, captivate the soul before the understanding is ready either to join with them or to oppose them."[45] In diesem blitzartigen Überspringen des Verstandes – an anderer Stelle führt Burke das vom Erhabenen ausgelöste *Astonishment* direkt auf sein bildkräftiges Etymon *attonitus* zurück – wird präziser ortbar, was Weiskel ins Zentrum einer allgemeinen Semiotik des Erhabenen rückt, nämlich eine radikale, eben nur in der irrationalen Gewalttätigkeit dieser Erfahrung kurzschließbare „discontinuity between sensation and idea", der paßgenau eine Diskontinuität „between idea and word" entspricht[46].

43) Burke, *Enquiry*, S. 124.
44) *Moby-Dick or, The Whale*, New York 1952, S. 373.
45) Burke, *Enquiry*, S. 107.
46) Weiskel, *The Romantic Sublime*, S. 17.

In jedem Versuch, die Erfahrung des Erhabenen mit dem Verstand zu fassen, geraten wir wie dereinst Aaron in Versuchung, uns ein falsches Bildnis zu machen: „... it becomes extremely hard to disentangle our idea of the cause from the effect by which we are led to know it."[47] Solche Vermischung von *natura naturata* und *natura naturans* hat freilich ihre Risiken. Verbirgt sich Jehova allzu lange hinter den Gewitterwolken Sinais, so beginnt der Berg selber die Rechte des Göttlichen zu usurpieren. Was zuvor nur Vermittler eines Größeren war, gewinnt animistisches Eigenleben. Nun autorisiert Burkes *Enquiry* gewiß noch nicht die naturalistische Dämonologie der Dingwelt. Aber seine Betonung des Physiologischen, der Sinne, Instinkte, Affekte beginnt doch zunehmend, den Status jenes *homme métaphysique* zu untergraben, den ein gutes Jahrhundert später Zola endgültig beerdigen will. Und letztlich verdankt das Ich das Hochgefühl seiner Selbstbehauptung im erhabenen Moment schon aus der Sicht der *Enquiry* dem Zusammentreffen eines glücklichen Zufalls (der eigenen momentanen Sicherheit) mit einer Selbsttäuschung seiner Eitelkeit. Wenn Burke dann noch zusätzlich das Schöne als das Andere des Erhabenen immer weiter entmachtet und schließlich sogar „Beauty in distress" zur bewegendsten Form des Schönen erklärt[48], so beschädigt er dadurch unwiderruflich jenes (auch psychisch stabilisierende) Gleichgewicht, in dem die schöne Bildwelt und die übermächtigende des Erhabenen einmal stehen sollten. Damit aber engt sich das Refugium der Gartenwelt des 18. Jahrhunderts weiter ein. Am Ende bleibt nur eine schmale Oase übrig, deren Verlorenheit die Schrecken der von allen Seiten herandrängenden Wildnis um so bedrohlicher ins Bewußtsein ruft.

Die Angst, daß das Elementar-Disruptive den ‚Rahmen' des ästhetischen Balancespiels unheilbar sprengen könnte, hat Burke jedoch spätestens mit der französischen Revolution eingeholt. Mit allen Mitteln versucht er nun, das „verbal sublime" durch Rückbindung an „custom, habit, and association" vor der in der eigenen Jugendschrift gefeierten Sturm-und-Drang-Gewalt des „natural sublime" zu retten, wie besonders W. J. T. Mitchell herausgearbeitet hat[49]. Theoriegeschichtlich ist dies natürlich eine Regression, und zwar in Richtung der beiden großen „Augustan reactionaries" Swift und Pope. Immerhin attackiert schon Pope in *The Dunciad* aggressiv-ironisch ein zum *bathos* denaturiertes Erhabenes, das den naturwüchsigen Zusammenhang der Ordnungen von Sprache und sozialer Welt durch eine aus zu radikalen Grenzaufhebungen resultierende Diskontinuität bedroht[50].

47) Burke, *Enquiry*, S. 68.
48) *Ebd.*, S. 110.
49) Mitchell, „Eye and Ear", S. 139.
50) Siehe hierzu auch Weiskel, *The Romantic Sublime*, S. 19.

Auf die Frage, wie und um welchen Preis das für ein profitables *power*-Spiel mit dem Erhabenen jeweils notwendige *framing* noch gelingen kann, konzentrieren sich dann einige der bedeutendsten Texte der Romantik. Eine einfache Formel legt mit der unmittelbar an Burke anschließenden Symmetrisierung der Bild- und Raumstrukturen bereits Anne Radcliffe vor. Die zirkuläre Handlung der von ihr geprägten *gothic novel* führt stets aus der geordneten Bürgerlichkeit durch eine mit Schreckensburgen und -klöstern, düsteren Bergen, Wäldern und Banditti durchsetzte Welt des Grausig-Erhabenen zurück ins Friedlich-Pastorale. Zugleich verhindert eine ständige Distanzkontrolle, daß lustvoller *terror* je in wirklichen *horror* umschlagen kann – bis Gregory Lewis die Strategie in *The Monk* in ihr schwarzes Gegenteil verkehrt. Und doch sind, wie ich in „Schönheit im Schoße des Schreckens"[51] zu zeigen versucht habe, schon in Radcliffes Romanen gravierendere Einbrüche als bei *Monk* zu registrieren, weil sie aus dem Unbewußten kommen – eine Subversion des *Clarissa*-Modells, die dann freilich Charles Brockden Brown in *Wieland* zu sehr viel radikaleren Konsequenzen treibt[52].

Das ‚Schöne', in dessen Raum sich Radcliffes Protagonist(inn)en jeweils wieder retten, wenn das Düster-Erhabene in schieren Horror umzuschlagen droht, wird spätestens bei Addison als sekundärer Schein problematisiert. Um so erklärungsbedürftiger wird der Widerspruch zwischen der stets neu beschworenen Uneigentlichkeit des Schönen und jener haßvollen Verachtung, mit dem es in der dunklen Romantik vor allem Herman Melville erneut und vernichtender als zuvor angreift. Sein Frühwerk *Typee,* dessen Ansatz als Zitat von *Rasselas* nur noch deutlicher macht, wie sehr es sich hier um *Fortschreibungen* handelt, inszeniert eine Südsee-Idylle, deren kaum verhüllte Mitte der weibliche Körper ist. Aber hinter dem sanften Primat des ‚Schönen' lauert der Kannibalismus. Die drohende Tätowierung und die Aufgabe des eigenen Namens markieren in Melvilles Inszenierung grell den Preis der Eingemeindung in den engen, sinnenzugewandten Sozialverbund der Typee: die Kastration des männlich-selbstbestimmten Willens.

Den vielfachen Ambiguitäten, die das Schöne heute vielleicht deutenswerter machen als das Erhabene, kann hier nicht näher nachgegangen werden. Heuristisch könnte man einmal annehmen, daß seine Evokation jeweils eine solche Lawine männlicher Wünsche loszutreten und damit so bedrohliche Gefühle von Abhängigkeit und Ängste der Nichterfüllung freizusetzen droht, daß seine Entmachtung und Diffamierung immer neue, eigentlich eher dem

51) „Schönheit im Schoße des Schreckens: Raumgefüge und Menschenbild im englischen Schauerroman", in: *Archiv für das Studium der Neueren Sprachen und Literaturen* 207, Jg. 122 (1970), H. 1, S. 1–19.

52) Vgl. auch das Kapitel „Vom ‚Irrgarten der Analyse' " in meinem ‚*Dark Sublime*'.

,Erhabenen' angemessene Energien beansprucht hat. Nur so erklärt sich wohl auch die Wahl der Bilder, in denen Melvilles Ishmael seiner maßlosen Erbitterung darüber Ausdruck gibt, „... that all deified nature absolutely paints like the harlot, whose allurements cover nothing but the charnel-house within"[53]. Wie sehr die männliche Angst vor solchem *allurement* die Konstruktion des sogenannten ,Weiblichen' und zugleich seine auch gesellschaftlich folgenreiche Aufspaltung in Hure und Heilige, zusammen mit anderen Formen der Unterdrückung und Entfremdung, befördert hat, beginnt erst heute mehr in die Mitte des kulturellen Diskurses zu rücken.

In diesem Sinne wäre dann das konsequent ödipale Konstrukt eines Übervaters (bei gleichzeitig *völligem* Vergessen jeder möglichen Macht der Mutter), das auch Weiskel heute als Erklärungsmodell des Erhabenen zu einfach erscheint[54], wohl eher als eine Flucht nach vorn zu bewerten. Dabei konstituiert sich zugleich eine historisch frühere Erscheinungsform dessen, was Theweleit in seinen *Männerphantasien* den ,Körperpanzer' nennt[55]. So gelingt Melvilles Ahab nur unter Einfrieren aller weicheren, differenzierteren Gefühle die Herstellung jenes radikal binären, auf ein gnadenloses Entweder-Oder gestellten Wirklichkeitsmodells, innerhalb dessen messerscharfer Abgrenzungen nur Schwäche und Niederlage sein kann, was sich nicht eindeutig als Stärke und Sieg erweist. Zugleich bestätigt sich in diesem Roman erneut die bereits eingangs erwähnte Umkehrung von Verfolgtem und Verfolger. Wie kein anderer Sterblicher fühlt sich der abgründig der *power*-Droge des Erhabenen verfallene Kapitän als Opfer. Und vergeblich versucht Starbuck, ihn vor dem apokalyptischen Ende von *Moby-Dick* noch einmal zur Wahrnehmung dessen zu bewegen, wie sehr er tatsächlich selber Täter ist: „See! Moby Dick seeks thee not. It is thou, thou that madly seekest him."[56]

Kein anderes Werk des 19. Jahrhunderts wirft hinsichtlich der Ästhetik des Erhabenen – und damit soll der Ausblick auf einige ihrer konkreten literarischen Konsequenzen schließen – so viele Probleme auf wie das von Edgar Allen Poe. Kompromißloser als irgendein anderer läßt sich dieser Erzähler immerhin auf explizite Distanz- und Grenzaufhebungen, auf Phantasien eines bedingungslosen Sich-Fallen-Lassens ein. Zugleich verweigert er jener Bildwelt des Schrekkens, die der Erzähler am Anfang von „The Fall of the House of Usher" verzweifelt wieder unter die Kontrolle des gewohnten ästhetischen *framing* zu bringen sucht, bewußt jeden ,erhabenen' Rückkoppelungseffekt: „There was an iciness, a sinking, a sickening of the heart – an unredeemed dreariness of thought

53) Melville, *Moby-Dick,* S. 193.
54) Vgl. Weiskel, *The Romantic Sublime,* besonders S. 103 f.
55) Klaus Theweleit, *Männerphantasien,* Reinbek b. Hamb. 1980.
56) Melville, *Moby-Dick,* S. 561.

which no goading of the imagination could torture into aught of the sublime."[57]

Dies scheint bereits jene radikalere Lust an der Aufhebung aller identitätsstiftenden ‚Diskontinuitäten' durch den Tod vorwegzunehmen, die Georges Bataille drei Generationen später im *Heiligen Eros* als Bedingung der Möglichkeit einer jeden vollständigeren Öffnung auf das Leben hin zelebriert. Man wird vielleicht bis zu Poes Spätwerk *Eureka!* gehen müssen, um festzustellen, daß auch er letztlich das erhabene *power*-Spiel nur durch ein neues *framing,* die Verlagerung auf eine noch höhere Meta-Ebene zu gewinnen sucht. In kosmischen Dimensionen nämlich (und hier zeichnen sich bereits die Konturen des heutigen ‚Zieharmonika-Universums' ab) führen Tod und Leben auf die ewige Systole und Diastole des Weltherzens zurück. So nähert sich am Ende *der* Dichter des Grauens in der anglo-amerikanischen Literatur – wenn auch auf dem weiten Umweg über die Laplacesche Spiralnebeltheorie – ganz unerwartet jenem Harmonisch-Erhabenen an, das sich eigentlich eher mit Namen wie Wordsworth, Emerson, Whitman und der monistischen Romantik verbindet.

57) *The Works of Edgar Allan Poe.* Hrsg. v. John H. Ingram, Bd. 1, London 1899, S. 179.

Das Interesse des Erhabenen[1)]

Jean-François Lyotard

Gebrauch, Interesse, Nutzen, Opfer: mit diesen der Ökonomie entlehnten Operationen (es gibt noch andere, z.B. die Neigung, die Triebfeder) bearbeitet der Text der *Kritiken* seine Themen: das Wahre, das Gute, das Schöne. Denn es gibt eine Ökonomie der Vermögen. Sie greift immer zu zwei Gelegenheiten ein: wenn die Kooperation der Vermögen untereinander auszuarbeiten ist und wenn es zu verstehen gilt, wie das Vermögende im allgemeinen, das nur eine Fähigkeit ist, in der empirischen Realität zur Aktualisierung kommt; wie das Kapital der Denkvermögen investiert, in Taten „realisiert" wird[2)].

Wenn man im Gefühl des Erhabenen das Interesse beleuchtet, berührt man einen neuralgischen Punkt des „Organismus" der Vermögen. Die Analyse des Schönen läßt auf eine Begründung des Subjekts als Einheit der Vermögen und auf eine Legitimation der Übereinstimmung der realen Gegenstände mit der authentischen Bestimmung dieses Subjekts, der Naturidee, hoffen. Wie ein Meteor schlägt die Analytik des Erhabenen in das Werk ein, das dieser doppelten Erbauung gewidmet ist, und scheint, auch wenn sie nur ein „bloße[r] Anhang" (90)[3)] ist, diesen Hoffnungen ein Ende zu setzen. Und es ist das im Gefühl des Erhabenen enthaltene Interesse, an dem sich diese Enttäuschung entzündet.

Wie in „Sensus Communis"[4)] habe ich die folgenden Notizen zur dritten

1) A.d.Ü.: frz. „L'intérêt du sublime"; bedeutet gleichzeitig das Interesse, das das Erhabene hat, und das, was am Erhabenen selbst interessant ist.
2) A.d.Ü.: Die alternative Verwendung von frz. „faculté" („Vermögen", „Fakultät" im Kantischen Sinne) und „pouvoir" („Vermögen", „Kraft", „Macht") für das Kantische „Vermögen" läßt sich im Deutschen nicht nachvollziehen. Wo möglich und nötig wird „pouvoir" im folgenden mit „Kraft" oder „Macht" übersetzt.
3) Wenn nicht anders vermerkt, verweisen die Ziffern in Klammern im Text auf die *Kritik der Urteilskraft*, Hamburg ^{6}1974. Die mit den Kürzeln *KRV, KPV, EE* versehenen Ziffern in Klammern verweisen jeweils auf die *Kritik der reinen Vernunft*, Hamburg ^{2}1976, auf die *Kritik der praktischen Vernunft*, Hamburg ^{5}1985, und auf die *Erste Einleitung in die Kritik der Urteilskraft*, Hamburg ^{3}1977.
4) A.d.Ü.: In: *Cahier du Collège international de philosophie* 3 (1987), S. 67–87.

Kritik im Ton und Rhythmus der Sitzungen belassen, für die sie bestimmt waren. Ebenso wie der erstere ist der vorliegende Text Teil einer vor fünf Jahren begonnenen Vorlesung über das Erhabene.

1.

Das Gefühl des Schönen ist ein reflexives, einzelnes, jedoch Anspruch auf Allgemeinheit erhebendes, unmittelbares, interesseloses Urteil. Es entstammt bloß einem Gemütsvermögen, nämlich dem der Lust und Unlust. Es findet anläßlich einer Form statt. Von diesem Punkt hängt sein Geschick als interesseloses Wohlgefallen ab: Wenn es sich auch nur im mindesten der Materie des Gegebenen, der Farbe, dem Timbre verdankte, würde es in dasjenige „angenehme" Wohlgefallen regredieren, das aus einer erfüllten „Neigung" resultiert. Der Gegenstand hätte dann – durch seine Existenz hier und jetzt – einen „Reiz" auf den Geist[5)] ausgeübt.

Der Reiz ist ein Fall von Interesse, der empirische, „pathologische" Fall. Die Maxime des Willens – wir würden sagen: die Finalität des Begehrens – wird vom Genuß des Gegenstandes beherrscht. Der Geist empfindet ein Interesse an der Existenz des letzteren. Wenn empirischer Gegenstand, dann versklavtes Interesse und lustvolle Abhängigkeit. Eine Vorliebe haben für …

Es steht zu erwarten, daß es ausreicht, den reinen vom unreinen Geschmack zu scheiden, um das ästhetische Wohlgefallen vom Genuß des Gegenstandes zu emanzipieren. Einen „Reflexionsgeschmack" vom „Sinnengeschmack" zu unterscheiden (52). Wie es scheint, schließt die Reflexion im allgemeinen – vor allem jedoch in dem exemplarischen Modus, den das unmittelbare Urteil über das Schöne, das Gefühl, darstellt – jegliches Interesse aus, das sich durch eine Unterwerfung des Wollens unter einen bestimmten Gegenstand definiert. Denn die Reflexion im allgemeinen besteht darin, ohne bestimmtes Kriterium, ohne Urteilsregel zu urteilen, hier also ohne die Art Gegenstand oder den einen Gegenstand antizipieren zu können, der ein Wohlgefallen bereiten könnte.

Diese Unterscheidung hinsichtlich der Erkenntnisvermögen (bestimmendes Urteil/reflektierendes Urteil) verbirgt jedoch eine andere hinsichtlich der Gemütsvermögen (36), nach der diese rein sind oder empirisch angewendet werden. Kant hebt drei Arten des Wohlgefallens (im weiten Sinne), des Bezugs zum Gefühl der Lust und Unlust voneinander ab. Ein Gegenstand kann im

5) A.d.Ü.: frz. „esprit"; wird neben „âme" auch als Übersetzung des Kantischen „Gemüts" verwendet. Es ist also nicht der Geist im Sinne von „Verstand", sondern im weiteren Sinne gemeint.

eigentlichen Sinne „vergnügen“, er kann „gefallen“ und er kann „geschätzt, gebilligt“ werden (47). Dieser Gegenstand nennt sich dann jeweils angenehm, schön oder gut. Auf seiten des Subjekts entsprechen ihm die Triebfedern Neigung, Gunst und Achtung. Nur die dem Schönen gewährte Gunst ist „ein uninteressiertes und *freies* Wohlgefallen“, schreibt Kant, „das einzige freie Wohlgefallen“. Der Sinnengeschmack setzt die Neigung voraus, will Befriedigung im eigentlichen Sinne[6], interessiert sich für das Angenehme. Der Reflexionsgeschmack setzt Gunst voraus. Ihm fällt das „Gefallen“ zu. Das Schöne ist der „Gegenstand“, der ihm auf diese Weise zuteil wird. Das deutsche *Gefallen** verrät zur Genüge, in welchem Maße das Schöne aus heiterem Himmel vollkommen unerwartet auf ihn niederfällt. Man ist weder gegen es gewappnet noch auf es vorbereitet. Für diese Unbefangenheit beim Wohlgefallen verfügt das Französische über den Ausdruck: „ein Segen“ [*un bonheur*] (auf keinen Fall zu verwechseln mit dem Glück [*le bonheur*]). Die Interesselosigkeit ist eine Bedingung dafür, „beglückt zu werden“ [*avoir des bonheurs*]. Aber keine Garantie.

Zwei Bemerkungen zu dieser ersten Unterscheidung. Erstens kann es sein, daß faktisch – d.h., wenn das ästhetische Urteil empirisch angewendet wird – etwas, „was schon für sich und ohne Rücksicht auf irgendein Interesse gefallen hat“, in der Folge ein Interesse an seiner Existenz, an der Existenz dieses Etwas nach sich zieht (148). Auf diese Weise kann sich zum Beispiel die Neigung, in Gesellschaft zu leben, an das reine ästhetische Wohlgefallen anschließen: die Geselligkeit vermag sich durch den Geschmack zu realisieren, insofern dieser die Forderung enthält, von allen geteilt zu werden (148). Dennoch muß diese letztere, in die transzendentale Analyse des ästhetischen Gefühls *apriori* eingeschriebene Forderung von jeglicher empirischer Neigung, dieses Gefühl mitzuteilen, unterschieden werden. Im Grunde muß Einigkeit darüber herrschen, daß sich das Versprechen auf allgemeine Teilnehmung am Geschmack, mit dem er auf analytischer Ebene verbunden ist, keinerlei Interesse an einer bestimmbaren Gemeinschaft verdankt (149). Die reine „Gunst“ kann nicht die Neigung sein, sonst wäre das Schöne das Angenehme und gäbe es kein ästhetisches Wohlgefallen.

Dieses Argument entspringt der Unterscheidung von Transzendentalem und Empirischem. Aber – zweite Beobachtung – es beruft sich auch auf den Unterschied zwischen den Gemütsvermögen. Die Befriedigung erfüllt eine Neigung. Sie entstammt einer Ökonomie – der des Begehrens. Sie impliziert, daß ein Mangel bestand und die Erwartung seiner Beseitigung, eine Sättigung, das *genug*,

6) A.d.Ü.: Dieser Zusatz ist nötig, weil „satisfaction“ sowohl „Wohlgefallen“ im allgemeinen als auch „Befriedigung“ bedeutet.

*) Im Original deutsch.

das in *Vergnügung** mitklingt.[7] Der Geschmack erwartet dagegen nichts, bevor er stattfindet. Selbst wenn er einer Zweckmäßigkeit gehorcht, würde man – das soll heißen: würde sogar die transzendentale Analyse – den Begriff seines Zwecks, des Gegenstandes, der ihn sättigen würde, nicht hervorbringen können. Er ist nicht bestimmt. Das soll nicht heißen, daß er unendlich ist, sondern, daß das Wohlgefallen, aus dem er besteht, von jeglichem Hang unabhängig ist. Es gibt keinerlei Begehren nach Schönheit. Entweder das eine oder das andere, entweder das Begehren oder die Schönheit. D.h.: entweder das Begehrungsvermögen oder das Vermögen der Lust und Unlust. Für uns heute – vielleicht besonders für uns Abendländer, die wir so sehr von der Leidenschaft des Wollens heimgesucht werden – ist es nicht leicht vorstellbar, daß dieser Geschmack bzw. diese „Gnade" (diese *Gunst**) nicht angestrebt wird. „Zuerst" findet ein Wohlgefallen statt, als solches, das keine Erwartung erfüllt und auch keine enttäuschen kann. Irrelativ. Die „Gunst" ist eine Triebfeder, die nicht von außen bewegt wird.

Ich komme auf die drei Wohlgefallen zurück. Das dritte, die „Schätzung", „Billigung", hat die Achtung zur Triebfeder und das Gute zum Gegenstand. Das Verhältnis von Ästhetik und Ethik steht bereits auf dem Spiel, als Kant das billigende Wohlgefallen im Hinblick auf den beglückenden Geschmack situiert. Und dadurch – mit dieser Lokalisierung – wird bereits der Punkt bestimmt, an dem das Erhabene in die transzendentale Gefühlsmäßigkeit eingeflochten wird. Dieser Gegenstand – das Gute – wird zumindest in bezug auf den Zwang, den er auferlegt, dem Gegenstand eines empirischen Bedürfnisses gleichgestellt. Nur die Gunst verschafft ein „freies Wohlgefallen". An sich ist die Achtung, wie man begriffen haben wird, ein freier Affekt. Doch das Gesetz erlegt seinerseits, sozusagen nachträglich durch das, was es vorschreibt – und sei es nur die Form der auszuführenden Handlungen –, dem Willen Interessen an gewissen Gegenständen auf. Da wir uns hier auf dem Gebiet des Praktischen und im Gesetz des „Handelns" befinden, sind diese Gegenstände Handlungen bzw. – weil das Gesetz formal ist – Handlungsmaximen. Und durch die Vorschrift werden sie mächtig interessant. „Denn wo das sittliche Gesetz spricht, da gibt es objektiv weiter keine freie Wahl in Ansehung dessen, was zu tun sei" (47). Wiederkehr des Gegenstandszwanges, selbst wenn die „guten[8] Maximen", d.h. die guten Gegenstände, von Fall zu Fall subjektiv und empirisch zu bestimmen bleiben.

7) A.d.Ü.: Diese im Deutschen etwas willkürlich anmutende Verbindung entsteht durch die Doppelbedeutung des frz. Ausdrucks „satiété" („Sättigung" und die „Vergnügung", von der Kant spricht).
8) A.d.Ü.: „bon" ist hier wie im folgenden sowohl als „gut" wie auch als „richtig" zu verstehen.

Wiederkehr des Zwangs, weil Rückkehr zum Begehrungsvermögen. In dieser Hinsicht geht es bei der „Billigung“ um dasselbe wie bei der Vergnügung, um die es im Begehrungsvermögen eigentlich geht: erreichen, „was gut ist“ (44). Innerhalb dessen, was vernünftigerweise als gut beurteilt wird, unterscheidet man zwar das „wozu gut“ und das „an sich gut“, doch beide setzen den „Begriff eines Zwecks“ voraus. Vom Nützlichen (dem ‚wozu gut‘) muß man noch das Angenehme trennen, an dem die Vernunft keinen Anteil hat (*KPV*, 68–75). Trotzdem läßt sich – über das Nützliche – an diesen beiden Extremen des Wohlgefallens – dem Angenehmen und dem reinen einfachen Guten –, so unterschiedlich sie auch in bezug auf die Vernunft sein mögen, ein gemeinsamer Zug erkennen, der sie alle beide vom ästhetischen Wohlgefallen unterscheidet: „daß sie jederzeit mit einem Interesse an ihrem Gegenstand verbunden sind“ (46). Sogar das reine Moralisch-Gute unterscheidet sich von den anderen nur durch den Grad des Interesses, das es nach sich zieht: es ruft „das höchste Interesse“ hervor. Das liegt daran, daß es sich bei allen, im Gegensatz zum ästhetischen Wohlgefallen, um den Willen handelt. Denn wo Wille ist, da ist Interesse: „Etwas aber wollen und an dem Dasein desselben ein Wohlgefallen haben, d.i. daran ein Interesse nehmen, ist identisch“ (46).

2.

Die Trennung von Ästhetik und Ethik erscheint hier unwiderruflich. Sie gehorcht der Heterogenität der zwei Gemütsvermögen, die jeweils im Spiel sind: des Gefühls der Lust und Unlust und des Begehrungsvermögens. Nun ging es jedoch in der dritten *Kritik* darum, eine Brücke zwischen dem Vermögen des Erkennens und dem des Wollens zu errichten. Und das betreffende Gefühl – das ästhetische Gefühl – sollte beim Schlagen einer zweibogigen Brücke zwischen diesen beiden Vermögen als zentraler Pfeiler dienen. Und hier fehlt nun schon der erste Bogen, der den Transit vom Willen zum Gefühl eröffnen sollte? Das Interesse verbietet, ihn zu bauen. Damit dürfte die Hoffnung auf eine Einheit des Subjekts, auf Einheit seiner verschiedenen Vermögen, absolut enttäuscht sein. Es wird immer ein Widerstreit zwischen „Goutieren“[9] und Wollen bestehen. Also nicht ein, sondern zwei heteronome Subjekte: dasjenige, das im reinen Wohlgefallen am Schönen unaufhörlich aus sich selbst heraus entsteht, ohne im entferntesten daran interessiert zu sein, ohne es zu wollen; und dasjenige, das im Interesse der Realisierung des Gesetzes unaufhörlich zum Handeln angehalten wird.

9) A.d.Ü.: frz. „goûter“, analog zu „goût“, „Geschmack“, also das für das Schöne Charakteristische.

Diese Scheidung wird nicht ohne Wortwechsel ausgesprochen. Der kritische Richter vervielfältigt die Versöhnungsverfahren[10]. Insbesondere in den Paragraphen 42 und 59, die man gemeinhin so zu lesen pflegt, als ob sie Kants „These" zum Problem darlegten. Das Gefühl des Schönen berge trotzdem ein Interesse: ein „intellektuelles Interesse" (149), das hier als nicht-empirisches zu verstehen sei. Eben gerade ein Interesse das zu realisieren, was das moralische Gesetz vorschreibt; „intellektuelles" Interesse, weil es mit dem „Gegenstand" verknüpft sei, den zu realisieren die praktische Vernunft dem Willen vorschreibt: nämlich mit dem Guten (149–154). Diese These werde in dem anderen Paragraphen bestätigt und präzisiert, und der der Brücke fehlende Bogen könne dank dieses besonderen Gerüsts wiederaufgebaut werden, das innerhalb der kritischen Strategie häufig verwendet würde[11], weil es erlaubt, die von der Heteronomie der Vermögen gegrabenen „Abgründe" zu überschreiten. Dieses Gerüst nennt sich „Hypotypose", „*subjectio ad aspectum*", etwas dem Blick unterwerfen, das Verfahren, etwas, das (analog) einem unsichtbaren Gegenstand entspricht, trotzdem in den Blick zu bekommen (208ff.). Das ist für den Gegenstand einer Vernunftidee der Fall, der an sich in der Anschauung undarstellbar ist, zu dem man aber ein anschauliches Analogon darstellen kann, das dann „Symbol" ist. Auf diese Weise könne die Schönheit das „Symbol der Sittlichkeit" sein (211).

Mehr als ein von der Hast des Schließens gedrängter Denker – was auch immer ihr guter oder schlechter Beweggrund sein mag – stürzt sich auf den so gebahnten Übergang, den zu überschreiten ihm trotz Kants vermehrter Warnungen in der Tat gelingt, um den alten Brückenkopf wieder einzupflanzen, um das (für das abendländische Denken) archaische Argument erneut zu bekräftigen, demzufolge die Schlußfolgerung vom Schönen zum Guten richtig [*bonne*] ist und man es durch das gute *Fühlen* (lassen) gut *machen* (lassen) *wird*[12]. Durch das Fiktionieren oder Figurieren, wie Lacoue-Labarthe sagen würde[13], des Gegebenen gemäß dem Schönen, mit Geschmack, wird man das individuelle *ethos* oder das gemeinschaftliche, das *politikon*, moralisieren. Man eröffnet den für einen Moment verlorenen Weg zu einer „Ästhetischen Erziehung ..." wieder. Ohne den expliziten Vorbehalt auch nur zur Kenntnis zu nehmen, den Kant immer wieder gegen einen schlußfolgernden Gebrauch der Analogie erhebt. Wenn er z.B. schreibt: „Man kann sich zwar von zwei

10) A.d.Ü.: frz. „procédures en conciliation"; wörtlich: „Sühneverfahren".
11) A.d.Ü.: frz. „de grand emploi" kann ebensowohl „von häufiger Verwendung" wie „von großem Nutzen" heißen.
12) A.d.Ü.: frz. „qu'à bien (faire) *sentir*, on *fera* bien (faire)". Lyotard spielt hier mit der aktiven und passiven Bedeutung von „faire" [machen, tun, (veran)lassen], was im Deutschen nicht nachvollzogen werden kann.
13) Vgl. *La fiction du politique. Heidegger, l'art et la politique*, Straßburg 1987.

ungleichartigen Dingen, eben in dem Punkte ihrer Ungleichartigkeit, eines derselben doch nach einer *Analogie* mit dem anderen *denken;* aber aus dem, worin sie ungleichartig sind, nicht von einem nach der Analogie auf das andere *schließen*" (337f.). Man kann im Grunde gerade noch ein „wie das Schöne, so das Gute" vertreten, aber kein „wenn schön, dann gut" (noch umgekehrt). Durch diesen Vorbehalt erweist sich jede ästhetische Ethik oder Politik im voraus als unzulässig. Sie sind genau das, was Kant eine transzendentale „Illusion", einen transzendentalen „Schein" nennt.

Ich würde hinzufügen, daß man umgekehrt das Trachten, den Aufruf, der den Geist affiziert, die Schuld, die er einzugehen bereit ist, wenn er sich einläßt auf die Realisierung des schönen Kunstwerks, auf das, was wir *écriture* im literarischen und künstlerischen Sinne nennen, die zumindest mit dem Anspruch auf Schönheit unternommen wird – daß man diesen Gehorsam nicht verwechseln darf mit dem Hören auf das moralische Gesetz, mit der gefühlten Verpflichtung, nach dem Universalisierungsprinzip zu handeln, das es als vorschreibende Vernunft oder als bloße rationale Vorschrift enthält. Wenn man aus dem Werk ein direktes Zeugnis des Gesetzes macht, unterschlägt man den ästhetischen Unterschied, verschleiert man ein Gebiet – das der schönen Formen – und das, worum es hier geht: das reine Wohlgefallen, das sie bereiten. Beide müssen vor jeglicher Einmischung bewahrt werden. „Schreiben" in diesem Sinne ist kein Mittel, sich des Gesetzes – und sei es vergeblich – zu entledigen[14]. (Oder der Sinn von „schreiben" müßte verlagert werden – eben gerade auf das hin, worum es im Erhabenen geht.) Oder, anders gesagt, die „Antinomie der Vernunft [...] für das *Gefühl der Lust und Unlust*" darf nicht verwechselt werden mit der „Antinomie [der Vernunft] [...] *für das Begehrungsvermögen*" (204).

Das Prinzip der Heterogenität der Vermögen reicht aus, um diese Verwechslung zu verbieten. Wie übrigens auch die andere Illusion, die das Gefühl der Lust und Unlust dem Erkenntnisvermögen unterordnet und annimmt, daß das Geschmacksurteil ein Vernunfturteil über die Vollkommenheit einer Sache birgt, so daß der Unterschied zwischen den beiden Urteilen nur eine Frage der „Deutlichkeit" wäre (68): der Geschmack wäre dann die „verworrene" Schätzung einer im Prinzip klar denkbaren Zweckmäßigkeit im Gegenstand. Leibniz' These, die nach der allgemeinen Strategie einer Autonomisierung von Raum und Zeit gegenüber dem Verstand, die bereits die erste *Kritik* – wenn auch schüchterner – in Angriff nimmt, von der gesamten dritten *Kritik* für falsch erklärt wird.

Um kurz auf die erste Verwechslung zurückzukommen, die des Guten mit dem Schönen: ihre Zerschlagung durch die Kritik sollte ebensowohl jede „Philosophie des Willens" entmutigen, angefangen beim „Willen zur Macht", der

14) A.d.Ü.: frz. „s'acquitter", das auch eine Schuld „begleichen" heißt.

die Ethik und die Politik auf „Werte" reduziert und sich auf diese Weise ermächtigt, sie wie „Formen" zu behandeln. Die „Bejahung" bei Nietzsche versteht sich als „Formung", als künstlerische Schöpfung. Das Gute und das untergeordnete Wahre erhalten sich nur durch ihre „Schönheit". Extremer Ausdruck der Obsession des Gestaltens, die nach der Kritik nicht zulässiger ist als die der prästabilierten Harmonie. Beide erzwingen die Einheit des Seins.

Wenden wir uns wieder unserer Brücke zu. Das analogische Gerüst hat bei weitem nicht das Gleichgewicht einer wahren Brücke. Gerade wurde auf einen Teil der Gefahr hingewiesen, in die das Denken unweigerlich gerät, das diesen zerbrechlichen Übergang zu schnell unternimmt. Kant versucht, ihn zu konsolidieren, weil die Vereinheitlichung, die er anstrebt, nämlich die des Subjekts, seiner in hohem Maße bedarf. Ich untersuche die Strategie dieser Konsolidierung. Ihre Tragweite wird sich zeigen, wenn es gilt, das Gefühl des Erhabenen im Hinblick auf die Ethik zu situieren.

Zwei Reihen Argumente von zweierlei Art. Die einen machen die gemeinsamen transzendentalen Eigenschaften des ästhetischen und des ethischen Urteils geltend, die hier und dort ähnlichen Züge, die ihre Analogie zulassen. Diese Argumente werde ich *logisch* nennen, weil sie sich darauf beschränken, die zwei Urteile so zu vergleichen, wie es schon die transzendentale Logik erlaubt. Die anderen rekurrieren dagegen auf die regulative Idee einer auf das Modell der Kunst abgezweckten Natur. Sie benutzen den „Leitfaden", den die kritische Teleologie aus dem konkreten Gewebe der Existenzen, aus dem die Welt beschaffen ist, herauszieht. Nennen wir sie *teleologisch* unter dem Vorbehalt, den der Gebrauch dieses Terminus in Kants Werk und insbesondere in der dritten *Kritik* erfordert. Sie folgen oder begleiten zumindest deren Ausarbeitung der Naturidee, der die ersten Argumente fremd und sozusagen vorgängig sind.

Logisch betrachtet haben das Schöne und das Gute Familienähnlichkeit: sie gefallen unmittelbar; ohne oder vor jedem Interesse; nach einem freien Verhältnis derjenigen Vermögen, in denen es jeweils um sie geht; sie werden nach dem Modus der Notwendigkeit als allgemein teilbar beurteilt (214). Diese etwas erzwungenen Ähnlichkeiten erfordern nach Kants Einschätzung einige Korrekturen; derartige Korrekturen, daß sich der Unterschied zwischen dem Schönen und dem Guten aufs neue im gleichen Maße eingräbt. Das moralische Gefühl wird ohne Vermittlung durch den Begriff des Gesetzes erregt, Anlaß des Geschmacks ist eine imaginative, unfaßbare Form. (Man ist zwar „verpflichtet", *bevor* man weiß warum, aber das Gesetz, das verpflichtet, ist faßbar.) In der Sittlichkeit ist der Wille in dem Sinne frei, daß er nur von einer rationalen Formvorschrift (dem „Typus" der Gesetzmäßigkeit) abhängt (*KPV*, 79ff.); während im Geschmack die Einbildungskraft frei ist. Sie bringt weit „über" die „Einstimmung zum Begriffe", die das Schema einschränkt (171), neue Formen hervor, bis zur „Schaffung gleichsam einer anderen Natur aus dem Stoffe, den ihr die wirkliche gibt" (168). Diese Freiheit reizt oder regt den Verstand an, bei der Zusammenfassung mit der imaginativen Kreativität zu rivalisieren. Daher ein in sich „freie[s] Spiel" zwischen zwei Vermögen, eine „Beförderung" (137). Der Anspruch des einzelnen Geschmacks auf allgemeine Teilnehmung erhält sich in keiner Weise durch die Autorität eines Begriffs aufrecht, während die Universalisierung der Maxime bereits analytisch in der Definition des Gesetzesbegriffes gefordert wird. Dem Interesse, das ich in diesem Wort-für-Wort-Vergleich an letzter Stelle auseinanderhalten möchte, gesteht das Schöne nichts zu: „Es gefällt *ohne alles Interesse*", während „das Sittlichgute [...] notwendig mit einem Interesse [...] verbunden" ist (214).

Dennoch ist der Gegensatz selbst in der logischen Argumentation nicht so groß, wie ich ihn hier mache. Das Gute ist zwar mit einem Interesse verbunden, aber dieses Interesse „geht" dem moralischen Urteil „nicht voraus", sondern wird durch es „bewirkt" (214). Wiederholte Präzisierung. Das praktische Urteil „gründet" sich auf keinerlei Interesse, *„aber [bringt] doch ein solches hervor"* (152). Diese Umkehrung der Position des Interesses ist entscheidend für die Kritik der Sittlichkeit. Das Gesetz *folgt nicht* aus dem Interesse des Willens am Guten, sondern befiehlt es. Von dieser Art ist „das Paradoxon der Methode": *„der Begriff des Guten und des Bösen [muß] nicht vor dem moralischen Gesetze (dem er dem Anschein nach sogar zum Grunde gelegt werden müßte), sondern nur (wie hier auch geschieht) nach demselben und durch dasselbe bestimmt werden"* (*KPV*, 74). Wenn der Wille in der Sittlichkeit das Gute als Gegenstand anstrebte, „bevor" es ihm vorgeschrieben wäre, hinge er von diesem Gegenstand in gleicher Weise ab wie von einem begehrenswerten, angenehmen oder nützlichen empirischen Gegenstand. Dann bestünde kein transzendentaler Unterschied zwischen dem *pathos* und dem reinen *ethos,* sondern nur ein Unterschied hinsichtlich des Gegenstandes. Das wäre in beiden Fällen ein bedingter, ein durch den Gegenstand bedingter, also „interessierter", hypothetischer Imperativ. Wenn Du dies willst (das Gute oder Schokolade), mach das.

Um dieser jeglichen ethischen Unterschied ruinierenden Konsequenz zu entgehen, die sich „Heteronomie" nennt (*KPV*, 76) und Skeptizismus oder Zynismus hervorruft (einige mögen das Gute, andere Schokolade), muß man die Reihenfolge der Bestimmung umkehren. Das Gesetz erfaßt den Willen durch die Verpflichtung „unmittelbar", „ohne Rücksicht auf einen Gegenstand" (*KPV*, 75). Es kann also dem Willen nichts außer der Vorschrift selbst vorschreiben. Sein *dictum* (sein Inhalt) reduziert sich auf den Befehl, ohne Gegenstand. Durch seinen *modus* (die Modalität dieser Vorschrift) muß es die Vorschrift notwendig vorschreiben. Es wird aufgestellt, als ob es nicht nicht aufgestellt werden könnte. Diese Notwendigkeit äußert sich praktisch – wie die Forderung nach Teilnehmung, die der Geschmack impliziert (diese Ähnlichkeit durch das *sollen**, das eine eigene Untersuchung wert wäre, muß man zugestehen) – durch die Forderung, daß dieses Gesetz für jedes moralische „Subjekt", für alle „Dus" Gesetz sein möge. Es wird allgemein auferlegt.

Dieses Verflüchtigen des Gegenstandes ist wohlbekannt, diese Wiederentdekkung der Bedingung der Ethik, nämlich der reinen Pflicht „vor" jedem Gegenstand. (Ich sage Wiederentdeckung: diese Abwesenheit des Gegenstandes ist bereits im „Höre, Israel" präsent.) „Interesselose" Bedingung also. Das Gefühl der Verpflichtung – die Achtung für das Gesetz – ist nicht an die Existenz irgendeines Gegenstandes gebunden. Das Gesetz ist selbst kein Gegenstand. Man liebt es nicht. Und dennoch schreibt es das Handeln vor. Es schreibt vor, das, was „schlechthin" gut ist (*ebd.*), zu realisieren. Es ruft das Interesse an „Gegenständen" hervor, die so eingeschätzt werden, daß sie diesem Guten zur Existenz verhelfen können. Diese Gegenstände existieren offenkundig nicht von vornherein, denn es geht ja darum, ihnen praktisch zur Existenz zur verhelfen, und nicht darum, sie theoretisch zu erkennen. Das Gute muß man tun, nicht entdecken. Diese „Gegenstände" sind auszuführende Handlungen, zu fällende Urteile. Das Gesetz ruft ein noch zu bestimmendes Interesse hervor, ein Interesse an den „Maximen", die den Willen in die Lage versetzen, das Gute zu tun.

Hier – genau an diesem Punkt – und nur hier spielt das Interesse in hohem Maße in das Gebiet der Sittlichkeit hinein. Es resultiert aus dem Gesetz, wird von ihm „produziert". Wenn das Gute interessant ist, dann nur, weil vorher das Gesetz realisiert werden muß. Das Gesetz sagt: aktualisiere mich! Es sagt nur das, ohne zu sagen, *was* das „Selbst" des Gesetzes *ist*. Es fügt nur hinzu, *was* eine „gute" [*bonne*] Aktualisierung sein *könnte*, nämlich universalisierbar, auf jedes einzelne Wollen erweiterbar. Diese Bedingung, diese Annahme vielmehr (*so daß**, *als ob**) wird das Interesse für Aktualisierungsmodi bestimmen.

Wenn man das moralische und das ästhetische Urteil unter diesem Gesichtspunkt des Interesses miteinander vergleicht, so scheinen sie in Kants Augen nicht so weit auseinanderzuliegen, daß man mit einem glatten Ja oder Nein zwischen ihnen entscheiden könnte. Das moralische Urteil ist dem ästhetischen „analogisch", insofern es auf „ein [..] unmittelbares Interesse an [seinem] Gegenstande" führt (153), und dieses Interesse ist dem Interesse des Geschmacks „gleichmäßig". Der einzige Unterschied ist, daß dieses letztere „ein freies, [ersteres] ein auf objektive Gesetze gegründetes Interesse ist" (*ebd.*). Die Versöhnung steht *cum grano salis* an, wie man sieht. Auf ästhetischer Seite kann ein „freies" Interesse nur interesselos sein, die „Gunst", bei der „kein Interesse, weder das der Sinne noch das der Vernunft [...] den Beifall ab[zwingt]" (47). Aber wie kann auf ethischer Seite den Willen ein Interesse für „seinen" Gegenstand unmittelbar ergreifen, wo dieses doch „auf objektive Gesetze gegründet", d.h. notwendig durch den leeren kategorischen Imperativ vermittelt ist, aus dem der Wille danach nur mit Hilfe der Universalisierungsklausel die Maximen ableiten muß, die ihn schließlich für bestimmte Handlungen interessieren?

Wenn zwischen den beiden Urteilen eine Verwandtschaft besteht, dann wohl eine um drei Ecken. Aufgebaut auf einer unwahrscheinlichen Analogie. Es muß vom Schönen zum Guten gehen. Doch wenn man sich strikt an die transzendentale Logik hält, dann geht es letztlich doch ziemlich schlecht. Gar kein Interesse, gefühlsmäßige Unmittelbarkeit im Geschmack. In der Ethik ein Interesse, das zwar sekundär ist, dies aber nur, weil es sich eben gerade aus der Gesetzeskonzeption ableitet, ein Interesse, das nicht mehr vermittelt werden kann, eine Interessenimplikation. In der Ethik resultiert das Interesse. In der Ästhetik initiiert die Interesselosigkeit.

3.

Läßt sich die Verwandtschaft des Schönen mit dem Guten besser durch die von mir *teleologisch* genannte Argumentation belegen? Der Gedankengang ist folgender:

1. Der Geist hat kein Interesse am Gesetz. Doch das Gesetz befiehlt ihm, seine Sache gut zu machen, und interessiert ihn für „Taten", die das Gute zu aktualisieren vermögen. (Diese Aktualisierungsforderung erstreckt sich übrigens auf alle Vermögen, die für sich genommen nur „fakultative" Möglichkeiten sind.)

2. Der Geist hat kein Interesse am Schönen. Doch das Stattfinden des Schönen gibt dem reinen reflexiven (interesselosen) Urteil die Gelegenheit, aktuell zur Ausführung zu gelangen, sich zu realisieren. Diese Gelegenheit bietet anscheinend die Kunst, die das Schöne produziert. Aber unter der Bedingung, daß die Kunst selber um keinerlei Interesse nachsucht und daher keinerlei Interesse gehorcht.

3. Das Modell für die interesselose Aktualisierung des Schönen wird nun von „der Natur" geliefert. Soviel man weiß, erwartet sie keinerlei Gewinn von den Landschaften, den Harmonien, die sie dem Geist anbietet. Sie hat keinen Begriff von dem Zweck, den sie bei der Produktion des Schönen anstrebt. Die Kunst ist nur rein, wenn sie wie „die Natur" produziert, die selbst ein Paradigma reiner Kunst ist.

4. Indem sie dem Geist Gelegenheiten zum reinen ästhetischen Wohlgefallen (zum Geschmack) bietet, bezeugt „die Natur" als Künstlerin und/oder Kunstwerk also, daß ein interesseloses, bloß mögliches Urteil und eine ebensolche Aktivität sich aktualisieren können. Auf diese Weise erweist sie sich als förderlich für die Aktualisierungsforderung des Möglichen im allgemeinen, des Vermögen-

den oder Fakultativen. Insbesondere für die Forderung, das Vermögen, interesselos zu handeln, den rationalen Willen, zu aktualisieren.

5. Die praktische Vernunft findet also Interesse an dem interesselosen Wohlgefallen, das die „natürlichen" Schönheiten nach sich ziehen (149–154, *KPV,* 138–140).

Das ist das Gerippe der „teleologischen" Argumentation, mit dem das kritische Denken die Affinität von Schönem und Gutem stützt. Man könnte versucht sein, es in eine dialektische Logik zu wenden; ein (ethisches) Interesse an einer (ästhetischen) Interesselosigkeit. Aber diese Dialektik wäre nicht kritisch. Die Kritik ist angehalten, die Bedingung dieser vorgeblichen Dialektik darzulegen, und diese Bedingung ist nicht begrifflich im Hegelschen Sinne, sondern die bloß regulative Idee einer auf die Aktualisierung der Geistesvermögen abgezweckten Natur (wie es auch eine Kunst sein kann). Diese Idee ist weit davon entfernt, eine Logik der Negation zuzulassen, die auf ihre Weise das Ja und das Nein – im vorliegenden Fall das Interesse und die Interesselosigkeit – in einer Bewegung der „Aufhebung" homogenisieren würde. Der Kritik zufolge soll sie vielmehr ihre Rechtmäßigkeit begründen („deduziert" werden im kantischen Sinne). Die Deduktion enthüllt die Ausübung eines dritten Vermögens, nämlich reflexiv zu urteilen, das, obwohl es auch in der Erkenntnis und in der Moral im Spiel ist, dennoch über seinen eigenen „Boden" – Kunst und Natur – verfügt, auf dem es „rein", „in Übereinstimmung mit sich selbst" zur Ausführung kommt. Das macht das Geschäft der Vereinheitlichung komplizierter, die von jetzt an von der „indemonstrabelen" Idee einer natürlichen künstlerischen Teleologie abhängt und von der verlangt wird, ein zusätzliches Vermögen in die Synthese der beiden ersten miteinzuschließen. Das Spiel von Interesse und Interesselosigkeit, das im Prinzip die Verschwägerung oder Paarung (die „Überbrückung") von ästhetischer Gunst und ethischer Achtung gestattet, muß also auf kritische Weise untersucht werden. Eine um so „nützlichere" Untersuchung, als sie den genauen Punkt enthüllt, an dem das Gefühl des Erhabenen dieses Spiel verderben wird, indem es den zerbrechlichen Bund der beiden „Wohlgefallen" zerstört. Die Konsequenzen, die dieser Bruch sowohl für die Idee „der Natur" als auch für das allgemeine Projekt der Konstituierung des Geistes als subjektive Einheit haben kann, ziehen sich sozusagen von selbst aus der Lokalisierung dieses Bruchs. Hier werden nur erste Konsequenzen behandelt werden. Was das Subjekt angeht, wird nur auf sie hingewiesen.

Zunächst muß man wieder von der Aktualisierungsforderung des Vermögens ausgehen. Sie erstreckt sich auf alle Gemütskräfte, -vermögen. Diese sind nur Möglichkeiten. Wie werden sie zu Taten des Geistes? Wie kommt es, daß zu einer bestimmten phänomenal gegebenen oder nicht gegebenen Gelegenheit (im „richtigen [*bon*] Augenblick"?) eher der Verstand oder eher der Geschmack oder eher der Wille zur Ausführung kommt? Wie wird der Abstand zwischen *posse* und *esse* überwunden? Eben gerade durch das „Interesse".

In der zweiten *Kritik* versucht Kant, das Primat der reinen praktischen Vernunft über die reine spekulative Vernunft zu errichten (*KPV*, 138f.). Dieses Primat, erklärt er, kann nicht eigentlich sein. Es ist nicht haltbar, daß der praktische Gebrauch der Vernunft tiefere „Einsichten" hat als der theoretische (*KPV*, 140). Tiefere Einsichten an sich. Man hat Lust zu sagen, einen „besseren" ontologischen Zugriff.

Kritisch formuliert ist dieses Primat im Grunde nicht transzendental. Die Bedingungen, unter denen ein Geistesvermögen *vermag*, sind, was sie sind. Es wäre absurd vorzugeben, daß einige von ihnen „radikaler" sind als andere. Wenn es jedoch darum geht, *irgendeines* dieser Vermögen zu aktualisieren, so ist es erlaubt, und sogar unvermeidlich, zu fragen, unter welcher Bedingung diese „Inbetriebnahme" stattfindet und welches dieser Vermögen – oder wiederum ein anderes, das man vergessen hatte – für diesen „Gebrauch" zuständig ist. Der auf den ersten Blick merkwürdige Terminus „Gebrauch" kehrt im Verlauf der *Kritiken* aus Kants Feder zusammen mit *Interesse* und *Triebfeder* immer wieder, um eine Art politische Ökonomie der Vermögen zu umreißen. Der Gebrauch eines Vermögens ist wie die Umsetzung seines transzendentalen „Wertes" in Taten des Geistes, wie seine Produktion und Konsumation. Diese Umsetzung – diese der Umsetzung des Geldes in Güter ähnliche Realisierung – gehorcht einem Interesse. Das Interesse ist das „Prinzip, welches die Bedingung enthält, unter welcher allein die Ausübung desselben [jedes der Gemütsvermögen] befördert wird" (*KPV*, 138). Es besteht nicht in der „bloße[n] Zusammenstimmung [der Vernunft] mit sich selbst" gemäß jedem ihrer Vermögen (was den Status ihrer „Bedingungen *apriori*" festlegt), sondern „nur [in ihrer] Erweiterung" (*ebd.*). Das Interesse des Gebrauchs eines Vermögens ist ein Interesse hinsichtlich des Vermögens selbst: indem der Geist von ihm Gebrauch macht, löst er dessen Potential ein, „realisiert" er dessen Kredit, soweit es nur geht. Auf diese Weise „erweitert" er die Reichweite des Vermögens, indem er dessen Macht *in actu* demonstriert. Das Vermögen ist wie eine Bank möglicher Urteile. Sein Interesse besteht darin, daß ein Unternehmer daraus schöpft, um davon Gebrauch zu machen.

Aber der Unternehmer benötigt eine „Triebfeder". Die Triebfeder ist die Dublette des dem Vermögen eigenen Interesses in der Erfahrung. Eine Art Anreiz, die dem Vermögen eigene Macht zu investieren. Auf das Realisierungsinteresse der Bank muß ein Unternehmensinteresse der Realität antworten, ein Interesse des empirischen Geistes, den Abdruck eines seiner Vermögen in der Erfahrung zu hinterlassen. Dies letztere Interesse ist nicht *apriori*, es muß kalkuliert werden. Es wird kalkuliert, weil der empirische Geist immer ein Risiko auf sich nehmen muß, wenn er eines seiner Vermögen aktualisiert, das Risiko eines Verlustes. Ein Interesse wird „niemals einem Wesen, als was Vernunft hat, beigelegt [...] und [bedeutet] eine *Triebfeder* des Willens [...], sofern sie *durch Vernunft vorgestellt* wird“ (*KPV*, 93). Es muß ein vernünftiges Kalkül aufgestellt werden, weil die Aktualisierung eines Geistesvermögens nicht ohne Risiko für den empirischen Geist vor sich geht. Das Risiko eines Bankrotts oder zumindest eines herben Verlustes, eines Defizits. Und wenn ein Passivsaldo die Aktualisierung eines rationalen Potentials auf diese Weise bedrohen kann, so deshalb, weil ihr Hindernisse entgegenstehen. „Alle drei Begriffe aber, der einer *Triebfeder*, eines *Interesses* und einer *Maxime* [die folglich innerhalb der Metapher der Strategie des Unternehmers entspräche] können nur auf endliche Wesen angewandt werden. Denn sie setzen insgesamt eine Eingeschränktheit der Natur eines Wesens voraus [...]; ein Bedürfnis, irgendwodurch zur Tätigkeit angetrieben zu werden [das ist der Investitionsanreiz], weil ein inneres Hindernis derselben entgegensteht“ (*ebd.*). Wenn die Aktualisierung eines seiner Vermögen den Geist interessiert, dann ist er *an* ihm interessiert. Das ist seine rationale Triebfeder, und ein etwaiges anderes Interesse, das nicht vernünftig, sondern rational unrein ist, wird er opfern müssen. Deshalb muß das rationale Interesse ausgehandelt werden. Der Unternehmer ist kein Heiliger.

In dem Abschnitt, den ich kommentiere, analysiert Kant die Triebfeder und das Interesse der, für die und an der rationalen Sittlichkeit; die Triebfeder, die anreizt, das Gute zu tun, und das Interesse, das dieser Anreiz (die Maxime) für den Geist haben kann. Das Hindernis ist einfach zu bestimmen: Der Selbstgenuß des empirischen Ichs, der Vorzug, den es sich selbst gibt, und seine Arroganz werden bei der und durch die Aktualisierung der praktischen Vernunft, beim und durch den „Gebrauch“ des moralischen Gesetzes beseitigt werden müsssen. „[D]ie Vorstellung des moralischen Gesetzes [benimmt] der Selbstliebe den Einfluß und dem Eigendünkel den Wahn“ (*KPV*, 89). Kant scheint der Worte nicht genug zu finden, um zu sagen, was der Geist „opfern“ muß, um das moralische Gesetz zu realisieren. Wenn man jedoch den Akzent auf das Kalkül der für die Aktualisierung des vom Gesetz vorgeschriebenen Guten zu bringenden Opfer legt, würde man sich täuschen. Man würde die Achtung mit dem Enthusiasmus, die Ethik mit der Ästhetik des Erhabenen verwechseln. Und darin besteht das ganze Problem.

Die praktische Vernunft ist nicht nur als ein Vermögen unter anderen, angefangen mit dem Verstand, an ihrer Aktualisierung interessiert. Sie ist es außerdem, weil sie praktisch ist, d.h., weil sie in der ihr eigenen Bedingung der Möglichkeit, in der imperativen Form ihres Gesetzes die Notwendigkeit ihrer Realisierung enthält. „Handle“, schreibt sie dem praktischen Geist (dem empirischen Willen) vor, und das heißt nichts anderes als: aktualisiere mich. Doch um diesen Effekt zu erzielen, muß es in diesem Willen eine Triebfeder geben, die sich über die inneren Hindernisse, welche die prästabilierten

Triebfedern bedeuten, hinwegzusetzen vermag, d.h. über die Verbundenheit des Willens mit dem empirischen Ich.

Das Interesse der praktischen Vernunft kann nur vernommen werden, wenn sie in diesem Ich ein „Interesse“ bewirkt, das von seinem auserwählten Gegenstand – dem Ich selbst – befreit ist. Aber „befreien“ impliziert nicht nur das Wechseln des Gegenstandes des Interesses, die Umorientierung des vom Ich vereinnahmten Interesses auf das Gesetz, sondern auch die Transformation der Natur des Interesses. Denn das rationale Gesetz erfordert *sein* Interesse und nicht das des Ichs. Dieses Interesse ruft nun auf empirischer Seite eine paradoxe Triebfeder hervor: eine „Interesselosigkeit“. Das Gesetz bietet dem Ich keinen neuen Investitionsgegenstand an, dessen Aneignung dem Ich Gewinn bringen könnte. Das Gesetz kann selbst nicht dieser Gegenstand sein. Es schlägt dem Ich keinerlei „Inhalt“ vor, der diesem die Überdeterminierung des Interesses des Gesetzes durch das des Ichs erlauben würde (z. B. durch „Sublimierung“ im Freudschen Sinne). Es darf nicht die geringste Äquivozität in dem Gehorsam, den es fordert, zulassen. Das Ich als solches darf sich von seinem Hören auf das Gesetz in keinem Fall mehr Glück, Stolz usw. erhoffen. Es muß dem Gesetz ohne (empirisches) subjektives Interesse folgen. Das Gesetz muß also in ihm eine interesselose Triebfeder ohne „Pathos“, ohne Kalkül hervorbringen. Und das ist das Interesse *des* praktischen rationalen Vermögens: dieses muß sich aktualisieren, ohne ein empirisches Interesse *für* sich nach sich zu ziehen.

Für das theoretische Vermögen der Vernunft werden die Triebfeder und das Interesse in der ersten *Kritik* weniger klar umrissen, und ich lasse sie hier beiseite (*KRV*, 470–480). Sicher ist jedenfalls, daß es andere sind als diejenigen, welche die praktische Vernunft „in Betrieb setzen“. Deshalb besteht hinsichtlich ihrer *Verbindung** (*KPV*, 138) ein Problem. Kant zufolge ist dieses Problem nicht dramatisch in dem Sinne, daß ein Interesse einem anderen „weichen“ müßte. Das wäre es, wenn das theoretische und das praktische Interesse sich „kontradiktorisch“ zueinander verhielten, was nicht notwendig der Fall ist. Es ist nur eine Frage der Hierarchie oder des „Primats“. Welches von beiden ist das „höchste“ Interesse: die Erkenntnis zu erweitern oder die Sittlichkeit zu erweitern?

Die Antwort ist bekannt: ohne dem internen Funktionieren und dem Interesse der Erkenntnis Abbruch zu tun, kommt das Primat hinsichtlich des Interesses der praktischen Vernunft zu. Die Argumentation, die dieser Priorität zugrunde liegt, verdient jedoch Aufmerksamkeit. Das Motiv der Hegemonie des Praktischen verdankt sich nicht oder nicht nur – wie man gemeinhin sagt – dem Umstand, daß nur die Ethik dem Geist durch die Verpflichtung, d.h. auf Anordnung des moralischen Gesetzes, einen notwendigen Zugang zum Übersinnlichen der Freiheit (dem Absoluten der Kausalität) verschafft, während die Erkenntnis nur durch eine „Maximierung“ ihrer Begriffe (*KPV*, 504–510) zum Übersinnlichen (dem Absoluten der Welt) führt, die zwar unvermeidlich ist, aber ohne kognitiven Gebrauch, da dieser „Drang"[15] die Begriffe ja zu „indemonstrabelen" (201), durch die Anschauung unbestimmbaren Ideen mutiert. Nein, der Beweggrund ist zunächst einmal eine Tautologie. „Der spekulativen Vernunft aber untergeordnet zu sein und also die Ordnung umzukehren, kann man der reinen praktischen gar nicht zumuten, weil alles Interesse zuletzt praktisch ist" (*KPV*, 140).

Alles Interesse ist praktisch. Auf der einen Seite bezeugt das transzendentale Interesse eine Art „Bedürfnis", das Vermögen zu aktualisieren, einen Drang des Möglichen, sich zu realisieren, der reines *prattein* ist. Eine Art „Seinwollen" also (das eine lange Untersuchung verdiente), das dem Vermögen eigen ist. Auf der anderen, der empirischen Seite kann dieses dem Vermögen eigene „Wollen" sich nur einlösen, wenn es sich bei dem in der Welt der empirischen Interessen, Bedingungen und Reize versunkenen Geist Gehör zu verschaffen vermag. Dieser Geist muß dem „Drang" (was immer er auch sei), der dem Vermögen eigen ist, „Aufmerksamkeit schenken" („*Achtung**"), Rücksicht[16] auf ihn nehmen, muß von ihm „antreibbar", bewegbar, erregbar sein. Darin besteht eben gerade die Bedingung für die Aktualisierung der Macht des Vermögens, wenn sie von einem praktischen und endlichen vernünftigen Wesen her betrachtet wird: daß es von dieser Macht bewegt, erregt werden kann.

Daher ist „selbst das [Interesse] der spekulativen Vernunft nur bedingt" (*ebd.*). Das soll nicht heißen, daß die Wissenschaft deshalb in die Dienste der Sittlichkeit übertritt. Sondern: das, was die Erkenntnis aktualisiert, was die Anstrengung der wissenschaftlichen Forschung (natürlich nach ihren eigenen Regeln und nicht nach dem moralischen Gesetz) bewirkt, was deren Gebiet erweitert, ist zunächst selbst der Bedingung eines transzendentalen Interesses, eines „Einlösenwollens" des Verstandespotentials unterworfen, der Bedingung eines „Gebrauchmachen"-Wollens, einer Ungeduld, würden wir heute sagen, die kognitive Kompetenz anzuwenden, das Wissen über die Welt in der Welt existent zu machen. Und im empirischen Bereich erfordert die Realisierung der Erkenntnis jenes andere „Interesse", das dem spekulativen Interesse der Vernunft entspricht oder antwortet, nämlich eine „Triebfeder": „de[n] subjektive[n] Bestimmungsgrund des Willens eines Wesens" (*KPV*, 84), das nicht unmittelbar allwissend (wohlwollend im Falle der Aktualisierung des Guten) ist und dessen theoretische (oder

15) A.d.Ü.: Lyotard bezieht sich mit diesem indirekten Kant-Zitat auf die französische Übersetzung der *Kritik der reinen Vernunft (Critique de la raison pure*, frz. v. Tremesaygues und Pacaud, Paris [11]1986, S. 260). Das Verb „pousser" („treiben", „drängen") hat im deutschen Text nur eine sinngemäße, keine wörtliche Entsprechung (vgl. *KRV*, 346).

16) A.d.Ü.: frz. „égard"; ist im folgenden immer auch als Achtung, Ehrerbietung, Beachtung zu verstehen.

praktische) vernünftige Spontaneität gehemmt ist und „erregt" werden muß. Eines Wesens, das es konstitutiv mit Unwissenheit (oder Boshaftigkeit) zu tun hat. (Und im Falle des Interesses des reflexiven Vermögens vielleicht mit Häßlichkeit?)

Im Falle der Sittlichkeit besteht das Hemmnis, von dem befreit werden muß, darin, daß die Ausübung des guten Willens durch die Neigungen gebremst wird. Das empirische Wollen ist immer schon in „Reize" investiert und auf sie fixiert. In Anspruch genommen. Verbreiten kann die praktische rein vernünftige Triebfeder sich nur begleitet von einem „Schmerz" (*KPV*, 85), von einer Trauer um die fesselnden Gegenstände, von einem Zurückziehen der bereits festgelegten Investitionen. Diese Trauer muß daher den „Gegenstand" ergreifen, der par excellence der Achtung, der guten [*bon*] Triebfeder im Wege ist: das *ego* (*KPV*, 89), das jedoch nach Freud nach dem Verlust der anziehenden Gegenstände zurückbleibt und sich auf diesen Verlust stützt. Diese finstere Seite der Achtung ist die „Demütigung" des „Eigendünkels", der „Arroganz" des empirischen Ichs, der eigenen „Selbstüberschätzung" (*KPV*, 86). Der Narzismus kann nur „niedergeschlagen", niedergeworfen werden. Das Ich fühlt sich nur in dem Maße von der Verpflichtung erfaßt, von der Achtung für das Gesetz ergriffen und zu dessen Realisierung bekehrt, wie es sich losgerissen und seine „pathologische" Abhängigkeit zerstört fühlt. Ohne Beschäftigung. Das gelingt ihm niemals ganz und gar. Von der Trauer bleibt eine Melancholie übrig. Finstere Seite, Endlichkeit. Aber sie ist nur die Kehrseite der Achtung, nicht ihre Bedingung.

Durch ihre lichte Seite ist die Achtung „eine Triebfeder" (*KPV*, 93). Sie ist das empirische Hören auf die reine praktische Vernunft. Sie ist das befolgte „Gesetz selbst". „Interessant", denn „[a]us dem Begriffe einer Triebfeder entspringt der eines *Interesses*" (*ebd.*). Es ist ein Interesse, das von den empirischen Interessen unabhängig ist: das „bloße Interesse, das man an der Befolgung des Gesetzes nimmt" (*ebd.*). Dieses Interesse ist in dem Sinne ohne Interesse, als es nicht aus einem Genußkalkül resultiert. „[D]ie Achtung fürs Gesetz [ist] nicht Triebfeder zur Sittlichkeit, sondern sie ist die Sittlichkeit selbst, subjektiv als Triebfeder betrachtet" (*KPV*, 89). Ebenso wie das Hören auf den Hörbefehl: daraus besteht die ganze Ethik. Ob der Befehl nun realisiert wird oder nicht: auf ihn wird gehört, bevor er vernommen wird. Was das deutsche Wort *Achtung** besagt. Auf diese Weise wird das Gesetz nach seiner lichten Seite zur Triebfeder. Als Rücksicht.

*Achtung** ist eher Rücksicht, eine Rücksicht auf etwas, das nicht da ist, das kein Gegenstand ist und zu keiner leidenschaftlichen Intrige der Leidenschaft des Erkennens oder der Leidenschaft des Begehrens und Liebens Anlaß gibt. Es ist kaum ein Gefühl, das notwendig „pathologisch" wäre, sondern ein „sonderbares Gefühl" von „so eigentümlicher Art" (*ebd.*). Das Gesetz öffnet seine Lichtung, seine *facies* in der dichten Textur des Bedingten. Die Tatsache, daß es unbedingt, „kategorisch“, ist, gibt ihm seine Einfachheit, seine Leichtigkeit. Die Lichtung, die es eröffnet, besteht aus nichts. Sie existiert durch das, was die Rücksicht der Pflicht schuldet, was immer auch die näheren „niedrigen, bürgerlichgemeinen“ Umstände sein mögen (*KPV*, 90). Die Rücksicht ist eine ruhende Triebfeder, ein Gefühlszustand, ein fast apathisches Pathos. An dieser Stelle ist daran zu erinnern, daß die Apathie, die *apatheia,* die *Affektlosigkeit** zu den erhabenen Gefühlen gezählt werden muß, mit dem Vorzug vor dem Enthusiasmus, daß sie „das Wohlgefallen der reinen Vernunft auf ihrer Seite hat“ (120). Das hat jener nicht, weil er zuviel *pathos* enthält. Es gibt eine ganze Farbskala von interesselosen Gefühlen, eine Bandbreite, die von der reinen ästhetischen Gunst bis zur reinen ethischen Rücksicht reicht. Und die dazwischenliegenden „Töne“ sind alle erhaben.

Wie steht es nun endlich mit dem Interesse im Erhabenen?

4.

Es gibt nicht eines, sondern mehrere erhabene Gefühle, eine ganze Familie, eine ganze Generation vielmehr. Ich male kurz den Roman dieses *genos* aus. In dem Stammbaum der sogenannten „Gemütsvermögen“ ist die Erzeugerin – ebenso wie der Erzeuger – eine „Empfindung“, ein Zustand des Gefühls der Lust und Unlust. Doch der Vater ist zufrieden und die Mutter unglücklich. Das erhabene Kind wird gefühlsmäßig widersprüchlich, kontradiktorisch sein: Schmerz und Wohlgefallen. Denn in der Genealogie der sogenannten „Erkenntnis“-Vermögen (im weiten Sinne, insofern sich die Geistesvermögen auf Gegenstände beziehen) kommen die Erzeuger aus zwei fremden Familien. Sie ist „Urteilskraft“, er „Vernunft“. Sie ist Künstlerin, er ist Moralist. Sie „reflektiert“, er „bestimmt“. Das (väterliche) Moralgesetz entschließt sich [*se détermine*] und bestimmt [*détermine*] das Handeln des Geistes. Die Vernunft will gute Kinder, fordert die Erzeugung gerechter Moralmaximen. Doch die Mutter – die freie, reflektierende Einbildungskraft – kann nur Formen entfalten, ohne vorherige Regel und ohne bekanntes oder erkennbares Ziel.

In ihrer Liaison mit dem Verstand – „bevor“ sie der Vernunft begegnete – konnte es geschehen, daß sich diese Freiheit der „Formen“ im Einklang mit dem Regelvermögen befand und daß aus dieser Begegnung ein mustergültiges „Glück“ entsprang. Jedenfalls keine Kinder. Die Schönheit ist nicht die Frucht eines Vertrages, sondern die Blüte einer Liebe, und wie alles, was nicht aus Interesse empfangen worden ist, vergeht sie.

Das Erhabene ist das Kind der unglückseligen Begegnung von Idee und Form.

Unglückselig, weil sich diese Idee so wenig konzessionsbereit, das Gesetz (der Vater) so autoritär, so bedingungslos, die Rücksicht, die es fordert, so ausschließlich zeigt, daß es diesem Vater egal ist, ob er mit der Einbildungskraft zu irgendeiner Übereinkunft kommt, und sei es durch eine köstliche Rivalität. Er treibt die Formen auseinander, bzw. die Formen spreizen sich, zerreißen sich, werden übermäßig in seiner Gegenwart. Er befruchtet die den Formen hingegebene Jungfrau, ohne Rücksicht auf ihre Gunst. Er fordert nur Rücksicht für sich selbst, für das Gesetz und für seine Realisierung. Er braucht keine schöne Natur. Er benötigt unbedingt eine vergewaltigte, überwundene, erschöpfte Einbildungskraft. Sie stirbt bei der Geburt des Erhabenen. Sie glaubt zu sterben[17].

Im Erhabenen ist also sehr wohl ein Zug von Achtung, den es von der Vernunft, seinem Vater, hat. Dennoch ist das *Erhabene** nicht die *Erhebung** (*KPV,* 94), die reine Erhebung, die das Gesetz verursacht (*KPV,* 101). Das Erhabene benötigt die Gewalt, das „Wackere". Es reißt sich, löst sich los, während die Achtung sich einfach erhebt, sich aufrichtet. Die Einbildungskraft muß vergewaltigt werden, weil die Freude, das Gesetz zu sehen, oder beinahe zu sehen, nur durch ihren Schmerz, vermittelst ihrer Vergewaltigung erlangt wird. Das Erhabene macht „uns die Überlegenheit der Vernunftbestimmung unserer Erkenntnisvermögen über das größte Vermögen der Sinnlichkeit gleichsam anschaulich" (102). Und diese „Lust [...] [ist] nur vermittelst einer Unlust möglich" (105).

Die in der dem Gesetz geschuldeten Achtung enthaltene Trauer ist bloß die finstere Seite der Achtung, nicht ihr Mittel. Das Ich schreit, weil sein Wille nicht heilig ist. Für die Achtung ist es nicht notwendig, daß das Ich schreit. Es liegt an der Endlichkeit. Die Achtung wird nicht in Opfern gezählt. Das Gesetz will dir nichts Böses; es will dir gar nichts. Das Erhabene braucht dagegen den Schmerz. Es muß Unlust bereiten. Es ist „zweckwidrig", „unangemessen", aber „dennoch nur um desto erhabener" (88). Es braucht eine „Darstellung", für die seine Mutter – die Einbildungskraft – zuständig ist (73, 87), und den „Eigendünkel" – diese angeborene Krankheit des versklavten Willens –, um ihre Nichtigkeit im Vergleich zum Gesetz zu demonstrieren.

Man wird über dieses kindliche Scenario lächeln. Es ist jedoch in Sachen Ästhetik eine erlaubte „Manier" der Darlegung (174). Zurück zum „modus logicus". Kant entgeht nicht, daß die Verwandtschaft des Guten mit dem Erhabenen näher ist als mit dem Schönen. „[D]as intellektuelle, an sich

17) Vgl. Jacob Rogozinski, „Le don du monde", in: *Du sublime.* Hrsg. v. Michel Deguy und Jean-Luc Nancy, Paris 1988, S. 179–210. Ich teile seine Interpretation der Gewalt, die im Kantischen Erhabenen auf die imaginativen Synthesen ausgeübt wird, voll und ganz. Hinsichtlich seiner Schlußfolgerungen hätte ich einige Vorbehalte.

zweckmäßige (das Moralisch-)Gute, ästhetisch beurteilt, [muß] nicht sowohl als schön als vielmehr erhaben vorgestellt werden“ (119). So lautet die These. Die Auswirkung dieser Verwandtschaft vor allem auf den Status der Natur in der Ästhetik des Erhabenen läßt nicht lange auf sich warten: „der Begriff des Erhabenen der Natur“, schreibt er, ist „bei weitem nicht so wichtig und an Folgerungen reichhaltig [...] als der des Schönen“, „er [zeigt] überhaupt nichts Zweckmäßiges in der Natur selbst [an], sondern nur in dem möglichen *Gebrauche* ihrer Anschauungen, um eine von der Natur ganz unabhängige Zweckmäßigkeit in uns selbst fühlbar zu machen“ (89f.).

Das Wort *Gebrauch* ist im Text hervorgehoben. Um seine Tragweite zu verstehen, muß zurückgegangen werden zum teleologischen Argument und zum Parallelismus des Interessenparadoxes, der sich dort zwischen der ästhetischen Gunst und der ethischen Rücksicht zeigt. Ich habe gesagt, daß das Interesse der praktischen Vernunft darin besteht, sich ohne Interesse Gehör zu verschaffen: das ist die Achtung für das Gesetz. Auch das Interesse der reflexiven Urteilskraft besteht darin, dem Geist Gelegenheiten zu bieten, ohne Interesse, ohne pathologische Neigung, ohne kognitive Triebfeder, ja sogar ohne die Absicht, das Gute zu tun, zu urteilen: das ist die Gunst für das Schöne. Der *Gebrauch* der beiden, hinsichtlich der Bedingungen *apriori* ihres jeweiligen Funktionierens heterogenen Vermögen erfordert dieselbe Art paradoxer *Triebfeder*, ein interesseloses Interesse. Da die Gunst um so weniger suspekt ist, je natürlicher die Schönheit ist, deren Anlaß sie ist, interessiert sich das Gesetz für die Natur als das, was spontan ein interesseloses Wohlgefallen nach sich zieht.

Das teleologische Argument fügt der logischen, streng analogischen Argumentation für die Affinität von Schönem und Gutem eine Geste hinzu. Der Geist deutet eine Geste an, während er eine Landschaft goutiert. Nennen wir die natürlichen und – wie Kant es verlangt – von ihren materiellen Reizen entkleideten Schönheiten, was auch immer sie sein mögen, *Landschaften*. Sie „sprechen“ zu uns, bzw. durch sie „spricht“ die Natur „figürlich“ in einer „Chiffreschrift“ zu uns (153). Die Chiffre bleibt unbekannt. Es ist unmöglich, die Landschaften zu entschlüsseln, sie begrifflich zu „exponieren“ (202). Sie sind allein über das Gefühl, über den Geschmack zugänglich. Aber dieses *allein* deutet für sich allein gleichsam ein Zurückziehen, einen Seitenblick auf das „Innere“ an. Der Geist fühlt eine Quasi-Zweckmäßigkeit in den stummen Botschaften, die die Landschaften sind, eine Quasi-Intentionalität, eine Quasi-Regelmäßigkeit. Aber „da wir [diesen Zweck] äußerlich nirgend antreffen, [suchen] wir natürlicherweise in uns selbst, und zwar in demjenigen, was den letzten Zweck unseres Daseins ausmacht, nämlich der moralischen Bestimmung“ (153).

Diese Geste des Sichumwendens ist erschlichen [*subreptice*]. Anläßlich des Erhabenen spricht Kant von der „Subreption“ als einer „Verwechslung einer Achtung für das Objekt statt der für die Idee der Menschheit in unserem

Subjekte" (102). Diese Projektion, diese Objektivierung wird von der Analytik des Erhabenen kritisiert: es gibt keine erhabenen Gegenstände, nur Gefühle (100). Nun ist aber schon im Geschmack eine Subreption impliziert, die jedoch rückwärts, vom Objekt zum Subjekt, geht. Die Landschaft entzieht sich und spielt dadurch auf die Bestimmung des Geistes an. Die Gunst, mit der man sie empfängt, bewirkt eine schüchterne, in der Schwebe bleibende „Wendung", einen Anflug von Achtung. Die Anspielung auf das Gesetz geht nicht weiter als bis zu diesem Seitenblick. Um diese Wendung legitimieren zu können, muß die ganze „objektive" Teleologie aufgebaut werden (153). Diese besteht selbst nur aus einem Gewebe von „Leitfäden". Aber an einem dieser Fäden zieht die leichte Geste der ästhetischen Subreption.

Das Erhabene kappt nun den Faden, unterbricht die Anspielung. Es zeigt „nichts Zweckmäßiges in der Natur selbst [an], sondern nur in dem möglichen *Gebrauche* ihrer Anschauungen [...]" (90). Es ignoriert die Natur, so *„unerklärlich"**, unergründlich und unbegreiflich sie für den *Aufklärer** sein muß, der entschlossen ist, dem metaphysischen (Leibnizschen, Hegelschen) Delirium den Status der Natur zu entziehen (260). Das Erhabene kümmert sich nicht einmal um die Geste zur Seite auf die Ethik hin, welche die Ästhetik der Natur gestattet und vom Gesetz für seine Realisierung gefordert zu werden scheint.

Hier gibt die Natur dem Geist kein Zeichen, kein indirektes Zeichen auf seine Bestimmung hin. Der Geist macht von der Natur *Gebrauch*. Der Gegenstand, „als formlos oder ungestalt", „formlos und unzweckmäßig", wird „auf solche Weise subjektiv-zweckmäßig *gebraucht*, aber nicht als ein solcher *für sich* und seiner Form wegen beurteilt [...] (gleichsam *species finalis acepta, non data*)" (128–129). Auf jeden Fall Umkehrung des Verhältnisses zum Gegenstand, vor allem Umkehrung der Interessen und daher Infragestellung der interessanten Interesselosigkeiten. Es gibt einen möglichen Gebrauch der natürlichen Antizweckmäßigkeit, sagen wir grob der Anti-Natur. Ich werde darauf zurückkommen, was der nichtkantische Terminus „Anti-Natur" innerhalb der Ökonomie des Subjekts, des Geistes als subjektiver Natur heißen könnte. Hier genügt es zu verstehen, daß das Wort die Natur bezeichnet, insofern sie den Geist geneigt macht, ihre schönen Formen zu vernachlässigen: „das Objekt [mag] für die Reflexion bei der Wahrnehmung nicht das mindeste Zweckmäßige zur Bestimmung seiner Form an sich haben" (*EE*, 59). Es geht hier in keiner Weise um Monstrosität, nicht einmal um Größe. Die Form hört ganz einfach auf, für die ästhetische Wahrnehmung einschlägig zu sein. Das Erhabene empfängt den Gegenstand nicht gemäß seiner Form, seiner subjektiven internen Zweckmäßigkeit. Die Form bringt die Seele nicht mit dem Timbre „eines Segens" zum Klingen.

Um welchen „Gebrauch" der Natur bzw. der Anti-Natur handelt es sich also im Erhabenen? Die *Erste Einleitung* antwortet: um einen „zufälligen *Gebrauch*" (*ebd.*). Die „*Zweckmäßigkeit der Natur* in Ansehung des Subjekts" hört auf, „im" Subjekt dessen eigene „natürliche" Zweckmäßigkeit zu bewirken, die wie eine Übereinstimmung seiner verschiedenen Vermögen empfunden wird. Im Gegenteil: „eine a priori im Subjekte liegende Zweckmäßigkeit", „ein (zwar nur subjektives) Prinzip a priori" macht „einen möglichen zweckmäßigen *Gebrauch* [von] gewisse[n] sinnliche[n] Anschauungen [...]". Die Zufälligkeit dieses Gebrauchs beruht darauf, daß er „keine besondere Technik der Natur voraussetz[t]" (*ebd.*). Die natürliche Kunst, deren Widerhall im Subjekt der Geschmack sozusagen war, die „interne" Harmonie verstummt.

Wenn die natürliche Form nicht mehr als Kunstwerk „gegeben" („*data*"), sondern nur „empfangen", „genommen", („*accepta*"), umgewendet wird, erlegt dagegen der Geist dem, was von der Natur übrigbleibt, von weitem, von oben eine nur ihm eigene Zweckmäßigkeit auf. Und die (ethische) Bestimmung, deren wackerstes Gefühl das Erhabene ist, wird dem Geist nicht vom natürlichen Kunstwerk, von der „Landschaft" suggeriert – und sei es nur auf Umwegen wie im Geschmack –, sondern wird vom Geist auf „zufällige" Weise in bezug auf den Gegenstand und auf autonome Weise in bezug auf sich selbst aktualisiert, indem er die Gelegenheit ergreift, die ihm nicht die Landschaft, sondern deren Amorphose, deren formale Neutralisierung bietet.

Der Anteil der Einbildungskraft (oder der Sinnlichkeit) am Erhabenen muß folglich klitzeklein sein, gering der Formgehalt der erhabenen Darstellung. Deshalb nennt sich das Erhabene in Kants Vokabular im Gegensatz zum Geschmack „Geistesgefühl" (*EE*, 60). Sein eigentlicher Rückhalt besteht in einer dem Geist eigenen Zweckmäßigkeit, der die der Formen gleichgültig ist. Das erhabene Gefühl wird nicht mehr von „eine[r] Zweckmäßigkeit der Objekte im Verhältnis auf die reflektierende Urteilskraft", sondern „umgekehrt des Subjekts in Ansehung der Gegenstände ihrer Form, ja selbst ihrer Unform nach, zufolge dem Freiheitsbegriffe" (29) ausgelöst und getragen. Umkehrung, wenn nicht Konflikt der Zweckmäßigkeiten. Durch das Schöne wird das Subjekt zum Anhören der Natur, auch seiner eigenen Natur bewegt. Durch das Erhabene wird die Natur von jenem anderen Subjekt, das das Gesetz erfordert, ausgemerzt. Denn letztlich ist das *Geistesgefühl** nichts anderes als die „Achtung für moralische Ideen" (193). Und das Wohlgefallen, das dieses letzte Subjekt affizieren kann, ist, wie es sich gehört, kein *Gefallen**, sondern eine *Schätzung** (47, 193).

Wenn man diese Umkehrung der Zweckmäßigkeiten weiterverfolgt, könnte man sich am Ende beunruhigen, warum ein ganz und gar „geistiges" Gefühl, das anscheinend von seinem Gegenstand – der Natur – und sogar von den Formen der Anschauung nichts erwartet und nichts erfährt, es noch verdient, „ästhetisch" genannt zu werden. Das muß es „[g]leichwohl", schreibt Kant, „weil es auch eine subjektive Zweckmäßigkeit ausdrückt, die nicht auf einem Begriffe vom Objekte beruht“ (*EE*, 59). Ebenso wie der Geschmack ist das Erhabene ein reflektierendes Urteil „ohne Begriffe vom Objekt, bloß in Rücksicht auf subjektive Zweckmäßigkeit“ (*ebd.*). Das reicht aus, um es als ästhetisch zu klassifizieren, weil *aisthesis* – die Empfindung – hier nicht „die Vorstellung einer Sache (durch Sinne als eine zum Erkenntnisvermögen gehörige Rezeptivität)“ bedeutet, sondern „eine Bestimmung des Gefühls der Lust und Unlust“, eine Vorstellung, die „lediglich auf das Subjekt bezogen [wird], und [...] zu keinem Erkenntnisse, auch nicht zu demjenigen, wodurch sich das Subjekt selbst *erkennt* [dient]“ (42f.). Ästhetisch ist das, was *durch* den Zustand des Subjekts, durch seine innere „Empfindung“ beurteilt wird. Letztere ist in keiner Weise eine Information über den Gegenstand, ob er nun innerlich oder äußerlich sei. Informativ ist nur die Empfindung, die die Sinne bereiten. Sie ist sogar ein unentbehrlicher Bestandteil der Erkenntnisurteile. Sie entstammt der Logik (68, *KRV*, 64f.). Das „Geistesgefühl“ gehört hingegen trotz seiner Gleichgültigkeit gegenüber den sinnlichen Formen insofern zur Ästhetik, als es – wie der Geschmack – ein nichtkognitives Urteil ist, das vom Subjekt nicht einmal über einen Gegenstand, sondern anläßlich eines Gegenstandes allein nach dem subjektiven Zustand des Geistes gefällt wird.

Der Anlaß dieser urteilenden Empfindung hat im Geschmack und im Erhabenen jedoch in keiner Weise denselben Status. Und diese Alterität hinsichtlich des Anlasses muß die Ordnung der Interessen berühren, die jeweils im Spiel sind. Das sogenannte erhabene Objekt ist nicht mehr die Gelegenheit, die einer Form gegeben wird, sich organisch, wenn ich so sagen darf, durch eine Art Transitivismus der natürlichen und geistigen Zweckmäßigkeiten zu einem Seelenglück zu mausern. Der Gegenstand bietet – sozusagen sich selbst zum Trotz, nämlich durch seine Unform oder vielmehr, indem von seinen Formen abgesehen wird, selbst wenn er welche hat – der praktischen Vernunft Gelegenheit, ihren Einfluß auf das Subjekt zu verstärken, ihre Macht gemäß dem ihrem Vermögen eigenen Interesse zu erweitern. Natürlich wendet sich das auf diese Weise vom Gesetz gezwungene Subjekt diesem zu bzw. stellt sich ihm, ohne durch irgendein Interesse dazu getrieben zu werden, also der besonderen Triebfeder der Ethik, der Rücksicht, *Achtung** gemäß. Aber kann man das auch von der dunklen Seite des Erhabenen sagen, die finsterer ist als die der Achtung, weil sie hier die *Bedingung* für das Gefühl ist und nicht bloß seine *Kehrseite*? Und könnte man sagen, daß die Gleichgültigkeit des Erhabenen der Form gegenüber noch ein Zeichen von „Interesselosigkeit“ ist?

Hinsichtlich des transzendentalen Interesses, das die Vermögen zur Aktualisierung antreibt, impliziert das Formendesaster, das das Erhabene erfordert, eine Umgestaltung der Hierarchien zwischen den Vermögen. Der Verstand (bzw. die Vernunft in ihrem kognitiven Gebrauch) muß auf seine Ausübung verzichten, während seine Aktualisierung im Geschmack, wie man sich erinnern wird, durch die Formen hervorgerufen wird, indem sie den Verstand herausfordern und anregen. Die Aussichten auf Erkenntnis, die die Schönheit – und sei es aporetisch (195–200) – offenläßt, werden vom Erhabenen mit einem Schlag zunichte gemacht. Die Vernunft, das Vermögen der reinen Ideen, scheint dagegen größtes Interesse an der Desorganisierung des Gegebenen und an der Niederlage von Verstand und Einbildungskraft zu haben. In der so eröffneten Lücke kann sie dem Subjekt in der Tat die Idee seiner wahren – moralischen – Bestimmung fast „anschaulich" machen (102).

Wenn es nun darum geht, ob das empirische Subjekt, das von der erhabenen Rührung affiziert wird, Interesse oder Interesselosigkeit empfindet, und wenn man das „interesselose Interesse" einmal beiseite läßt, das es aufgrund der Entdeckung des moralischen Gesetzes in sich empfindet, kann es so scheinen, als ob die Gleichgültigkeit, die es den Formen der Gegenstände entgegenbringt, eher einem reinen und einfachen *Ininteresse* entstammt als einer Interesselosigkeit oder einem Interesse. Die imaginativen Formen sind in keiner Weise einschlägig für die Erweckung des „Geistesgefühls".

Näher betrachtet ist jedoch zumindest ihre Abwesenheit für das Subjekt hinsichtlich der Entdeckung seiner eigentlichen Bestimmung nicht ohne Interesse. Wenn ihre Nicht-Einschlägigkeit ein Mittel ist, wenn der Schmerz, den ihre Unmöglichkeit dem Geist bereitet, eine „Vermittlung" ist, die erst die „Freude", die eigentliche (ethische) Bestimmung des Geistes zu entdecken, zuläßt, die also die Achtung zuläßt, dann deshalb, weil das Formendesaster, so „zweckwidrig" es auch in bezug auf den Geschmack und die Zweckmäßigkeit der Natur erscheinen mag, dennoch auf die Idee dieser eigentlichen Bestimmung abgezweckt oder abzweckbar ist (105). Hier herrscht eine Art „Logik des Äußersten" oder zumindest eine Ästhetik des Äußersten, die nicht das Häßliche, sondern das Amorphe „ins Spiel bringt". Je mehr die Anti-Landschaft jegliche Formgebung übersteigt, desto mehr wird dadurch die Macht der reinen (praktischen) Vernunft „erweitert", aktualisiert, desto erwiesener ist ihre Größe. Sie setzt auf die Not der Gunst, um die Erhebung ihres Gesetzes geltend zu machen. Im Unterschied zu dem, was in der Achtung geschieht, die auf einen Schlag zwei Seiten hat, die lichte und die dunkle, vermittelt (dialektisiert vielleicht?) das Erhabene, wie gesagt, das Lichte durch das Finstere. Die Lichtung erscheint durch einen Dunkelschlag.

Dieses indirekte, um nicht zu sagen perverse Interesse, dieser sekundäre, aus dem Quasi-„[V]erschwinden" der Natur „gegen die Ideen der Vernunft" (101) gezogene Gewinn, motiviert oder begleitet den „Gebrauch", den „zufälligen" Gebrauch, den der Geist im Erhabenen von der Natur (von der Anti-Natur) *macht*. Lesen wir noch einmal: „der Begriff des Erhabenen [...] [zeigt] überhaupt nichts Zweckmäßiges in der Natur selbst [an], sondern nur in dem möglichen *Gebrauche* ihrer Anschauungen, um eine von der Natur ganz unabhängige

Zweckmäßigkeit in uns selbst fühlbar zu machen" (89f.). Durch das „um [...] fühlbar zu machen" wird einbekannt, daß auf seiten des empirischen Subjekts ein Motiv für ein mächtiges Interesse besteht. Das Formendesaster ist interessant. Interessiert also die Knechtung der Einbildungskraft an einer Zweckmäßigkeit, obwohl diese unvereinbar mit der ihrigen – der freien Hervorbringung von Formen – ist: „die Beraubung der Einbildungskraft durch sie selbst, indem sie nach einem anderen Gesetze als dem des empirischen Gebrauchs zweckmäßig bestimmt wird" (116). Auf welchen Gewinn wird spekuliert? Auf den, den man von einem Opfer erwartet. Wer ist der Nutznießer? Die Natur wird auf dem Altar des Gesetzes geopfert. „Dadurch bekommt [die Einbildungskraft] eine Erweiterung und Macht, welche größer ist als die, welche sie aufopfert, deren Grund aber ihr selbst verborgen ist, statt dessen sie die Aufopferung oder die Beraubung und zugleich die Ursache *fühlt,* der sie unterworfen ist" (*ebd.*).

Der „zufällige Gebrauch" der Natur geht also aus einer Opferökonomie der Mächte der Vermögen hervor. Die Rücksichtnahme des Erhabenen auf das Gesetz wird durch einen Gebrauch der Formen erlangt und signalisiert, der nicht derjenige ist, zu dem sie von sich aus bestimmen oder bestimmt sind. Konversion (oder Perversion) der Bestimmung, die vielleicht immer mit der Instituierung des Geheiligten einhergeht. Letztere erfordert den *potlach,* die Zerstörung oder Konsumtion des Gegebenen, des „reichhaltigen" Geschenks (Präsenz, Gabe) (171), das die natürliche Form ist, um dafür als Gegengabe das Undargestellte (das *mana*?) zu erhalten. „[D]iese Macht [des moralischen Gesetzes] [macht] sich eigentlich nur durch Aufopferung ästhetisch kenntlich" (118). Ästhetisch. Steck das Schöne in Brand, damit dir aus seiner Asche das Gute wiederkehrt. Jedes Opfer enthält dieses Sakrileg. Die Vergebung wird nur durch die Aufgabe, durch die Verbannung einer ersten Gabe erlangt und diese muß unendlich wertvoll sein. Die geopferte Natur ist geheiligt. Das erhabene Interesse beschwört ein solches Sakrileg herauf. Man ist versucht zu sagen: ein ontologisches Sakrileg. Hier jedenfalls ein Sakrileg der Vermögen. Das Gesetz der praktischen Vernunft, das Gesetz des Gesetzes, lastet mit seinem ganzen Gewicht auf dem der produktiven Einbildungskraft. Es benutzt sie. Bis hin zu ihren Bedingungen der Möglichkeit *apriori* knechtet es die ihr eigene Autonomie, die gleichzeitig ihre Heterogenität hinsichtlich der Bedingungen der Sittlichkeit ausmacht. Aber diese Dienstbarkeit der Einbildungskraft ist „freiwillig", aufs heftigste interessiert. Das Vermögen der freien Formen „beraubt sich selbst [seiner] Freiheit" und das, um ein Gesetz „fühlbar zu machen", das nicht das seine ist (116). Indem sie sich opfert, opfert die Einbildungskraft die ästhetisch geheiligte Natur, um das heilige Gesetz zu preisen.

Wie in jedem Opferdispositiv liegt hier ein Interessenkalkül, ein Spekulieren mit Gefühlen vor. Entsage der Gunst und dir wird Rücksicht zuteil. Es scheint einfach zu sein, dieses Kalkül mit dem Kalkül zu verschneiden, auf das sich eine

Dialektik stützt (zum Beispiel Herr und Knecht: verzichte auf den Genuß und du wirst Anerkennung finden). Das wäre der Fall, wenn Kant es sich gönnen würde, Hegel zu spielen. Wenn er ins Auge fassen würde, daß das Gesetz verkäuflich sei zum Preis des Verzichts auf die Schönheit in dem Gabe-gegen-Gabe-Mechanismus, dem die dialektische Logik gehorcht und der ihr ihren Gewinn, ihr End-*Resultat** garantiert, selbst wenn dieses immer wieder aufgeschoben wird.

Doch Kant prangert ganz im Gegenteil die „Blindheit" dieser Ökonomie des Äußersten, des Durch-weniger-mehr, dieser an der De-Naturierung interessierten Raserei, die er „Enthusiasmus" nennt (aber er hat Brüder), hinsichtlich der „Wahl" ihres Zwecks und seiner „Ausführung" an (119). Das Erhabene kann „auf keinerlei Weise ein Wohlgefallen der Vernunft verdienen", weil es ein „wackerer Affekt", ein gewalttätiges Gefühl ist (119f.). Dieser „Gebrauch" dürfte also unnütz, ethisch unbrauchbar bleiben. Das Gesetz wird sich von der Konsumtion der Formen nicht erweichen lassen. Denn das Gesetz fordert schlichtweg allein die Rücksicht, einen reinen interesselosen Gehorsam. Demonstrationen von Heroismus sind ihm egal. Die Achtung kann nicht erlangt werden, und sei es durch wiederholte Kasteiung. Sie ist eine unmittelbare Ehrerbietung. Daß diese Ehrfurcht, wie gesagt, die Demütigung der Eigenliebe *bewirkt,* ist eine Sache. Es ist eine andere, gänzlich entgegengesetzte Sache, ob diese Opferung des Ichs bzw. der imaginativen Formen die *Bedingung* der Achtung sein kann. Die Achtung findet ohne Bedingung statt. Sie ist „die Sittlichkeit selbst, [...] als Triebfeder betrachtet" im empirischen Subjekt (*KPV,* 89). Sie kann nicht erworben werden, nicht einmal um den Preis der ganzen Natur. Ebensowenig wie das Gesetz kann die Achtung Gegenstand eines Handels sein, und sei es eines Sühnehandels.

Und vor allem keines transzendentalen Handels, d.h. vor allem nicht, wenn der Handel impliziert, daß ein Geistesvermögen einem anderen „weicht", z.B. das Darstellungsvermögen der Formen dem Vermögen, einem Gesetz verpflichtet zu sein. Und nicht nur das Primat hinsichtlich der Erweiterung „abtritt", sondern auch *auf* seine Bedingungen der Möglichkeit selbst, *auf* seine Autonomie, im vorliegenden Fall auf die Freiheit der Darstellung und seine Desinteressiertheit verzichtet. Diese Überantwortung, dieses „Gestell" wirft nicht nur das spezifische Funktionieren der Einbildungskraft über den Haufen. Sie desorganisiert auch das Prinzip der praktischen Vernunft selbst, das eben gerade in der Unbedingtheit des Gesetzes und der ihm geschuldeten Rücksicht besteht. Dadurch zerbröckelt die allgemeine Ökonomie *der* Vermögen.

Für diese radikale Abtretung, diese Knechtung eines Vermögens unter ein anderes, die auch die Desorganisierung des anderen nach sich zieht – wobei es sich offenbar um die immer drohende Unterordnung der praktischen Vernunft unter die spekulative Vernunft, um „die Umkehrung der Ordnung" handelt –, verwendet die zweite *Kritik* das Wort „*Frevel*“* (*KPV*, 140). Es bezeichnet ein Verbrechen aus Unfrömmigkeit, ein Sakrileg. Das Erhabene hat etwas *Frevelhaftes**. Anders gesagt: Ihrem reinen Ideal, also der lichten Seite des Gesetzes gemäß können über die Achtung keinerlei Berechnungen, Spekulationen innerhalb einer Opferökonomie angestellt werden; sie entstammt einer An-Ökonomie, der Ordnung der Heiligkeit. Ihre finstere Seite – der Verlust, den sie enthält – wird dadurch verschuldet, daß das empirische Subjekt nicht heilig, sondern endlich ist. Allerdings kann die Opferung dieser Endlichkeit beim Kauf von Heiligkeit nicht dienlich sein. Die (praktische) Vernunft dürfte selbst um den Preis dieses transzendentalen Wahnsinns nicht „zufrieden“[18] sein.

Im Grunde ist der Enthusiasmus nicht fromm. Er ist die profane, um nicht zu sagen profanisierende und daher aporetische Weise, sich einen Zugang zur Frömmigkeit zu verschaffen. In dem inneren Konflikt, der ihn schüttelt, stehen das Motiv des Geheiligten und das Motiv des Heiligen gegeneinander. Ich sagte jedoch, daß er Brüder habe, eine ganze Generation anderer erhabener Individuen. Ich kann deren Liste hier nicht detailliert beschreiben, und sei es auch nur die, die Kant aufzählt, den „Zorn“, die „entrüstete Verzweiflung“, die Abkapselung, die „Traurigkeit“ oder die „Betrübnis“ (120, 124), „die Unbezwinglichkeit [des] Gemüts durch Gefahr“ (108), „die Demut“ (110), die aufrechte und freie „Bewunderung“ Gottes (109), ohne die „*Pflicht*! du erhabener und großer Name“, zu vergessen (*KPV*, 101). Es wäre nicht unmöglich, sie in einer Art periodischer Klassifikation nach ihrem jeweiligen „Opfer“-Gehalt zu ordnen. Dieser liegt offensichtlich in der Achtung, in der die Demütigung des Ichs nur der Schatten ist, der vom Licht des Gesetzes auf einen endlichen Willen geworfen wird, fast bei null. In den sehr negativen Affekten wie der „entrüsteten Verzweiflung“ oder der fast „misanthropischen“ „Betrübnis“ – die von den Übeln bewirkt wird, die die Menschen einander durch das „Kindische“ antun (124) – bringt er den Geist dagegen dem „Wahnsinn“ sehr nahe (123). Angesichts einer solchen Vielfalt ergreift der Dämon der anthropologischen Taxonomie beinahe wieder vom kritischen Geist Besitz. Er war es übrigens auch, der diesem in den *Beobachtungen* von 1764–66 den Weg zur Problematik des Erhabenen bahnte, wenn auch auf andere Weise. Trotzdem bleibt im Katalog der erhabenen Kinder der spezifische Unterschied, der sie alle vereint, von jedem von ihnen einklagbar: daß sie „wackere Affekte“ seien (120). Soll heißen: mehr oder weniger aufopfernd. Keines von ihnen (ausgenommen die Achtung für das Gesetz) ist ethisch gültig. Und als „ästhetische“ sind sie alle in bezug auf den (negativen) Gebrauch, den sie von den natürlichen Formen machen, des Interesses verdächtig. Die „Theorie“ des Erhabenen – aller Arten des Erhabe-

18) A.d.Ü.: frz. „satisfaite“; vgl. Anm. 6.

nen – bleibt also ein „bloße[r] Anhang zur ästhetischen Beurteilung der Zweckmäßigkeit der Natur“ (90). In ihr werden die Bastarde geröntgt, die einem *coup de foudre*[19] der Natur für und durch das Gesetz entsprungen sind.

Bleiben nur noch die Folgen dieses Desasters für die Einheit des Subjekts und die (ästhetische) Gefühlsgemeinschaft zu untersuchen.

Aus dem Französischen von Christine Pries

19) A.d.Ü.: Die Doppeldeutigkeit von „coup de foudre“ läßt sich in keiner der beiden möglichen deutschen Übersetzungen – „Liebe auf den ersten Blick“ und „Blitzschlag“ – erhalten.

Das Steinerne

Anmerkungen zur Theorie des Erhabenen aus dem Blick des „Menschenfremdesten"

Hartmut Böhme

I. Umrisse der Theorie des Erhabenen bei Kant

Mit dem Aufstieg der Ästhetik ins Zentrum der Philosophie erlangt im 18. Jahrhundert, neben dem Schönen und dem Pittoresken, auch das Erhabene eine Aufmerksamkeit, deren philosophische und mentalgeschichtliche Motive durchaus noch nicht hinreichend erforscht sind. Nach den englischen (Steele, Addison, Shaftesbury und E. Burke) und französischen Vorläufern (Boileau, Dubos)[1] ist es in Deutschland vor allem Kant, dessen *Kritik der Urteilskraft* (1790/93) am Ende des Jahrhunderts als das systematische Resümee eines verzweigten ästhetischen Diskurses über das Erhabene angesehen werden muß – und von den Zeitgenossen so auch sogleich wahrgenommen wurde. Dabei ist durchaus zweifelhaft, ob Kants „Analytik des Erhabenen" dieses wirklich als *die* zweite mögliche, eigenständige ästhetische Urteilsform systematisch begründet. Immerhin fällt schon in der Architektonik der *Urteilskraft* auf, daß der Abschnitt über das Erhabene ein erratischer Block ist, der weder vorher noch nachher wesentliche Anbindungen erfährt. Auch der Versuch, die Analytik des Erhabenen in Analogie zu den vier Momenten des Geschmacksurteils über das Schöne durchzuführen, wirkt gekünstelt; er wird hinsichtlich der „Relation" erst gar nicht durchgeführt und bleibt gegenüber der dazu queren Einteilung des Erhabenen (in das „Mathematisch-Erhabene" und das „Dynamisch-Erhabene" der Natur) eigentümlich überzeugungslos.

Der „Übergang von dem Beurteilungsvermögen des Schönen zu dem des Erhabenen" (*KU* § 23) bietet keine positive Bestimmung des letzteren, sondern

1) Hierzu Gerhard Bartsch, „Bemerkungen zur Bedeutung der drei antiken Autoritäten Aristoteles, Horaz und Pseudo-Longinos in der Ästhetik des 18. Jahrhunderts unter besonderer Berücksichtigung des Begriffs des Erhabenen", in: *Kunst und Kunsttheorie des XVIII. Jahrhunderts in England*. Hrsg. v. Gerhard Charles Rump, Hildesheim 1978, S. 119–158.

konturiert das Erhabene wesentlich als ein dem Schönen Entgegengesetztes: „zweckwidrig für unsere Urteilskraft, unangemessen unserm Darstellungsvermögen, und gleichsam gewalttätig für die Einbildungskraft" (*KU* B 76). Das Naturschöne zeigt sich dagegen in der sinnlichen Anschauung als wohl proportioniert („zweckmäßig"), als „gleichsam vorherbestimmt" für unsere Urteilskraft. Im Schönen scheint – im Modus des Als-ob – eine „Technik der Natur" (*KU* B 77) auf, die dem Maß des Menschen angepaßt ist und sein Bedürfnis nach Entsprechung von Natur und subjektiver Urteilskraft erfüllt. So ist die Natur nicht allein ein Objekt des Verstandes und mithin ein affektneutraler Kausalmechanismus, sondern auch als Analogon des Kunstwerks figürlich sprechend und wohltuend, also schön. Dies löst die positive Lust am Schönen der Natur aus.

Das Erhabene ist dagegen eine „negative Lust" (*KU* B 76). Damit knüpft Kant ebenso an die schon von Addison/Steele und Burke beobachtete oxymoronale Affektform des Erhabenen wie an die von Moses Mendelssohn entwickelte Theorie der gemischten Empfindungen an. Das Erhabene führt nicht ein harmonisches Zusammenstimmen der Gemütsvermögen mit sich wie das Schöne – das damit unzweideutig der „Beförderung des Lebens" (*KU* B 75) dient –, sondern es basiert auf einer seltsamen Affektbewegung von wechselweiser Abstoßung und Anziehung, von „Hemmung" und „Ergießung" (sic!). Der Grund dafür liegt in der Form des Objekts. Dieses hat keine begrenzte, ruhige, in innerer Balancierung und Proportion zur Einheit geschlossene Form, sondern zeigt Natur vielmehr „in ihrem Chaos oder in ihrer wildesten regellosesten Unordnung und Verwüstung" (*KU* B 78). Das Erhabene ist für Kant also zuerst eine Erfahrung massiver affektiver Dissonanzen, objektiver und subjektiver Disproportionen und damit einer *Gefahr*: die als chaotisch wahrgenommene Natur könnte unwiderstehlich in das subjektinterne Ordnungsfüge einschlagen und dieses zum Kollaps bringen. Wäre dies die negative Seite am Erhabenen, so ist dabei die Lust noch unbestimmt und rätselhaft: wie soll die erschütternde Kollision einer auf innere Ordnung angewiesenen Selbsterhaltung mit regellosen Naturformen und -kräften nicht allein abstoßen oder Furcht erregen, sondern auch noch Lust hervorbringen? Nun, es ist bekannt, daß der Effekt des Erhabenen gerade darin besteht, das Niederschlagende und Übermächtige der Natur als „Schema" (*KU* B 110) zu „behandeln": das Chaos, das den sinnlichen Wahrnehmungsapparat überflutet, wird durch einen Akt des Bewußtseins in Distanz gesetzt und als Negativreiz gebraucht. Negativreiz – das meint hier: die Erfahrung der Schwäche und Dezentrierung des sinnlich-leiblichen Ichs wird zum *Anlasser* eines Prozesses der Selbstbewußtwerdung als intelligibles Vernunft-Subjekt. Die qualitative, nämlich intellektuelle Distanz bringt das Bewußtsein eines über alle Verwüstungen der Natur erhabenen Selbst hervor: das ist die lustvolle Seite des Erhabenen.

Nun wird man nicht sagen, dies sei die systematische Begründung des einzig möglichen Effekts eines Ästhetischen neben dem Schönen. Doch führt diese Fassung des Erhabenen in eine charakteristische Empfindlichkeitszone des 18. Jahrhunderts – charakteristisch jedenfalls für die angestrengten Selbstsicherungen der bürgerlichen Intelligenz. Man wird Kants Philosophie nämlich auch darum zu den paradigmatischen Leistungen des Jahrhunderts zählen dürfen, weil er auf allen Fronten versucht hat, das Erkenntnisvermögen, die Handlungsmotive und die Geschmacksurteile von den natürlichen und historischen Mächten abzukoppeln und immanent aus sich selbst zu begründen. Darin besteht der Prozeß der Vernunft. Er dient der umfassenden Autonomisierung des Subjekts gegen jede Fremdbestimmung. Hier wird das Pathos der Aufklärung spürbar – einer Befreiung von naturwüchsigen Mächten, die vor allem durch das Tor der Angst in den Menschen einfallen und ihm die Möglichkeit intellektueller wie praktischer Selbstbestimmung nehmen.

Auffällig ist, daß bei Kant die Ästhetik des Erhabenen zu einem Teil der Ästhetik der Natur wird – in der bemerkenswerten Form jedoch, daß nicht die Natur selbst als erhaben zu gelten habe, sondern jene Effekte im Subjekt, die durch die große oder mächtige Natur ausgelöst werden und durch welche das Ich seiner unangreifbaren Intelligibilität inne wird. Dies ist Kants Pointe. Die traditionellen Formen des Erhabenen spielen dagegen keine grundlegende, ja nicht einmal eine expositorische oder exemplarische Rolle. Das Heilige etwa, das in seiner Doppelgestalt als Tremendum und Fascinosum genetisch vielleicht den Ursprung des Erhabenen ausmacht, ist für Kant kein Paradigma mehr; ebensowenig die Majestät Gottes, der in seiner unerreichbaren Superiorität einst eine erhabene Figur darstellte. Auch die weltlichen Herrscherinstanzen, deren Macht sowohl furchtbar als auch bewunderungswürdig und darum erhaben erscheint, bilden so wenig ein Schema des Erhabenen wie das Schicksal, die Fortuna, die auch die mythischen oder weltlichen Mächte in ein Wechselspiel des Steigens und Fallens hineinzieht; hierdurch entstehen jene erschütternden Wirkungen angesichts einer ungeheuren Fallhöhe, die zum gattungsbildenden Mechanismus der klassischen Tragödie wurden. Die traditionelle religiöse Erhabenheit ist für Kant offenbar das Modell für *alle* vormodernen Formen des Erhabenen. Mit dem bürgerlichen Stolz, der jenseits des vernünftigen sittlichen Selbstbewußtseins keine Instanz anerkennt, vor der es sich zu verneigen gelte, wird die religiöse Demut ausdrücklich als Beispiel einer falschen Erniedrigung des Menschen vor einem Erhabenen gedeutet, das erst durch Begriffsverwirrung und Projektion seinen grandiosen Schein erhalte *(KU* B 107f.).

Dies sind umwälzende Neuerungen für die Ökonomie des Gemüts und das Selbstbewußtsein des aufgeklärten Menschen. Soweit das Erhabene nicht in der pseudo-longinischen Tradition als rhetorische Form der Darstellung behandelt wurde, reflektierte sich darin vor Kant die Schwäche des Subjekts vor überlegenen externen Mächten. Das Erhabene war eine Erfahrung der Grenze, die den kleinen, ausgelieferten und gnadeabhängigen Menschen radikal von den zu fürchtenden und zu verehrenden Wesenheiten schied[2].

Mensch-Sein hieß immer ephemeres Sein. Wenn Kant nun in seiner Analytik des Erhabenen nahezu völlig auf die Auseinandersetzung mit den klassischen Topoi des Erhabenen verzichten kann, so darum, weil gegen 1800 die alten superhumanen Mächte nicht mehr als Objekte der Angst reflektiert und auch nicht als Instanzen verehrt werden müssen, denen das Dasein des Menschen zu danken ist. Kant zieht die Grandiosität der überhimmlischen Sphären und die Macht der subhumanen und unterirdischen Dämonen ins Innere des Subjekts hinein. Das intelligible Selbst hat nichts zu bewundern, was es als Raum des inkorporierten Sittengesetzes nicht schon selbst ist, und nichts zu fürchten, was nicht als Triebkraft des Sinnlichen im Menschen selbst schon die Mächte der Verführung darstellt. Auf dieser Linie kann es Erhabenes nur als säkularisiertes Erbe geben: das Göttliche wird zum Attribut des Vernunft-Subjekts, das Dämonische zum Attribut des sinnlichen Ichs.

Hinsichtlich der Natur jedoch, die Kant zum Paradigma des Erhabenen macht, ließe sich zeigen, daß die vormodernen Naturbilder kaum erhabene Züge tragen. So ist etwa die Bewunderung ihrer Magnalia nicht der Natur selbst, sondern dem in ihr sich ausdrückenden Gott gezollt und tritt im allgemeinen ohne die für das Erhabene charakteristische Koppelung mit der Angst auf. Dasselbe gilt, wo die Natur als *tellus mater* verehrt wird. Umgekehrt wird die Natur, insofern sie gefürchtet wird – und dafür haben vormoderne Gesellschaften mit geringer Naturbeherrschung allen Grund –, nicht als erhaben qualifiziert, sondern eben als furchtbar, gräßlich und abscheulich. Auch in religiöser Perspektive wird die gefallene Natur gemieden: Ihr wird nicht Erhabenheit zugesprochen, sondern der Kontakt mit ihr wird so gering wie möglich gehalten. Es ist darum erklärungsbedürftig, warum Kant in der Analytik des Erhabenen gerade das zum Schema nimmt, was in der Vormoderne ganz anders qualifiziert wurde: nämlich die Natur.

Aber welche Natur? – *„Kühne überhängende, gleichsam drohende Felsen, am Himmel sich auftürmende Donnerwolken, mit Blitzen und Krachen einherziehend, Vulkane in ihrer ganzen zerstörenden Gewalt, Orkane mit ihrer zurückgelassenden Verwüstung, der grenzenlose Ozean, in Empörung gesetzt, ein hoher Wasserfall eines mächtigen Flusses u.dgl."* (*KU* B 104). Dies ist die – noch – gefährliche Naturkraft. Sie ist erhaben, ebenso wie die durch ihre Größe alle Vorstellung sprengende, unendliche Natur (*KU* §25/6). Im Rückschluß heißt das: schöne Natur ist die ungefährliche, kleinräumige Natur, meint aber auch:

2) Dieser Mechanismus funktioniert natürlich auch zwischen Königen und Untertanen und ist darum nicht ein numinoser, sondern realer Herrschaftsprozeß.

schön ist die beherrschte Natur. Wie Garten und *locus amoenus* seit jeher den Archetyp des Naturschönen darstellen, so wird auch im 18. Jahrhundert die von sich aus friedliche oder die durch Aneignung gezähmte, gewissermaßen ‚häusliche' (=geordnete) Natur als die ästhetisch wohltuende verstanden[3]. Meine These ist nun, daß im 18. Jahrhundert das Erhabene darum ins Zentrum des ästhetischen Diskurses rückt und neben dem Schönen die ‚andere' Seite der Natur thematisiert, weil im Erhabenen die im Projekt der bürgerlichen Naturbeherrschung noch umkämpften Zonen des Naturreichs abgehandelt werden. Was oben die Empfindlichkeitszone des 18. Jahrhunderts genannt wurde, heißt jetzt genauer: das bürgerliche Selbstbewußtsein arbeitet sich an der Front dessen ab, was sich dem prätendierten Verfügungstitel „Herr und Meister der Natur" (Descartes) als noch unbeherrscht scheinende Natur bisher entzieht. Solche Natur löst Angst aus, weil ihr gegenüber die humane Souveränität zu erliegen droht. Die Ästhetik des Erhabenen ist eine Konzeption, um sich in einer vor- und außertechnischen Dimension – nämlich dem Imaginären – mit dieser Angst auseinanderzusetzen und sie beherrschen zu lernen. Die Angst beherrschen: das eben meint das Kantische Programm. Das Furchterregende und Ängstigende soll zu einem Purgatorium des Imaginären verwandelt werden: die *vorgestellte* erhabene Natur, vor der man als physisches Subjekt klein und schutzlos ist, *weckt* „eine Selbsterhaltung ganz anderer Art", nämlich die Selbstbefestigung zu einem wahrhaft erhabenen Subjekt, das „eine Überlegenheit über die Natur selbst in ihrer Unermeßlichkeit" in sich findet *(KU* B 105).

So reformuliert Kant zu seinen Zwecken die Einteilung Edmund Burkes, der das Schöne als ein den Gattungstrieben (dem Eros) dienendes, das Erhabene jedoch als ein die Selbsterhaltungstriebe aufrufendes Phänomen charakterisiert hatte[4]. Was bei Burke eine leibnahe Fassung fand, wird bei Kant zu einer transzendentalen Prozedur, bei der es in jeweils unterschiedlicher Weise um die Universalität des Subjekts geht: im Schönen um jene Allgemeingültigkeit des Urteils, nach der die Natur in ihrer entgegenkommenden Angemessenheit für das menschliche Erkenntnisvermögen qualifiziert wird; im Erhabenen aber um die Allgemeingültigkeit, mit der das Subjekt sich selbst zu seiner universellen Souveränität aufruft – in Absetzung vom erniedrigten Anderen der Natur.

3) Die in England entwickelte und sich schnell auf dem Kontinent verbreitende „ornamented farm" stellt präzise eine Synthese von Schönheit und Nützlichkeit her; sie ist profitabel und erholsam, belehrend und erfreuend.

4) Edmund Burke, *Philosophische Untersuchung über den Ursprung unserer Ideen vom Erhabenen und Schönen* (1757). Hrsg. v. Werner Strube, Hamburg 1980, S. 72ff.

Verschiedene Forschungen[5], wie z.B. unlängst die vorzügliche Arbeit von Christian Begemann[6], haben gezeigt, daß jene Naturformen, die Kant als erhaben anspricht, die Zonen bilden, in denen die wissenschaftliche und technische Naturbeherrschung an vorderster Front arbeitet. Dies ist zuerst der unendliche Raum, wie er sich aus den Folgen der kopernikanischen Wende bis hin zu der More/Newtonschen Fassung der Unendlichkeit ergibt. Und es ist die Unendlichkeit, die den terrestrischen Raumrevolutionen entsprang, die – parallel zu den kosmischen Raumeroberungen – in der zunehmenden Beherrschung der Weltmeere seit Columbus gewaltig in das Bewußtseinsgefüge der europäischen Menschheit eingreift[7]. Beides sind keineswegs ‚neutrale' Leistungen des wissenschaftlich-technischen Fortschritts, sondern Epochenschwellen, die den neuzeitlichen Imperialismus in seinen zwei Seiten einleiten: Beherrschung der überseeischen Völker und Beherrschung der Natur. Auf dieser Linie liegen die grandiosen Selbstermächtigungsprogramme des europäischen Herren-Typus, der sich, auch in seiner aufgeklärten Variante, aus dem phantasmatischen Bild der Souveränität Gottes bildete.

Die anderen Beispiele Kants (Hochgebirge, Vulkane, Erdbeben, Wasserfälle) sind auf bestimmte Standards der zeitgenössischen philosophischen Diskussion und der Reiseliteratur bzw. auf reale Erschließungsprozesse zu beziehen. Das Hochgebirge – und damit eine der letzten terrestrischen Bastionen der Unwegsamkeit (100 Jahre später geht der Kampf um Arktis und Antarktis) – schematisiert die (unendliche) Größe der Natur. Es ist jedoch auch die Sphäre, in welcher die menschlichen Künste (Mineralogie, Montanbau, Geognosie) sich zu bewähren haben. Das Hochgebirge wird im 18. Jahrhundert wissenschaftlich und verkehrstechnisch erschlossen und zum bevorzugten Gegenstand von erhabenen Naturschilderungen. – Das Erdbeben von Lissabon 1755, dem Kant mehrere Schriften widmete und das er (vulkanistisch denkend) auf einen unterirdischen Feuersturm zurückführte, wird im 18. Jahrhundert zu derjenigen Naturkatastrophe, die auf bewußtseinsgeschichtlicher Ebene einen entscheidenden Einschnitt darstellt. Das Lissaboner Erdbeben zerstört die alteuropäischen Sicherungssysteme der Metaphysik, besonders der Theodizee und Physikotheo-

5) Karl Richter, *Literatur und Naturwissenschaft,* München 1972. Hans Blumenberg, *Die Genesis der kopernikanischen Welt,* Frankfurt/M. 1975. Hartmut u. Gernot Böhme, *Das Andere der Vernunft,* Frankfurt/M. 1983. Monika Wagner, „Das Gletschererlebnis", in: *Natur als Gegenwelt.* Hrsg. v. Götz Großklaus u. Ernst Oldemeyer, Karlsruhe 1983, S. 235–264.

6) Christian Begemann, *Furcht und Angst im Prozeß der Aufklärung,* Frankfurt/M. 1987, S. 67–164. Begemann entwickelt die m.E. bisher überzeugendste mentalgeschichtliche Herleitung der Ästhetik des Erhabenen im 18. Jahrhundert.

7) Tzvetan Todorov, *Die Eroberung Amerikas. Das Problem des Anderen,* Frankfurt/M. 1985. Carl Schmitt, *Land und Meer,* Köln 1981.

logie; es unterstreicht damit nachdrücklich die physische Endlichkeit und metaphysische Obdachlosigkeit des Menschen, wodurch – im Gegenzug – gewaltige philosophische Anstrengungen für die säkulare Selbstbegründung des menschlichen Daseins erforderlich wurden. Man hat viel zu wenig beachtet, daß das Erdbeben von Lissabon, auf das Kant sogleich *physikalisch* antwortet, noch weitere Antworten bei ihm findet: in den ersten beiden *Kritiken* die *theoretische* und die *moralische*, in der *Urteilskraft* die *ästhetische* Antwort. Kants Philosophie ist in toto die Bewältigung der ungeheuren Erschütterung und Angst vor der Natur, die, ausgehend vom Erdbeben in Lissabon, als Beben des Bewußtseins durch ganz Europa liefen[8]. – Beim Wasserfall ist an die vielen, oft beschriebenen alpinen Fälle sowie an den auch von Wilhelm Heinse und Goethe[9] eindrucksvoll nach dem Schema des Erhabenen geschilderten Rheinfall bei Schaffhausen zu denken. Was schließlich das Gewitter angeht, so hat Begemann[10] überzeugend gezeigt, welche ermutigende Kraft die Erfindung des Blitzableiters durch Franklin für die aufgeklärten Intellektuellen des 18. Jahrhunderts besaß. Jenes mythische Donnern und Blitzen, worin Zeus oder Jehova sprachen oder wilde Natur tobte – das in jedem Fall aber eine der archaischsten Quellen der Angst war –, schien durch den genialen Einfall eines Wissenschaftlers depotenziert: der Blitzableiter wurde auf der Ebene der bewußtseinsbildenden Symbole zum Paradigma der prinzipiell möglichen Naturbeherrschung. Man erkennt mithin, daß die Kantische Beispielreihe mit überlegter Absicht gesetzt ist; es werden genau jene Zonen angsterregender und erhabener Natur versammelt, mit denen sich die wissenschaftliche und ästhetische Avantgarde des 18. Jahrhunderts gerade auseinandersetzte[11]. Das Erha-

8) Vgl. dazu: T.D. Kendrick, *The Lisbon Earthquake*, London 1956. Thomas E. Bourke, „Vorsehung und Katastrophe. Voltaires ‚Poème sur le désastre de Lisbonne' und Kleists ‚Erdbeben in Chili'", in: *Klassik und Moderne*. Hrsg. v. Karl Richter u. Jörg Schönert, Stuttgart 1983, S. 228–253. Werner Hamacher, „Das Beben der Darstellung", in: *Positionen der Literaturwissenschaft*. Hrsg. v. David Wellbery, München 1985, S. 149–173 (mit wichtigen Bezügen zum Erhabenen).

9) Wilhelm Heinse, „Brief an J. W. L. Gleim", in: ders., *Sämmtliche Werke*. Hrsg. v. Carl Schüddekopf, Leipzig 1910, Bd. 10, S. 33; ders., „Tagebuch der italienischen Reise 14. 8. 1780", *ebd.*, Leipzig 1909, Bd. 7, S. 22–26. Johann Wolfgang v. Goethe, „Reise in die Schweiz 1797", in: ders., *Gedenkausgabe der Werke, Briefe und Gespräche*. Hrsg. v. Ernst Beutler (Artemis-Ausgabe), Zürich 1949, S. 172–180. Ders., „Brief an Charlotte von Stein 3. 10. 1779", in: ders., *Briefe und Gespräche. Hamburger Ausgabe*. Hrsg. v. Karl R. Mandelkow, Hamburg 1968, Bd. 1, S. 274–276.

10) Begemann, *Furcht und Angst im Prozeß der Aufklärung*, S. 349ff.

11) Das wird durch das noch laufende Hamburger DFG-Projekt *Wertwandel der Arbeit*, Gruppe: Aviatik (L. Clausen/R. Meinecke) bestätigt: In der Pilotphase der Ballonfahrt im „Luftmeer" sind erhabene Affekte intensiv und verbreitet, was mit der Spannung zusammenhängt, die aus der noch labilen, risikoreichen Eroberung eines ehemals angstbesetzten Naturraums erwächst.

bene bei Kant ist ein Unternehmen, um im imaginären Vorlauf jene archaischen Ängste vor der Natur zu überwinden, welche zum einen die Naturbeherrschung blockieren und zum anderen von dieser suspendiert werden. Das Kantische Erhabene ist darum die teils begleitende, teils vorauseilende (‚protoindustrielle') ästhetische Fassung des neuzeitlichen Programms von Subjektermächtigung und Naturunterwerfung.

Das Erhabene also ist die Simulation des Chaos und der Unermeßlichkeit, aus sicherer Distanz, um eine Angst in Szene zu setzen, über die Herr zu werden herrliches Bewußtsein induziert. In den Kategorien der Theodizee gesprochen, ist die wüste und unvorstellbare Natur ein Übel – und man kann mit Odo Marquard, der die Entübelung der Welt als die große Aufgabe der Philosophie nach dem Kollaps derTheodizee angesehen hat, das Erhabene als eine Weise der Entübelung einer furchtbaren Natur ansehen (vgl. dazu *KU* B 102f.). Dieser Vorgang nun ist der zweiten Form des Erhabenen homolog, welche die bürgerliche Fassung der feudalen, grandseigneuralen Erhabenheit des Heros darstellt. Wie nämlich die widrige Natur die Kräfte der intelligiblen Selbsterhaltung evoziert, so vermag die Gefahr für Leib und Leben im Krieg jene Furchtlosigkeit wachzurufen, die für Kant die erhabene Haltung des heldischen „Kriegers" (*KU* B 106/107) abgibt[12]. Das Erhabene des Krieges (ebd.) – sieht man hier von den fatalen Konsequenzen dieses Gedankens ab[13] – kann jedoch, von der *Kritik der praktischen Vernunft* her, auch als Modell für die moralische Selbstbehauptung inmitten einer von Ungerechtigkeit und Sittenverfall zerrütteten Gesellschaft gedeutet werden, einer Gesellschaft im inneren Kriegszustand, wie Kant die zeitgenössischen Staaten des öfteren gesehen hat. Hier ist an jenen berühmten Satz zu erinnern, der den „gestirnten Himmel über mir" – als Inbegriff des Erhabenen – mit dem „moralischen Gesetz in mir" korrespondieren läßt (*KPV* A 288/289). Genau betrachtet ist der erhabene Himmel sogar nicht mehr als die Metapher für das absolut einzige, doch unsichtbare Erhabene im Universum überhaupt: das Sittengesetz. Dessen Erhabenheit gewinnt Sinn aber nur als bürgerliche Form von Heroik: nämlich inmitten der sozialen Übel eine finale Selbstrettung in einer Welt zu bewahren, in der der Mensch des Menschen Wolf scheint. In der Würde der moralischen Unverletzlichkeit, die sich im

12) Kant denkt hier an den „Feldherren", nicht an den physisch bedrohten, angstvollen Soldaten. Feldherr – d.h. im 18. Jahrhundert sichere Distanz auf dem berühmten Hügel. Diese Distanz zur realen Gefahr ist unabdingbare Voraussetzung für das Erhabene, das so auch bei verlorener Schlacht erlebt werden kann. Das ähnelt dem Modell „Schiffbruch mit Zuschauer" (so das gleichnamige Buch von Hans Blumenberg, Frankfurt/M. 1979).

13) Hierzu vgl. Hartmut Böhme, „Vergangenheit und Gegenwart der Apokalypse", in: ders., *Natur und Subjekt,* Frankfurt/M. 1988, S. 380–398.

gräßlichsten Unglück und im tragischsten Unrecht bewährt, konzentriert sich der erhabene Kern des bürgerlichen Menschen. Hieraus erwächst das Pathos der bürgerlichen Trauerspiele. So hat denn auch Schiller erkannt, daß das Erhabene in der Form des Tragischen und Pathetischen nicht nur für eine Literaturgattung konstitutiv ist, sondern den Mechanismus der Entübelung der gesellschaftlichen Übel geradezu begründet: durch die symbolische Selbstrettung des ethischen Heros auch noch im Untergang[14]. Auch dies ist – wie das Naturerhabene – ein Prozeß, der restlos im Imaginären statthat und darum zur Literarisierung einlädt.

II. Das Steinerne – kursorisch betrachtet

Die Kantische Fassung des Erhabenen der Natur soll hier aus einer Perspektive beleuchtet werden, die befremdlich erscheint: dem Steinernen. Es war bisher zu sehen, daß die Ästhetik des Erhabenen eine vortechnische Form der Aneignung solcher Naturen darstellt, die entweder aufgrund ihrer Größe und Gestalt (Unendlichkeit, Formlosigkeit) die Vorstellungskapazität oder aufgrund ihrer Macht die Selbstbehauptungskraft des Menschen zu übersteigen drohen. Mit dem Hochgebirge und den wilden Felsformationen hatte Kant bereits jenen Teil der Lithosphäre angesprochen, der in der Reiseliteratur eine prominente Rolle spielte. Das Steinerne kam hier in beiden Qualitäten vor: in der Dimension unvorstellbarer Größe – in allen Berichten weckt das Hochgebirge, insbesondere in der stereotypen Metapher vom „Steinmeer", die Idee der Unendlichkeit – und in seiner dynamischen Qualität – als *drohende* und *überhängende Felsen* nämlich, worin jene dem Erhabenen des Gebirges eigene Bewegungsform *noch* gestaut erscheint: daß man in schwindelnde Abgründe stürzen, von Felsen erschlagen, ja im ewigen Frost der bizarren Gletscher erfrieren und damit gewissermaßen selbst versteinern könnte. In noch grausamerer Form ist das Dynamische der Lithosphäre in den Beispielen des Erdbebens und der Vulkanausbrüche präsent: die Verbindung von Stein und Feuer und das unterirdische gewaltsame Arbeiten der Steinwelten verursachen dermaßen elementare Kraftausbrüche, daß daneben alles andere Dynamisch-Erhabene verschwindet. Das Steinerne und der Tod scheinen mithin eng benachbart, so daß darin eine besondere Herausforderung für jede Ästhetik des Erhabenen – als Modus der

14) Friedrich Schiller, *Über den Grund des Vergnügens an tragischen Gegenständen* (1792); *Vom Erhabenen (Über das Pathetische)* (1793); *Über das Erhabene* (1801).

Selbsterhaltung – liegt[15]. Doch wird die Steinsphäre auch Erfahrungsmöglichkeiten zeigen, die mit dem Kantischen Modell nicht mehr faßbar sind. Das Steinerne, als das dem Menschen Fremdeste, ja als Inbegriff des Anderen der Natur, lehrt auch eine Dimension des Erhabenen, die nicht mehr im Sinne der Kantischen überlegenen Selbsterhaltung, sondern der Selbstbegrenzung und der Anerkennung des Anderen zu verstehen ist. In der Romantik wird das Steinerne zur erkenntnisstiftenden Metapher für den Prozeß des Poetischen.

Der Stein – kalt, trocken und fest – ist von der Elementenlehre her gleichsam die Verdichtung der Erde. Erde wird erst durch die Verbindung mit dem Wasserhaften zu dem, als was sie symbolisch gilt: Mutter Erde, fruchtbare Substanz. Weil dem Stein kein Wasser beigemischt ist, gilt er als tot. Überall dort, wo man den Erdball in Analogie zum menschlichen Körper gedeutet hat – bei Leonardo etwa oder im Renaissance-Hermetismus überhaupt, aber oft auch noch bis zur Romantik –, ist das Steinerne, sind die Gebirge das Skelett, das Knochengerüst des Erdleibes, auf dem sich das lockere Fleisch, die Erde, aufbaut, durchströmt vom Adergeflecht der Flüsse. Der Stein gibt der Erde den Halt. Darum kann es keinen größeren Schrecken in der Natur geben, als wenn dieser feste Grund des Lebens ins Wanken gerät, eruptiv aufbricht oder zerreißt.

Zu den Knochen unseres Leibes unterhalten wir keine oder nur negative Beziehungen: ihr Hervortreten ist der Tod; das *memento mori* hat an den Knochen sein allegorisches Material. Das Brechen der Knochen ist immer ein kleiner Tod, Bruch einer Bewegungsfunktion: Selbst-Bewegung ist die klassische Definition des Lebens.

Gleichzeitig sind die Knochen das Dauerhafteste an unserem Leib; das Dauerhafteste ist also der Tod. Der Knochenmann ist ein klassisches Todesemblem. Das, was in uns dem Stein analog ist – die Knochen –, scheint also vor allem Todes-Erfahrungen zu entsprechen. Das, was uns Halt und Gestalt gibt, ist zugleich das Tote, uns Überdauernde (vgl. dazu C.D. Friedrich, Hamburger Sepia-Zyklus). Das Zarte des lebendigen Fleisches kulminiert paradox darin, daß der empfindlichste Punkt des Lebens, die Sterblichkeit, als Knochenmann-Allegorie schon in uns ist. Diese leibliche Verhakung von Leben und Tod impliziert merkwürdige Schauder, Angst, aber wie so oft auch Angst-Lust-Schauder, wie sie sich immer in bestimmten Pilotphasen der Aufdeckung des

15) Der unendliche Raum des Alls als mathematisch-erhaben, oder wie Schiller sagt: theoretisch-erhaben, weckt, wie wiederum Schiller richtig gesehen hat, nicht so intensive Schmerz-/Angst-Gefühle wie das Dynamisch-Erhabene (Schiller: das Praktisch-Erhabene), das die Bedingung unserer Existenz zu vernichten droht; Friedrich Schiller, *Über das Pathetische* (1793), in: Horen-Ausgabe Bd. X, Hrsg. v. Conrad Höfer, Leipzig 1913, S. 9ff.

Körperinneren beobachten lassen; so z. B. in der ersten Phase der systematischen Anatomie, im 16. Jahrhundert, oder etwa bei der Entdeckung der Röntgen-Technik, als der Anblick der eigenen Knochen noch sensationell war: man lese von den Lustschaudern bei der Röntgen-Visualisierung der Lungenkranken in Thomas Manns *Zauberberg*. Dieses Angstlust-Syndrom ist charakteristisch für das Erhabene, das sich offenbar auch auf das steinerne Innere des Menschen beziehen kann.

Dagegen wurde die Steinskulptur, besonders der marmorne menschliche Körper, zum Inbegriff des Ästhetischen. Hier wird der Leib gleichsam aus dem Knochen selbst gebaut, d.h. aus dem Tod, und wird dadurch zum unsterblichen Leib. Vielleicht findet man hier eine Antriebsquelle der Kunst: im Versuch nämlich, den Tod durch die perfekte Modellierung des Toten selbst zu überbieten. Auch ist an Goethes *Wanderjahre* zu denken, wo der Wundarzt Wilhelm beim plastischen Anatomen nicht etwa lernen soll, Leichname aus Fleisch, geronnenem Blut und Knochen zu zergliedern, sondern, vom Skelett ausgehend, den menschlichen Leib wie ein Demiurg, wie ein Künstler plastisch aufzubauen. Anatomie wird zur Kunst des plastischen Bildens des menschlichen Leibes aus seinem Innersten, den Knochen. Oder es ist zu denken an Rilkes Gedicht *Archäischer Torso Apollos*. Hier wird das Wesen der Kunst darin gesetzt, daß der Torso einer griechischen Plastik, der zerbrochene Steinleib, in jedem Punkt seiner marmornen Flächen und Schrunden ganz und gar zum Auge wird, das den Betrachter anblickt. Der harte, ebenso undurchsichtige wie blinde Stein, der gleichwohl ganz Auge ist: er ist das Seelenfenster, er ist ganz und gar Seele, *anima* und *pneuma* zugleich, *vis vitalis* und Weltgeist, lebendiger als jeder organische Körper. Dies ist der totale Triumph der Kunst über die tote Natur. Hier sind wir schon weit von Kant entfernt.

Den affektiven Besetzungen der Knochen sind die Gefühle analog, die sich auf das Sichtbare des Erdskeletts beziehen: auf die Gebirge. Ästhetisch sind diese zunächst vor allem das Ungestalte, Gräßliche, Tote, Starre, Fürchterliche. Von hier aus ist es ein langer Weg der Erschließung der Gebirge und ihrer ästhetischen Aneignung, bis Heinrich Clauren 1819 in seinem Bestseller-Roman *Mimili* das Hochgebirge zum Schauplatz einer Idylle machen kann. Daß um 1820 das Hochgebirge den Raum für eine Liebesgeschichte abgibt, bedeutet, daß ein klassischer Topos des erhabenen Schauders, den man noch in allen Reiseberichten von Alpenüberquerungen und Gipfelbesteigungen des 18. Jahrhunderts findet, überholt ist. Die wilden Felsmassen, die Gletscherfelder, die schroffen Aufgipfelungen und tosenden Wasserfälle haben sich in den hundert Jahren zwischen Hallers Langgedicht *Die Alpen* und Claurens Trivial-Roman zwar nicht geändert, wohl aber das Verhältnis der Menschen zu ihnen. Bei Hölderlin, z.B. im Gedicht *Der Rhein*, oder auch noch bei William Turner, der in Erinnerung an seine Alpenüberquerung sublime Gesteins- und Gebirgsbilder schuf, gibt es –

wie auch in der Romantik, etwa bei C.D. Friedrich – zwar noch die Gestaltung des Steinernen im Schema des Erhabenen. Doch eigentlich ist die Macht des Steins gebrochen – praktisch und ästhetisch. Darum hat Kant – im Hinblick auf die vollzogene Aneignung der Alpen – recht, wenn er das Erhabene nicht mehr ins Objekt setzt, sondern ins Subjekt. Es ist Vergangenheit, daß das Steinerne das Unverfügbare und die Macht der Natur repräsentierte. Darum wirkte es erhaben, aber nicht schön. Nun aber, wo das Gebirge, wo der wilde Stein schön, pittoresk, ja idyllisch wird, ist der Sieg des Menschen vorauszusetzen; hier ist das Drohend-Großartige, das Amorph-Übermächtige verfriedlicht, d.h. im Sinne von Norbert Elias zivilisiert.

Zum Prozeß der Zivilisierung des Steinernen gehört auch seine wissenschaftliche Aneignung. Das heißt nicht nur, daß im 18. Jahrhundert die geologische Erschließung der Alpen rasante Fortschritte machte, sondern auch, daß die montanwissenschaftliche Durchdringung des steinernen Skeletts der Erde in die Phase säkularer Technik trat. Das heißt ferner, daß die Mineralogie, ähnlich wie das zweite Naturreich durch die Linnésche Botanik, den Status einer systematischen Wissenschaft angenommen hatte. 1735 war die erste Auflage von Linnés *Systema naturae* erschienen, in deren letzten beiden Bänden die Steine ganz im Stil des Tableaus von Naturgeschichte klassifiziert werden, mit dem Linné im 18. Jahrhundert vor allem für die systematische Ordnung des vegetabilen und animalischen Reiches modellbildend wurde. Steine, Mineralien, anorganische Stoffe sind nun endgültig weiter nichts als Gegenstände des ersten Naturreiches. Sie werden nicht mehr als Zeichen der in sie versenkten Bedeutungen gelesen. Sie haben keine ihnen eigentümlichen Kräfte mehr. Magische Zauberkräfte guter oder böser Natur und medizinische Heilkräfte der Steine werden aus der Mineralogie ausgeschlossen. Fragen des Wertes und des Ranges von Steinen spielen eine zunehmend geringere Rolle (außer bei Juwelieren). Die alte bergmännische Gruppierung von Steinsorten, z.B. die Klasse der sog. Übeltäter-Steine, die sich naturwüchsig in der Praxis der Bergleute tradiert hatte, wird als unsachliche Klassifizierung ausgeschieden. Der Zusammenhang von Steinen mit Planeten und Sternen, ihre sympathetische Verflechtung mit dem Makrokosmos sowie – medizinisch – mit dem Mikrokosmos gilt als Phantasma des vormodernen Dunkels. Natur, auch in der Lithosphäre, wird also nicht mehr im Muster der sich fortzeugenden *analogia entis* gedeutet, die nach Bildassoziationen, Ähnlichkeiten, Sympathien und Entsprechungen arbeitet wie die Phantasie des Menschen[16)].

16) Vgl. dazu: Dietlinde Goltz, *Studien zur Geschichte der Mineralnamen,* Wiesbaden 1972. Christel Meier, *Gemma spiritalis,* München 1977. Gerda Friess, *Edelsteine im Mittelalter,* Hildesheim 1970. Hans Lüschen, *Die Namen der Steine,* Thun/München 1968. Hartmut Böhme, „Geheime Macht im Schoß der Erde", in: ders., *Natur und Subjekt,* S. 68ff.

Von alldem ist im Jahrhundert Linnés, jedenfalls in der Wissenschaft, keine Rede mehr. Auch wenn Linnés Klassifikationssystem der Mineralogie aufgrund seiner lückenhaften Kenntnisse nicht so durchschlagend wirkte wie seine Pflanzen- und Tiersystematik, so war doch klar, daß die Mineralogie als empirisch-analytische Wissenschaft auf den Weg gebracht war. Steine, Metalle, Erze als Objekte der Erkenntnis, mehr nicht; und als Objekte der zunehmend rationalisierten Montan- und Metallurgietechnik, das vor allem. Hiervon ging eine große Faszination an der Modernisierung aus, nicht nur für Experten, sondern auch für Gelehrte und Dichter verschiedenster Richtungen. Das poetische Zeitalter der Steinkunde ging zu Ende.

In diesen kognitiven und praktischen Überführungen des menschenfernen Steinreiches in ein Objektfeld der Profankultur bilden sich die Voraussetzungen dafür, daß es bei Hegel – gegenüber Kant – zu einer Umwertung des Verhältnisses von Naturschönem und Kunstschönem kommen kann. Weil Hegel vorab das Schöne als Scheinen der Idee definiert, wird das Schöne der Natur, insofern es weniger als das von Menschen hervorgebrachte Kunstwerk eine Objektivation des Geistes ist, geltungshierarchisch dem Kunstschönen nachgeordnet. Das Reich des Steinernen gar, noch dazu wenn es in rohen Massen ungestalt und in bloß ungefüger Materialität, sozusagen geistlos, in der Welt herumsteht und noch nicht einmal zu den ersten Stufen von Geist, den kristallinen Geometrien übergegangen ist – dieses Steinerne also ist der roheste, ästhetisch ungültigste, weder schöne noch auch nur ansatzweise erhabene Teil der Natur[17)].

Als Kehrseite und zugleich als Entsprechung zu dieser Eroberung des ersten Naturreiches kommen um 1800 zwei Analogien zwischen Mensch und Stein ins Spiel. Beide sind nicht neu, sondern uralt. Doch sie werden mit neuer Aktualität besetzt. – Wieder in den *Wanderjahren* läßt Goethe den Geologen Jarno, der nun Montan heißt, hoch oben auf dem Grat des Gebirges, auf dem ältesten Stein der Erde, dem Granit, folgendes zu Wilhelm sagen: „*Wenn ich nun aber eben die Spalten und Risse als Buchstaben behandelte, sie zu entziffern suchte, sie zu Worten bildete und sie fertig zu lesen lernte, hättest du etwas dagegen? ... Die Natur hat nur eine Schrift ...* " So entdeckt Montan, „*daß in der Menschennatur etwas Analoges zum Starrsten und Rohsten vorhanden sei*". Das ist nun um 1800 eine durchaus befremdliche Aussage – die man auch bei Novalis findet. Was aber soll sie bedeuten? Wird hier noch ernsthaft – als Konsequenz aus der „Sprache der Natur" – gedacht, daß die Kluft zwischen Mensch und Natur sich aufhöbe – und zwar im Signifikativen? Was aber wäre dann das Sprechen des stummen Steins, der sich im Gegensatz zum *zoon logon echon* gerade dadurch charakte-

17) Georg Wilhelm Friedrich Hegel, „Ästhetik", in: *Werke*. Hrsg. v. Eva Moldenhauer u. Karl M. Michel, Frankfurt/M. 1970 (Theorie-Werkausgabe), Bd. 13, S. 145ff., bes. S. 157ff.

risiert, daß er nicht-signifikativ ist? Werden hier, auf der Rückseite der wissenschaftlichen Aufklärung, vormoderne Verwandtschaften, Ähnlichkeiten und Benachbarungen zwischen Mensch und Natur ins Spiel gebracht[18]? Ebenso seltsam ist, daß in der Romantik Stein und Metall gegenüber dem Lebendigen und Organischen und gegen Hegels Diktum eine hohe ästhetische Schätzung erfahren. Es ist fast so, als ob das kalte Reich des Metallischen und Steinernen zum Inbegriff des Ästhetischen würde – und es bis zu Stefan George (*Algabal*) bleibt, dessen poetologische Gedichte einen unterirdischen, anorganischen Stein- und Metallgarten als Allegorie der Kunst entwerfen.

Einerseits ist also eine immer erfolgreichere Beherrschung des Steinreiches und die ästhetische Degradierung des Steins vom Erhabenen zum ungültig Geistlosen zu beobachten: andererseits, und das gerade bei Künstlern mit hoher mineralogischer Kenntnis, fällt die ästhetische Karriere des Steins an die Spitze der ästhetischen Symbole auf. Schließlich entsteht dann aber um 1800 der Gedanke, daß die Kälte, die in die Beziehung von Mensch und Natur durch reine Zweckrationalität einzieht, zum Erkalten des Menschen selbst führt, zu seiner Versteinerung nämlich. Das „Steinherz", so zeigte schon M. Frank[19], ist eben auch die kapitalistische Seele; es ist der dem luziferischen Geld-Ware-Geld-Kreislauf überantwortete Mensch – empfindungslos, sinnenlos, starr und bei allem Erfolg auf vertrackte Weise dem Untergang geweiht. Der Kapitalismus ist der Teufelspakt, der zum Tausch des empfindungsreichen Fleischherzens mit einem Steinherzen führt. Dem versteinerten Herzen entspricht noch bei Marx die Petrifizierung der gesellschaftlichen Verhältnisse. Macht ist Stein – nicht nur in ihrer steinernen architektonischen Repräsentanz, sondern prinzipieller im Willen, die gesellschaftlichen Strukturen zu jener Dichte, Unverfügbarkeit und Zeitlosigkeit zu „zementieren", die den Steinen eignet. Das wird im 20. Jahrhundert in den Architekturen Albert Speers sichtbar, deren Monumentalität wirkungsästhetisch deutlich an die Erhabenheit des Steinernen anknüpft und darin die triumphale Manifestation der Macht, die aus diesen Steinen spricht, anstrebt. Die versteinerten Sozialverhältnisse *blockieren* die revolutionäre Veränderung, welche auf die Verflüssigung, Verzeitlichung und Umwälzung des gesellschaftlichen Körpers zielt – auch und gerade auch seines Skeletts. Moderne Macht, die als Versteinerung wirkt, setzt in hochtechnischer Dimension jene vormoderne Theatralisierung des Schicksals fort, die im Auftritt des steinernen Gastes dem Leben Don Juans, des Verächters der gesellschaftlichen Normen, sein grausiges Ende bereitet.

18) Hartmut Böhme, „Lebendige Natur. – Wissenschaftskritik, Naturforschung und allegorische Hermetik bei Goethe", in: *Deutsche Vierteljahrsschrift* 60 (1986), S. 249–272.

19) Manfred Frank, „Steinherz und Geldseele. Ein Symbol im Kontext", in: *Das kalte Herz*. Hrsg. v. Manfred Frank, Frankfurt/M. 1981, S. 253–387.

III. Übergang vom Kantischen Erhabenen zur romantischen Poesie

„Frage nur die Steine, du wirst erstaunen, wenn du sie reden hörst" (Tieck II, 77)[20], sagt in Tiecks Erzählung „Der Runenberg" (1802) der steinbezauberte, dem Wahnsinn schon nahe Christian zu seinem Vater, einem Gärtner, der das sanfte Reich der Pflanzen vertritt. Was denn sollten Steine zu reden haben, wenn in ihnen nicht die Stimme Gottes, die Stimme des Wahnsinns oder die Stimme der Poesie widerklingt? Innerhalb dieser Spannung bewegt sich das romantische Experiment, die Sprache der Natur nicht einfach aufklärerisch zu kritisieren, sondern im Bewußtsein dieser Kritik die stummen Dinge der Natur dennoch zum Reden zu bringen. Bei Tieck, aber auch bei E.T.A. Hoffmann (*Die Bergwerke zu Falun*) wird deutlich, daß dieses poetische Experiment in Wahnsinn umschlagen kann. Christian im *Runenberg* verläßt die gesellschaftliche Einfriedung, verläßt Familie, Hof, Christentum und Geldwirtschaft, um sich im Zeichen der Venus ganz der Welt des Unterirdischen, der Steine und des Eros hinzugeben. Er verschwindet im Heimatlosen, wie die klassischen Irren, von denen Foucault erzählt – in unbestimmten Räumen hin- und hergetrieben, ohne Anker und Halt.

Für einen solchen Irren sind die Steine sprechend geworden – und damit wird das Risiko bezeichnet. Daran ist erkennbar, daß die Romantiker sehr wohl wissen, daß in einer aufgeklärten Welt die Restitution der Sprache der Natur, ja daß das poetische Experiment selbst als mit allen Zeichen des Wahns geschlagen angesehen werden kann. Einmal noch kehrt Christian zurück, beladen mit einem schweren Sack Steine, den er vor Frau und Kind ausschüttet: doch für diese (und die Leser) sind es nur Kiesel und große Stücke Quarz. Christian aber, der wohl erkennt, daß seine Frau nur Steine sieht, sagt: „Es ist nur, ... daß diese Juwelen noch nicht poliert und geschliffen sind, darum fehlt es ihnen noch an Auge und Blick; das äußerliche Feuer mit seinem Glanz ist noch zu sehr in ihren inwendigen Herzen begraben, aber man muß es nur herausschlagen, daß sie sich fürchten, daß keine Verstellung ihnen mehr nützt, so sieht man wohl, wes Geistes Kind sie sind."

Das nun ist deutlich die zuckende Rede des Irrsinns. Doch hören wir hin. Die wertlosen Steine verbergen ein inwendiges Feuer im Herzen, das sie nicht hergeben wollen, so daß es ihnen mit Gewalt abgezwungen werden muß: dann sind sie, und sei es für den Augenblick, reines Scheinen, Glanz, Feuer, Licht, Funken – sie werden zu Auge und Blick. Kein Zweifel, daß hier eine Allegorie der künstlerischen Arbeit vorliegt. Es erinnert an Hegels Ausführungen zur

20) Im Text wird zitiert nach Ludwig Tieck, *Werke*. Hrsg. v. M. Thalmann, Darmstadt 1978, Bd. II, S. 77 (= Tieck II, 77).

Einleitung der Analyse des Kunstschönen: „jede Gestalt an allen Punkten der sichtbaren Oberfläche“ verwandle sich „zum Auge“, alles am Kunstwerk, und besonders, so kann man hinzusetzen, an den steinernen Statuen, ist „tausendäugiger Argus“, ist ein Sehenlassen des Inneren an der Oberfläche, und darin zugleich das Angesehenwerden des Betrachters[21]. Was Christian am toten Gestein beschreibt, ist die Kunst der Animation, der Beseelung des dem aufgeklärten Betrachter scheinbar Toten. Dadurch werden die Dinge zu lebendigen Wesenheiten und – so Christian – sie „erhellen das Dunkel mit ihrem Lachen“ (Tieck II, 81). Plötzlich sind die Fronten seltsam vertauscht: der Tag und die Aufklärung sind das Dunkel; die animierten Dinge aber – für die Aufklärung stumpfe, lichtlose Materie – spenden heitere Helle. Der Künstler schlägt sie aus den sprachlosen Steinen heraus[22]. Hier beginnt die Überschreitung des Kantischen Erhabenen.

Die Natur aber, sagt Christian, gibt ihr heiteres Scheinen „noch ... nicht freiwillig“ her. Kunst ist also auch eine gewaltsame Nötigung der Dinge, ihr Verborgenes herzugeben. Der Künstler und sein Material: ein Verhältnis von Eros und Gewalt. Noch einmal Christian über die Schätze des Erdinneren, die zugleich die Schätze der Poesie sind, die er ans Licht reißen will: „Wer die Erde so wie eine geliebte Braut an sich zu drücken vermöchte, daß sie ihm in Angst und Liebe gern ihr Kostbarstes gönnte!“ (Tieck II, 79) Bergwerk, Erze, Metalle, Steine – sie geben das allegorische Tableau her für die männliche Kunstarbeit: Penetration des Materials, Erzwingen der Metamorphose des Stummen und Dunklen in Sprache, die niemand zuvor vernahm, und in Licht, das niemand zuvor sah. Kunst als erotische Überwältigung. Das Kunstwerk ist die zur Frau metamorphisierte Braut des Künstlers. Zweifellos wird hier etwas von der gewalttätigen, willkürlichen, erotischen Dynamik des ästhetischen Schaffensprozesses deutlich, der keineswegs ein sanftes Entlassen und friedliches Entgleiten ist, sondern ein Kampf um die im Material eingeschlossenen Bedeutungen, die für das aufgeklärte Bewußtsein nichtssagend, nur Kiesel und Quarzbrocken sind. Aus der Perspektive der gewöhnlichen Welt ist so der Kunstprozeß dem Wahnsinn benachbart – oder, wie im Falle Christians, wirklich mit ihm geschlagen: der Künstler als der verrückte Außenseiter und Heimatlose dann, wenn die Vision, die er vom toten Material des Steins hat, eine ihm innere

21) Hegel, „Ästhetik“, S. 202f.

22) Hier ist daran zu erinnern, daß Jean Paul den Humor „das umgekehrte Erhabene“ nennt („Vorschule der Ästhetik“, in: *Werke in 12 Bänden.* Hrsg. v. Norbert Miller, München 1975, Bd. 9, S. 125). – Christian verfügt nicht über diesen Humor, sondern ist gleichsam dessen armer Bruder, Vertreter jener in der Romantik wie bei Jean Paul häufigen Figuren, bei denen der ‚Wahnwitz‘ an die Stelle des Humors tritt, wodurch nicht ein ‚umgekehrtes‘, sondern ‚verrücktes‘ Erhabenes entsteht, eine besondere Form auch des schauerlichen Lachens.

bleibt, die er mit niemandem teilen kann. Christian ist deswegen ein gescheiterter Bildhauer: das Innere, das er an den Steinen sieht, arbeitet er nicht zum Scheinen der Oberfläche, zu einem gewissermaßen stehengebliebenen, objektiven Blick heraus, der den ästhetischen Rezeptionsprozeß in Gang setzen würde. Dann und nur dann wäre die privatsprachliche Chiffrierung der Steine, wäre die Vision ihrer Sprache nicht Christians abgeschnittenes, in sich gekehrtes Bewußtsein, sondern enthielte sie die Möglichkeit zu einem sozialen Sehen, in welchem der Künstler Anerkennung und die Sprache der Natur Vernehmen finden würden.

Man darf sagen, daß hiermit in der Romantik um 1800 zum ersten Mal das Risiko der modernen Kunst beschrieben wird – am Material vormoderner Naturallegorese, hier der Gesteinskunde, sofern sie immer auch Poesie war, und der Natursprachenlehre. Dieses Risiko – das Erhabene als Wahn und der erhabene Wahn der Poesie – findet man auch bei Novalis angedeutet, der keineswegs nur das sanfte Gemüt war, das von solchen Abstürzen nichts weiß. In den Fragmenten zur Fortsetzung des Ofterdingen-Romans heißt es, daß Heinrich, der kommende Dichter, auch einen rituellen Tod, die orphische Zerstückelung, erlebt und daß er wahnsinnig wird. „Heinrich wird im Wahnsinn Stein – [Blume] klingender Baum – goldener Widder – Heinrich erräth den Sinn der Welt. Sein freywilliger Wahnsinn." (Novalis I, 344, 341)[23)]

Was hier als Metamorphosen des Wahnsinns und der Poesie genannt wird, erinnert an das berühmte Fragment des Empedokles: „Ich war ja einst schon Knabe, Mädchen, Strauch, Vogel und aus dem Meere emportauchender stummer Fisch."[24)] Die empedokleische Metempsychose kehrt bei Novalis wieder als Initiationsform der Poesie. Sie ist der Anteil des unausweichlichen Wahnsinns am poetischen Prozeß, durch den in Form von Identitätsvernichtung Anschluß gesucht wird an die Verwandtschaft der Dinge und Lebewesen. Bei Empedokles heißt es: „Denn mit der Erde [in uns] sehen wir die Erde, mit dem Wasser das Wasser, mit der Luft die göttliche Luft, aber mit dem Feuer das vernichtende Feuer, mit der Liebe die Liebe, den Streit mit dem traurigen Streite."[25)] Im Hinblick auf die Theorie des Poetischen bei Novalis heißt das: du erkennst nur, was du auch selber bist; das Erkennen des Fremden setzt das eigene Fremdsein

23) Im Text wird zitiert nach Novalis, *Schriften in 4 Bänden*. Hrsg. v. Paul und Richard Kluckhohn Samuel, Stuttgart 1960, Bd. I, S. 344 (= Novalis I, 344). Das orphische Motiv *ebd.*, S. 345, das Motiv der Metempsychose *ebd.*, S. 342 u.ö.

24) Empedokles, *fr.* 117, zit. nach *Die Vorsokratiker*. Hrsg. v. Wilhelm Capelle, Stuttgart 1968, S. 243. – Dieses Fragment hat Hubert Fichte – auf griechisch – auf seinen Grabstein setzen lassen, um daran zu erinnern, daß der Dichter keine Identität hat, sondern durch die mitunter schrecklichen oder beschämenden sympathetischen Analogien noch mit dem Menschenfremdesten gebildet wird.

25) Empedokles, *fr.* 109 (Capelle, *Die Vorsokratiker*, S. 236).

voraus; Poesie ist exzentrisches Dasein – Dasein nicht an und für sich, nicht als Einheit des Bewußtseins, nicht als identisches Selbst des „Ich denke", sondern die ebenso beglückende wie qualvolle Versetzung ins Andere, ein Sein des Anderen. Das bedeutet zumindest das rituelle Durchlaufen der Ich-Auflösung, die – im Zeitalter des Identitätszwanges – auch die Form des Wahnsinns annehmen kann. Hier ist die Gegenseite zu Kant erreicht.

Novalis erkennt im metaphorischen Prozeß der Kunst den Ausdruck der identitätsauflösenden Verrückungen. Um den Status der Metapher geht es auch bei Tieck. Denn das, was Christian bei Tieck betreibt, ist eine Allegorie der Zeugung der Metapher – die freilich bei ihm keine Form findet und deshalb zu einem metaphorischen Abortus, zu einem Stein-Fötus wird. Der Metaphernprozeß bleibt also ebenso blitzhaft wie absolut. Er ist ein Für-sich-Bleiben, eine Art fensterlose Monade, eine restlos privatsprachliche Chiffre, die Christian in seine furchtbare Einsamkeit und wahnsinnige Heiterkeit einschließt. – Christian ist selbst ein Stein-Kind der Poesie. In den *Lehrlingen zu Sais* wird dies poetologisch reflektiert, wenn – vom Standort der Aufklärungs-Poetik her – den Dichtern „Übertreibung", eine „bildliche uneigentliche Sprache" vorgehalten wird, die man allenfalls als Phantasieüberschwung gelten lassen könne (Novalis I, 100). Hier kehrt das Wort Wahnsinn wieder, als „lieblicher Wahnsinn" (*ebd.*) freilich, denn in den *Lehrlingen* wird nach den positiven, kreativ beherrschten Seiten des Metaphernprozesses gesucht:

„Drückt nicht die ganze Natur so gut, wie das Gesicht, und die Geberden, der Puls und die Farben, den Zustand eines jeden der höheren, wunderbaren Wesen aus, die wir Mensch nennen? Wird nicht der Fels ein eigenthümliches Du, eben wenn ich ihn anrede? Und was bin ich anders, als der Strom, wenn ich wehmüthig in seine Wellen hinabschaue, und die Gedanken in seinem Gleiten verliere? ... Ob jemand die Steine und Gestirne schon verstand, weiß ich nicht, aber gewiß muß dieser ein erhabenes Wesen gewesen seyn. In jenen Statuen, die aus einer untergegangenen Zeit der Herrlichkeit des Menschengeschlechts übrig geblieben sind, leuchtet allein so ein tiefer Geist, so ein seltsames Verständnis der Steinwelt hervor, und überzieht den sinnvollen Betrachter mit einer Steinrinde, die nach innen zu wachsen scheint. Das Erhabene wirkt versteinernd, und so dürfen wir uns nicht über das Erhabene der Natur und seine Wirkungen wundern, oder nicht wissen, wo es zu suchen sey. Könnte die Natur nicht über den Anblick Gottes zu Stein geworden seyn? Oder vor Schrecken über die Ankunft des Menschen?" (Novalis I, 101)

Dies ist eine der dichtesten und kühnsten Passagen des Werkes von Novalis und vielleicht der ganzen Literatur um 1800. Einige Momente sind hierbei herauszuheben. Zum einen begründet Novalis die Berechtigung der poetischen Metaphorik aus dem Physiognomischen. Dabei verabschiedet er die Projektionsthese, wonach Metaphern projektive Entäußerungen der Seeleninnenwelt sind[26]. Man muß nach Novalis von zwei Seiten des Physiognomischen sprechen: der Physiognomie des Leibes und der der Natur. Die Metaphorik entsteht durch den wechselseitigen Austausch beider. Sowohl der Körper als auch die Natur sind Ausdruck des Menschen. Wenn die Natur den Menschen artikuliert, setzt dies jedoch mehr voraus als die Projektion von Gefühlen in den Objektraum, so daß die Dinge zu Metaphern der Seele werden. Darin würde, mit Hegel zu sprechen, die Natur als das unselbständige Andere des Menschen gesetzt, worin er sich reflexiv und spekulär inne würde. Vielmehr wird der Fels zum „Du". Die metaphorische Animation setzt die Natur, hier den stummen Fels, als ein selbständiges Anderes, wodurch anstelle einer einfach in sich zurückkehrenden Bewegung des Selbstbewußtseins eine Bewegung der dialektischen Anerkennung zwischen dem Selbstbewußtsein des Menschen und dem Anderen der Natur entsteht. Die Metaphorik der Literatur trägt dem Rechnung. Sie realisiert, daß die Natur in der Metapher nicht allein zum physiognomischen Ausdruck des Menschen wird, sondern daß umgekehrt auch das Andere der Natur im Menschen seinen Ausdruck findet. Der Fels wird zum Du, der Mensch zum Fels – beide aber werden verwandelt: die Natur nimmt Züge des Selbstbewußtseins an, das Selbstbewußtsein Züge der unbelebten Materie. So kommt in der poetischen Metapher die Natur zum Bewußtsein ihrer selbst – das ist es, was man ihre zu Bewußtsein vordringende, bislang eingeschlossene und unbewußte Intelligenz nennen könnte –, und das Bewußtsein transponiert sich in das ihm schlechthin Andere, in tote Materie, als einen Moment seines Selbst. Metapher und Metamorphose hängen aufs engste zusammen in der Bewegung zwischen Natur und Geist, die hier als identisch gesetzt wird mit der Bewegung dialektischer Anerkennung zwischen dem Einen und dem Anderen, zwischen zwei selbständigen Seinsformen. – Das Physiognomische ist im Konkreten, was die Bewegung des Selbstbewußtseins im Geistigen und Dialogischen und was die Bewegung der Metapher in der Poesie ist. Die Metapher bindet Körper und Ausdruck, Geist und Natur, das Selbst und das Andere zusammen.

Die Steine (als das Fremdeste) und die Gestirne (als das Fernste) bilden dabei – mehr als z.B. das Verhältnis von Tier und Mensch, die sich ohnehin in der Beseeltheit als Lebewesen begegnen – die schwierigste und unsicherste Zone des

26) Zu erinnern ist hier daran, daß Kant ein Vertreter der Projektionsthese ist, wenn er die Meinung, daß Gegenstände der Natur selbst erhaben seien, als „Subreption" kritisiert, wobei die Achtung, die das Subjekt in seiner Idealität sich selbst zu zollen habe, nach außen auf die Natur geworfen werde. – Novalis ist hier Jean Paul näher, der in seiner Analyse des Erhabenen semiotisch und physiognomisch argumentiert und dabei die Funktion der Natur nicht ausblendet: „Den ungeheuren Sprung vom Sinnlichen als Zeichen ins Unsinnliche als Bezeichnetes – welchen die Pathognomik und Physiognomik jede Minute tun muß – vermittelt nur die Natur, aber keine Zwischen-Idee" (Jean Paul, „Vorschule der Ästhetik", S. 107).

metaphorischen Prozesses. Der Sprecher der besagten Passage bei Novalis, ein „schöner Jüngling" (I, 99), der das Sympathetische als Kern der Poesie bezeichnet, räumt an dieser Stelle seine Unwissenheit ein[27]. Er sucht noch danach, ob die Steinwelt mehr als „ein bewußtloser, nichtsbedeutender Mechanismus" (I, 100) ist. Die Stein-Statuen der klassischen Antike scheinen ihm von der Ästhetik des wechselseitigen Austauschs von Geist und Materie erfüllt. Das meint er durchaus anders, als es in der platonisch-aristotelischen Tradition gedacht wurde. Der Handwerker oder Künstler arbeitet nach der Idee der Form die „nichtsbedeutende" Materie um; die Form ist aktive Gestaltung, Objektivation der Idee in der Materie, einer Statue ebenso wie etwa eines Stuhls. Dabei gibt es nur eine Bewegungsrichtung: die Form prägt sich als aktive Kraft der passiven Materie ein. Im Novalis-Text hieße ein solcher Materie-Begriff, „die Natur zur einförmigen Maschine, ohne Vorzeit und Zukunft, erniedrigt haben" (I, 99). Damit aber wäre die Natur eben nicht Natur, denn sie hat eine Geschichte und ist eine aktive gestaltende Kraft. Mithin partizipiert sie an dem, was Form heißt oder Geist: eben das macht sie zum „Gegenbild der Menschheit", zur „unentbehrlichen Antwort" (I, 99). So wie der Mensch sich in der Natur ausdrückt – am vollendetsten vielleicht in dem Gegenbild seiner selbst in Marmor gehauen –, so wird der Mensch in der Begegnung mit der Natur zu dem, was er als Geist nicht ist: Strom, Pflanze, Stein, Felsen. Erneut Erinnerung an Empedokles; Rückgriff hinter den klassischen Idealismus der griechischen Philosophie auf die Vorsokratiker.

In unserer Textstelle wird das in dem großartigsten Halbsatz ausgedrückt, der jemals über die Rezeptionsästhetik formuliert wurde: die Steinstatue, angeschaut, „überzieht den sinnvollen Betrachter mit einer Steinrinde, die nach innen zu wachsen scheint". Die Frage ist hier, ob in der Rezeption die Bewegung des Selbstbewußtseins nicht auch ein Außersichgesetztwerden enthält, eine De-Subjektivierung, eine „exzentrische Bahn", die der Richtung des rezeptionsästhetischen Anthropozentrismus (bis hin zu Jauß und Iser) genau entgegenläuft. Dies wäre die Dialektik des metaphorisch-metamorphisierenden Prozesses.

Der Mensch drückt seine Idee im Stein aus, wodurch sein Selbstbewußtsein eine Gestalt findet, wie auch umgekehrt, in der Rezeption des Steins, dieser eine Gewalt über das Subjekt gewinnt: als versteinernde Kraft. Mit Novalis muß man sogar sagen, daß der Künstler die Idee des Menschenkörpers dem Stein nur

27) Die grundlegende Rolle des Sympathetischen für die Ästhetik des Schönen *und* des Erhabenen, ausgehend von den frühen, schwärmerischen *Sympathien* Wielands (1754) bis zur Frühromantik (d.h. in jenem halben Jahrhundert, in dem das Sympathetische aus der Philosophie vertrieben wurde), wartet noch auf eine Ausarbeitung.

aufprägen kann, weil er dem Steinernen verwandt ist. Dieser Verwandtschaft wird der Betrachter in der dezentrierenden, die Einheit des Selbstbewußtseins unterlaufenden Bewegung der nach innen wachsenden Steinrinde inne. Der Mensch objektiviert sich im Stein; der Stein subjektiviert sich im Menschen – das heißt zugleich: der Mensch oktroyiert dem Stein seine Subjektform; der Stein oktroyiert dem Menschen seine Objektform. Diese doppelsinnige Bewegung ist die Struktur der poetischen Metapher.

Der „schöne Jüngling" bringt den Metaphernprozeß zu Recht mit der Ästhetik des Erhabenen in Zusammenhang. Vielleicht sollte man sagen, daß er am Schönen (dem Kunstschönen der Marmorstatue) die erhabene Seite entdeckt. Die Pointe bei Kant bestand ja darin, das Erhabene in eine Erfahrung umzumünzen, bei welcher die mächtige Natur gegenüber dem intelligiblen Selbstbewußtsein auf nichts zusammenschnurrt, so daß die Achtung, die im Erhabenen geweckt wird, nicht der Natur, sondern dem überlegenen Selbst des Menschen gezollt wird. Das ist die – allerdings auch großartige – subjektzentristische Theorie des Erhabenen.

Bei Novalis nun dominiert gerade das am Erhabenen, was bei Kant überstiegen werden soll: die identitätsauflösende Macht des Anderen. Bei Kant teilt sich dies subjektiv als Angst mit. Bei Novalis heißt es Versteinerung. Wie hängt das miteinander zusammen? Angst ist die gehinderte Bewegung weg von der Quelle der Angst. Angst ist der Bann der Bewegung, also eine Starre, die nach innen umschlägt, die nach innen wachsende Steinrinde. Sie nimmt das Moment der Enge auf, die jeder Angst eignet. Der Spielraum der inneren Möglichkeiten wird in der Angst immer geringer, bis man im Extrem nichts als Angst ist, vollständig im Bann des Anderen. In der absoluten Angst vermag ich nicht einmal mehr zu zittern, sondern ich werde zu Stein. Das ist die Entseelung – in der die Angst sich in Fühllosigkeit aufhebt. Aus der Psychoanalyse ist dieser Angst-Abwehrmechanismus bekannt: er heißt De-Animation und ist aus dem Studium der psychotischen Starre oder des infantilen Autismus gut bekannt[28)].

Bei Novalis wird man nun sagen müssen, daß an der Grenze des ästhetischen Prozesses etwas Ähnliches herrscht. Das ist ein kühner, auf die moderne Ästhetik des Schreckens und des Schocks vorausweisender Gedanke. Er wird hier freilich als ein Moment der Naturphilosophie entwickelt und als strukturbildend für das Mensch-Natur-Verhältnis *und* für die ästhetische Erfahrung behauptet. Das Schöne ist das Glück, so scheint es. Es ist das Glück, sich dem Stein durch die Arbeit der Skulptur aufzuprägen – was den Jubel der Identifikation des Eigenen im Anderen weckt: die von Lacan beschriebene jubilatorische Identifikation des Größen-Selbst im Spiegel des Anderen. Doch ist diese Identifikation, als durch

28) Margaret S. Mahler, *Symbiose und Individuation*, Stuttgart 1972. Vgl. „Schmerzen versteinern etc." (Novalis I, 342).

spekuläre Mechanismen gebildet, auch eine Verkennung. Ich bin nicht, als was ich mir erscheine. Und so schlägt diese Erfahrung in ihr Gegenteil um: ich erscheine mir als das, was ich nicht bin – als Stein. Das jubilatorische Glück der Erhebung wird dem Schrecken, der Versteinerung komplementär. In ihr transfiguriert sich das Andere, in dem ich mich spiegele, nunmehr an die Stelle des Ichs. Subjektiv wird dies als Schrecken und Angst erlebt, die in ihren Extremen in der Entseelung sich wieder auflösen. Das ist der Punkt, an dem ich Stein, nichts als Stein zu sein scheine. Novalis nennt auch dies einen Schein – ebenso wie das jubilatorisch wiedererkannte Bild meiner Selbst im Anderen des toten Materials ein Schein ist. Wichtig aber ist, daß an dieser Grenze die Bewegung der Flucht, genauer: daß der auf der Stelle panisch vibrierende, weil gehinderte Fluchtimpuls der Angst zur Ruhe kommt. Das ist der Moment des Scheins, in dem eine andere Qualität des Erhabenen zur Entfaltung kommt: die Entdeckung nämlich des Steinernen in mir. Das Erhabene bei Novalis durchläuft wie bei Kant die Strecke der Angst, mündet aber nicht in der Abstoßung des intelligiblen Selbstbewußtseins von der Angst, sondern im Sich-Zeigen des Menschenfremdesten als Moment des Menschen selbst, als entseelte Materie. Stein ist das, was sich mir im Schein, daß ich nur dieses bin, als ein Moment des Anderen im Eigenen zeigt. Für diese Erfahrung muß es das Steinerne geben. Es ist nicht gleichgültig, was die Struktur des Erhabenen aufnimmt, wie bei Kant, wo sich im Erhabenen ohnehin nichts von der Natur mitteilt. Die Erfahrung jedoch, die Novalis beschreibt, ist die Mitteilung des Steinernen. Sie ist doppelsinnig, weil in ihr sowohl Natur als auch Subjekt zum physiognomischen Ausdruck kommen.

An diese Überlegungen zur Ästhetik des Steinernen schließen sich nun bei Novalis zwei ungeheuerliche Fragen an, ob nämlich die Natur beim Anblick Gottes oder bei der Ankunft des Menschen zu Stein geworden sein könnte. Beides wären Effekte des erhabenen Schreckens, Effekte einer ursprünglichen Überwältigung, die in einer Entseelung zur Ruhe kommt. Das hieße: die tote, steinerne Materie ist der physiognomische Ausdruck einer das Maß unserer Vorstellung überschreitenden Potenz. Zweierlei könnte dies bedeuten: gerade die toten Steine, nicht die lebendige Pflanzen- und Tierwelt, sind die Urschrift Gottes. Insofern wären die Steine das erhabenste Symbol der Göttlichkeit der Natur. Die Stein-Erde ist die göttliche Skulptur schlechthin: Gott-Artifex. Und zum anderen: die Natur wird vor Schrecken über den Menschen zum Stein. Das wäre nicht einfach negativ im Sinne eines bösen, zerstörerischen Menschen zu verstehen. Gerade der luziferische, gefallene Mensch ist auch der erhabene Mensch, der – zu Ende gedacht – in der absoluten Artifizierung der Natur seinen vollendeten Ausdruck findet. Immerhin erfaßt dies eine geschichtliche Tendenz der Technik. Es könnte damit gemeint sein, daß die letzte Vergeistigung der Natur auch ihr Tod ist. In diesem Gedanken liegt ein großartiger Schrecken.

In den *Lehrlingen zu Sais* findet er jedoch ein Widerlager in dem Konzept des „Urflüssigen“ (Novalis I, 104), das das Medium der Weltseele, der Poiesis und des Eros ist. Gegenüber der Ästhetik erhabener De-Animation bringt das „Urflüssige“ eine Dynamik der Beseelung, Verlebendigung, des Spiels von Verknüpfung und Verwandlung, von Erzeugung und Gebärung, Auflösung und Sympathie, kurz: das Spiel des Eros in die Natur. Stein-Reich und Wasser-Reich bilden so die Polarität der Natur und, als versteinernder Schrecken und erotisches Glück, auch die Pole der beseelten Lebewesen und die Pole der Kunst.

Dem Zug der Rückkehr ins Anorganische, ins leblos Steinerne entspricht dabei die „gewaltige Sehnsucht nach dem Zerfließen“ (Novalis I, 104). Man glaubt, einer frühen Fassung der Freudschen Polarität von Thanatos und Eros zu begegnen, oder umgekehrt: Es ist nicht unwahrscheinlich, daß die Freudsche Theorie des Todes- und des Lebenstriebes ein von Freud nicht bemerktes romantisches Erbe ist. Vermutlich hätte er, wenn er den sogenannten „ozeanischen Gefühlen“ gegenüber aufgeschlossener gewesen wäre und wenn er seiner eigenen Faszination durch die Erhabenheit der steinernen Ruinen nachgegangen wäre, genauer gesehen, daß er damit auf die archaische Wurzel des Gegensatzes von De-Animation und Vitalisierung, von Versteinerung und Verflüssigung als den ursprünglichen Mechanismen des primären Narzißmus gestoßen wäre. Damit hätte er auch ein Stück Verstehensarbeit an zwei Weisen des Erhabenen leisten können, denen Kant durch seine subjektzentristische Fassung des Begriffs entgangen zu sein glaubte: dem Steinernen und dem Meerischen. Ihnen ist aber nicht zu entkommen.

Zur frühromantischen Selbstaufhebung des Erhabenen im Schönen

Dietrich Mathy

$$\text{Das poetische Ideal} = \sqrt[\frac{1}{0}]{\frac{\text{FSM}}{0}}^{\left(\frac{1}{0}\right)} = \text{Gott.}$$

Friedrich Schlegel

Daß die romantische Ästhetik in ihrer frühen, theoretischen Version keine qualitative Differenz zwischen Schönem und Erhabenem kennt, ist oft genug betont worden. Seltener hingegen finden sich die Gründe hierfür zusammengetragen. Nun mag es müßig scheinen, der vorwiegend unspezifischen Bedeutung eines eher marginal verwendeten Begriffs nachzuspüren in Kontexten, die ihn dem Nivellement eines verabsolutierten Schönheitsbegriffs aussetzen. Gleichwohl steht mehr auf dem Spiel. Wenn Jean-François Lyotard unlängst eine Reaktualisierung des Erhabenheitsbegriffs eingeleitet hat, indem er den Namen des Erhabenen bei Burke und Kant aufgreift, um ihn bruchlos über Romantik und Moderne hinaus auch für die Avantgarde zu reklamieren, so diskutiert sein Verfahren merkwürdig über diese romantische Indifferenz hinweg[1)]. Obschon Lyotards These zuzustimmen ist, Kants Reflexion auf das Erhabene sei Ausdruck jener Krise des Geschmacks und in eins damit des Schönen, welche die Moderne auf den Weg brachte, so darf doch der Bruch nicht übersehen werden, der die Romantik bei allem, was sie Kant verdankt, von diesem auch trennt.

Indem Kant Schönes und Erhabenes einander entgegensetzt, vermag er auf der Basis einer analogischen Beziehung beider die ästhetischen Ideen als Symbole der Sittlichkeit zu etablieren und dergestalt die Transformation der Geschmacksästhetik in eine Genieästhetik einzuleiten. Demgegenüber hat der Theoretiker der Frühromantik, der junge Friedrich Schlegel, auf den der Blick hier gerichtet werden soll, die Aufhebung der qualitativen Differenz von Schönem und Erhabenem begrifflich forciert und im Anschluß an und zugleich gegen Kant das

1) Vgl. Jean-François Lyotard, „Das Erhabene und die Avantgarde", in: *Merkur* Jg. 38, Nr. 424 (1984), H. 2, S. 153, 158, 160; vgl. ders., „Grundlagenkrise", in: *Neue Hefte für Philosophie* (1986), H. 26, S. 26.

Erhabene als geschichtliches Konstituens von Kunst in eine Ästhetik integriert, welche, inversiv die dialektische Spannung von Kunst und Natur in sich aufnehmend, Kunst als Erkenntnisform sui generis ernst nimmt. Indem Kant Schönes und Erhabenes, Kunst und Natur trennt, initiiert er jene Beziehung, die Schlegel in seiner Gleichsetzung von Schönem und Erhabenem, von Kunst und Natur um einer kritischen Ästhetik willen vollzieht, die sich der Frage nach der Stellung der Menschen in der Welt nicht begebe. Kants dritte *Kritik*, die wider den ästhetischen Hedonismus die Theorie des Erhabenen als Anhang zur ästhetischen Beurteilung der Zweckmäßigkeit der Natur konzipiert – wobei der Terminus Anhang, zwischen systematischer Ausgrenzung und Eingrenzung schwankend, dilemmatisch die Notwendigkeit der Trennung von Kunst und Natur als Bedingung ihrer möglichen Analogie ausdrückt –, reserviert die Erfahrung des Erhabenen ausschließlich Gegenständen der Natur und schließt sie von der Kunstbetrachtung aus. Getreu der fragwürdigen Einsicht, nichts Sinnliches könne erhaben genannt werden, antizipiert Kants Theorie des Erhabenen an der Natur jene Vergeistigung, die erst durch die Kunst eingelöst wird. Daß das Erhabene nur der Natur zukomme, nicht der Kunst, markiert genau die historische Grenze der Ästhetik Kants, die Schlegel überschreiten sollte. Die im Begriff der Transzendentalpoesie und im Konzept der Ironie fundierte ästhetische Revolution zielt auf Werke, die – Signum aller Moderne – in ihrer Revolte gegen verdinglichtes Bewußtsein sich der Kommunikation des Nichtkommunizierbaren dergestalt verschreiben, daß sich ästhetischer Schein unter dem Druck ihres Wahrheitsgehalts so transzendiere, wie es Kant analog dazu in seiner Theorie des Erhabenen für das empirische Subjekt vorschwebte: als Triumph des Intelligiblen innerhalb der Grenzen des kontingenten Einzelwesens über diese. Allerdings wird – und darauf hat Theodor W. Adorno im Rahmen seiner durch Hegel hindurch vollzogenen Rehabilitierung des Kantischen Naturschönen an entscheidender Stelle hingewiesen – die Bestimmung des Erhabenen durch ihre Transplantation in die Kunst über sich hinausgetrieben: Meldet sich in der Kantischen Erfahrung des Erhabenen, welche die Emanzipation des Geistes von seiner empirischen Ohnmacht der Natur gegenüber meinte, bereits eine Emanzipation der Natur vom Geist an, weil jene diesen anstieß, so erfolgt solch dialektischer Umschlag als geistige Resurrektion der Natur dann explizit in einer Kunst der Moderne, deren Werke sich in das Moment des Erhabenen zusammenziehen, wobei aber durch den Anspruch der ästhetischen Gebilde auf Wahrheit das Erhabene selber in Latenz fällt[2]. „Die Aszendenz des Erhabenen ist eins mit der Nötigung der Kunst, die tragenden Widersprüche nicht zu überspielen, sondern sie in sich auszukämpfen; Versöhnung ist ihnen

2) Vgl. Theodor W. Adorno, *Ästhetische Theorie. Gesammelte Schriften Bd. 7,* Frankfurt/M. 1970, S. 293.

nicht das Resultat des Konflikts; einzig noch, daß er Sprache findet. Damit wird aber das Erhabene latent. Kunst, die auf einen Wahrheitsgehalt drängt, in den das Ungeschlichtete der Widersprüche fällt, ist nicht jener Positivität der Negation mächtig, welche den traditionellen Begriff des Erhabenen als eines gegenwärtig Unendlichen beseelte."[3] Mit der Integration des Erhabenen in die bürgerliche Kunst, die dadurch zu sich selbst kam, war der Kategorie, ihrer immanenten Dynamik wegen, die Tendenz auf die eigene Negation hin eingeschrieben. Der Niedergang des Spielbegriffs, unweigerliche Folge jener Integration, korrespondiert zugleich dem mit Hegel einsetzenden Verfall des Erhabenen als einer aktuellen ästhetischen Kategorie, der dann in den breit angelegten Konzeptionen eines Negativ-Erhabenen, des Lächerlichen und Komischen, von Vischer bis Volkelt unfreiwillig ratifiziert wird. Die Bestimmung des Erhabenen, die aufgrund ihrer Integration in die Kunst keiner Positivität mehr fähig ist, zieht sich gleichsam in sich zusammen und schafft jenen Raum scheinloser Negativität, in dem das Nichtidentische seine Zuflucht nimmt.

Adornos These von der Latenz des Erhabenen im Augenblick seiner Einholung in die Kunst bezeichnet genau jene geschichtliche Phase, in welcher der erste Theoretiker der ästhetischen Moderne, der durch die Kritik der Moderne hindurch zu ihrem Apologeten gewordene Friedrich Schlegel, die Abkehr von der psychologisierenden Wirkungsästhetik hin zu einer historisch fundierten, kritisch ausgerichteten philosophischen Ästhetik vollzog. Die Bestimmung des Erhabenen bildet hierbei das präzise Indiz für das Umschlagen einer geschichtsfremden Wirkungsästhetik in eine historisch-spekulative Realästhetik, die Umwälzung von Psychologie in Philosophie. Solange, wie bei Kant, das Gefühl des Erhabenen oder, wie bei Schiller, die Wirkung des Erhabenen für das Reflexionsinteresse zentral waren, solange konnten die Begriffe des Schönen und des Erhabenen einander nur entgegengesetzt werden: Das Erhabene konnte einzig als Gegenbegriff des Schönen fungieren, weil seine immanente Unangemessenheit, die Gegensatzstimmung, die sein Inhalt aufweist, mit der Harmonie des Schönen unvereinbar erscheinen mußte[4]. Erst mit der Frühromantik, die ihren Begriff von Kunst und Poesie in der spekulativen Einheit von Endlichem und Unendlichem, Realität und Idealität, von Objektivität und Subjektivität, Sinnlichem und Übersinnlichem, Natur und Geist fundiert, wird das schon von Kant gesehene Wesen des Erhabenen – die Diskrepanz zwischen dem Endlichen und dem Unendlichen – in die Dialektik des Schönen versenkt, eine Tendenz, die dann in Hegels Bestimmung des Schönen als des sinnlichen Scheinens der Idee kulminiert. Indem das Schöne auf

3) *Ebd.*, S. 294.

4) Vgl. Peter Szondi, *Poetik und Geschichtsphilosophie I*, Frankfurt/M. 1974 (Stud. Ausg. d. Vorl., Bd. 2), S. 242 u. 387.

seinen Begriff der dialektischen Einheit von Idee und sinnlicher Gestalt drängt, eröffnet sich die Möglichkeit, den Begriff des Erhabenen nicht mehr nur als einen dem Schönen äußerlichen Gegenbegriff zu fassen, sondern ihn in die immanente Gegensätzlichkeit des Schönen hineinzunehmen und als dessen Negativität zu bestimmen.

Nun findet sich allerdings auch bei Schlegel eine Erörterung zum Gefühl des Erhabenen und dessen Agenten, dem Enthusiasmus, doch gehört diese Passage in den Kontext seiner Jenaer Vorlesungen zur Transzendentalphilosophie von 1800/01, die sich mit Blick auf die von der Frühromantik emphatisch proklamierte transzendentale Gesundheit um einen Poesiebegriff kristallisieren, der im Sinne einer geschichtlichen Selbstaufhebung der Philosophie in einer Kunst symbolischer Objektivität der Ideen jene ästhetische Integrationseinheit versprach, die im Bilde eines potentiellen und produktiven Chaos zusammenschoß[5]. Die Idee zu diesem Entwurf eines am Begriff des Unendlichen orientierten Erhabenen, das als Darstellung des Konflikts zwischen dem Unendlichen und dem Endlichen im Endlichen qua Poesie figuriert, hat Schlegel in einem gleichzeitig entstandenen Fragment festgehalten: „Das Gefühl des Erhabenen muß notwendig entstehn für jeden der recht abstrahirt hat. Wer einmal das Unendliche recht gedacht hat, der kann nie wieder das Endliche denken. – Die Realität liegt in der Indifferenz."[6] Und wenn Schlegel in seinen 1804/05 gehaltenen Kölner Vorlesungen zur Entwicklung der Philosophie einmal unter eher psychologisierendem Aspekt das Gefühl des Erhabenen als „exzentrisches Gefühl" dem des Schönen als „organisches" kontrastiert, so ist diese einzige Ausnahme eben solchem Zusammenhang verpflichtet[7]. Sämtliche übrigen Äußerungen Schlegels zum Erhabenen im Rahmen des hier problematisierten Zeitraums zwischen 1795 und etwa 1806 sind an solcherlei psychologisierender Entgegensetzung von Schönem und Erhabenem wenig interessiert und ventilieren den Erhabenheitsbegriff als ein in der Dialektik des Schönen aufgehobenes Moment.

Zur Invasion des Erhabenen in die Kunst trug ursächlich schon der Naturbegriff der Aufklärung bei, der gegen Ende des 18. Jahrhunderts gesamteuropäisch die Natur aus dem Vorurteil eines bloß Unsublimen, Elementarischen und Rohen entließ. Zeugnis davon liefert vor allem Kants nachhaltige Konzeption des Dynamisch-Erhabenen, an die Schlegel, wie marginal auch immer, im

5) Vgl. Friedrich Schlegel, *Philosophische Vorlesungen I* (= *PhV I*). *Kritische Ausgabe* (= *KA*) Bd. XII. Hrsg. v. Ernst Behler, München 1964, S. 6ff. Zum romantischen Verständnis von Chaos vgl. Dietrich Mathy, *Poesie und Chaos. Zur anarchistischen Komponente der frühromantischen Ästhetik*, München 1984.

6) Friedrich Schlegel, *Philosophische Lehrjahre I* (= *PhL I*). *KA* Bd. XVIII, München 1963, S. 415 (1133).

7) Vgl. *PhV I*, S. 384.

245. Fragment des III. Teils der zwischen 1796 und 1806 verfaßten *Philosophischen Lehrjahre* gedacht haben mag: „Alles was man im Leben schön nennt, ist mehr reizend, die Natur hingegen erhaben."[8] Wie relativierend klingt hier bereits dieses „*mehr*" vor dem Hintergrund der vordem schon vom vorkritischen Kant bezogenen Position, nach der die Differenz von Schönem und Erhabenem sich in der von Reiz und Rührung ausspricht. Und wenn das 263. Fragment des IV. Teils desselben Konvoluts formuliert, „Der Mann ist erhabner das Weib reizender", um nach solcher Variierung eines anthropologischen Gemeinplatzes der Zeit lapidar fortzufahren, „beide gleich schön; verdienen beide den Preiß"[9], so sind in dieser, den Naturbegriff für uns kaum mehr denn anekdotisch berührenden Sentenz die Qualitäten erhaben und schön umstandslos auf der gleichen logischen Ebene angesiedelt und zugleich ihrer qualitativen Indifferenz überantwortet. Solche Relativierung, ja Parallelisierung des Schönen und Erhabenen prägt sämtliche Phasen der auf die Poesie im Sinne eines Reflexionsmediums gerichteten ästhetischen Spekulation Schlegels. Am prägnantesten belegt dies vielleicht das 108. Athenaeum-Fragment: „Schön ist, was zugleich reizend und erhaben ist."[10] Von gleicher Intention zeugen bereits jene berühmte Passage aus dem Studium-Aufsatz, welche die moderne Poesie als ein Chaos alles Erhabenen, Schönen und Reizenden apostrophiert, sowie eine Anzahl von Wendungen, in denen die Prädikate schön und erhaben in einem Atemzug genannt, gleichsam siamesisch, einer tendenziellen Synonymie zutreiben[11]. Stets visiert Schlegel die begriffliche Integration des Erhabenen ins Medium des Schönen an: „Erhaben und Reizend sind die Pole der Poesie. Schön die Mitte und der magnetische Kreisstrom (Ocean) die alles umgiebt. – Der Poet geht immer aufs Erhabne oder Reizende; nur der Mensch aufs Schöne."[12] Die Erfahrung des Erhabenen bildet jenes Kraftfeld, das die poetische Welt im Schönen um das Schöne als ihrer eigentlichen Mitte kreisen läßt.

Wenn Schlegel in seiner Betrachtung zur gotischen Architektur ausführt: „Für mich sind nur die Gegenden schön, welche man gewöhnlich rauh und wild nennt; denn nur diese sind erhaben, nur erhabene Gegenden können schön sein"[13], so verweist dies über die vollzogene synonymische Stabilisierung des Schönen und Erhabenen hinaus auf Schlegels unablässig vorangetriebenes Programm einer Erweiterung des Schönheitsbegriffs. Im fünften Abschnitt des Studium-

8) *PhL I,* S. 143.
9) *Ebd.*, S. 216; vgl. 401 (974).
10) Friedrich Schlegel, *Kritische Schriften* (= *KS*). Hrsg. v. Wolfdietrich Rasch, München ²1964, S. 38.
11) Vgl. *ebd.*, S. 127; vgl. S. 176, 195, 202f.
12) *PhL I*, S. 220 (309); vgl. S. 284 (1056), 287 (1086); vgl. *PhL II. KA* Bd. XIX, München 1971, S. 89f. (70).
13) *KS*, S. 572.

Aufsatzes fungiert die „Erhabne Schönheit"[14] als eine noch das Häßliche umfassende Totalität, in der die Annahme eines häßlich Erhabenen als Täuschung entlarvt und vernichtet ist. Beide Bestimmungen, das Erhabene und das Häßliche, werden in die Dialektik des Schönen versenkt. Doch während das Häßliche, seiner äußerlichen Antithetik beraubt, einer gewissen Positivierung zugeführt wird im Rahmen einer Kunst, die kraft ästhetischen Scheins dem Häßlichen durch dessen physische Ferne hindurch eine innerliche Nähe gestattet, avanciert die Erfahrung des Erhabenen, aufgrund ihrer inneren Spannung von Idee und Wirklichkeit, von Unendlichkeit und Endlichkeit, zu jener immanenten Negativität des Schönen selbst, welche die Kunst der Moderne in ihrem Erkenntnisanspruch befestigt. Das Erhabene als das eigentlich Schöne im Schönen wahrnehmen! So könnte Schlegels kategorischer Optativ in ästhetischer Absicht lauten.

Die Integration des Erhabenen ins Schöne, die in der Relativierung und Assimilierung beider Bestimmungen sowie in der Erweiterung des Schönheitsbegriffs registriert ist, wird weiterhin dadurch gefördert, daß Schlegel die schon von Kant gesehene symbolische Affinität von Sittlichkeit und ästhetischen Ideen über ihre symbolische Funktion hinaustreibt, indem er den Begriff des Schönen mit dem einer praktisch verstandenen Moralität koppelt. Der Studium-Aufsatz führt in seinem vierten Abschnitt dazu aus: „Das Schöne im weitesten Sinne (in welchem es das Erhabne, das Schöne im engern Sinne und das Reizende umfaßt) ist die angenehme Erscheinung des Guten."[15] Solch praktische Intention wird gerade auch da deutlich, wo Schlegel in seinen Rezensionen zu Schleiermacher und Jacobi und in seinen Arbeiten zu Forster und Lessing an signifikanter Stelle mit Wendungen wie „moralische" oder „sittliche Erhabenheit" operiert[16], was einmal mehr Schlegels Einsicht in die integrative Kraft des Erhabenen belegt, auf die er seinen Begriff einer progressiven Universalpoesie selbst da verpflichtet, wo die unangenehme Erscheinung des Schlechten – das Häßliche – ästhetisch thematisiert und zunehmend kunstfähig wird.

Wie das Erhabene kraft seiner inhärenten Widerspruchsspannung in die Dialektik des Schönen eindringt, läßt sich auch am Begriff des Enthusiasmus hervorragend beobachten, den Schlegel im Rahmen seiner platonisierenden Tendenzen reaktiviert. Der Enthusiasmus, nach Kant die Idee des Guten mit Affekt, wird zum Agenten einer Poesie, die innerhalb ihres erweiterten Begriffs vom Schönen das sich in sich zurückziehende Erhabene als dessen zentrales Agens birgt. Das gelingt jedoch nur, weil Schlegel weniger auf die empirischpsychologische Dimension des Enthusiasmus reflektiert, sondern am spekula-

14) Vgl. *ebd.*, S. 195.
15) *Ebd.*, S. 176.
16) Vgl. *ebd.*, S. 255, 280, 327, 353.

tiv-philosophischen Gehalt des Begriffs festhält. Das 1846. Fragment der *Literary Notebooks* lautet: „Zu dem alten Enthusiasmus muß die Poesie wieder auf dem Wege des großen Witzes gelangen und durch die Wuth der Physik. Das einzige Princip der Poesie ist der Enthusiasmus.“[17] Und wenn Schlegel nach diesem Fragment, das eine seiner Disputationsthesen – „Enthusiasmus est principium artis et scientiae“ – variiert, drei Eintragungen weiter notiert: „Enthusiasmus ist erhaben, Harmonie ist schön; reizend ist nichts als Zugabe und Abart“[18], so hat er die Gleichung von Enthusiasmus und Erhabenheit vollzogen. Ihre Entsprechung findet diese Verbindung in der Identifikation von Enthusiasmus und Genialität, von Idealismus und Realismus, philosophischer Theorie und poetischer Praxis, die sich seit 1796 wie ein roter Faden durch jene Flut Schlegelscher Fragmente zieht, die den Begriff des Schönen als im Spannungsfeld von Reflexion und Phantasie sich konkretisierende Integrationseinheit von Enthusiasmus, Harmonie und Genialität zu präzisieren trachten: „Idealismus und Realismus als Kräfte nicht als Denkarten, also praktischer Idealismus und Realismus identisch mit Enthusiasmus und Genialität.“ – „Kunst ist das Vermögen der Form. Wissenschaft ist das Vermögen des Stoffs; das sind die Vermögen die zur absoluten Philosophie gehören. Enthusiasmus ist das Vermögen der Theorie, Genialität das Vermögen der Praxis. Der Idealismus und Realismus ist in beiden verbunden und nicht getrennt. Der Enthusiasmus interessirt sich für die Realität seines Objekts, und ohne idealische Erzeugnisse verdient ein Genie nicht seinen Nahmen.“[19]

17) Friedrich Schlegel, *Literary Notebooks* (= *LN*). Hrsg. v. Hans Eichner, London 1957, S. 183.

18) *Ebd.*, S. 184 (1849); vgl. *ebd.*, Comm., S. 284 (1846).

19) „Enthusiasmus ist epidemisches Genie“. – „Enthusiasmus der poetische Zustand. Wer nur Repräsentant ist, der hat nur Talent. Alles Genie ist universell oder total.“ – „Um die Erinnerung des Unendlichen zu wecken ist die enthusiastische Form die einzige zweckmäßige.“ – „Die Einheit der Vernunft ist nicht aus ihr selbst abzuleiten, sondern nur aus Erinnerung; also ist die Vernunft nicht QUELLE. Einheit ist ihr einziger Grundbegriff – übrigens ist sie bloße Bestimmbarkeit – Verbindungsthätigkeit. Eine solche Einheit ist Begeisterung, Eingebung, Enthusiasmus, Genie. – Auch Anschauung ist keine Quelle der Erkenntniß; denn in der intellektualen Anschauung der unendlichen Fülle – (der Schönheit) ist es eigentlich ursprüngliche Einbildung die in die Anschauung übertragen wird.“ – „Die Philosophie ist der Anfang der Geschichte (wie Poesie die Vollendung) soll sie daher etwas reelles sein, so muß ihr innerstes Wesen im Enthusiasmus bestehn. Sie müßte ganz und durchaus enthusiastisch sein (von den drei Formen, der systematischen, der rhetorischen, der dialektischen wäre also die rhetorische die wichtigste.) – Sie hat auch trotz ihrer Unvollkommenheit bis jetzt doch noch immer mehr Enthusiasmus erzeugt als die Poesie.“ *PhL I,* S. 104 (894), 106, (924), 158 (417), 340 (219), 453 (830); *PhL II,* S. 57 (162), 92 (96); vgl. *PhL I,* S. 454 (241), 463 (314), 488 (170).

Schlegels Rede vom Enthusiasmus, die in der Abkehr von Fichte und gegen Schelling eine eigene Version von Real-Idealismus oder Ideal-Realismus intendiert und darüber hinaus zugleich den Ausgang ästhetischer Subjektivität aus jener Unmündigkeit vorbereitet, von der Kants interesseloses Wohlgefallen noch zeugt, kulminiert zweifellos in jener vielzitierten Passage der Mythologie-Rede aus dem Poesie-Gespräch, in der Schlegel – mit Blick auf die beiden poetischen Idealgestalten Cervantes und Shakespeare – die romantische Poesie in der für ihn typischen, ambivalent kontrastierenden Weise eine „künstlich geordnete Verwirrung" nennt, deren Witz, die „reizende Symmetrie von Widersprüchen" und der „wunderbare ewige Wechsel von Enthusiasmus und Ironie" bereits eine „indirekte Mythologie" bilde[20].

Ist in diesen zuletzt zitierten Passagen, die Schlegels Begriff des Enthusiasmus thematisieren, auch nirgends explizit vom Erhabenen die Rede, so ist dessen Spur doch allenthalben impliziert, weil das im Enthusiasmus freiwerdende Interesse aus dem im Schönen geborgenen Erhabenen seine Kraft bezieht. So vollzieht Schlegels Einheit von Schönem und Erhabenem durch Kant hindurch eine Rehabilitierung des Zentralmotivs der Platonischen Ideenlehre. Eine späte Probe hierauf liefert noch Schlegel selbst, wenn er 1820, zwölf Jahre nach seiner Konversion, in seiner Huldigung Lamartines den Wahrheitsgehalt der Poesie an jene Immanenz des Erhabenen bindet, mittels deren die begeistert sich aufschwingende Seele an ihrer Emphase der Transzendierung ihrer selbst inne wird[21].

Hervorragendes Indiz aber für die hier problematisierte Transplantation des Erhabenheitsprinzips in die Kunst ist schließlich die Anbindung der romantischen Poesie an den Begriff des Unendlichen, jene genuin romantische Leistung, die das Resultat der durch Schlegel vollzogenen Gleichung von Enthusiasmus und Erhabenheit war; beide Bestimmungen haben aufgrund der ihnen je eigenen inneren Gegensatzspannung eine so hochgradige Affinität zum Bewußtsein eines Unendlichen, daß Schlegel den Grundcharakter des Erhabenen allenthalben als die lebendige und damit organische Erscheinung des Unendlichen apostrophieren kann. Darin drückt sich seine Überzeugung aus, daß allein der modernen Transzendentalpoesie die Andeutung jenes Unendlichen gelinge, das im Programmfragment der Frühromantik, dem 116. Athenaeum-Fragment, als das zentrale Moment aller Progression und Universalität bezeichnet ist.

Bereits im fünften Abschnitt des Studium-Aufsatzes ist zu lesen: „Der Gegensatz reicher Fülle ist Leerheit; Monotonie, Einförmigkeit, Geistlosigkeit. Der Harmonie steht Mißverhältnis und Streit gegenüber. Dürftige Verwirrung ist also dem eigentlichen Schönen im engern Sinne entgegengesetzt. Das Schöne im

20) *KS*, S. 501.
21) Vgl. *ebd.*, S. 641.

engern Sinne ist die Erscheinung einer endlichen Mannigfaltigkeit in einer bedingten Einheit. Das Erhabne hingegen ist die Erscheinung des Unendlichen; unendlicher Fülle oder unendlicher Harmonie. Es hat also einen doppelten Gegensatz: unendlichen Mangel und unendliche Disharmonie.“[22] Weniger systematisch, doch kaum weniger kategorisch heißt es gegen Ende der Rezension von Jacobis *Woldemar*: „Das Streben nach dem Unendlichen sei die herrschende Triebfeder in einer gesunden, tätigen Seele: eine Reihe großer Handlungen wird das Resultat sein. Gebt ihr noch ein ebenso mächtiges Streben nach Harmonie, und das Vermögen dazu: so wird das Gute und das Schöne sich mit dem Großen und Erhabnen zu einem vollständigen Ganzen vermählen.“[23] Was hier – Programmpunkt aller nachfolgenden Avantgardebewegungen – als Ineinssetzung von Kunst und Leben avisiert ist, beruht auf der ästhetischen Integration der Erhabenheitsfunktion selbst, wonach der Wahrheitsgehalt der Kunst wesentlich in die Transzendierung ästhetischen Scheins kraft der ihm innewohnenden Tendenz zur eigenen Negation gesetzt wird. Der zu Beginn der *Transzendentalphilosophischen Vorlesungen* vollzogenen Identifikation der Erfahrung des Erhabenen mit dem Bewußtsein des Unendlichen präludiert gleichsam die 483. Aufzeichnung des IV. Teils der *Philosophischen Fragmente:* „Betrug ist eine Versetzung von Wahr und Falsch, Täuschung nur eine Vermischung. Im Schein vielleicht beides. Schönheit ist Styl des Universums, Reiz ist Illusion Colorit; Erhaben ist was unendlich tönt. Schmuck ist wohl zugleich Spiel und Schein. Alle ächten Spiele sind mystisch, musikalisch oder gymnastisch. Die ersten müssen allegorisch sein.“[24] Daß Erhabenes unendlich töne, ist der poetische Ausdruck solcher Transzendierung. So lapidar wie eindeutig lautet das 772. Fragment der *Literary Notebooks:* „Transcendental hat Affinität mit Erhaben – Abstract mit dem strengen Schönen; Empirisch mit dem Reizenden.“[25] Das Erhabene wird so im Namen dessen, was nicht aufgeht, Refugium des Überschießenden, Nichtidentischen: „Das Erhabne ist nicht sich selbst vollendet, aber sein Zweck ist unendlich.“[26] In der Diktion des Dorothea gewidmeten Traktats über die Philosophie wird das wie folgt zusammengefaßt: „Unvollendung gibt dem Erhabenen für mich einen neuen höhern Reiz. Seine Würde erscheint mir dadurch unmittelbarer, reiner. Es ist, als ob es seiner ursprünglichen Majestät treuer bliebe, wenn es die Fülle und den Schmuck der ausbildenden Natur wie aus heiligem Stolze verschmäht. Und so wie die Physiognomien die interessantesten für mich sind, die so aussehen, als

22) *Ebd.*, S. 194f.
23) *Ebd.*, S. 280; vgl. *ebd.*, S. 327.
24) *PhL I*, S. 233.
25) *LN*, S. 90.
26) *PhL I*, S. 216 (261).

hätte die Natur in ihnen ein großes Dessin angelegt, ohne sich Zeit zu lassen, den kühnen Gedanken auszuführen, so geht mir's auch mit den Menschen. Göttlichkeit mit Härte verbunden ist mir das Heiligste, und keine Empfindung, keine Ansicht, wurzelt tiefer oder enger in mir als diese."[27] Mit der Konvergenz des Schönen und Erhabenen im Bewußtsein der Kluft des Endlichen und des Unendlichen wird das Erhabene zu einer Größe, die nur mehr wesentlich auf sich verweist: das Erhabene wird nur offenbar, indem es sich entzieht.

Damit sind die wesentlichen Formen beschrieben, wie Friedrich Schlegel die Integration des Erhabenen in die Kunst vorgenommen hat. Im folgenden werden die einzelnen Motive freigelegt und historisch eingeordnet, die zu den verschiedenen Schichten der Ineinsbildung von Schönem und Erhabenem führen.

In Schlegels Reflexion über das Erhabene kommt eine Kategorie ästhetisch zu sich selbst, deren innere Dynamik in der Geschichte ihrer theoretischen Objektivationen beispiellosen Ausdruck findet. Die hervorragenden Dokumente dieses Prozesses bilden 1. die lange dem Longin zugeschriebene Schrift *Peri Hypsous* aus dem ersten nachchristlichen Jahrhundert; 2. die Herausgabe dieser Abhandlung durch den Theoretiker der französischen Klassik, Boileau, im Rahmen seiner *Réflexions sur Longin* von 1693; 3. Burkes *Essay on the Sublime and Beautiful* aus dem Jahr 1756; 4. dessen Rezeption in Kants 1764 verfaßten *Beobachtungen über das Gefühl des Schönen und Erhabenen* sowie innerhalb der *Kritik der Urteilskraft* von 1790; 5. im Anschluß daran Schillers Untersuchungen *Über den Grund des Vergnügens an tragischen Gegenständen* von 1791, *Vom Erhabenen/Über das Pathetische* von 1793 und *Über das Erhabene,* 1802 publiziert[28]. Die auch im *Grimmschen Wörterbuch* verzeichnete Karriere des Begriffs ist zudem gefördert worden durch die entsprechenden Schriften oder der ästhetischen Theorie jeweils gewidmeten Systemteile Mendelssohns, Herders, Sulzers, Schellings, Jean Pauls, Solgers und Schopenhauers. Diese Entwicklung findet mit Hegel ein vorläufiges Ende, um in den nachfolgenden Versuchen Vischers und Volkelts – aufgrund des in der Romantik verzeichneten qualitativen Umschlagens – einer positiven Sistierung der Negativität des Erhabenen sich zu widersetzen.

Die altgriechische Entsprechung des Erhabenen, das Hypsos, meint ursprünglich die auf ihre Katharsis zutreibende Erhöhung der pathetisch sich aufschwingenden Seele. Während Aristophanes das Hypsos als rhetorisch hohle Form entlarven will, sucht Platon es in seiner alten Bedeutung des Seelenaufschwungs

27) *Athenaeum I.* Hrsg. v. Curt Grützmacher, Hamburg 1969, S. 236.
28) Eine gute Übersicht über die Entfaltung des Begriffs, allerdings unter Aussparung Schlegels, liefert: *Historisches Wörterbuch der Philosophie.* Hrsg. v. Joachim Ritter, Basel 1972, Bd, 2, Sp. 624ff.

für die Philosophie zu bewahren, indem er das Hypsos im Zuge seiner geschichtlichen Überwindung des Mythos konsequent dem philosophischen Enthusiasmus unterwirft. Hieran sollte Schlegel später anknüpfen, allerdings mit dem signifikanten Unterschied, daß bei ihm die Dignität der Poesie jene der Philosophie überbieten wollte. Der Schlegelsche Poesiebegriff, der in der Poetisierung sämtlicher Lebensverhältnisse kraft Vereinigung von Natur und Geist, von Endlichem und Unendlichem gründet, überantwortet das Differenzbewußtsein von Endlichem und Unendlichem der romantischen Ironie, die an der in die Ästhetik eingeholten Funktion des Erhabenen ihr innerstes Kraftzentrum entdeckt, wobei das Programm einer ‚Neuen Mythologie' den Übergang der Philosophie in Poesie und Kunst realisieren soll. Während in nachplatonischer Zeit die Stoa das an die Ataraxie abgetretene Hypsos als moralische Qualität deutet, repräsentiert die von Pseudo-Longin bezogene Haltung den vorerst letzten Versuch, am tradierten Sinn des Hypsos im Rahmen einer Dichtung festzuhalten, die sich – fern jedes ornamentalen Impulses – dem Erhabenen als Medium der Seelenerhebung öffnet. War für Platon eine restriktiv verstandene Dichtung allenfalls unter dem Primat der Philosophie fähig, sich dem Göttlichen von fern zu nähern, kehrt Pseudo-Longin dieses Verhältnis insofern um, als ihm zufolge das Hypsos vom authentisch dichterischen Enthusiasmus abhängt. Obschon Schlegel kein sonderliches Interesse an einer poetologischen Erörterung des Erhabenen zeigt, weil er dessen spekulative Dimension im Blick hat, ist solcherlei Tendenz auch bei ihm zu beobachten. Freilich ist Schlegels Poesiebegriff vermittels neuplatonischer und mystischer Elemente, sowie solchen Hamannscher und Herderscher Prägung, einem dionysisch-dynamischen Prinzip verpflichtet und durch einen idealistischen Universalismus und Enzyklopädismus charakterisiert.

Zu Beginn seiner neueren Geschichte in Frankreich wird das Erhabene (le sublime) dem Schönen noch nicht kontrastiert. Nur für Dubos etwa rangiert das Erhabene im Sinne des Pathetischen über dem Schönen. Die Entgegensetzung des Schönen und Erhabenen wird in England durch Addison vollzogen, der das Erhabene (the sublime) mit dem agreable horreur in Verbindung bringt, sowie durch die Theoretiker im Umkreis der intuitionistischen Ästhetik Shaftesburys. Die Verknüpfung des Erhabenen mit der Vorstellung des Unendlichen geschieht durch Burke, der die Regung bei der Betrachtung des Erhabenen als „delight" von der des Schönen als „pleasure" unterscheidet. Im deutschen Sprachraum tritt das Erhabene zunächst als literarisches Motiv bei Haller in Erscheinung, während seine theoretische Behandlung durch Baumgarten und selbst noch Winckelmann dem Einfluß Pseudo-Longins und der französischen Ästhetik verhaftet bleibt. Einen ersten wichtigen Schritt in Richtung auf eine moderne Theorie der Erhabenheit leistet Moses Mendelssohn, der das Erhabene im Anschluß an Burke unter psycho-physiologischem Aspekt von seinen Eigenschaften und Wirkungen her zu präzisieren sucht. Dabei wird das Erhabene in der Fortführung Baumgartens philosophisch insofern aufgewertet, als der Bewunderung des Erhabenen qua sinnliche Wahrnehmung ein gewisser Grad von Erkenntnis zuerkannt wird. Kraft des objektbezogenen naiven Erhabenen, das seine Entsprechung in der erhabenen Genialität findet, werden die Gegenstände der Wolffschen Metaphysik – Gott, Seele, Welt – durch das Zusammenspiel von theoretischem Vermögen und sinnlicher Wahrnehmung vorrangig in den schönen Künsten und Wissenschaften vermittelt. Darin besteht das heimliche Motiv jener Bewegung, die den Rationalismus in Richtung Idealismus zu jener paradoxalen Einheit von Philosophie und Kunst über sich hinaustrieb, in welcher Schlegels Ästhetik zentriert sein wird.

Das Verdienst aber, die Theorie des Erhabenen endgültig einer ästhetischen Diskussion zuzuführen, kommt zweifellos Kant zu. Bereits auf der Basis seines noch anthropologisch-psychologisch motivierten Ansatzes versucht der vorkritische Kant, gegen die Beliebigkeit empirisch begründeter Geschmacksurteile, der Erfahrung des Erhabenen wegen ihres letztlich metaphysischen Gehalts Allgemeingültigkeit zu sichern. Dem Wohlgefallen am Reiz der Schönheit tritt eine durch Rührung vermittelte Achtung der Erhabenheit gegenüber, wobei letztere in praktischer Hinsicht der Moralität vorarbeite. In seiner *Kritik der Urteilskraft* nun, in der Kant ein Mathematisch-Erhabenes und ein Dynamisch-Erhabenes unterscheidet, ist die mentale Produktion des Erhabenen vermittelt durch Negativität, durch eine negative Lust, die plötzlich und ohne Begriff die nur mehr scheinbare Allgewalt äußerer Natur hinter der wahren Allgewalt wirklicher Größe qua Übersinnliches zurücktreten läßt. Während beim Mathematisch-Erhabenen die ihrer Unangemessenheit innewerdende Einbildungskraft die Vernunft ersuchen muß, den Sinnesdaten ein übersinnliches Substrat zu unterlegen, das seinerseits weder durch einen Zahlbegriff gedacht noch von der Einbildungskraft dargestellt werden kann, wird im Gegensatz dazu beim Dynamisch-Erhabenen angesichts chaotischer Naturerscheinungen die Transzendierung eben dieser Sinnlichkeitsbedingungen an der Grenze des physischen Widerstandsvermögens wahrgenommen. Dem Erhabenen wird in seiner Eigenschaft, weder zur theoretischen Erkenntnis von Gegenständen beizutragen noch zu unmittelbar praktischer Anwendung zu taugen, die Aufgabe zugewiesen, der Schönheit als Form einer zunächst bloß äußeren Natur das übersinnliche Substrat zu unterlegen. Über seine Funktion hinsichtlich der Bedingung und des Beweises der subjektiven Allgemeingültigkeit des Geschmacksurteils hinaus bildet dies die Voraussetzung für eine die Sittlichkeit symbolisierende Qualität des Schönen. Die Vermittlung von Natur- und Freiheitsbegriff soll dadurch gelingen, daß das theoretischer Erkenntnis unzugängliche Übersinnliche in der Idee des Erhabenen präsent gehalten wird.

Nun hat Schlegel zwar an der zuerst von Baumgarten und dann von Kant beförderten Emanzipation der subjektiven Sinnlichkeitsbedingungen partizipiert, doch konnte er die von Kant letztlich hinterlassene Kluft zwischen Natur einerseits und ihrem jeweiligen Pendant – Geist, Freiheit, Vernunft – andererseits nicht anerkennen. Auch den darin verankerten Primat des Naturschönen über das Kunstschöne akzeptiert er nicht. Er überschreitet die ästhetische Tradition mittels seines die Philosophie in ihrer Wahrheitsfunktion überbietenden Poesiebegriffs. Das gelingt ihm anhand seiner Rezeption der ersten Wissenschaftslehre Fichtes. Die Trennung von theoretischer und praktischer Vernunft hatte Fichte dadurch beseitigt, daß er Kants Identitätskonstruktion – das ‚Ich denke' – von der Ebene der Vorstellung auf die des Handelns übertrug. Schlegel interpretiert die Selbstsetzung des Ichs, jene kraft intellektueller Anschauung evident werdende Tathandlung, als einen genialen Akt und versteht so die transzendentale Poesis wesentlich als poetische Synthesis. Doch bleibt Schlegel hierbei nicht stehen. Eingedenk der Erkenntnisimmanenz der Kantischen Widerspruchskonzeption kritisiert er das Prinzip der Wissenschaftslehre bald nach ihrem Erscheinen als Mystizismus und wirft ihm seine unkritische, dogmatische Form vor[29]. Gegen das Geheimnis, in das Fichte den Ursprung des absoluten Ichs hüllt, setzt Schlegel das Prinzip der Mitteilbarkeit. Er beharrt damit letztlich auf der Differenz von Ich und Nicht-Ich. Diese Differenz wird durch die Integration des Erhabenen ins Schöne einbezogen in eine Kunst, deren innerste Energiequelle in eben dieser Integration besteht.

Eine gewisse Nähe zu Schlegels Auffassung des Erhabenen zeigt auch Herders Bestimmung des Begriffs, wenngleich dieser in seinem erbitterten Widerstand gegen Kant das Erhabene als empirisch-sinnliches Datum zu begründen trachtet. Schlegel setzt hingegen mehr auf dessen Funktion hinsichtlich einer Selbsttranszendierung des ästhetischen Scheins. Gleichwohl sieht bereits Herder das Erhabene nicht mehr in einem qualitativen Unterschied zum Schönen, sondern als Moment eines Prozesses, dessen Ziel in der Einheit von Erhabenem und Schönem liegt. Herder unterläuft jedoch die Kriterien einer qualitativen Unterscheidung von Erhabenheit und Schönheit dadurch, daß er das Erhabene an nur endliche Größen bindet und es so den Harmonisierungstendenzen des Kunstwerks unterwirft, während Schlegel die Einholung des Erhabenen in die Kunst gerade über dessen Bezug zum Unendlichen gelingt.

Damit ist jene hohe Affinität berührt, welche Schlegels Entwurf mit Schellings Konzeption des Erhabenen aufweist. Für den Schelling des Transzendentalsystems ist das Erhabene – als Einbildung des Unendlichen ins Endliche – nicht mehr qualitativ vom Schönen unterschieden. Diesen Grundsatz hat Schelling auch im Rahmen seiner Identitätsphilosophie beibehalten, die ein Erhabenes der

29) Vgl. Klaus Peter, *Idealismus als Kritik. Friedrich Schlegels Philosophie der unvollendeten Welt,* Stuttgart 1973, S. 9ff.

Gesinnung, der Tragödie, von einem Erhabenen der Natur unterscheidet, welches als einzig der intellektualen Anschauung zugängliches Chaos gefaßt und zum Symbol des Unendlichen wird. Das Erhabene der Gesinnung zeigt sich dagegen an den Personen der Tragödie. Darin ist Schelling Schiller gefolgt, der das Pathetische neben dem Kontemplativen als Untergattung einer im Selbsterhaltungstrieb gründenden praktischen Erhabenheit eingeführt hatte, die ihrerseits einer vom Vorstellungsvermögen abgeleiteten theoretischen Erhabenheit kontrastiert ist. Daß Schiller – der der Erfahrung des Erhabenen im Unterschied zum Schönen eine moralisch inspirierte Überwindung der Sinnlichkeit zutraut – Erhabenheit und reale Schönheit im Idealschönen versöhnt sieht, rückt ihn in die Nähe Herders. Allerdings kommt Schillers Kunsttheorie, der es vornehmlich auf das Pathos des tragischen Helden ankommt, für die Präzisierung der Schlegelschen Position nur sehr indirekt in Betracht. Einmal abgesehen von der großen Dominanz, die er dem Tragischen im Gegensatz zu Schlegel einräumt, bleibt Schiller einer klassisch-normativen Poetologie verpflichtet, während Schlegel eine philosophische Ästhetik im Blick hat. Die Position des Kantischen Kritizismus ist nicht von Schiller auf die Ästhetik appliziert worden, vielmehr kommt Schlegel diese Leistung zu, die er durch seine ästhetische Interpretation der Fichteschen Wissenschaftslehre vollbrachte[30].

Indessen hat der Vergleich der von Schelling und Schlegel jeweils eingenommenen Stellung zum Erhabenen eine ganz andere Brisanz. Schelling zufolge – für den das Erhabene vor allem die Eigenart der Antike ausmacht, während die Schönheit die Moderne kennzeichnet – wird bei der Erfahrung des Erhabenen hinter der endlichen Natur die Gottheit selbst in der Bestimmung von Natur und Chaos, als das Unbewußte, Eine, als Nacht und Finsternis unmittelbar angeschaut. Aufgrund der Identität Gottes mit dem Universum und der Unmittelbarkeit seiner Erfahrung in der Kontemplation verliert das Erhabene jedoch seine ehedem bei Kant festgehaltene spezifische Funktion der Vermittlung des übersinnlichen Substrats. Die kraft seiner Potenzenlehre zur Fundamentalphilosophie erweiterte Ästhetik Schellings scheint dem Erhabenen keinen kategorialen Platz mehr zuzuweisen. Demgegenüber sucht Schlegel umgekehrt, dem philosophischen Bewußtsein ein Refugium in einer Ästhetik zu eröffnen, die von der Latenz des Erhabenen ihren Ausgang nimmt.

Wie nahe Schelling und Schlegel in ihrer jeweiligen Bestimmung des Erhabenen einander kommen, ist vornehmlich dort zu beobachten, wo sie zur Charakterisierung der Erhabenheit mit dem Namen des Chaos operieren[31].

30) Vgl. Peter Szondi, *Poetik und Geschichtsphilosophie II* (= *PuG II*), Frankfurt/M. 1974 (Stud. Ausg. d. Vorl., Bd. 3), S. 115ff.

31) Zur frühromantischen Identifikation von Erhabenheit und Chaos vgl. Mathy, *Poesie und Chaos,* S. 83ff.

Die im § 65 von Schellings kunstphilosophischen Vorlesungen an entscheidender Stelle festgehaltene Sentenz, die das Chaos die Grundanschauung des Erhabenen nennt, verläuft in dieser Hinsicht parallel zum 18. Ideen-Fragment Schlegels, welches den Enthusiasmus – Schlegels vorrangiges Indiz für Erhabenheit – als lichtes, d.h. reines, Chaos apostrophiert. Bei aller Ähnlichkeit ihrer Intentionen dürfen dennoch die wesentlichen Differenzen nicht unterschlagen werden, die Schelling und Schlegel voneinander trennen. Auch für Schlegel sind ‚schön' und ‚erhaben' austauschbare Prädikate; wenn ihm überhaupt etwas als erhaben gilt, so ist es das geniale Kunstwerk selbst, die Poesie. Doch wird diese Austauschbarkeit bei beiden unterschiedlich begründet. Indem Schelling die Poesie transzendentalsystematisch als Analogon des Kosmos begreift, gerät ihm die Kunst zur Vergegenwärtigung des Absoluten. Für Schlegel hingegen sind Kunst und Poesie durch ihre Synthese von Vernunft und Natur die Antizipation des Absoluten, nicht dieses selbst. Weil Schelling die Einheit von Subjekt und Objekt, von Idealem und Realem nicht, wie später dann Hegel, als Ziel eines dialektischen Prozesses, sondern als immer schon gegeben auffaßt, repräsentieren die Bestimmungen des Schönen und Erhabenen jedoch nicht verschiedene Stufen eines Vorgangs, sondern nur relative Gegensätze, bloß quantitative Erscheinungsgegensätze[32)]. Nach Schlegel aber hat die Kunst in ihrer Funktion als sinnliche Repräsentation des Übersinnlichen, Unendlichen, nur deshalb einen Bezug zum Absoluten, weil die innerhalb der chaotischen Mannigfaltigkeit des ästhetischen Mediums agierende Ironie – über sich hinausweisend – die Unendlichkeit der Form verspricht.

Solche prinzipielle Differenz ist philosophischen Ursprungs. Im Gegensatz zu Schelling, dessen Transzendentalsystem Wissen als absolutes Subjekt-Objekt versteht, lehnt es Schlegel ab, Philosophie als bloßes Wissen eines Wissens zu bestimmen, und mobilisiert dagegen den Begriff des Experiments[33)]. Dem liegt die paradoxe Einsicht zugrunde, daß ein als vollendete Identität gedachtes Absolutes durch seine Vollendung endlich wird. Dagegen hält Schlegel in seinem antisystematischen Impuls an der Endlichkeit des Bewußtseins fest und versucht, die Differenz zwischen Bewußtsein und Unendlichkeit nicht quantitativ, sondern qualitativ zu bestimmen, wobei ihn die Überzeugung leitet, daß die Realität der Welt nicht die wahre sei. Indem Schlegel den Zweifel an der Philosophie in die Philosophie aufnimmt und die Philosophie auf diese Weise ihre eigene Grenze erkennt, weist sie über sich hinaus. Diesen Umstand registriert Schlegels Theorie von der unvollendeten Welt. Überzeugt davon, daß die Identität von Freiheit und Notwendigkeit noch ausstehe, kann er die an der Unvollkommenheit des Wissens laborierende Erkenntnistheorie auf eine Kunst

32) Vgl. *PuG II,* S. 245.
33) Vgl. Peter, *Idealismus als Kritik,* S. 21.

verweisen, welche der Erkenntnistheorie kraft ihres antizipatorischen Charakters einen neuen Horizont erschließt.

Bei seiner Identifikation von Poesis und Tathandlung, welche die Einheit von Sein und Sollen, von Natur und Freiheit erweisen sollte, hat Schelling die Poesie in ihrer Funktion der objektiven Darstellung des Subjektiven als Ineinsbildung von Realität und Idealität gedacht, wobei er die Erhabenheit als Einbildung des Unendlichen ins Endliche und die Schönheit umgekehrt als Einbildung des Endlichen ins Unendliche ansieht. Indem die Transzendentalphilosophie sich an ihrem Ziel von der eigenen Intention, den Ursprung der Kunst für die Reflexion freizulegen, überrascht zeigt, ist die Identität von Natur und Ich – analog dazu die von Spinoza und Fichte, von Gegenstands- und Selbstbewußtsein, von Objektivität und Subjektivität, von Substanz- und Ich-Philosophie – für Schelling verwirklicht durch die Kunst. Ästhetische Manifestation gilt ihm als einzig wahres Organon und Dokument der Philosophie. Während der Status des Dokuments darauf verweist, daß die Kunst zum Thema der Philosophie wird, meint der Status des Organons den instrumentellen Charakter der Kunst für die Philosophie[34)]. Beides zusammengenommen aber besagt, daß die Philosophie in der Kunst das letzte Wort hat. Nicht so bei Schlegel: für ihn hat die Kunst das letzte Wort, weil es der Philosophie angesichts ihrer Endlichkeitsbedingungen die Sprache verschlägt. Schlegel hält – bei aller Kritik an Fichte – weit entschiedener als Schelling am innersten Impuls der Fichteschen Freiheitsphilosophie fest[35)]. Innerhalb der Transformation der kritischen Philosophie in Geschichtsphilosophie und im Widerstand gegen Schellings absolute Identität, die in der Koinzidenz von intellektueller und ästhetischer Anschauung schon vorbereitet war, erkennt Schlegel, daß die Kritik des Ichs bei Schelling nicht stattfindet. Wie die Welt, so ist auch die Natur wesentlich unvollendet, Schein dessen, was erst Wirklichkeit werden soll. Darin antizipiert Schlegel Züge einer anderen späten Philosophie: der Philosophie Adornos[36)]. Auch bei Schlegel zieht sich die Erkenntnistheorie von der begrifflichen Abstraktion zurück, die glückloses Vergessen ist, und exiliert in die Ästhetik. Für ihn ist die Dignität der Poesie begründet in ihrer Virtualität, indirekte Darstellung von Utopie zu sein. Allein in der Sprache der Poesie, die Identität und Nicht-Identität, Immanenz und Transzendenz verbindet, findet Schlegel die Möglichkeit eröffnet, sinnliche Wirklichkeit sowohl zu setzen als auch aufzuheben. Im Eifer seiner Kritik des philosophischen Bewußtseins wird Schlegel jedoch zu einem Programm verlei-

34) Vgl. Dieter Jähnig, „Die Schlüsselstellung der Kunst bei Schelling", in: *Materialien zu Schellings philosophischen Anfängen.* Hrsg. v. Manfred Frank und Gerhard Kurz, Frankfurt/M. 1975, S. 331ff.

35) Vgl. Peter, *Idealismus als Kritik,* S. 84f.

36) Vgl. *ebd.*, S. 128ff.

tet, das Philosophie als Kunst konstituieren wollte und die Vollendung des Individuums von und in der Kunst erwartete, eine Sicht, die dann Hegels scharfe Kritik an aller ästhetischen Versöhnungsparadigmatik mobilisierte.

Mit Hegel schließlich findet die Karriere des Erhabenen als aktuelle ästhetische Kategorie ihren vorläufigen Abschluß. Hegel behandelt das Erhabene vornehmlich in der Religionsphilosophie, in der die Religion der Erhabenheit als Religion des jüdischen Volkes historisiert wird. Weil Hegel am Namen des Erhabenen nicht überhört, daß in ihm die Erscheinung als dem Begriff unangemessen ausgedrückt ist, hat er es aus der Kunstphilosophie ausgegrenzt. Es ist, als gehe hier das integrierte Erhabene in seine Selbstaufhebung über. In den Berliner Vorlesungen zur Ästhetik nimmt das Erhabene einen relativ geringen Raum ein und fungiert im Rahmen der symbolischen Kunstform als Konstituens der mohammedanischen Dichtung, der christlichen Mystik und vor allem der jüdischen Poesie. Hegel und Schlegel, die einander nie akzeptieren konnten, kommen einander in ihrer Ablehnung der Schellingschen Identitätsphilosophie nahe. Doch während Hegels System auf das absolute Wissen zielt, setzt Schlegel innerhalb seiner Transzendentalphilosophie auf die Rückkehr des Bestimmten ins Unbestimmte. Diese antisystematische Skepsis, die Schlegels Vertrauen ins Fragmentarische begründet, macht ihn mißtrauisch gegenüber dem philosophischen Begriff, der sich die Einheit von Gedanke und Gegenstand anmaßt. Schlegel ahnt, daß die Negation der Negation nicht das Positive sei, sondern die Unterdrückung dessen, was nicht Ich ist[37]. Er durchschaut, daß sich die Kraft der Negation der Vernichtung des Endlichen, des Nichtidentischen, verdankt. Während Hegels Philosophie den Ursprung in seiner Wirklichkeit zu befestigen sucht, ist Schlegels Denken darauf aus, den Ursprung allererst zu verwirklichen.

Wenn dem Schlegelschen Denken Gerechtigkeit widerfahren soll, muß seine Ästhetik im Spannungsfeld der Erkenntnistheorie seiner Zeit gesehen werden. „Erscheint in den Kantischen Kritiken die objektive Welt aufgespalten einerseits in ihre subjektive Erscheinung, in das Bild, das sich von ihr der menschlichen Erkenntnis durch deren apriorische Kategorien vermittelt, und andererseits in ein An-sich, dessen man nicht habhaft werden kann, verläuft also die Subjekt-Objekt-Grenze für Kant gewissermaßen nicht zwischen Subjekt und Objekt, sondern in den Dingen selbst, zwischen dem Ding an sich und dem Ding für uns, so verlegt Fichte, damit den entscheidenden Schritt vom Kritizismus zum Idealismus vollziehend, diese Grenze wieder in den Raum zwischen Subjekt und Objekt, zwischen Ich und Nicht-Ich. Die Kluft, die, der Kantischen Intention entgegen, solcherart wieder aufgerissen wird, überbrückt dann Schelling mit

37) Vgl. *ebd.*, S. 63ff.

dem Postulat einer thetisch-unvermittelten Identität und Hegel mit einer aus der Dialektik von Thesis und Antithesis entspringenden Vermittlung."[38] Eine solche Vermittlung hat der junge Schlegel der Kunst zugetraut. Unter dem Postulat der einen Dichtart, welches den modernen Roman im Sinne einer objektivierten Subjektivität meinte, kommt eine Poesie zu sich selbst, die zugleich als kombinatorisches Chaos und als kombinatorisches System par excellence noch jene Erfahrung substituiert, die dem Begriff des Erhabenen Leben verlieh.

38) *PuG II*, S. 132f.

II.

Das Erhabene
auf der Schwelle zur heutigen Zeit

Die Verwindung des Erhabenen – Nietzsche

Norbert Bolz

Von den Erhabenen sprach Zarathustra also: „Still ist der Grund meines Meeres: wer erriete wohl, daß er scherzhafte Ungeheuer birgt! Unerschütterlich ist meine Tiefe: aber sie glänzt von schwimmenden Rätseln und Gelächtern."

Das Bild: Scherzhafte Ungeheuer im Grunde des Meeres schicken Rätsel und Gelächter an seine glänzende Oberfläche. Rätsel und Gelächter antworten umwertend auf das schreckliche Gesicht des Rätsels. In der *Fröhlichen Wissenschaft* und ihrer Lehre von der ewigen Wiederkehr verwindet die Mystik des Atheismus ihre Katastrophenprophetie aus dem Antlitz des Grauens. Als Medusenhaupt wollte Nietzsche diese Lehre verwendet wissen. Sie ist zwar Gesicht, d.h. Vision, bleibt aber Rätsel, d.h. unbeweisbar. Das verleiht allen Dingen jenen änigmatischen Charakter, der den Reiz und Zauber des Denkens ausmacht: erraten ist seliger denn erschließen. Keine Logik hilft, wo es darum geht, den Zu-Fall des Da-Seins als Bruchstück der Zukunft in eins zu dichten. Nur der „Rätselrater" kann zum „Erlöser des Zufalls" werden. Was aber zu-fiel heißt ‚Es war'. Vom ‚Es war' als dem Gefängnis des Willens befreit dieser sich nur, indem er Schuld sein will an dem, was war, d.h. zufiel: So wollte ich es. Wo ‚Es war', soll Ich werden.

Noch einmal das Bild: Scherzhafte Ungeheuer im Grunde des Meeres schicken Rätsel und Gelächter an seine glänzende Oberfläche. „Einst sagte man Gott, wenn man auf ferne Meere blickte; nun aber lehrte ich euch sagen: Übermensch." So wird im Stellenrahmen des Erhabenen die Position des hypothetischen Gottes durch den züchtbaren Übermenschen umbesetzt: „mit Menschlichem wollen wir die Natur durchdringen und sie von göttlicher Mummerei erlösen. Wir wollen aus ihr nehmen, was wir brauchen, um *über* den Menschen hinaus zu träumen. Etwas, das *großartiger* ist als Sturm und Gebirge und Meer soll noch entstehen – aber als Menschensohn!" (10/430)[1)] Das Erhabene ist das Exerzitium des Übermenschen. Am bisher theologisch codierten Blick auf ferne Meere, der das Erhabene unter dem Namen Gottes evozierte, schult sich das Auge Zarathustras, bis es die „ganze Tatsache Mensch aus ungeheurer Ferne" unter sich sieht. Denn das Meer lehrt den Menschen aufzuhören, Mensch zu sein. Glänzend, stumm und ungeheuer stellt seine Schlangenhaut, seine Raubtierschönheit eine Rätselfrage und quittiert die humanistische Antwort „der Mensch" mit Gelächter. Am „schönen Ungeheuer" lernt der Mensch, das Maß des Menschen zu vergessen. Die suchende Lust nach Unentdecktem verläßt den Kontinent des Menschen und will ins Offene, Blaue. So verkündet der Kolumbus der Unendlichkeit das Ende der humanistischen Küstenschiffahrt: „Alles glänzt mir neu."

Der Kolumbus der Unendlichkeit pariert den kopernikanischen Schock, aus dem Zentrum der Welt gefallen zu sein; er ist wahrhaft ver-rückt. Doch die atheistisch-kopernikanische Botschaft braucht Jahrhunderte, bis sie die Langohren des Humanismus erreicht. Zwar ist Gott tot, doch das Gift des verwesenden Gottes ist lähmender, als es das Gebot des lebendigen je war. Deshalb dringt der Kulturarzt Nietzsche auf eine Impfung mit dem ‚Wahnsinn Übermensch' gegen den ‚Wahnsinn Gott', d.h. gegen alle überirdischen Hoffnungen. Doch weil Humanisten immer Philosophen bemühen, wo Ärzte gefragt wären, verkennen sie die immunologische Pointe jener Impfung: „Alles Übermenschliche erscheint am Menschen als Krankheit und Wahnsinn." (10/162)

Das Gift des verwesenden Gottes aber erzeugt die religiöse Neurose – Modell aller überirdischen Hoffnungen, die an der Erde freveln. Also sprach Zarathustra über den Erhabenen: „Verachtung ist noch in seinem Auge; und Ekel birgt sich an seinem Munde. Zwar ruht er jetzt, aber seine Ruhe hat sich noch nicht in die Sonne gelegt. – Dem Stiere gleich sollte er tun; und sein Glück sollte nach Erde riechen, und nicht nach Verachtung der Erde. – Als weißen Stier möchte ich ihn sehn, wie er schnaubend und brüllend der Pflugschar vorangeht: und sein Gebrüll sollte noch alles Irdische preisen!" Die Verwindung des Erhabenen im Übermenschen vollzieht sich in einem Funktionswechsel der Verachtung. Statt aus Liebe zum Intelligiblen in der Erhabenheit über den empirischen Menschen die Erde zu verachten und am Leib zu freveln, lehrt Zarathustra, den Menschen in sich zu verachten aus Liebe zum Übermenschen als dem Sinn der Erde.

1) Nietzsches Werke sind nach der *Kritischen Studienausgabe* (München/Berlin 1980) direkt im Text nach Band-/Seitenzahl zitiert. Davon ausgenommen sind die Zitate aus *Also sprach Zarathustra*, die, nachdem es die von Nietzsche höhnisch prophezeiten Lehrstühle zur Interpretation des Zarathustra wirklich gibt, wohl keines Nachweises mehr bedürfen.

Statt auf Überirdisches hoffen, das Irdische preisen – das ist Zarathustras Medizin gegen den Nihilismus. „Unheimlich ist das menschliche Sein und immer noch ohne Sinn: ein Hanswurst kann ihm zum Verhängniß werden." (10/225) Hanswurst ist die lächerliche Figur. Und vom Erhabenen zum Hanswurst ist es nur ein Schritt, wenn ihm nicht die Selbstverwindung in den Übermenschen gelingt.

Der Erhabene zwischen Hanswurst und Übermensch – entweder er lernt lachen oder er wird lächerlich. „Noch lernte er das Lachen nicht und die Schönheit. Finster kam dieser Jäger zurück aus dem Walde der Erkenntnis. – Vom Kampfe kehrte er heim mit wilden Tieren: aber aus seinem Ernste blickt auch noch ein wildes Tier – ein unüberwundenes!" Der Erhabene als Jäger im finsteren Wald der Erkenntnis: er erbeutet häßliche Wahrheiten und wird selbst darüber häßlich; er bezwingt die wilden Tiere und nährt dabei in sich selbst ein wildes Tier – den Ernst der immer angespannten, sprungbereiten christlichen Seele. Erhobene Brust durch angehaltenen Atem – das ist die Physiologie des Erhabenen.

Ernst ist Verhäßlichung und das Häßliche der ästhetische Ernstfall. In diesen Koordinaten vermißt Nietzsche die Welt des Erhabenen. Und gegen ihr System der häßlichen Wahrheiten bietet er die fröhliche Wissenschaft als Inbegriff der Erkenntnis, die das Lächeln gelernt hat, auf. Aus der Welt des Erhabenen ins Land des Lächelns; aus dem finsteren Wald der Erkenntnis auf den Olymp des Scheins; vom häßlichen Stein des Menschen zum schönen Bild des Übermenschen – das ist der Weg, als dessen Herold Zarathustra auftritt. Olymp des Scheins heißt der entmoralisierte, antichristliche Schauplatz der Erscheinung des Übermenschen, den das olympische Lachen über das empirische Leiden eröffnet. In polemischer Antithese zum monotheistischen Eingedenken des Leidens spricht Nietzsche einmal vom „idealischen Götter-Kannibalentum": der Kunst, sich am Unglück der andern zu erbauen – so entsteht fröhliche Wissenschaft.

Also sprach Zarathustra: „Einen Erhabenen sah ich heute, einen Feierlichen, einen Büßer des Geistes: o wie lachte meine Seele ob seiner Häßlichkeit!" Zarathustra schlägt den Mantel des Erhabenen, in den sich der Häßliche hüllte, zurück und offenbart die Genealogie dieses Büßers des Geistes. Der Büßer des Geistes entsteht aus dem Geist des Dichters, der seiner selbst müde geworden ist. Der Dichter ist der trügerische Doppelgänger des Zarathustra. Birgt dieser in der Tiefe seines Meeres scherzhafte Ungeheuer, so ist jener ein seichtes Meer, das tief zu sein nur scheint, weil sein Wasser von den unreinen Erfindungen der Transzendenz getrübt ist. Der Geist des Dichters ist tief aus Oberflächlichkeit, die Rätsel und Gelächter sind oberflächlich aus Tiefe. Zarathustra setzt jedoch nicht ideologiekritisch auf Aufklärung, sondern physiologisch auf Ermattung: Der Geist des Dichters wird „seiner selbst müde" und gebiert den Büßer des

Geistes, der einmal „seiner Erhabenheit müde“ werden und uns an die Schwelle des Schönen führen mag.

Der Häßliche, der sich in den Mantel des Erhabenen hüllt; der Dichter, der, seines Lügengeistes müde, zum Büßer des Geistes wird; der Jäger der Erkenntnis, der häßliche Wahrheiten erbeutet – nun steht noch eine letzte Metamorphose des Erhabenen aus: Er wird vom Jäger zum Gejagten. Diese Wandlung ist als ‚Klage der Ariadne‘ mehr berühmt als begriffen worden. Der Jammer des Erhabenen gilt einem unbekannten Gott, der – und das heißt: dessen Gedanke – ihn foltert: „dein Wild nur bin ich, Grausamster Jäger! Du – Henker-Gott.“

Gott als Jäger des Menschen – diese Feindschaft, die paulinisches Christentum heißt, ist der Abgrund, aus dem, in der Verwindung des Erhabenen, Dionysos aufsteigt. Und der Schmerz des Erhabenen dient dem Kolumbus der Unendlichkeit als Kompaß. Denn zwar lügt der Dichter, doch sein Schmerz ist echt. Gehüllt in den Mantel des Exhibitionismus, beutet er schamlos seine Erlebnisse aus und verzaubert damit die Massen.

Dieser Zauberer ist unschwer beim Namen zu nennen: In Richard Wagner beschwört Nietzsche die letzte Metamorphose des Erhabenen. In einer äußersten Verschleierung durch Exhibitionismus spielt der Zauberer Zarathustra das Bekenntnis vor, den Erhabenen nur gespielt zu haben: „Den Büßer des Geistes [...], der gegen sich selber endlich seinen Geist wendet.“ Doch Zarathustra erkennt den Selbstbetrug im Eingeständnis des Betrugs: Der Schauspieler des Erhabenen, der bekennt, daß alles Lüge an ihm sei, betrügt – ein letzter Zaubertrick – mit der Wahrheit. Doch auch das Bekenntnis, daß er den Erhabenen nur spielte, war Lüge – und im Ekel der Selbstentzauberung ist er tatsächlich, was er nur zu spielen glaubte: ein Büßer des Geistes. Philosophische Langohren würden hier wohl von einem performativen Widerspruch reden: „alles ist Lüge an mir; aber daß ich zerbreche – dies mein Zerbrechen ist *echt*!“ Das ist bekanntlich Benns expressionistische Grundgebärde; der Zauberer ist seiner Künste müde, und sein Ekel vor sich selbst markiert die Schwelle zur Verwindung des Erhabenen.

Der büßend sich gegen sich selbst wendende Geist wird der freie, der so heißt, weil er frei über den furchtbaren Ursprung des Geistes denken lernt. Denn der Geist ist ein Opferritual. Ob er nun christlich erfunden wird zur Verachtung des Leibes oder zum Gesamtbewußtsein säkularisiert unser Dasein in ein Monstrum verwandelt; ob er dem szientifischen Asketen die Entzückungen der Kälte bereitet oder im Erhabenen sich selbst sich zum Opfer bringt: „Geist ist das Leben, das selber ins Leben schneidet“ – also sprach Zarathustra von den berühmten Weisen.

Das ist ganz einfach zu verstehen. Der Wille hat Schwierigkeiten mit der Zeit, seit sie den Logos als Horizont des Seins ersetzte – d.h. seit der Neuzeit. Denn qua Vergängnis läuft Zeit nicht zurück, sondern fließt in die Zukunft ab. Da es nun aber keinen rückwirkenden Willen gibt, ist der Wille immer schon bestimmt als „Widerwille gegen die Zeit und ihr ‚Es war'". Das ist Nietzsches Definition der Rache – keine metaphysische Definition, sondern die Definition von Metaphysik. Aus dem Leiden am Vergehen entsteht ein Widerwille gegen das Vergängliche, der sich in überzeitlichen Idealen manifestiert: Geburt der Metaphysik aus dem Geist der Rache. (Und mit großer Hellsicht hat Heidegger noch das nachstellende Vorstellen der neuzeitlichen Stellung zum Kosmos als Rache des Willens durchschaut.)

Metaphysik als glänzende Dichterlüge aus Widerwillen gegen die Zeit – das ist die Perspektive aller Dekonstruktionen, die Nietzsches Forschungen am Leitfaden des Leibes eröffnet haben. Dem Dichter schlechthin verdanken wir die Dichterlüge schlechthin: daß alles Vergängliche nur ein Gleichnis sei. Entschlossen stellt Zarathustra die Faust-Formel vom Kopf auf die Füße: „Seit ich den Leib besser kenne, ist mir der Geist nur noch gleichsam Geist; und alles das ‚Unvergängliche' – das ist auch nur ein *Gleichnis*."

Um hier Klarheit zu bekommen, muß man die Formel, daß der Geist, erforscht am Leitfaden des Leibes, nur noch *gleichsam* Geist sei, zunächst ins Französische übertragen und dann rückübersetzen. Daraus folgt: Der Geist ist für mich nicht mehr als eine *Metapher.* Der französische Klartext zur Definition des Geistes lautet: „aliénation du corps dans la métaphore" (Derrida).

Geist wurde zum Gift, als der Geist der Rache am Geist Rache nahm. Seither haben die Taranteln als Kritische Theoretiker der schlechtesten Welt Konjunktur. Fröhliche Wissenschaft heißt deshalb zu allererst das Denken vom Geist der Rache zu erlösen. Dies – und nicht etwa, wie Kritische Taranteln vermeinen, protofaschistische Skrupellosigkeit – ist der Grundimpuls jener Suche nach einem Jenseits von Gut und Böse. „Reinigung von der Rache ist *meine* Moral" (10/363). Wenn Nietzsche vom derart erlösenden Menschen sagt, er sei „Besieger Gottes und des Nichts" (5/336), so wird deutlich, daß die Verwindung des Erhabenen nicht bei einer negativen Theologie der Gottesleere, des Nichts an Sinn, stehenbleiben darf. Und die zunächst rätselhaft erscheinende Definition des Übermenschen: „der römische Cäsar mit Christi Seele" (11/289), läßt sich nun ganz einfach übersetzen: der Wille zur Macht, der frei ist vom Geist der Rache.

Das bizarre Bild des Übermenschen, das den Machtwillen des Cäsar mit der Seele des Christus überblendet, findet in Zarathustras Verwindung des Erhabenen eine genaue Entsprechung: der „Nacken des Stiers" mit dem „Auge des Engels". Wir kennen ja die Metamorphose des Erhabenen in den weißen Stier, der die Pflugschar über die gute Erde zieht. Alles Handeln aber erfordert, wie Nietzsche früh gesehen hat, ein Augenschließen des Geistes. Soll aber dem Handelnden über der Tat „der Sinn seines Auges" aufgehen, so muß der Stier des

Irdischen zum ätherischen Engel werden. Und das heißt Ermüdung des Erhabenen, Selbstabwendung von sich, Überwindung seiner Tat. Der Büßer des Geistes muß seinen Heroismus der häßlichen Wahrheiten verlernen, auf daß seine Erkenntnis lächeln lerne. „Auch seinen Helden-Willen muß er noch verlernen: ein Gehobener soll er mir sein und nicht nur ein Erhabener: – der Äther selber sollte ihn heben, den Willenlosen! – Er bezwang Untiere, er löste Rätsel: aber erlösen sollte er auch noch seine Untiere und Rätsel."

Ein letztes Mal jenes Bild: Scherzhafte Ungeheuer im Grunde des Meeres schicken Rätsel und Gelächter an seine glänzende Oberfläche. Wir sehen jetzt, wie die Verwindung des Erhabenen über eine Schwelle führt, an der sich die Stellung des Menschen zum Anderen seiner selbst wandelt. Wenn höher als die Lösung des Rätsels seine *Erlösung* steht; wenn nicht mehr Helden der Erkenntnis Ungeheuer bezwingen, sondern freie Geister mit ihnen zu *scherzen* wissen – dann ist der Büßer des Geistes zum fröhlichen Wissenschaftler geworden.

Der Erhabene als Jäger (häßlicher Wahrheiten) und Gejagter (des Henker-Gottes) ist immer sprungbereit. Er kann dies eine nicht: entspannen. Deshalb faßt Nietzsche die Verwindung des Erhabenen in Bilder kreatürlicher Ermattung: Der weiße Stier steht mit „abgeschirrtem Willen" da, und der Held ruht sich aus, den „Arm über das Haupt gelegt". Denn wer immer strebend sich bemüht, als Ödipus Rätsel löst und als Herakles Untiere bezwingt, wird eines doch nie erreichen: das Wenige, das das Erscheinen des Schönen ausmacht.

„Unerringbar ist das Schöne allem heftigen Willen." So muß man dem Nacken des Stiers das Auge des Engels einsetzen, das still wird vor der Schönheit und in sie eintaucht; der ‚erhabene' Helden-Wille muß sich zur ‚gehobenen' Willenlosigkeit des Über-Helden brechen. Und dieser Gedanke gipfelt in einer großartigen Parodie christologischer Kondeszendenz: Schönheit heißt Zarathustra das gnädige Herabkommen der Macht ins Sichtbare. Es gibt keine ästhetische Theurgie.

Schon Nietzsches frühe Phantasie über die Geburt der Tragödie aus dem Geist der Musik, die noch durchaus als Ästhetik des Erhabenen gelesen werden kann, hat Kunst als Transfiguration gefaßt: Das Bild eines „triumphierenden Daseins" schiebt sich als „künstlerische *Mittelwelt*" (1/36) verhüllend vor die Schrecken der Existenz. Im Schönheitsspiegelstadium erscheint das zerstückelnde Werden als triumphal ganzheitliches Sein; die Lust des Scheins bricht den Schmerz des Seins.

Die „Stufen der Scheinbarkeit" (5/53), die bei Nietzsche den Dualismus von wahrer und falscher Welt aufheben, differenzieren sich in einer Gradation von valeurs an der Oberfläche des Lebens aus. Und eben dies: das Raffinierte, die Nuancen, der Ausdruckskult, macht die Tiefe der Oberfläche aus. Sie ist der Ort jeder affirmativen Ästhetik.

Hier gilt es nun, eines zu begreifen: Nietzsches affirmative Ästhetik leistet die Verwindung des Erhabenen, sofern sie das Reversbild seiner Lehre von der tragischen Erkenntnis ist. Und wie Vorder- und Rückseite einer Münze gehören in Nietzsches Denken die Lebenslust des Scheins und der Todestrieb der Erkenntnis zusammen. Die Kraft, diese Münze zu wenden, ist die Verwindung des Erhabenen – zu lesen als genitivus obiectivus *und* subiectivus. Denn das Erhabene ist ja selbst bereits die ästhetische Verwindung des Entsetzlichen, das sich der tragischen Erkenntnis zeigt. Das Schöne verhüllt das Erhabene; das Erhabene bändigt das Schreckliche – und das Schreckliche ist die Gorgo-Maske der Urszene. Das alles weiß man seit dem Ende der Kunst:

Schelling 1813: „wären sie aber fähig, die Außenseite der Dinge zu durchdringen, so würden sie sehen, daß der wahre Grundstoff alles Lebens und Daseyns eben das Schreckliche ist."

Nietzsche 1872: „die Kunst allein vermag jene Ekelgedanken über das Entsetzliche oder Absurde des Daseins in Vorstellungen umzubiegen, mit denen sich leben läßt: diese sind das *Erhabene* als die künstlerische Bändigung des Entsetzlichen und das *Komische* als die künstlerische Entladung vom Ekel des Absurden."

Rilke 1912: „das Schöne ist nichts als des Schrecklichen Anfang, den wir noch grade ertragen, und wir bewundern es so, weil es gelassen verschmäht, uns zu zerstören."

Ist die Moderne ein Trauerspiel?

Das Erhabene bei Benjamin

Vera Bresemann

Methode ist Umweg
Walter Benjamin

I

Wo liegen die Grenzen des für den Philosophen Erfaßbaren? Welchem Wirklichkeitsbereich muß er Sprache verleihen, wenn er seiner Liebe zur Wahrheit treu bleiben will?

Ein Merkmal der Benjaminschen Texte ist die Wiederholung der immer gleichen Frage nach der der Sache angemessenen Herangehensweise. Beschränkten sich in seinen frühen Texten methodische Überlegungen noch auf die in die Problematik einleitenden Sätze und auf die von ihm eingeführten Begriffe, so ist in seinen späteren Texten ein Aufbruch der fortlaufenden Textstruktur des Buches (wie schon in der *Einbahnstraße*) und schließlich sogar der Versuch der Zersprengung der Form des Buches selbst in ein konstruiertes, montiertes „Gerüst“[1] von zitierten Texten zu beobachten. Während Benjamin in seinen ersten Arbeiten seine Erkenntnistheorie argumentativ darstellte (wie zum Beispiel in der „Erkenntniskritischen Vorrede“ zum *Ursprung des deutschen Trauerspiels*), versuchte er – insbesondere im *Passagen-Werk* –, den Text zum Material der (immer geschichtlichen) Erkenntnis zu machen.

„Die dialektische Methode zeichnet sich also dadurch aus, daß sie zu neuen Gegenständen führend neue Methoden entwickelt“[2], notierte Benjamin im *Passagen-Werk*. Diese einfache Feststellung führt zur äußersten Zuspitzung des Konflikts zwischen der Notwendigkeit, als Philosoph die Erkenntnis als unablöslich von ihrem Medium – der Sprache – zu begreifen, und dem

1) Im *Passagen-Werk* scheint Benjamin sich weniger als Schreibender denn als bildender Künstler, ja als Architekt verwirklichen zu wollen. Vgl.: Walter Benjamin, *Das Passagen-Werk*. Hrsg. v. Rolf Tiedemann, Frankfurt/M. 1982 (im folgenden: *PW*), S. 572.

2) *Ebd.*, S. 591.

dringenden Wunsch des Philosophen, die „Sachen selbst“ in der Sprache zu berühren. Benjamin wollte im *Passagen-Werk* die (immer als mit der Vergangenheit kommunizierend gedachte) Gegenwart in der ihr eigenen Sprache als Philosoph – im Sinne des spezifisch Benjaminschen „Historischen Materialismus“ – erfassen. Sprache sollte in Erfahrung aufgelöst werden. Der Einbruch der Wirklichkeit in ihrer geschichtlichen Wahrheit sollte im (geschichts-)philosophischen Text statthaben. Benjamins Anspruch an den Text, „Jetztzeit“ erfahrbar zu machen – d.h., einen „geschichtlichen Gegenstand“ „in einer ungeheuren Abbreviatur der Geschichte“ als Bild der „Geschichte der ganzen Menschheit“[3] darzustellen –, impliziert die Explosion der Form des Buches und die Evakuierung des Autors des Textes, wobei letzterer das Material der philosophischen Erkenntnis konstituiert. Der Text soll die Wirklichkeit des 19. Jahrhunderts in der Konfrontation mit der jeweils gegenwärtigen Wirklichkeit hervorspringen lassen, *zeigen*, aber nicht aus der Perspektive seines Autors beschreiben: „Methode dieser Arbeit: literarische Montage. Ich habe nichts zu sagen. Nur zu zeigen ...“, schreibt Benjamin im *Passagen-Werk*[4]. Und: „Diese Arbeit muß die Kunst, ohne Anführungszeichen zu zitieren, zur höchsten Höhe entwickeln. Ihre Theorie hängt aufs engste mit der der Montage zusammen.“[5]

Benjamins Theorie des „dialektischen Bildes“ greift an dieser Stelle in den unendlichen Abstand zwischen den philosophischen Begriffen – der Sprache – und der Wirklichkeit, auf die diese verweisen, – den „Sachen selbst“ – ein. Vor unseren Augen treten die „dialektischen Bilder“ an die Stelle der Begriffsmechanismen, die, um ihren Bedeutungen nicht ständig zu entgleiten, Zeit und Geschichtlichkeit ausschließen müssen. Die Zeit ist jedoch die Dimension, die in den philosophischen Begriff zu integrieren ist, wenn die Sprache des Philosophen der Transformation der Erfahrung gerecht werden soll. In einem Kernsatz seiner Arbeit über „Das Kunstwerk im Zeitalter seiner technischen Reproduzierbarkeit“ stellt Benjamin die These auf, daß die „Organisation der menschlichen Sinneswahrnehmung“ „nicht nur natürlich sondern auch geschichtlich bedingt ist“. Benjamin bezweifelt somit implizit die Existenz eines Apriori der Wahrnehmung, wenn er feststellt, daß die Veränderung dessen, was der Wahrnehmung begegnet, die Umstrukturierung des „Apperzeptionsapparates“[6] zur Folge hat:

3) Vgl. Walter Benjamin, „Über den Begriff der Geschichte“, in: *Gesammelte Schriften*. Hrsg. v. Rolf Tiedemann und Hermann Schweppenhäuser, Bd. I. 2, Frankfurt/M. 1980 (im folgenden: *GS*), S. 703.

4) *PW*, S. 574.

5) *Ebd.*, S. 572.

6) Vgl. Walter Benjamin: „Das Kunstwerk im Zeitalter seiner technischen Reproduzierbarkeit“, in: *GS*, Bd. I. 2, S. 503 (Fußnote 29): „Der Film ist die der gesteigerten

„Innerhalb großer geschichtlicher Zeiträume verändert sich mit der gesamten Daseinsweise der menschlichen Kollektiva auch die Art und Weise ihrer Sinneswahrnehmung.

Die Art und Weise, in der die menschliche Sinneswahrnehmung sich organisiert – das Medium, in dem sie erfolgt –, ist nicht nur natürlich sondern auch geschichtlich bedingt.“[7]

Benjamins „dialektische Bilder“ sollen den abstrakten und leeren Begriff von Zeit an das sich der Sinneswahrnehmung bietende Material, an die Erinnerungsbilder annähern. Insofern die „dialektischen Bilder“ Ort der (geschichts-) philosophischen Erkenntnis sind, müssen sie als sprachlich darstellbar gedacht werden.

Doch wie ist es für den Philosophen – für den Benjaminschen „historischen Materialisten“ – möglich, einen Text zu schreiben, in dem die Sprache zum Bild wird? Welcher Begriff stellt die Wahrheit dar, die „mit Zeit bis zum Zerspringen geladen“ (*PW*, S. 578) ist, und macht so Wahrheit erfahrbar?

Wahrheit läuft uns, entgegen Gottfried Kellers Wort, immer davon[8]. Wahrheit ist also in jedem Augenblick zu konstruieren[9]. Diese Konstruktion macht die „Zäsur“[10] denknotwendig, die es erlaubt, das „dialektische Bild“ als solches wahrzunehmen. Laut Benjamin ist Bild „dasjenige, worin das Gewesene mit dem Jetzt blitzhaft zu einer Konstellation zusammentritt. Mit anderen Worten: Bild ist Dialektik im Stillstand. Denn während die Beziehung der Gegenwart zur Vergangenheit eine rein zeitliche, kontinuierliche ist, ist die des Gewesnen zum Jetzt dialektisch: ist nicht Verlauf sondern Bild, sprunghaft – Nur dialektische Bilder sind echte (d.h.: nicht archaische) Bilder; und der Ort, an dem man sie antrifft, ist die Sprache. Erwachen.“ (*PW*, S. 576f.)

Dem Postulat der Zäsur im Fluß der Wahrnehmung entspricht in Benjamins Konzeption des Denkens der Begriff der Monade[11]. In dem Text, den

Lebensgefahr, der die Heutigen ins Auge zu blicken haben, entsprechende Kunstform. Das Bedürfnis, sich Chockwirkungen auszusetzen, ist eine Anpassung der Menschen an die sie bedrohenden Gefahren. Der Film entspricht tiefgreifenden Veränderungen des Apperzeptionsapparates ...“

7) *Ebd.*, S. 478.

8) Vgl. These V „Über den Begriff der Geschichte“, S. 695.

9) Zu Benjamins Begriff von „Konstruktion“ vgl.: *PW*, S. 587 (N 7, 6).

10) *PW*, S. 595: „... Wo das Denken in einer von Spannungen gesättigten Konstellation zum Stillstand kommt, da erscheint das dialektische Bild. Es ist die Zäsur in der Denkbewegung ...“

11) Schon in der „Erkenntniskritischen Vorrede“ bestimmt Benjamin die Monade als „Bild der Welt“: „Die Idee ist Monade – das heißt in Kürze: jede Idee enthält das Bild der Welt. Ihrer Darstellung ist zur Aufgabe nichts Geringeres gesetzt, als dieses Bild der Welt in seiner Verkürzung zu zeichnen“ („Ursprung des deutschen Trauerspiels“, in: *GS*, Bd. I. 1, S. 228).

Benjamin als für seine Methode besonders aufschlußreich angesehen hat[12], – der siebzehnten Reflexion seiner letzten (uns bekannten) Arbeit „Über den Begriff der Geschichte" – lesen wir: „Zum Denken gehört nicht nur die Bewegung der Gedanken sondern ebenso ihre Stillstehung. Wo das Denken in einer von Spannungen gesättigten Konstellation plötzlich einhält, da erteilt es derselben einen Chock, durch den es sich als Monade kristallisiert. Der historische Materialist geht an einen geschichtlichen Gegenstand einzig und allein da heran, wo er ihm als Monade entgegentritt ..."[13]

Benjamins These in ihrer stark vereinfachten Form lautet also: Erkenntnis geschieht im Bild. Und: Ort der „dialektischen Bilder" ist die Sprache.

Im Text sind die Begriffe so miteinander in Beziehung zu setzen, daß sie in der Konstellation geschichtliche Wahrheit erfahrbar machen: „Für den Dialektiker kommt es darauf an, den Wind der Weltgeschichte in den Segeln zu haben. Denken heißt bei ihm: Segel setzen. *Wie* sie gesetzt werden das ist wichtig. Worte sind seine Segel. Wie sie gesetzt werden, das macht sie zum Begriff." (*PW*, S. 591)

Die außerordentliche Zerbrechlichkeit des Benjaminschen Entwurfs einer geschichtsphilosophischen Erkenntnistheorie ist in diesem Bild eingefangen. Es ist nicht der Denkende, der die Worte in den Begriff umschlagen läßt, sondern der „Wind der Weltgeschichte". Bei Flaute wie bei Sturm ist der Denkende seiner Macht über die Segel beraubt: es sind weder die Worte noch ist es ihre Konstellation, die den Denkprozeß in Bewegung bringen. Ähnliches kommt in Benjamins Bestimmung des „dialektischen Bildes" zum Ausdruck. Die Bewegung, die zu der Konstellation führt, in deren Licht Bilder lesbar[14] werden, geht vom „Gewesnen" aus – und nicht von der Gegenwart. Die Beziehung des „Gewesnen zum Jetzt" ist „sprunghaft" – d.h.: des Eingriffs des Denkenden entzogen, weil es kein Element gibt, das zwischen dem Gewesenen und dem Jetzt vermittelt. Dieses „Sprunghafte" macht die „Dialektik" der Bilder aus – und ihre Unfaßbarkeit im systematischen Zugriff.

12) Benjamin in einem Brief an Gretel Adorno: „... In jedem Falle möchte ich Dich besonders auf die 17te Reflexion hinweisen; sie ist es, die den verborgenen aber schlüssigen Zusammenhang dieser Betrachtungen mit meinen bisherigen Arbeiten müßte erkennen lassen, indem sie sich bündig über die Methode der letzteren ausläßt ..." (in: *GS*, Bd. I. 3, S. 1223).

13) Benjamin, „Über den Begriff der Geschichte", S. 702f.

14) *PW*, S. 577f.: „... Der historische Index der Bilder sagt nämlich nicht nur, daß sie einer bestimmten Zeit angehören, er sagt vor allem, daß sie erst in einer bestimmten Zeit zur Lesbarkeit kommen. Und zwar ist dieses ‚zur Lesbarkeit' gelangen ein bestimmter kritischer Punkt der Bewegung in ihrem Innern. Jede Gegenwart ist durch diejenigen Bilder bestimmt, die mit ihr synchronistisch sind: jedes Jetzt ist das Jetzt einer bestimmten Erkennbarkeit ..."

Benjamins Versuch der Überschreitung der Grenzen des für den Philosophen Erfaßbaren mündet im *Passagen-Werk* in eigentümliche Sprachlosigkeit. Sicherlich, das *Passagen-Werk* sollte ein Text ohne Autor werden: Der Text der Geschichte sollte sich selber sprechen. Dennoch ist es, trotz dreizehnjähriger Arbeit Benjamins, unabgeschlossen: es fehlt das die Konstruktion tragende Gerüst.

Ist der Benjaminsche Versuch der Integration der in den „Apperzeptionsapparat" eingreifenden Zeit in den „Erkenntnisapparat" damit als gescheitert zu betrachten?

Halten wir fest, daß sich Benjamin die Aufgabe stellte, im Text die „Monade" – d.h. das „Bild der Welt in seiner Verkürzung", „in einer ungeheuren Abbreviatur" – darzustellen. Die Auskristallisation der „Monade" ist nun als Ereignis gedacht, das dem „historischen Materialisten" zustößt: „Der historische Materialist geht an einen geschichtlichen Gegenstand einzig und allein da heran, wo er ihm als Monade *entgegentritt* ..." (Hervorhebung vom Verfasser). Welches Ereignis provoziert aber die „Stillstehung" der Gedanken und macht „Jetztzeit" erfahrbar?

Benjamins erkenntnistheoretisches Projekt nähert sich hier ästhetischen Fragestellungen. Denn ist es nicht die Frage nach den Mitteln der Darstellung von „Wahrheit" und „Wirklichkeit", die die Sprache des Philosophen der Formensprache des Künstlers annähert?

II

Benjamin ist häufig als ein von zwei sich ausschließenden Positionen (der „Theologie" einerseits und dem „Historischen Materialismus" andererseits) Zerrissener dargestellt worden. Es ist jedoch möglich, ein sein Denken konstituierendes Motiv auszumachen, das dem in seinen frühesten Texten thematisierten erkenntnistheoretischen Problem entspringt. Das Motiv der „Konstellation" steht bei Benjamin für die „absolute Aufgabe" seines Schreibens, wie er sie für Hölderlin einmal mittels der Konstruktion des „Gedichteten" bestimmt hatte[15]. Wahrheit ist für Benjamin nicht erkennbar, denn „Wahrheit tritt nie in eine Relation"[16]. Dennoch ist die Darstellung der Wahrheit Aufgabe des Philosophen. „Methode", schreibt Benjamin, „ist für die Wahrheit Darstellung ihrer selbst und daher als Form mit ihr gegeben."[17] Das heißt für den

15) Vgl. Walter Benjamin: „Zwei Gedichte von Friedrich Hölderlin, ‚Dichtermut' – ‚Blödigkeit'", in: *GS*, Bd. II. 1.
16) „Ursprung des deutschen Trauerspiels", S. 216.
17) *Ebd.*, S. 209.

Philosophen, daß er in seinem Text Raum schaffen muß für den Augenblick der „Offenbarung“[18] der Wahrheit, die in der Schönheit statthat. Benjamin schreibt sich in die platonische Tradition ein, wenn er in der „Erkenntniskritischen Vorrede“ das *Symposion* interpretiert und die „Wahrheit als Gehalt des Schönen“ begreift. Es ist also nicht der Wahrheitsbegriff, der Benjamin eigen ist, sondern seine Konzeption des Schönen. Die Schönheit ist für Benjamin wie die Wahrheit nicht verfügbar, sie „enthüllt sich nicht“. Schönheit ereignet sich einen Augenblick lang in der Destruktion der sie tragenden Form. So erklärt Benjamin über den „Gehalt des Schönen“: „Nicht aber tritt er zutage in der Enthüllung, vielmehr erweist er sich in einem Vorgang, den man gleichnisweise bezeichnen dürfte als das Aufflammen der in den Kreis der Ideen eintretenden Hülle, als eine Verbrennung des Werkes, in welcher seine Form zum Höhepunkt ihrer Leuchtkraft kommt.“[19]

In diesem Text ist Benjamins spätere Theorie des „dialektischen Bildes“ und der Konstruktion, die ja als Montage Destruktion des Gegebenen voraussetzt (vgl. meine Anmerkung 9), im Kern enthalten. Der philosophische Text kann nur Darstellung der Wahrheit sein, wenn er für das Ereignis der Wahrheit offen ist. Der Text muß aus sich den Funken schlagen, der seine Form zum „Höhepunkt ihrer Leuchtkraft“ kommen läßt. Darstellung der Wahrheit ist demnach Sache des philosophischen Stils, und nicht der Erkenntnis, die nicht den Umweg über die „Schönheit“ geht, sondern die Wahrheit im „Spinnennetz einzufangen sucht als käme sie von draußen hineingeflogen“[20]. „Schönheit“ und mit ihr die Wahrheit ereignen sich in der Konstellation oder „Konfiguration“[21] der „Denkbruchstücke“[22], die die „Ideen“ darstellen. „Das Trauerspiel im Sinn der kunstphilosophischen Abhandlung ist eine Idee“, postuliert Benjamin einleitend[23]. Die Darstellung dieser „Idee“ im Text des Trauerspiel-Buches macht die Anwendung des Konstruktionsprinzips notwendig, das Benjamin als barocke Kunstform entfaltet. Benjamin gelingt es auf diese Weise, in der Theorie der Allegorie die beiden Pole seines Denkens (Erfahrung von Wahrheit einerseits, Erkenntnis von geschichtlicher Wirklichkeit andererseits) in der Konstruktion seines Textes zusammenfallen zu lassen. Sein philosophischer Stil ermöglicht es, die Erkenntniskritik der Moderne „vom Kopf auf die Füße zu stellen“: das Material der philosophischen Erkenntnis ist die Sprache. Und wenn denn das Aufleuchten der Wahrheit sich nur in der Schönheit ereignet, so gilt es, eine

18) *Ebd.*, S. 211.
19) *Ebd.*
20) *Ebd.*, S. 207.
21) *Ebd.*, S. 214.
22) *Ebd.*, S. 208.
23) *Ebd.*, S. 218.

Ästhetik des philosophischen Textes zu entwickeln, die die Bedingung der Möglichkeit der Konstruktion des Schönen aus dem sprachlichen Material befragt.

Bei der Annäherung der Ästhetik der Allegorie – so wie sie im *Ursprung des deutschen Trauerspiels* dargestellt ist – an die des Erhabenen handelt es sich um Konstruktion im Benjaminschen Sinne, denn Benjamins Kant-Kritik weist keine Spuren einer Auseinandersetzung mit dessen „Analytik des Erhabenen" auf. Aber lautet der erste Satz der „Erkenntniskritischen Vorrede" zum *Trauerspiel* nicht: „Es ist dem philosophischen Schrifttum eigen, mit jeder Wendung von neuem vor der Frage der Darstellung zu stehen"[24]? Und ist es nicht das Erhabene, welches vor Augen führt, daß es im Kunstwerk gelingt, das „Undarstellbare" darstellbar zu machen?

Benjamin spricht nicht von der „Darstellung des Undarstellbaren", sondern von „Nicht-Synthesis". In dem Text „Über das Programm der kommenden Philosophie" aus dem Jahre 1917, in dem Benjamin seine Kritik an Kants Erfahrungsbegriff vornimmt, stellt er für die „kommende Philosophie" fest: „Jedoch wird außer dem Begriff der Synthesis auch der einer gewissen Nicht-Synthesis zweier Begriffe in einem anderen höchst wichtig werden, da außer der Synthesis noch eine andere Relation zwischen Thesis und Antithesis möglich ist."[25]

Es ist Benjamins Suche nach Orten der „Nicht-Synthesis", die seinen Blick auf das „Bruchstückhafte", auf die „Ruinen" einer ehemals denkbaren heilen „Synthesis" lenkt. Nur die Konzeption einer Erkenntnis im Bild, das sich der Wahrnehmung in einem Augenblick ganz gibt und als Eindruck sofort in die Erinnerung herabsinkt, erlaubt es Benjamin, die Erkenntnis der Wahrheit der Welt in ihrer Totalität und die Erkenntnis ihrer Wirklichkeit – so wie sie der Augenblick konstituiert – zusammenzudenken. Im „Chock" der Wahrnehmung des „dialektischen Bildes" wird „Nicht-Synthesis" zum Augenblick, der an das sprachliche Material gebunden ist – im Unterschied zum dialektischen Dreischritt, der die Erkenntnis in einen Fortschritt treibt, der, losgelöst von der Sprache des Philosophen, das Wort als Begriff mit mathematischen Zeichen verwechselt. Der „melancholische Blick"[26] des Allegorikers antwortet auf die

24) *GS*, Bd. I. 1, S. 207.

25) Walter Benjamin: „Über das Programm der kommenden Philosophie", in: *GS*, Bd. II. 1, S. 166.

26) „Wird der Gegenstand unterm Blick der Melancholie allegorisch, läßt sie das Leben von ihm abfließen, bleibt er als toter, doch in Ewigkeit gesicherter zurück, so liegt er vor dem Allegoriker auf Gnade und Ungnade ihm überliefert. Das heißt: eine Bedeutung, einen Sinn auszustrahlen ist er von nun an ganz unfähig, an Bedeutung kommt ihm das zu, was der Allegoriker ihm verleiht. Er legt's in ihn hinein und langt

Wahrnehmung einer „zertrümmerten Wirklichkeit", indem er aus den Ruinen dennoch Schrift und Text konstruiert; die Unform wird zur Form. „Die allegorische Anschauungsweise", so Benjamin, „ist immer auf einer entwerteten Erscheinungswelt aufgebaut."[27] Bild ist dem Allegoriker immer schon Sprache (im negativen Benjaminschen Sinne von „Mitteilung, Abstraktion, Information") – das macht die Entwertung einer Welt aus, die sich der Erfahrung entzieht. „Bedeutung begegnet hier und wird noch weiter begegnen als der Grund der Traurigkeit"[28]: der Allegoriker verwandelt im melancholischen Blick das Ding in Schriftzeichen; er liest die Dinge, ohne sie erfahren zu können.

Die Allegorie ist somit der Modus der Erkenntnis, der einer Wirklichkeit entspricht, die mit dem Zerfall ihrer Erfahrbarkeit auch kein philosophisches System mehr zuläßt. Wenn Benjamin im *Ursprung des deutschen Trauerspiels* das Geschehen auf der Bühne zur Zeit des deutschen Barock darstellt, verschwimmt die Darstellung der barocken Kunstform mit der einer ruinösen Form von Erkenntnis. Barocke Allegorie und allegorische Erkenntnis fallen in einer „Nicht-Synthesis" zusammen: „Wenn mit dem Trauerspiel die Geschichte in den Schauplatz hineinwandert, so tut sie es als Schrift. Auf dem Antlitz der Natur steht ‚Geschichte' in der Zeichenschrift der Vergängnis. Die allegorische Physiognomie der Natur-Geschichte, die auf der Bühne durch das Trauerspiel gestellt wird, ist wirklich gegenwärtig als Ruine. Mit ihr hat sinnlich die Geschichte in den Schauplatz sich verzogen. Und zwar prägt, so gestaltet, die Geschichte nicht als Prozeß eines ewigen Lebens, vielmehr als Vorgang unaufhaltsamen Verfalls sich aus. Damit bekennt sich die Allegorie jenseits von Schönheit. Allegorien sind im Reiche der Gedanken was Ruinen im Reich der Dinge. Daher denn der barocke Kultus der Ruine ..."[29]

Die Allegorie als barocke Kunstform ist wie die Allegorie als Darstellung einer vom Zerfall gekennzeichneten Erkenntnis „jenseits von Schönheit". Genauer: die Benjaminsche Allegorie ist wie ein Vexierbild – je nach Perspektive – schön und „jenseits von Schönheit". Sie ist schön, weil es dem Barockdichter gelungen ist, durch die Zusammenstellung sprachlicher „Trümmer" zur Allegorie das Bild der Wirklichkeit in seiner Totalität vor Augen zu führen. Ihre Schönheit entfaltet sich im Rhythmus der philosophischen Kritik, die die „Ruine", die trümmer-

hinunter: das ist nicht psychologisch, sondern ontologisch ist hier der Sachverhalt [...] Das macht den Schriftcharakter der Allegorie. Ein Schema ist sie, als dieses Schema Gegenstand des Wissens, ihm unverlierbar erst als ein fixiertes: fixiertes Bild und fixierendes Zeichen in einem" (*GS*, Bd. I. 1, S. 359).

27) *GS*, Bd. I. 3, S. 1151.

28) *GS*, Bd. I. 1, S. 383.

29) *Ebd.*, S. 353f.

hafte Form, in ihrer Wahrheit erkennt. Sie ist an die Dauer und an das Auge des Philosophen gebunden, das den „historischen Sachgehalt“ in den „philosophischen Wahrheitsgehalt“ umzubilden fähig ist[30]. Benjamin fragt sich deshalb, „ob die Schönheit, welche dauert, so noch heißen dürfe ...“[31]. Die Allegorie ist eben auch gleichzeitig Ausdruck der Abwesenheit von Wahrheit und als Bild der vom Verfall gekennzeichneten Natur für den Blick des „Unwissenden“[32] „jenseits von Schönheit“.

Diese Logik der Allegorie entspricht der Logik des erhabenen Kunstwerks, das der Wahrnehmung auch als Unform begegnet. Kant führt in der *Kritik der Urteilskraft* das Erhabene als dasjenige ein, welches aus dem harmonischen Verhältnis zwischen der Natur („als Inbegriffe der Gegenstände der Erfahrung“) und den Erkenntnisvermögen herausfällt: das Erhabene erscheint als „zweckwidrig“ für den Ungebildeten, der noch nicht „allerlei Ideen im Gemüte angesammelt hat“. Bei Kant ist die „Zweckwidrigkeit“ der erhabenen Unform, anders als bei Benjamin, nicht Eigenschaft der Gegenstände der Erfahrung. Benjamin versucht, die „Trauer“ „in der Beschreibung jener Welt, die unterm Blick des Melancholischen sich auftut, zu entrollen“[33], weil „Gefühle wie vage immer sie der Selbstwahrnehmung scheinen mögen, [...] als motorisches Gebaren einem gegenständlichen Aufbau der Welt [erwidern]“[34]. Kant hingegen stellt für das Erhabene fest: wir können „nicht mehr sagen, als daß der Gegenstand zur Darstellung einer Erhabenheit tauglich sei, die im Gemüte angetroffen werden kann; denn das eigentliche Erhabene kann in keiner sinnlichen Form enthalten sein, sondern trifft nur Ideen der Vernunft“[35].

Für Kant, der die Philosophie in ihrer systematischen Form darstellt, ist deshalb „der Begriff des Erhabenen der Natur bei weitem nicht so reichhaltig [...] als der des Schönen in derselben“[36]. Während Kant den Einbruch des Unförmigen, Formlosen in einer Erscheinungswelt, die für ihn nur als zweckmäßig denkbar ist, unter Hinweis auf die „Ideen der Vernunft“ schnell neutralisiert, ist für Benjamin das Unförmige, Ruinöse, Prinzip des „gegenständlichen Aufbaus der Welt“[37].

30) *GS*, Bd. I. 1, S. 358.
31) *Ebd.*
32) *Ebd.*, S. 357.
33) *Ebd.*, S. 318.
34) *Ebd.*
35) Immanuel Kant, *Kritik der Urteilskraft*, Werkausgabe Bd. X. Hrsg. v. Wilhelm Weischedel, Frankfurt/M. 1974, S. 166.
36) *Ebd.*
37) *GS*, Bd. I. 1, S. 318.

Für Benjamin stellt sich die Frage in aller Schärfe: wie sind Schönheit und Wahrheit in einer „entwerteten Erscheinungswelt" noch denkbar? Der Bruch mit der sich dem Menschen in ihrer Schönheit mitteilenden Natur, der in der Ästhetik des Erhabenen (bei Kant allerdings nur im Ansatz) vollzogen wird, schlägt in Benjamins Texten in die Zertrümmerung der sprachlichen Formen der Darstellung um. Sie implizieren so eine Ästhetik des Verfalls der sprachlichen Darstellungsmittel. Benjamin rettet in der Allegorie die Schönheit „jenseits von Schönheit" und damit die Möglichkeit philosophischer Darstellung von Wahrheit. Der Philosoph ist nun vor die Aufgabe gestellt, als Melancholiker im erhabenen Text das Undarstellbare sprachlich darstellbar zu machen, das heißt aber: in den Text die Wahrheit zu integrieren, ihn zum Ort des Ereignisses der Wahrheit zu machen. Wahrheit wird in der „Nicht-Synthesis" des Materials des Philosophen (der Sprache) und der erfahrenen Wirklichkeit (im Erinnerungsbild) erfahrbar.

III

Benjamin hat die Schönheit „jenseits von Schönheit" nicht als „erhaben" oder „sublim" bezeichnet. Das Erhabene wird bei ihm nicht zum Begriff, obwohl er dieses Wort in frühen Arbeiten gebraucht[38].

Der in Vergessenheit geratene, unscheinbare Begriff der rhetorischen und ästhetischen Tradition geriet erst im Paris der achtziger Jahre in eine Konstellation, die ihn als Ort der Begegnung erkenntnistheoretischer und ästhetischer Fragestellungen erscheinen läßt.

Die Beobachtung der Abwesenheit traditioneller Formen der Darstellung im Bereich der Kunst und der Philosophie nährt die Beunruhigung um die „Moderne" und führt zur Suche nach Begriffen, die den veränderten Verhältnissen entsprechen. Fündig wurde man auf der Suche nach einem Begriff, der auf die beunruhigende Disharmonie zwischen dem sich der Wahrnehmung bietenden Material, dessen Integration in Erfahrung und der sich auf diese beziehende Erkenntnis antwortet, schon bei demjenigen, der die Erkenntnis als erster einer Kritik unterzogen hat, bei Kant, genauer: in dessen *Kritik der Urteilskraft*. So antwortete Jean-François Lyotard auf die Polemik um den Begriff der Postmoderne mit folgender Beobachtung zur „Moderne": „Mit der Moderne geht stets, wie immer man sie auch datieren mag, eine Erschütterung des Glaubens und

38) Besonders häufig in: „Goethes Wahlverwandtschaften", in: *GS*, Bd. I. 1, S. 127, S. 128, S. 181, S. 193, S. 196, S. 199, S. 201; (sublim: S. 166); vgl. auch: „Zwei Gedichte von Friedrich Hölderlin", S. 111 und S. 125; außerdem: „Schicksal und Charakter", in: *GS*, Bd. II. 1, S. 175.

gleichsam als Folge der Erfindung anderer Wirklichkeiten die Entdeckung einher, wie *wenig wirklich* die Wirklichkeit ist."[39]

Dieses „Schwinden der Wirklichkeit", das an Benjamins „entwertete Erscheinungswelt" erinnert, macht Lyotard auch im „Perspektivismus Nietzsches" aus und findet es in Kants „Analytik des Erhabenen" vorbereitet[40]. Weitergehend vermutet Lyotard, „daß in der Ästhetik des Erhabenen die moderne Kunst (einschließlich der Literatur) ihre treibende Kraft und die Logik der Avantgarden ihre Axiome finden"[41]. Jean-François Lyotard geht es bei dem Wiederaufgreifen des Erhabenen jedoch um mehr als um die Feststellung eines Paradigmenwechsels in der Kunst (vom Schönen zum Erhabenen). Gewiß, die Existenz von Kunstwerken, die bei dem Rezipienten das zweideutige Gefühl erschreckter Bewunderung auslösen, ist ein Indiz für das gespannte Verhältnis der Darstellung zur Wirklichkeit, auf welche jene sich eben nicht mehr über die Vermittlung von Modellen bezieht. Sie zeugen von der Veränderung des menschlichen „Apperzeptionsapparats", die von Benjamin thematisiert wurde, und insbesondere vom Verlust des Kantischen Begriffs der Natur als „Inbegriff der Gegenstände der Erfahrung". Benjamins Diagnose vom Verfall der Erfahrung, wie er sie beispielsweise im Erzähler-Aufsatz darlegt, findet also ihr Echo in den jüngsten Auseinandersetzungen um die „Moderne". Wenn die Erfahrung – wie Benjamin es ausdrückt – „im Kurs gefallen ist"[42], wenn die Wahrnehmung dem Zurückweichen der Realität entgegensehen muß, wenn die Begriffsnetze und -systeme zerfallen sind, dann ist in der Abwesenheit der die Realität stützenden Formen das „Material selbst" der Erfahrung als das „Undarstellbare" präsent.

Das erhabene Kunstwerk führt in der „Moderne" vor Augen, was Benjamin in der *Einbahnstraße* unter dem Titel „Diese Flächen sind zu vermieten" beobachtet: es sind „Narren, die den Verfall der Kritik beklagen. Denn deren Stunde ist längst abgelaufen. Kritik ist eine Sache des rechten Abstands. Sie ist in einer Welt zu Hause, wo es auf Perspektiven und Prospekte ankommt und einen Standpunkt einzunehmen noch möglich war. Die Dinge sind indessen viel zu brennend der menschlichen Gesellschaft auf den Leib gerückt …"[43]

Die Ästhetik des Erhabenen erlaubt es somit, die „Konvergenz von Kunst und Erkenntnis" (s.u., S. 183) zu reflektieren, die dem spezifisch modernen Problem des Verlustes des „rechten Abstands zu den Dingen" entspringt.

39) Jean-François Lyotard: „Beantwortung der Frage: Was ist Postmodern?", in: *Postmoderne für Kinder*, Wien 1987, S. 22.
40) *Ebd.*
41) *Ebd.*
42) Benjamin, „Der Erzähler. Beobachtungen zum Werk Nikolai Lesskows", in: *GS*, Bd. II. 2, S. 439.
43) *GS*, Bd. IV. 1, S. 131.

Jean-François Lyotard macht in seinen letzten Texten deutlich, inwiefern Kunst und Philosophie konvergieren. Ausgehend von der Tatsache, daß sich mit dem Schwinden der Modelle künstlerischer Darstellung unweigerlich die Frage nach ihrer Referenz stellt, zeigt Lyotard, daß sich für den Künstler in gleicher Weise wie für den Philosophen die Frage nach den Regeln der Produktion der Bild- bzw. Sprachformen stellt[44]. So analogisiert Lyotard letztlich die Fragen nach dem Status der künstlerischen Produktion von bildhaften Darstellungen und der philosophischen Produktion von Texten. Er zeichnet aber auch aus dem Inneren der künstlerischen Produktion die Bewegung nach, die zur Philosophie führt: er legt dar, wie mit dem Niedergang der natürlichen Einstimmung von Form und Materie (der mit Kants „Analytik des Erhabenen" einsetzt) der Versuch, sich der „Materie" zu nähern, „der Präsenz näherzukommen, ohne sich der Mittel der Darstellung zu bedienen", in die Darstellung der Materie als reine Präsenz mündet, ohne daß diese Präsenz vom Geist schon in Sinnesdaten oder Begriffen synthetisiert worden wäre[45]. Die Geistes-Gegenwart, die diese Offenheit für die „Materie" voraussetzt, ist die gleiche, die Lyotard als das eigentliche Denken begreift[46].

Die Nähe des so verstandenen Erhabenen zum Benjaminschen Versuch, den Text zum Material der Erkenntnis zu machen, das sich im „Jetzt der Erkennbarkeit" in Erfahrung auflöst, ohne daß diese Erfahrung ihres geschichtlichen Indexes beraubt würde, ist offensichtlich. Die Aufgabe des Philosophen ist es nach Benjamin, in der Konstellation, in der Montage der Worte, (dialektische) Bilder darzustellen – d.h., im Sprachmaterial der Erfahrung in ihrer Zeitlichkeit so nahe wie möglich zu kommen, ohne daß das begriffliche Raster eingriffe. Der Philosoph befindet sich insofern in der Lage des Produzenten erhabener Kunstwerke, als er sich darum bemühen muß, seinem Text die Offenheit zu geben, die in der (Un-)Form des Kunstwerks das Undarstellbare darstellt. Die jähe Kristallisation des Gedankens im Bild, die Benjamin im Stil des Philosophen

44) „Diese negative Dialektik dreht sich um die Frage: was ist Malerei? Sie wird davon getrieben, sich abzusetzen von dem, was schon dagewesen oder noch da ist; doch selbst das war nicht unbedingt notwendig, um Malerei zu machen. Malerei wird eine philosophische Tätigkeit: die Regeln zur Anfertigung ‚gemalter' Bilder sind noch nicht ausgesprochen und können noch nicht angewandt werden. Die Regel der Malerei liegt eher darin, nach jenen Regeln bildnerischer Gestaltung zu suchen, wie auch die Philosophie nach den Regeln philosophischer Sätze zu suchen hat" (Lyotard, „Vorstellung, Darstellung, Undarstellbarkeit", in: Jean-François Lyotard et al., *Immaterialität und Postmoderne,* Berlin 1985, S. 93).

45) Vgl. Jean-François Lyotard, „Après le sublime, état de l'esthétique", in: *L'Inhumain,* S. 151.

46) Vgl. Jean-François Lyotard, „Domus et la mégapole", in: *Po&sie* 44 (1988), S. 99; rep. in: *L'Inhumain,* S. 203–215.

zulassen wollte, nähert die Sprache des Philosophen der Sprache des Künstlers an.

Diese „Konvergenz von Kunst und Erkenntnis“ hat der junge Adorno, der ja mit Benjamins Arbeit – auch mit Texten des *Passagen-Werks* – bestens vertraut war, in seinen „Thesen über die Sprache des Philosophen“ dargestellt. Auch bei Adorno begegnen wir dem „barocken Kultus der Ruine“: „Es steht heute der Philosoph der zerfallenen Sprache gegenüber. Sein Material sind die Trümmer der Worte, an die Geschichte ihn bindet; seine Freiheit ist allein die Möglichkeit von deren Konfiguration nach dem Zwange der Wahrheit in ihnen. Er darf so wenig ein Wort als vorgegeben denken wie ein Wort erfinden.“[47]

Seine These: „Alle philosophische Kritik ist heute möglich als Sprachkritik“[48], entwickelt er folgendermaßen: „Es ergibt sich damit konstitutive Bedeutung der ästhetischen Kritik für die Erkenntnis. Ihr entspricht: daß echte Kunst heute nicht mehr den Charakter des Metaphysischen hat, sondern unvermittelt der Darstellung realer Seinsgehalte sich zuwendet. Es läßt sich die wachsende Bedeutung philosophischer Sprachkritik formulieren als beginnende Konvergenz von Kunst und Erkenntnis. Während Philosophie sich der bislang nur ästhetisch gedachten unvermittelten Einheit von Sprache und Wahrheit zuzukehren hat, ihre Wahrheit dialektisch an der Sprache ermessen muß, gewinnt Kunst Erkenntnischarakter: ihre Sprache ist ästhetisch nur dann stimmig, wenn sie ‚wahr‘ ist: wenn ihre Worte dem objektiven geschichtlichen Stande nach existent sind.“[49]

Die „beginnende Konvergenz von Kunst und Erkenntnis“ erreicht in der Ästhetik des Erhabenen ihren Höhepunkt. Spätestens seit Nietzsches Erkenntniskritik hat der Philosoph die Aufgabe, in ein Verhältnis zu Wirklichkeit und Wahrheit zu treten, welches das Material der Erkenntnis nicht mehr im totalitären Zugriff verdeckt. Aus dieser Perspektive heraus läßt sich die Renaissance des Erhabenen auch als strategischer Zug betrachten – als Bemühung um die „Verfeinerung“ und neue „Leichtigkeit“ der „Sprache des Philosophen“. Es gilt – und darauf wird Lyotard nicht müde hinzuweisen –, Widerstand zu leisten gegen die dem Begriff scheinbar inhärente Tendenz, Wirklichkeit zu beherrschen, zu ersticken und zum Schweigen zu bringen: „ ‚Ich glaube, es ist hier die Stelle abzubrechen …‘

Der Augenblick ist gekommen, um den Terror in der Theorie zu unterbrechen. Für einen längeren Augenblick werden wir alle Hände voll zu tun haben. Der Wunsch nach Wahrem, allerorts ein Nährboden für Terrorismus, schreibt sich in

47) Theodor W. Adorno, „Thesen über die Sprache des Philosophen“, in: *Gesammelte Schriften*, Bd. 1: Philosophische Frühschriften, Frankfurt/M. 1973, S. 368f.
48) *Ebd.*, S. 369.
49) *Ebd.*, S. 370.

den unkontrolliertesten Gebrauch unserer Sprache ein, so sehr, daß jede Rede (*discours*), die Anmaßung das Wahre zu sagen in einer Art unverbesserlicher Grobheit zu entfalten scheint. Das heißt aber, daß der Augenblick gekommen ist, um gegen diese Grobheit anzugehen, um in den ideologischen oder philosophischen Diskurs (*discours*) die gleiche Feinheit, die Kraft der Leichtigkeit einzuführen, die sich in den Werken der Malerei, der Musik, des sogenannten experimentellen Kinos und natürlich auch den Wissenschaften abzeichnet [...]"[50]

Darüber hinaus verweist das Erhabene auf die dem „modernen" philosophischen Stil inhärente Tendenz, das „Undarstellbare" „als solches" – in seiner Bildhaftigkeit – im Text darzustellen. Der das Benjaminsche Schreiben prägende Konflikt zwischen dem „melancholischen Blick", der die zerbrochene Wahrnehmung in der „Ruine" versteinert, und dem, dem das „dialektische Bild" in seiner Blitzhaftigkeit in der „Jetztzeit" begegnet, erfährt im *Passagen-Werk* seine Zuspitzung in der erwähnten Sprachlosigkeit Benjamins.

Zwar hat der Allegoriker Benjamin im Bild des Trauerspiels die „Moderne" erkannt, doch hat er sie im Zustand der „Trauer" versteinert; die Frage bleibt offen, ob der „erhabene Text", der die „Nicht-Synthesis" darstellt und sie nicht allegorisiert, noch zu schreiben ist.

50) Jean-François Lyotard, *Apathie in der Theorie*, Berlin 1979, S. 73.

Adornos Ästhetik: eine implizite Ästhetik des Erhabenen

Wolfgang Welsch

„Das Glück an den Kunstwerken ist jähes Entronnensein, nicht ein Brocken dessen, woraus Kunst entrann ... Dem ästhetischen Hedonismus wäre entgegenzuhalten jene Stelle aus der Kantischen Lehre vom Erhabenen, das er, befangen, von der Kunst eximiert: Glück an den Kunstwerken wäre allenfalls das Gefühl des Standhaltens, das sie vermitteln. Es gilt dem ästhetischen Bereich als ganzem eher als dem einzelnen Werk."[1)]

Diese erste Passage, in der die Kategorie des Erhabenen in Adornos *Ästhetischer Theorie* auftaucht, enthält – teils explizit, teils in nuce – bereits alle Elemente von Adornos Stellungnahme zum Erhabenen. Diese ist in mehrfacher Hinsicht hochbedeutsam. Unmittelbar ist dem Zitat zu entnehmen, daß die Kategorie des Erhabenen Adorno zufolge die Stellung der Kunst insgesamt auf den Begriff bringt. Kunst ist eine Instanz des Standhaltens. Dazu gelangt sie allein durch Negation und Entronnensein. Nicht ein Brocken des gesellschaftlichen Banns darf in Kunst noch vorhanden sein. Nur so kann sie einen Ort des Widerstands bilden, vermag sie dem Verblendungszusammenhang Paroli zu bieten. Einzig dies – nicht die hedonistische Lust der Angleichung – ist das Glück, das Kunst heute noch vermitteln kann, und genau diese Position kommt in der Kategorie des Erhabenen zum Ausdruck. Das Thema des Erhabenen führt ins Zentrum der *Ästhetischen Theorie*. Es betrifft, wie Adorno sagt, „den ästhetischen Bereich als ganzen".

Damit sind die Themenfelder der folgenden Untersuchung vorgezeichnet. In einem ersten Teil soll Adornos Verständnis des Erhabenen rekonstruiert und soll dargelegt werden, inwiefern das Erhabene im Zentrum von Adornos ästhetischer Konzeption wirksam ist.

In einem zweiten Teil wird untersucht, wie die Kategorie des Erhabenen Adornos Konzeption in solchem Maße zuspitzt, daß sie diese geradezu über sich

1) Theodor W. Adorno, *Ästhetische Theorie*, Gesammelte Schriften, Bd. 7, Frankfurt/M. 1970, S. 30f. – Im folgenden werden alle Zitate daraus im Text nachgewiesen.

hinaustreibt. Die Dynamik ergibt sich daraus, daß Adorno seine Ästhetik zwar im Horizont von Versöhnung konzipiert hat, mit der Zuwendung zum Erhabenen aber zugleich den ästhetischen Widerstandspart allen Versöhnungsdenkens aktivierte. Das hatte gravierende Konsequenzen. Zuletzt mußte Adorno sich entscheiden, ob er am philosophischen Versöhnungsgedanken festhalten oder den Implikationen des Erhabenen folgen wollte. Er sah sich zu einer Umdeutung des Versöhnungsmotivs in seinem Kern genötigt. Dies darzustellen, bildet ein Hauptanliegen der Untersuchung. Man hat Adorno bisher verschiedentlich vorgehalten, die implizite Systematik seiner Ästhetik, die durch das Telos der Versöhnung bestimmt sei, habe seine ästhetische Konzeption zugleich rigid und unfruchtbar gemacht[2]. Hier soll hingegen gezeigt werden, daß Adorno, den Spuren der Ästhetik des Erhabenen folgend, ein Mittel fand, um sich den restriktiven Auflagen des Versöhnungsdenkens zu entziehen, und daß seine Ästhetik gerade darin ihre Auszeichnung hat und von daher sowohl pointiert modern wie anschlußfähig ist.

In einem dritten Teil wird schließlich der Frage nachzugehen sein, welche Bedeutung Adornos Konzeption des Erhabenen im Kontext der zeitgenössischen Debatte zukommt. Hier geht es zunächst um Adornos Verhältnis zu Lyotard, der einmal gesagt hat, daß die Ästhetik seiner Auffassung nach einer „Philosophie des Erhabenen“ folgen müsse, wobei er im gleichen Atemzug darauf hinwies, daß er diesbezüglich an das anknüpfen wolle, was bei Adorno angelegt sei[3]. Abschließend wird zu fragen sein, welche Folgen die Berücksichtigung des Erhabenen – über Adorno und Lyotard hinaus – für eine aktuelle Ästhetik haben kann. Wie transformiert sich dabei deren Verständnis und welche Bedeutung hat eine solche Ästhetik über die Kunst hinaus?

I. Das Erhabene als Kernstück von Adornos *Ästhetischer Theorie*

Die Kategorie des Erhabenen ist für Adornos Konzeption zentral, wenngleich sie mehr implizit als explizit leitend ist. Keineswegs ist bei Adorno andauernd vom Erhabenen die Rede. Diese Zurückhaltung hat möglicherweise mit der prekären Dynamik zu tun, die das Erhabene entfaltet. Zudem ist es nicht jedermanns Sache, den Umbau seiner Konzeption auf offener Bühne zu vollziehen. Adornos

2) So zuletzt Albrecht Wellmer, „Wahrheit, Schein, Versöhnung. Adornos ästhetische Rettung der Modernität“, in: *Adorno-Konferenz 1983.* Hrsg. v. Ludwig von Friedeburg und Jürgen Habermas, Frankfurt/M. 1983, S. 138–176, hier S. 138 u. S. 172.

3) Jean-François Lyotard u.a., *Immaterialität und Postmoderne,* Berlin 1985, S. 68 f.

ebenso facettenreiche wie gehaltvolle Äußerungen zum Erhabenen bedürfen detaillierter Darstellung und differenzierter Reflexion.

1. Die Kritik des hohlen Erhabenen

Adornos Thematisierung des Erhabenen – die auf eine Rehabilitierung desselben hinausläuft – setzt mit der kritischen Distanzierung einer traditionellen Form des Erhabenen ein. Adorno wendet sich gegen den Kult von Werken, „die sich mit irgendwelchen erhabenen Vorgängen beschäftigen" (S. 224). Erstens ist, was darin für erhaben gilt, „meist nur Frucht von Ideologie, von Respekt vor Macht und Größe" (*ebd.*), und zweitens liegt hier eine Verwechslung von Inhalt und Form vor. Während Erhabenheit dem Formgesetz der Kunst selbst entspringen müßte, wird sie hier durch Bezugnahme auf „große Stoffe" oder „erhabene Vorgänge" bloß erschlichen. Die Falschheit dieses Verfahrens wurde in der Moderne offenkundig, als zutage trat, daß auch geringste Gegenstände zu Bildern von höchster Intensität führen können. Seitdem ist klar, daß die Authentizität der Werke nicht an der „Relevanz ihrer Gegenstände" hängt (*ebd.*), sondern der Form der Werke sich verdanken muß. Im Blick auf das traditionelle Erhabene gilt: „Was als erhaben auftritt, klingt hohl" (S. 294); bezüglich seiner ist Napoleons Satz, „vom Erhabenen zum Lächerlichen sei nur ein Schritt" (S. 295), geschichtlich wahr geworden.

Gleichwohl ist die Kategorie des Erhabenen darob nicht preiszugeben. Die bloße „Kritik an Tiefe und Ernst" wäre heute „nicht weniger Ideologie" als die Berufung aufs traditionelle Erhabene, diente sie doch, gewollt oder nicht, ihrerseits bloß der „Rechtfertigung des betriebsamen und bewußtlosen Mitmachens" (S. 294 f.). Demgegenüber ist eine Modifikation des Erhabenen geboten. Deren Richtungssinn erfaßt man am besten, indem man von der bestimmten Negation des ehemaligen Sinns des Erhabenen ausgeht.

Traditionell war das Erhabene mit einem bombastischen Geistbegriff verbunden. Indem dessen Unwahrheit zutage trat, verfiel das Erhabene der Komik. Daher betrachtet Adorno Kants Vorsicht, das Erhabene allein der Natur zu reservieren und nicht auch der Kunst zuzuschreiben, als geradezu hellsichtig – wie anachronistisch sie auch immer gewesen sein mag. Denn tatsächlich wandte sich die Kunst zu Kants Zeit begeistert dem Erhabenen zu, aber dabei war ihr geschichtlich eben „bereits die Bewegung des Erhabenen auf seine Negation hin einbeschrieben" (S. 296). Daher war Kants Zurückhaltung objektiv richtig[4] – nur tat Kant diesen trefflichen Schritt auf dem Boden eines falschen

4) Adorno meint sogar: „Kants Askese gegen das Ästhetisch-Erhabene antezipiert objektiv die Kritik des heroischen Klassizismus und der davon derivierten emphatischen Kunst" (S. 296).

Konzepts und damit eher zufällig als aus Einsicht. Denn auch Kant hat den Begriff des Erhabenen noch, wie es zu dessen traditioneller Fassung gehörte, mit dem überwältigend Großen identifiziert und hat somit „ungebrochen seine fraglose Komplizität mit Herrschaft bejaht“ (*ebd.*): „Erhaben sollte die Größe des Menschen als eines Geistigen und Naturbezwingenden sein“ (S. 295). Genau dieser bombastische Begriff des Erhabenen aber erwies sich geschichtlich als unhaltbar. Von dieser heroischen Fassung des Erhabenen, die den Menschen qua Geistwesen zum Bezwinger und Beherrscher von Natur erklärte, gilt es Abstand zu nehmen. Das geschieht konsequent, indem man dem Umschlag folgt, der der Kategorie des Erhabenen im Lauf der Geschichte widerfuhr. Adorno deckt – entscheidend für seine ganze Konzeption – eine Transformation des Begriffs auf.

2. Adornos Transformation des Erhabenen: Von der Herrschaft über Natur zur Erfahrung der eigenen Naturhaftigkeit

Die „Größe des Menschen als eines Geistigen und Naturbezwingenden“ bildete den Ausgangspunkt der Karriere des Erhabenen. Geschichtlich jedoch hat sich – gegenläufig hierzu – „die Erfahrung des Erhabenen als Selbstbewußtsein des Menschen von seiner Naturhaftigkeit“ enthüllt (*ebd.*). Dadurch verwandelte sich die Kunst des Erhabenen „in das, was sie an sich ist, den geschichtlichen Sprecher unterdrückter Natur, kritisch am Ende gegen das Ichprinzip, den inwendigen Agenten von Unterdrückung“ (S. 365). Solche Kunst „bewegt das Subjekt vorm Erhabenen zum Weinen. Eingedenken von Natur löst den Trotz seiner Selbstsetzung“ (S. 410). Wie ist die von Adorno in diesen Sätzen geschilderte Transformation im einzelnen zu begreifen?

Adorno versteht die Erfahrung des Erhabenen anders – eigentlich ganz anders – als gewöhnlich. Betroffen sind das Herrschafts- und Naturverhältnis. Adornos Auslegung läuft hier geradezu auf eine Umkehrung der Konvention hinaus. So sagt er im Blick auf die herkömmliche Komplizität des Erhabenen mit Herrschaft: „Ihrer muß Kunst sich schämen, und das Nachhaltige, welches die Idee des Erhabenen wollte, umkehren“ (S. 296). Adornos Sensorium nimmt in der Geschichte des Erhabenen einen Umschlag gegenüber der anfänglichen Besetzung durch den Herrschaftsgestus des Menschen als eines Naturbezwingers wahr: Zunehmend enthüllt sich als untergründiger und eigentlicher Gehalt des Erhabenen die Erfahrung der „Naturhaftigkeit“ des Menschen. Dies verändert die „Zusammensetzung der Kategorie“ völlig (S. 295). Adorno dreht die Erfahrung des Erhabenen aus dem Raster von Macht, Übermacht und Bemächtigung heraus und perzipiert sie als Erfahrung möglicher Teilhabe an Natur und gemeinsamer Freiheit mit ihr. Mimesis löst Herrschaft ab.

Den Motor dieser Umstellung entdeckt Adorno in einem Moment, an dem schon Kant unbeirrt festgehalten hatte: daß es sich beim Erhabenen wesentlich um ein „Gefühl" handelt. Eben dadurch werde „die Kantische Bestimmung des Erhabenen über sich hinausgetrieben" (S. 293). Denn den Gehalt eines solchen Gefühls kann man nicht bloß dem Träger des Gefühls – hier also dem Geist – zusprechen, sondern muß ihn auch dem Gegenstand des Gefühls – hier also der Natur – zuerkennen (*ebd.*)[5]. Als Gefühl bahnt die Erfahrung des Erhabenen eine Gemeinschaft von Subjekt und Natur an und wird für den Geist Anlaß zur „Selbstbesinnung auf sein eigenes Naturhaftes" (S. 292).

Diese Entdeckung der eigenen Naturhaftigkeit macht das Befreiende an der Erfahrung des Erhabenen aus. Insoweit ist sie positiv und beglückend getönt. Sie eröffnet den Ausblick auf eine Gemeinsamkeit des Naturwesens Mensch mit der umgebenden Natur, „antezipiert etwas von der Versöhnung mit ihr" (S. 293): „Die hohen Berge sprechen als Bilder eines vom Fesselnden, Einengenden befreiten Raums und von der möglichen Teilhabe daran" (S. 296).

Darin ist die Perspektive der Herrschaft überschritten. Inmitten eines scheinbar herrschaftlichen Phänomens wird also der Bann der Herrschaft gebrochen. Wichtig ist, daß Natur dabei selbst als „Elementarisches" (S. 292), als Gegenstand voller Macht und Größe, auftritt. Solche Gewalt kann nicht bezwungen, diese Macht nicht beherrscht werden. Damit bricht die Perspektive der Bemächtigung in eine der Versöhnung um. Im Gewand von Herrschaft kommt es zu deren Überschreitung. Vom Erhabenen gilt: „In den Zügen des Herrschaftlichen, die seiner Macht und Größe einbeschrieben sind, spricht es gegen die Herrschaft" (S. 293).

Die Transformation des Erhabenen umfaßt somit zwei Formen von Befreiung: die Emanzipation des Subjekts vom Zwang souveräner Naturbeherrschung und die Befreiung der Natur aus dem „verruchten Zusammenhang von Naturwüchsigkeit und subjektiver Souveränität" (S. 293). Die Zusammengehörigkeit beider Momente ist für Adornos Konzeption essentiell. Kraft ihrer lösen sich in der Erfahrung des Erhabenen älteste Intentionen der *Dialektik der Aufklärung* ein. Der Erfahrung des Erhabenen gelingt es, den Menschen – ästhetisch und für Augenblicke – vom Subjektivitätsprinzip und der „Verstrickung in blinder Herrschaft" zu befreien.

Dem entspricht auch Adornos Deutung der beiden Valenzen, die zum Gefühl des Erhabenen gehören, also des Unlust- und des Lustmoments. Die Erschütterung in der Erfahrung des Erhabenen ist die der Subjektivität. Wohl geht es um Freiheit (wie Kant statuiert hatte), aber nicht (wie er meinte) als Superiorität

5) Natürlich ist dies, wie Adorno weiß, gegen Kants Text (vgl. *Kritik der Urteilskraft*, B 76 u. 109), nur meint er, daß die Erfahrung des Erhabenen über die Schranke, die dieser Text zu errichten suche, unweigerlich hinaustreibe.

gegenüber Natur, sondern gerade umgekehrt im Sinn einer Befreiung vom naturbeherrschenden Ich- und Subjektprinzip. Diese Befreiung schließt sowohl Momente der Nötigung wie solche des Glücks ein. Denn was das beharrenwollende Subjekt als Unlust seiner Erschütterung erfährt, das stellt sich für das tiefere Wissen, das alle Subjektanspannung untergründig begleitet, als Glück dar, als Erfüllung nämlich seiner „Sehnsucht" nach dem „vom subjektiven Block dem Subjekt Versperrten" (S. 396). So wird der Bann gebrochen, „den das Subjekt um Natur legt" und der dabei zugleich es selbst befängt. „Eingedenken von Natur löst den Trotz seiner Selbstsetzung". „Freiheit regt sich im Bewußtsein seiner Naturähnlichkeit" (S. 410). Im Weinen ist beides – die schmerzliche Erschütterung und die glückhafte Befreiung – verbunden: „Darin tritt das Ich, geistig, aus der Gefangenschaft in sich selbst heraus ... Freiheit leuchtet auf" (*ebd.*).

Diese geschichtlich vorwärts drängende Erfahrung, die von einer Kunst erobert wurde, die als Kunst des Erhabenen „die Entfesselung des Elementarischen" betrieb und damit den Geist zur „Selbstbesinnung auf sein eigenes Naturhaftes" nötigte (S. 292), wurde schließlich zur Grunderfahrung aller modernen Kunst. Die Kunst avancierte insgesamt zum „geschichtlichen Sprecher unterdrückter Natur" (S. 365). Die Erfahrung des Erhabenen breitete sich über ihr gesamtes Terrain aus. Ein Ausblick auf Versöhnung mit Natur gehört zur generellen Botschaft der modernen Kunst.

Dies bedeutet nicht weniger, als daß die Kunst *insgesamt* – ob erhabene oder schöne – in der Moderne die Struktur des Erhabenen angenommen hat und austrägt. Ein Beleg dafür, wie grundsätzlich das für Adorno gilt, ist gerade darin zu sehen, daß Adorno all die zuletzt angeführten Aussagen, welche die Struktur des Erhabenen exponieren, in aller Selbstverständlichkeit vom Schönen der Kunst machen kann. Das ist nicht ungenau oder widersprüchlich, sondern signifikant für seine Position. Das Erhabene ist bei ihm (in Fortführung romantischer Ansätze) ganz und gar zur Matrix des Schönen geworden. Es durchdringt dessen Bestimmungen bis ins Innerste. Daher kann Adorno vom Schönen sprechen, wenn er die Struktur des Erhabenen meint. Umgekehrt erklärt sich auch der Umstand, daß man die Prominenz des Erhabenen für Adornos *Ästhetische Theorie* so einhellig übersehen konnte, eben daraus, daß „das Schöne" hier seiner ganzen Struktur nach bloß noch ein Deckname für das Erhabene ist und so allenthalben für es zu stehen vermag – was freilich dann, wenn man diese Verlagerung nicht erkennt, zu der irrigen Annahme verleiten kann, es gehe hier weiterhin um eine Ästhetik des Schönen. In Wahrheit ist die Erschütterung, die für das Subjekt einst stellvertretend vom Erhabenen der Natur ausging, inzwischen zum Nerv *aller* Kunst geworden. Das Erhabene bildet den Kern und Code der modernen Kunst.

3. Adornos Ästhetik in ihrer Essenz: eine Ästhetik des Erhabenen

Adorno hat die Fokussierung aufs Erhabene so erklärt: Nach dem Ende der bloß formalen Schönheit blieb „die Moderne hindurch von den traditionellen ästhetischen Ideen seine allein übrig“ (S. 293 f.). Das Erhabene wurde „zum geschichtlichen Konstituens von Kunst selber“ (S. 293). Immer „mehr zieht sich Kunst ins Moment des Erhabenen zusammen“ (*ebd.*)[6]. Noch wenn Adorno sagt, das Erhabene werde „latent“ (S. 294), so weist er damit auf den prinzipiellen Leitcharakter hin, den das Erhabene in der Moderne angenommen hat. Latent ist es gerade, sofern es die elementare Struktur aller Kunst bezeichnet, und latent muß es bleiben, weil es als Formgesetz, nicht als Inhalt seine Wahrheit hat. Modern herrscht das Erhabene als Implizites, als Matrix der Kunst.

Diese prinzipielle Codierung der Kunst im Sinn des Erhabenen läßt sich an allen Schlüsselstellen von Adornos Konzeption nachweisen. Ich möchte das in sechs Schritten zeigen.

1. Kunst muß Adorno zufolge ihrem Begriff opponieren. Schon in den *Minima Moralia* hatte es vom Geschmack geheißen, daß er selbstkritisch, allergisch gegen „das selbstgerecht Ästhetische“ sei[7]. Solche Selbstkritik des Geschmacks war nun aber von jeher mit der Erfahrung des Erhabenen verbunden. Das Erhabene hat sich historisch im „Konflikt mit dem Geschmack“ durchgesetzt, indem es sich dem „nicht bereits gesellschaftlich Approbierten und Vorgeformten“ zuwandte (S. 292 bzw. 293). Und strukturell reizt und überschreitet es – ob seines von Adorno (wie schon von Kant) notierten paradoxen Wechselspiels von Unlust und Lust, das in keiner Synthese zur Ruhe kommt – die Fassungskraft des Geschmacks immer wieder aufs neue.

2. Warum muß die Kunst „gegen das sich wenden, was ihren eigenen Begriff ausmacht“ (S. 10)? Mindestens deshalb, weil sie sonst innerhalb der Gesellschaft ideologisch wirkte. Denn ihr Begriff verlangt von ihr, „Totalität aus sich zu setzen, ein Rundes, in sich Geschlossenes“ (*ebd.*). Aber so sehr dies im Sinn der Autonomie der Kunst nötig und sinnvoll sein mag, so fatal ist es angesichts der gesellschaftlichen Funktion solcher Kunst. Denn unweigerlich affirmiert sie durch ihre Geschlossenheit die falsche Gesellschaft, sei es, weil „dies Bild sich auf die Welt“ überträgt (*ebd.*), sei es, weil die Kunst ob ihrer Autonomie und Distanz diese Gesellschaft „unbehelligt“ läßt (S. 335).

6) Daraus, daß sie eigentlich eine Kunst des Erhabenen ist, resultiert dann sowohl die Widerstandskraft der modernen Kunst wie ihre Selbstverpflichtung auf höchste Ansprüche: „Noch die Hybris der Kunstreligion, der Selbsterhöhung der Kunst zum Absoluten, hat ihr Wahrheitsmoment an der Allergie gegen das nicht Erhabene an der Kunst, jenes Spiel, das bei der Souveränität des Geistes es beläßt“ (S. 294).

7) Theodor W. Adorno, *Minima Moralia. Reflexionen aus dem beschädigten Leben*, Gesammelte Schriften, Bd. 4, Frankfurt/M. 1980, S. 163.

Gegen diesen Zusammenhang muß die Kunst selbst angehen; entweder, indem sie ihn sprengt, oder, indem sie ihn auf die Spitze treibt. Letzteres geschieht dort, wo das Kunstwerk sich radikal nach seinem immanenten Gesetz durchbildet und so als Monade allein schon durch diese Existenzform wortlos an einer Gesellschaft Kritik übt, die gänzlich dem Gegenprinzip, dem des Tauschs, verfallen ist, wo nichts für sich, sondern „alles nur für anderes" Geltung hat (S. 335). Diese Position radikaler Negation gegenüber der bestehenden Weise gesellschaftlicher Herrschaft sieht Adorno im Erhabenen präfiguriert. Daher gilt ihm als „Erbe des Erhabenen ... die ungemilderte Negativität" der Kunst (S. 296). Ebenso ist aber auch die erstere Möglichkeit – die der Sprengung des Zusammenhangs von Autonomie der Kunst und Affirmation der Gesellschaft – im Erhabenen vorgebildet. Dessen Erfahrung unterminierte ja gerade die Generalprämisse einer sich auf Naturbeherrschung gründenden Gesellschaft, indem sie das Subjekt vom Herrschaftswahn befreite und als Naturwesen sich erfahren ließ. Daher wird die Kunst genau dann, wenn sie die Struktur des Erhabenen in sich aufnimmt, der Falle der Autonomie entgegentreten und somit Kunst jenes Typs sein können, wie die *Ästhetische Theorie* ihn fordert.

3. Kunst ist freilich nicht erst wegen externer Affirmationsfolgen, sondern schon wegen einer „Erbsünde" ihrer inneren Verfassung genötigt, gegen ihren Begriff anzugehen[8]. Ein Kunstwerk, welches sich rein in sich auskristallisiert, ist nämlich bereits als solches ein Dokument von Herrschaft, affirmiert diese also nicht erst äußerlich, sondern vollzieht sie schon innerlich. Indem das vollendete Werk sämtliche Momente zu einer schlüssigen Gesamtgestalt vereinigt, nimmt es unweigerlich die Struktur von Herrschaft an, weil das Divergente – dessen Vorhandensein für ein Werk, das nicht schal sein soll, unabdingbar ist – keineswegs von selbst harmoniert, sondern zur schlüssigen Einheit zusammengezwungen werden muß. „Unvereinbare, unidentische, aneinander sich reibende Momente", wie sie für ein Kunstwerk konstitutiv sind (S. 263), fügen sich allein unter solchem Druck. Dieser ist in vollendeter Schönheit keineswegs überwunden, sondern bleibt ihr inhärent. Je freier von äußeren Zwecken, je autonomer die Kunstwerke wurden, „desto vollständiger bestimmten sie sich als ihrerseits herrschaftlich organisierte" (S. 34). Dies ist der innerste Grund, warum gelingende Kunst gesellschaftliche Herrschaft unweigerlich affirmiert. Gegen diesen ihren inneren Herrschaftscharakter muß Kunst daher im Namen ihrer besseren, Herrschaft transzendierenden Bestimmung angehen. Dies hat sie gelernt, als sie Kunst des Erhabenen wurde. Denn das Erhabene hat sich von Anfang an „durch den Widerstand des Geistes gegen die Übermacht definiert"

8) Adorno nennt „die von keinem Kunstwerk zu schlichtende Divergenz des Konstruktiven und des Mimetischen" – mithin die Divergenz der Strukturprinzipien der Kunst selber – „gleichsam die Erbsünde des ästhetischen Geistes" (S. 180).

(S. 296), so daß zu ihm seit jeher die Durchbrechung des Prinzips der Herrschaft gehörte. Daher gewinnt die Ästhetik des Erhabenen gerade dort paradigmatische Bedeutung, wo es – wie eben bei Adorno – um die Durchbrechung noch des eigenen Herrschaftscharakters der Kunst geht.

Freilich wäre es mit einer einfachen Verabschiedung von Herrschaft nicht getan. Denn eine Kunst, welche „aus abstrakter Feindschaft gegen Einheit" das Mannigfaltige bloß frei ließe, würde zugleich das Unterschiedene, auf dessen Artikulation es ihr doch ankommen muß, preisgeben (S. 285). Daher ist Kunst gehalten, „die Rettung des Vielen im Einen" zu leisten (S. 284), indem sie inmitten ihres herrschaftlichen Ansatzes gegen dessen Herrschaftscharakter operiert. Genau das kennzeichnet die Verfahrensweise einer durch die Struktur des Erhabenen bestimmten Kunst, gilt doch vom Erhabenen: „In den Zügen des Herrschaftlichen, die seiner Macht und Größe einbeschrieben sind, spricht es gegen die Herrschaft" (S. 293). Dies ist für Adorno einer der wesentlichsten Gründe, warum das Erhabene die Struktur der modernen Kunst generell bezeichnen kann: In ihm sind Herrschaft und deren Brechung paradox und doch konsequent miteinander verbunden.

4. Nicht durch die blanke Negation von Herrschaft also, sondern durch deren Wendung gegen ihre konventionelle Funktionsart geht Kunst gegen ihr immanentes Manko an. Nicht die „abstrakte Negation der ratio" ist ihr Königsweg, sondern die „Emanzipation" der „Gewalttat der Rationalität ... von dem, was ihr in der Empirie unabdingbares Material dünkt" (S. 209). Kunst vollendet sich nicht in Synthesen, sondern indem sie diese zerschneidet, aber sie tut das „mit derselben Kraft", welche zuvor die Synthesen bewerkstelligte (*ebd.*). Auch dieses Vorgehen hat am Erhabenen sein Vorbild. Denn zu dessen Erfahrung gehört, daß „Geist und Material sich ... im Bemühen, Eines zu werden", voneinander entfernen (S. 292). Einerseits werden Herrschaft, Rationalität und Synthese angestrebt, andererseits läuft dem die Dynamik der Erfahrung zuwider. Dieser Divergenz trägt die Kunst des Erhabenen Rechnung, indem sie, dem herrschaftlichen Zwang der Synthesen entgegen, den Tendenzen des Materials zur Artikulation verhilft.

5. Das Ziel all dieser Verfahren, durch welche die Kunst um ihrer Wahrheit willen gegen ihren Begriff angehen muß, ist das „der Wiederherstellung unterdrückter und in die geschichtliche Dynamik verflochtener Natur" (S. 198). „Kunst möchte ... etwas von dem wiedergutmachen, was Geist: Gedanke wie Kunst, dem Anderen antut" (S. 383). Dadurch wird das Kunstwerk zum „Statthalter der nicht länger vom Tausch verunstalteten Dinge" (S. 337). Auch diese Zielrichtung entspricht der Dynamik des Erhabenen, ja löst sie vollendet ein. Denn im Erhabenen war es, wie gesagt, von Anfang an um die Emanzipation der Natur aus der Unterdrückung durch den Geist und um die Antizipation einer Versöhnung mit Natur gegangen. Daran ist noch einmal zu erkennen, wie sehr

Adornos Bestimmung der modernen Kunst insgesamt dem Duktus des Erhabenen verpflichtet ist.

6. All diese Koinzidenzen lassen sich folgendermaßen zusammenfassen: Wenn es zur modernen Kunst gehört, daß sie „an ihrem eigenen Begriff zerrt wie an einer Kette“ (S. 32), dann gibt die Dynamik des Erhabenen dafür die Formel an die Hand, denn sie begründet eine „Kunst, die in sich erzittert“ (S. 292), und sie führt zu Werken, denen der Begriff des Kunstwerks nicht mehr angemessen ist (vgl. *ebd.*). Daher gilt: „Werke, in denen die ästhetische Gestalt ... sich transzendiert, besetzen die Stelle, welche einst der Begriff des Erhabenen meinte“ (S. 292). Kunst, wie die *Ästhetische Theorie* sie intendiert, realisiert die Struktur nicht des Schönen, sondern des Erhabenen. Adornos Ästhetik vertritt in ihrem Herzen wie in ihren Gesetzen eine Ästhetik des Erhabenen.

II. Von der Versöhnung zur Unversöhnbarkeit

Das Erhabene als Sprengsatz innerhalb der *Ästhetischen Theorie*

Nun könnte man allerdings nachfragen wollen, ob dies alles auch noch angesichts von Adornos Bezugnahme auf Versöhnung gilt. Ist seine Ästhetik, die am für das Schöne charakteristischen „Horizont der Versöhnung“ festhalten möchte, letztlich nicht doch eine Ästhetik des Schönen? Genau das ist sie nicht. Gerade die Wendung, die Adorno dem Gedanken der Versöhnung in der *Ästhetischen Theorie* gibt, verrät, wie sehr die Erfahrung des Erhabenen bis in den Kern dieser Ästhetik hinein maßgeblich bleibt. Gerade in diesem Punkt erweist sich, was man bislang übersah: daß Adornos Ästhetik dem Erhabenen mit allergrößter Intensität Rechnung trägt – bis hin zur Infragestellung des äußersten Horizonts, in dem sie angetreten war und dem Adornos Denken gemeinhin verpflichtet blieb. Das Erhabene sprengt den Horizont der Versöhnung.

1. Ausblick auf Versöhnung?

Zunächst freilich scheint die Erfahrung des Erhabenen einem Ausblick auf Versöhnung nicht zu widerstreiten. Am Ende des Schubert-Aufsatzes von 1928 schreibt Adorno über das Weinen vor Schuberts Musik, daß es einen im plötzlichen Innewerden möglicher Versöhnung überfalle[9], und in der *Ästhetischen Theorie* hat er dieses Weinen mit der Erfahrung des Erhabenen in Verbindung gebracht (vgl. S. 410). Zudem stellt er dort einen Zusammenhang zwischen dem Erhabenen und der Versöhnung her, wenn er die Erfahrung des Erhabenen als Befreiung zur Naturteilhabe und zur möglichen Versöhnung mit Natur deutet (vgl. S. 296). – Auf den ersten Blick ist ein solcher Zusammenhang plausibel, und doch zielt die Dynamik des Erhabenen in eine ganz andere Richtung. Sie treibt die vom Kunstwerk idealiter angestrebte Versöhnung in eine äußerste Spannung, die dieses Ideal schließlich zerreißt.

2. Die Dialektik des Kunstwerks: verweigerte Versöhnung

„Die einzigen Werke heute, die zählen, sind die, welche keine Werke mehr sind."[10] Diese Verpflichtung der Werke, gegen ihren Begriff anzugehen, zerreibt ihren Ausgriff auf Versöhnung. Adorno, der das Kunstwerk im Grunde als Gestalt von Versöhnung konzipiert hatte, arbeitet in der *Ästhetischen Theorie* daran, diese Konzeption zu halten und doch auch radikal in Frage zu stellen[11]. Diese Ambivalenz wird in der Thematisierung des Erhabenen zur Zerreißprobe. Der Ausgangsgedanke der Versöhnung wird entweder verabschiedet oder radikal transformiert.

Der Begriff des gelungenen Kunstwerks ist für Adorno unverzichtbar, und doch wäre das vollkommen gelungene Kunstwerk das falscheste, weil sein Gelingen die vollendete Synthese implizierte, in der das Mannigfaltige zur Erscheinung gezwungen wäre (vgl. S. 283), womit das Kunstwerk aber, wie gesagt, zur perfekten Manifestation von Herrschaft und mithin zum Gegenteil dessen würde, was es sein soll. Ein Ausgriff auf Einheit ist wohl nötig, damit im Gegenzug gegen ihn die Divergenz der Impulse sich überhaupt bekunden kann,

9) „Vor Schuberts Musik stürzt die Träne aus dem Auge, ohne erst die Seele zu befragen: so unbildlich und real fällt sie in uns ein. Wir weinen, ohne zu wissen warum; weil wir so noch nicht sind, wie jene Musik es verspricht, und im unbenannten Glück, daß sie nur so zu sein braucht, dessen uns zu versichern, daß wir einmal so sein werden. Wir können sie nicht lesen; aber dem schwindenden, überfluteten Auge hält sie vor die Chiffren der endlichen Versöhnung" (Theodor W. Adorno, „Schubert", in: *Gesammelte Schriften,* Bd. 17, Frankfurt/M. 1982, S. 18–33, hier S. 33).

10) Theodor W. Adorno, *Philosophie der neuen Musik,* Gesammelte Schriften, Bd. 12, Frankfurt/M. 1975, S. 37.

11) Schon in der *Philosophie der neuen Musik* hieß es: „In einer geschichtlichen Stunde, da die Versöhnung von Subjekt und Objekt zur satanischen Parodie, zur Liquidation des Subjekts in der objektiven Ordnung verkehrt worden ist, dient der Versöhnung bloß noch Philosophie, welche deren Trug verschmäht und gegen die universale Selbstentfremdung das hoffnungslos Entfremdete geltend macht" (*ebd.*, S. 34).

aber in vollendeter Einheit wären „die Impulse zu einem Unselbständigen herabgesetzt“ und damit vernichtet (S. 278). So sehr das erstere unabdingbar ist, so wenig ist das letztere erträglich. Dann bleibt nur ein Ausweg: Das Kunstwerk muß diesen Widerspruch in sich selbst austragen. Das macht seine innerste Aufgabe und Paradoxie aus.

Kunstwerke treten ihrer immanenten Fatalität selbst entgegen: „Das Ideologische, Affirmative am Begriff des gelungenen Kunstwerks hat sein Korrektiv daran, daß es keine vollkommenen Werke gibt“ (S. 283). Das wird für Adorno zum Anlaß, das Kriterium des wahren Kunstwerks umzuformulieren: „Den Rang eines Kunstwerks definiert wesentlich, ob es dem Unvereinbaren sich stellt oder sich entzieht“ (*ebd.*). Vor die Hoffnung auf Versöhnung tritt die Anerkennung von Unvereinbarkeit. Sie bedeutet, daß das Kunstwerk eine Versöhnung der Widersprüche gar nicht wirklich leisten kann. „Die Gestaltung der Antagonismen schafft sie nicht weg, versöhnt sie nicht“ (S. 283)[12]. Diese Aussage Adornos hat nicht bloß deskriptiven, sondern zugleich normativen Sinn. Zumal im Blick auf die gegenwärtige Welt, die auf die totale Integration zustrebt, erklärt er, daß Versöhnung „radikal verweigert“ ist (S. 283).

Daher kommt es bei Adorno zur Substitution des Ideals der Versöhnung durch eine andere Idee. Zunächst ist das „die Rettung des Vielen im Einen“ (S. 284), wie sie durch entschiedene Artikulation gelingt. Anschließend geht Adorno zu einer weiteren Substitutionsformel über, in der das bereits für solche Artikulation ausschlaggebende Moment, die Berücksichtigung des Divergenten und Widerspruchsvollen, noch stärker zur Geltung kommt: „Ästhetische Einheit“, heißt es nun, „läßt dem Heterogenen Gerechtigkeit widerfahren“ (S. 285). Damit tritt die Idee der Gerechtigkeit an die Stelle des Ideals der Versöhnung. Denn auf das Divergente und Widerspruchsvolle kann nur diese Idee sich wirklich einlassen, während es im Ideal der Versöhnung vorschnell auf eine mögliche Einheit hin überschritten wird. Pointiert gesagt: Die Idee der Gerechtigkeit ist jene Umformulierung des Ideals der Versöhnung, die in dem Moment unausweichlich wird, in dem man an eine letzte Vereinbarkeit des Heterogenen nicht mehr glauben kann. Dann muß der harte und nüchterne Begriff der Gerechtigkeit den hoffnungsvoll-wolkigen der Versöhnung ablösen.

Diese Transformation der Idee des Kunstwerks zeigt, daß der Ausgangshorizont der Versöhnung für Adorno zunehmend zu einem bloßen Leerhorizont und, strenggenommen, inoperabel geworden ist. Dieser Horizont kann dem jetzt hervorgetretenen Problemkern – der Unversöhnbarkeit des Heterogenen – nicht mehr Genüge leisten. Das Ideal der Versöhnung scheitert nicht erst

12) Ähnlich hieß es schon in der „Einleitung in die Musiksoziologie“ bezüglich der neuen Musik: „Ihre Wahrheit hat sie einzig, wo sie die Antagonismen ungemildert, tränenlos austrägt“ (*Gesammelte Schriften*, Bd. 14, Frankfurt/M. 1973, S. 379f.).

gesellschaftlich an der zunehmenden Perfektion des Verblendungszusammenhangs, sondern schon kunstimmanent an der „konstitutiven Unversöhnlichkeit" der Werke (S. 283), die aus der Unvereinbarkeit ihrer Momente resultiert. Ihretwegen ist den Werken Versöhnung insgesamt abgeschnitten (vgl. S. 283 f.).

Für die Schwierigkeiten, ja das absehbare Scheitern des Versöhnungsgedankens war zuvor aufschlußreich, daß Adorno, wo er an Versöhnung noch festhalten wollte, diesen Ausdruck abwechselnd je für nur eine der beiden Seiten verwendete, die das Kunstwerk ausmachen, also einmal für den mimetischen und ein andermal für den konstruktiven Pol – während doch offenbar erst deren Vereinigung wirkliche Versöhnung bedeuten könnte[13]. Auch wenn Adorno später noch einmal „richtiges Bewußtsein" als „das fortgeschrittenste Bewußtsein der Widersprüche im Horizont ihrer möglichen Versöhnung" zu definieren versucht (S. 285), so ist doch inzwischen längst zutage getreten, daß die Dynamik der Widersprüche für die Möglichkeit solcher Versöhnung zu unbezähmbar ist. Der Ausgangshorizont der Versöhnung ist im Verlauf von Adornos Reflexionen immer fraglicher, das Gewicht des Widerstreits und der Gedanke seiner möglichen Unaufhebbarkeit sind hingegen immer stärker geworden. Der Satz „Manche geschichtlichen Phasen freilich gewährten größere Möglichkeiten der Versöhnung als die gegenwärtige, die sie radikal verweigert" (S. 283), bringt das auf eine Formel. Adorno steht an der Schwelle der Einsicht, daß Gerechtigkeit letztlich nicht im Horizont von Versöhnung, sondern nur als Anerkennung unaufhebbarer Heterogenität gedacht werden kann. Versöhnung war ein unhaltbares, ein falsches Ideal. Es muß in die Idee der Gerechtigkeit gegenüber Heterogenem umgebrochen werden. Genau dem dient die Thematik des Erhabenen, eben das bringt sie auf den Begriff.

13) In den zuletzt zitierten Passagen hat Adorno Versöhnung eher dem konstruktiven Pol zugeordnet, also dem Versuch der Schlichtung der Antagonismen durch Gestaltung. Aber bezeichnenderweise führt gerade diese Akzentsetzung zur äußersten Absage an Versöhnung. Denn Versöhnung im Sinn der Konstruktion wird dabei gleichbedeutend mit einer „Wegschaffung der Antagonismen", eben dies aber lehnt Adorno aufs schärfste ab (S. 283). An anderer Stelle hatte er Versöhnung ausschließlich dem mimetischen Pol des Kunstwerks zugewiesen. Daß das Kunstwerk den divergierenden Impulsen „dorthin folgt, wohin sie von sich aus wollen, das allein", so hieß es dort, „ist die Methexis des Kunstwerks an Versöhnung" (S. 180). Es steht außer Zweifel, daß dieses mimetische Moment für das Kunstwerk essentiell ist. Dann bedeutet aber die Tatsache, daß es mit dem anderen, dem herrschaftlich-konstruktiven Moment, nicht zusammengebracht werden kann – daß, wie Adorno selbst sagt, diese „Divergenz des Konstruktiven und des Mimetischen" „von keinem Kunstwerk zu schlichten" ist (*ebd.*) –, das Scheitern von Versöhnung überhaupt und nötigt zur Preisgabe dieser Idee.

3. Die Auflösung des Ideals der Versöhnung durch die Erfahrung des Erhabenen

Das Erhabene stand in der *Ästhetischen Theorie* von Anfang an in Spannung zur Idee der Versöhnung. Schon bei seiner ersten Erwähnung wurde statt Versöhnung das Motiv der Gerechtigkeit ins Spiel gebracht (vgl. S. 30). Anschließend machte Adorno namens des Erhabenen auf den „trüben Bodensatz" aufmerksam, der aller versöhnungs-süchtigen Vergeistigung beigemischt ist, sofern diese die Eigentendenz des Differenten herrschaftlich überwinden möchte: „Pointiert gegen das sensuelle Moment, kehrt Vergeistigung sich vielfach blind gegen dessen eigene Differenzierung, ein selber Geistiges" (S. 143). Statt Versöhnung durch solche Vergeistigung anzustreben, ist die Kunst gehalten, die divergierenden Impulse mimetisch zu objektivieren, und das heißt so, daß die Gestaltung „ihnen dorthin folgt, wohin sie *von sich aus wollen*" (S. 180, Hervorhebung W. W.). Adorno war sich bewußt, damit auf eine unschlichtbare Divergenz im Kunstwerk hingewiesen zu haben. Ästhetische Erfahrung muß solche Gegenwendigkeit mindestens in einem Erzittern verbuchen (vgl. S. 172). Genau das geschieht im Gefühl des Erhabenen.

Signifikanterweise findet sich daher die ausführlichste Passage zum Erhabenen auf jenen Seiten der *Ästhetischen Theorie* (S. 292–296), die auf die Selbstinfragestellung des Kunstwerks und die Transformation der Idee der Versöhnung in die der Gerechtigkeit folgen. Gleich die ersten Sätze wirken dabei wie ein Fanal. Von Werken, welche die Stelle des Erhabenen besetzen, wird gesagt: „In ihnen entfernen Geist und Material sich voneinander im Bemühen, Eines zu werden. Ihr Geist erfährt sich als sinnlich nicht Darstellbares, ihr Material, das, woran sie außerhalb ihres Confiniums gebunden sind, als unversöhnbar mit ihrer Einheit des Werkes" (S. 292). Die Gegenstrebigkeit von Geist und Material, die in anderen Kunstwerken verdeckt oder überspielt sein mochte, nimmt im Erhabenen dramatische Gestalt an. Gegen das synthetische Bemühen tritt die Unübersteiglichkeit der Divergenzen in den Vordergrund.

Nirgendwo wird die konventionelle und anfänglich noch von Adorno selbst verfolgte Idee des versöhnenden Kunstwerks nachhaltiger gesprengt als in dieser These. Unversöhnbarkeit, nicht Versöhnung macht die Essenz der Werke aus. Versöhnung im Sinn von Mimesis könnte, wie zuvor schon angedeutet, nur durch Abkehr von Versöhnung im Sinn von Synthesis erfolgen. Solch halbierte Versöhnung aber wäre keine mehr. Was in „Versöhnung" angezielt war, muß anders eingelöst werden. Gefordert ist die Transformation des „schönen" Ideals harmonischer Schlichtung in die „erhabene" Idee der Gerechtigkeit gegenüber Heterogenem[14].

14) Bei Schiller deutete sich eine solche Verlagerung, stärker sozialpsychologisch gefaßt,

Anschließend notiert Adorno denn auch, daß der geschichtliche Aufstieg der Kategorie des Erhabenen parallel zur zunehmenden Nötigung neuerer Kunst erfolgte, „die tragenden Widersprüche nicht zu überspielen, sondern sie in sich auszukämpfen" (S. 294). Seitdem gelten als avanciert diejenigen Werke, welche die Struktur des Erhabenen aufweisen. Das führt schließlich zu einer letzten Umdeutung der traditionellen Leitkategorie „Versöhnung". Sie meint jetzt nicht mehr, daß der Konflikt zu einem Resultat kommt, sondern „einzig noch, daß er Sprache findet" (*ebd.*). Damit führt Adorno die beiden vorausgegangenen Substitutionsformeln für „Versöhnung" – die „Rettung des Vielen im Einen" und die „Gerechtigkeit gegenüber dem Heterogenen" – noch einmal weiter. Das schon in ihnen enthaltene advokatorische Moment wird jetzt als Sprachfindung ausgemünzt. Solche Sprachfindung kann freilich den Konflikt einzig formulieren, nicht lösen. Es bleibt dabei: „Das Ungeschlichtete der Widersprüche" macht die Wahrheit der Werke aus (*ebd.*).

So hat „die Aszendenz des Erhabenen" nicht nur alle Kunst affiziert, sondern ist bis in deren Innerstes vorgedrungen und hat ihren Fokus verändert: von Versöhnung zu Unversöhnlichkeit, von der Schlichtung der Widersprüche zu deren Artikulation, vom Vorschein von Erlösung zur Evidenz des Widerstreits.

Die Härte und Unerbittlichkeit dieser Transformation bekundet sich abschließend darin, daß Adorno eine solche Kunst nicht mehr auf Humanität – das klassische Pendant von Versöhnung – bezieht, sondern dezidiert mit „Inhumanität" in Verbindung bringt (vgl. S. 293). Treue hält diese Kunst, so führt er aus, den Menschen allein, indem sie gegen die klassische Idee von Humanität und Kunst sich wendet und vom Versöhnungsideal konsequent abrückt. Dies geschieht aufgrund der Einsicht, daß Herrschaft nicht im Horizont von Versöhnung, sondern allein im Horizont einer anderen Idee kritisiert und wenigstens punktuell überschritten werden kann: im Horizont der Gerechtigkeit gegenüber dem Heterogenen.

Adornos *Ästhetische Theorie* ist insgesamt von einer in Atem haltenden Entwicklung des Gedankens durchzogen. Deren Dynamik ist in der Grundschicht des Textes stärker erkennbar als in den einzelnen Sätzen. Solche Präzession des Gedankens gegenüber der Terminologie macht die Dramatik des Werkes aus. Immer wieder ist festzustellen, daß Adorno unter den Decknamen des Schönen und der Versöhnung der Sache nach längst von anderem spricht: vom Erhabenen und von der Gerechtigkeit gegenüber unversöhnbarem Wider-

in folgender Formulierung an: „Die Schönheit ist für ein glückliches Geschlecht, aber ein unglückliches muß man erhaben zu rühren suchen" (Brief an Johann Wilhelm Süvern, 26. Juli 1800, in: *Schillers Briefe.* Hrsg. v. Erwin Strettfield und Viktor Žmegač, Königstein 1983, S. 390).

streit. Gerade wenn man die Thematik des Erhabenen verfolgt, ist man – ich variiere einen Adorno-Satz – einem Geist auf der Spur, der zur Veränderung der Theorie in unterirdischen Prozessen beiträgt und im Erhabenen sich konzentriert (vgl. S. 359).

4. Ästhetikgeschichtliches Paralipomenon: Schönes versus Erhabenes – ein verläßlicher Indikator in aestheticis

Wenn Adornos Ästhetik vornehmlich vom Schönen spricht, aber ganz im Duktus des Erhabenen denkt, wenn sie also das Kunstwerk seiner ganzen Konstitution nach im Sinn des Erhabenen faßt und von daher zu einer Umdeutung noch der klassischen Leitkategorie der Versöhnung gelangt, die das Zentrum der traditionellen Ästhetik der Schönheit gebildet hatte, so wird die Bedeutung dieses Befundes vollends aus einem Rückblick auf die Geschichte der Ästhetik deutlich. Schönheit versus Erhabenheit, das ist eine Sonde, anhand deren man die Geschichte der Ästhetik insgesamt – die Geschichte ihrer Triumphe wie ihrer Malaisen – verfolgen und verstehen kann.

Die philosophische Disziplin „Ästhetik" hat die große Karriere, die sie in der zweiten Hälfte des 18. Jahrhunderts machte, im Duktus des Schönen und insbesondere kraft dessen Leitbestimmung – Versöhnung – angetreten. Wenn dieser Aufstieg, der die Ästhetik bis in die Spitzenposition der Philosophie emporführte, sich im nachhinein als äußerst problematisch erwies und zunehmend als Misere sich entpuppte[15)], so hatte dies noch einmal den gleichen Grund: dies Schicksal war der Ästhetik deshalb beschieden, weil sie allein auf die Kategorie des Schönen gesetzt und die des Erhabenen darüber verloren hatte.

Die offenkundige Misere der Ästhetik bestand darin, daß sie zunehmend einer Majorisierung durch philosophische Systeminteressen anheimfiel. Positiv, nämlich als Integrierbarkeit ästhetischer Reflexion in philosophische Systematik verstanden, war dies freilich schon eine Bedingung ihres Aufstiegs in die Spitzenposition gewesen. Verantwortlich für solche Integrierbarkeit war ästhetik-immanent die Prävalenz des Schönen und des Horizonts der Versöhnung. Das Motiv des Erhabenen zeigte dagegen von vornherein mehr Widersetzlichkeit; es artikulierte Gegenwendigkeiten, Brüche und Momente des Widerstreits, die letzter Integration widerstanden. Nur einer Ästhetik des Schönen konnte es passieren, daß sie in ihrer philosophischen Nobilitierung zugleich unterging. Die Ästhetik des Erhabenen hingegen verteidigte eine Eigenständigkeit der Kunst gegenüber dem philosophischen Begriff. Daher ist es sowohl verständlich als

15) Vgl. Verf., „Traditionelle und moderne Ästhetik in ihrem Verhältnis zur Praxis der Kunst", in: *Zeitschrift für Ästhetik und Allgemeine Kunstwissenschaft*, XXVIII/2 (1983), S. 264–286.

auch signifikant, daß Adornos Ästhetik, die auf die traditionelle philosophische Majorisierung der Kunst kritisch reagierte und die dagegen erhobenen Einwände von seiten der Kunst ernst zu nehmen gedachte[16], auf eine Rehabilitierung des Erhabenen hinauslief.

Bei Baumgarten, also in der Grundlegung der philosophischen Ästhetik, war noch klar, daß die ästhetische Perspektive, wenn es zum Streit mit der begrifflich-systematischen kommt, ihre „aesthetiko-logische" Wahrheit gegen die „rein-logische" verteidigen muß. Baumgartens frühes Modell der „sehr freundschaftlichen Ehegemeinschaft" zwischen Ästhetik und Philosophie war dafür bezeichnend[17]. Es ging um Kooperation, Ergänzung und Belebung. Die Formel von der „Ehegemeinschaft" signalisiert, daß die Partner nicht einfachhin kongruent sind. Nur ob solcher Verschiedenheit ist die intendierte Kooperation ja überhaupt nötig und sinnvoll.

Daher war bei Baumgarten, wie gesagt, von Anfang an erwartbar, was bei ihm im Fall einer „Kollision" beider Ansprüche zutage trat: daß dann der ästhetische (bildlich gesprochen der weibliche) Aspekt gegenüber dem logischen (bildlich gesprochen dem männlichen) Aspekt auf seiner Eigenart beharren und die Eigenständigkeit seiner Wahrheit verteidigen mußte[18]. Baumgarten wollte gewiß eher ein Versöhnungs- als ein Dissens-Theoretiker sein; um so aufschlußreicher ist, daß er sich im Konfliktfall für die Wahrheit des Dissenses entschied, statt sie einem – eben angesichts solcher Konflikte dubios werdenden – Ideal von Versöhnung zu opfern.

Geschichtlich wurde jedoch nicht dieses Eigenständigkeits-, sondern das Versöhnungsmoment prominent und ausschlaggebend für den steilen Aufstieg der Ästhetik. Das ist seit Kants *Kritik der Urteilskraft* offenkundig. Das ästhetische Urteil wurde dort im Horizont des Systemgedankens thematisiert, für den die ästhetische Beurteilung „den Übergang vom Gebiete des Naturbegriffs zu dem des Freiheitsbegriffs" garantieren sollte[19]. Relevanz besaß das

16) So erklärte Adorno vor Vertretern des deutschen Werkbundes: „Ich weiß, wie verdächtig Ihnen das Wort Ästhetik klingt. Sie werden dabei an Professoren denken, die mit zum Himmel erhobenem Blick formalistische Gesetze ewiger und unvergänglicher Schönheit aushecken, die meist nichts sind als Rezepte für die Anfertigung von ephemerem klassizistischen Kitsch. Fällig wäre in der Ästhetik das Gegenteil; sie müßte eben die Einwände absorbieren, die sie allen Künstlern, die es sind, gründlich verekelte. Machte sie akademisch weiter ohne die rücksichtsloseste Selbstkritik, so wäre sie schon verurteilt" (Theodor W. Adorno, „Funktionalismus heute", in: *Gesammelte Schriften,* Bd. 10.1, Frankfurt/M. 1977, S. 375–395, hier S. 394).

17) Alexander Gottlieb Baumgarten, *Philosophische Betrachtungen über einige Bedingungen des Gedichtes,* Hamburg 1983, S. 4 bzw. S. 5.

18) Vgl. Alexander Gottlieb Baumgarten, *Aesthetica,* Frankfurt a.d. Oder 1750, § 565.

19) Immanuel Kant, *Kritik der Urteilskraft,* B LVI.

Schöne ob solcher Verbindungsfunktion, und die Kritik der Urteilskraft war als „Verbindungsmittel der zwei Teile der Philosophie zu einem Ganzen" gedacht[20]. Besonders aufschlußreich ist dabei freilich, daß Kant die Ästhetik des Erhabenen, die er in dieser Schrift ebenfalls behandelt, aus dieser Systemperspektive ausdrücklich herausnimmt[21]. Obwohl die Vermutung naheliegen könnte, daß gerade das Erhabene – da in ihm nicht bloß (wie beim Schönen) Einbildungskraft und Verstand, sondern Einbildungskraft und Vernunft verbunden sind – die gewünschte Systembrücke am weitesten und klarsten zu schlagen vermöchte, muß Kant es sich versagen, den Trumpf, den er damit in Händen zu halten scheint, auch auszuspielen. Denn für die Struktur des Erhabenen ist gerade ein „Widerstreit" zwischen Einbildungskraft und Vernunft[22], eine wechselweise Folge von „Hemmung" und „Ergießung" der Lebenskräfte[23] und somit ein nicht zur Ruhe kommender Konflikt kennzeichnend. Auf einen solchen Widerstreit aber kann man die Ganzheit eines Systems nicht gründen. Das Erhabene verweigert sich – das zeigt sich fast nirgendwo deutlicher als in dieser Kantischen Textregie – der Integration in ein Denken der Einheit, Harmonie und Versöhnung. Widerstreit gegen Versöhnung – das bezeichnet geradezu den innersten Unterschied zwischen dem Erhabenen und dem Schönen.

Hatte Kant auf diese Weise die Eigenständigkeit des Erhabenen gewahrt, so schwand dessen Bedeutung in der Folgezeit aus eben demselben Grund. Denn die Entwicklung ging – im Zeichen des Schönen – zur völligen Integration und zur Großversöhnung aller Wirklichkeitssphären, und dabei konnte das Erhabene allenfalls einen Störfaktor bilden. Daher geriet es in der Folgezeit entweder zum Anathema oder wurde zu einer Erscheinungsform des Schönen uminterpretiert. Man weiß, wie sich der Aufstieg der Ästhetik und des Schönen von Schiller über das *Älteste Systemprogramm* bis hin zu Schellings und Hegels Kunstphilosophie vollzog: In Schillers *Briefen über die ästhetische Erziehung des Menschen* speist sich die anthropologische und politische Dynamik des Schönen gänzlich aus seiner Mittelstellung und Versöhnungsleistung. Kraft ihrer wird es zum Pfeil, der bis in den höchsten Punkt der Philosophie und des Denkens emporschnellt. Ebenso bezeichnet dann das *Älteste Systemprogramm* die Idee der Schönheit insofern als die höchste, als sie die vollendete Versöhnung zu leisten vermag. Deshalb gilt als „der höchste Akt der Vernunft" ein „ästhetischer Akt" und die „Philosophie des Geistes" als eine „ästhetische Philosophie"[24].

20) *Ebd.*, B XX.
21) Vgl. *ebd.*, B 78.
22) *Ebd.*, B 99.
23) *Ebd.*, B 75.
24) *Mythologie der Vernunft. Hegels ‚ältestes Systemprogramm des deutschen Idealismus'.* Hrsg. v. Christoph Jamme u. Helmut Schneider, Frankfurt/M. 1984, S. 12.

Auch bei Schelling wird die Kunst qua Identitätsphänomen zum „Organon zugleich und Dokument der Philosophie" erklärt[25], und noch Hegel leitet ihre Auszeichnung eben daraus ab, daß das Schöne „eine der Mitten" ist, in denen der absolute Geist sich zu realisieren vermag[26].

Die Karriere der Ästhetik war also eigentlich die des Schönen als Instanz der Versöhnung. Am Ende aber wurde der Befund unausweichlich, daß dabei zwar die Ästhetik emporgestiegen, die Kunst jedoch herabgesunken war. Schon bei Schelling hatte die Kunst dem philosophischen Begreifen nichts mehr mitzuteilen, geschweige denn entgegenzusetzen, und bei Hegel wurde sie ganz und gar zu etwas, was dem begreifenden Denken „durchaus nach allen Seiten hin offen" steht und erst im wissenschaftlichen Begreifen seine „echte Bewährung", sprich Bewahrheitung erfährt[27]. In diesem Prozeß ist die Philosophie allbegreifend, die Kunst aber immer nichtssagender geworden. Die Philosophie sagt ihr sogar noch vor, was sie eigentlich sagen möchte, aber selbst nicht sagen kann.

Die Geschichte des emphatischen Aufstiegs der Ästhetik unter der Flagge des Schönen erweist sich somit am Ende als eine Verlust-, weil Integrations- und Domestizierungsgeschichte der Kunst. Durchschaubar wird dieser Zusammenhang, wenn man ihn aus der Perspektive des Erhabenen betrachtet. Es war konsequent, daß die Aufstiegsgeschichte der Ästhetik zugleich eine Verfallsgeschichte des Erhabenen war. Denn das Erhabene sperrt sich gegen jegliche Integration, gerade auch gegen die der Kunst in die Philosophie. Daher kann es heute – sozusagen nach-ästhetisch – zur kritischen Kategorie par excellence gegenüber dieser traditionellen Geschichte der Ästhetik werden.

Vor dieser historischen Folie ist die aktuelle Rehabilitierung des Erhabenen zu begreifen. Sie bedeutet einen Versuch, sich der traditionellen philosophischen Majorisierung der Kunst zu entziehen. Das ist bei Lyotard – dem prominentesten Autor dieser Rehabilitierung – evident. Es läßt sich ebenso bei Adorno feststellen. Indem er seine Ästhetik zunehmend dem Duktus des Erhabenen unterstellte, machte er an der Kunst das Moment des Inkommensurablen und Unkommunizierbaren stark. „In der verwalteten Welt ist die adäquate Gestalt, in der Kunstwerke aufgenommen werden, die der Kommunikation des Unkommunizierbaren" (S. 292). Nur so vermögen die Werke Zellen des „Standhaltens" gegenüber einer ubiquitären Integration zu bilden. Das ist die Konsequenz einer im Namen des Erhabenen kritisch gewordenen Ästhetik und die Pointe von Adornos *Ästhetischer Theorie.* Ist sie auch zukunftsweisend?

25) Friedrich Wilhelm Joseph Schelling, *System des transzendentalen Idealismus,* Hamburg 1957, S. 297.
26) Georg Wilhelm Friedrich Hegel, *Ästhetik.* Hrsg. v. Friedrich Bassenge, 2 Bde., Frankfurt/M. o.J., Bd. I, S. 65.
27) *Ebd.*, S. 99 bzw. S. 24.

III. Adorno, Lyotard, Ästhetik heute

In diesem letzten Teil sei der Frage nachgegangen, wie sich Adornos implizite, aber prinzipielle Rehabilitierung des Erhabenen im Kontext der zeitgenössischen Diskussion ausnimmt, die durch eine neue Aktualität des Erhabenen bestimmt ist[28]. Zwei Fragen sollen dabei im Vordergrund stehen: Wie verhält sich Adornos Ansatz zu demjenigen Lyotards, der diese neuere Diskussion angestoßen hat? Und welche Perspektiven eröffnen sich – auch über die genannten Positionen hinaus – für eine heutige Ästhetik, die durch die Rehabilitierung des Erhabenen hindurchgegangen ist?

1. Adorno und Lyotard: Konvergenzen und Divergenzen

Eingangs wurde schon darauf hingewiesen, daß Lyotard seine Bemühungen um eine Ästhetik des Erhabenen als Fortführung eines bei Adorno angelegten Strangs charakterisiert hat. Inzwischen ist deutlich geworden, in welch hohem Maß dies zutreffend sein kann[29].

Die Parallelen der beiden Ansätze sind evident. Wenn Adorno, vom Ideal der Versöhnung abrückend, die neue Bestimmung des Kunstwerks dahingehend formuliert, daß in ihm der unschlichtbare Konflikt „Sprache findet" (S. 294), so ist dies bis in die Terminologie hinein ein Gedanke, der auch für Lyotard zentral ist. Dieser betont beispielsweise, daß es „für eine Literatur, eine Philosophie und vielleicht sogar eine Politik" darauf ankomme, „den Widerstreit auszudrücken, indem man ihm ein entsprechendes Idiom verschafft"[30]. Ähnlich kongruiert

28) Dagegen gelangen Diagnosen, die bloß auf Reaktualisierungen der Kategorie im alten Sinn achten, immer nur zur Konstatierung einer „Entaktualisierung der Kategorie des Erhabenen" – für die sie dann etwa die „Insuffizienz der Metaphysik seit Marx, Kierkegaard und Nietzsche" oder (ebenso diffus und durch einen einzigen Blick auf Adorno widerlegbar) die „Zuspitzung der gesellschaftlich-politischen Problematik" verantwortlich machen möchten (so der Artikel „Erhaben, das Erhabene", in: *Historisches Wörterbuch der Philosophie.* Hrsg. v. Joachim Ritter, Bd. 2, Basel/Stuttgart 1972, Sp. 624–635, hier 635). Die immense neue Aktualität des Erhabenen bleibt deshalb unentdeckt, weil man schon ihre Voraussetzung, die grundsätzliche Veränderung in der „Zusammensetzung der Kategorie" (Adorno, S. 295), übersehen hat.

29) So stellt Adornos Ästhetik geradezu eine Bestätigung von Lyotards sonst nicht unumstrittener Generalthese dar, daß schon die gesamte moderne – nicht etwa erst eine postmoderne – Kunst der Ästhetik des Erhabenen verpflichtet gewesen sei. Adorno hat ja gezeigt, daß diese Kunst gerade insofern modern war, als sie der Struktur des Erhabenen folgte.

30) Jean-François Lyotard, *Der Widerstreit,* München 1987, S. 33, ähnlich S. 237.

auch Adornos Betonung der Gerechtigkeit gegenüber dem Heterogenen mit Standardformulierungen Lyotards.

In derlei Details bekundet sich eine Konvergenz von Grundgedanken. Daher ist es nicht verwunderlich, daß sich bei Lyotard auch in anderem Zusammenhang Äußerungen finden, die seine große Nähe zu Adorno belegen[31], so wie man auch bei Adorno auf Sätze stoßen kann, die sich heute fast unmittelbar wie Bemerkungen zu Lyotard lesen, beispielsweise die Beobachtung, daß „spezifisch französisch" der Instinkt gegen die Verschlingung von integraler Form mit Herrschaft sei (S. 279). Ebenso wäre auf grundlegende Gemeinsamkeiten in der Betonung des Inkommensurablen, des Unkommunizierbaren und des Inhumanen hinzuweisen – alles Aussagen, die im Duktus eines Denkens des Erhabenen schlüssig erwachsen und konsequent gegen die Apologie des Bestehenden und die Beschwörung eines „schönen", „humanen" Konsenses sich wenden[32]. Beide Denker richten ihre Reflexion gegen die Tendenz zur Umlügung der Realität ins Positive, wollen dem grassierenden Tranquilizing Widerstand leisten, wenden sich gegen das Vergessen im weitesten Sinn[33].

Über all diesen auffälligen und aufschlußreichen Gemeinsamkeiten sollte man freilich auch gewichtige Unterschiede nicht übersehen. Lyotard hat sich stets, wo er sich zu Adorno bekannte, zugleich von ihm distanziert[34]. Der Generalnenner seiner Absetzung lautet: „Adorno ist melancholisch."[35]

31) Vgl. Jean-François Lyotard, *Grabmal des Intellektuellen,* Graz/Wien 1986, S. 39, 66, 87 u.ö.

32) Bei Adorno finden sich die genannten Momente in der bereits erwähnten zentralen Passage zum Erhabenen (S. 292 f.); bei Lyotard stehen sie ebenfalls in engstem Zusammenhang mit dem Erhabenen, vgl. resümierend zuletzt *L'inhumain. Causeries sur le temps* (Paris 1988). Dort macht Lyotard auch auf die Parallelität zwischen dem von ihm verschiedentlich zitierten Ausspruch Apollinaires, die Künstler seien vor allem „Menschen, die inhuman werden wollen", und Adornos Diktum aufmerksam, Treue halte die Kunst „den Menschen allein durch Inhumanität gegen sie" (Lyotard, S. 10).

33) So ist auch für beide die Bezugnahme auf Auschwitz zentral. Sie versuchen – je auf ihre Weise – ein Denken nach Auschwitz zu entwickeln. – Auf das Reizwort „Postmoderne" bezogen bedeutet dies: Lyotard ist – am feuilletonistischen Sinn des Wortes gemessen – so wenig ein „Postmoderner" wie Adorno. Mit Beliebigkeit, fröhlichen Sinn- und Unsinns-Schaukeleien und eklektischen Affirmationen haben beide nichts zu schaffen. Lyotard kann sich diesbezüglich ohne weiteres den Thesen Adornos von der „Kulturindustrie" und vom „Verblendungszusammenhang" anschließen. Beide suchen in ihrem Denken eine Widerstandsposition gegen solch modernistische oder spätmoderne Verfallsformen der Moderne zu begründen.

34) So paradigmatisch 1979 im Vorwort der *Essays zu einer affirmativen Ästhetik,* Berlin 1982, S. 7 f.

35) Vgl. Jean-François Lyotard u.a., *Immaterialität und Postmoderne,* S. 69.

Mir scheint diese Distanzierungsformel allerdings überprüfungsbedürftig zu sein. Eine eingehende Konfrontation von Lyotard und Adorno ist ohnehin ein Desiderat der Forschung. Dem kann hier nicht einmal ansatzweise Genüge getan werden. Ich muß mich auf die Frage des Erhabenen beschränken. Dabei wird sich freilich zeigen, daß Lyotard nicht einfachhin „weiter" ist als Adorno.

Adornos Position könnte man so resümieren: Das moderne Kunstwerk ist dadurch gekennzeichnet, daß es die Struktur des Erhabenen zu seiner Matrix hat. Die „Latenz" des Erhabenen meint diese grundsätzliche Immanenz, das Eingedrungensein ins Formgesetz der Kunst. (Und man weiß, wie sehr Formgesetz und Kraft der Kunst für Adorno synonym sind.) Das bedeutet auch: Das Erhabene impliziert keinerlei Verweis auf einen „erhabenen Gegenstand" mehr. Nichts hat Adorno ausdrücklicher abgewiesen als derlei Transzendenz.

Die Struktur des Erhabenen wird vielmehr allein im Werk selbst ausgetragen, und zwar, indem dieses sich der unaufhebbaren Divergenz seiner Momente stellt. Dies erfolgt unter der Maßgabe, daß Versöhnung „radikal verweigert" ist. So führt die Imprägnierung der Werke durch die Struktur des Erhabenen konsequent zu dem schneidenden Satz: „Die Male der Zerrüttung sind das Echtheitssiegel von Moderne" (S. 41).

Sofern Adorno die Struktur des Erhabenen solcherart einzig im Werk selbst situiert, besteht ein interessanter Unterschied gegenüber Lyotard. Gewiß: Auch bei diesem ist es nicht so, daß das Kunstwerk einen „erhabenen Gegenstand" präsentierte oder darstellte. Genau das wird vielmehr für unmöglich erklärt. Aber Lyotards Bestimmung des Kunstwerks bleibt doch an dieses Schema von Präsenz und Repräsentation gebunden. Dieses bildet geradezu den konzeptuellen Rahmen seiner Hauptthese: daß die Darstellung – die immer wieder versucht werden muß – immer wieder scheitert, daß es keine Darstellung, keine Repräsentation, keine Präsenz gibt. Man kann auf das Nicht-Darstellbare nur anspielen und die Unmöglichkeit seiner Präsentation fühlen lassen[36]. Indem das Kunstwerk auf ein Abwesendes verweist, exponiert es zugleich die Unmöglichkeit von dessen Darstellung[37]. In Kurzform kommt diese Denkfigur Lyotards in einer chassidischen Geschichte zum Ausdruck, die Lyotard verschiedentlich anführt: „Herr, ich habe das Gebet vergessen, aber ich kann die Geschichte des Vergessens des Gebets erzählen."[38]

36) Vgl. Jean-François Lyotard, „Beantwortung der Frage: Was ist postmodern?", in: *Wege aus der Moderne. Schlüsseltexte der Postmoderne-Diskussion.* Hrsg. v. Wolfgang Welsch, Weinheim 1988, S. 193–203, insbes. S. 202.

37) „Die Kunst vermag weniger vom Erhabenen Zeugnis abzulegen als von dieser Aporie, an der sie sich abarbeitet, und dem Schmerz, den sie ihr bereitet. Sie sagt nicht das Unsagbare, sie sagt vielmehr, daß sie es nicht sagen kann" (Jean-François Lyotard, *Heidegger und „die Juden"*, Wien 1988, S. 59).

38) Vgl. in diesem Band S. 335.

So ist bei vielen Anklängen der Unterschied zwischen Adorno und Lyotard doch beträchtlich. Von einem einfachen Einklang kann keine Rede sein. Während Adorno das Erhabene strikt als immanente Struktur des Kunstwerks faßt, denkt Lyotard zugleich an eine über es hinausreichende Struktur. Besteht das Erhabene bei Adorno einzig in der inneren, „latenten" Kraft, welche das Kunstwerk in seine Divergenzen auseinandertreibt, so wird das Kunstwerk bei Lyotard darin zum Ort eines erhabenen Verhältnisses, hinsichtlich dessen es sich als Nicht-Darstellung bzw. Darstellung der Nicht-Darstellbarkeit bestimmt. Horizontalität und strikte Immanenz bei Adorno stehen Motiven von Vertikalität und Transzendenz bei Lyotard gegenüber.

Allerdings würde man Lyotards Stellungnahme zum Erhabenen arg verzeichnen, wenn man diese Vertikalität hypostasieren und Lyotard eine „Anbetung des Numinosen" unterstellen wollte[39]. Lyotard betont vielmehr gerade die Unmöglichkeit solcher Darstellung oder gar „Anbetung" und tritt mit Entschiedenheit dem Irrglauben entgegen, das Undarstellbare könne in die Empirie überführt werden[40].

Wenn Kritik an Lyotard geboten ist, dann nicht eine solch vordergründige, sondern eine, die den Punkt der Vertikalität in differenzierten und geduldigen Reflexionen weiter verfolgt und prüft – wofür hier nicht der Ort ist. Deutsche Interpreten sollten übrigens nie vergessen, daß im Französischen, wenn es um das „Erhabene" geht, von einem „Sublimen" die Rede ist. Das allein schon hält nicht bloß Monumentalität fern, sondern begünstigt und verlangt einen subtilen Stil der Reflexion und Argumentation, dem auch die Kritik Rechnung tragen müßte. Die geläufigen Schemata sind dazu untauglich.

Ähnliche Vorsicht ist freilich auch umgekehrt geboten, beispielsweise hinsichtlich des Prädikats „Melancholie". Die vorausgegangenen Überlegungen zum Unterschied des Erhabenen bei Adorno und Lyotard sprechen deutlich dafür, daß Lyotard – der gerade in der Thematik des Erhabenen immer wieder von Verlusten und Unmöglichkeiten spricht – keineswegs weniger „melancho-

39) So Martin Seel, „Dialektik des Erhabenen. Kommentare zur ‚ästhetischen Barbarei heute' ", in: *Vierzig Jahre Flaschenpost: ‚Dialektik der Aufklärung' 1947 – 1987.* Hrsg. v. Willem van Reijen und Gunzelin Schmid Noerr, Frankfurt/M. 1987, S. 11–40, hier S. 34.

40) Das war Gérard Raulets Mißverständnis von Lyotards Option (vgl. Gérard Raulet, „Modernes et post-modernes", in: *Weimar ou l'explosion de la modernité.* Hrsg. v. Gérard Raulet, Paris 1984). Später hat Raulet Lyotards diesbezügliche Klarstellung anerkannt (vgl. „Das Schöne und das Erhabene. Ein Gespräch zwischen J.-F. Lyotard und G. Raulet (Juni 1985)", in: *Spuren,* Nr. 17, Nov./Dez. 1986, S. 34–42, hier S. 38).

lisch" ist als der von ihm durch dieses Attribut zu distanzieren versuchte Adorno[41].

2. Ästhetik heute

Wie könnte eine heutige Ästhetik aussehen, die, ähnlich wie diejenige Adornos, vom Erhabenen nicht mehr viel sprechen müßte, weil sie das Erhabene in die Struktur ihrer Bestimmungen längst aufgenommen hätte und die zudem die bekannten Grenzen des Adornoschen Ansatzes hinter sich gelassen hätte?

Noch einmal kann Adornos Transformation des Erhabenen als Ausgangspunkt dienen. Für die Erfahrung des Erhabenen wurde die Durchbrechung der auf sich beharrenden Subjektivität und die Entdeckung der Naturhaftigkeit des Geistes sowie seiner möglichen Gemeinschaft mit Natur ausschlaggebend. In der Kunst wirkte dies sich als Verabschiedung des herrschaftlichen Gestus gegenüber dem Material, positiv ausgedrückt: als konsequente Hinwendung zu dessen Eigentendenzen aus. Kunst dieser Art setzt alles daran, dem Heterogenen Gerechtigkeit widerfahren zu lassen.

Es könnte zunächst paradox erscheinen, daß die Realisierung eines Ausblicks, der Einheit mit Natur verspricht, solcherart auf die Entfaltung von Heterogenem hinausläuft. Gleichwohl ergibt sich das offenbar konsequent, wenn man bedenkt, daß die Divergenz des Materials – also des Naturhaften der Kunst, dem es im Sinn dieses Ausblicks gerecht zu werden gilt – genau dies verlangt. Denn die immanenten Tendenzen des Materials sind unterschiedlich bis zur Heterogenität. Diese Divergenz darf aber nicht getilgt, sondern muß anerkannt und artikuliert werden.

Was Adorno als Divergenz des Materials beschreibt, verweist zugleich auf eine der Wirklichkeit. Adorno selbst hat es angedeutet. Er sagt vom Erhabenen als der ästhetischen Instanz solcher Heterogenität, daß es „mit dem Scheincharakter der Kunst nicht vereinbar" ist (S. 295). Es überschreitet den Schein der Kunst auf Wirklichkeit hin.

Wohin führt diese Überschreitung? Zu welcher Sicht der Wirklichkeit gelangt man, wenn man diesen letzten Schritt vollzieht? Wie strukturiert sich dabei die

41) Das würde noch einmal bedeuten, daß Adorno und Lyotard sich in Sachen „Postmodernität" kaum unterscheiden. Wenn Lyotard ehedem meinte, Adorno sei ein „Moderner" – weil die Moderne im Unterschied zur Postmoderne durch die melancholische Einstellung zum Zerfall des Ganzen gekennzeichnet sei (vgl. Jean-François Lyotard, *Das postmoderne Wissen. Ein Bericht,* Graz/Wien 1986, S. 121 f.) –, dann hat Lyotard diese Differenzierungsachse inzwischen selbst verschoben. Heute charakterisiert er auch die Postmoderne als melancholisch: „Es ist eine Art Melancholie ..." (in diesem Band S. 326).

Ästhetik um? – Ich muß mich auf Andeutungen beschränken und versuche diese in fünf Punkten zu skizzieren. Sie umreißen eine Perspektive, zu der man, Adornos Ästhetik des Erhabenen nach- und weiterdenkend, gelangen kann.

1. Ästhetik tranformiert sich zu einer generellen, gerade auch *wirklichkeitsbezogenen* Disziplin, die der Beachtung von Heterogenität dient. Was in der Kunst exemplarisch zum Durchbruch kam, wird für die Wirklichkeit insgesamt fruchtbar gemacht. Eine Ästhetik, welche, der Dynamik des Erhabenen gemäß, die Schranke der Kunst überschreitet, wird hinsichtlich der ganzen Realität zu einem Sensorium für Grunddifferenzen und zu einer Instanz, die dem Heterogenen Gerechtigkeit widerfahren läßt. Angesichts einer Wirklichkeit, deren Pluralität heute durch massive Uniformierungstendenzen bedroht ist, wächst die Relevanz und Dringlichkeit einer solchen Ästhetik. Ihre gegenwärtig zu beobachtende Konjunktur – wobei bezeichnenderweise nicht kunstbezogene Reflexionen, sondern Erschließungsleistungen ästhetischen Denkens für Wirklichkeitsphänomene im Vordergrund stehen – hat zweifellos damit zu tun[42].

2. Diese Veränderung ist zugleich mit einem Übergang von der traditionellen Ästhetik zu einer neuen *Aisthetik* verbunden: *Wahrnehmung* wird jetzt vordringlich und grundlegend. Das ergibt sich daraus, daß die Heterogenität (von Lebensformen, Handlungsweisen, Wissenstypen etc.) nicht deduziert werden kann, sondern zuallererst wahrgenommen werden muß. Eine Ästhetik, die sich im Zeichen des Erhabenen kunstimmanent dem Heterogenen zuwandte, führt in ihrem Wirklichkeitsbezug zu einer Aisthetik, die auf den pluralen Charakter und die einschneidenden Differenzen des Realen achtet.

3. Eine solche Aisthetik schließt eine *Anästhetik* ein. Denn sie ist gehalten, ihr Augenmerk auf die Ausschlüsse zu richten, die mit jedem Wahrnehmen verbunden sind. Wahrnehmung inmitten von Heterogenität ist veritabel gar nicht anders möglich denn als Mitwahrnehmung und Beachtung von Ausschlüssen. Sie verlangt Aufmerksamkeit auf die Blindheit des Wahrnehmens selbst, auf die immanente Anästhetik jeglicher Ästhetik. Daher ist eine solche Ästhetik wahrnehmungskritisch und selbstkritisch. Darin löst sie noch einmal einen gewichtigen Zug des Erhabenen ein. Schon bei Lyotard wurde ein Zusammenhang von Erhabenem und Anästhetik deutlich: dem Nicht-Darstellbaren – einem konstitutiv Anästhetischen – konnte sich ja nur eine Ästhetik zuwenden, die Anästhetisches einzuschließen vermag. Dies gilt es – im Anschluß auch an Adorno – weiter zu entfalten: als Wahrnehmung der Brüche zwischen den einzelnen Sinngebilden, als Bewußtsein ihrer Unübersetzbarkeit ineinander und als Aufmerksamkeit auf die Verzerrungen, die zur Kehrseite eines jeden Sinns gehören. Eine solche Anästhetik führt darüber hinaus die für Adorno so wichtige

42) Vgl. Verf., „Zur Aktualität ästhetischen Denkens“, in: *Kunstforum International*, Nr. 100 (1989), S. 135–149.

Kritik an blinder Herrschaft fort. Denn sie opponiert dem intern herrschaftlichen Charakter von Wahrnehmung – allerdings nicht, indem sie solche Herrschaftlichkeit einfach negiert oder verwirft, sondern indem sie durch die Beachtung der grundlegenden Spezifität und Beschränktheit allen Wahrnehmens die damit gesetzte Blindheit relativiert und in gewissem Sinn überschreitet.

4. Der offensichtlich selbstkritische Charakter einer solchen Ästhetik bietet Anlaß zu einer Klarstellung. Nötig ist diese gegenüber dem Standardeinwand, der immer dort erhoben wird, wo dem Ästhetischen über den Bereich der Kunst hinaus Bedeutung zugesprochen werden soll. Der Einwand befürchtet, hier solle alles ästhetisiert, alles unter die Botmäßigkeit des Ästhetischen gebracht werden, was am Ende nicht bloß auf eine bedenkliche Ästhetisierung des Lebens hinauslaufe, sondern tendenziell einer Katastrophe den Weg bereite, der Katastrophe nämlich einer ästhetischen Totalisierung, die sich über sämtliche Sicherungen der Gesellschaft – wie sie etwa durch Wahrheitsintentionen repräsentiert und durch Gerechtigkeitsinstitutionen verbürgt seien – hinwegsetze, indem sie all dies ihrer Dynamik unterwerfe, damit außer Kraft setze und so konsequent zum ästhetisch-politischen Totalitarismus führe. Als realgeschichtliches Beispiel steht dabei das Menetekel „Ästhetisierung der Politik = Faschismus" vor Augen. Gerade daran würden die Gefahren einer Ästhetik des Erhabenen offenkundig, denn in welchem Zeichen vollzog sich die faschistische Ästhetisierung der Politik, wenn nicht im Zeichen des Erhabenen?

Katastrophen sollten Nachdenklichkeit und Differenzierungsvermögen nicht außer Kraft setzen. Offenbar kann sich die geschilderte Befürchtung nur gegen das traditionelle Erhabene richten, während die anhand von Adorno verfolgte moderne Deklination des Erhabenen gerade ein Gegengift gegen solche Totalisierung bildet. Zumal gilt das von einer Ästhetik der mittlerweile skizzierten Art, von einer um Aisthetik und Anästhetik erweiterten Ästhetik. Wenn deren Grundinteresse darauf zielt, dem Heterogenen Gerechtigkeit widerfahren zu lassen, und wenn sie ihre ganze Aufmerksamkeit darauf richtet, Grunddifferenzen, Ausschlüsse und Unübersetzbarkeiten wahrzunehmen und zu verteidigen, dann stellt sie offenbar ein kritisches Gegenpotential gegen solche Totalisierung dar. Gerade sie verteidigt das Verschiedene und gebietet allen Übergriffen Einhalt.

Daher ist eine „Ästhetisierung der Politik" aus ihrem Duktus nicht zu befürchten, sondern wird in ihrem Horizont gerade bekämpfbar. Eine solche Ästhetik führt nicht zu einer Politik der großen Integration, sondern zu einer Politik, die für die heterogenen Ziele, wie sie in den diversen Lebensformen, Handlungsweisen und Wissensarten verkörpert sind, sensibel ist und diese im Maß des Möglichen zu entwickeln sucht[43]. Sie arbeitet einer Politik nicht der

43) Vgl. Lyotard, *Der Widerstreit,* S. 294.

Totalisierung, sondern der Inkommensurabilität zu[44]. Daher ist die Ästhetik, von der hier die Rede ist, auch allergisch gegen die Tendenz zum Gesamtkunstwerk – und das nicht bloß binnenästhetisch, sondern ebenso transästhetisch, also gerade auch hinsichtlich des „politischen Gesamtkunstwerks", wie es in der Tat die faschistische „Ästhetisierung der Politik" charakterisierte.

Eine Ästhetik, die das Erhabene im gekennzeichneten Sinn beerbt, tritt der Verschmelzung von Wirklichkeitssphären entgegen, egal ob diese durch Zerschlagung oder durch Absorption erfolgen soll. Signifikant für die Unbestechlichkeit dieses modernen Sinns des Erhabenen ist noch, daß Marinettis Totalerklärung des Ästhetischen, auf die Benjamins Formel von der faschistischen „Ästhetisierung der Politik" gemünzt war[45], eben nicht – wie nur die zurückgebliebene Vorstellungsart in Sachen des Erhabenen vermuten kann – im Namen des Erhabenen, sondern dezidiert und ausschließlich im Namen des Schönen erfolgte. Fünfmal wiederholt Marinetti in dem Textstück, auf das Benjamin sich bezieht, die Formel, daß der Krieg schön sei, sofern er nämlich beispielsweise die vollkommene Herrschaft des Menschen begründe, eine Symphonie aus Gerüchen erzeuge (Verwesungsgeruch eingeschlossen) oder die neuartigen Architekturen der „Rauchspiralen aus brennenden Dörfern" ermögliche[46].

Derlei Herrschaftsgestus und solche Totalisierung sind Züge, mit denen das moderne Erhabene gerade gebrochen hat. Es stimmt schon: Marinetti treibt eine ästhetische Faszination mitsamt deren Verselbständigung und Totalisierung auf die Spitze; alles Entgegenstehende, noch jede natürliche oder ethische Regung wird davon überschwemmt. Aber das folgt eben nicht bloß terminologisch, sondern ideologisch konsequent der Großversöhnungs-Logik des Schönen, nicht der Sprenglogik des Erhabenen[47]. Der Faschismus agiert die Einheitssehnsucht des Schönen aus. Ob in Äthiopien oder auf dem Zeppelinfeld: Was manche hier „erhaben" nennen, ist nichts anderes als das vollends bombastisch gewordene Schöne (das vielleicht gerade deshalb, weil es in der Moderne seine Führungsrolle an das Erhabene abtreten mußte, in reaktionärem Gesinnungs-

44) Das hat Lyotard in seiner Duchamp-Interpretation gezeigt. Ihm zufolge gibt Duchamps Werk „Material, Werkzeuge und Waffen für eine Politik des Inkommensurablen" an die Hand (Jean-François Lyotard, *Die Transformatoren Duchamp,* Stuttgart 1986, S. 22).

45) Walter Benjamin, *Das Kunstwerk im Zeitalter seiner technischen Reproduzierbarkeit,* Frankfurt/M. 1963, S. 51.

46) *Ebd.*, S. 49f.

47) Als erster hat auf die kritische Funktion einer Geschichts- und Politikbetrachtung im Sinn des Erhabenen im Unterschied zum Schönen Hayden White hingewiesen („The Politics of Historical Interpretation: Discipline and De-Sublimation", in: *Critical Inquiry,* 9 (1982/83), S. 113–137).

muff überlebte und in politischem Gigantismus noch einmal hervorschlug). Die große und allergrößte Einheit wurde seit jeher (wie ich zuvor darzulegen versuchte) im Zeichen des Schönen angezielt. Solche „Versöhnung" sollte aber in den Totalitarismen des zwanzigsten Jahrhunderts, in denen sie ihren Gipfel erreichte, auch endgültig ihren scheinbar unschuldigen Wohlklang verloren haben.

Die moderne Ästhetik des Erhabenen hat mit diesen Aspirationen gebrochen. Sie hat von ihrer ganzen Konstitution her eine Sperre gegen solche Totalisierungen eingebaut, sowohl gegen die „schöne" wie gegen jede andere Totalisierung. Ihr kritisches Auge richtet sich gegen den Bombast des Ganzen, ihr fürsorgliches gilt der Diversität des Widerstreitenden. Sie ist ein Anwalt der Eigenständigkeit aller Wirklichkeitssphären – sowohl der ästhetischen Sphäre wie auch der anderen ihr gegenüber. Sie mahnt, Differenzen zu beachten und den Unversöhnlichkeiten sich zu stellen. Einer Ästhetik dieser Art sollte man nicht mit dem Argwohn erneuter ästhetischer Totalisierung begegnen; man hat vielmehr Anlaß, ihre Widerstandskraft gegen all solche – schleichende oder manifeste, alltägliche oder traumatische – Integration und Hyper-Versöhnung anzuerkennen und zu begrüßen.

5. Schließlich tendiert eine solche Konzeption von Ästhetik – und auch das führt einen Zug von Adornos Denken weiter – zu einer Position, die man durch die Formel „Ästhetik als Erste Philosophie" kennzeichnen könnte[48)]. Diese heikle Aussage ist erläuterungsbedürftig. Dabei ist zugleich zu erklären, in welch legitimem Sinn eine derartige Ästhetik Anwalt des Ganzen zu sein vermag. Im Sinn der Totalisierung kommt ihr eine solche Funktion – das sollte bislang klar geworden sein – auf keinen Fall zu. Auf anderer Ebene und in neuer Weise aber ist ihr ein solcher Bezug aufs Ganze sehr wohl eigen. Insofern nämlich, als diese Ästhetik genau jene Struktur exponiert und vertritt, die das Ganze als eine Pluralität heterogener Gebilde vor Augen bringt und von der man heute sagen kann, daß sie weithin das Weltbild unserer Zeit bestimmt. Denn schier allenthalben ist unser Denken dazu übergegangen, die Idee eines letzten Fundaments zu verabschieden und statt dessen eine originäre Vielzahl wirklicher und möglicher Welten, Sinngestalten und Lebensformen anzuerkennen und als Basisbeschreibung zu vertreten[49)]. Dies reicht von philosophischen Heroen wie Heidegger und Wittgenstein über neuere Entwicklungen bei Foucault und Derrida oder Goodman und Putnam bis zu Denkern wie Feyerabend oder Rorty.

48) So hat Lyotard in bezug auf Adorno treffend gesagt: „Sein Denken als solches kehrt sich – und kehrt uns – einer Ästhetik zu" (Lyotard, *Heidegger und „die Juden"*, S. 57).

49) Ausführlicher habe ich dies dargestellt in *Unsere postmoderne Moderne,* Weinheim [2]1988.

Diese Weltsicht, die unseren neueren Erfahrungen und Verständigungsweisen zugrunde liegt und die in diesem Sinn als die Ontologie oder Erste Philosophie unserer Welt gelten kann, ist in besonderer Weise der Ästhetik zu eigen und vertraut. Nicht von ungefähr war ein betont ästhetischer Denker – Nietzsche – ihr erster Propagator. In diesem Sinn also, daß unser Grundbild der Welt von spezifisch ästhetischer Abstammung und Konturierung ist, kann man eine derartige Ästhetik als „Erste Philosophie" bezeichnen. Solcherart betrifft sie das Ganze. Aber es ist evident: Sie dient dabei der Achtung und Wahrung der Pluralität und wendet sich gegen jegliche Totalisierung. Darin vertritt sie noch einmal im ganzen, was Adorno im besonderen dem Erhabenen attestiert hatte: Gerechtigkeit gegenüber dem Heterogenen.

Die Ästhetik des Erhabenen führte, indem sie in die Poren unseres Bewußtseins drang und zur Ersten Philosophie unserer Zeit wurde, zu einer kritisch-offenen, nicht monumentalistisch-substantiellen Weltsicht. Es steht zu hoffen, daß ihr noch einige Zukunft beschieden sein möge.

III.

Das Erhabene in den zeitgenössischen Künsten

Das Erhabene in der Musik oder Von der Unbegrenztheit des Klangs

Hans-Georg Nicklaus

1.

Schillers Darstellung der Freiheit des „intelligiblen Selbst“ im erhabenen Zustand vom „sinnlichen Teil unseres Wesens“ als „die Unabhängigkeit von allem, was die physische Natur treffen kann“[1], macht das Erhabene zu einem seltsamen Gefühl der Distanz jenes intelligiblen Bewußtseins zu seinem Körper und zugleich des Gebundenseins an diesen. Die Frage an das Erhabene und seine Theorien wird sein, worin die Konkurrenz und schließlich die Gewalt besteht, die beim Erhabenen zwischen dem Intelligiblen (der Vernunft) und der Sinnlichkeit bestehen soll.

> „Beim Erhabenen hingegen stimmen Vernunft und Sinnlichkeit nicht zusammen [wie es beim Schönen der Fall ist; d.Verf.], und eben in diesem Widerspruch zwischen beiden liegt der Zauber, womit es unser Gemüt ergreift.“[2]

Was ist der Grund und das Opfer, das jene vielbeschriebene Furchtlosigkeit bewirkt, die das erhabene Gefühl, den erhabenen Menschen auszeichnet – eingedenk der Selbstgewißheit seines intelligiblen Selbst, das in hybrider Selbstregie einen Posten noch innerhalb dieses Intelligiblen behauptet, aus dem es sich (ab-)leiten und konstituieren würde?

> „Groß ist, wer das Furchtbare überwindet. Erhaben ist, wer es, auch selbst unterliegend, nicht fürchtet.“[2]

1) Friedrich von Schiller, *Werke*, Bd. 20/I, Weimar 1962, S. 184.
2) Friedrich von Schiller, *Werke*, Bd. 20/II, Weimar 1963, S. 43.
3) Friedrich von Schiller, *Werke*, Bd. 20/I, S. 185.

2.

Es ist auffällig, daß die Theorien über das Erhabene, sofern sie sich auf die Künste bezogen, meistens die Musik (zum Teil sogar explizit) ausklammerten. Fast immer bildet sie das Schlußlicht in der Hierarchie der erhabenen Darstellungen. Dies entspricht der Tatsache, daß Musik in den ästhetischen Theorien und Entwürfen bis in die Antike zurück meistens einen Extremwert darstellte: den Ursprung alles Seienden überhaupt vertretend oder pädagogischer Kanon, aufdringlich direkte Erregung des Gefühls oder Vernehmbarmachen extremer subjektiver Innerlichkeit, Spiel reiner Signifikanten oder Austragsort der (bezeichneten) Wesenheiten selbst.

In dem Versuch einer synchronen Lesweise dieser durch die Jahrhunderte gestreuten Theorien sei zum Erhabenen eine an zentraler Stelle geäußerte Bemerkung über Musik herausgegriffen. Die berühmte Abhandlung *Über das Erhabene* – jene Longin zugeschriebene Schrift unbekannter Herkunft, deren Entstehung man im ersten nachchristlichen Jahrhundert vermutet – handelt kaum von Musik. Daß das Wort in der Rede und Dichtung hier als das Medium gilt, in dem Erhabenheit sich zeige, und Musik als dieser Dimension völlig inadäquat beschrieben wird, bestätigt die in bezug auf die griechische Antike relativ späte Datierung dieser Schrift. Hätte doch ein überzeugter Pythagoreer hier wohl Einspruch erhoben:

> „Wenn schon die Flöte den Hörern manche Leidenschaften einflößt, sie ganz verzückt und in rauschhaften Taumel versetzt und, eine rhythmische Bewegung angebend, den Hörer zwingt, danach im Takt zu schreiten und sich dem Klanggesetz anzugleichen, selbst wenn er völlig unmusisch ist; wenn ferner die Töne der Kithara, obwohl sie für sich genommen nichts bedeuten, durch den Wechsel der Töne, durch ihr Gegeneinanderdringen und die Mischungen im Zusammenklang oftmals [...] eine wunderbare Bezauberung bewirken (obwohl dies nur Schatten und unechte Nachbildungen der Berückung sind, keineswegs angeborene Äußerungen der menschlichen Natur) [...] müssen wir dann nicht glauben, die Fügung der Worte, jene gewisse Harmonie der dem Menschen angeborenen Redeweise, welche die Seele, nicht nur das Gehör allein erregt, vermöge da die Vorstellungen von Worten, Gedanken, Dingen und von Schönheit, Wohlklang, von allem uns Anerzogenen und Verwandten hervorruft und da sie zugleich durch die Mischung und Vielgestalt der ihr eigenen Klänge die dem Redner innewohnende Leidenschaft in die Seelen der Anderen hinüberleitend, die Hörer zu dauernder Teilnahme zwingt und durch den Aufbau der Sätze dem Erhabenen gleichstimmt und durch all dies zusammengenommen zu bezaubern und uns zu Wucht und Würde, zur Erhabenheit, zu allem, was sie selbst umfaßt, jedesmal zu stimmen, in jeder Weise unser Denken überwältigend?"[3)]

4) *Die Schrift vom Erhabenen,* XXXIX, Berlin 1938, S. 113.

Der Autor fährt fort, daß es unsinnig sei, so „allgemein Anerkanntes“ noch in Frage zu stellen, denn die Erfahrung beweise schon genug. Diese Auslassung, das Erhabene selbst einer diskursiven Überprüfung und Befragung zu unterziehen, ist mehr als ein rhetorisches Mittel. Auch der übrige Text gibt keine Auskunft über Erhabenheit selbst: Dort, wo der Autor die fünf Quellen der Erhabenheit anführt, erfolgt nichts anderes als eine Division der Erhabenheit in fünf Teilaspekte, die allesamt Erhabenheit potentiell schon in sich tragen. Als Quellen werden angeführt: bedeutende Entwürfe, starke und begeisterte Leidenschaft, die eigenartige Bildung (der sprachlichen Formen), edle Ausdrucksweise und schließlich würdige und gehobene Zusammenfügung des Ganzen.

Die Beschreibung des Erhabenen muß tautologisch verfahren, weil sie den Standpunkt der Erhabenheit selbst zu implizieren scheint. Darum kann der direkte Vergleich mit einer anderen Kunst nur zu einer Berufung auf Evidenz führen. Jede Differenzierung von einem anderen würde das Erhabene schon zu sehr begrenzen, gäbe ihm zu viel genealogische Kontur. Die verbreitete Formel bei der Beurteilung solcher extremer Instanzen, daß nur derjenige darüber urteilen könne, der sie irgendwie erfahren habe, ist eine abgeschwächte Kopie dieser Struktur eines sich selbst bezeugenden Urteilsvermögens. Letzteres aber entspricht und hat seinen Grund wiederum in der Immanenz der Erhabenheit selbst; mit Kant wird sich hieraus (bei aller Verschiedenheit zur Theorie dieser Schrift) die Unerklärbarkeit und Nichtableitbarkeit des Erhabenen bzw. der Erhabenheit zeigen. Die Desavouierung der Musik aber wird hier begründet mit der Bedeutungslosigkeit ihrer Elemente, der Töne, die darum eben nur das Gehör allein und nicht das Zentrum, die Seele, errege. Daß das Erhabene in der „Macht der Sprache“ wurzelt, liegt an ihrem Vermögen, die Totalität des uns Betreffenden („Anerzogenen und Verwandten“) hervorzurufen. Dieses Ganze in seiner Verfügbarkeit durch Worte zuzüglich der entsprechenden Harmonie dieser Worte vermag jene Erhabenheit, die einer Selbst–Erhebung gleichkommt, zu bewirken.

Daß hier das Wort ‚harmonia‘ ausgerechnet für die Zusammenfügung der Worte und nicht für die der Töne (woher seine Bedeutung ursprünglich kommt) gebraucht wird, wirkt geradezu zynisch. Aber die Unbegrenztheit der Sprache, scheinbar *alles* benennen zu können, gibt ihr den so unbezweifelbaren Rang über der Musik. Diese Benennung jedoch, die eine jegliche Vorstellung „von allem uns Anerzogenen und Verwandten“ hervorrufen soll, muß im Sinne einer Präsentation des Bedeuteten gelingen, nicht im Sinne einer Repräsentation. Darum nämlich macht der Autor keinen Unterschied zwischen dem, was das Syntaktische und Phonetische, und dem, was das Semantische der Worte hervorruft; so heißt es, daß „sie [diese Redeweise; d. Verf.] Vorstellungen von Worten, Gedanken, Dingen *und* von Schönheit, Wohlklang [...] hervorruft“ [Hervorh. v. Verf.]. Daß das Wort nicht identisch ist mit dem, was es benennt und hervorruft, kann durch die Idealität des Hervorgerufenen als Vorstellung unbemerkt übergangen werden: die Präsenz des Wortes entspricht der Präsenz der Vorstellung, in die hinein sich der Zeichencharakter des Wortes verschiebt und scheinbar dort verschwindet. Dieses Zusammenfallen von sinnlicher und geistiger Präsenz ist entscheidend für die erhabene Redeweise. Die Musik steht hier bloß für die eine Seite, für die sinnliche Präsenz, zu der sich aber keine Präsenz von Bedeutung mischt.

Es wird sich zeigen, daß genau hier die Anstrengungen jener Musiken des 19. Jahrhunderts liegen, die dem bürgerlichen Pathos des Erhabenen verpflichtet sind und mit der Gewalt von 16 Hörnern die Gewaltigkeit der Alpen hervorzurufen versuchen – so Richard Strauss in seiner *Alpensymphonie*. Natürlich ließe sich mit Kant zeigen, wie lächerlich und hoffnungslos diese Unternehmung ist, die die Größe der Erhabenheit mit einer (zählbaren) Menge verwechselt. Aber die Grenze des Klangvolumens und – was der Kantischen Größe des Erhabenen schon näher käme – der Klangintensität wird nicht von dem lautesten Instrument, das Richard Strauss zur Verfügung stand, angezielt, sondern durch das Übermaß eines bestimmten: eines im Hinblick auf die Alpen als Berglandschaft *bedeutungsvollen* Instrumentes, nämlich des Horns. Dieser Emanzipationsversuch der Musik, eine ebensolche Verfügbarkeit über Bedeutung zu erreichen, versucht genau den Rückstand gegenüber der Sprache aufzuholen, der ihr in der Schrift *Über das Erhabene* zugewiesen wird.

Die Frage wird sein, inwieweit die hier angepeilte Grenze der Grenze der Einbildungskraft, deren Erfahrung das erhabene Gefühl von sich behauptet, gleicht.

3.

Jenes vorhin mit Schiller beschriebene Oszillieren des erhabenen Gefühls zwischen Schauer und Entzücken findet bei Kant – wohl Schillers Hauptquelle – eine sehr viel genauere Bestimmung. Für Kant richtet sich das Erhabene im Unterschied zum Schönen auf Formloses, Unbegrenztes, das trotz seiner Unbegrenztheit in einer Totalität vorgestellt wird, der Totalität des Vernunftbegriffs. Dies ist das logische Gerüst jenes Oszillierens zwischen dem Begehren des Vernunftbegriffs und seinem Zurückgeworfenwerden durch die Überforderung der Einbildungskraft. Aus diesem tautologischen Spannungsfeld heraus soll die Erhebung entspringen.

> „... hingegen das, was in uns [...] das Gefühl des Erhabenen erregt, der Form nach zwar zweckwidrig für unsere Urteilskraft, unangemessen unserem Darstellungsvermögen

und gleichsam gewalttätig für die Einbildungskraft erscheinen mag, aber dennoch nur um desto erhabener zu sein geurteilt wird."[4]

Wiederum im Unterschied zur Erfahrung des Schönen (der Natur) kann das Gefühl des Erhabenen zwar von einem konkreten, also begrenzten Gegenstand veranlaßt werden, dieser ist aber niemals der Grund der Erhabenheit selbst. Obwohl wir, wie Kant sagt, diesen Grund nur in uns finden können – „Zum Schönen der Natur müssen wir einen Grund außer uns suchen, zum Erhabenen aber bloß in uns [...]"[5] –, können wir uns von diesem Grund erheben, dem Gefühl nach die Begrenztheit des Körperlichen und Dinglichen ins Unbegrenzte hinein überschreiten. Sehr genau beschreibt Kant diese Bewegung als eine scheinbare Selbst-Erhebung, die am äußersten Punkt der Einbildungskraft, an der Grenze dieser Kraft in sich zurückfällt und gleichwohl das Jenseits dieser Grenze negativ in sich aufnimmt. Die dabei entstehende „negative Lust" käme somit einer teilweisen Antizipation der Folgen gleich, die die Erfahrung dieses Jenseitigen, Unfaßlichen, Nicht-Einbildbaren hätte: den Übergang des Subjekts in ein Anderes, eine Erhebung, die, weil aus dem Bereich subjektiven Vorstellens und Einbildens herausfallend, das Subjekt selbst in seiner Manifestation ergreifen würde.

Diese Antizipation aber geschieht, wie gesagt, nur teilweise, denn wenn sich dies alles so vollzöge, wie es vorgestellt wird, wäre die Erhabenheit nicht mehr ein subjektiv Erfahrbares, sondern in letzter Konsequenz der Tod. Hier kommt die durch den Vernunftbegriff vorgestellte Totalität zu Hilfe. Die begriffliche Einheit des vernünftelnden Schlusses vermag dabei – wenn auch unrechtmäßig, so doch unbedingt notwendig, wie Kant in der *Kritik der reinen Vernunft* gezeigt hat – die Einheit des Bewußtseins zu retten. Die Erfahrung also der Grenze der Einbildbarkeit, die Berührung und in der Folge dann Rührung (was kein Teil einer Erfahrung im Kantischen Sinne mehr sein kann) eines nicht mehr im Bewußtsein Synthetisierbaren verschafft das – wie sich zeigte – trotz allem auf das Subjekt bezogene Gefühl des Erhabenen. Wie Belohnung für den Fleiß folgt Erhabenheit auf die Demütigung der Einbildungskraft, das heißt das Gefühl, ein Stück weit emporgezogen zu sein, außer sich zu geraten, gleichwohl aber bei diesem Vorgang dabei, bei sich zu sein, sich zu begleiten. Dieses Paradox nun der Empfindung einer solchen Metabasis braucht nicht einmal kaschiert zu werden, sondern wird erneut als ein Effekt eben der Erhabenheit dieses Unfaßlichen ausgegeben. Denn von vornherein wird die Unmöglichkeit der Darstellbarkeit des Erhabenen nicht rückbezogen auf den Größenwahn der Vernunftideen, sondern der Größe dieses Erhabenen gutgeschrieben, wodurch es immer

5) Immanuel Kant, *Kritik der Urteilskraft,* Berlin 1799, S. 76.
6) *Ebd.*, S. 78.

großartiger gerät. Die Figur also der Unterstellung von Größe und Erhabenheit ist hier genau die des plumpen Schlusses: ‚Wir können Gott nicht sehen, also ist er unendlich groß', welcher genau der Schlußstruktur der von Kant in der *Kritik der reinen Vernunft* aufgezeigten und als falsch bzw. tautologisch dechiffrierten dialektischen Vernunftschlüsse entspricht.

Für die Größe des Mathematisch-Erhabenen – eine unzähl- und -meßbare Größe (Quantum), die aus den Dingen selbst, und nicht im Vergleich entspringt – gibt Kant das Beispiel von der St. Peterskirche in Rom. Der eben genannte Satz von der Größe Gottes oder eines Göttlichen hat, wie sich an diesem nicht beliebigen Beispiel Kants zeigt, einen immanenten Bezug zur Theorie vom Erhabenen.

> „Eben dasselbe kann auch hinreichen, die Bestürzung oder Art von Verlegenheit, die, wie man erzählt, den Zuschauer in der St. Peterskirche in Rom beim ersten Eintritt anwandelt, zu erklären. Denn es ist hier ein Gefühl der Unangemessenheit seiner Einbildungskraft für die Ideen eines Ganzen, um sie darzustellen, worin die Einbildungskraft ihr Maximum erreicht und bei der Bestrebung, es zu erweitern, in sich zurücksinkt, dadurch aber in ein rührendes Wohlgefallen versetzt wird."[6)]

Nicht der Körper dieses Bauwerks selbst, sondern seine nicht mehr re-ferierende Bedeutsamkeit, die unendlich über es hinausweist, bewirkt das Gefühl der Bestürzung und jener Unangemessenheit der Einbildungskraft. Die Gewalt aber, von der Kant sprach, die der Einbildungskraft hierbei angetan wird, entspricht derjenigen, die dieses Monument der St. Peterskirche als solches produziert: als Repräsentation eines schlechthin nicht Repräsentierbaren. Zu dem zu erwartenden Kollaps unter dieser Gewalt, dem Scheitern des Repräsentationsvermögens, kommt es nicht. Kant beschreibt diesen Vorgang nur bezogen auf unser Vorstellungs- und Repräsentationsvermögen und will die Erhabenheit, die dieses Scheitern ja wie beschrieben auffangen soll, von den Dingen (der Natur) trennen. Sein Beispiel von der St. Peterskirche aber geht, ohne es zu wollen, darüber hinaus: Jene Kirche in Rom ist nicht mehr nur ein unter Umständen auch ersetzbarer Anlaß für das beschriebene Gefühl von Erhabenheit. Zwar ist sie keinesfalls selbst das Erhabene, darf dies auch nicht sein, aber sie erhält sich in ihrer Bedeutsamkeit durch eben dasselbe „Zurücksinken" der sie konstituierenden und nach dem Grenzenlosen trachtenden Bedeutung, die aber – was ein seltsamer Vorgang bleibt – durch ihren Rückfall nicht untergeht und sich auflöst, sondern nun gerade mit der Form dieser Begrenztheit (des Bauwerks/der subjektiven Einbildungskraft) eine Art Exempel jener *grenzenlosen Totalität* ist. Insofern es Exempel ist und nicht bloßes Zeichen, ist das von Kant benannte

7) *Ebd.*, S. 88.

Bauwerk ebenso ergriffen von jenem unvorstellbaren Transzendenzposten wie das subjektive Gemüt.

Solche Ergriffenheit geschieht aber, um es noch einmal zu sagen, nicht wie veranschlagt von einem Außen her, sondern diese Transzendenz ist ein durchweg *immanentes* Phantasma – ganz so, wie Kant es analysiert –, durch das eine Überforderung der vorstellenden Instanz, eine Gewalt an dieser selbst in Gang kommt. Das Besondere am Gefühl der Erhabenheit ist hier, daß es zugleich Erfüllung und Nicht-Erfüllung, Phantasma (als Bild der Einbildungskraft) und das Scheitern und Offenkundigwerden dieses Phantasmas ist. Das Scheitern aber der Vernunftidee der Unendlichkeit an der Einbildungskraft bleibt für die Vernunftidee selbst folgenlos! Sonst könnte sich zu der Unlust durch die innere Wahrnehmung dieser Unangemessenheit nicht die Lust gesellen, die für das Gefühl der Erhabenheit unentbehrlich ist (und nicht nur dafür) und die, angeregt durch die Unlust der Unangemessenheit, darin besteht, „jeden Maßstab der Sinnlichkeit den Ideen der Vernunft unangemessen zu finden“[8)]. Dies macht die zu Beginn zitierten Äußerungen Schillers zum Erhabenen verständlicher. Das Gefühl der Erhabenheit ist das Erfassen (nicht Denken, da ihm ja keine Anschauung korrespondieren kann, wie Kant differenziert[9)]) eines die Sinnlichkeit Ausschließenden, das aber gleichwohl ein Gesetz ist im wörtlichen und übertragenen Sinne: das festsitzt und regelt. Dieses Erfassen aber ist nur ein Gespür, das zu keinem Urteil, zu keiner Synthese von Sinnlichkeit und Begriff fähig ist. Jenes Gespür, welches bemerkt, daß diese Ideen und die ihnen entspringenden Gesetze in uns selbst sind, vollzieht die Selbst-Erhebung (im doppelten Sinne des Genitivs: Erhebung des Selbst). Das Gefühl also der Erhabenheit ist in diesem Sinne eine Art Selbstaffizierung.

Die seltsame Struktur des Erhabenen, Phantasma der Beglaubigung jener nicht sinnlichen Größe in uns zu sein, wie auch dessen Aufdeckung und Scheitern, denn die sozusagen anfängliche Vernunftidee (der Unendlichkeit), und nicht ein aus deren Überforderung der Einbildungskraft resultierendes Drittes, Neues, Höheres, kommt im Zustand der Erhabenheit zu Ehren – diese paradoxe Struktur macht es so schwierig, Erhabenheit auf Kunstwerke, zudem musikalische, zu applizieren, obwohl gerade Kunst im allgemeinen einer der wichtigsten Bereiche sein soll, in dem erhabene Gefühle aufkommen oder Erhabenheit thematisch wird.

8) *Ebd.*, S. 98.
9) *Ebd.*, S. 100.

4.

Mit der *Alpensymphonie* (1915) von Richard Strauss ist bereits eine der im späten 19. Jahrhundert aufkommenden sinfonischen Dichtungen angesprochen worden. Kompositionen wie *Ein Heldenleben, Tod und Verklärung, Also sprach Zarathustra* und noch einige andere wären, Richard Strauss betreffend, hier hinzuzufügen. Das Motiv der Größe und Erhabenheit kann diesen Werken nicht abgesprochen werden. Die Größe, die hier in der Art des Bombasts ihre Darstellung findet, ist die, die Adorno zu Recht mit der Größe des industriellen Großbürgertums in Zusammenhang brachte. Weist sie auch weder die innere Struktur auf, die Kant für das Erhabene im Hinblick auf die Grenze der Einbildungskraft nachzeichnet, noch das Feine und Edle, das die griechisch-antike Erhabenheit auszeichnen sollte, so werden diese Kompositionen doch durch und durch getragen von der Anstrengung, einen Gipfel zu erreichen: den Gipfel an klanglicher, harmonischer, thematischer und motivischer Vielfalt, an Lautstärke, an Ausdruck und Bedeutsamkeit; und wenn es sein muß, wird der Gipfel sogar selbst zum Dargestellten. Mit einer unglaublichen Blechbläserbesetzung besteigt Strauss in der *Alpensymphonie* die Berge. Zum einen ist es die Verfügbarkeit über beliebige Bedeutungsgehalte, die das Begehren nach Größe hier stillen soll, also gerade das, was der Musik in der Schrift *Über das Erhabene* abgesprochen wurde und sie dadurch für das Erhabene untauglich erscheinen ließ. Zum anderen ist es die – nach plumper Analogie verfahrende – (Re-)Präsentation nicht großen Gehaltes, sondern des Gehaltes von Größe: die Kraft einer ganzen Kompanie von Hörnern, Trompeten und Posaunen und einer sinnfälligen Schlichtheit der Harmonik, Rhythmik und Intervallik an den dramatischen Höhepunkten. So besteht das (zu Beginn) von vier Posaunen geblasene ‚Gipfel-Motiv' der *Alpensymphonie* in ihrem mit ‚Auf dem Gipfel' beschriebenen dritten Teil aus nichts anderem als Quarten und Quinten. Noch über die Differenz der Tongeschlechter hinaus zeigt sich hier Erhabenheit im Ausbleiben einer Terz, in der Beschränkung auf die reinsten, aus den einfachsten Schwingungsverhältnissen bestehenden Intervalle. Die behauptete Größe und Kraft durch die Monstranz einer Verfügbarkeit über Bedeutung – insofern ist hiermit durchaus jene Kantische Kraft der Einbildungskraft gemeint – zeigt sich nicht zuletzt in der Fülle programmatischer Überschriften und Textbezüge. Mit Gefühlen der Erhabenheit wird dabei nicht gegeizt. So stellt Strauss z.B. seiner Tondichtung *Tod und Verklärung* ein Gedicht von A. Ritter voran, dessen letzte Strophe lautet: „Aber mächtig tönet ihm/Aus dem Himmelsraum entgegen/was er sehnend hier gesucht:/Welterlösung, Weltverklärung". Das Verhältnis der Musik zu diesen programmatischen Vorgaben entspricht nicht dem einer mimetischen Unterordnung im Sinne einer auch zeitlich verstandenen Nachahmung, wie sie etwa im Barock teilweise zu finden ist. Ebensowenig entspricht es dem von Beethovens *Pastorale*. Bei dieser Sinfonie Beethovens nämlich ließe sich der von Kant beschriebene Anlaßcharakter des äußeren Dings für das erhabene Gefühl im Inneren der subjektiven Empfindungen geltend machen: die Komposition verbraucht sich nicht in der Aneignung der vorgegebenen Szenerie, deren Darlegung, Auslegung oder Überbietung. Auch wenn eine Wellenbewegung in der ‚Szene am Bach' scheinbar hörbar wird, bleiben diese sprachlich-bildlichen Vorgaben auch innerhalb der Komposition das, was sie sind: Vorgaben, Anlässe, Initiationen, deren sich die Komposition, ihre eigenen immanenten klassischen Ideale verfolgend, bedient. Nietzsche war es, der das mimetische Verhältnis hier radikal umdrehte: jene Szenerien der Welt seien Nachbilder der Musik[9)].

Richard Strauss' Tondichtungen hingegen scheinen von dem Drang besessen, zur Gänze in ihren programmatischen Gehalten aufzugehen. Die Differenz zu Beethoven scheint in einer schlichten Vertauschung zu bestehen: aus dem Trachten nach großem Gehalt – das mit dem Geniebegriff des späten 18. Jahrhunderts ebenso sich beschreiben ließe wie mit Adornos Schwärmereien vom Höchstmaß dialektischer Subjekt-Objekt-Spannungen bei Beethoven – wird ein Trachten nach dem Gehalt von Größe schlechthin. Die Erhabenheit wäre hier in der Tat die großbürgerliche des Machbaren, der durch nichts determinierten Regie durch die Vorgabe eines der Komposition a priori Vorgegebenen. Der Status dieser Musik ist ähnlich dem jener Schrift *Über das Erhabene:* die Darstellung von Erhabenheit erfolgt vom Standpunkt eines Erhabenen aus. So zur impliziten Größe geworden (die dann in den Werken expliziert wird), hat sie freilich nichts mehr mit der Grenze und Überforderung der Einbildungskraft zu tun. Das von Kant beschriebene Scheitern, auf das ein „rührendes Wohlgefallen" folgt, wird zu einem rührenden Wohlgefallen eines dieses Scheitern Konsumierenden (und Kant ist an dieser Verstellung nicht ganz unschuldig, was eine genauere Kant-Lektüre zeigen könnte). Das heißt aber, daß es zu einem Scheitern, einer Überforderung der Einbildungskraft hier nie gekommen ist und niemals kommen wird. Erhabenheit überlebte als bloße Vernunftidee, der aber – so müßte man Kant vielleicht ergänzen – ihre Realisation schon inhärent ist.

5.

Der Bezug auf die Tondichtungen von Richard Strauss in ihrem Verhältnis zum Erhabenen ist keineswegs stellvertretend für die gesamte, sehr häufig zum Bombastischen neigende sinfonische Musik des ausgehenden 19. und gerade

10) Friedrich Nietzsche, *Die Geburt der Tragödie*, Stuttgart 1955, S. 74.

beginnenden 20. Jahrhunderts (so findet sich ein anderes ‚Besetzungsextrem' z.B. in Mahlers *Sinfonie der Tausend* von 1906/07). An den Straussschen Tondichtungen zeigt sich jedoch besonders naiv und darum offensichtlich, worin hier der Versuch besteht, Erhabenheit als ein Gefühl, eine Stimmung zu inszenieren.

Im Hinblick auf das Begehren nach Erhabenheit ließe sich fast dasselbe über das um sich greifende Virtuosentum im 19. Jahrhundert ausführen. Die Grenze der Einbildungskraft ist hier ganz konkret die Grenze des in das Instrument – dasjenige, in das eingebildet oder auf das abgebildet wird – noch Einbildbaren. Das betrifft die Geschwindigkeit ebenso wie ganz neue bzw. nun erst kompositorisch zentral verwendete Techniken. Die Beliebtheit z.B. des Flageoletts auf den Streichinstrumenten ist hierbei eine ganz besondere Innovation. Heißt es noch in Leopold Mozarts Violinschule etwa ein Jahrhundert vor Paganini:

> „Wenn nun auch das beständige Einmischen des sogenannten Flascholets noch dazukommt, so entsteht eine recht lächerliche, und, wegen der Ungleichheit des Tones, eine wider die Natur selbst streitende Musik, bei der ... man wegen dem Gähen und unangenehmen Gerassel die Ohren verstopfen (möchte). Mit dergleichen Spielweise mögen sich die, welche zur Fastnachtszeit Lustigmacher abgeben trefflich hervorthun."[11)]

Was bei Leopold Mozart noch unangenehmes Gerassel ist, ist bei Paganini einer der wesentlichsten Effekte geworden. Dabei ist das Begehren nicht nur, eine klangliche Erweiterung des Instrumentes zu erreichen, ein im Gegensatz zu vergangenen Zeiten immer stärkeres Inszenieren des Klangkörpers selbst, sondern auch und dadurch das Auflösen des Klangkörpers als einer vorgegebenen festen Struktur. Das Apriori des Klangkörpers als etwas, für das und in das hinein man komponiert, das technische und klangliche Grenzen vorgibt, wird hier zwar noch nicht aufgelöst, aber durch das akrobatische Bis-zum-Äußersten-Gehen der Spieltechnik schon zum Problem, an dessen Bewältigung die Virtuosenkunst sich lustvoll abarbeitet. In mehrfachem Sinne zeigt sich das Großartige dieser Virtuosenkunst wiederum als ein Maximalisieren der Verfügbarkeit – hier über das Instrument als technisch zu bedienendes Gerät und als Klangkörper. Die unfaßbare Quantität des technischen Könnens ist die Vorführung eines beinahe jenseits des Klangkörpers Liegenden, die Einbildungskraft Überschreitenden.

Die Verfügbarkeit über den Klangkörper ist Thema und zugleich Problem eines Großteils der Musik seit den Fünfziger Jahren dieses Jahrhunderts.

11) Leopold Mozart, *Gründliche Violinschule,* Augsburg 1756, Fünftes Hauptstück, § 13.

‚Inszenierung des Klangkörpers als solchen' könnte man eine der im Hinblick auf das Erhabene wichtigsten Momente ‚Neuer Musik' schlagwortartig nennen. Die Verwendung des Tonbandes gemeinsam mit einem oder mehreren traditionellen Instrumenten ist eine der (auch heute noch beliebten) hierfür wichtigsten Verfahrensweisen. Ebenso die Entfremdung des tradierten Klangkörpers: das präparierte Klavier, elektronische Veränderungen und Beeinflussungen von Klängen.

Die Entwicklung, die sich zumindest seit dem Frühbarock bis heute zeigt, ist die einer prinzipiellen Verschiebung der Funktion und Stellung des Klangkörpers innerhalb des kompositorischen Verfahrens: Die Extreme skizzierend, könnte man sagen, daß der Klangkörper noch nie dasjenige war, *das* man komponiert hat – wie es mit der modernen Technik möglich ist –, sondern immer dasjenige, in das hinein, mehr oder weniger auf das hin abgestimmt, man komponierte. So vollzieht sich ein großer Teil barocker, insbesondere frühbarocker, Kompositionen quasi unterhalb einer Instrumentierung. Der Musiker muß sich eines der für die jeweiligen Stimmen passenden Instrumente bedienen: hierbei sind Melodieinstrumente der gleichen Lage meist austauschbar. Manche der alten Werke sind lediglich in einer Sopran-, Alt-, Tenor-, Baßstimme und einem Generalbaß notiert, deren Instrumentierung relativ offen bleibt (wobei manchmal sogar zwischen Gesang und Instrument gewählt werden kann) und der jeweiligen Gelegenheit anheim gestellt wird. Noch bei Telemann finden sich Werküberschriften wie diese (von 1716): „Kleine Cammer-Musik/bestehend aus VI Partien/welche vor die Violine/ Flûte traverse/ wie auch vors Clavier/besonders aber vor die Hautbois/nach einer Leichten und singenden Art [...] eingerichtet und verfertiget sind [...]".

Eine immer genauere Festlegung der Instrumentierung erfolgte mit der Klassik. Das Instrument als Medium der Einbildungskraft, *in dem* sich die Komposition verwirklicht, hat noch bei Haydn einen etwas anderen Status als bei Beethoven. Ist es bei jenem noch viel mehr der Anlaß, der praktische Umstand, der die Instrumentierung vorgibt, so ist es bei diesem eher der kompositorische Einfall, der sich seinen Klangkörper sucht und darum z.B. auch die klangliche Grenze des damaligen Klaviers nicht als ein Apriori fungieren läßt, sondern als eine Grenze, deren Auflösung aus der musikalischen Immanenz der Kompositionen folgen kann. Hier liegt der Unterschied zu Paganini, bei dem die emphatische Überschreitung dieser Grenze als solche den Effekt und Gehalt der Musik ausmachen soll.

Dialektisch ließe sich einwenden, daß natürlich auch Beethovens Einfall immer schon klangkörperlich ist. Dennoch aber geht dem dialektischen Widerstreit zwischen dem kompositorischen Material und dem kompositorischen Subjekt in der Komposition selbst, auf den Adorno so insistierte, phänomenologisch ein bestimmter Gestus des Komponierens voraus oder mit diesem einher, bei dem der Klangkörper einen je verschiedenen Status quo innerhalb der Spannung zwischen kompositorischem Material und kompositorischer Idee einnimmt. Daß dieser Status quo sich in der Komposition aufzulösen vermag, widerspricht nicht diesem Phänomen. Adornos Rede von der Abgenutztheit des musikalischen Materials am Anfang dieses Jahrhunderts beschreibt genau eine Grenzsituation der Einbildungskraft[12]. Die Auflösung der Tonalität erfolgte aber nicht im Sinne einer Steigerung der Einbildungskräfte. Die tradierte Tonalität war ein völlig überkodiertes Medium geworden: wie Wachs, bei dem sich eine solche Fülle von Einprägungen überlagert, daß kein Zeichen mehr sichtbar ist, mithin kein objektiver Sinn mehr aus ihm hervorgehen kann. Atonalität und Zwölftontechnik bekommen also die Funktion einer neuen Wachsschicht – so beschreibt es sinngemäß Adorno, wobei er sich sogleich beeilt, ein Bild vom Material und Medium, in das hineingebildet wird, nicht aufkommen zu lassen, indem er immer wieder betont, die größten Momente der Zwölftonmusik lägen in deren immanenter Überwindung[13].

Im Unterschied zur bombastischen Musik eines Richard Strauss sind die Kompositionen der sogenannten Zweiten Wiener Schule diejenigen, die dem Scheitern der Einbildungskraft und der Gewalt des Vernunftanspruchs Rechnung tragen. Wie aber genau? Nicht das Undarstellbare, das von Kant beschriebene Jenseits des Einbildbaren kommt hier zur Darstellung. Es scheint aber, als käme es – nicht zuletzt auch gemäß Adornos Beschreibung – im Aufzeigen dieser Grenze zu einer Art negativen Darstellung des nicht mehr Darstellbaren, was der Kantischen negativen Lust, dem negativen Wohlgefallen der Erhabenheit korrespondieren würde. Die Grenzerfahrung, das Scheitern der Einbildungskraft vollzieht sich hier – das findet sich bei Adorno ausführlichst beschrieben – vor allem in der Tonalität und der Kategorie der dynamischen Entwicklung, der Variation, der Durchführung. Hört man etwa Weberns fragmentarisierende und minimalisierende Orchesterwerke, so spürt man genau, daß jenes Scheitern im Entzug der genannten Kategorien sich vollzieht, ohne daß jedoch instantan ein Standpunkt von Erhabenheit erreicht würde. Dies ist nicht mit der Behauptung zu verwechseln, jene Werke der Zwölftonmusik und beginnenden seriellen Technik versperrten sich a priori jeder Lust und jedem Wohlgefallen.

12) Vgl. Theodor W. Adorno, *Philosophie der neuen Musik,* Frankfurt/M. 1958.

13) „Die großen Momente des späten Schönberg sind gegen die Zwölftontechnik so gut wie durch sie gewonnen. Durch sie: weil die Musik befähigt wird, so kalt und unerbittlich sich zu verhalten, wie es ihr nach dem Untergang einzig noch zukommt. Gegen die Zwölftontechnik: weil der Geist, der sie ersann, seiner selbst mächtig genug bleibt, um noch das Gefüge ihrer Stangen, Schrauben und Gewinde je und je zu durchfahren und aufleuchten zu machen, als wäre er bereit, am Ende doch das technische Kunstwerk katastrophisch zu zerstören." *Ebd.,* S. 66.

Der Standpunkt aber, den sie behaupten, ist sowenig der von Erhabenheit, die aus jenem Scheitern und Gewaltakt hervorgeht, wie die Erhabenheiten Straussscher Tondichtungen den Reflex und Rückstau darstellen, den das die Einbildungskräfte überfordernde Begehren der Vernunft verursacht. Anstatt von dem Punkt des nicht mehr Darstellbaren in „rührendem Wohlgefallen" in sich zu gehen oder durch einen vermeintlichen Ebenenwechsel sich auf die Darstellung der Nicht-Darstellbarkeit zu verlegen, versuchen jene Werke der Zweiten Wiener Schule, das Dilemma der Einbildungskraft zu vollziehen, d.h. die Konsequenzen zu ziehen. Das würde, auf das Kantische Modell abgebildet, heißen: Konsequenzen, die jene Vernunftideen selbst betreffen. Die Auflösung der Tonalität und eines bestimmten Entwicklungsprinzips sind solche Konsequenzen; und der ideelle Gehalt und Anspruch dieser Vernunftideen – um mit Kant zu reden – stellt mehr als nur einen guten Teil der Ästhetik des 18. und 19. Jahrhunderts dar, er leitet sich vielmehr – was hier nicht ausgeführt werden kann – aus den intimsten Bereichen und konstitutiven Elementen abendländischen Denkens und Vorstellens her.

Die Tendenz aber, den Klangkörper immer mehr zu dem werden zu lassen, *was* komponiert wird, läßt sich auch über Adornos Musik hinaus als eine „Tendenz des Materials" beschreiben: Das Aufkommen der Klangfarbe in der Musik des späten 19. Jahrhunderts ist zunächst eine weitere Verstärkung des Einbeziehens des Klangkörpers als solchen in die kompositorische Produktion. Verfolgen die Kompositionen der Klangfarbe eher eine Synthetisierung der einzelnen Klänge zu der Einheit eines klanglichen Ausdrucks und Gehalts, so setzt etwa Schönbergs Kammermusik dem eine Klangheterogenität entgegen. Die Klänge der einzelnen Instrumente dissoziieren, bestehen quasi auf einem Eigenleben. Die Inszenierung des Klangkörpers erreicht eine neue Etappe mit der seriellen Technik im Übergang zur elektronischen Musik. – Wäre diese „Tendenz des Materials" eine solche, die nach der Auflösung der Materialität überhaupt trachtet?

6.

Der Ausdruck des Komponierens oder Inszenierens des Klangkörpers ist für die beschriebene Tendenz noch zu ungenau und schwach. War die Frage nach der Instrumentierung immer im wesentlichen die nach dem Klang, so wie auch umgekehrt die Frage nach dem Klang hauptsächlich und zunächst das jeweilige Instrument als Klangkörper betraf, so beginnt sich in den Fünfziger Jahren mit der elektronischen Musik dieser Zusammenhang aufzulösen. Die elektronische Verfügbarkeit über den Klang als solchen, seine Zergliederung in Sinustöne, seine durch die künstliche, kunstvolle Mischung und Zusammensetzung (Komposition) solcher Sinustöne neue Produzierbarkeit (die sogenannten synthetischen Klänge), macht den Klang von einem gebärenden Körper abtrennbar. Die Körperlichkeit der Klänge wird verfügbar, indem sie auf beliebige andere Schwingungskörper übertragbar ist. Insofern die Regie über den Klangcharakter nicht mehr vom Ort des Klangkörpers aus geführt wird und diesen als Grund und Ursprung voraussetzt, sondern von einem Ort jenseits dieses Körpers, den Sinuswerten oder in der Folge dann den binären Codes der Computer, insofern sind die Klangkörper hier dualistisch die toten Hüllen eines ihnen zwar innewohnenden, aber keineswegs immanenten Intelligiblen. Ihre – und sei es nur ideale – Ablösung von diesem entspricht der Schillerschen moralischen Erhabenheit.

Die Identität der Klänge ist die ihrer Berechnung, nicht mehr die des einen identischen Körpers. Die Frage wäre, ob jene körperliche Identität mit den synthetischen Klangerzeugungen und Kompositionen in ein dissoziatives, die Körper wechselndes und aufteilendes Medium von Klang nur verwandelt wird oder ob sich hier vielmehr eine Abtötung und intelligible Ersetzung des Körpers als Ursprung vollzogen hat. Daß der Struktur nach die Möglichkeiten der Elektronik und des Computers letzteres nahelegen, besagt nicht, daß dies ebenso für die Kompositionen der neuen Musikströmungen, die sich dieser Mittel bedienen – was übrigens keineswegs für alle gilt –, veranschlagt werden müßte. Werkanalysen einzelner Kompositionen von Stockhausen, Boulez, Nono oder Ligeti zum Beispiel müßten dieser Frage nachgehen.

Erhabenheit aber zeigt sich nun, gerade in bezug auf Darstellungen durch Kunst, als ein Problem der Körperlosigkeit der Signifikanten. Indem alles Tönende kompositorisch verfügbares Material wird und dadurch die Signifikanten immer reiner, immer mehr zu Zeichen ohne Zeichenträger werden, stößt man an Grenzen der Einbildungskraft: Denn die immanente Idee der Einbildung (bzw. des zu ihr komplementären Ausdrucks/der Bedeutung) vom bedeutungslosen und -durchlässigen Medium zerfällt, wo alles selbst schon Bedeutung ist und nichts zurückbleibt, von dem das Zeichen sich abheben, in das es sich einschreiben, auf dem es sich konturieren könnte. So wie bei Schönberg alles und damit nichts mehr Variation, also ein Abgeleitetes war, so ist in den Happenings von John Cage alles und damit nichts bedeutsam. Die Differenz von Signifikant und Signifikat scheint überhaupt aufgelöst zu sein. Nach dem Extremwert des körperlosen Signifikanten oder der reinen Bedeutung tendiert das Begehren zu einer unendlichen Simulierbarkeit und Verfügbarkeit alles Klanglichen bzw. alles Akustischen überhaupt. Pierre Boulez ist einer derjenigen Komponisten, die die Ausschöpfung aller technischen Möglichkeiten für die Klangerzeugung und -erforschung immer wieder fordern und die Möglichkeiten nicht zuletzt der Live-Elektronik für die Kompositionen, in denen übrigens meistens oder sehr häufig – nicht nur bei Boulez – instrumentale und synthetische Klänge gegenübergestellt oder vermischt werden[14], ständig erweitern[15]. Die leitende Idee ist die von der Unbegrenztheit des Klangs, was nicht zuletzt eben die Körpergrenze selbst betrifft. Die Grenze der Einbildungskraft ist hier die des in einen Körper noch einbildbaren bzw. ‚einhörbaren' Klanges. Die Totalität des Begriffs, die diese Unendlichkeit gleichwohl noch umfassen und in einem Ganzen darstellen will, ist die Identität der Werke selbst, der jeweiligen Komposition als eines Dargestellten.

Die Aleatorik war ein Versuch, diese Identität aufzulösen. Mit dem Zufall, der in die Aufführung eines Werkes miteinbezogen ist oder sogar in die Komposition selbst, die nur noch gewisse Rahmen vorgibt, löst sich die Totalität und die durch die Synthese in die Einheit des Werkes erlangte Identität auf, was für die Kantische Synthesis zur Einheit des Bewußtseins hieße: Veränderung vollzieht sich hier nicht mehr in *einem* Bewußtsein. Die Aleatorik war aber auch der Versuch, dem drohenden Umschlag von der totalen Verfügbarkeit in die sehr naheliegende totale Beliebigkeit zuvorzukommen, d.h., nicht der drohenden Ausdruckslosigkeit wegen mangelnder Normativität zu entfliehen, sondern den drohenden Sprachcharakter radikal zu konterkarieren, indem sie die Arbitrarität der Zeichen selbst ver-wendet, d.h., auch im wörtlichen Sinne als Gehaltmoment nach außen kehrt.

Was aber wäre nun das Jenseits der Grenze des noch ‚Einhörbaren', das die Idee von der Unbegrenztheit des Klangs begehrt und dem die Konstitution der Komposition selbst zuwiderläuft? Die körperlosen Signifikanten? Die reine Bewegung der Zeichen? Die reine intelligible Funktion? Jene Substanzen, von denen Leibniz sagte, sie seien unkörperliche Automaten?

Die Musik John Cages ist diejenige, die am ehesten den Rückfall jenes Begehrens (der Vernunftidee) empfindet und ein dadurch entstehendes Gefühl von Erhabenheit für sich behauptet. Dies soll gelingen – hier liegt in mehrfachem Sinne der Gewinn dieser Musik – gerade durch den *Verzicht* auf die nochmalige Darstellung dieser Verhältnisse: Schweigen ist hier nicht der Rest der Meisterschaft, wie es Adorno für die Werke Weberns formulierte, sondern die Meisterschaft selbst. Die Kantische negative Lust des erhabenen Gefühls wäre hier sowohl die Negation des bewußt provozierten Klangs: das Schweigen des berühmten *4'33,* jener Komposition Cages, in der 4 Minuten und 33 Sekunden lang geschwiegen wird; als auch die Universalisierung des Klangs, die – gerade

14) Vgl. z.B. Stockhausens monumentalen Opern-Zyklus *Licht (Die sieben Tage der Woche).*

15) Pierre Boulez ist Leiter (und wohl auch zumindest einer der Initiatoren) des *Institut de Recherche et de Coordination Acoustique/Musique* (kurz: IRCAM, eröffnet 1977) in Paris, das sich unter anderem mit der Erforschung genau dieser akustischen Möglichkeiten beschäftigt.

auch in *4'33* – mit seiner Negation zusammenfällt: Musik sei, was wir hören, wenn wir still sind – so lautet Cages Leitsatz, der bei weitem nicht nur für jenes *4'33* gilt[15].

Während die meisten seiner europäischen Kollegen sich sehr viel mehr innerhalb des Spannungsfeldes der Realisierung klanglicher Ideen befinden, also in jenem vor-erhabenen Zustand der innovativen Einbildungs- und Erweiterungsbestrebungen, jener Bewegung des „Abstoßens und Anziehens", wie es Kant beschreibt, trachtet Cages Musik eher nach der völligen Auflösung dieses Spannungsfeldes. Mit der Dispensierung eines Subjekts und ihrem affirmativen Charakter scheinen Cages Kompositionen etwas von jener furchtlosen Erhabenheit oder erhabenen Furchtlosigkeit zu zelebrieren, wie sie mit den verschiedensten Begründungen für den erhabenen Zustand immer wieder geltend gemacht wurde. Aber Dispensierung, Auflösung, Verzicht sind der ganz unerhabene Reflex derselben, dieser Musik durchaus anzumerkenden Erschrockenheit – „Das Überschwengliche für die Einbildungskraft [...] ist gleichsam ein Abgrund, worin sie sich selbst zu verlieren fürchtet [...]."[16]

16) *Alla ricercar del silencio perduto* (‚Auf der Suche nach der verlorenen Stille') lautet bezeichnenderweise eine Komposition von John Cage aus dem Jahre 1978. Vgl. Daniel Charles, *John Cage oder Die Musik ist los,* Berlin 1979, S. 9ff.

17) Kant, *Kritik der Urteilskraft*, S. 98.

Barnett Newman
Who's afraid of red, yellow and blue III

Max Imdahl*

Barnett Newman, der von 1905 bis 1970 gelebt hat und zu den bedeutendsten amerikanischen Malern dieses Jahrhunderts zählt, hat sein Bild „Who's afraid of red, yellow and blue III" – Wer hat Angst vor Rot, Gelb und Blau III – in den Jahren 1966/67 gemalt. Das Bild ist ein Riesenbild, es mißt in der Höhe 2,45 m und in der Breite 5,44 m. Die Farben des Bildes sind Kadmium-Rot, Kadmium-Gelb und Ultramarin-Blau. Unten links ist das Bild signiert „Barnett Newman 67".

Blickt man auf die allgemeine heutige Kunstentwicklung, die – wofern sie überhaupt noch auf das Gemälde reflektiert – nicht selten das manuelle Malen verdrängt hat zugunsten mechanischer Verfahren oder auch zugunsten von Kombinationsstrukturen aus Malerei und vorgefundenem Material, so ist mit besonderem Nachdruck zu erwähnen, daß es sich bei Newmans Bild um Malerei im strengen und herkömmlichen Sinne handelt: Newmans Bild ist eine mit Ölfarben bemalte Leinwand. Dabei spielen die Operationen des Malens selbst eine Rolle. Die anonyme Homogenität des beherrschenden Rot ist das Ergebnis äußerst disziplinierter individueller Malvorgänge, die als solche sozusagen subkutan spürbar bleiben. Das linke Blau (15 cm breit) spielt dagegen in offenen, unmittelbar deutlichen Valeurs. Homogen ist wiederum das rechte Gelb (2,5 cm breit). Während aber die Grenzlinie zwischen diesem homogenen Gelb und dem Rot geringfügig unregelmäßig verläuft, ist das valeurreiche Blau strenger gegen das Rot abgesetzt. [...] Abbildungen geben solche Nuancen nicht wieder. Es bleibt aber festzustellen, daß die Bilder Newmans gerade in Hinsicht auf ihre maltechnischen Qualitäten höchste Anerkennung gefunden haben. Wohl hat Newman auch die Methode, die Farbe zu spritzen und nicht zu malen, zuweilen erprobt, sie aber sogleich wieder verworfen. Das manuelle Malen ist ein für die

* Verlag und Herausgeberin danken Frau Ebba Imdahl, ohne deren freundliche Zustimmung dieser Beitrag nicht hätte abgedruckt werden können.

von Newman erstrebte Erscheinung der Farbe notwendiger und durch andere Verfahren nicht zu ersetzender Akt.

Insgesamt gibt es drei Bilder mit dem Titel „Who's afraid of red, yellow and blue", doch sind die anderen Versionen hochformatig. „Who's afraid ... I", gemalt im Jahre 1966, ist 1,92 m hoch und 1,22 m breit und ähnlich strukturiert wie „Who's afraid ... III": Ein bildbeherrschendes kadmiumrotes Farbfeld ist links begleitet von einem schmalen valeurreichen Blau und rechts von einem noch schmaleren intensiven Gelb. „Who's afraid ... II", gemalt im Jahre 1967, ist 3,05 m hoch und 2,59 m breit: Das rote Farbfeld ist rechts und links von je einem gelben und in der Mitte von einem blauen Streifen durchzogen.

Unser Bild – „Who's afraid of red, yellow and blue III" – gehört dem Amsterdamer Stedelijk Museum. Dort hängt es in einem großen Saal, der dem Beschauer einen weiten Abstand vom Bild ermöglicht. Wer den Saal betritt, sieht das Bild zunächst aus der Ferne. Diese Aufhängung widerspricht den Absichten Newmans, denn Newman selbst hat ausdrücklich gefordert, daß der Beschauer das Bild aus der Nähe betrachten müsse. Die nahe Distanz des Beschauers vom Bilde und die Größe des Bildes selbst sollen zusammenwirken, damit die Größe als Großheit erfahren werden kann. Ebenso wie Newman haben auch Jackson Pollock oder Mark Rothko und andere amerikanische Maler Riesenbilder gemalt und die Nahdistanz des Beschauers von diesen gefordert. Strenggenommen gehört Newmans Bild in einen eher gangartigen Querraum, der eine große Distanznahme des Beschauers von vornherein verhindert. Der Beschauer soll sich nahe vor dem Bild befinden. [...]

Newmans Bild ist eine neue, ungeahnte, gegenüber allen bekannten Formvorstellungen und eingespielten Gestaltungsprinzipien ungewöhnliche Erscheinung. Für seine Absichten mit einer solchen Malerei hat Barnett Newman ausdrückliche Formulierungen gefunden. Nach der Auffassung Newmans ist das Erhabene („the sublime") die höchste Bestimmung der Kunst, und zwar ist es der Malerei Newmans zu tun um „the reality of the transcendental experience". Das heißt: Newmans Malerei hat ihr Ziel und ihren Sinn darin, das Erlebnis einer jede vertraute Erfahrung übersteigenden Erfahrung zu ermöglichen. Das geschieht durch die Malerei, indem der Beschauer von dem Bild unmittelbar betroffen und überwältigt wird. Das Bild soll es ermöglichen, daß der Beschauer, indem er das Bild erfährt, zugleich seine eigene Erfahrung und damit sich selbst in neuer Weise erfährt. Newman greift hinter jegliche mitgebrachte oder vorgeprägte, begrifflich, mathematisch, geometrisch oder auch ästhetisch determinierbare Ordnung zurück auf den Fundus der absoluten Emotion („absolute emotion") als auf ein elementares menschliches Vermögen. Das Bild selbst ist dann der Anlaß oder die Nötigung, auf diesen Fundus zurückzugehen. Mit Emotion ist hier nicht ein einzelner Affekt oder ein Ensemble von Affekten (Freude–Trauer) gemeint, sondern das Erlebnis des Erhabenen, das sich verknüpft mit einer neuen

Erfahrung und Erhöhung („exaltation") des eigenen Selbst gerade unter dem Aufruf zur menschlichen Selbständigkeit, Selbstverwirklichung und Selbstentfaltung. Genau darauf zielt Newmans Absicht.

Wer vor Newmans Bild „Who's afraid of red, yellow and blue III" tritt, ist unmittelbar betroffen und überwältigt von einer alle Orientierungshilfen ausschließenden, aus der Fassung setzenden Erscheinung. Die Überwältigung durch das Erhabene besteht darin, daß der Sehende dem Zu-Sehenden unausweichlich ausgeliefert ist. Das Bild verweigert dem Beschauer alles, was ihm vertraut ist, ja auch die Kategorien, unter denen Vertrautes erscheinen könnte. „The sublime is now" (Newman).

Nach der Lehre des Pseudo-Longinus (*Peri Hypsous*, 1. Jahrhundert n. Chr.) ist das „Übergewöhnliche", das Staunen erregt und erschüttert, stets mächtiger als das Überredende oder nur Gefällige. Als eine Erstaunen erregende Macht hat ebenso Edmund Burke das Erhabene definiert und in diesem die wichtigste Evokation der Kunst erblickt (*A Philosophical Inquiry into the Origine of our Ideas of the Sublime and the Beautiful*, 1756). Newman selbst fand sein eigenes Kunstwollen – um diesen Ausdruck Riegls zu gebrauchen – in den Schriften beider Philosophen bestätigt. Es ist im übrigen ein Hinweis darauf berechtigt, daß es in der deutschen Philosophie eine Tradition der Theorie des Erhabenen von Kant her gibt, die deutlich bei Schiller hervortritt und über die Schriften von Thomas Carlyle (1795–1881) in die angelsächsische Welt Eingang gefunden hat.

Die philosophische Reflexion über den Widerspruch zwischen dem Erhabenen und dem Schönen ist die Voraussetzung für die auf alle Schönheit verzichtende Malerei Newmans. Auch darüber hat Newman sich geäußert. Er hat seinen eigenen Anspruch, den Beschauer durch das Erlebnis einer alle vertrauten Erfahrungen übersteigenden Erfahrung zu überwältigen, verknüpft mit einer Kritik an der traditionalen Malerei und deren Orientierung an der Norm der Schönheit. Für Newman ist der Umgang mit der Schönheit der Umgang mit schon etwas Bekanntem. Bis in die jüngste Vergangenheit herrsche die „etablierte Rhetorik der Schönheit" vor, und zwar so sehr, daß „sogar Mondrian bei seinem Versuch, die Bildvorstellung der Renaissance zu überwinden", die weiße Fläche und deren Winkel nur in eine neue „Ebene der Verfeinerung erhoben" habe. Mondrians Bilder seien nichts weiter als rechtwinklig geometrische Systeme von absoluter Perfektion: „Bei Mondrian verschlang die Geometrie die Metaphysik" (Newman).

Für Newman steht Mondrian auf der Seite der traditionalen Malerei, der „etablierten Rhetorik der Schönheit", das heißt unter der Voraussetzung der Idee des komponierten Tafelbildes. Das komponierte Tafelbild, wie es bei Mondrian hervortritt, ist ein in sich selbst abgeschlossenes, insgesamt zu überschauendes und insofern notwendig distanzgebietendes System, in welchem verschiedene

Richtungswerte, verschiedene Formelemente und verschiedene Farben gegeneinander ausbalanciert sind zugunsten eines individuellen und unveränderlichen Ganzen: In Mondrians „Komposition mit Rot und Schwarz“ spielen sich durchkreuzende oder sich berührende vertikale und horizontale Linien im Sinne einer kühn ausbalancierten, die Richtungsgegensätze dialektisch aufhebenden Gesamtkonstellation zusammen, und man kann leicht erkennen, wie wichtig für diese kühne Balance des Systems zum Beispiel das kleine schwarze Rechteck am linken Bildrand ist, welches das im übrigen leere Oben-Links gegen das reicher strukturierte und mit einem schmalen roten Feld ausgestattete Unten-Rechts behauptet. Das ganze System würde als ein System der Ordnung sinnlos, wenn man das kleine Rechteck entfernen würde, und für sich genommen wäre das Rechteck nichtig. Denn das Rechteck erhält seinen Sinn durch seine Funktion für das Ganze. In den unveränderlichen, Harmonie stiftenden Beziehungen der einzelnen Bildwerte zueinander und zum Ganzen manifestiert sich die Idee des komponierten Tafelbildes. Mondrians mit waagerechten und senkrechten Linien sowie mit balancierenden farbigen Rechtecken verfahrende Komposition repräsentiert – so jedenfalls läßt es sich unter dem Eindruck des Bildes von Newman formulieren – eine auf das empirisch Gegebene bezugnehmende und dessen Urgegensätze ausgleichende, ideale Konstellation. Das Bild ist ein idealer Kontext, in dem sich das Verlangen des Menschen nach Anschauung einer in der Realität so niemals hervorscheinenden Harmonie erfüllt wie eben in einem Bilde. Genau diese Repräsentationsfunktion des Bildes hat Newman kritisiert: „Ich habe Mondrian überwunden, ich habe das Diagramm zerstört.“ Das Diagramm ist ein Schaubild oder ein Schema, eine anschaulich stellvertretende Vorstellung, ein unter Hervorhebung des Wesentlichen eines Sachverhalts augenfälliges „Bild“, und zwar – nach Newman – ein geometrisches Äquivalent der Natur oder natürlicher Gesetzmäßigkeiten. Als Diagramm, das heißt also als ein Naturverhältnisse repräsentativ idealisierendes und (insofern) perfektes geometrisches System, ist Mondrians Gemälde keine unmittelbare Erscheinung. Newmans Kritik an Mondrians Bild läßt sich in dem Sinne zusammenfassen, daß unter der Bedingung des Diagramms, also unter der Bedingung eines notwendigen Rückbezugs der Bilderscheinung auf ein (idealisiertes) außerbildliches Korrelat, ein Überwältigungserlebnis nicht zustande kommen kann, allerdings auch – gemäß dem Kunstwollen Mondrians – gar nicht zustande kommen soll.

Newmans Malerei ist unbedingt antikompositionell, und zwar auch im ausdrücklichen Widerspruch zu Mondrians Bildern als den klassischen modernen Beispielen des komponierten Tafelbildes. Sieht man von wenigen Frühwerken ab, so hat es Newman immer vermieden, in seine Gemälde Linien von verschiedener Richtung zu bringen oder gar Senkrechte mit Waagrechten zu verknüpfen. Die in Newmans Bildern auftretenden Linien sind entweder nur waagerecht oder, wie meistens, nur senkrecht. Mit diesem Verzicht auf Richtungsgegensätze ist nicht nur jedwede Komposition als eine Form der Harmonisierung von Gegensätzen verweigert, sondern es ist zugleich unsere natürliche Erfahrungsstruktur ausgesetzt, welche selbst – nach der Auffassung Newmans – eine Gewißheit ist, das heißt eo ipso das Erlebnis einer jede vertraute Erfahrung übersteigenden Erfahrung negiert und damit auch die Überwältigung zur Erhabenheit ausschließt, auf die es Newmans Kunst gerade ankommt.

Nach einer Äußerung Newmans werden „wir von den europäischen abstrakten Malern durch schon bekannte Bilder in ihre geistige Welt geführt", und zwar sei dies „ein transzendentaler Akt", welcher die bisher erfahrene Welt übersteigt („With the European abstract painters we are led into their spiritual world through already known images. This is a transcendental act"). Dagegen ist – um es zu wiederholen – der amerikanische Künstler befaßt „mit der Wirklichkeit der transzendentalen Erfahrung" („with the reality of the transcendental experience"): Barnett Newmans Bilder haben ihren Sinn nicht in der Repräsentation einer idealen, naturbezogenen Ordnung, welche die bisher erfahrene Welt übersteigt, sondern in dem, was sie sind und realiter bewirken. Der Beschauer wird nicht mittels des Bildes als einer Repräsentation verwiesen auf ein sonst unsichtbares, aber in der Ahnung schon bekanntes ideales Ganzes, welches das eigentliche Thema des Bildes wäre, sondern der Beschauer selbst ist thematisiert als der im Anblick der erhabenen Erscheinung des Bildes seine eigene Erfahrung Erfahrende und dadurch Erhobene. Newman reflektiert auf das eigene Präsenzerlebnis des Beschauers, das den Beschauer aus allen vertrauten Vorstellungen und Situationen isoliert und ihn gerade dadurch auf sich selbst verweist. „Ich wurde verstrickt in die Idee, den Beschauer präsent zu machen, das heißt in die Idee, daß der Mensch präsent ist" („I became involved with the idea of making the viewer present: the idea that ‚Man is Present'"). In der durch die Erhabenheit der Bilderscheinung bedingten konkreten Situation der Überwältigung wird das Präsenzerlebnis des Beschauers als eine neue Erfahrung und Erhöhung seines Selbst und seiner Freiheit zum Thema.

Wie Schiller es im Anschluß an Kants *Kritik der Urteilskraft* formuliert hat, ist „der erhabene Gegenstand ... von doppelter Art". Wir „erliegen bei dem Versuch, ... uns einen Begriff von ihm zu bilden", und „wir ergötzen uns ..., weil wir denken können, was die Sinne nicht mehr fassen und der Verstand nicht mehr begreift". „Bei dem Schönen stimmen Vernunft und Sinnlichkeit zusammen, und nur um dieser Zusammenstimmung willen hat es Reiz für uns ... Beim Erhabenen hingegen stimmen Vernunft und Sinnlichkeit nicht zusammen, und eben in diesem Widerspruch zwischen beiden liegt der Zauber, womit es unser Gemüth ergreift. Der physische und der moralische Mensch werden hier aufs schärfste von einander geschieden; denn gerade bei solchen (erhabenen) Gegenständen, wo der erste (der physische Mensch) seine Schranken empfindet, macht der andere (der moralische Mensch) die Erfahrung seiner Kraft und wird durch eben das unendlich erhoben, was den anderen zu Boden drückt." „Wir fühlen uns frei beim Erhabenen, ... weil der Geist hier handelt, als ob er unter keinen anderen als seinen eigenen Gesetzen stünde", und weil wir erfahren, „daß wir ein selbständiges Principium in uns haben" („Über das Erhabene", 1801). Für Newman selbst wiederum schließt das im Erlebnis des Erhabenen enthaltene Erlebnis der Freiheit notwendig eine Kritik an allen solchen sozialen Mechanismen ein, welche die Freiheit unterdrücken. Auf diese politische Bedeutung seiner Bilder hat der Maler ausdrücklich und wiederholt hingewiesen. Newman hat gesprochen von seiner Kunst als von einer „Sicherung der Freiheit", der „Verneinung dogmatischer Prinzipien", der „Abweisung allen dogmatischen Lebens".

Wie sieht Barnett Newmans Bild „Who's afraid of red, yellow and blue III" aus, welches den Beschauer in der Erfahrung einer alle vertrauten Erfahrungen übersteigenden Erfahrung zur Erhabenheit überwältigen und ihn sich seiner selbst und seiner Freiheit bewußt machen soll?

Das Bild ist, was zunächst seine faktische Größe anbetrifft, von wandartiger Unüberschaubarkeit. Diese wandartige Unüberschaubarkeit des Bildes isoliert den Beschauer und verweist ihn auf sich selbst. Der Beschauer findet sich in der konkreten Situation räumlicher Desorientierung und Ortlosigkeit, und diese folgt daraus, daß – namentlich unter der Bedingung der vom Maler geforderten Nahdistanz vom Bilde – der Beschauer das Ganze niemals simultan, das heißt niemals mit einem Blick erfassen kann. Dem Beschauer ist jede Möglichkeit verwehrt, das Ganze, wo immer er sich nahe vor diesem aufhält, simultan zu überschauen und damit optisch zu bezwingen. Zugunsten dieser Desorientierung und Ortlosigkeit ist ausgeschlossen, daß das Bild diskrete, überblickbare Gegenstände darstellt oder diskrete Formen in sich vereinigt, an denen sich der Beschauer orientieren könnte, und ausgeschlossen ist ebenso jede ideale, Ordnung bedeutende Komposition. Nach einer Definition von Edmund Burke, auf den sich Newman berufen konnte, gelangt vor „großen, einheitlichen Objekten ... das Auge oder das Gemüt nicht so schnell bis an die Grenzen und hat keine Ruhe, solange es diese Objekte betrachtet". So ist nach Burke der Anblick einer „kahlen Wand unzweifelhaft großartig, wenn sie von großer Höhe und Länge ist". Darüber hinaus hat Lawrence Alloway bemerkt, daß große und einfarbige Gemälde, wenn sie aus naher Distanz gesehen werden und die äußeren Grenzen sich verflüchtigen, den Eindruck einer unermeßlichen Räumlichkeit und der Eingehülltheit des Beschauers in die Erscheinung der Farbe erzeugen.

Gleichwohl muß festgehalten werden, daß Newmans Gemälde Bilder sind mit der ihnen gehörigen Begrenztheit, bei aller Unüberschaubarkeit des Bildformats. Das Bildfeld ist streng begrenzt und, wie eben ein Bild, von dem Raum, in dem es sich befindet, und von der Wand, an der es hängt, streng geschieden. Zweifellos besteht ein Zusammenhang zwischen Quantum continuum und Quantum discretum. Man kann – was das einfachste wäre – diese Begrenztheit des Bildes verstehen als die kategoriale Bestimmung eines Bildes überhaupt. Man kann die Begrenztheit des Bildfeldes aber auch in ein Spannungsverhältnis zu seiner Unüberschaubarkeit bringen, nämlich in dem Sinne, daß in der Erfahrung des Beschauers die Gewißheit von einem objektiv begrenzten Phänomen und die subjektive Unfähigkeit der simultanen Überschauung dieses Phänomens zusammentreffen und zusammentreffen sollen. Nach einer Äußerung Hegels liegt „im Bewußtsein der Schranke ... das Darüberhinaussein". Entscheidend ist, daß das Bildfeld als eine begrenzte faktische Ebene transformiert werden kann in eine nach Seinsweise und Seinsdichte von ihm verschiedene und ihm zugleich entsprechende Totalität – und zwar durch *Malerei.* Das Problem besteht – um Newman selbst zu zitieren – darin, das bloße Faktum des begrenzten und ebenen Bildfelds, das heißt hier das große, wenn schon unüberschaubare Rechteck, durch Malerei sowohl zu bestätigen („to assert") als auch zu überwinden („to overcome"), es sowohl anzunehmen und sich darauf einzulassen als sich auch davon zu befreien, es nämlich zu transformieren in eine neue Art von Totalität („into a new kind of totality"). Newman selbst hat diesen Akt der Transformation als ein Drama bezeichnet: Die von Newman intendierte Ermöglichung einer alle vertraute Erfahrung übersteigenden Erfahrung als die Überwältigung zur Erhabenheit geschieht durch ein ebenes, unüberschaubar großes, begrenztes und zugleich vermöge der Malerei in eine neue Art von Totalität transformiertes Kontinuum. Zu fragen bleibt, worin diese neue Art von Totalität besteht und wie sie durch Malerei verwirklicht ist.

Vor Newman hat Jackson Pollock simultan unüberschaubare und aus naher Distanz zu sehende Riesenbilder gemalt, zum Beispiel „Number 32". Das Bild ist 1950 entstanden und mißt 2,69 m in der Höhe und 4,57 m in der Breite[1]. In einem „Das Vermächtnis von Jackson Pollock" überschriebenen Aufsatz bezeichnet es der Happeningkünstler Allan Kaprow als das Ziel Pollocks, sich von den üblichen Vorstellungen der Form als einer mit Anfang, Mitte und Ende ausgestatteten hierarchischen Kompositionsstruktur freizumachen und die Grenzen des rechteckigen Bildes zu ignorieren zugunsten der Erfahrung eines Kontinuums, das in alle Richtungen zugleich und über die faktische Dimension des jeweils gegebenen Werkes hinaus sich erstreckt. Eine solche prinzipiell nicht

1) Vgl. Jackson Pollock, *Number 32. 1950.* Einführung von Walter Kambartel, Stuttgart 1970 (Reclams Werkmonographien zur bildenden Kunst, Nr. B 9139).

beginnende und prinzipiell nicht endende Erscheinung besteht in Pollocks Bild durch das sogenannte „polyfokale all-over“. Polyfokal heißt, daß die gegebene Struktur eine Vielzahl von optischen Brennpunkten aufweist, und all-over heißt, daß die Struktur das ganze Bildfeld überdeckt. Die mit dem einen Fokus gelieferte optische Information ist nicht wichtiger und nicht prinzipiell anders als die Information aller anderen. Es gibt keine Hierarchie, sondern – um eine Kennzeichnung von Jaroslav Serpan hier zu verwenden – eine „offene Form“, welche „den ganzen Spielraum ihrer vollkommen unbegrenzten, unvorhersehbaren und überquellenden Strukturentwicklung einbezieht“. Das polyfokale all-over ist eine antikompositionelle, den Beschauer desorientierende Bedekkungsstruktur, so daß der Beschauer, wo immer vor dem Bildfeld er steht und wohin immer er blickt, die prinzipiell gleiche Erfahrung macht und desorientiert ist wie vor einer unüberschaubaren Wand. Als eine unhierarchische Bedeckungsstruktur ist das polyfokale all-over jedoch nicht nur eine der Faktizität des unüberschaubaren Bildfelds adäquate malerische Struktur der Unüberschaubarkeit und Desorientierung, sondern es ist überdies der Inbegriff eines potentiell unendlich fortsetzbaren Zusammenhangs und eben darin aller Begrenzung überlegen. Mittels des polyfokalen all-over ist das faktisch unüberschaubare, aber begrenzte Kontinuum des wandartigen Bildfeldes transformiert erstens überhaupt in ein ermaltes Kontinuum von grundsätzlich anderer, nicht nur mehr materieller Kategorie und zweitens zugleich transformiert ins potentiell Unbegrenzte. Das polyfokale all-over ist demnach ein innerbildlicher, als Malerei realisierter Vollzug und zugleich eine Steigerungsform derselben Unüberschaubarkeit, die als Realität mit dem unüberschaubaren Bildfeld faktisch gegeben ist.

In Newmans Bild „Who’s afraid of red, yellow and blue III“ geschieht Vergleichbares im Medium der Farbe, und zwar des Rot. Mit dieser beherrschenden Hauptfarbe des Bildes hat Newman begonnen. Newman selbst hat, was seinen Umgang mit Farben anbetrifft, davon gesprochen, er habe noch nie in der Absicht auf harmonische Konstellationen mit Farben manipuliert, sondern immer nur versucht, die Farbe als solche zu „erschaffen“ oder sie auf ihre „absolute Qualität“ zu bringen: Wer vor Newmans „Who’s afraid of red, yellow and blue III“ tritt, ist überwältigt von dem beherrschenden Kontinuum des Rot als einem Wert der Fülle, der Expansion, der Energie und der prinzipiellen Indifferenz gegenüber aller Begrenztheit, Form und Bestimmtheit im Sinne der Ebene oder der räumlichen Tiefe. In Newmans Bild ist diese Erscheinung des Rot bedingt durch die seitlichen blauen und gelben Randzonen links und rechts.

Erstens ist durch die bloße Existenz der seitlichen Randzonen – seien diese nun farbig oder auch nicht – vermieden, daß die Ausgedehntheit des Rot ineinsgesetzt werden kann mit der Ausgedehntheit des Bildfelds. Indem das Rotkontinuum das faktische Bildkontinuum gerade nicht ausnutzt, sondern knapp unterschreitet, indem also die Farbe selbst nicht determiniert ist durch die Determination des faktischen Bildfelds, erscheint sie unbedingt, nämlich frei vom Bild als von einem materiellen Substrat und von einer begrenzten Form. Die Ausgedehntheit des Rot ist, so sehr sie sich der Ausgedehntheit des Bildfelds verdankt und diese zugleich legitimiert, nicht die Ausgedehntheit des Bildes selbst. Vermöge dieser (nur so denkbaren) Differenz zwischen Rot und Bild erscheint die Farbe nicht ans Bild gebunden, sie ist nicht bloß ein Überzug oder ein Kleid des begrenzten Bildkontinuum und nicht dessen farbige Affirmation, wohl aber tritt sie – wenn jemals in der Malerei überhaupt – vor Augen als eine autonome, sich selbst hervorbringende, das heißt vom Substrat des Bildes und seiner Form befreite Erscheinung: Indem die seitlichen Randzonen das Rotkontinuum vom Bildkontinuum befreien, ist dieses selbst in das befreite Kontinuum des Rot transformiert. Das Bildkontinuum ist eine Funktion des Rotkontinuum. Selbstverständlich ist diese Transformation nur möglich unter der Bedingung einer im Grunde noch illusionistischen Malerei, indem nämlich das autonom gesetzte Rotkontinuum nur eine illusionistische Erscheinung sein kann. Die Transformation, auf die es Newman ankommt, hat eben diesen Illusionismus zu ihrer Bedingung. Wenngleich in Newmans Bildern die Randzonen oft nur weiß und nicht farbig erscheinen, so hat Newman doch niemals monochrome Bilder gemalt, weil gerade in diesen die Farbe immer auch nur als eine bloße Affirmation des faktischen Bildkontinuum oder als dessen Sacheigenschaft zur Geltung kommen kann.

Zweitens aber tritt in Newmans Bild das vom Bildkontinuum freigesetzte Rotkontinuum in ein farbenenergetisches Spannungsverhältnis sowohl zu dem Blau als auch zu dem Gelb der seitlichen Randzonen. Die Farben Rot, Gelb und Blau sind die polaren Buntheiten, und sie drücken zugleich, auch wenn sie als ebene Farbfelder begegnen, verschiedene Raumimpulse und Aktivitäten aus. „Die Bewegung des Gelben liegt im Ausstrahlenden, die des Blau im Einstrahlenden (Mitnehmen, in die Ferne tragen), und das Rot kommt auf uns zu. Man kann fast sagen: Blau = Einatmen, Gelb = Ausatmen, Rot = tätige Handlung" (H. Frieling). Unter einem rein kunstgeschichtlichen Aspekt bekundet Newman in der Verwendung gerade dieser Farben wiederum eine Kritik an Mondrians Malerei, der die polaren Buntfarben Rot, Gelb und Blau zusammen mit den orthogonal sich durchkreuzenden Linien sozusagen beschlagnahmt und domestiziert hat als das Material unbedingt in sich ausbalancierter Kompositionen, in denen jedoch – nach Newmans Meinung – die elementare Expressivität dieser Farben vernichtet ist. In Mondrians Bildern sind die den Farben Rot, Gelb und Blau innewohnenden spezifischen Energien, auch die des räumlichen Vordringens und Zurückweichens, gegeneinander ausbalanciert im Kontext der Bildkomposition als einem Ausgleichsprodukt aller dieser Kräfte. Wer dagegen hat Angst vor den Farben Rot, Gelb und Blau, wenn sie entdomestiziert sind? In

Newmans Bild potenzieren die Farben Blau und Gelb das beherrschende Rot, und zwar noch mit der Wirkung eines in sich selbst dynamischen Kontinuum, indem nämlich Rot und Blau anders aufeinander reagieren als Rot und Gelb. Ist also, um das bisher Gesagte zusammenzufassen, vermöge der seitlichen Randzonen erstens das gegebene Bildkontinuum transformiert in das autonome, das heißt vom Bildfeld befreite Kontinuum des Rot, so ist zweitens dieses infolge der verschiedenen Interaktionen zwischen Rot und Blau und Rot und Gelb noch transformiert in einen in sich selbst dynamisch differenzierten Energiebereich. Freilich sind hiermit noch nicht sämtliche Funktionen der seitlichen Randzonen erörtert.

Barnett Newmans Bild „Vir heroicus sublimis" ist in den Jahren 1950/51 entstanden. Die Größe des Bildes (2,42 × 5,41 m) stimmt mit der Größe von „Who's afraid of red, yellow and blue III" fast exakt überein, und ebenso ist Rot die das Ganze beherrschende Farbe.

Das dominierende Rot ist unterbrochen durch fünf schmale senkrechte Streifen. Ein Streifen ist weiß, die Farben der anderen sind schwach, nämlich Abstufungen des Rot von Kastanien-Braun bis Ocker-Gelb. Es gibt keine polaren Buntheiten und auch keine kontrastierenden Aktivitäten in den Farben – das auffallende Weiß kontrastiert als Nicht-Farbe gegen das Rot als Farbe. In ihren Richtungen korrespondieren die Streifen zweifellos mit den senkrechten Bildrändern, im übrigen aber verhalten sie sich jeweils isoliert, das heißt systemlos zum Bildfeld: Die Streifen befinden sich, wo sie sich befinden, ohne höheren Ordnungszwang, wie ein solcher bestehen könnte entweder hinsichtlich einer rhythmisch zwingenden Abfolge der Streifen selbst oder auch hinsichtlich einer ästhetisch evidenten, in allen Positionen notwendigen Durchgliederung des Bildganzen. Die auch für „Vir heroicus sublimis" ausdrücklich geforderte Nahdistanz des Beschauers vom Bilde verbietet es, sämtliche Streifen und ihre Stellenwerte im Bildfeld zu überschauen und aufeinander zu beziehen. Als Newman sein Bild „Vir heroicus sublimis" zusammen mit anderen Riesenbildern zum erstenmal ausstellte, hat er die folgende Anweisung gegeben: „Es besteht die Tendenz, große Bilder aus Distanz zu betrachten. Die in dieser Ausstellung gezeigten großen Bilder sollen aus geringer Entfernung gesehen werden" („There is a tendency to look at large pictures from a distance. The large pictures in this exhibition are intended to be seen from a short distance").

Die Streifen in „Vir heroicus sublimis" sind verschieden, aber auch, da sie von mehrfacher Bedeutung sind, jeweils zutreffend gedeutet worden. Entweder wird hervorgehoben die Funktion der Streifen als „zips", nämlich als solche Werte, die das beherrschende Rot optisch in Schwingung und Vibration versetzen, oder es wird hervorgehoben die Funktion der Streifen als Sperren, die den Zeitverlauf der notwendig sukzessiven Anschauung des Bildes verzögern, aufwärts und abwärts führen oder innehalten. Oder die Streifen „durchschneiden" („cut") das Rot, als bestünde dieses a priori, das heißt ohne Form (und ohne Bild). Endlich sind die Streifen, wie wiederum Kaprow es formuliert hat, schwächste Widerstände oder Barrieren gegen das Rot, an denen erst dieses als Übermacht wirksam wird. Sogar sind, nach der Deutung Kaprows, „wir für das Bild, was die Sperren für ihre Umgebung sind ...: äußerstes Minimum zu äußerstem Maximum – ohne Übergang". Die Streifen, „eingetaucht ... in dem Meer intensiven Rots", könnten demnach fungieren als innerbildliche Äquivalente des Irgendwo, in welchem sich der Beschauer gegenüber dem Rot befindet, und wo auch immer er sich befindet, ist er wie ebenso die Streifen ein Minimum gegenüber dem Maximum des Rot. Möchte man in diesem angedeuteten Sinne die Streifen als Äquivalente der Desorientierung und Ortlosigkeit des Beschauers selbst akzeptieren oder nicht, sie sind jedenfalls von Bedeutung sowohl mit Bezug auf die Spannung zwischen Minima und Maximum als auch mit Bezug auf die Indeterminiertheit der örtlichen Positionen der Minima im Verhältnis zum Maximum. Zum einen befreien die Streifen die Farberscheinung vom Bild als von einem materiellen Substrat, zum anderen befreien die Streifen die Farberscheinung vom Bild als von einer begrenzten Form. Infolge der bezugslosen Lokalisierung der Streifen erscheint das autonom gesetzte Rot als potentiell grenzenlos und amorph. Niemals hat Newman es bei der Desorientierung bewenden lassen, die schon durch die Unüberschaubarkeit eines riesigen einfarbigen Bildfelds bewirkt ist.

Auch in Newmans „Who's afraid of red, yellow and blue II" ist das bildausfüllende Rot durchzogen von Streifen, jedoch befinden sich hier die Streifen nicht beliebig im Bildfeld, sondern sie gliedern dieses symmetrisch auf. Man sieht in der Mitte des Bildfelds einen blauen sowie links und rechts in gleichen – weiten – Abständen davon je einen gelben Streifen. So sehr die Streifen in „Who's afraid ... II" wiederum die Ineinssetzung des Rot und des materiellen Bildes verhindern, so sind sie doch nicht schwächste Barrieren in der Geltung von Minima gegenüber dem Maximum des Rot, wohl aber üben sie aktive Funktionen aus: Die von der blauen (farbräumlich zurückweichenden) Symmetrieachse in weiten Abständen entfernten und optisch auffälligen gelben (farbräumlich nahen) Streifen potenzieren sozusagen innerbildlich die Extension des Rot bis zu den Bildseiten, und zugleich fungieren sie zusammen mit den blauen Streifen als aktive senkrechte Richtungswerte zugunsten einer absoluten, durch die Bildgrenzen prinzipiell nicht innegehaltenen Vertikaltendenz. In Newmans „Vir heroicus sublimis" bedingen die Streifen vermöge ihrer Farbschwäche gegenüber dem Rot und vermöge ihrer im Bildfeld unentschiedenen, beliebigen Lokalisierung die Erscheinung eines sie selbst und das Bild überflutenden Amorphen, in Newmans „Who's afraid of red, yellow and blue II" dagegen bedingen die Streifen vermöge ihrer Farbstärke gegenüber dem Rot und vermöge ihrer im Bildfeld entschiedenen, symmetrischen Lokalisierung die Erscheinung einer Vertikalstruktur ohne bestimmbaren Anfang und ohne bestimmbares Ende. Denn es gibt kein komponiertes Ausgleichsverhältnis zwischen Streifen und Bildfeld im Sinne eines individuellen Funktionszusammenhangs, in welchem Richtungen, Formen und Farben sich gegenseitig tragen und bestimmen wie zum Beispiel in Mondrians Bild [„Komposition mit Rot und Schwarz"]. Lassen sich auch, vielleicht, im Anblick eines Bildes von Mondrian die einander durchkreuzenden Linien in der Vorstellung über das Bildfeld hinaus erstrecken, so doch nur als solche Gegensätze, die im Bilde als in diesem einzigartigen, so und nicht anders begrenzten, harmonisch ausbalancierten und nicht wiederkehrenden Konzentrat zusammentreffen. Auf eben diese Artikulation des Bildes hat Newman thematisch verzichtet. Niemals hat Newman – wovon schon die Rede war – sich durchkreuzende Linien oder, was dasselbe bedeutet, Schnittpunkte gemalt: In nichts kann sich der aktuell im Bildfeld dargebotene Blickbereich als ein zentraler oder in der Vorstellung unwiederholbarer erweisen mit Bezug auf jene absolute, prinzipiell indefinite Vertikalität, die in ihm selbst vergegenwärtigt ist. „Vir heroicus sublimis" und „Who's afraid of red, yellow and blue II" führen bei aller Verschiedenheit ihrer Erscheinung vor Augen, daß die in homogenen Farbflächen und senkrechten Linien sich entfaltende Malerei Newmans das jeweils gegebene (gewählte), quer- oder hochformatige Bildfeld als eine begrenzte Ebene sowohl legitimiert als auch transformiert in eine durch das Bildfeld nicht mehr eingeschränkte und dieses selbst entgrenzende Totalität („a new kind of totality"), und zwar durch die Einführung regelloser wie ebenso auch geregelter, symmetrischer Streifenstrukturen.

In Newmans „Who's afraid of red, yellow and blue III" schließlich entfallen die das Rot durchziehenden Streifen überhaupt. Das Rot ist nicht, wie in „Vir heroicus sublimis", nur ein potentielles, sondern ein aktuelles Kontinuum. Ein offensichtliches Spannungsverhältnis zwischen Maximum und Minimum besteht hier, indem die Randzonen Minima sind. Zu jenen schon aufgeführten Funktionen der seitlichen Randzonen kommt hinzu diese ausdrückliche Evokation der Riesigkeit des Rot. Darüber hinaus sind die seitlichen Randzonen verschieden breit und versetzen, als Folge davon, das beherrschende Rot in ein exzentrisches Verhältnis zum Bildfeld. Solche exzentrischen Strukturen kennzeichnen die meisten Spätwerke Newmans, und zwar haben sie wiederum die Funktion, das gegebene Bildfeld in eine neue, übergreifende Totalität zu transformieren. In dem im Jahr 1969 entstandenen Gemälde „Chartres", das 2,90 m hoch und 2,70 m breit ist, tritt die exzentrische Struktur besonders deutlich hervor, indem nämlich hier zwei jeweils auf eine Mittelachse bezogene Systeme gegeneinander verschoben sind. Die für ein Gemälde höchst ungewöhnliche und den Typus des sogenannten „shaped canvas" voraussetzende Form eines gleichschenkligen Dreiecks gibt, unterschiedlich zur Form des Rechtecks, als solche bereits ihre Mittelachse an, aber gerade dieses auf eine artikulierte Mitte bezogene Bildformat ist der Träger einer zu ihm selbst exzentrischen Streifenstruktur, die ihrerseits auf eine Mittelachse bezogen ist. Die in dem Dreieck als solchem bereits ausgedrückte Vertikalbewegung wird bestätigt und transformiert: Indem sich das Dreieck zu seiner Binnengliederung exzentrisch verhält, suggeriert diese eine Vertikaltendenz, welche in der faktisch gegebenen Bildform nicht aufgehen kann und als unbegrenzt erscheinen muß. Das symmetrische Dreieck wird sozusagen zu einem exzentrisch verschobenen Ausschnitt aus einem potentiell unbegrenzten symmetrischen Vertikalsystem. Die Transformation in eine übergreifende Totalität geschieht hier durch die Exzentrizität als durch eine Verweigerung der rational erwarteten Achsengleichheit von Bildfeld und Binnenstruktur. Für „Who's afraid of red, yellow and blue III" gilt ein ähnliches Prinzip: durch die geringfügige Exzentrizität des Rotkontinuum zum Bildkontinuum kann der Beschauer einerseits veranlaßt werden, einen zentralen Standort vor dem Bild zu suchen, während er andererseits daran gehindert wird, von diesem Standort aus das ohnehin der simultanen Überschauung sich entziehende Ganze wenigstens rational zu bewältigen. Der Beschauer ist wirklich vor der Erscheinung isoliert und dieser ausgesetzt.

In seinem im Jahre 1961 erstmals veröffentlichten Artikel „The Abstract Sublime" hat Robert Rosenblum das abstrakte Sublime als das wichtigste Kennzeichen der amerikanischen Malerei unmittelbar nach dem Zweiten Weltkrieg herausgestellt und auf die Tradition der romantischen Landschaftsmalerei vor allem in England und Deutschland hingewiesen. Zu den wichtigsten Malern dieser amerikanischen Bewegung hat Rosenblum Jackson Pollock, Clyfford Still, Barnett Newman und Mark Rothko gerechnet. Man kann vielleicht, anknüpfend an Rosenblums Aufsatz (und einen dort durchgeführten Vergleich abwandelnd), Newmans Bild „Who's afraid of red, yellow and blue III" Caspar David Friedrichs berühmtem Gemälde „Mönch am Meer" gegenüberstellen – allein ist in Friedrichs Bild der anschauende und erlebende Mensch ein dargestellter, wie ebenso der Anblick des Himmels und des Meeres dargestellt ist. Wir identifizieren uns mit dem gemalten Mönch, um dessen Erlebnis nach- oder mitzuvollziehen. Newman geht es um die direkte Konfrontation. Die Rolle des Erlebenden kommt dem Beschauer in eigener Person zu, und das zu Erschauende ist das unmittelbare, das heißt nicht auf eine Naturerscheinung bezogene Kontinuum. Für diese Thematisierung des Beschauers als des in eigener Person unmittelbar Betroffenen ist die selbst unmittelbare Phänomenalität des Bildes eine conditio sine qua non.

Ebenso wie Newman war es auch Mark Rothko darum zu tun, besonders durch großformatige und aus nahem Abstand zu sehende Bilder den Beschauer aus allen für gewiß und sicher gehaltenen Ordnungen zu befreien, und ebenso wie die Bilder Newmans sind auch die von Rothko vor allem Sensationen der Farbe. Rothkos „Mural, Section III“, Öl auf Leinwand, ist 1959 entstanden. Das Bild ist 2,47 m hoch und 4,20 m breit. Die Farben erscheinen wie in der Schwebe zwischen Verhüllung und Enthüllung. Schwerelos, das heißt schwebend sind auch die Formen im Bildfeld, und auch sie selbst erscheinen als solche wiederum wie in einer Schwebelage, gleichermaßen als sich bildende und sich auflösende Phänomene. Alle Entschiedenheit fehlt. Nach der Absicht Rothkos sollen seine Bilder nur allmählich ins Bewußtsein eindringen. Rothkos Malerei veranlaßt eine jenseits allen Wollens und aller Selbstbehauptung geschehende Hingabe der anschauenden Subjektivität an die Erscheinung. Das Bild eröffnet dem Beschauer eine Möglichkeit seiner bedingungslosen, selbstvergessenen Versenkung in eine imaginäre Traum- und Jenseitswelt. Rothkos Malerei verfolgt nicht jene den Beschauer aufrufende „idea that ‚Man is Present‘“, von der Newman gesprochen hat. Was der Beschauer im Anblick der Malerei Rothkos erfühlt und erlebt, tendiert nach Selbstdiffusion.

Es werden verschiedene Zielsetzungen deutlich, denen verschiedene Vorstellungen von Malerei entsprechen. In Newmans „Who’s afraid of red, yellow and blue III“ ist das materielle und begrenzte Ebenenkontinuum des wandartigen Bildfelds in eine von ihm verschiedene und ihm zugleich entsprechende Kontinuität transformiert, welche mit der durch die Randzonen autonom gesetzten Kontinuität des Rot gegeben ist. Es handelt sich um einen Illusionismus, der allerdings das faktische Ebenenkontinuum des Bildfelds als das Transformierte in sich selbst aufgehoben enthält. In Rothkos „Mural“ dagegen besteht ein ganz anderer Illusionismus, insofern die hier in Nuancen und fließenden Farbformen sich entfaltende Malerei eine atmosphärisch diaphane, im Grunde raumillusionistische Phänomenalität erzeugt, welche das materielle und begrenzte Ebenenkontinuum leugnet und gerade nicht transformiert. Es ist von Bedeutung, daß die Bilder Rothkos – auch die spätesten – immer umschriebene, meist unbestimmte und in ihrer Farbe transparente Formen in sich aufnehmen und kaum jemals eine Linie über das Bildfeld hinausführt, während Newman die innerbildlich umgrenzte Form wie ebenso die inhomogene, malerisch transparent gemachte Farbe vermieden hat. Gerade aus solchen Unterschieden können sich verschiedene Verhältnisse des Beschauers zu den Bildern Rothkos und Newmans ergeben. Rothkos Gemälde begünstigt die Selbstvergessenheit und Versenkung des Beschauers in die Erscheinung, weil diese eine in innerbildlichen Farbformen sich erfüllende diffuse Raumillusion ist. Dagegen kann Newmans Gemälde das Präsenzbewußtsein des Beschauers erwecken, weil die Erscheinung eine das faktische Ebenenkontinuum des Bildfelds transformierende, es ebenso überwindende wie in sich enthaltene Totalität ist.

Die Bilder Rothkos erfordern es, nicht im Hellen, sondern im Dämmern gesehen zu werden, so daß die Unbestimmtheit des raumillusionistischen Bildes und die Unbestimmtheit des Realraumes selbst fluktuieren. Eben unter diesem Anspruch hat Rothko nicht auf das einzelne Bild, sondern auf ein Ensemble von Bildern reflektiert, das den Beschauer im dämmernden Raum umgibt. Man kann das so erklären, daß Rothko auf diese Weise die diffuse Raumillusion seiner Bilder in die Realität integrieren will. Indem in Newmans Bildern die Realität als das transformierte faktische Bildkontinuum präsent bleibt, bedarf es keiner Environment-Situation, um das Bild in die Realität zu überführen.

Die Malerei Barnett Newmans läßt sich als amerikanisch bezeichnen. Ein Charakteristikum der amerikanischen Malerei ist das große, unüberschaubare Bildformat („big canvas") als eine Verneinung des europäischen Tafelbildes und der im Tafelbild verwirklichten Komposition: Der Unüberschaubarkeit des Bildes entspricht dessen antikompositionelle Binnenstruktur. Das unüberschaubar große und antikompositionelle Bild charakterisiert bereits die amerikanische gegenstandslose Malerei der vierziger Jahre, und zwar bleibt die mit ihm vollzogene Abwendung vom Tafelbild und dessen Komposition das allgemeine Merkmal der amerikanischen gegenstandslosen Malerei auch auf späteren Entwicklungsstufen. Newman selbst hat seit den vierziger Jahren unter wiederholter Bezugnahme auf die Kompositionen Mondrians den an der Schönheit als an etwas schon Bekanntem orientierten Typus des komponierten Bildes kritisiert und im Gegensatz dazu eine den Beschauer zur Erhabenheit überwältigende Malerei erstrebt. Unter diesem Anspruch hat Newman – notwendigerweise – die Idee der Komposition, ja überhaupt die Reflexion auf die Form oder auf ein Ensemble von Formen negiert.

Newman hat, wie vor ihm besonders Pollock, die Idee des Tafelbildes und seiner Komposition negiert durch eine formüberwindende und den Beschauer desorientierende Malerei. Die Geschichte der gegenstandslosen amerikanischen Kunst zeigt jedoch, daß innerhalb jener allgemeinen Abwendung vom Tafelbild und der Komposition diese formüberwindende Malerei ihrerseits negiert worden ist. Das wird deutlich in dem vor allem von Frank Stella[2)] ausgebildeten Typus des sogenannten „shaped canvas", zum Beispiel in Stellas „Quathlamba": Wie kaum ein anderer amerikanischer Maler reflektiert Stella wiederum auf den Bildumriß und auf die Form, und zwar auf ein geregeltes und der Anschauung faßliches Verhältnis zwischen den Teilen und dem Ganzen des Bildes. Dennoch ist dieser auf die Gesamtform und auf die Koexistenz von Teilformen ausgerichtete Bildbegriff Stellas von dem Bildbegriff Mondrians prinzipiell unterschieden. Auch Stella hat Mondrian kritisiert. Stella thematisiert nicht das den Teilen

2) Vgl. Frank Stella, *Sanbornville II*. Einführung von Max Imdahl, Stuttgart o.J. (Reclams Werkmonographien zur bildenden Kunst, Nr. B 9143).

übergeordnete und diesen erst Sinn gebende Ganze, sondern die Teile selbst und deren unhierarchische Reihung.

Was ein „shaped canvas", das heißt eine geformte Leinwand oder ein geformter Bildumriß ist und wie er zustande kommt, läßt sich an Stellas „Quathlamba" leicht erklären. Das Bild ist entstanden im Jahre 1964 und auch ein Riesenbild (1,94 × 4,14 m). Schon die Größe des Bildes bedeutet eine Abwendung vom Tafelbild. Der Bildumriß ist nicht, wie im Falle des Tafelbildes, als Rechteck oder als welche standardisierte Form auch immer vorgegeben und durch Kompositionskunst als ein normativer Wert zu legitimieren, sondern er ergibt sich hier aus der bloßen Addition dreier in ihrer Farbe verschiedener, in ihrer Gestalt aber identischer V-Formen. Es sind drei identische V-Formen jeweils an den Längsseiten aneinandergefügt. Diese Aneinanderfügung identischer V-Formen ist die einzige syntaktische Regel, welche selbst eben als diese Regel auch andere, aber prinzipiell gleichwertige Aneinanderfügungen von (drei, zwei oder vier) identischen V-Formen zuläßt. Die Regel ist simpel, aber indiskutabel und unmittelbar sichtbar. Es gibt keine schöpferische Geste des Künstlers, und es gibt keine Verstehensschwierigkeiten auf seiten des Beschauers. In „Quathlamba" ist das Verhältnis der Teile zum Ganzen nicht, wie in Mondrians „Komposition aus Rot und Schwarz", ein einmaliger, individuell verwirklichter Ausdruck einer allgemeinen, an Balance und Harmonie orientierten Ganzheitsvorstellung und auch nicht allein der ästhetischen Sensibilität des Beschauers zugänglich, sondern es ist rational bestimmt, nämlich vollkommen durchschaubar und prinzipiell ohne Anspruch auf eine nichtrationale Evidenz. So kompliziert Stellas „Quathlamba" als ein Gesamtgebilde aus dreizehn Ecken ist und so unbegründbar es auch immer bleiben mag, daß und wozu „Quathlamba" überhaupt besteht – von der restlosen Rationalisierbarkeit seines Aufbaugesetzes läßt sich nicht absehen. In „Quathlamba" tritt die Addition identischer Formen hervor als eine von diesem gegebenen Phänomen selbst ablösbare Systematik (Systemic Art).

Barnett Newmans „Who's afraid of red, yellow and blue III" und Frank Stellas „Quathlamba" können innerhalb der gegenstandslosen amerikanischen Malerei Extremmöglichkeiten des durch die Komposition, das heißt durch die Funktion der Harmonisierung und Idealisierung (durch die „etablierte Rhetorik der Schönheit") nicht mehr legitimierten Bildes bezeichnen. Dem auf Überwältigung und Erhöhung („exaltation") ausgerichteten Kunstwollen Newmans steht gegenüber die ganz entgegengesetzte Absicht Stellas, durch die rationale Struktur des „shaped canvas" jede mögliche Emotion und Gefühlsbewegung zu verweigern: Jedes Bild Stellas ist, nach der eigenen Aussage des Malers, selbst „ein Objekt und jeder, der sich eingehend mit dem Bild befaßt, wird, was er auch immer unternimmt, mit dieser Objekthaftigkeit konfrontiert" (Stella). Wenn sich dagegen Newman, wie in seinem 1969 entstandenen Bild „Chartres", mit der

Problematik des „shaped canvas" auseinandergesetzt hat, so ist das hier akzentuierte Format des Bildes doch nur die Bedingung seiner Transformation und Entgrenzung. Immer bestand für Newman – auch bei den rechteckigen Bildern – das eigentliche Problem seiner Malerei darin, das Format zu transformieren in eine durch das Format nicht mehr eingeschränkte Totalität. Die Konfrontation mit dieser Totalität soll den Beschauer emotionieren und ihn zu sich selbst bringen, sie soll die innere Struktur („inner structure") des Beschauers gegen das faktisch gegebene, konventionelle Äußere freisetzen und den Beschauer zur moralischen Person erheben. Der Zusammenhang zwischen Erhabenheitserlebnis und Moralität ist gar nicht zu bezweifeln. Kunst soll „Ethik, nicht Ästhetik" sein (Newman). Barnett Newmans Anspruch an die gegenstandslose Malerei ist außerordentlich.

Aus einem 1948 geschriebenen Text von Barnett Newman für die Zeitschrift *The Nation*, den diese jedoch nicht veröffentlicht hat

... kann jemand irgendeinen europäischen Maler nennen, der fähig ist, sich vollkommen von der Natur zu befreien. Bei den Kubisten, den Fauvisten und den Surrealisten ist die Verbindung mit der Natur ganz offensichtlich. Die Puristen versuchten, die Natur zu verneinen, jedoch gelangten sie nur zu diagrammartigen Äquivalenten – zum Realismus geometrischer Formen. Ein rechter Winkel, ein Dreieck und ein Kreis sind ebenso Teil der Natur wie ein Baum, und sie haben mit diesem gemeinsam alle Eigenschaften ihrer unmittelbaren Erkennbarkeit ...

Die zur Rede stehenden amerikanischen Maler [Adolph Gottlieb, Mark Rothko, Clyfford Still und Barnett Newman selbst] erschaffen eine wahrhaft abstrakte Welt, die nur in metaphysischen Begriffen diskutiert werden kann. Diese Maler sind zu Hause in der Welt der reinen Idee ..., wie umgekehrt der europäische Maler zu Hause ist in der Welt der vertrauten Objekte und Stoffe. Und ebenso wie der europäische Maler seine Objekte transzendieren kann, um eine spirituelle Welt zu errichten, ebenso transzendiert der amerikanische Maler seine abstrakte Welt, um diese Welt real zu machen ...

Die Bilder selbst der originellsten europäischen abstrakten Maler, Miró und Mondrian, haben ihre Basis in der sinnlichen Natur, so daß Miró, wenn er seine Phantasien hervorbringt ..., immer ausgeht vom Faktischen, bildhaft Anschaulichen, um dieses dann sozusagen hinüberzuspannen in das Chaos von Geheimnis und Mysterium. Wir sind versetzt in eine Welt der Imagination, aber immer über den Weg der schon gesehenen Gestalt oder der schon gesehenen Abbildungsform. Ebenso erschafft Mondrian, wie pur und formalistisch seine Abstraktionen auch sind, eine diagrammatische Welt, welche das geometrische Äquivalent einer gesehenen Landschaft ist, der senkrechten Bäume und des Horizontes. Wir sind versetzt in eine sinnlich makellose Welt mittels einer repräsentativen Darstellung der mathematischen Äquivalente der Natur. Der rechte Winkel ist ein bekanntes natürliches Anschauungsschema.

Die zur Rede stehenden amerikanischen Maler erschaffen eine völlig andersartige Wirklichkeit, um zu neuen, ungeahnten Bildern zu gelangen. Sie beginnen mit dem Chaos der reinen Phantasie und des reinen Gefühls, das heißt sie beginnen mit nichts, was auf physikalische, visuelle oder mathematische Gewißheiten zurückverweist, und sie bringen aus dem Chaos der Emotion Bilder hervor, welche diese intangiblen Emotionen realisieren.

... Die Amerikaner evozieren ihre Welt der Emotion und Phantasie durch eine Art persönlicher Sprache ohne die Sicherung durch irgendeine bekannte Form. Das ist ein metaphysischer Akt. Von den europäischen abstrakten Malern werden wir durch schon bekannte Bilder in ihre geistige Welt geführt. Das ist ein transzendentaler Akt. Nimmt man es philosophisch, so ist der Europäer beschäftigt mit der Transzendenz der Objekte, während sich der Amerikaner mit der transzendentalen Erfahrung beschäftigt.

Zitiert und übersetzt nach Thomas B. Hess, *Barnett Newman,* New York 1969.

Aus Barnett Newmans Text *The Sublime is Now* (1948)

Wir bekräftigen wieder unser natürliches menschliches Verlangen nach dem Erhabenen und das Verlangen nach der Möglichkeit, uns auf die absoluten Emotionen zu beziehen. Wir sind nicht angewiesen auf die verbrauchten Sicherungen einer verloschenen und antiquierten Legende ... Das Bild, welches wir erschaffen, ist eine ganz und gar aus sich selbst evidente Offenbarung, die real und konkret und verständlich ist für jedermann, der das Bild anschauen will ohne den nostalgischen Blick auf die Historie.

Zitiert und übersetzt nach Don Judd, „Barnett Newman“, in: *Studio International,* 179, Nr. 919, Februar 1970.

Ausgewähltes Schrifttum

Barnett Newman, „The Sublime is Now“, in: *Tiger's Eye 1,* Dezember 1948
Ders., „The freedom of space, the emotion of human scale ...“, in: *Katalog VIII. São Paulo Biennial (United States of America),* São Paulo/Washington 1966
Ders., „For Impassioned Criticism“, in: *Art News* 67, Nr. 4, Sommer 1968
Ders., „Who's afraid of red, yellow and blue I“, in: *Art Now: New York* 1, Nr. 3, März 1969
Ders., „Chartres and Jericho“, in: *Studio International* 179, Nr. 919, Februar 1970
Eugene C. Goossen, „The Philosophic Lines of Barnett Newman“, in: *Art News* 57, Nr. 4, Sommer 1958
Ders., „The big Canvas“, in: *Art International* II, Nr. 8 (1958) (Wiederabdruck in: G. Battcock, *The New Art,* New York 1966)
Selden Rodman, *The Insiders,* Baton Rouge 1960
Robert Rosenblum, „The Abstract Sublime“, in: *Art News* 59, Nr. 10, Februar 1961 (Wiederabdruck in: Henry Geldzahler, *New York Painting and Sculpture: 1940–1970,* The Metropolitan Museum of Art, New York 1969)
Dorothy Seckler, „Frontiers in Space“, in: *Art in America* 60, Nr. 2, Sommer 1962
Allan Kaprow, „Impurity“, in: *Art News* 61, Nr. 9, Januar 1963
Lawrence Alloway, „The American Sublime“, in: *Living Arts Magazine*, Nr. 2 (1963)
Ders., *Barnett Newman. The Stations of the Cross,* The Solomon R. Guggenheim Museum, New York 1966
Walter Hopps, „Barnett Newman“, in: *Katalog VIII. São Paulo Biennial (United States of America),* São Paulo/Washington 1966
Lawrence Alloway, „Notes on Barnett Newman“, in: *Art International* XII, Nr. 6, Sommer 1969
Thomas B. Hess, *Barnett Newman,* New York 1969 (dort Bibliographie der eigenen Schriften Newmans und der Schriften über ihn bis 1969)
Bernhard Kerber, „Der Ausdruck des Sublimen in der amerikanischen Kunst“, in: *Art International* XIII, Nr. 10, Weihnachten 1969
Barbara Reise, „The Stance of Barnett Newman“, in: *Studio International* 179, Nr. 919, Februar 1970
Don Judd, „Barnett Newman“, in: *ebd.*
H.L.C. Jaffé, *De Stijl 1917–1931. Der niederländische Beitrag zur modernen Kunst,* Frankfurt/M. 1965
Walter Kambartel, *Jackson Pollock. Number 32. 1950.* Stuttgart 1970
Mark Rothko, The Museum of Modern Art, New York 1961 (Katalog)

Mark Rothko, Nationalgalerie Berlin, Berlin 1971 (Katalog; dort Bibliographie)
„Questions to Stella and Judd“, Interview von Bruce Glaser, in: *Art News,* 65, Nr. 5, September 1966 (Wiederabdruck in: Gregory Battcock, *Minimal Art,* New York 1968)
Heinrich Frieling, *Die Sprache der Farben,* München/Berlin 1939 (dazu Eckart Heimendahl, *Licht und Farbe,* Berlin 1939)
Jürgen Claus, *Kunst heute. Personen, Analysen, Dokumente. Mit Texten der Künstler,* Reinbek 1965 (rowohlts deutsche enzyklopädie, 238/39).

Vom erhabenen zum komischen, vom geschichtlichen zum kosmologischen Denken

Botho Strauß im Kontext

Stefan Bollmann

Eine Hinwendung des Denkens zur Ästhetik, wie sie in letzter Zeit wieder verstärkt propagiert und praktiziert wird, ist allemal Anzeichen für das „Gären und Rumoren einer Wende" (wie Odo Marquard dies einmal genannt hat[1]) des Denkens insgesamt. Nicht weniger, aber auch nicht mehr, will sagen: nicht schon die Wende selbst, auch nicht ihr Träger, sondern Metapher oder auch Metonymie, Übertragung oder auch Verschiebung, und zwar nicht ihres Inhalts oder Gegenstands, sondern der Funktion ihres Geschehens. Wendungen des Denkens zur Ästhetik sind *funktionale* (und nicht materiale) Phänomene: sie bilden nicht eigentlich ab, womit das Denken beschäftigt ist, also seinen Gegenstand; vielmehr symbolisieren oder inszenieren sie die Funktion seines gegenwärtigen Verlaufs: seine Beschleunigung oder Verzögerung, sein Durchschlagen oder seine Hemmung, sein Gelingen oder Mißlingen. Nicht ganz in diesem Sinne, aber doch dieser Tendenz nach hat Marquard von „Kant und der Wende zur Ästhetik" gesprochen, die er mit jener Frage konfrontierte, der Nietzsches ganze Aufmerksamkeit galt: „*Wozu* Ästhetik? *Wozu* wird sie gebraucht?" Marquards Antwort lautete: „Ästhetik wird angesichts der Aporie des emanzipierten Menschen gebraucht als Ausweg dort, wo das wissenschaftliche Denken nicht mehr und das geschichtliche Denken noch nicht trägt." Und präziser, nicht mehr so sehr nach dem Nutzen als nach der Genese dieses Weges fragend: „Der Zug zur Ästhetik entsteht aus der Hemmung des Verlaufs der Wende von der Wissenschaftsphilosophie zur Geschichtsphilosophie."[2]

Ausgangspunkt von Marquards Überlegungen ist der Kant der dritten *Kritik*. Während die erste, die *Kritik der reinen Vernunft*, implizit gezeigt hatte, daß die Gleichsetzung von Vernunft überhaupt mit (natur-)wissenschaftlicher Vernunft

1) Odo Marquard, „Kant und die Wende zur Ästhetik", in: *Zeitschrift f. philos. Forschung* 16 (1962), S. 233 ff.; S. 363 ff.
2) *Ebd.*, S. 237.

nur um den Preis der Aufgabe ihres Totalitätsanspruchs durchführbar ist, so erwies die zweite, die *Kritik der praktischen Vernunft,* indirekt, daß die moralische Vernunft, an welche die Frage nach dem Ganzen und dem Endzweck nun übergegangen war, diese Frage nur postulatorisch beantworten und obendrein nichts über die Bedingungen und Mittel der Verwirklichung des Guten aussagen kann. Deshalb wurde eine dritte Kritik, die der Urteilskraft, notwendig. Aber auch sie muß laut Marquard letztlich scheitern, weil sie die vernünftige Sinnlichkeit, die sie sucht, nur in Gestalt einer Macht der *Symbolisierung* und eben nicht der *Realisierung* des Vernunftziels findet. In diesem Zusammenhang kommt der Kategorie des Erhabenen entscheidende Bedeutung zu; denn ihr läßt sich zugleich die Richtung wie die Ablenkung dieses neuerlichen Anlaufs entnehmen. „Erhaben" nennt Kant einen Gegenstand der Natur, „dessen ästhetische Beurteilung die Einbildungskraft bis zu ihrer Grenze, es sei der Erweiterung [...] oder ihrer Macht über das Gemüt [...] anspannt" und so zur Idee der „Unbedingtheit", mithin auch der „absoluten Größe" der Natur provoziert. Zu *denken* „verlangt" werde diese Idee bereits von der „gemeinsten Vernunft", ohne daß sie allerdings von der naturwissenschaftlichen Betrachtung der Natur, die es nur mit ihr „als Erscheinung", d.h. „im Raume und in der Zeit", zu tun hat, *erkannt* werden könne[3]. So scheint hier doch noch eine Erkenntnisbewegung in Gang zu kommen, die, obschon negativ, die Option des Denkens auf das Übersinnliche freihält. Kant selber hat das Ästhetische und die Wendung zu ihm als ein funktionales Phänomen bestimmt, wenn er im berühmten § 59 der *Kritik der Urteilskraft* das „Schöne als Symbol des Sittlichen" definiert. Doch gerade an dieser entscheidenden Stelle ist das Erhabene plötzlich verschwunden. Denn wenn überhaupt, dann scheint es als Brücke nicht zur geschichtlich-politischen Verwirklichung von Sittlichkeit, sondern zur kosmologischen Betrachtung der Natur zu fungieren. Es scheint so, als ob das Auftauchen des Erhabenen, das vielleicht nur das an der Grenzlinie des Todes sich reflektierende Schöne ist, sich dem Überstieg zum Sittlichen und Geschichtlichen als Hemmnis in den Weg stellte und die Einbildungskraft von dem ihr bestimmten Weg abbrächte. Es ist diese Ablenkung, von der sich – durch Schiller vorbereitet – die romantische Ästhetik dann hat leiten lassen: „Die romantische Ästhetik löst sich aus dem Zusammenhang des geschichtlich-politischen Problems und bestimmt sich durch das Verhältnis zur ‚fernen Natur'."[4]

Nun kann man in einem Moment des Denkens, an dem die Berufung auf die

3) Immanuel Kant, *Kritik der Urteilskraft.* Hrsg. v. Karl Vorländer, Hamburg 1924; B 166 (im folgenden *KU;* die Ziffern beziehen sich auf die Seitenzahlen der Kantischen Originalausgabe).

4) Marquard, „Kant und die Wende zur Ästhetik", S. 373.

geschichtliche Vernunft mehr als fragwürdig geworden ist und „Schwierigkeiten mit der Geschichtsphilosophie“[5] unabweisbar werden, auch einmal die Gegenrechnung aufmachen und fragen, was denn alles durch die Orientierung auf Geschichte als Letztinstanz und Universalie preisgegeben worden ist. Hat die rückhaltlose Wende des Denkens zur Geschichte nach Kant nicht gerade sie, die doch nur eine Konstruktion, eine Hypothese oder ein Leitfaden der Vernunft sein kann, zu etwas Substanziellem gemacht, auf das unvermerkt jene Bestimmungen Anwendung fanden, die in der Analyse des Erhabenen ihren rechtmäßigen Ort haben: Unbedingtheit und absolute Größe? „Je mehr die Geschichte über ihre eigene historische Verwurzelung hinauszukommen versucht, desto mehr Anstrengungen unternimmt sie, um jenseits der historischen Relativität ihres Ursprungs und ihrer Optionen die Sphäre der Universalität zu erreichen“ – diese Diagnose stammt von Michel Foucault[6]. Unverkennbar ist mit der Tendenz, Orientierung an der Geschichte zu finden, ihre Ästhetisierung einhergegangen: Geschichte wurde zum „erhabenen Wort“[7], Geschichtsphilosophie zum Kosmologieersatz. Auf die Geschichte wurde projiziert, was nach der Beschränkung der Wissenschaft von der Natur auf das Feld möglicher Erfahrung in ihr keinen Platz mehr hatte: eschatologische und theologische Spekulation. Gerade an Hegel, der doch der „Kunst der Erhabenheit“ Zeit und Ort einzig in der Vergangenheit anwies, läßt sich studieren, wie die Kantische Analytik des Erhabenen in ihrer dialektischen Wendung zur Vollzugsform der Philosophie der Geschichte als des Geschäfts, die Arbeit des Geistes in ihr zu denken, wird. Kant hatte die Bewegtheit des Gemüts in der Vorstellung des Erhabenen – im Gegensatz zur ruhigen Kontemplation im ästhetischen Urteil über das Schöne – mit einer „Erschütterung“ verglichen, „d.i. mit einem schnell wechselnden Abstoßen und Anziehen ebendesselben Objekts“. Das „Überschwengliche für die Einbildungskraft“ in dieser Vorstellung sei „gleichsam ein Abgrund, worin sie sich selbst zu verlieren fürchtet“ (*KU,* B 98); aber doch zugleich auch ein Zuwachs an „Erweiterung und Macht, welche größer ist als die, welche sie aufopfert“ (*KU,* B 117). Die „Unwiderstehlichkeit“ der Macht der Natur gebe uns, „als Naturwesen betrachtet, zwar unsere physische Ohnmacht zu erkennen“, entdecke aber gleichzeitig „ein Vermögen, uns als von ihr unabhängig zu beurteilen, und eine Überlegenheit über die Natur, worauf sich eine Selbsterhaltung von ganz anderer Art gründet“ (*KU,* B 104 f.). Der Struktur

5) Odo Marquard, *Schwierigkeiten mit der Geschichtsphilosophie. Aufsätze,* Frankfurt/M. 1973.
6) Michel Foucault, *Les mots et les choses,* Paris 1966; dt. *Die Ordnung der Dinge,* Frankfurt/M. 1971, S. 444.
7) Adam Müller, *Kritische, ästhetische und philosophische Schriften.* Hrsg. v.W. Schröder und W. Siebert, 1967, Bd. 2, S. 206 ff.

nach identisch ist die Argumentation Hegels in der Einleitung zu den *Vorlesungen über die Philosophie der Geschichte*, nur daß der Gegenstandsbereich der thematisierten Einbildungskraft sich geändert hat: Natur ist hier ganz in Geschichte „aufgehoben", Geschichte aber zugleich eine Art naturwüchsiger Prozeß, wenn auch zweiter Ordnung, geworden: zu einem „Schauspiel der Leidenschaften" als „Naturgewalten", zu einer „Schlachtbank", auf der „das Glück der Völker, die Weisheit der Staaten und die Tugend der Individuen *zum Opfer gebracht*" werden. Auch bei Hegel droht sich der Zuschauer in dieser Vorstellung zu verlieren: im Abgrund der „tiefsten und ratlosesten Trauer"[8], aus dem er aber gleichfalls zu einer „Selbsterhaltung von ganz anderer Art" findet: indem er sich „wahrhaft über diese Empfindungen *erhebt*", statt sich „in den leeren, unfruchtbaren *Erhabenheiten* jenes negativen Resultats trübselig zu gefallen", und sich nach dem „Endzweck" zu fragen beginnt, welchem „diese ungeheuersten Opfer gebracht worden sind"; sich also auf den „Weg der Reflexion" begibt, der „von jenem Bilde des Besonderen zum Allgemeinen aufzusteigen" ermöglicht und die in der Geschichte bereits vollzogene Arbeit des Geistes in der Philosophie wiederholt[9].

Wir sehen heute nicht nur, daß Hegels Geschichtsphilosophie selber eine Konstruktion darstellt, deren Leitfaden die Idee einer restlosen Verweltlichung der christlichen Religion ist und deren hypothetischer Charakter in ihrer Gründung auf das Prinzip der Freiheit als universales Prinzip sichtbar hervortritt. Wir sehen auch, daß die Anthropologie kein Moment der Geschichtsphilosophie sein kann, sondern die Philosophie der Geschichte einen ethnischen Spezialfall von gesellschaftlicher Selbstdeutung und Selbstlegitimierung darstellt, was zur Verwerfung jener „Äquivalenz zwischen dem Begriff der Geschichte und der Menschheit" nötigt, die – wie Lévi-Strauss schreibt – „man uns mit dem uneingestandenen Ziel einzureden versucht, die Historizität zum letzten Refugium eines transzendentalen Humanismus zu machen"[10]. Als ob, nimmt man den Begriff der Geschichtlichkeit nur wirklich ernst, jede Bestimmung des Menschen, gebärde diese sich nun metaphysisch oder nicht, sich nicht selbst derart in Unbestimmtheit auflöste, daß auch die bloßen Gattungseigenschaften über gar nichts entscheiden. Diese Unbestimmtheit ist kaum noch human zu nennen, sie ist ihrem Wesen nach vielleicht nicht einmal mehr menschlich. Hieran sieht man deutlich, daß der Kantische Antinomiengedanke gegenüber seiner dialektischen Auflösung gerade in seiner möglichen Anwendung auf den Geschichtsbegriff Recht behält, weshalb eigentlich eine *Kritik der*

8) Georg Wilhelm Friedrich Hegel, *Werke in 20 Bänden,* Bd. 12, Frankfurt/M. 1970, S. 34 f.
9) *Ebd.,* S. 35.
10) Claude Lévi-Strauss, *Das wilde Denken,* Frankfurt/M. 1968, S. 302.

Geschichte fällig wäre[11]. Vielleicht nötigen alle diese Probleme nicht unbedingt dazu, die Verkündigungsgeste einer Rede vom Ende der Geschichte zu bemühen; doch wird man nicht darum herum kommen, vom Ende einer Karriere zu sprechen. Die Geschichte, so beispielsweise der Befund von Lévi-Strauss, ist nicht „Endpunkt", sondern höchstens „Ausgangspunkt" bei der Suche nach Verstehbarkeit: „Wie man von bestimmten Karrieren sagt, sie führten überall hin, so auch die Geschichte, unter der Bedingung allerdings, daß man aus ihr heraustritt."[12]

So kommt es also – unter anderen Bedingungen als bei Kant und häufig auch anders motiviert, als hier versucht – zu einer erneuten Hinwendung zur Ästhetik. Und auch dieses Mal – so meine These – ist diese Hinwendung nur ein funktionales Phänomen, in dem sich das Gären und Rumoren einer Wende des Denkens insgesamt darstellt. Wir könnten also in Variation des zitierten Satzes von Marquard formulieren: Ästhetik wird angesichts der Aporie nicht nur des emanzipierten Menschen, sondern „des Menschen" überhaupt gebraucht „als Ausweg dort, wo das geschichtliche Denken nicht mehr und das ... Denken noch nicht trägt". Und weiter: „Der Zug zur Ästhetik entsteht aus der Hemmung des Verlaufs der Wende von der Geschichtsphilosophie zur ..." (Daß auch in diesem Fall die Wende nicht reibungslos und schon gar nicht mit einem Schlag, sondern gehemmt erfolgt und aus ihren Retardierungen die neuerliche Hinwendung zur Ästhetik sich ergibt, zeigt zur Genüge eine Aufregung wie diejenige um die Postmoderne: diese ist ihrem Wesen nach ein ästhetisches Phänomen und erfährt ihren Sinn und ihre Legitimation einzig dadurch, daß man nicht mehr auf ein Geschichtsziel hin denkt und das Prestige, das die Aufeinanderfolge in der Zeit gegenüber dem Sichentfalten im Raum besitzt, angreift.) Bleibt nur noch die Klärung der Frage, durch welche neue Gestalt des Denkens die drei Punkte jeweils zu ersetzen sind. Ohne hier zu Zeremonien der Beschwörung Zuflucht nehmen zu wollen wie die, daß sich dieses Denken erst ankündigt, erst noch kommen wird in uns, bitte ich noch um einen Moment Geduld, bevor die Forderung mit barer Begriffsmünze beglichen wird. Denn decken möchte ich diese Operation durch das neuerliche Aufnehmen eines Kredits, dieses Mal auf Nietzsche – eine Anleihe, die dann aber auch rasch zu personalen Konsequenzen, d.h. zum eigentlichen Subjekt der hier vorgetragenen Überlegungen, führen wird: zu Botho Strauß.

11) Zumindest zwei Antinomien wären in ihr zu thematisieren: die erste beträfe die Spannung von Besonderem und Allgemeinem bei der Konstituierung dessen, was als historische Tatsache gelten soll; die zweite dagegen die Spannung von Kontinuität und Diskontinuität in der Selektion dessen, was als historisch belangvoll gelten soll.

12) Lévi-Strauss, *Das wilde Denken*, S. 302.

Zuvor ist allerdings ein Hinweis vonnöten: Mit dem Erhabenen ist es nach seiner idealistischen Epoche bei Kant, Schiller, Schelling, Schopenhauer und indirekt bei Hegel unwiederbringlich vorbei. Zwar wird es weiterhin in allen einigermaßen prominenten ästhetischen Reflexionen des späten 19. Jahrhunderts behandelt, jedoch gleichsam pflichtgemäß und konventionell. Auch die im 20. Jahrhundert unternommenen Wiederbelebungsversuche z.B. von Rossaint und Weischedel waren nicht imstande – ich zitiere aus dem *Historischen Wörterbuch der Philosophie* –, „die Entaktualisierung der Kategorie des Erhabenen aufzuhalten, die ihre wichtigsten Gründe hat in der Insuffizienz der Metaphysik seit Marx, Kierkegaard und Nietzsche, in der Kritik der Religion seit Feuerbach und Freud, in der Zuspitzung der gesellschaftlich-politischen Problematik und in der zunehmenden Relevanz von Naturwissenschaft, Technik und Psychologie“[13]. Ich möchte dem hinzufügen: Und nicht zuletzt in der Kritik des geschichtlichen Denkens, wenn es denn richtig ist, daß das Erhabene als ein funktionales Phänomen in die Wende zur Geschichtsphilosophie eingegangen ist. Es ist außerordentlich interessant, daß diese Kritik ein leidenschaftlicher Historiker mit vorbereitet hat. Jacob Burckhardt hat nicht von ungefähr gerade in seiner *Einleitung in die Geschichte des Revolutionszeitalters* von 1867 den Verlust der Zuschauerposition für den Historiker (und ohne das Einnehmen dieser Position ist keine Vorstellung des Erhabenen möglich) diagnostiziert, indem er die von Lukrez auf uns gekommene Metapher des „Schiffbruchs mit Zuschauer“ paradox vorantreibt: „Wir möchten gerne die Welle kennen, auf welcher wir im Ozean treiben, allein wir sind diese Welle selbst.“[14] Fast ein Jahrhundert später wird Karl Löwith, ein leidenschaftlicher Kritiker der geschichtlichen Existenz, dasselbe Bild wieder aufgreifen, nun aber nicht mehr, um „die Beinahe-Unmöglichkeit des Historikers“ durch den Verlust allen festen Standorts, von dem aus er distanzierter Zuschauer sein könnte[15], zu veranschaulichen, sondern um durch den „revolutionären Bruch im Denken des 19. Jahrhunderts“ die absolut gewordene Orientierungslosigkeit und Kontingenz zu verdeutlichen, in die das geschichtliche Denken den Menschen entlassen hat: „sich inmitten der Geschichte an ihr orientieren zu wollen, das wäre so, wie wenn man sich bei einem Schiffbruch an den Wogen anhalten wollte“[16].

13) *Historisches Wörterbuch der Philosophie.* Hrsg. v. Joachim Ritter, Bd. 2, Basel 1974, Sp. 635.

14) Jacob Burckhardt, *Einleitung in die Geschichte des Revolutionszeitalters,* 1. Fassung, dat. v. 6. Nov. 1867. Zit. nach: Hans Blumenberg, *Schiffbruch mit Zuschauer. Paradigma einer Daseinsmetapher,* Frankfurt/M. 1979, S. 66 f., dem ich hier Wesentliches verdanke.

15) *Ebd.*, S. 68.

16) Karl Löwith, *Zur Kritik der geschichtlichen Existenz. Gesammelte Abhandlungen,* Stuttgart 1960, S. 163; vgl. ders., *Von Hegel zu Nietzsche. Der revolutionäre Bruch im Denken des 19. Jahrhunderts,* Zürich 1941, Hamburg [7]1978.

Kronzeuge für den konstatierten Bruch, der ein Brechen mit dem geschichtlichen Denken provoziert, ist für Löwith das Denken Nietzsches. Ich möchte durch das Zitat eines Satzes von Löwith schlaglichtartig beleuchten, worin er – und da schließe ich mich ihm an – die einzigartige Bedeutung von Nietzsches Experimentalphilosophie sieht: „Ein ‚Vorspiel zu einer Philosophie der Zukunft' sind Nietzsches Schriften nicht dadurch, daß er an einen künftigen Wandel im Wesen des Menschen dachte, den man vorbereiten oder gar wollen könnte, und zu dessen Herbeiführung er sich den Übermenschen erdachte, sondern dadurch, daß er – in Erinnerung der vorsokratischen *physikoi* – den großen Versuch unternahm, den Menschen in die *Natur* aller Dinge ‚zurückzuübersetzen' und in der über- und hinterweltlich gewordenen Metaphysik wieder die immerwährende physis der Welt und die ‚große Vernunft des Leibes' als das Grundlegende und Immerseiende, sich Gleichbleibende und Wiederkehrende zur Anerkennung zu bringen."[17] Dieser Versuch muß einerseits mit der Kategorie des Erhabenen brechen, insofern traditionell ihre Funktion darin besteht, die Insuffizienz der Vernunft für Metaphysik mit Hilfe des Gemüts, wenn nicht zu kurieren, so doch zu kompensieren, andererseits aber doch transformiert an ihr als einer Bewegung des Denkens festhalten, durch die es über seine komplementäre Bestimmung als hie wissenschaftliches, da geschichtliches Denken hinauszugelangen vermag. Seine Kritik am Erhabenen formuliert Nietzsche in der zweiten Periode seines Denkwegs, die man gerne auch als positivistische oder wissenschaftliche Periode charakterisiert hat. Sie ist jedoch eigentliche Kritik deshalb kaum noch zu nennen, weil Nietzsche hier nur mehr konstatiert, daß das Erhabene für den „wissenschaftlichen Geist" zum Anachronismus geworden ist, insofern er „die kleinen unscheinbaren Wahrheiten, welche mit strenger Methode gefunden wurden", höher zu schätzen weiß „als die beglückenden und blendenden Irrthümer, welche metaphysischen und künstlerischen Zeitaltern und Menschen entstammen". „Die Verehrer der *Formen* freilich, mit ihrem Massstabe des Schönen und Erhabenen, werden zunächst gute Gründe zu spotten haben, sobald die Schätzung der unscheinbaren Wahrheiten und der wissenschaftliche Geist anfängt zur Herrschaft zu kommen: aber nur weil entweder ihr Auge sich noch nicht dem Reiz der *schlichtesten* Form erschlossen hat oder weil die in jenem Geiste erzogenen Menschen noch lange nicht völlig und innerlich von ihm durchdrungen sind, so dass sie immer noch gedankenlos alte Formen nachahmen (und diess schlecht genug, wie es Jemand thut, dem nicht mehr viel an einer Sache liegt)."[18] Man kann dies gut und gerne

17) Karl Löwith, *Nietzsches Philosophie der ewigen Wiederkehr des Gleichen,* Berlin 1935, Hamburg [3]1978, S. 192.

18) Friedrich Nietzsche, *Menschliches, Allzumenschliches* I, Aph. 3; ich zitiere Nietzsche nach der *Kritischen Studienausgabe,* hrsg. v. Giorgio Colli und Mazzino Montinari, München 1980, hier Bd. 2, S. 25 f. (im folgenden *KS).*

auch als Selbstkritik verstehen. Denn Nietzsche hatte sich in seiner Tragödienschrift gerade in dem Moment auf das Erhabene berufen, als es galt, den durch Schopenhauer infizierten schneidigen Blick „mitten in das furchtbare Vernichtungstreiben der sogenannten Weltgeschichte, eben so wie in die Grausamkeit der Natur" von der Schopenhauerschen Konsequenz „einer buddhaistischen Verneinung des Willens" abzubringen. „Hier, in dieser höchsten Gefahr des Willens, naht sich, als rettende, heilkundige Zauberin, die *Kunst;* sie allein vermag jene Ekelgedanken über das Entsetzliche oder Absurde des Daseins in Vorstellungen umzubiegen, mit denen sich leben lässt: diese sind das *Erhabene* als die künstlerische Bändigung des Entsetzlichen und das *Komische* als die künstlerische Entladung vom Ekel des Absurden."[19)]

Es ist die Frage, ob Nietzsche als der „Lehrer der ewigen Wiederkunft", zu dem er sich in der dritten Periode seines Denkens werden sieht – wenn es denn stimmt, daß er mit dieser Lehre wieder jene Stelle berührt, von der er einstmals, als Autor der *Geburt der Tragödie,* ausging –, sich mit dieser Wiederholungsbewegung wirklich auf den „Boden" zurückstellt, aus dem nach der Selbstdarstellung in *Ecce homo* sein „Wollen", sein „*Können*" erwächst [20)], oder ob er nicht vielmehr auf jenen „*Ekel*" zurückgeworfen wird, in dem sich zwar immer noch ein Wollen bekunden mag, dann aber jenes, das Nietzsche selbst so beschrieb: „lieber will noch der Mensch *das Nichts* wollen, als *nicht* wollen [...]"[21)]. Zumindest läßt sich sagen, daß der Erkenntnisekel der *Geburt der Tragödie* hier eine Präzisierung erfahren hat: er ist zum „großen Ekel am Menschen" geworden, den auch nicht mehr die heilkundige Zauberin namens Kunst, sei sie nun eine Kunst der Erhabenheit oder des Komischen, „umzubiegen" imstande ist, sondern nur ein Gedanke, eine Lehre gar[22)]. Im *Zarathustra* jedenfalls wird der Gedanke der ewigen Wiederkunft des Gleichen in strengster Korrespondenz zu einem Anfall von Ekel Zarathustras selbst eingeführt, der ihn gleich einem Toten niederstürzen und lange so liegenbleiben läßt[23)]. Allerdings bedarf es hier einer weiteren Präzisierung: dieser Ekel Zarathustras ist eigentlich schon nicht mehr Ekel am Menschen, sondern Ekel an diesem Ekel, gleichsam eine Wendung des nihilistischen Erkenntnisekels gegen sich selbst, durch die eine „Selbsterhal-

19) Nietzsche, *Die Geburt der Tragödie aus dem Geist der Musik,* Kap. 7; *KS,* Bd. 1, S. 56f.
20) Vgl. *Götzen-Dämmerung. Was ich den Alten verdanke,* 5; *KS,* Bd. 6, S. 160.
21) Nietzsche, *Zur Genealogie der Moral,* 3. Abh.: Was bedeuten asketische Ideale, Schlußsatz; *KS,* Bd. 5, S. 412.
22) – und zwar vom Reiz der schlichtesten Form", jenem Ideal des Wissenschaftlers Nietzsche; lebt der Gedanke der ewigen Wiederkunft doch von der formalen (nicht materialen) Bezugnahme auf das mythologische Denken, dessen imaginative Struktur er gleichsam pur herauspräpariert.
23) Vgl. Friedrich Nietzsche, *Also sprach Zarathustra,* 3. Teil: Der Genesende; *KS,* Bd. 4, S. 270 f.

tung von ganz anderer Art" ermöglicht wird. Wir sehen, daß hier die identische formale Struktur des Erhabenen wiederauftaucht, die Kant als „schnell wechselndes Abstoßen und Anziehen" gefaßt hatte, nur daß sie von Nietzsche in keiner Weise mehr mit dem Terminus „erhaben" verknüpft wird. Und dies aus gutem Grund. Denn diese Repulsionsbewegung erhebt eben nicht mehr, indem sie, um ein platonisches Bild aufzunehmen, das in barbarischem Schlamm vergrabene Auge der Seele hervorzieht und aufwärts führt – ein Vergleich, der aus der Identität von Kosmos und Himmel lebt und noch in Kants Verbindung des „gestirnten Himmels über mir" und des „moralischen Gesetzes in mir" nachklingt[24]; sie wirft vielmehr zu Boden, auf den Erdboden, und läßt den so Gefallenen dort wie tot zurück. Deshalb nennt Nietzsche den Gedanken der ewigen Wiederkunft des Gleichen, den er gegen den Ekel am Menschen mobilisiert, auch „das größte Schwergewicht"[25]. Nietzsches Erkenntnisekel und der sich ihm entringende Gedanke eröffnen keine Transzendenz, vergegenwärtigen keine übersinnliche Bestimmung des Menschen mehr, wie vorbehaltvoll Kant dies auch immer verstanden haben wollte. Sie lassen den Menschen vielmehr wieder zum Naturding unter den Naturdingen in der Ordnung der Naturdinge werden. Sie entziehen ihm seine Sonderstellung, indem sie ihm nehmen, worauf er diese Sonderstellung gründet: die Einzigartigkeit und Einmaligkeit seiner Geschichtlichkeit. Und sie entziehen ihm auch das Privileg der Sprache: es sind die Tiere Zarathustras, die nach seiner Genesung den Gedanken der ewigen Wiederkehr verkünden.

Nietzsche erweist sich hier einmal mehr als der große Umkehrer, als den ihn Heidegger geschildert hat. Nur unter der Voraussetzung dieser Blickwendung läßt sich überhaupt nach dem kosmologischen oder besser kosmo-physiologischen Gehalt des auf den ersten Blick so widersinnig scheinenden Gedankens von der ewigen Wiederkunft des Gleichen fragen. Vor allem jedoch läßt sich diese Frage nicht von der Funktion trennen, die ihm zukommt: Chiffre für ein Denken zu sein, das nicht länger geschichtlich ist, gleichwohl aber „die absolute Kontingenz der modernen, weltlichen Existenz"[26] in Erträglichkeit überführt. Dies hat Versuche motiviert, Nietzsches Lehre als einen „Irrealis" zu verstehen, der einen jeden dazu nötigen soll, „auf die unbegrenzte Zeugenschaft seiner selbst" zu blicken. „Auf eine Formel gebracht: lebe so, daß du jederzeit mit dir selbst einig sein kannst, so gelebt haben zu wollen und wieder zu leben!"[27]

24) Vgl. *Politeia* 533 c–d, sowie Joachim Ritter, „Landschaft" (1963), in: ders., *Subjektivität,* Frankfurt/M. 1974, S. 148.
25) Nietzsche, *KS,* Bd. 3, S. 570.
26) Löwith, *Nietzsches Philosophie,* S. 193.
27) Hans Blumenberg, „Nachdenken über einen Satz von Nietzsche", in: *Akzente* H. 1 (1983), S. 20 f.

„Wenn sich jede Sekunde unseres Lebens unendliche Male wiederholt, sind wir an die Ewigkeit genagelt wie Jesus Christus ans Kreuz. Eine schreckliche Vorstellung. In der Welt der Ewigen Wiederkehr lastet auf jeder Geste die Schwere einer unerträglichen Verantwortung."[28] Führt das aber nicht gerade zu dem anderen Widersinn, daß nämlich dieser Gedanke, der die Menschen über die Begrenztheit ihrer Existenz hinaus zu verantwortetem Handeln anhalten soll, und zwar derart, daß dieses jedem Rückblick aus der Zukunft standhielte, jedes Handeln eigentlich unmöglich machen müßte, weil es grundsätzlich keinerlei Sicherheit und Gewißheit über die *Auswirkungen* der jeweiligen Handlung vor ihrer Ausführung geben kann, die Effekte des Handelns immer nur *nachträglich* als Entsprechungen oder Nicht-Entsprechungen des vorgenommenen Zwecks bewußt werden? Es läuft jedoch letztlich auf das gleiche hinaus, ob man nicht handelt, weil man „nichts am ewigen Wesen der Dinge ändern" zu können[29] oder sich dabei die ewige Wiederkehr seiner Handlungen mit allen ihren ungewissen Konsequenzen „einzuhandeln" meint. Zudem übergeht diese Auslegung von Nietzsches Wiederkunftsgedanken als einer Distraktion des Kategorischen Imperativs Kants in eine andere Dimension seinen wesentlichsten Punkt: die Bemessungsgrundlage für das Vermögen des Menschen, für sein Wollen und Können, ist nach ihm nicht länger ein wie auch immer bestimmtes postuliertes Wesen des Menschen, nicht seine Endlichkeit und nicht seine Geschichte, deren Befragung die Wahrheit über den Menschen als eine Wahrheit des Menschen ans Licht fördern soll, sondern seine Stellung im Kosmos. Wenn Nietzsche an Kant anknüpft, dann nicht an den Kant der *Kritik der praktischen Vernunft,* sondern an den der *Kritik der Urteilskraft.* Auch Nietzsche sucht nach dem Prinzip, das die Urteilskraft ihrer Reflexion zugrunde legen muß. Gegenstand dieser Reflexion ist für ihn jedoch nicht länger die Natur mit der Absicht herauszubringen, welchen Prinzips es bedarf, damit der menschliche Verstand sich überhaupt in sie finden kann, was Kant dann ihre „Zweckmäßigkeit" nennt. Gegenstand ist vielmehr der Mensch, aber – in Umkehrung der leitenden Perspektive des Fragens – um das Prinzip herauszufinden, dem er als Gestalt des Kosmos untersteht und dessen Anerkennung seinen Ekel an sich selbst überwinden soll. Sartre hat in *La Nausée* gezeigt, wie der Humanismus, also jenes Denken, dessen Gehalt sich auf das Credo reduziert: „es hat einen Zweck, es hat einen Zweck: die Menschen!"[30], den Ekel am Menschen immer mit produziert, indem er die Unableitbarkeit und Zufälligkeit der Existenz

28) Milan Kundera, *Die unerträgliche Leichtigkeit des Seins,* München/Wien 1984, S. 8.
29) Nietzsche, *KS,* Bd. 1, S. 57.
30) Jean-Paul Sartre, *La Nausée,* Paris 1938; dt. *Der Ekel,* Reinbek b. Hamburg 1963, S. 121.

symbolisch verklärt oder teleologisch überblendet, nicht aber aus sich heraus rechtfertigt. Nietzsches Gedanke stellt dagegen den Versuch dar, die Kontingenz nicht nur der Existenz, sondern jedes Augenblicks unter Vermeidung anthropozentrischer Illusionen und teleologischer Vorannahmen zu rechtfertigen, indem er als einzige mögliche und notwendige Bedingung dafür diejenige übrigläßt, ihre Wiederkehr wollen zu können. Das beinhaltet aber zugleich, allen anderen Legitimationsmodellen der Existenz, als Schöpfung eines Gottes oder Endzweck einer Evolution, den Boden zu entziehen. Wenn die moderne Biologie im Anschluß an Darwin zeigen konnte, daß allein die unter Optimalbedingungen stehende Arbeit der Selektion aus dem Zufall von Mutationen die Invarianz von Strukturen hervorgehen läßt, so ermöglicht dies, Nietzsches Gedanken rückblickend als die existenzialphilosophische Wendung dieser damals schon in ihren Grundzügen greifbaren und in gewisse biologistische Elemente seines Denkens eingegangenen Denkform zu rekonstruieren: Rechtfertigung und damit Notwendigkeit erhält ein unter Kontingenzbedingungen stehendes Ereignis (z.B. eine Handlung) durch seine nur nachträglich durchführbare selektive Beurteilung und Bewährung, deren einziges Kriterium in der Frage nach der Wünschbarkeit seiner Wiederkehr besteht.

Mit Nietzsche beginnt das kosmologische Denken sich von der Folie des Erhabenen abzulösen, in der sich dem Menschen noch einmal das Bild seiner Notwendigkeit zeigen sollte. Das Denken wird damit einer Weise der Erkenntnis zugänglich, die sich selbst weniger als Eröffnung der Wahrheit der Welt denn als Produkt der „Irrtümer" des Lebens begreift[31]. Allerdings trägt bei Nietzsche dieses kosmologische Denken noch nicht. Das Gelenkstück seiner Zusammenzwingung von Kosmologie und Anthropodizee ist und bleibt nicht nur die Ästhetik, sondern die Hemmung des Übergangs vom geschichtlichen zum kosmologischen Denken zeigt sich vor allem daran, daß dieser Übergang eigentümlich geschichtsphilosophisch-eschatologisch überformt ist: durch die Verkündigung des neuen Menschen, des Übermenschen, durch die Auszeichnung des Denkens als Lehre, vor allem aber deren Fundierung in einer Metaphysik des Willens im Vermeinen, das umfassendere Prinzip gegenüber dem neuzeitlichen physikalischen Schema der Erhaltung als unpersönlicher, intransitiver Beharrung gefunden zu haben. Es kann hier nur darum gehen, den Preis zu benennen, den Nietzsche dafür zu entrichten hat: die Chance eines umfassenden kosmologischen Denkens insofern zu vergeben, als das angesetzte Prinzip wieder nur ein Prinzip des Lebendigen ist, „angesichts dessen für

31) Vgl. Michel Foucault, „Das Leben: die Erfahrung und die Wissenschaft," in: *Der Tod des Menschen im Denken des Lebens*. Hrsg. v. Mario Marques, Tübingen 1988, S. 52ff., insbes. S. 71.

Nietzsche alle Physik verblaßt“[32]. Bei Nietzsche bereitet sich so eine neue „energetische Metaphorik des Lebens“ vor[33], die in der Folge – gerade auch in ihrer phänomenologisch-existenzialistischen Ausprägung – zum Reservat für jene werden sollte, die im Kosmos immer wieder nur den einen: den Menschen als erhabenste Gestalt des Lebens fanden. Und doch stammen von Nietzsche auch erstaunliche Sätze wie diejenigen des Aphorismus 109 der *Fröhlichen Wissenschaft,* denen einmal das ihnen gebührende, wenn nicht das größte Schwergewicht beizumessen wäre:

„Hüten wir uns, zu denken, dass die Welt ein lebendiges Wesen sei. Wohin sollte sie sich ausdehnen? Wovon sollte sie sich nähren? Wie könnte sie wachsen und sich vermehren? Wir wissen ja ungefähr, was das Organische ist: und wir sollten das unsägliche Abgeleitete, Späte, Seltene, Zufällige, das wir nur auf der Kruste der Erde wahrnehmen, zum Wesentlichen, Allgemeinen, Ewigen umdeuten, wie es Jene thun, die das All einen Organismus nennen? Davor ekelt mir. Hüten wir uns schon davor, zu glauben, dass das All eine Maschine sei; es ist gewiss nicht auf Ein Ziel construiert ... Die astrale Ordnung, in der wir leben, ist eine Ausnahme; diese Ordnung und die ziemliche Dauer, welche durch sie bedingt ist, hat wieder die Ausnahme der Ausnahmen ermöglicht: die Bildung des Organischen. Der Gesammt-Charakter der Welt ist dagegen in alle Ewigkeit Chaos, nicht im Sinne der fehlenden Notwendigkeit, sondern der fehlenden Ordnung, Gliederung, Form, Schönheit, Weisheit, und wie alle unsere ästhetischen Menschlichkeiten heissen ... Hüten wir uns, zu sagen, dass Tod dem Leben entgegengesetzt sei. Das Lebende ist nur eine Art des Todten, und eine sehr seltene Art.–“[34]

Kommen wir damit ohne große Worte des Übergangs direkt zu Botho Strauß. Denn man kann das Schreiben und Denken dieses in wesentlichen Punkten verkannten Schriftstellers als eine zunehmend deutlicher werdende Auseinandersetzung mit der in ihrem Ausgangspunkt hier skizzierten Problemlage in einer ihrer Spätphasen verstehen. Wer die zahlreichen, zwischen 1967 und 1970 entstandenen Essays und Theaterkritiken von Botho Strauß für die Zeitschrift *Theater heute* auch nur oberflächlich durchsieht, kommt nicht umhin zu bemerken, welch prägenden Einfluß hier Michel Foucaults Denken „einer Philosophie über das Ende des ‚humanistischen‘ Denkens“[35] gewonnen hat. Hanns-Josef Ortheil hat in einem Vortrag beim Hamburger Foucault-Kolloqui-

32) Hans Blumenberg, „Selbsterhaltung und Beharrung. Zur Konstitution der neuzeitlichen Rationalität“, in: *Subjektivität und Selbsterhaltung. Beiträge zur Diagnose der Moderne.* Hrsg. v. Hans Ebeling, Frankfurt/M. 1976, S. 199f.; vgl. 145f.
33) *Ebd.*, S. 199.
34) Nietzsche, *KS*, Bd. 5, S. 467 f.
35) Botho Strauß, „Anläßlich *Kaspar*“, in: *Theater heute,* H. 11 (1968), S. 68.

um im Herbst 1988 auf die mehr als untergründige oder vordergründige, vielmehr reflektierte Aufnahme hingewiesen, die dessen Überlegungen zur modernen Literatur, insbesondere ihre Bestimmung als eine Art „Gegendiskurs", in dem sich die Sprache aller repräsentativen oder bedeutenden Funktion entschlägt, im Schreiben von Botho Strauß anfänglich fand. Ich will diesen Bezug hier aus einer etwas anderen Perspektive aufrollen. An einer Stelle von *Rumor* variiert Strauß jenen berühmt gewordenen, aber zumeist verkürzt zitierten Schlußsatz von *Les mots et les choses,* mit dem Foucault seine These, daß der Mensch „nicht das älteste und auch nicht das konstanteste Problem" sei, „das sich dem menschlichen Wissen gestellt hat", vielmehr eine relativ junge, aus einer „Veränderung in den fundamentalen Dispositionen des Wissens" vor anderthalb Jahrhunderten hervorgegangene „Erfindung" darstellt, zu einer Wette zuspitzt: „Wenn diese Dispositionen verschwänden, so wie sie erschienen sind, wenn durch irgendein Ereignis, dessen Möglichkeit wir höchstens vorausahnen können, aber dessen Form oder Verheißung wir im Augenblick noch nicht kennen, diese Dispositionen ins Wanken gerieten, wie an der Grenze des achtzehnten Jahrhunderts die Grundlage des klassischen Denkens es tat, dann kann man sehr wohl wetten, daß der Mensch verschwindet wie am Meeresufer ein Gesicht im Sand."[36] Botho Strauß' Variation dieser Wette, von der Hauptfigur in *Rumor,* dem gesellschaftlichen Ab- und Aussteiger Bekker, vorgetragen, lautet dagegen: „Der Mensch? sagt er, Schwamm drüber. Das Menschenkind, die ewige Nummer Eins der Weltgeschichte? Schwamm drüber. Dies Wesen beginnt nun endlich, das Spiel der Regeln zu durchschauen, dem es sein Erscheinen in der Geschichte verdankt. Inzwischen weiß es immerhin so viel, daß dieses selbe Spiel der Regeln es auch wieder aus der Geschichte heraustragen wird. Wenn wir nicht mehr sind, weht noch lang der Wind. Und die Codes gehen ihren unermeßlichen Gang. Wir aber versanden, wir werden zugeweht wie ein Scheißhaufen am Strand."[37]

Vielleicht ist bei der Lektüre dieser Stelle nichts wichtiger, als auf den impliziten Ton zu achten, mit dem hier der Abgesang auf den Menschen angestimmt wird. Es ist kein erhabener oder in der Beladung mit dem größten Schwergewicht noch erhebender Ton mehr: es ist der Tonfall der Farce. Wir begegnen ihm im Straußschen Stück *Kalldewey Farce* wieder, das seine Genrezugehörigkeit bereits im Titel ausweist: „Flüchtig, flüchtig, alles flüchtig. Die Große Fuge –: Zentrifuge. Da spielen die Menschen mit ihren auseinanderfliegenden Teilen noch – Revuen, Revivals, Reparaturen – alles noch einmal, nur ein bißchen schneller, bitte sehr, molto presto, prestissimo und nun die Stretta, quasi una cataracta ... Fassen Sie's bitte noch einmal zusammen! Die Namen, die Namen, die Namen – vom Urknall zu den Quarks, von der Ilias zu den

36) Foucault, *Die Ordnung der Dinge,* S. 462.
37) *Rumor,* München/Wien 1980, S. 145.

Herbiziden, vom Steinwurf zur Neutronenbombe; Naturbewältigung – Menschenbewältigung, solange bis keiner mehr da ist und du der Letzte, den es erwischt, du der Letzte, der's noch einmal zusammenfassen muß, stehst da vorm göttlichen Irgendwen, dem Herrlichen Maestro und mußt ihm noch einmal die Schöpfung dahersagen, was alles so gewesen ist."[38] An besagtem Vortrag von Bekker in *Rumor*, der keine Lehre mehr ist, sondern mit dem der altgewordene Schüler das seinerzeit ihm „auf frischestem wissenschaftlichen Niveau", im Tonfall objektiver Erkenntnis gegebene molekularbiologische Wissen seinem Lehrer in eine andere Tonlage transponiert zurückerstattet, ist vor allem der Umschlag vom erhaben-erhebenden Ton in den komischen der Farce zu studieren, der einer der rhetorischen Kunstgriffe ist, in denen es Botho Strauß zur Meisterschaft gebracht hat. Am Anfang zählt der Vortragende auf, was wir *„jetzt"* zu wissen haben. „‚Jetzt haben wir zu wissen die präbiotische Suppe, aus der Leben auf die Erde kam, eine durchaus zufällige und vielleicht sogar einmalige Berührung von Kohlestoff, Wasser und Ammoniak, eine Verbindung, wie sie allem Anschein nach in dem uns ermeßbaren Winkel des Universums, den zehn Milliarden Milchstraßensystemen, die wir von der Erde auslinsen und abhorchen können, nicht ein zweites Mal vorkommt. Jetzt haben wir zu wissen, daß die einfache Bakterienzelle mit der gleichen chemischen Anlage ausgestattet ist, denselben genetischen Code benutzt, der auch für den Aufbau des menschlichen Organismus zuständig ist. Wir haben zu wissen, daß sich die Evolution der Arten nicht nach einem vorausbestimmten Plan erfüllt, an dessen Endpunkt das Wesen Mensch erschien, sondern daß vielmehr jede Entwicklung in der Biosphäre aus Tippfehlern der genetischen Übertragung entstanden ist, aus puren Zufällen, Mißgriffen, Kopierstörungen, denn das Projekt, der Traum einer jeden Lebenszelle ist es, sich identisch zu verdoppeln und sonst gar nichts. Alle Veränderungen sind im Grunde Versehen, die durch Mutationen ausgelöst und durch Selektion erprobt werden. Ein solches Weltbild ist nichts für Kinder und nichts für Christen und schon gar nichts für Marxisten. Es bedroht jede Philosophie, die den Menschen in ihren Mittelpunkt stellt, indem es die tatsächliche Abseitigkeit seiner Existenz in der Naturgeschichte verkündet. Und wenn der Mensch – mit den berühmten Worten Monods –, wenn der Mensch die Wahrheit, diese Wahrheit seiner Biosphäre annähme, dann müßte er aus dem tausendjährigen Schlaf aller Ideologien und Religionen endlich erwachen und seine totale Verlassenheit, sein totales Außenseitertum erkennen. Er muß wissen, daß er seinen Platz wie ein Zigeuner am Rande des Universums hat, das für seine Musik taub ist und gleichgültig gegen seine Hoffnungen, Leiden oder Verbrechen ...'"[39]

38) *Kalldewey Farce*, München/Wien 1981, S. 119f.
39) *Rumor*, S. 142f.

„Welches sind die neuesten Entwicklungen auf dem Felde der Molekularbiologie?" hatte Bekker zu Beginn „eifrig" seinen alten Lehrer gefragt, um dann die Antwort im enthusiastischen Philosophen-Vortrag gleich selbst zu geben. Erinnern wir uns, daß Kant den Enthusiasmus als „ästhetisch [...] erhaben" charakterisiert hat, „weil er eine Anspannung der Kräfte durch Ideen ist, welche dem Gemüte einen Schwung geben, der weit mächtiger und dauerhafter wirkt als der Antrieb durch Sinnenvorstellungen" (*KU*, § 121). Nun ist Bekkers Vortrag sicherlich kein Beispiel mehr für die „Idee des Guten mit Affect", auf die Kant den Enthusiasmus gegründet sah. Wohl aber partizipiert er noch an jener räumlichen Vorstellung, die mit dem griechischen Wort *hypsos* gegeben ist, von dem die Begriffsgeschichte von „erhaben" eigentlich ausgeht: sie meint die Höhe von der Erde zum Himmel, wie sie für Platon prototypisch – und protophilosophisch – im sich von der Nähe menschlicher Besorgnisse abwendenden und zur Betrachtung des Kosmos erhebenden Blick des „ersten Philosophen" Thales anschaulich geworden ist. Gerade für diesen Begründer des philosophischen Diskurses, der als erster gefragt haben soll, woraus alle Dinge bestehen, ist anekdotisch allerdings auch die Fallhöhe eines derart erhobenen Blicks überliefert: „Wie auch den Thales [...], als er, um die Sterne zu beschauen, den Blick nach oben gerichtet, in den Brunnen fiel, eine artige und witzige thrakische Magd soll verspottet haben, daß er, was im Himmel wäre, wohl strebte zu erfahren, was aber vor ihm läge und seinen Füßen, ihm unbekannt bliebe."[40] Für Platon kommt darin in ausschließlich positiver Wendung ein Wesenszug philosophischen, und das heißt für ihn immer enthusiasmierten, Nachdenkens zum Ausdruck, der nicht so sehr gegenstandsabhängig, als vielmehr diskursanhängig ist: „Mit diesem nämlichen Spotte nun reicht man noch immer aus gegen alle, welche in der Philosophie leben. Denn in der Tat, ein solcher weiß nichts von seinem Nächsten und Nachbarn, nicht nur nicht, was er betreibt, sondern kaum, ob er ein Mensch ist oder etwa irgendein anderes Geschöpf." Weiß er es aber von sich selbst? Genau dies scheint – in der betreffenden Szene von *Rumor* – auf dem Spiel zu stehen, wenn das Wissen sich in der Erkenntnis der nicht-menschlichen, aber auch nicht-göttlichen Natur des Menschen erneut von der Fragestellung, „was aber der Mensch *ist*"[41], abwendet.

Es ist interessant zu beobachten, wie der von Botho Strauß paraphrasierte Jacques Monod in seinem Buch *Zufall und Notwendigkeit* seine philosophischen Überlegungen zur modernen Biologie in die Konsequenz einer Ethik der objektiven Erkenntnis einmünden läßt, die einen wissenschaftlichen Humanismus begründen soll. Dessen Grundsatz, daß es der Mensch ist, der diese Ethik

40) Platon, *Theaitetos*, 174a.
41) *Ebd.* 174b; zur Rezeptionsgeschichte der Thales-Anekdote vgl. Hans Blumenberg, *Das Lachen der Thrakerin. Eine Urgeschichte der Theorie*, Frankfurt/M. 1987.

der Erkenntnis „sich selbst auferlegt“, wird nun, am Ende des zurückgelegten Erkenntnisweges, zur eingeholten methodischen Voraussetzung für alles, was zuvor an Erkenntnis vorgetragen wurde, und hat sich doch erst als dessen Schlußfolgerung ergeben[42]. Das „Jetzt haben wir zu wissen“, das in *Rumor* Bekkers Vortrag skandiert, könnte eine ähnliche Konsequenz nahelegen: Fungiert es doch nicht als Banner der Aktualität, als Einleitung zu brennenden Fragen, sondern vor allem als Beschwörung dessen, was, vor Jahren im Unterricht des Lehrers zugrunde gelegt, bei Bekker nun gerade ankommt, was ihm durch dessen „Flucht nach vorn“ zugestoßen ist und sich nun in seiner Dringlichkeit zeigt, endlich gebieterisch Aufnahme ins Denken, aber auch eine neue Konzeption, was Mensch-sein noch heißen kann, verlangend.

Dem Erhabenen liegt nicht nur eine bestimmte Konzeption von Räumlichkeit zugrunde – die Bewegung in die Höhe (oder auch in die Ferne) von der Erde zum Himmel –, sondern ebenfalls eine bestimmte Zeitlichkeit: weder die eines mystischen Nu, in das man versinkt, noch die der Pression durch die Aktualität, der man sich unterwirft, wohl aber die eines bestimmten Drucks, der ein Entweichen, die einer Erschütterung, die ein Standhalten, die eines Stoßes, der ein Auffangen, die einer Dringlichkeit, die eine Beantwortung unausweichlich werden lassen. Man hat bemerkt, wie sehr Nietzsches Denken, dessen Wiederkunftsgedanke ganz an das Zeitmaß des Augenblicks gebunden bleibt, in seiner Metaphorik von der „Vorstellung eines unter hohem Druck stehenden Gases“[43] bestimmt wird. Die Reaktion auf diesen Druck, wie sie in den Spielarten des Erhabenen sich einstellt, hat die Funktion der Stabilisierung auf einem neuen (höheren) Zustandsniveau. Sie bewirkt, um noch einmal Kants Formulierung zu zitieren, „eine Selbsterhaltung von ganz anderer Art“.

In besagter Szene von *Rumor* kommt es dagegen zu einer abweichenden Bewegung: nach dem dreifachen Skandieren des Jetzt tritt eine „kleine Pause“ ein: „Nachdem nun eine kleine Pause entsteht und Bekker in sich hört, von solchem Weltbild fast so ergriffen wie vom unendlichen Sternenhimmel selbst, wiegt der Alte auf einmal langsam den Kopf, um mühsam und noch nicht ganz beschlossen eine Einwendung zu machen. ‚Das Wissen‘, sagt er ‚das Wissen kann man freilich immer wissen. Darauf kommt es nicht an. Sie können etwas behaupten, junger Mann, Sie wissen was. Aber ich – ich muß ja ständig das Haus und das ganze Wissensgegenteil auch noch im Auge behalten.‘ Nach diesen Worten macht er eine kleine Verbeugung und wendet sich zum Gehen.“[44] Es könnte so der Eindruck entstehen, daß – die Folie der Thales-Anekdote ange-

42) Jacques Monod, *Zufall und Notwendigkeit. Philosophische Fragen der modernen Biologie*, München 1971, S. 154.
43) Blumenberg, „Selbsterhaltung“, S. 199.
44) *Rumor,* S. 143f.

legt – der alte Lehrer hier in die Rolle der thrakischen Magd schlüpfte, um den Schüler dazu anzuhalten, nicht nur die menschlichen Belange, sondern diese auch menschlich im Auge zu behalten. Die Entwicklung, die Bekkers Vortrag in der Folge nimmt, der nun den Faden, ihn jedoch anders als zuvor abrollend, wieder aufgreift, führt allerdings zu einem „Wissensgegenteil" von ganz anderer Art; denn die Dinge ergreifen nun das Wort: „Eines Morgens [...] werden es die Dinge sein, die uns die Sprache aus dem Hals gezogen haben. Eines Morgens im Hobbygarten wacht unterm Grillrost der ausgespuckte Kaugummi auf und streckt sich. Plötzlich da hört er über sich den Grill, er hört ihn wahrhaftig – sprechen! Und fast im selben Augenblick, ein urtümlicher Atemzug, ein Schub der Schöpfung, und der Kaugummi spricht auch: ‚Sprichst du?' fragt er den Grill. Ja, sagt der Grill, ich spreche. Ich spreche vollendet. Ich auch, sagt der Kaugummi und wundert sich. Wie spricht es sich? fragt der Grill nach unten. Danke gut, antwortet der Kaugummi mit Leichtigkeit, jetzt haben wir also die Sprache. Der Grill: Jetzt haben wir für immer Unterhaltung. Der Kaugummi: Und wie geht es dem Menschen? Was sagt der dazu? Der Grill: Der Mensch? Der Mensch steht da mit offenem Mund. Ausgelaufen. Versiegt. Erschöpft bei offenem Mund. Der Kaugummi: Soweit mußte es einmal kommen. Der harte Fall zurück in den Stoff. Verliert seine Erzählungen, seine Worte, seinen Geist. Der Grill: Das Menschenkind. Was ist geblieben von der Nummer Eins? Ein Naturgeräusch, wie der Wind so durch seinen offenen Mund heult [...]." Sicher: eine mediale Umkehrung. Vom erhabenen Tonfall zum komischen, von der gerade noch vermiedenen Tragödie in die Farce. Eine Umkehrung jedoch, die einen Umschlag des Wissens selbst vorführen, zu Gehör bringen soll: wird der Mensch mit dieser Wendung doch nicht nur des Privilegs der Sprache, das seine Existenz nach geläufiger Vorstellung erst zur menschlichen Existenz machen soll, als Privileg beraubt, sondern droht überhaupt in Sprachlosigkeit, vielleicht besser: Sprachvergessenheit zu versinken. „Da hören Sie es [...], die Dinge unter sich. Wir aber stehen steif und stumm und denken wie Schnee fällt. Der Ordnungen haben wir schließlich viel zu viele gesammelt und wild aufeinander getürmt und ein bestürzend Übermaß an Sinn in die Welt gesetzt. Zuviel der Logiken, Beweise, Erfahrungen, Vernünfte, als daß das Ganze nicht doch auf die krauseste und ursprünglichste Unordnung hinausliefe. Die Unordnung, die immer noch unterdrückte Rede des Ganzen, ein Rumor bloß, aber überall stärker hervordringend. Wenn das erst laut wird, wenn gar nicht mehr regiert und geregelt werden kann und Anarchie die Wirklichkeit ist, dann wird der Einzelne zuerst unter wuchtigem Druck taumeln und es wird ihm der Geschichtssinn platzen wie ein Trommelfell, so daß er plötzlich vor seinem Telefon steht und ratlos den Hörer schaukelt, ihn schubst wie ein Hund seinen Plastikknochen und absolut nicht weiß, was das ist und was man damit anfängt, mit diesem krummen Teil. So beginnen sich die Sinne der häuslichsten Apparate wieder zu entwöhnen [...] So fällt der ganze Körper mit den Verhältnissen auseinander, fallen Seele und Dinge rumpelnd auseinander."[45] Es ist, als sei die Verbindung des Wissens mit seinem „Gegenteil", dem existierenden Menschen, unterbrochen, seitdem dieser sich nicht mehr als sein Meister und Beherrscher verstehen kann; Kosmologie und Anthropodizee lassen sich nicht länger zusammenzwingen, weil das Gelenkstück: das Erhabene funktionsuntüchtig geworden ist. So angenähert der Befund. Wäre es da nicht an der Zeit, über eine komische Lösung nachzudenken? Nietzsche hat sich das gefragt[46], aber er hat als Schüler des Dionysos und Lehrer der ewigen Wiederkunft einen Ausweg gefunden, doch noch im letzten Akt die tragische Variante inszenieren zu können. Wählt Botho Strauß die komische Lösung? Kann er sie wählen? Was heißt es, sie wählen zu können?

Dem Prosastück *Rumor* liegt eine Vorstellung des Weltganzen als Chaos zugrunde, in das Ordnung, Gliederung, Schönheit hineinzutragen, den Versuch seiner Vermenschlichung bedeutet; dieser Prozeß kennt jedoch einen historisch auszumachenden Kulminationspunkt, an dem die gestifteten Ordnungen, Gliederungen, Schönheiten gegen die Motivation, aus der ihre Einsetzung ursprünglich erfolgte, zu zeugen beginnen und an dem in einer Art Umkehrbewegung die Entmenschlichung des Menschen selbst beginnt und erneut der eigentlich chaotische Gesamtcharakter des Ganzen hervortritt. „Wenn aber doch die Grundlage von Allem Schlamm, Schwärze und kein Bild wäre und nur der Mensch sein Lichtlein hält, in dem alles licht erscheint und doch ein Irrlicht ist [...], da müssen sich die Denker heute doch fragen: wo bist du nur geblieben, teures Subjekt der Weltgeschichte, heiliges Ich?"[47] Dies ist eigentlich, etwas modernisiert oder auch strukturalistisch und poststrukturalistisch gewendet, der denkerische Ausgangspunkt Nietzsches, von dem aus er seine Wiederkunftslehre als den Versuch, doch noch eine erträgliche Ordnung zu schaffen, in die Welt gesetzt hat.

Erinnern wir uns einen Moment der ursprünglichen Bedeutung von Chaos, wie sie Hesiod gedacht hat; danach meint Chaos den gähnenden Abgrund, der am Anfang des Weltwerdens zwischen Himmel und Erde aufklaffte. Die eigentliche Funktion des Erhabenen bestünde so darin, diese Kluft, diesen mit der Welt gleichursprünglichen Hiatus zwischen Erde und Himmel im Blick in die Höhe von der Erde zum Himmel wenn nicht zu schließen, so doch zu überbrücken. Für Kant kann das nur noch heißen, von der Ordnung der Natur, die aus der Perspektive der Ordnung der Menschen eben nicht nur nichtig, sondern auch als die Möglichkeit ihrer Vernichtung erscheint, zur Ordnung der Vernunft aufzusteigen, auf deren Höhe allererst Selbsterhaltung wirklich

45) *Ebd.*, S. 145ff.
46) Nietzsche, *Die fröhliche Wissenschaft*, Aph. 153.
47) *Rumor*, S. 144f.

gesichert ist. Es ist dies auch eine Bewegung der Abnahme von Komplexität. Diese wird in *Rumor* gleichsam umgekehrt: Die allmähliche Auflösung der Ordnung der Vernunft, und damit auch die Entsicherung der menschlichen Lebensordnung (Sprache, Tausch, Sexus) bis zu ihrer Auflösung in das Chaos bloßen Existierens: von Bekker bleibt am Schluß nichts anderes als das nur aus der Ferne, nur telefonisch vernehmbare „schwere, lüsterne, waldestiefe Atmen eines Mannes, der die Brust eines Riesen haben muß“[48]. Es ist die Bewegung des Ekels, wie Sartre sie beschrieben hat: das Abstoßen aller Ordnung bis zum schließlichen Untertauchen in die Infrastrukturen der Natur, in den Zustand eines bloßen Angefülltseins mit Existenz.

Botho Strauß hat dieses Paradigma, das in etwas variierter Form auch schon der *Widmung* zugrunde lag, inzwischen revidiert. „Was heißt uns noch Chaos?“ fragt er in *Niemand anderes*. „War je eins? Oder dagegen gefragt: hörte es je auf, da es doch unter der Schwelle der Elemente immer ist?“ (Dies noch die implizite Position von *Rumor;* nun aber:) „Es gab kein Chaos im Ursprung. Der Anfang selbst war hochverdichtete Ordnung, [...] Ende des Determinismus. Schwingungsunregelmäßigkeiten wie Pulsationen von Sternen, unrund laufende Getriebe, Flattern von Flugzeugflügeln, alles, was man früher für ‚Dreckeffekte‘ hielt [...] dies Chaos ist in Wahrheit nur ein höherer Ordnungszustand, ein größerer Informationsreichtum. Es gibt wohl kein Chaos, sondern lediglich bisher unentdeckte komplexere Ordnungen.“[49] Auf deren narrative Durchdringung und allegorische Darstellung zielt ein Reflexionsroman-Projekt wie *Der junge Mann.* Er bildet das erste Werkstück aus jener „anthropomorphen Schmiede“, durch die – so jetzt das poetologische Programm – auch hindurchgehen muß, „was [...] dem menschlichen Auge verborgen bleibt, technisch jedoch längst erblickt und erfahren ist, das subatomare Geschwirr“[50]. Das entspricht letztlich Nietzsches Programm nicht mehr; denn die Abwehr aller Vergöttlichung und Vermenschlichung der Welt, mit der Option auf eine Vernatürlichung des Menschen, soll nun um der Rettung des Menschlichen willen geschehen. Und doch ist das nicht einfach ein Rückfall in den Humanismus: denn „das Menschliche ist nicht in der Anbetung des Menschen zu retten“[51] und auch nicht in seiner Ansetzung als Maßstab und Ziel; sondern allein in der Aufzeigung seiner Möglichkeiten, letztlich im Offenhalten der Frage, *wer* der Mensch ist (nicht *was* er ist). „Wer [...] Entstehungsgeschichte ernst nimmt, dem ist das Ende offen.“[52]

48) *Ebd.,* S. 233.
49) *Niemand anderes,* München/Wien 1987, S. 140f.
50) *Ebd.,* S. 140.
51) *Ebd.,* S. 136.
52) *Ebd.,* S. 133.

Ich will mich hier nicht anheischig machen zu beurteilen, ob Botho Strauß das selbstgestellte Programm mit dem *Jungen Mann* bereits eingelöst hat oder nicht; ich spreche hier rein als Kommentator (nicht als Kritiker). Doch interessiert mich, wie es dazu kommt, daß die Wendung zum Komischen (nicht nur in diesem Buch) von Botho Strauß immer wieder begonnen, immer wieder neu in Szene gesetzt, dann aber doch eigentümlich weggeschoben, aufgeschoben, bisweilen abrupt abgebrochen wird und eine Gegenwendung zum Erhabenen, in den erhobenen Ton und die erhebende Sprachgebärde erfolgt, bis uns – gleichsam das Gesetz dieser Abwendung und Zurückziehung veranschaulichend – schließlich der Komiker Ossia im „nationalen Luxus-Turm“, diesem „vielbeschriebenen Meisterwerk einer postmodernen Hotel-Architektur“[53], begegnet, in einer Art selbstgewähltem Exil: das Komische, dessen Entfaltungsspielraum die Horizontale ist, aus eigenem Entschluß (?) in der Vertikale elfenbeinturmartiger Erhabenheit eingesperrt.

Diese Gegenführung von Erhabenem und Komischem bedarf einer kurzen Erläuterung. Nach wie vor bietet sich für eine Bestimmung des Komischen als Ausgangspunkt das Phänomen des Lachens an. Und hier hat wieder einmal Kant mit seiner an lakonischer Kürze und Bündigkeit kaum zu überbietenden Definition einen Maßstab aufgestellt, an den die unterschiedlichsten Theorien dieses Phänomens anknüpfen konnten. *„Das Lachen ist ein Affekt aus der plötzlichen Verwandlung einer gespannten Erwartung in nichts“*, heißt es im § 54 der *Kritik der Urteilskraft* (B 225). Es muß auffallen, wie stark die hier beschriebene Bewegung die Inversion derjenigen darstellt, die am ästhetisch erhabenen Gemütszustand zu beobachten war. Nahm dort die Bewegung ihren Aufstieg von der plötzlichen und begriffslosen Erfahrung des Nichts des Menschen gegenüber der Natur und führte zur Höhe der Vernunft als dem Vermögen der Ideen und des Übersinnlichen, so fällt sie hier vom Niveau eines Spiels mit Gedanken oder „ästhetischen Ideen“ gegen nichts ab, insofern in deren sinnlicher Darstellung das Erwartete nicht anzutreffen ist. Was andere Definitionen des Lachens an Konkretion der Kantischen voraus zu haben scheinen, indem sie das Lachen aus der Inkongruenz zweier Ordnungen, z.B. derjenigen der abstrakten und anschaulichen Vorstellungen, hervorgehen lassen, büßen sie in dem Maße wieder ein, wie sie – wiewohl meist die Plötzlichkeit des Vorgangs betonend – den energetischen Aspekt des Phänomens: den Aufbau des Drucks und seine übergangslos erscheinende Entladung übergehen (die Umgangssprache bringt diesen Aspekt mit Metaphern wie Bersten, Platzen, Explodieren vor Lachen zum Ausdruck). „Merkwürdig ist“, schreibt Kant, „daß in allen solchen Fällen der Spaß immer etwas in sich enthalten muß, welches auf einen Augenblick täuschen kann; daher, wenn der Schein in nichts verschwindet, das Gemüt wieder

53) *Der junge Mann*, München/Wien 1984, S. 338.

zurücksieht, um es mit ihm noch einmal zu versuchen, und so durch schnell hintereinander folgende Anspannung und Abspannung hin und zurück geschnellt und in Schwankung gesetzt wird" (*KU,* B 227). Auch diesem Hin und Her als einem „schnell wechselnden Abstoßen und Anziehen" (*KU,* B 98) waren wir bereits in der Beschreibung des Erhabenen, dann aber auch beim Ekel begegnet, wobei jetzt nur die Bewegungsrichtung sich umgedreht zu haben scheint: wies sie beim Erhabenen nach oben, zum Himmel, zum Übersinnlichen, so müßte sie nun folglich, falls wir es mit einer einfachen Inversion zu tun haben, nach unten zeigen. Genau dies ist auch beim Ekligen der Fall (und man könnte außer Nietzsche auch noch Sartre als Zeugen dafür anführen)[54]. Beim Komischen ist jedoch nicht allein die Bewegungsrichtung, sondern ihre grundsätzliche Orientierung eine andere: nicht die vertikale Achse, also das Verhältnis oben – unten, sondern die horizontale gibt den Ausschlag. Die schnell wechselnde Anspannung und Abspannung ist kein Hinauf und Hinunter, und schon gar nicht teleologisch nach oben ausgerichtet, sondern ein unwillkürlich fortdauerndes, sich auspendelndes Hin und Zurück, dem in der Physis nach der Beschreibung Kants „eine wechselseitige Anspannung und Loslassung der elastischen Teile unserer Eingeweide, die sich dem Zwerchfell mitteilt", korrespondiert (*KU,* B 228).

Doch zurück zum *Jungen Mann.* In einem kurzen, doch nichtsdestoweniger zentralen Kapitel von *Les mots et les choses* mit dem Titel „Das Cogito und das Ungedachte" hat Foucault in prägnanten Formulierungen die paradoxe Struktur einzukreisen versucht, in der er das moderne Denken befangen sieht: „Das ganze moderne Denken ist von dem Gesetz durchdrungen, das Ungedachte zu denken." „Der Mensch hat sich nicht als eine Konfiguration in der *episteme* abzeichnen können, ohne daß das Denken gleichzeitig, sowohl in sich und außerhalb seiner, an seinen Rändern, die aber ebenso mit seinem eigenen Raster verwoben sind, ein Stück Nacht, eine offensichtlich untätige Mächtigkeit, in die es verwickelt ist, ein Ungedachtes, das voll im Denken enthalten, in dem das Denken ebenso gefangen ist, entdeckt."[55] Dieser Denkstruktur untersteht auch noch Botho Strauß' poetologisches Programm: das dem menschlichen Auge verborgen Bleibende, technisch jedoch längst Erblickte, soll eingebildet und erträumt werden. Strauß hat selber das literarisch-rhetorische Verfahren benannt, dessen er sich bei der Realisation dieses Abenteuers in *Der junge Mann* bedient: „Allegorien"[56]. Damit ist natürlich nicht mehr jene Repräsentationsform klassischer Provenienz gemeint, die Goethe als Verwandlung einer Erscheinung in einen Begriff und dann in ein Bild definierte, um sie gegenüber dem Symbol

54) Vgl. *Der Ekel,* S. 137f., 143.
55) Foucault, *Die Ordnung der Dinge,* S. 393f.
56) Strauß, *Der junge Mann,* S. 15.

abzuwerten. Sie ist hier – in einer in der literarischen Romantik wurzelnden Tradition – vielmehr Realisationsform, die das Begriffslose und Ungedachte dennoch denkt und begreift, indem sie eine Art salto mortale vollführt (Lausberg rechnet die Allegorie mit der Ironie unter die „Sprung-Tropen"; sie gehört zusammen mit der Anspielung zu den Figuren der semantischen Verschiebung[57]): durch die Konstellierung von Metaphern zu Bildfeldern soll das Ungedachte und Begriffslose in eine indirekte Beziehung zum Denken gebracht werden, und zwar so, daß es als Zu-Denkendes und Zu-denken-Gebendes aufgegeben bleibt. Das Denken befindet sich derart immer in einem Spannungsverhältnis zum Nichtgedachten, gleichwohl aber doch Zu-Denkenden.

Diese „Lösung" ist weder erhaben noch komisch zu nennen; denn in beiden Fällen bedürfte es der komplementären Bewegung einer Entspannung, oder „Abspannung", wie Kant sagt. „Erhaben" wäre sie dann, wenn die Unerreichbarkeit des Ungedachten als Vermögen des Denkens, sich selbst zu transzendieren, transparent würde. Von Zeit zu Zeit scheinen mir bei Botho Strauß Anwandlungen in diese Richtung vorzuliegen, die jedoch nie – wie etwa bei Handke – eine programmatische Wendung, etwa in der Verkündigung eines neuen Zeitalters des Denkens, das sich dann als das alte noch einmal erweist, erfahren. Und „komisch" wäre sie nur dann, wenn die Anspannung des Denkens auf das Ungedachte hin ganz von der Artistik und Akrobatik des Denkens absorbiert würde. Auch in diese Richtung sind bei Botho Strauß immer wieder Ausfälle zu beobachten, ohne daß er jedoch die Leichtfertigkeit eines Denkens, das mit dem Vorbehalt des Noch-zu-Denkenden auch seinen Rückhalt im Ungedachten aufs Spiel setzte, wirklich bedingungslos verfolgte. So bleibt es bei einer angestrengten Pendelbewegung zwischen erhabenen Anwandlungen und komischen Ausfällen, in der das Denken – und bisweilen auch der Leser – einschläft. Wie dazu der Wecker in Gestalt einer Ästhetik aussehen könnte, die den Übergang vom geschichtlichen zum kosmologischen Denken seiner Funktion nach als ein komisches Unterfangen, als die plötzliche Verwandlung einer gespannten Erwartung in nichts darstellt, sei hier nur noch kurz durch das Zitat eines Eröffnungssatzes angedeutet: „Ich werde ein anderes, wunderlicheres Abenteuer erzählen."[58]

57) Heinrich Lausberg, *Elemente der literarischen Rhetorik,* München 1963, S. 139f.
58) Witold Gombrowicz, *Kosmos,* Paris 1965; München/Wien 1985, S. 7.

IV.

Das Erhabene
und die ‚harten' Wissenschaften

Chaos, Selbstorganisation und das Erhabene

Gert Scobel

> ... daß die Natur nur einem unendlich kleinen Teile nach ausgebildet sei, und unendliche Räume noch mit dem Chaos streiten, um in der Folge künftiger Zeiten ganze Heere und Weltordnungen, in aller gehörigen Ordnung und Schönheit, darzustellen ...
>
> Immanuel Kant

> Das Chaos ist die Grundanschauung des Erhabenen.
>
> F. W. J. Schelling

I. Der lange Weg vom anfänglichen Gähnen über den Strudel zum Apfelmännchen

Auch heute noch löst ein kleiner Strudel, der sich beim Duschen im Ablauf der Badewanne bildet, bei den meisten Natur- und Geisteswissenschaftlern keine besondere Euphorie und erst recht keine Nachdenklichkeit aus. Jedenfalls ist sie nicht größer als die Begeisterung, die ein Sprachwissenschaftler auf einem Kongreß zum Thema „Stellare Elementsynthese" oder „Die Rezeption von Kants *Kritik der Urteilskraft* in Deutschland" mit seiner (durchaus sachgemäßen) Behauptung hervorrufen würde, daß das germanische Wort „ghia" die Nachbildung eines Gähnlautes sei. Diese Reaktionen sind durchaus verständlich. Ein kleiner Strudel in der Badewanne ist eben unerheblich für die Frage, wie sich Materie und Leben entwickelten. Doch diese Selbstverständlichkeit trügt. Sowohl das Gähnen als auch der Strudel weisen auf ein Phänomen von geradezu erschreckend kosmischer Bedeutung hin: auf das Chaos und die überraschend vielfältige Ordnung, die aus dem Chaos entsteht. „Aber wie?", wird man zweifelsohne fragen wollen. Was hat ein Strudel überhaupt mit dem Gähnen gemein – und was verbindet beides mit dem Chaos (oder am Ende gar mit dem Erhabenen)? Diesen Fragen soll im folgenden nachgegangen werden in der Hoffnung, daß dabei Verbindungen zwischen dem Erhabenen und dem Chaos deutlich werden, genauer: zwischen dem Chaos, wie es sich in der Natur, der jüngsten Forschung und auf den Bildschirmen fraktalbegeisterter Ästheten zeigt, und dem Erhabenen bei Kant.

1. Strudel und klassische Wissenschaft

Obwohl der Mond technisch bezwungen ist und die Gene zunehmend besser manipuliert werden können, ist die Struktur des Strudels in einer Badewanne immer noch nahezu unerforscht – von der Voraussage des Wetters als eines noch komplexeren Systems von Turbulenzen einmal ganz abgesehen. Wer allerdings meint, diese Phänomene der Turbulenz und eines chaotischen, irreversiblen Werdens seien kleine Randerscheinungen ohne große Bedeutung für die „Grundlagen" der Naturerforschung, wiederholt damit zwar ein weit verbreitetes Vorurteil „klassischer" Naturwissenschaft, befindet sich aber keinesfalls auf der Höhe der Forschung, die sich um eine Theorie komplexen Verhaltens bemüht[1)]. Zwar hieß es vor wenigen Jahren noch, „wo Chaos beginnt, hört die klassische Wissenschaft auf". Aber mit dieser Devise blieb die Wissenschaft „mit einer besonderen Form der Unwissenheit behaftet: über die Unordnung in der Atmosphäre, im stürmischen Meer, in den Fluktuationen wildlebender Tierpopulationen, in den Oszillationen von Herz und Gehirn. Die unregelmäßige Seite der Natur also, ihre diskontinuierliche und erratische Dimension, hatte für traditionelles Wissenschaftsverständnis die Bedeutung eines Vexierspiels oder, schlimmer noch, einer monströsen Absurdität"[2)]. Gegen den Widerstand der klassischen Wissenschaft mußten sich Forscher auf verschiedensten Gebieten den

1) Zur Charakterisierung der „klassischen" Wissenschaft und insbesondere der klassischen Dynamik vgl. Ilya Prigogine/Isabelle Stengers, *Dialog mit der Natur. Neue Wege naturwissenschaftlichen Denkens,* München [4]1983. Die klassische Wissenschaft geht u.a. von der Annahme aus, daß die Vorgänge in der Natur ebenso wie die Zeit prinzipiell reversibel – und damit letztlich zeitunabhängig – und deterministisch seien. „Die Zeit ist auf einen Parameter reduziert, und Zukunft und Vergangenheit sind äquivalent. Die Quantentheorie hat zwar zahlreiche neue Probleme aufgeworfen, von denen die klassische Dynamik nichts wußte, aber dessen ungeachtet an gewissen begrifflichen Positionen der klassischen Dynamik festgehalten, besonders was die Zeit und das Werden betrifft." (S. 20) Eine weitere Rolle spielt die Vorstellung der Unabhängigkeit des Ergebnisses des „Dialogs mit der Natur" vom Experimentator selbst. Zugleich wird angenommen, daß die beobachtbaren Vorgänge in der Natur isoliert voneinander betrachtet werden könnten (es gibt keine relevante Interaktion oder Kommunikation zwischen entlegenen Systemen) und daß in der Welt Strukturlosigkeit (Entropie) vorherrsche. Zur Theorie komplexer Systeme Grégoire Nicolis/Ilya Prigogine. *Die Erforschung des Komplexen. Auf dem Weg zu einem neuen Verständnis der Naturwissenschaften,* München 1987.

2) James Gleick, *Chaos – die Ordnung des Universums. Vorstoß in Grenzbereiche der modernen Physik,* München 1988, S. 10.

Weg bahnen zu einer Theorie der Unregelmäßigkeiten, des Verhaltens von Systemen fernab vom Gleichgewicht, des Werdens und der Selbstorganisation von Materie und Energie[3]. Die Chaostheorie als naturwissenschaftliche Beschreibung von nichtwiederholbaren Brüchen von Symmetrien und Übergängen bzw. als eine Theorie der Bildung pluralistischer Strukturen durchbrach „die Grenzlinien, die bisher die einzelnen Wissenschaftsgattungen voneinander schieden. Als eine Wissenschaft, die von der umfassenden Natur der Systeme handelt, führte [sie] Gelehrte der verschiedensten Bereiche zusammen, die bislang völlig getrennt voneinander gearbeitet hatten [...]. Im Bereich der physikalischen Wissenschaft selbst läßt sich die Chaostheorie umschreiben als Resultat einer Trendwende“[4]. Es ist sicher kein Zufall, daß eine Disziplin, die sich der Erforschung von Übergängen zwischen verschiedenen Zuständen, Zeiten oder einzelnen Systemen widmet, zugleich auch selbst Übergänge schuf[5].

Ohne Chaos, so weiß man inzwischen, gäbe es keine komplexen Systeme, keine Evolution und kein Leben und (für viele entscheidender) noch weniger eine ästhetische Theorie und schon gar keine Philosophie. Und doch werden

3) Ähnlich wie das Chaos von der wissenschaftlichen Forschung im doppelten Wortsinn ausgespart wurde, weil im Bereich des Chaotischen keine Ordnung und kein Denken mehr möglich und folglich keine Investition mehr lohnend erschien, mied auch die Kommunität der Wissenschaftler jene Sonderlinge und Einzelgänger, die sich auf Abwegen befanden und ungeachtet der Sanktionen ihre Zeit scheinbar vertaten mit der Beobachtung und Erforschung von Turbulenzen, Wetter- und Börsenschwankungen, Pilzkolonien, tropfenden Wasserhähnen und merkwürdigen geometrischen Strukturen auf den Bildschirmen ihrer PCs. Zur Geschichte der „Arbeitsgemeinschaft dynamische Systeme“ in Santa Cruz, zu der u.a. Shaw, Crutchfield, Packard und Farmer gehörten, und zu ihrem „genialsten und gültigsten praktischen Beitrag“, den Experimenten mit tropfenden Wasserhähnen, vgl. Gleick, *Chaos – die Ordnung des Universums*, S. 337–380.

4) *Ebd.*, S. 13.

5) Die Entdeckungen der Chaostheorie „hatten auch drastische Auswirkungen auf unsere Sicht der Beziehungen zwischen ‚harten‘ und ‚weichen‘ Wissenschaften. Nach klassischer Betrachtungsweise gab es eine scharfe Grenze zwischen einfachen Systemen, wie sie in der Physik oder Chemie studiert werden, und komplexen Systemen, wie sie in der Biologie oder in den Humanwissenschaften untersucht werden [...]“(Nicolis/ Prigogine, *Die Erforschung des Komplexen*, S. 12 f.). „Heute entfernen wir uns immer mehr von einer solchen Unterteilung [...]. Was immer unser beruflicher Hintergrund sein möge, mehr oder weniger haben wir heute alle das Gefühl, uns in einem Zeitalter des Übergangs zu befinden [...]. Es ist eine Welt der Instabilitäten und Fluktuationen, und es sind diese, die letztlich für die erstaunliche Vielfalt und den Reichtum an Formen und Strukturen verantwortlich sind, die wir in der Natur um uns herum sehen“ (*ebd.*, S. 9). Überall dort, wo es um komplexes Verhalten von Systemen geht, sind die Unterschiede zwischen Strukturen des Lebens und der „unbelebten“ Materie wesentlich geringer, als bisher angenommen wurde.

Phänomene des Chaos, obgleich sie schon sehr frühzeitig entdeckt wurden, häufig immer noch für Ungenauig- oder Nichtigkeiten gehalten. Sie werden mit Methode vernachlässigt: nicht nur in der Wissenschaft, sondern auch in der Philosophie[6].

2. Gähnen und Philosophie

Das Chaos und die daraus resultierende Theorie komplexer, irreversibler Vorgänge stellen nicht nur für die klassische Naturwissenschaft eine große Anfrage, ja Bedrohung dar. Auch in der Philosophie ist der Begriff „Chaos" unbeliebt. Um so erstaunlicher ist, daß er auf das engste mit zwei zentralen, äußerst traditionsreichen und vielschichtigen Themen der abendländischen Philosophie verknüpft ist. Zum einen verweist der Chaosbegriff zurück auf die Kosmogonie und das Problem, einen Anfang der Welt und des Denkens[7] zu bestimmen. Zum anderen bricht mit dem Chaosbegriff in der Erkenntnistheorie und Ästhetik immer wieder das Problem der Pluralität, der Einheit des Mannigfaltigen auf. Dem Chaos als philosophischem Begriff kommt daher eine doppelte Funktion zu.

6) Im großen und ganzen gilt trotz aller Neuerungen immer noch die Anschauung einer „mechanischen" Physik: betrachtet man ein komplexes System lange genug, so wird es sich trotz gelegentlicher (chaotischer) Störungen am Ende doch deterministisch entwickeln. Im Grunde folgt man so immer noch den Ideen von de Laplace, der 1776 schrieb: „Der momentane Zustand des ‚Systems' der Natur ist offensichtlich eine Folge dessen, was er im vorherigen Moment war, und wenn wir uns eine Intelligenz vorstellen, die zu einem gegebenen Zeitpunkt alle Beziehungen zwischen den Teilen des Universums verarbeiten kann, so könnte sie Orte, Bewegungen und allgemeine Beziehungen zwischen all diesen Teilen für alle Zeitpunkte in Vergangenheit und Zukunft vorhersagen" [zitiert nach James P. Crutchfield/J. Doyne Farmer/Norman Packard/Robert S. Shaw, „Chaos", in: *Spektrum der Wissenschaft* 2 (1987), S. 78–90, S. 80]. Dieser Anschauung zufolge verdankt sich die Beobachtung von unberechenbaren, irreversiblen oder chaotischen Prozessen allein der Begrenztheit und den Unzulänglichkeiten menschlicher Erkenntnis. Würden wir alle Anfangsbedingungen kennen, so wäre alles berechenbar und für alle Zeiten gegeben: „es kann nichts mehr ‚passieren' " (Prigogine/ Stengers, *Dialog mit der Natur,* S. 78). Der Physiker Joseph Ford, einer der beiden Organisatoren des ersten Chaos-Kongresses 1977 in Como, bemerkte hingegen: „Die Relativitätstheorie beendete die Newtonsche Illusion von Zeit und Raum als absoluten Kategorien; die Quantentheorie setzte dem Newtonschen Traum von einem exakt kontrollierbaren Meßprozeß ein Ende; und nun erledigt die Chaostheorie Laplaces Utopie deterministischer Voraussagbarkeit" (zitiert nach Gleick, *Chaos – die Ordnung des Universums,* S. 15).

7) Zum Problem des Anfangs bei Descartes, Kant und Hegel vgl. Jürgen Werner, *Darstellung als Kritik. Hegels Frage nach dem Anfang der Wissenschaft,* Bonn 1986.

2.1. Chaos und Anfang: kosmologische Konnotationen

Die kosmologischen Implikationen sind unmittelbar einsichtig, wenn man das anfangs erwähnte germanische „ghia" in die Sprache der griechischen Mythologie und Philosophie rückübersetzt. Bei den Griechen beginnt die Welt mit einem ordnungslosen Urzustand (Anaxagoras), mit Zerrissenheit, einer Kluft und einem diffus Anarchischen, das etwa Bestimmungsloses ist und daher als häßlich in Verruf gerät: mit einem Widersprüchlichen also, das zugleich anziehend – weil ursprünglich – und schrecklich war; ein Gähnen vor aller Begrifflichkeit, auf griechisch: ein Chaos[8)].

„Zuerst von allem entstand das Chaos", heißt es in Hesiods *Theogonie,* deren Nachwirkung außerordentlich war[9)]. Am Anfang war das Chaos, noch vor dem Wort. Erst später, unter der Anleitung von Eros und anderen, wird die investigative Leidenschaft und mit ihr die Vernunft aus ihrem Schlummer geweckt. Bei Hesiod bezeichnet Cháos „den aufgähnenden Raum, den offenstehenden Abgrund, der am Anfang der Kosmogonie zwischen Erde und Himmel entstanden sei; Chaos wird hierbei als windig und finster vorgestellt"[10)]. Das gewaltige Chaos, geschmückt mit den klassischen Attributen des Erhabenen, ist der beeindruckende Beginn der Welt – und des Denkens. Selbst dort, wo der griechische Mythos längst durch die Exorzismen der Aufklärung verdrängt ist, feiert das Chaos im Staunen über das hereinbrechende Mannigfal-

8) „Das griechische Wort ‚cháos', abgeleitet vom Stamm ‚cha-' [...] wie in ‚cháino' oder ‚chásko' (gähnen, klaffen, sich öffnen, sich auftun, aufbrechen, aufplatzen, schnappen, trachten) und ‚cházomai' (verlassen, zurückweichen, ablassen), meint in seiner frühesten Bedeutung den weiten Raum, den gähnenden, unermeßlichen, leeren Weltraum" (Dietrich Mathy, *Poesie und Chaos. Zur anarchistischen Komponente der frühromantischen Ästhetik,* München/Frankfurt/M. 1984, S. 14, insbes. auch S. 104, Anm. 32). „Als das nur Trennungs- und Unterschiedslose, als das Ordnungs- und Bestimmungslose ist Chaos einzig leere Bestimmtheit und gleicht darin der Nacht, in der alle Kühe schwarz sind; als diese Nacht ist Chaos der Rachen und zugleich das, was er verschlingt, und nur was entronnen ist, weil es widerstand, vermag eine Ahnung von dem zu haben, wovor es sich rettete" (*ebd.*, S. 8).

9) Zitiert nach *Die Vorsokratiker. Die Fragmente und Quellenberichte.* Hrsg. v. Wilhelm Capelle, Stuttgart 1968, S. 27. Das Chaos entsteht also vor allem anderen: „erst dann gebar die breitbrüstige Gaia, der ewig feste Halt für alle Dinge, und der dunkle Tartaros im Innern der breitstraßigen Erde, und Eros, der schönste unter den unsterblichen Göttern, er, der, gliederlösend, in allen Göttern und Menschen den klaren Verstand und vernünftigen Willen in der Brust überwältigt. Aus dem Chaos aber wurde Erebos und die schwarze Nacht geboren" (*ebd.*). Gaia gebiert in der Folge die klassischen Ausgeburten des Erhabenen: „die gewaltigen Berge [...], das unfruchtbare Meer, das im Wogenschwall daherbraust [...], den tiefstrudeligen Okeanos." Kant wird darauf zurückkommen.

10) Mathy, *Poesie und Chaos*, S. 14.

tige, welches ist und nicht nicht ist, Auferstehung. Insofern bleibt das Chaos – als Begriff und Phänomen – erhaben über die alltägliche Reflexion: es reflektiert ein universales Staunen und Erschrocken-Sein, das weit über ein bloß universitäres „Interessant-Sein" hinausgeht.

Bereits in der Mythologie bezeichnet das Chaos einen Raum des Übergangs; eine turbulente Zone zwischen Himmel und Erde, in der die Dinge entstehen – den Bereich des Werdens. Hin- und hergerissen zwischen „Attraktoren" wie oben und unten, Himmel und Erde, fest und weich, inmitten von Turbulenzen ereignen sich Übergänge der Gegensätze und werden zu Leben. Wie nahe die griechische Mythologie dem gegenwärtigen wissenschaftlichen Verständnis von Chaos und Attraktoren ist, wird deutlich, wenn man Prigogines Theorie dissipativer Strukturen betrachtet. Obwohl diese Theorie das Ergebnis naturwissenschaftlicher Arbeit ist, hat es den Anschein, als ob luftige Themen der Mythologie auf den Boden harter Empirie gestellt würden. Dem Nobelpreisträger zufolge besteht „eine der wesentlichen Eigenschaften komplexen Verhaltens in der Fähigkeit [...], zwischen verschiedenen Verhaltensweisen *Übergänge* zu vollführen"[11].

Doch zurück zur Bestimmung des Chaos als Schlund: dieses etymomythologische Bild erinnert nicht nur an die Abgründe am Anfang der Welt, sondern verweist auch auf die Anfänge der Sprache und damit des Denkens. Nur aus dem weit aufgerissenen Mund kann ein Wort ertönen, das so mächtig und weit durch die Leere dringt, daß überall Licht und mit dem Licht Welt wird, oder besser: daß aus dem Tohuwabohu vermittels des unterscheidenden Wortes Raum und Zeit erst werden (das Licht entsteht zuerst, weil es die Fähigkeit mit sich bringt, die Dinge zu unterscheiden)[12]. Dennoch: der einmal geöffnete, wenn auch schöpferische Mund stellt für den Logos, der bereits dem Abgrund entronnen ist, eine bleibende Bedrohung dar. Denn was geschähe, wenn der Mund sich wieder schlösse und damit den Logos zum Verstummen brächte, hineinrisse in die abgrundtiefe Stille, die jedes Wort verschlingt? Der gähnende Abgrund, der sich angesichts des Anfangs auftut, ist bedrohlich, schwer zu begreifen und droht sowohl dem Denken als auch dem Fühlen übermächtig zu entgleiten. Das Chaos ist – und darin ist es dem Erhabenen ähnlich – zutiefst ambivalent. Diese janusköpfige Ambivalenz[13], die zugleich auf eine scheinbar

11) Nicolis/Prigogine, *Die Erforschung des Komplexen,* S. 58.

12) Tohu bedeutet im Hebräischen Wüste, Leere, Chaos, aber auch Ozean und Urwasser. Diese stürmischen Urwasser werden später wieder zum Vorschein kommen: etwa in Kants Land der reinen Vernunft, das sich vom umgebenden Ozean bedroht sieht. Bohu bedeutet Leere.

13) So kann Schelling schreiben: „Janus aber wäre demgemäß wirklich der nur gleichsam personifizierte, d.h. der völlig bestimmte Begriff des Chaos" (zitiert nach Mathy, *Poesie und Chaos,* S. 20; eine ausführliche Erläuterung folgt auf den Seiten 110 f.).

ungestaltete, unterschiedslose Mannigfaltigkeit verweist, klingt in der Vorstellung vom abgründigen Nichts oder ungeordneten Gewimmel am Anfang der Welt noch nach. Das Chaos ist beides zugleich: Alles und Nichts. Dem Erkenntnistheoretiker ist diese Bestimmung freilich ein Greuel: denn solche dialektischen Turbulenzen und das Chaos selbst stehen im Gegensatz zu jeder transzendentalen oder analytischen Ordnung. Obwohl es als Begriff den Gegenstand des Staunens und den Urgrund der Welt darzustellen sucht, ist es dennoch unbestimmt und geradezu ein Paradigma für Undarstellbarkeit, für die Unmöglichkeit von Übergängen oder für die Feststellung einer Struktur.

Das Denken sieht sich im Blick auf das Chaos einem ursprünglichen, jeder Begriffsbildung vorausliegenden Ereignis ausgesetzt, dem es zu entrinnen sucht, um bei sich bleiben zu können. Gerade so aber verliert es sich vollends. Die Ausklammerung des Chaos aus der Bestimmung von Rationalität, Denken und Natur führt nicht nur zur Immunisierung gegenüber der Wirklichkeit, sondern auch zu fatalen Angriffen gegen vermeintliche Sündenböcke, die die Pluralität der Welt gegen ihre Kommensuration unter das Diktat des Einen verteidigen. Die Begegnung des Denkens mit dem Chaos ist unvermeidbar, denn die Strukturen der Welt, zu denen notwendig Unordnung *und* Chaos gehören, wirken auch im Denken nach[14]. Zumindest die Psychoanalyse und die Kunst haben sich der Aufgabe gestellt, die „chaotischen" und somit scheinbar gefährlichen Strukturen des Denkens, der Symbole und der ästhetischen Handlungen wirklich zu ergründen. Adornos programmatischer Satz „Aufgabe von Kunst heute ist es, Chaos in die Ordnung zu bringen"[15], gilt auch heute noch als verdächtig subversiv, weil er zur Vermehrung von Anarchie, ja Irrationalität aufzufordern scheint. Man vergißt dabei, daß auch das Chaos Ordnung – allerdings eine neue – schafft. Wie das Erhabene rührt auch das

14) Informationstheorie und Chaostheorie stehen in einem engen Verhältnis zueinander. Informationsverarbeitung, zu der im weitesten Sinne auch das philosophische Denken zählt, hat sich aus der Struktur unseres Gehirns und der Welt ergeben und ist ein Produkt der Evolution. Evolutionäre Prozesse sind jedoch ohne dissipative Strukturen, ohne „chaotische Dynamik" nicht zu denken. Auch die Entwicklung des Mentalen ist gebunden an die Entwicklung der biologischen „Hardware", die ihrerseits die physikalischen Strukturen der Selbstorganisation, d.h. des Entstehens von Ordnung aus dem Chaos, aufweist. Vgl. Gleick, *Chaos – die Ordnung des Universums,* S. 354 ff., sowie Hermann Haken, „Die Selbstorganisation der Information in biologischen Systemen aus der Sicht der Synergetik", in: *Ordnung aus dem Chaos, Prinzipien der Selbstorganisation und Evolution des Lebens.* Hrsg. v. Bernd-Olaf Küppers, München 1987, S. 127–156, und Klaus Schulten, „Ordnung aus Chaos, Vernunft aus Zufall – Physik biologischer und digitaler Informationsverarbeitung", in: *ebd.*, S. 213–268.

15) Theodor W. Adorno, *Minima Moralia, Reflexionen aus dem beschädigten Leben,* Frankfurt/M. 1981, S. 298 (zum Stichwort „In nuce").

Chaos an das nicht zu reduzierende, nicht darstellbare, aber gegenwärtige Rätsel des Daseins, an die abgründigen Anfänge des Werdens (und damit des Vergehens). Zugegeben: *der Begriff des Chaos ist ein Grenzbegriff.* Aber er klagt im Namen des bleibend Unterschiedenen, Mannigfaltig-Einzelnen gegen die falsche Vereinheitlichung und Reduktion des Pluralen das Existenzrecht von Übergängen und Grenzüberschreitungen ein. Mit dem Chaos und dem Nachdenken über das Chaos gerät das Denken an Grenzen, die in der Philosophie nicht nur den schmalen Grad zwischen Wahnsinn und Sinn markieren, sondern auch das Reich des Irrationalen, Diffusen und Negativen vom Reich des reinen Verstandes trennen. Doch auch diese Grenzen können ins Fließen geraten. Zwar könnte eingewendet werden, daß das Denken im Bereich des Chaos schlichtweg an sein und des Menschen Ende gerate. Zu Recht? Ist Chaos wirklich ein Bereich des Anarchismus ohne Topographie, ein Wahnsinn, den es einzudämmen gilt, weil die gewohnten Regeln der Vernunft zu versagen scheinen, die einst in der Geborgenheit von Ruhe und Ordnung, gleichsam am grünen Tisch der Vernunft ausgehandelt wurden im Einvernehmen aller, die noch bei ihren rationalen Sinnen geblieben zu sein glaubten? Doch damit nicht genug. Der Chaosbegriff ist zum Leidwesen seiner Kritiker unauflöslich mit einem Grundproblem der Erkenntnistheorie, dem inzwischen wieder leidenschaftlich diskutierten Problem der Mannigfaltigkeit bzw. Pluralität, verbunden.

2.2 Chaos und Pluralität

Besonders deutlich trat dieser Zusammenhang bereits in der unmittelbaren Nachfolge Kants, in der Verarbeitung der „Kantkrisen" zutage. Als feinsinniger (oder besser: sinnlicher) Versuch einer Gegen-Aufklärung wurde das Chaos für kurze Zeit „wiederentdeckt", ehe es dann für lange Zeit erneut in den Schubladen formaler Logik und reduktionistischer Wissenschaft verschwand. Die Frühromantiker waren „durch die romantischer Theorie zentrale Idee einer neuen Mythologie [...] mit der antiken Vorstellung des Chaos in Berührung gekommen. Chaos, von Schlegel und Novalis zu einem der wichtigsten Topoi innerhalb ästhetischer und poetologischer Theorie universalisiert, avanciert zum Totalität heischenden Schlüsselwort [...]"[16]. „Chaos meint [...] den Inbegriff des Potentiellen im Sinne einer aller Individuation voraus- und zugrundeliegenden chaotischen Mannigfaltigkeit."[17]

16) Mathy, *Poesie und Chaos,* S. 18. Mathy zeigt auf sehr detaillierte Weise, wie die Kategorie der Mannigfaltigkeit nicht nur zum erkenntnistheoretischen, sondern auch zum ästhetischen Schwerpunkt der Philosophie der Romantik wird.

17) *Ebd.*, S. 15.

Insofern die Romantik eine Erkenntnistheorie und Ästhetik der Pluralität zu entwerfen sucht, besteht eine nicht zu unterschätzende Beziehung zwischen ihr und der sogenannten postmodernen Philosophie. Da die *Condition humaine* heute zu einer „*Condition postmoderne*" geworden ist, geht es auch in der Philosophie wieder um das Problem, „eine" für alle Menschen Geltung beanspruchende Rationalität mit der Pluralität der Denkstrukturen, Lebensformen und Sprachspiele in Beziehung zu setzen – sofern sie denn noch „eine" ist[18]. Postmoderne Philosophie versteht sich allen Mißverständnissen zum Trotz als eine die Pluralität fordernde und sie fördernde Philosophie: als Philosophie radikaler Pluralität[19]. Indem sie den uneingestandenen „Monismus" der Moderne kritisiert und als widersprüchlich entlarvt, legt sie die Finger auf eine klaffende Wunde. Postmoderne Philosophie „bringt Pluralität als Vernunftform zur Geltung"[20]. Sie denkt dem Scheitern der Aufklärung als „dem" Projekt der Moderne nach und gibt es als Moment der Moderne zu denken auf. Postmoderne Philosophie ist keine nach-moderne Philosophie, sondern ein Versuch, über einen lange verborgenen Widerstreit im Projekt der Aufklärung selbst aufzuklären[21]. Als Philosophie radikaler Pluralität und Komplexität sieht sie sich innerhalb der Geisteswissenschaften ähnlichen Vorwürfen ausgesetzt wie einst die nichtlineare Thermodynamik oder die Chaostheorie auf ihrem Territorium. Statt dem Ideal einer *mathesis universalis* weiß die postmoderne Philosophie sich den Einsichten Benjamins, Adornos, Wittgensteins und Kants verpflichtet und rekurriert ausdrücklich auf die Chaostheorie[22]. Sie versucht, eine Vernunft ins Spiel zu bringen, die einerseits um die unaufgebbare Differenz des bleibend Verschiedenen weiß, sich aber

18) Die Charakterisierung der *Condition postmoderne* unternahm in einer für die Philosophie maßgeblichen Weise Jean-François Lyotard, *Das postmoderne Wissen. Ein Bericht,* Graz/Wien 1986. Zur kritischen Auseinandersetzung mit der Vorstellung einer „höchsten Diskursart" und in allen Diskurssituationen gleich gültigen Rationalität, wie sie etwa Karl-Otto Apel zu vertreten scheint, vgl. Jean-François Lyotard, „Grundlagenkrise", in: *Neue Hefte für Philosophie* 26 (Argumentation in der Philosophie) (1986), S. 1–33.

19) Neben dem Werk Lyotards vgl. dazu vor allem Wolfgang Welsch, *Unsere postmoderne Moderne,* Weinheim ²1988, sowie *Wege aus der Moderne. Schlüsseltexte der Postmoderne-Diskussion.* Hrsg. v. Wolfgang Welsch, Weinheim 1988. Welsch skizziert in seinem Buch die Konzeption einer überschreitenden, transversalen Vernunft, die „das Vermögen und der Vollzug" von Übergängen ist (*Unsere postmoderne Moderne,* S. 304).

20) Welsch, *Unsere postmoderne Moderne,* S. 296.

21) Zum Begriff des Widerstreits vgl. Jean-François Lyotard, *Der Widerstreit,* München 1987, sowie Jean-François Lyotard, „Der Widerstreit", in: *Grabmal des Intellektuellen,* Graz/Wien 1985.

22) Lyotard, *Das postmoderne Wissen,* S. 157–174.

andererseits um Theorie und Praxis von Übergängen zwischen dem bleibend Unterschiedenen bemüht. Eine philosophische Theorie des Übergangs, die Pluralität und Differenz bewahrt und dennoch nicht in den Keller absoluter Relativität oder Inkommensurabilität fällt, ist in vollem Umfang allerdings erst noch zu erarbeiten. Es ist zu vermuten, daß der Kategorie des Erhabenen, wie sie bei Kant und in seiner Nachfolge bei Lyotard entwickelt wird, dabei eine zentrale Rolle zukommen wird. Sie ist das Herzstück einer philosophischen Theorie des Übergangs als einer Theorie der Beziehung von Mannigfaltigem, Pluralem. Weit davon entfernt, die Vernunft dem Wahnsinn oder der Vagheit zu überlassen und den Verstand in tausend kleine Splitter zu zerteilen, ist eine philosophische Theorie der Pluralität ein Versuch, jene Strukturen der Natur und des Denkens nachzuzeichnen, die die Chaostheorie – empirisch! – zu beschreiben und zu erklären unternimmt. Mit dem Thema des Übergangs und der Pluralität – der Beziehung zwischen bleibend Unterschiedenem, d. h. Mannigfaltigem – ist die zentrale Schnittstelle angesprochen, an der sich Chaostheorie, Erhabenes und Postmoderne berühren. Die derzeit allgemeingültigste, universalste Theorie des Übergangs, die zugleich den Vorteil empirischer Überprüfbarkeit bietet, ist die Chaostheorie bzw. die Theorie dissipativer Strukturen. In aller Kürze sollen nun einige Grundbegriffe dieser *naturwissenschaftlichen Theorie des Übergangs* vorgestellt werden, ehe im Anschluß daran Aspekte einer *philosophischen Theorie des Übergangs* erläutert werden. Ziel der Darlegung soll es sein, auf einige augenfällige, aber kaum beachtete Analogien hinzuweisen, die sich zwischen der naturwissenschaftlichen Chaostheorie und der philosophischen Kategorie des Erhabenen bei Kant ergeben. Nach dem anfänglichen Gähnen und dem Strudel in der Badewanne also nun zu den im Titel dieses Kapitels verheißenen Apfelmännchen.

II. Theorie des Übergangs – Chaos und Selbstorganisation

Ein Apfelmännchen ist eine mathematisch-geometrische Figur, die Komplexität in einer Weise sichtbar macht, die bislang ohne Computer undarstellbar war; es ist die bildliche Darstellung der Lösung einer rückgekoppelten Gleichung[23]. Apfelmännchen sind Teile einer – nach ihrem Entdecker so benannten – „Man-

23) Der Vorgang ist in Wirklichkeit einfach. Man stelle sich eine Y- und eine X-Achse vor, in die Punkte eingetragen werden. Diese Punkte erhalten verschiedene Farben, je nachdem, ob sie z.B. einen Wert kennzeichnen, der gegen 0 (z.B. schwarz), gegen 1 (z.B. weiß) oder gegen 4711 (türkis) strebt. Wie erhält man nun die Werte für die Bestimmung der Farben? Durch Rekursion, d.h. durch die Anwendung einer Gleichung mit komplexen Zahlen auf sich selbst. Komplexe Zahlen bestehen aus

delbrot-Menge“ und der sie umgebenden Julia-Mengen. Das Verblüffende daran ist nun, daß ein Computerprogramm trotz „deterministischer“ Gebrauchsanweisung im voraus nicht weiß, welcher (Farb-)Wert sich für einen Punkt bei einer beliebig häufigen Selbstanwendung ergibt: es entstehen immer neue Bilder[24]. Die kleinste Änderung der Anfangsbedingungen, d.h. eines Zahlwertes, hat eine völlig andere „Welt“ zur Folge. Verblüffender noch ist die Tatsache, daß sich beim tieferen Eindringen in diese fraktalen Bereiche immer komplexere Strukturen ergeben, in denen aber wieder inselartige Moleküle sichtbar werden, die sich als Apfelmännchen zu erkennen geben. Ein fraktales Gebilde ist also aus „Teilen“ (Frakta) aufgebaut, die selbstähnlich sind, d.h. „von ihrer eigenen Verkleinerung nicht unterschieden werden können“[25]. Wolken z.B. wirken aufgrund ihrer fraktalen Struktur vom Flugzeugfenster aus undefinierbar weit entfernt bzw.

zwei Bestandteilen (analog zu einem Anteil auf einer Y- und einer X-Achse): einem Imaginärteil (Wurzeln aus negativen Zahlen) und einem Realteil (die gewohnten Zahlen). Sie werden geometrisch veranschaulicht wie gewöhnliche Punkte. Man bestimmt sie (d.h. einen Zahlenpunkt), indem man auf der X-Achse um den Wert des Realteils entlangfährt und dann den entsprechenden imaginären Wert auf der Y-Achse abträgt – also so, wie Schiffe im Spiel „Schiffeversenken“ geortet werden. Angenommen, man habe eine Gleichung wie $y = x^2 + C$ (wobei C eine Konstante ist). Die nächste Zahl y_2 bestimmt man nun, indem man den eben errechneten Wert für x einsetzt, also: $Z_{k+1} = Z_k^2 + C$. Angenommen, Z_0 sei 0 und $C = 1$. Dann ergibt sich: $Z_1 = 0^2+1 = 1$, $Z_2 = 1^2+1 = 2$ und $Z_6 = 458330$. Der Computer wendet nun diese Gleichung beliebig oft auf sich selbst an und berechnet für jeden Punkt der Bildfläche einen entsprechenden Farbwert, d.h. den Anziehungspunkt oder Attraktor, dem sich die Gleichung nach einer vorgegebenen Zahl von Iterationen nähert. Ergebnis: eindrucksvolle Bilder und Apfelmännchen – mathematische Strukturen also, die höchst komplexe Eigenschaften von Zahlen geometrisch darstellen und ihre „verborgene“ Struktur enthüllen.

24) Über die Bedeutung des Zufalls in der Zahlentheorie vgl. Gregory J. Chaitin, „Der Einbruch des Zufalls in die Zahlentheorie“, in: *Spektrum der Wissenschaft* 9 (1988), S. 62–67.

25) Henning Genz, *Symmetrie – Bauplan der Natur,* München 1987, S. 182. Vgl. auch Rudy Rucker, *Der Ozean der Wahrheit oder die fünf Arten zu Denken. Über die logische Tiefe der Welt,* Frankfurt/M. 1988, S. 188–213. Das Paradoxe ist, daß etwa ein Meßprozeß zur Bestimmung der exakten Länge einer Küstenlinie, in dessen Verlauf immer kleinere, d.h. genauere, Meßintervalle gewählt werden, zur Folge hat, daß die Länge der Küste wächst, je genauer der Meßmaßstab ist. Die Angaben in Lexika sind lediglich annähernde Schätzungen, die beliebig genau verfeinert werden könnten. „Der gesunde Menschenverstand legt nahe, daß all diese Schätzungen, obwohl sie immer größer werden, sich irgendwann einem bestimmten Grenzwert annähern, der wahren Länge der Küste. In anderen Worten, die Messungen sollten konvergieren. Und wenn eine Küste Euklidische Gestalt besäße, etwa die Form eines Kreises, so würden diese Additionen immer kleinerer Streckenabschnitte in der Tat konvergieren. Doch fand Mandelbrot heraus, daß die gemessene Länge einer Küste, je kleiner der Maßstab wird, ins Grenzenlose wächst, wobei jede Bucht und

nahe. Fraktale Strukturen sind jedoch nicht nur mathematische Verwirrspiele und Abbildungen rückgekoppelter Gleichungen oder Computerprogramme. Sie sind zugleich Strukturen der Welt.

Rückkopplungsprozesse ereignen sich tausendfach im Alltag. Ein noch unfertiger Artikel wird einem interessierten Leser gegeben, der seine Reaktion mitteilt und durch seine Kritik den Schreiber und den noch fertigzustellenden Artikel beeinflußt – der Effekt wirkt auf die Ursache zurück. Solche Prozesse sind nichtlinear. „Nichtlinearität bedeutet nun, daß die Durchführung des Spiels selbst seine Regeln verändern kann“[26]. Nichtlineare Systeme bzw. Gleichungen galten früher als unberechen- und unlösbar. „Es war eine ebenso glückliche wie schockierende Entdeckung, daß es in nichtlinearen Systemen Strukturen gibt, die immer dieselben bleiben, wenn man sie nur in der richtigen Weise anschaut.“[27] Eine der beeindruckensten Erkenntnisse der Chaosforschung ist, daß sich komplexe Strukturen mittels einfacher Rückkopplung aus einfachsten Strukturen bilden, d.h. in sie übergehen können: und daß sich auch kleinste Schwankungen in diesem Prozeß zu größten Wirkungen summieren können[28]. Anders gesagt: obwohl die Gesetzmäßigkeiten bekannt sind, nach denen sich beispielsweise Tierpopulationen vermehren oder Moleküle und Tennisbälle bewegen, können aus eben diesen „starren“ Mechanismen, die in deterministischen Gleichungen beschrieben werden, dennoch bereits nach kürzester Zeit Abweichungen auftreten, die als „chaotische“ Schwankungen das

Landzunge immer kleinere Buchten und Landzungen im Gefolge hat – bis schließlich hinab zum atomaren Maßstab, wo der Prozeß dann an ein Ende gelangt“ (Gleick, *Chaos – die Ordnung des Universums,* S. 143). *Fraktale* sind Gebilde mit gebrochener Dimension. Nur sie „bieten eine Möglichkeit, Eigenschaften zu messen, die sich herkömmlicher Definition entziehen, der Grad an Unebenheit oder Gebrochenheit oder Irregularität eines Gegenstandes“ (*ebd.*, S. 146). Fraktale Kurven etwa „ähneln mehr einer Fläche als einer einfachen Linie“ (Friedrich Cramer, *Chaos und Ordnung. Die komplexe Struktur des Lebendigen,* Stuttgart 1988, S. 172). Es entsteht dabei – wie bei der Kochschen Kurve – „eine unendliche Strecke innerhalb eines begrenzten Raumes“ (Gleick, *Chaos – die Ordnung des Universums,* S. 148), die sich – wie im Falle chaotischer Attraktoren – nie schneidet. Küstenlinien haben die fraktale Dimension 1,2 – Wolkenoberflächen liegen bei 2,2.

26) *Ebd.*, S. 40. Das Prinzip der „sensitiven Abweichung“ besagt, daß auch einfachste, durch einfache Gleichungssysteme beschreibbare Vorgänge sich so unberechenbar verhalten können wie Wellen auf dem Ozean. „Geringe Abweichungen vom Input können unversehens zu ungeheuren Verschiebungen im Output führen“ (*ebd.*, S. 18).

27) *Ebd.*, S. 263.

28) Der sogenannte Schmetterlingseffekt: der Flug eines Schmetterlings in San Francisco kann das Wetter in Aachen verändern. Hinter den zufälligen und chaotischen Schwankungen, wie sie etwa Störfaktoren im Wetter darstellen, besteht eine Ordnung, die zu entdecken eine der großen Leistungen der Chaostheorie war.

deterministische Gleichgewicht stören und schließlich ins Chaos, d.h. eine geordnete Unordnung, münden. Jedes komplexe, also aus vielen Elementen aufgebaute System, dessen Teile miteinander und mit der Umwelt in Wechselwirkung stehen, enthält notwendigerweise solche „Instabilitäten". Wachsen die Schwankungen über einen gewissen Schwellenwert hinaus, so gerät ein System aus dem Gleichgewicht: es „kippt". Dennoch haben auch chaotische Schwankungen eine Struktur: sie liegen im geordneten „Raum" sogenannter Attraktoren, d.h. bevorzugter geometrischer Strukturen oder physikalischer Zustände, die das Langzeitverhalten im Zustandsraum eines Systems charakterisieren. Die Anziehungspunkte sind „Möglichkeiten" der Entwicklung für ein System. Für ein schwingendes Pendel z.B. ist die Ruhelage, der Stillstand, ein höchst einfacher Attraktor. Bezogen auf so komplizierte Strukturen wie die Apfelmännchen zeigt sich, daß die „Grenzen" etwa zwischen drei Farbpunkten („Attraktoren") so beschaffen sind, daß es keinen angrenzenden Punkt gibt, der nur durch zwei Farben markiert wäre. Deshalb dauert die Berechnung dieser „infiniten" Grenzen besonders lange. Solche Grenzen, die Übergänge zwischen Farben bzw. Farbbereichen darstellen – physikalisch gesprochen: zwischen verschiedenen Phasen oder Zuständen –, kennzeichnen Gebiete, die unter dem Einfluß „rivalisierender" Attraktoren stehen[29)]. Die Chaostheorie beschreibt solche Vorgänge wissenschaftlich; sie ist eine Theorie des Übergangs. Was aber bedeutet hier „Chaos"?

Chaotische Strukturen sind „nichtlineare, rückgekoppelte Strukturen, die ganz stark von ihren Ausgangsbedingungen abhängen" und ein Zugleich von Determinismus und Zufall, von Ordnung und Unordnung, zulassen[30)]. Chaotische Systeme, insbesondere Systeme, die sich fernab des Gleichgewichts bewegen, sind einerseits nicht determiniert (es ist nicht apriori angebbar, wie sie sich „entscheiden" werden), andererseits aber nicht strukturlos oder beliebig, sondern bilden mit Notwendigkeit neue Strukturen aus. Aus Chaos entsteht Ordnung – Ordnung durch Fluktuationen. Der Verbrauch von Energie aus der Umgebung, die Nutzung von Schwankungen, führt zum Aufbau eines neuen Gleichgewichts: zur Selbstorganisation[31)]. Eine der verblüffenden Eigenschaften dissipativer Systeme ist, daß ihre mannigfaltigen Elemente auch über

29) Solche Vorgänge treten z.B. dann auf, wenn ein Stück Eisen magnetisiert wird. Wie gehen dabei die noch „freien" Metallstücke, die ungeordnet sind, allmählich in einen geordneten Zustand über? Bei diesem „Wahlvorgang" müssen sich immer wieder Millionen von aufeinander bezogenen Molekülen „entscheiden" und miteinander „kommunizieren", um am Ende einheitlich ausgerichtet zu sein. Solche Phänomene des Phasenübergangs lassen sich häufig in der Natur finden.

30) Cramer, *Chaos und Ordnung*, S. 160.

31) „Nach Ilya Prigogine nennt man solche Strukturen dissipativ, es sind Strukturen, die Energie verbrauchen" (dissipieren, von lat. *dissipare:* verteilen) (*ebd.*, S. 35).

makroskopische Distanz hinweg in Kommunkation treten, d.h. interagieren[32]. Selbst einfachste Systeme können durch Symmetriebrüche zu komplexem Verhalten übergehen. Auch nichtbiologische, rein physikalische Systeme „merken" sich die bereits verwirklichten möglichen Zustände und entwickeln eine Art „Erinnerung" für den Weg, auf dem sie sich organisiert haben: sie entfalten ein „Gedächtnis" für die „Vielfalt möglicher Geschichtsabläufe"[33]. Sie haben einen „Geschichtssinn" für die Irreversibilität der Zeit, d.h. für ihre Unumkehrbarkeit und somit für die Unmöglichkeit; den Zustand vor der Katastrophe wiederherzustellen.

Das Phänomen der Selbstorganisation von Strukturen aus dem Chaos legt „eine *pluralistische Betrachtungsweise* der physikalischen Welt [nahe], nach der ein System bei Variation der auferlegten Bedingungen jeweils mehrere dem Wesen nach verschiedene Verhaltensweisen an den Tag legen kann"[34]. Die Theorie komplexen Verhaltens, wie sie z.B. von Prigogine entworfen wurde, ist in jedem Fall die *allgemeine Formulierung einer Theorie der Pluralität und der Übergänge* von Ordnungen, Bereichen, Zeiten und Eigenschaften. Eine solche Theorie entwickelte auf andere Weise auch Immanuel Kant.

32) Beispiele dafür sind in der unbelebten Natur die sogenannten chemischen Uhren, im biologischen Bereich beispielsweise Schleimpilzkolonien. Vgl. dazu Benno Hess / Mario Markus, „Ordnung und Chaos in chemischen Uhren", in: Küppers, *Ordnung aus dem Chaos,* S. 157–174, sowie Erich Jantsch, *Die Selbstorganisation des Universums. Vom Urknall zum menschlichen Geist,* München ³1986, S. 103 f., S. 184 ff., und Prigogine/Stengers, *Dialog mit der Natur,* S. 164 f., S. 179 f. Immer gilt, daß ein *komplexes, d.h. plurales System als Ganzes agieren muß* (*ebd.*, S. 157). Auch über makroskopische Reichweite hinweg bestehen Formen der Interaktion. „Materie beginnt [...] fern vom Gleichgewicht ihre Umgebung ‚wahrzunehmen', zwischen geringfügigen Differenzen zu unterscheiden, die im Gleichgewicht bedeutungslos sein würden" (*ebd.*, S. 177).

33) *Ebd.*, S. 189. Der Zufall allein entscheidet darüber, welche neue Struktur ein dissipatives System bildet. Aber „die Tatsache, daß von vielen Möglichkeiten nur eine ausgewählt und beibehalten wird, verleiht dem System eine *historische Dimension*, eine Art von ‚Erinnerung' an ein vergangenes Ereignis, das zu einem kritischen Zeitpunkt stattgefunden hat und sich nun auf die weitere Entwicklung des Systems auswirkt" (Nicolis/Prigogine, *Die Erforschung des Komplexen,* S. 28).

34) *Ebd.*, S. 17. Die Chaostheorie ist auf pluralistische Weise universal. Sie erfordert ähnlich wie die radikale Philosophie der Pluralität innerhalb der Geisteswissenschaften ein Umdenken, das „uns zu einer *völlig neuen Einstellung bei der Beschreibung der Natur* zwingt [...]" (*ebd.*, S. 20). „Es ist klar, daß neue Konzepte und Methoden zur Beschreibung dieser Situation erforderlich werden, wo Evolution und Pluralismus die Schlüsselwörter sind [...]" (*ebd.*, S. 13). „Heute finden wir Evolution, Diversifikation und Instabilitäten, wohin wir auch schauen. Wir wissen seit langem, daß wir in einer pluralistischen Welt leben, in der sowohl deterministische als auch stochastische Phänomene vorkommen, reversible Phänomene ebenso wie irreversible" (*ebd.*, S. 10).

III. Theorie des Übergangs: Kant und das Erhabene

Die Chaostheorie ist von allen physikalischen Revolutionen dieses Jahrhunderts diejenige, die sich „auf das Universum als fühlbares und sichtbares Objekt unserer sinnlichen Wahrnehmung und auf Gegenstände auf der Ebene des Humanen selbst [bezieht]. Tägliche Erfahrungen und reale Anschauung der Welt wurden so zu legitimen Themen wissenschaftlicher Erkenntnis“[35]. Dieser sinnliche, allerdings durch komplizierte Theorien und Computer vermittelte Aspekt der Chaostheorie steht in einer auffälligen Beziehung zum Kantischen Begriff des Erhabenen, der m.E. in der *Kritik der Urteilskraft* die entscheidende Rolle übernimmt, philosophisch den Übergang zwischen den Bereichen des Fühlens und Denkens, der Sinnlichkeit und der Vernunft zu markieren. Sinnlichkeit und Vernunft stoßen in Kants dritter *Kritik* entschieden aneinander. Dort, wo sie sich treffen und ineinander übergehen sollten, tut sich ein Abgrund, eine Kluft auf[36]. Allerdings ist „nichts [...], was Gegenstand der Sinnen sein kann [...], erhaben zu nennen“ (*KUK,* B 85). „Das *Erhabene* besteht bloß in der *Relation, worin* das Sinnliche in der Vorstellung der Natur für einen möglichen übersinnlichen Gebrauch desselben als tauglich beurteilt wird“ (*KUK,* B 113). Ist das Erhabene wenn nicht Gegenstand, so doch Vehikel zum Übersinnlichen, indem es neue Relationen stiftet, d. h. neue Beziehungen und Übergänge etwa zwischen den Sinnen und der Vernunft stiftet, und es so ermöglicht, die verschiedenen Bereiche neu in Gebrauch zu nehmen? Was wäre hier unter „übersinnlich“ zu verstehen und wie wäre es darzustellen?

Entgegen all solcher Vermutungen gilt dennoch, daß das Erhabene bzw. besser: das Gefühl des Erhabenen immer noch eine kritische Funktion hat[37]; es dient der Fortsetzung von Erkenntnis- und Metaphysikkritik – wenn auch mit anderen Mitteln. Keinesfalls ist es ein Rückfall in vorkritische Zeiten, in denen Übersinnliches „natürlich“ war. Dem Erhabenen als philosophischer Kategorie kommt bei Kant die doppelt schwere Aufgabe zu, einerseits zu zeigen, daß es (undarstellbare) Übergänge zwischen den unterschiedenen Bereichen gibt; daß

35) Gleick, *Chaos – die Ordnung des Universums,* S. 15.

36) Es besteht eine „unübersehbare Kluft“ zwischen Natur- und Freiheitsbegriff, Übersinnlichem und Erscheinung, „so daß [...] kein Übergang möglich ist, gleich als ob es so viel verschiedene Welten wären, deren erste auf die zweite keinen Einfluß haben kann“, Immanuel Kant, *Kritik der Urteilskraft (KUK),* B XIX (ähnlich auch B LIII).

37) Beispiel für ein „erhabenes Gefühl als Gefühl *des* Erhabenen“ ist der Enthusiasmus: Jean-François Lyotard, *Der Enthusiasmus. Kants Kritik der Geschichte,* Wien 1988, S. 58. Der Enthusiasmus ist „ein extremer Modus des Erhabenen“ (*ebd.*, S. 60).

aber andererseits das Sinnlich-Mannigfaltige, die Natur[38], welche das Subjekt zu erobern und die Einheit des Denkens zu zerstören droht, unmöglich *metaphysisch* erfaßt werden kann. Zwar wird ein Gefühl für etwas „Übersinnliches" erweckt – Kants ‚Loch' in der Philosophie, durch das gewaltige, erhabene Winde eindringen und die schöne Ordnung zerstören! – : aber das erhabene Gefühl, das sich dann regt, *übertrifft „jeden Maßstab der Sinne"*[39]. Das Erhabene ist, so deutlich es sich auch ereignet, selbst nicht darstellbar. Es *zeigt* sich vielmehr vermittels einer „negativen" Dialektik: in einer abgezogenen Darstellungsart. „Man darf nicht besorgen, daß das Gefühl des Erhabenen durch eine dergleichen abgezogene Darstellungsart, die in Ansehung des Sinnlichen gänzlich negativ wird, verlieren werde; denn die Einbildungskraft, ob sie zwar über das Sinnliche hinaus nichts findet, woran sie sich halten kann, fühlt sich doch auch eben durch diese Wegschaffung der Schranken derselben unbegrenzt; und jene Absonderung ist also eine Darstellung des Unendlichen, welche zwar eben darum niemals anders als bloß negative Darstellung sein kann, die aber doch die Seele erweitert."[40] Die Kategorie des Erhabenen dient bei Kant u.a. dem erkenntnistheoretischen Zweck, den Übergang von Sinnlichkeit und Vernunft, von Gefühl und Idee, von Mannigfaltigkeit und Einheit, von Chaos und Ordnung

38) Die Natur erregt „in ihrem Chaos oder in ihrer wildesten regellosesten Unordnung und Verwüstung, wenn sich nur Größe und Macht blicken läßt, die Idee des Erhabenen am meisten" (*KUK*, 378).

39) *KUK*, B 85.

40) *KUK*, B 124. Bei Kant stürmt die Sinnlichkeit – die mannigfaltig-chaotische Natur – so auf das Subjekt ein, daß es sich angesichts solch überwältigender Größe nur durch das Vernunftsvermögen – die Ideen – noch retten kann. Das Schreckliche verwandelt sich in sein Gegenteil: es verweist vermittels eines (Unlust verursachenden) Schocks das Subjekt an die Unendlichkeit der Idee („Lust"). Die Idee ist der „Schleudersitz", der rettet, indem durch die Existenz der Vernunftideen das Subjekt dem (sozusagen horizontal einfallenden) Gewaltigen dadurch *enthoben* wird, daß es seine Blickrichtung zu ändern vermag (die sozusagen himmelwärts, d.h. vertikal, aufgerichtet wird). Bekanntlich ist für Kant „das Gefühl des Erhabenen [...] ein Gefühl der Unlust, aus der Unangemessenheit der Einbildungskraft in der ästhetischen Größenschätzung, zu der Schätzung durch die Vernunft, und eine dabei zugleich erweckte Lust, aus der Übereinstimmung eben dieses Urteils der Unangemessenheit des größten sinnlichen Vermögens mit Vernunftideen" (*KUK*, B 97). Durch das *Gefühl* der Unangemessenheit wird (über die Sinnlichkeit!) die *Idee* erreicht (vgl. B 95). Das Erhabene bestimmt das Gemüt, *„sich die Unerreichbarkeit der Natur als Darstellung von Ideen zu denken"* (B 115). „Buchstäblich genommen, und logisch betrachtet, können Ideen nicht dargestellt werden. Aber, wenn wir unser empirisches Vorstellungsvermögen [...] für die Anschauung der Natur erweitern: so tritt unausbleiblich die Vernunft hinzu [...] und bringt die, obzwar vergebliche, Bestrebung des Gemüts hervor, die Vorstellung der Sinne diesen angemessen zu machen" (*KUK*, B 115). Diese Vorstellung, „die Idee des Übersinnlichen aber, die wir

darzustellen. Das Erhabene ist jenes Ereignis, das sich begibt, wenn das ‚sinnliche' Subjekt gezwungen ist, „für das Undarstellbare eine Darstellung liefern zu müssen, also alles, was darstellbar ist, zu übersteigen, wenn es sich um Ideen handelt"[41].

Die beeindruckende, abgründige Regellosigkeit der Welt, die in den chaotisch-erhabenen Naturerscheinungen auf das Subjekt und mit dem Erhabenen auf die Philosophie einstürmt, gibt den Blick frei auf etwas, das sich jeder Kommensuration und synthetisierenden Absicht entzieht. Genau diesen Blick versperrt eine jede Metaphysik und Theorie des Übergangs dann, wenn sie das bleibend Unterschiedene und Mannigfaltige unter das Diktat eines reduzierend Einheitlichen zu stellen sucht; dies in einer „ästhetischen" Metaphysik- und Erkenntniskritik zu enthüllen war Kants Anliegen. Zwar ist das Gefüge von Struktur und Chaos inzwischen empirisch genauer beschreibbar und die Übergänge zwischen den unterschiedlichen Bereichen wie Geist und Natur, Turbulenz und Ruhe sind sichtbarer geworden – aber auch heute erfaßt im Detail nicht das menschliche Gehirn, sondern ein Chip die Handschrift der Natur. Beide sind gleichermaßen „natürliche" Produkte eines Prozesses der Selbstorganisation von Materie bzw. Information. Denken und Sein sind veränderliche Strukturen, die eine universale, evolutionäre Software auch gegenwärtig noch weiterentwickelt – in Wechselwirkung mit uns. „So befinden wir uns doch eigentlich nur in einer Naheit zum Mittelpunkt der ganzen Natur", schreibt Kant in seiner allgemeinen Naturgeschichte, „wo diese sich schon aus dem Chaos ausgewickelt, und ihre gehörige Vollkommenheit erlanget hat. Wenn wir eine gewisse Sphäre überschreiten könnten: würden wir daselbst das Chaos und die Zerstreuung der Elemente erblicken […]."[42] „Kann man nicht glauben, die Natur, welche vermögend war, sich aus dem Chaos in eine regelmäßige Ordnung und in ein geschicktes System zu setzen, sei ebenfalls im Stande, aus dem neuen Chaos, darin sie die Verminderung ihrer Bewegungen versenket hat, sich wiederum ebenso leicht

zwar nicht weiter bestimmen, mithin die Natur als Darstellung derselben nicht *erkennen,* sondern nur *denken* können, wird in uns durch einen Gegenstand erweckt, dessen ästhetische Beurteilung die Einbildungskraft bis zu ihrer Grenze […] anspannt, indem sie sich auf dem Gefühl einer Bestimmung desselben gründet, welche das Gebiet der ersteren gänzlich überschreitet" (*KUK,* B 116).

41) Lyotard, *Enthusiasmus,* S. 60. „Vielleicht gibt es keine erhabenere Stelle im Gesetzbuch der Juden", schreibt Kant, „als das Gebot: Du sollst dir kein Bildnis machen, noch irgend ein Gleichnis" (*KUK,* B 124).

42) Kant, *Allgemeine Naturgeschichte und Theorie des Himmels,* Zweiter Teil, A 112.

herzustellen, und die erste Verbindung zu erneuern?"[43] So kreist auch Kants Denken an entscheidender Stelle um den Zusammenhang von Chaos und Ordnung. Die Kategorie des Erhabenen beschreibt in der *Kritik der Urteilskraft* die Nahtstelle – den Übergang – zwischen den verschiedenen Vermögen und Kritiken. Was Kant anhand des Erhabenen philosophisch zu denken suchte und kritisch gegen eine nicht-pluralistische, geradezu deterministische Metaphysik in Anschlag brachte, erlebt heute eine Renaissance. Die empirische Theorie der Selbstorganisation – der Herstellung von Ordnung aus Chaos – führt Kants Intention auf eine revolutionierende Art und Weise weiter. Die Natur, mit der Wissenschaft und Philosophie in einen neuen Dialog getreten sind, gibt sich durch die starre Ordnung deterministischer Physik und monistischer Philosophie hindurch neu zu erkennen. So erscheint sie darstellbarer und rätselhafter zugleich. Was an den Rändern hereinbricht und sich als Übergang ereignet, bleibt erhaben.

43) *Ebd.*, A 124. Interessanterweise entwickelt Kant im Zusammenhang mit der „Verschiedenheit in den Gattungen der Elemente", die „zu der Regung der Natur und zur Bildung des Chaos" beitragen (*ebd.*, A 28), eine von der Gravitation geprägte Vorstellung von ‚Attraktoren'. „Die Anziehung, welche die Ursache der systematischen Verfassung unter den Fixsternen der Milchstraße ist, wirket auch noch in der Entfernung eben dieser Weltenordnungen, um sie aus ihren Stellungen zu bringen, und die Welt in einem unvermeidlich bevorstehenden Chaos zu begraben, wenn nicht regelmäßig ausgeteilte Schwungkräfte der Attraktion das Gegengewicht leisten, und beiderseits in Verbindung diejenige Beziehung hervorbringen, die der Grund der systematischen Verfassung ist" (*ebd.*, A 104).

Über das Technisch-Erhabene

Klaus Bartels

Die Erhabenheit des Tempos

„Wenn Kant Autos verkauft hätte ..." (Hedberg 1988, S. 43), dann hätte er vermutlich Nobelmarken angeboten. Nur diese gelten als erhaben und daher als gut verkäuflich: „Der Mercedes [...] ist solide, kraftvoll, sicher, erhaben und unbezwinglich. Er strahlt defensive Kraft aus. Das dynamische Brummen unter der Kühlerhaube läßt eine Muskulatur ahnen, die kaum ein Tuning benötigt" (*ebd.*, S. 44).

Tatsächlich spricht Kant, der imaginäre Verkäufer, in seiner *Kritik der Urteilskraft* vom Dynamisch-Erhabenen, das der Käufer einer Mercedes-Limousine nach Auffassung des Marketingstrategen Lars Peder Hedberg erwirbt. Doch ist bei Kant mit Dynamik nicht die „Muskulatur" eines Verbrennungsmotors gemeint, sondern die Dynamik der Natur. Es ist eine spezifische moderne Eigenart, die Dynamik als Tempo und die Natur als Technik zu lesen, so daß aus dem Dynamisch-Erhabenen der Natur das Tempo-Erhabene der Technik wird.

Außer an Automobilen entdeckt der Zeitgeist vorzugsweise in der Architektur erhabene Züge. Das überregionale bundesdeutsche Feuilleton versäumt es kaum einmal, auf die Erhabenheit von Räumen (Schlaffer 1988, S. 31) oder Türmen (Schreiber 1988) hinzuweisen. Bis in das *Deutsche Architektenblatt* ist das Erhabene vorgedrungen (Schwarz 1986, S. 1384).

Die Koinzidenz von Tempo, Architektur und Erhabenheit macht Sinn, sie ist schon einmal dagewesen: zu Beginn des 19. Jahrhunderts im viktorianischen Städtebau. Erhabenheit symbolisiert Geschwindigkeit (Taylor 1973, S. 438). Zu den ersten erhabenen Bauwerken in England gehört die Brücke in Highgate von 1813. Sie erhebt allerdings die eher naturwüchsige, von Pferdegespannen erzeugte Geschwindigkeit der Postkutsche ins Monumentale, nimmt aber architektonisch den erhabenen Stil der Eisenbahnbrücken vorweg, mit dem die Dampfmaschine verherrlicht wird (*ebd.*). Alle Gebäude, die im Zusammenhang mit der Dampfmaschine errichtet werden wie Eisenbahnhöfe, -tunnel, -brücken und Fabriken, die Energie erzeugen wie die Gaswerke oder die den Markt und seine Dynamik spiegeln wie die Warenspeicher, werden als erhabene Monumente errichtet. Erhabenheit gibt die Neuheit und Dynamik der Zwecke wieder, für die man diese Gebäude vorgesehen hat (*ebd.*, S. 434).

Die viktorianische Architektur ist persuasiv, eine Architektur der Rhetorik (*ebd.*, S. 444). Die Stadtbewohner sollen vom „Neuen" überredet, wenn nicht gar überrumpelt werden. Es ist kein Zufall, daß gerade auch die viktorianischen Gefängnisse und Polizeistationen in erhabenem Stil gebaut werden (*ebd.*, Abb. 296–300). Die Rhetorik der Geschwindigkeit soll nicht nur überreden, sie soll gefangennehmen und bezwingen.

Architekten-Chinesisch

Reden will auch die „postmoderne" Architektur. Ihr Cheftheoretiker Charles Jencks verweist auf das Vorbild des chinesischen Gartens und seines konventionalisierten rhetorischen Systems, das der Industriegesellschaft fehle (Jencks 1980). Der Bezug auf China ist nicht neu. Er ist dem Viktorianismus durchaus schon geläufig. In der Architektur des Erhabenen nämlich sind Elemente des chinesischen Landschaftsgartens enthalten. Die „Chinoiserien" der klassischen Landschaftsarchitektur – Obelisken, Pyramiden, Pagoden – charakterisieren das viktorianische Stadtbild. Der preußische Maler, Bühnenbildner und Architekt Karl Friedrich Schinkel bewunderte 1826 die abertausend Obelisken der englischen Fabriklandschaften – die rauchenden Schlote – und den ägyptischen Stil des Gaswerks von Edinburgh (Taylor 1973, S. 440). Die viktorianische Architektur wirkte auf ihn wie die Verlängerung seines ägyptisierenden Bühnenbilds zur Inszenierung der „Zauberflöte" von 1816. Für ihn ist jener Zusammenhang von Stadt- und Theaterarchitektur selbstverständlich, den Bruno Taut im 20. Jahrhundert als seine Entdeckung feiern wird. Schinkel fallen die ägyptischen Züge der viktorianischen Architektur auch deswegen auf, weil er seine Karriere als Maler von Nilgegenden, exotischen Städten und anderen Panoramen begonnen hatte. Sein bekanntestes Stadt-Panorama ist das Panorama von Palermo (1808).

Die Einbeziehung architektonischer Elemente des chinesischen Landschaftsgartens in das Bild moderner Städte stellt keinen Stilbruch dar. Der einflußreichste Theoretiker und Praktiker der Landschaftsgärtnerei im 18. Jahrhundert, William Chambers, verweist in seiner grundlegenden Schrift *A Dissertation on Oriental Gardening* (1772) darauf, daß die chinesischen Gärten wie „splendid cities" wirkten und nicht wie „scenes of cultivated vegetation" (Chambers 1972, S. 72). Als eine der größten Attraktionen dieser Gärten bewertet er die Miniaturnachbildungen des wirklichen Peking (*ebd.*, S. 32 f.) – eine Art Disneyland des 18. Jahrhunderts. Das Städtische gehört ebenso zur Illusionslandschaft wie das Technische. Chambers berichtet, daß viele chinesische Gartenarchitekten die Besucher mit elektrischen Schlägen in einen erhabenen Zustand zu versetzen suchten (*ebd.*, S. 39). Demselben Zweck dienten künstliche Grotten, Felsenschluchten, Wasserfälle, Vulkane und andere Naturszenen, die den angenehmen Schrecken des Erhabenen mit technischen Mitteln erregten: „and to add both to the horror and sublimity of these scenes, they sometimes conceal in cavities, on the summits of the highest mountains, founderies, lime-kilns, and glass-works; which send forth large volumes of flame, and continued columns of thick smoke, that give to these mountains the appearance of volcanoes“ (*ebd.*, S. 37).

Derartige künstlich produzierte Naturszenerien werden heutzutage in die erhabenen Räume „postmoderner“ Stadtarchitektur hineinkopiert. Als Bestandteil eines in unmittelbarer Nähe zu den Konsumzonen der Hamburger Innenstadt in erhabenem Stil errichteten Edel-Hotels ist eine miniaturisierte – „chinesische“ – Illusionslandschaft geplant: ein Wasserfall, eine Grotte, ein kleiner Wald, ein neun Meter hoher Granitfelsen, alles dies als „Naturzitat“. Die Erlebnishungrigen werden ein Podest besteigen können, das „die Illusion von schwindelnder Höhe über einem Abgrund“, ein erhabenes Gefühl mithin erzeugt (von Behr 1988, S. 6).

Den chinesischen Gartenkünstlern ist etwas gelungen, was „postmodernen“ Architekten wie Venturi vorschwebt: die populistische Verflüssigung der Natur und der Stadt zu einem multimedialen murmelnden Diskurs (Venturi 1978). Die Illusionslandschaft des 18. Jahrhunderts ist eine proto-„postmoderne“ Unterhaltungslandschaft. Die Ideale Venturis, Disneyland und Las Vegas, die bedenkenlose, vom Standpunkt der Avantgarde geschmacklose Mischung der Stile haben hier ihren historischen Vorläufer. In einem Garten stehen gotische Kapellen, ägyptische Pyramiden, chinesische Pavillons, griechische Tempel, Obelisken, Pagoden, Alhambren wie Kraut und Rüben durcheinander: „In R. de Monvilles ‚Wildnis‘ von Retz findet man einen Obelisken, ein chinesisches Haus, eine zerstörte gotische Kirche, eine echte Kirche des 13. Jahrhunderts, Warmhäuser und ein Kühlhaus in Pyramidengestalt“ (Baltrušaitis 1984, S. 124). Das interessanteste Bauwerk der „Wildnis“ von Retz aber ist die riesige „Ruine“ einer dorischen Säule, „die ein ganzes Haus mit Keller und vier Stockwerken beherbergt [...]“ (*ebd.*). Hier hat ein französischer Baumeister des 18. Jahrhunderts die Idee eines Avantgarde-Designers vorweggenommen. Bei dieser Idee handelt es sich um den Entwurf von Adolf Loos für ein Hochhaus in Chicago (1922). Loos entwarf dieses Hochhaus als gigantische dorische Säule.

Künstliche Unendlichkeit

Das Hochhaus als dorische Säule markiert den Wunsch, das Irdische hinter sich zu lassen und die menschlichen Werke ins Unendliche zu verlängern, und sei es durch die Vortäuschung „künstlicher Unendlichkeit" (Burke 1980, S. 111). Edmund Burke zielte mit diesem Begriff auf jene technischen Erhabenheiten, die von Menschen geschaffen wurden und die das Gefühl des Erhabenen auslösen. Im Rahmen seiner *Untersuchung über den Ursprung unserer Ideen vom Erhabenen und Schönen* ist dies allerdings ein Hinweis ohne Folgen. Eine Theorie des Technisch-Erhabenen legte Burke nicht vor. Auch Gartentheoretiker und -praktiker des 18. Jahrhunderts wie Chambers hatten das Prinzip des Technisch-Erhabenen intuitiv erfaßt, aber nicht auf den Begriff gebracht. Gerade die Gartenkunst jedoch beweist, daß die im 18. Jahrhundert heftig entbrannte Diskussion um die Erhabenheit der Natur sich in Wirklichkeit um erhabene Technik drehte. Nicht zufällig lobte Burke die von Chambers praktizierte technische Auffassung des Erhabenen (Harris 1970, S. 152). Es blieb nicht bei verbaler Zustimmung. Chambers erhielt von Burke mehrere Bauaufträge (*ebd.*, S. 113).

Die Forschung freilich vertritt die Auffassung, daß die Theoretiker des 18. Jahrhundert, allen voran Burke und Kant, das Erhabene aus dem rhetorischen Kontext lösen, in dem es der anonyme „Pseudo-Longinos" überliefert hat, und auf Gegenstände der äußeren Natur, nicht etwa auf technische Gegenstände übertragen (Begemann 1984). Dagegen spricht die von Burke inspirierte erhabene Rhetorik der viktorianischen Architektur ebenso wie die rhetorische Verwendung der Natur in den Landschaftsgärten des 18. Jahrhunderts. Im Landschaftsgarten wird das Erhabene als Naturtheater aufgeführt. Der junge Schopenhauer besucht 1803 den 1661 eröffneten Garten in Vauxhall bei London, der für viele ähnliche Einrichtungen auf dem Kontinent Pate stand. Am 24. Juni notiert er: „Um elf gehen die Wasser: d.h. der Vorhang eines kleinen Theaters geht auf, auf welchem man eine kleine Brücke mit verschiedenen künstlichen Wasserfällen, aber äußerst Natürlich nachgeahmt erblickt; über die Brücke gehn allerhand Marionetten: ein Jäger der eine wilde Ente schießt, ein Bauerwagen, die *Mail-coach*, etc aber alles außerordentlich natürlich nachgeahmt" (Schopenhauer 1988, S. 74).

Erhabenheit ist folglich sowohl ein rhetorisch-theatralischer als auch ein technischer Aspekt der Natur, wie die Jäger-Marionetten, das künstliche Geflügel und die Postkutsche – die Tempo-Erhabenheit des 18. Jahrhunderts – belegen. Als „rohe" ist Natur niemals erhaben; erhaben ist sie nur, sofern sie bearbeitet ist.

Gräßlich oder erhaben?

Kant hat diesen Sachverhalt durch widersprüchliche Aussagen verschleiert, über die sich schon Herder wunderte (Herder 1880, S. 253 f.). Auf der einen Seite schreibt Kant, das Erhabene könne man weder an Kunstprodukten noch an Naturdingen, also an gestalteten Gegenständen aufzeigen, sondern nur an der „rohen Natur" (Kant 1968 ff., Bd. 8, S. 339). Auf der anderen Seite behauptet er das Gegenteil, daß „der weite, durch Stürme empörte Ozean nicht erhaben genannt werden" könne; der Anblick der „rohen" Natur sei vielmehr „gräßlich" (*ebd.*, S. 330). Herder zitiert folgende rhetorische Frage als weiteres Beispiel für die Widersprüchlichkeit der Behauptung, nur der „rohen" Natur sei Erhabenheit zuzusprechen: „Wer wollte auch ungestalte Gebirgsmassen, in wilder Unordnung übereinander getürmt, mit ihren Eispyramiden, oder die düstere tobende See, u.s.w. erhaben nennen?" (*Ebd.*, S. 343.)

Kant will damit sagen, daß der Grund für das Erhabene nicht in der äußeren Natur, sondern „im Gemüte des Urteilenden" (*ebd.*) zu suchen sei. Voraussetzung für dieses Gefühl aber ist zweifellos die wilde, „rohe", allmächtige Natur. Kant macht allerdings die Einschränkung, daß die „Allgewalt der Natur" „scheinbar" sein müsse, weil sich der Mensch nur dann mit ihr messen könne: „Aber ihr Anblick wird nur um desto anziehender, je furchtbarer er ist, wenn wir uns nur in Sicherheit befinden; und wir nennen diese Gegenstände gern erhaben, weil sie die Seelenstärke über ihr gewöhnliches Mittelmaß erhöhen, und ein Vermögen zu widerstehen von ganz anderer Art in uns entdecken lassen, welches uns Mut macht, uns mit der scheinbaren Allgewalt der Natur messen zu können" (*ebd.*, S. 349).

Die „rohe" Natur als Voraussetzung für ein erhabenes Gefühl ist eine Fiktion. Zum Quell des Erhabenen taugt sie nur bis zu dem Punkt, wo sie im Wettkampf mit dem Menschen für diesen allzu riskant wird. Der Mensch setzt die Bedingungen des Duells, den Rahmen, in dem er sich mit der Natur mißt. Verstößt sie gegen die Bedingungen, geht also die Sicherheit verloren, wird sie gräßlich genannt.

Sicherheit gewährleisten die theoretische und die praktische Naturbeherrschung: die Vernunft und technische Geräte wie der Blitzableiter, dessen Erfindung die Gewitterfurcht beendete und Blitz und Donner zum erhabenen Naturtheater machte (Begemann 1987, S. 90 u. S. 129 f.). Die Vernunft wandelt die Angst vor der Natur in Erhabenheit um. Das Erhabene spiegelt die Herrschaft der Vernunft über die Natur. Erhabenheit gründet in der Verherrlichung der Vernunft auf Kosten der Realität und in der imaginären Aneignung des Wirklichen (Weiskel 1976, S. 41). Charakteristisch für die imaginäre Aneignung des Wirklichen ist die Darbietung der Natur als Landschaftstheater und die korrespondierende illusionistische Natur-Verdoppelung: Die Zeitgenossen liebten es, die Natur in einem Spiegel zu betrachten, im „Spiegel Claudes". Dieser Spiegel reflektierte aufgrund seiner physikalischen Beschaffenheit die Natur so, als hätte sie der seinerzeit hochgerühmte Landschaftsmaler Claude Lorrain gemalt. Das Spiegelbild der Natur wurde dem Original bei weitem vorgezogen.

Das imaginäre Landschaftsbild ist schön und nicht erhaben. In ihm ist das gräßliche Antlitz der Natur getilgt. Die Theorie Kants hält dagegen in ihrer Widersprüchlichkeit die Inkommensurabilität der Natur fest: Die Natur ist nicht nur schön wie ein Gemälde, aufregend wie ein erhabenes Theaterstück, sie kann auch gräßlich sein. Die Zeitgenossen hielten es freilich lieber mit der Schönheit und der Vernunft als mit Kant. Sie leugneten das gräßliche Antlitz der Natur. Herder kritisierte Kant, weil er das Erhabene auf die „rohe" Natur beziehe, während es nach Herder zusammen mit dem Schönen einem Baum entspringe, dessen Äste und Stämme sich zum „Gipfel" des erhabensten Schönen vereinigten (Herder 1880, S. 24). Damit ist die Widersprüchlichkeit der Theorie Kants beseitigt, die auf der Unvereinbarkeit des Schönen mit dem Erhabenen beruhte.

Das erhabenste Schöne

Herders Version des Erhabenen resultiert aus einer durch und durch optimistischen Geschichtstheorie. Danach verlaufe die Weltgeschichte vom „roh-Erhabenen", vom „Krieg aller gegen alle" (*ebd.*, S. 231), zum wahren Erhabenen: zur Vernunft, zur Schönheit, zur Freiheit. Das wahre Erhabene sei „die geordnetste Republik" (*ebd.*, S. 234). Auch Hegel will alle „unfruchtbaren Erhabenheiten" (Hegel 1969 ff., Bd. 12, S. 36) aus der Geschichte tilgen, andernfalls sei man gezwungen zu sagen, die Geschichte verlaufe unvernünftig. Herder wie Hegel lassen den Weltgeist in die „Tuba der Vernunft" blasen (Herder 1880, S. 239) und vom Erhabenen zum erhabensten Schönen fortschreiten. Sie domestizieren die Geschichte durch Schönheit. Der radikal negative Impuls des Erhabenen geht dem Geschichtsbewußtsein auf diese Weise verloren. Politische Greueltaten erscheinen unerklärlich wie ein Einbruch aus einer fremden Welt. Nach Hayden White ist es daher denkbar „that fascist politics is in part the price paid for the very domestication of historical consciousness that is supposed to stand against it" (White 1982/83, S. 130).

Ähnlich unerklärlich wirken Naturkatastrophen auf diejenigen, die sich vom Schein des zum Schönen geadelten Erhabenen blenden lassen. Nicht immer hält sich die Natur an die menschlichen Spielregeln des ihr aufgezwungenen Duells. Dann zeigt sie ihr zweites, ihr gräßliches Gesicht: „Erhabenes als Schein hat auch seinen Widersinn und trägt bei zur Neutralisierung der Wahrheit [...]" (Adorno

1970, S. 296). Dieser Widersinn eines schönen Erhabenen ereilt die dilettierenden Gartenarchitekten in Goethes *Wahlverwandtschaften* als Katastrophe. Während sie die Natur in einen schönen Landschaftsgarten verwandeln, sendet diese laufend Botschaften, deren Sinn die Adressaten freilich mißverstehen. Die Unfälle, mit denen die Natur ihre Verschönerung kommentiert, werden irrtümlich als positive Botschaften interpretiert, weil sie jeweils glücklich ausgehen, bis die wahre Botschaft endlich ankommt: Im rekultivierten See ertrinkt das Kind von Eduard und Charlotte. Die schöne Natur entblößt unvermutet und unerklärlich ihr erhabenes Antlitz.

In der Novelle *Die wunderlichen Nachbarskinder,* die auf dieses Ereignis vorausdeutet, gelingt die glückliche Rettung einer beinahe Ertrunkenen, weil ihre unverhüllte Nacktheit „die Begierde zu retten" auslöst und „jede andre Betrachtung" überwindet (Goethe 1948 ff., Bd. 6, S. 440). Für Benjamin spricht Goethe im Unterschied von Nacktheit und Hülle die Differenz von Erhabenheit und Schönheit an: „in der hüllenlosen Nacktheit ist das wesentlich Schöne gewichen, und im nackten Körper des Menschen ist ein Sein über aller Schönheit erreicht – das Erhabene, und ein Werk über allen Gebilden – das des Schöpfers" (Benjamin 1967, S. 235). Weder Eduard und Charlotte noch der Hauptmann und Ottilie ertragen die Nacktheit. Schönheit und Vernunft bilden das unsichtbare Gewand, mit dem sie die „rohe" Natur, die innere und die äußere, vor sich und anderen verbergen. Scham veranlaßt die imaginäre Aneignung der Natur entweder in Form schöner Bilder als das „erhabenste Schöne" oder in Form der Vernunft als das „Technisch-Erhabene". Das Feigenblatt ist nach Kant ein Produkt der Vernunft: „Denn eine Neigung dadurch inniglicher und dauerhafter zu machen, daß man ihren Gegenstand den Sinnen entzieht, zeigt schon das Bewußtsein einiger Herrschaft der Vernunft über die Antriebe [...]" (Kant 1968 ff., Bd. 9, S. 89).

In der Nacktheit schlummert immer auch das Gegenteil des Erhabenen, das Reizende (Schopenhauer 1946–50, Bd. 2, S. 244), und droht, den Menschen in die „Rohigkeit eines bloß tierischen Geschöpfes" (Kant 1968 ff., Bd. 9, S. 86) zurückfallen zu lassen. Die Angst vor der „rohen" Natur des Menschen beflügelt Kant so, daß er die Widersprüche seiner Theorie des Natur-Erhabenen zugunsten einer Theorie des Technisch-Erhabenen glättet.

Elemente einer Theorie des Technisch-Erhabenen bei Kant

Die Widersprüchlichkeit der eigenen Argumentation veranlaßt Kant, zwei Quellen des Erhabenen zu unterscheiden: 1. die bearbeitete und 2. die „rohe" Natur. Die bearbeitete Natur löse das Gefühl des Mathematisch-Erhabenen aus und die „rohe" Natur das Gefühl des Dynamisch-Erhabenen.

Unter dem Mathematisch-Erhabenen versteht Kant die Erhabenheiten, die Burke als Momente der „künstlichen Unendlichkeit" behandelt. Wie bei Burke sind das Gegenstände der Architektur: die Pyramiden, die Peterskirche und andere große Bauwerke (Kant 1968 ff., Bd. 8, S. 338), das also, „mit welchem in Vergleichung alles andere klein ist" (*ebd.*, S. 335). Aber auch das mikroskopisch Kleine nennt Kant erhaben. Er verweist auf die Teleskope und Mikroskope, auf technische Instrumente, die eine über das natürliche Wahrnehmungsvermögen hinausgehende Vorstellung „künstlicher Unendlichkeit", des ganz Kleinen und des ganz Großen, erzeugen.

Unter dem Dynamisch-Erhabenen versteht Kant die Natur als eine Macht (*ebd.*, S. 348): „Kühne überhangende gleichsam drohende Felsen, am Himmel sich auftürmende Donnerwolken, mit Blitzen und Krachen einherziehend, Vulkane in ihrer ganzen zerstörenden Gewalt, Orkane mit ihrer zurückgelassenen Verwüstung, der grenzenlose Ozean, in Empörung gesetzt, ein hoher Wasserfall u.d.gl." (*ebd.*, S. 349).

Der Kantische Katalog des Dynamisch-Erhabenen enthält jene Elemente, die auch der zeitgenössische Landschaftsgarten als erhaben inszeniert. Den Besucher eines chinesischen Gartens erwarten nach Chambers nicht nur künstliche Vulkane und Wasserfälle, sondern auch künstliche Gewitter, Orkane, Erdbeben usw.: „from time to time he is surprized with repeated shocks of electrical impulse, with showers of artificial rain, or sudden violent gusts of wind, and instantaneous explosions of fire; the earth trembles under him, by the power of confined air; and his ears are successively struck with many different sounds, produced by the same means; some resembling the cries of men in torment; others the roaring of bulls, and howl of ferocious animals, with the yell of hounds, and the voices of hunters; others are like the mixed croaking of ravenous birds; and others imitate thunder, the raging of the sea, the explosion of cannon, the sound of trumpets, and all the noise of war" (Chambers 1972, S. 41). Entsprechend der Kantischen Forderung befindet sich der Besucher in so großer Sicherheit, daß sogar noch sein Erschrecken durch einen elektrischen Impuls künstlich stimuliert werden muß. Der Schrecken nämlich gehört unbedingt zum Gefühl des Erhabenen.

Nach Kant vollzieht sich die Wirkung des Erhabenen in zwei Phasen. Die erste Phase ist charakterisiert durch einen grenzenlosen Schrecken, der das physische Ich des Menschen beim Anblick des Erhabenen aufzulösen droht. Die zweite

Phase wird von der Lust ausgefüllt, die den Menschen ergreift, wenn er feststellt, nur scheinbar der Allgewalt der Natur ausgeliefert und tatsächlich in Sicherheit zu sein. Beide Phasen zusammen bezeichnet Kant als „negative Lust" (Kant 1968 ff., Bd. 8, S. 329). Das ist nicht einfach eine Übersetzung des von Burke benutzten Begriffs „delightful horror", sondern eine spezifische negative Umdeutung, so daß Weiskel das Kantische Erhabene als die negative Version des Erhabenen schlechthin bezeichnet (Weiskel 1976, S. 44 ff.). Das negative Erhabene kennzeichne die Entfremdung des Subjekts, den katastrophischen Zusammenbruch des Ichs im erhabenen Moment.

Weiskel zeigt am Beispiel der englischen Literatur, daß im Gegensatz zur deutschen Tradition das Erhabene hier positive Züge annahm. Das positive Erhabene der Engländer bezeichnet Weiskel als „egotistical sublime" (*ebd.*, S. 48 ff.). Wie der Begriff schon andeutet, ist damit die Fähigkeit des Subjekts gemeint, das negative Erhabene, die katastrophische Drohung, durch die Bildung eines imaginären Über-Ichs aufzuheben. Dieses Ich überwölbt gewissermaßen das Real-Ich und stellt die Ich-Identität wieder her. Alle Wege des positiven Erhabenen führen daher zur Ich-Identität (*ebd.*, S. 151).

Bei Kant bleibt diese Tröstung des physischen Ichs durch sein Über-Ich aus. Die Katastrophe bewältigt kein personales Über-Ich, sondern ein überpersonales Gattungs-Ich. Es ist „die Menschheit in unserer Person", die durch den Schrecken „unerniedrigt bleibt". Dem Bewußtsein, ihr anzugehören, entspringt die „Lust", die den Schrecken überwindet. So gebe die Macht der Natur zwar unsere physische Ohnmacht zu erkennen, aber sie entdecke „zugleich ein Vermögen, uns als von ihr unabhängig zu beurteilen, und eine Überlegenheit über die Natur, worauf sich eine Selbsterhaltung von ganz anderer Art gründet, als diejenige ist, die von der Natur außer uns angefochten und in Gefahr gebracht werden kann, wobei die Menschheit in unserer Person unerniedrigt bleibt, obgleich der Mensch jener Gewalt unterliegen müßte" (Kant 1968 ff., Bd. 8, S. 350). Beim Anblick der Pyramiden oder der Peterskirche, beim Anblick einer Naturkatastrophe empfindet sich das physische Subjekt nur deshalb nicht als nichts, weil es Teil einer Gesellschaftsmaschine ist, die solche, das Vermögen des einzelnen übersteigende Bauwerke zu errichten und derartige Naturdrohungen zu mißachten in der Lage ist. Daher beruht nach Kant das Erhabene auf einer kardinalen „Subreption", auf einer Verwechslung, die darin besteht, daß dem Objekt Achtung erwiesen werde, statt der „Idee der Menschheit in unserm Subjekte" (*ebd.*, S. 344).

Empfänger des erhabenen Gefühls ist bei Kant nicht das physische Subjekt, sondern ein Subjekt, das ebenso imaginär ist wie die Idee der Menschheit. Burkes Konzeption des Erhabenen verwirft er als bloß empirisch (*ebd.*, S. 368) und psychologisch (*ebd.*, S. 369), weil sie um die Gefühle des physischen Subjekts zentriert ist. Das Kantische Subjekt, das Gattungs-Ich, sitzt dagegen in der ersten Reihe des Naturtheaters, wo die theoretische und die praktische Vernunft ein erhabenes Schauspiel aufführen; wo die „Rhetorisierung“ die Natur, die äußere und die innere, zu ihrem eigenen Stellvertreter macht; wo die Natur zum Zeichen und zum Objekt imaginärer Aneignung wird. Durch dieses Stellvertreter-Spiel vermeidet das physische Subjekt den wirklichen Schrecken. Die eigene Zeichenwerdung wappnet es gegen physische Bedrohung. Kant überführt die Rhetorik des Erhabenen in eine Semiotik der Fiktion.

In seiner Abhandlung *Über das Erhabene und Komische* (1837) hat Friedrich Theodor Vischer den Verlust des „Wirklichen“ in Kants Semiotik der Fiktion deutlich gespürt. Da er diesen Verlust aus der Negativität des Erhabenen ableitet, ersetzt er die Kantische „negative Lust“ durch eine positive, im Sinne der Engländer auf Identität zielende Lust: „Diese Lust ist offenbar ganz anderer Natur. Wir fühlen uns erhoben, weil wir uns mit der Naturkraft in Identität setzen, ihre mächtigen Wirkungen gleichsam zu uns selbst rechnen, weil sich unsere Phantasie auf die Fittiche des Sturmes legt und mit ihm dahinbraust, weil wir mit der Höhe uns selbst emporschwingen und in die grenzenlose Ferne hinauswandern. Wir erweitern uns selbst zu einer grenzenlosen Naturmacht“ (Vischer 1967, S. 155).

Diese Erhebung des physischen Subjekts „zu einer grenzenlosen Naturmacht“ stellt den verzweifelten Versuch dar, das Dynamisch-Erhabene der Natur und die Identität gegen Kant und die Entfremdung („Subreption“) zu retten. Der Versuch ist verzweifelt zu nennen, weil Vischer selbst weiß, „daß das gesamte Erhabene der Natur nur scheinbar ein solches ist. Es kündigt sich eine Unendlichkeit an, aber keine wahre“ (*ebd.*, S. 91). Die sich ankündigende Unendlichkeit ist die „künstliche Unendlichkeit“, das Technisch-Erhabene.

Das 19. Jahrhundert

Selbstverständlich geht Vischer davon aus, daß die modernen Subjekte sich nicht aus eigener Kraft in die Höhe schwingen oder in die grenzenlose Ferne wandern, sondern daß sie dies auf dem Rücken kinetischer Apparate tun. Ballonflüge sind in den dreißiger Jahren keine Sensation, und die Industrialisierung des Reiseverkehrs durch die Eisenbahn beginnt gegen Ende des Jahrzehnts. Das Aufblähen des Subjekts zum Dynamisch-Erhabenen stellt folglich keineswegs die bei Kant vermißte Identität her. Vielmehr verstärkt sie die Entfremdung: Jean Paul läßt seinen Luftschiffer Giannozzo am Brocken stranden und die Frage stellen, „warum mir dieselbe Höhe hier auf dem festen Lande erhabener erschien als in der Luft“ (Jean Paul 1975, Bd. 6, S. 961). Der technisch Erhobene muß das Erhabene relativieren. Einerseits bietet sich ihm die Natur in traditionellem

Sinne als erhabenes „Theater des Lebens mit aufgezogenen Vorhängen" (*ebd.*, S. 959), andererseits gewinnen aus der erhabenen Perspektive auch technische Geräte wie der Straßburger Telegraf eine erhabene Dimension (*ebd.*, S. 1005).

Der Luftschiffer Giannozzo ist der Inbegriff des dynamisch-erhabenen Subjekts im Sinne Vischers, denn „erhabener als der Meersturm" ist für Vischer der Beherrscher der Naturkräfte, der Techniker, „der ernste Pilot, der besonnen durch die empörten Wogen das Steuer dreht" (*ebd.*, S. 97). Das Abenteuer der Erhebung des Subjekts relativiert nicht nur die Erhabenheit, sondern birgt auch das Risiko des Todes. Giannozzo endet zwischen zwei Gewittern. Halb verbrannt, vom Blitz getroffen, stürzt er ab. Sein Anblick ist nicht erhaben, er ist gräßlich. Erst die Blitzschutzvorrichtungen der modernen kinetischen Flugapparate sichern die erhabenen Subjekte gegen die Naturdrohung ab. Daher sind technische Produkte ebenso erhaben wie der Techniker. Vischer schreibt: „Es sind Produkte menschlicher Kraft und Geschicklichkeit, die, wenn sie vollendet sind, als selbständige Werke existieren und so den Naturerscheinungen gleichen, aber, indem sie zugleich ihren Ursprung, den Geist, verraten, eine höhere Achtung als erhabene Naturgegenstände uns ablocken; große Gebäude, Schiffe u.dgl. Ferner Naturwirkungen durch menschliche Kräfte wie der Krieg usw." (*ebd.*, S. 92). Auch die technische Kinesis bezeichnet Vischer als erhaben, „das oft tonlose Drehen von großen Maschinen und Räderwerken" (*ebd.*, S. 85). Das Dynamisch-Erhabene der Natur wird also ganz eindeutig zur Erhabenheit des Tempos umgedeutet.

Vischers Theorie entspricht der erhabenen Geschwindigkeits-Rhetorik im viktorianischen Städtebau. Sie stellt das ideelle Komplement zur praktischen Entfremdung dar, die durch die Architektur der imperialen Stadt (Weiskel 1976, S. 205) ebenso institutionalisiert wird wie durch den Ausbau der Eisenbahnnetze. Für Heinrich Heine beginnt im Eisenbahnzeitalter eine Art räumlicher Entfremdung. Der Raum werde getötet, es bleibe nur noch die Zeit übrig: „Mir ist als kämen die Berge und Wälder aller Länder auf Paris angerückt. Ich rieche schon den Duft der deutschen Linden; vor meiner Türe brandet die Nordsee" (Heine 1976, Bd. 9, S. 449). Die Eisenbahn verwandelt die Welt durch die Vernichtung des Raums in einen gigantischen chinesischen Garten: am Ufer der Seine die Nordsee, in der Stadt die Berge und Wälder. Die Bewohner dieses Gartens erhalten – wie von Chambers beschrieben – Elektroschocks als künstliche Stimulantien des Erhabenen: „Die ganze Bevölkerung von Paris bildet in diesem Augenblick gleichsam eine Kette, wo einer dem andern den elektrischen Schlag mitteilt" (*ebd.*, S. 448).

Ebenfalls aus Frankreich und ebenfalls aus deutschem Mund kommt die Nachricht über ein weiteres technisch-erhabenes Ereignis. Unter der Überschrift „Vom Eindruck des Erhabenen" behandelt Schopenhauer in der *Metaphysik des Schönen* von 1820 eine bei Toulouse in den Fels gehauene gigantische Wasserleitung als erhaben: „man fühlt sich durch das ungeheure Getöse ganz und gar wie vernichtet: weil man aber dennoch völlig sicher und unverletzt steht und die ganze Sache in der Perception vor sich geht; so stellt sich dann das Gefühl des Erhabenen im höchsten Grade ein: dieses Mal durch einen bloß hörbaren Gegenstand ohne alles Sichtbare veranlaßt" (Schopenhauer 1985, S. 107).

Schopenhauer nennt in bester Kantischer Tradition die Sicherheit vor der Naturgewalt und die imaginäre Auseinandersetzung mit ihr erhaben. Neu ist die Akzentuierung der Sichtbarkeit bzw. des Unsichtbaren. Bei Schopenhauer, diesem begeisterten Besucher illusionistischer Landschaftsgärten, ist der erhaben empfindende Mensch in erster Linie „der persönlich gesicherte Zuschauer" erhabener Natur-„Auftritte" (*ebd.*, S. 108). Das physische Subjekt schrumpfe ein, um aber gleichzeitig zum ewigen Weltauge zu werden: „wir sind das ewige Weltauge, was dieses alles sieht, das reine Subjekt des Erkennens. Es ist das Gefühl des Erhabenen" (*ebd.*, S. 111).

Diese Konzeption des Erhabenen, die das erkennende Subjekt von allen gesellschaftlichen und gattungsgeschichtlichen Bindungen löst und direkt mit dem Weltgrund kurzschließt, kann man durchaus als „ästhetisch gewandete Metaphysik" kritisieren (Welsch/Pries 1988, S. 65). Eine solche Kritik freilich schiebt der Philosophie als persönlichen Defekt des Philosophen das zu, was allenfalls als Defekt des Zeitalters zu kritisieren wäre: die Universalisierung des Sehens. Das 19. Jahrhundert ist eine Epoche des Panoramas, des „Alles-Sehens", und des Ästhetisierens. Die viktorianische Stadt ist malerische Stadtlandschaft; Schinkel nimmt sie wie eine Theater-Kulisse mit qualmenden Fabrik-Obelisken und ägyptisierenden Gaswerken wahr. London verwandelt sich in „Eidometropolis", in eine „Blickstadt". Diesen Namen trägt ein Panorama von 1802, in dem sich die Darstellung von Fabriken und die schon von Chambers empfohlenen Vulkansimulatoren, die Hochöfen, zur erhabenen Stadtlandschaft formieren (Oettermann 1980, S. 95).

In Alexander von Humboldts *Kosmos, Entwurf einer physischen Weltbeschreibung* (1845–1862) geht es nicht mehr nur um Eidometropolen, sondern gewissermaßen um einen Eidokosmos. Humboldt empfiehlt die Einrichtung von kosmischen Panoramen, mit denen „die Kenntnis und das Gefühl von der erhabenen Größe der Schöpfung" sich vermehren lasse (*ebd.*, S. 33). Odilon Redon zeichnet 1882 „Das Auge wie ein seltsamer Ballon". Das auf sein Auge geschrumpfte erhabene Subjekt ist verschmolzen mit dem kinetischen Apparat. Es ist das über erhabene Wüsteneien schwebende Weltauge.

Beschleunigt werden Eidolisierung und Ästhetisierung des Wirklichen durch die Erfindung der Fotografie. Daguerre, einer ihrer Pioniere, kam nicht zufällig von der Panorama-Malerei. Schopenhauer nun hielt die Daguerreotypie für „hundert Mal scharfsinniger" als Leverriers bewunderte Entdeckung des Planeten Neptun (Schopenhauer 1946–50, Bd. 6, S. 135). Diese Einschätzung entspringt der Vorstellung, durch die Fotolinse falle das Licht, unvermischt mit menschlicher Leidenschaft, „rein" auf die Aufzeichnungsfläche, als könne der Apparat Botschaften der Natur direkt empfangen. In seinem Vorwort zum ersten Exemplar der neuen Gattung Fotobuch *The Pencil of Nature* (1844) betont Talbot ausdrücklich, daß sich die Natur mit Hilfe des Lichts selbst mitteile. Die Bilder seien „impressed by Nature's hand".

Im Besitz solcher Apparate bleibt dem Individuum nur noch die kontemplative Betrachtung der Licht-Bilder, die dem Menschen die reine Naturerkenntnis vermitteln. „Was [...] für den Willen die Wärme", schreibt Schopenhauer, „das ist für die Erkenntnis das Licht" (Schopenhauer 1946–50, Bd. 2, S. 239). Die Passagen über das Erhabene in *Die Welt als Wille und Vorstellung* werden daher mit einer Apotheose des Lichts eingeleitet. Schopenhauer vergißt nicht, sich in diesem Zusammenhang seines Besuchs in Vauxhall zu erinnern: „In Dante's Paradiese sieht es ungefähr aus wie im Vauxhall zu London, indem alle säligen Geister daselbst als Lichtpunkte erscheinen, die sich zu regelmäßigen Figuren zusammenstellen" (*ebd.*, S. 235).

Das Technisch-Erhabene der Vergnügungslandschaft beerbt also die klassische Erhabenheit des Danteschen Paradieses. Und werden die „säligen Geister" im 18. Jahrhundert noch als „Lichtpunkte" dargestellt, so sorgt ab 1888 das wirkliche „Weltauge", George Eastmans „Kodak-Box", dafür, daß sie als Lichtbilder die zahllosen Fotoalben bevölkern. Der Werbespruch Eastmans „Sie drücken auf den Knopf, wir besorgen den Rest" bringt die Philosophie der Kontemplation auf den Punkt. Das Individuum schrumpft zum Knipser. Ihm ist ein Schnappschuß so gut wie Erkenntnis.

Erhaben über dem Knipser steht der Erfinder des Knipsens, derjenige, der dem Licht der Natur die Wege in der Kamera vorschreibt. Für Villiers de L'Isle-Adam ist das nicht Daguerre, sondern Edison. In seinem Roman *L'Ève Future* läßt er den Epochen-Ingenieur eine künstliche Frau auf der Grundlage hochentwickelter Aufzeichnungs-, Speicher- und „Fotoskulptur"-Techniken herstellen. Edison haust charakteristischerweise in einem riesigen Garten bei New York, dem Menlo Park. Dieser Garten bildet den klassisch-erhabenen Hintergrund einer neuen Schöpfung, den Garten Eden, das Paradies, dem ein „säliger" Geist entspringt, ein Eva-Surrogat. Nach einer Sonnenfinsternis und nach einem gewaltigen Gewitter geht eine technische Sonne auf, die noch erhabener ist als das Natur-Erhabene: der Blick der Kunst-Eva. Ihre äußere Gestalt hat Edison per Fotoskulptur von einer Fotografie auf die „carnation", das Pseudo-Fleisch, in Punkte von Zehntelmillimeter aufgelöst, übertragen (Villiers 1960, S. 259). Der erhabene Blick des Phantoms („le regard était sublime", *ebd.*, S. 327) erschüttert den von diesem Blick Getroffenen bis ins Herz. Sein physisches Ich „schrumpft". „Unlust" entsteht und zugleich die Lust, die beiden Phasen des erhabenen Gefühls. Der Angeblickte, augenblicklich in Liebe zum

Eva-Surrogat entbrannt, begreift, daß bei ihm keine wirkliche Frau jemals einen derart erhabenen Augenblick der Leidenschaft („sublime instant de passion") auslösen könnte (*ebd.*, S. 328). Es besteht kein Zweifel: Die künstliche Natur, die Simulation, erzeugt das Gefühl des Erhabenen, nicht die Natur.

L'Ève Future kennzeichnet einen Wendepunkt in der Geschichte des Technisch-Erhabenen. Seit etwa 1875 wird die imperiale Architektur nicht länger erhaben genannt, sie scheint nur noch häßlich (Taylor 1973, S. 445). Die neuen optischen Aufzeichnungstechniken ersetzen die versteinerte Rhetorik der Geschwindigkeit durch eine elegantere Zeichensprache. Mareys fotografische Flinte und die Chronofotografie von Muybridge zerlegen Bewegungsabläufe in eine Serie von Einzelbildern, durch die dem menschlichen Auge die Dynamik jener Bewegungen offenbart wird, die ihm wegen der Geschwindigkeit bisher verborgen geblieben waren. Der amerikanische Ingenieur Frank B. Gilbreth befestigte eine Lichtquelle an den Gliedmaßen des Menschen. So kann er die Bewegung als weiße Linie auf einer Fotografie darstellen. In etwa der gleichen Zeit verfaßt Bragaglia sein Manifest *Fotodinamismo futurista* (1913). Durch unterschiedliche Belichtungszeiten und Mehrfachbelichtungen will er das Tempo der Moderne abbilden. Duchamps „Akt, eine Treppe herabsteigend" (1912) ist einer Phasenfotografie von Muybridge „nachgemalt", die einen Athleten beim Hinabsteigen einer Treppe zeigt, mit dem Unterschied, daß Duchamp alle Phasen der Bewegung zugleich darstellt. Die Zeichenwerdung der Bewegung schlechthin ist Paul Klees „Gestaltung des schwarzen Pfeils" (1925), der Prototyp des richtungsgebenden Pfeils (Giedion 1987, S. 134). Als international verbreitetes Verkehrszeichen wird der Pfeil zum Inbegriff der kinetischen Semiotik im 20. Jahrhundert, die auf die Geschwindigkeitsrhetorik der erhabenen viktorianischen Stadtarchitektur folgt.

Nach Hugh Kenner beherrscht der amerikanische Stummfilmkomiker Buster Keaton diese Semiotik meisterhaft. Kenner attestiert ihm „gelassene Erhabenheit" (Kenner 1969, S. 45). Der „kinetische Mime" (*ebd.*, S. 46) paßt sich den linearen Schaubildern der Geschwindigkeit bis zur Selbstaufgabe und reinen Zeichenwerdung an, in der niemals getrübten Hoffnung, dadurch gegen physische Bedrohungen gewappnet zu sein. Offensichtlich also erhält das Kantische Prinzip des semiotischen Stellvertreters eine komische Note. Das Erhabene droht, sich in sein Gegenteil umzukehren. Die Zäsur bildet der Erste Weltkrieg. Das Technisch-Erhabene nimmt kriegerische Züge an. Tempo und Dynamik sind die erhabenen, aber auch komischen Aspekte des Krieges. Keatons „The General" (1926) ist ein Film über den Krieg, über Lokomotiven, über die Geschwindigkeit und die Parodie alles dessen.

Das Kriegserhabene

Außer vom Mathematisch-Erhabenen und vom Dynamisch-Erhabenen spricht Kant von einer Erhabenheit des Krieges: „Selbst der Krieg, wenn er mit Ordnung und Heiligachtung der bürgerlichen Rechte geführt wird, hat etwas Erhabenes an sich, und macht zugleich die Denkungsart des Volks, welches ihn auf diese Art führt, nur um desto erhabener, je mehreren Gefahren es ausgesetzt war, und sich mutig darunter hat behaupten können [...]" (Kant 1968 ff., Bd. 8, S. 351).Vischer ordnet den Krieg dem Technisch-Erhabenen zu (Vischer 1967, S. 92). Für Novalis hingegen begleitet „der hohe poetische Geist" das Kriegsheer (Novalis 1978, S. 304). Jean Pauls Luftschiffer Giannozzo verwechselt das Geschützfeuer einer Schlacht mit dem Donner eines Gewitters (Jean Paul 1975, Bd. 6, S. 1005). Wie Giannozzo erlebt Goethe die Kanonade von Valmy als ein eher naturerhabenes Ereignis. Den Lärm der herumschwirrenden Geschosse beschreibt er, „als wär' er zusammengesetzt aus dem Brummen des Kreisels, dem Butteln des Wassers und dem Pfeifen eines Vogels" (Goethe 1948 ff., Bd. 10, S. 234). Die Belagerung von Mainz bezeichnet Goethe als „Lustpartie" (*ebd.*, S. 377), „wo das Unglück selbst malerisch zu werden versprach" (*ebd.*, S. 382). Mehrfach erwähnt er als seine Begleiter den Maler Georg Melchior Kraus und den dilettierenden Maler und Virtuosen der Camera obscura Charles Gore. Beide hätten die Bombardierung eher künstlerisch betrachtet und so viele „Brandstudien" getrieben, „daß ihnen später gelang, ein durchscheinendes Nachtstück zu verfertigen, welches [...] wohl erleuchtet, mehr als irgend eine Wortbeschreibung die Vorstellung einer unselig glühenden Hauptstadt des Vaterlandes zu überliefern imstande sein möchte" (*ebd.*, S. 375).

Das „Nachtstück" entsteht auf der Grundlage einer Zeichnung, die Gore mit der Camera obscura festhält. Gore „fotografiert" die Belagerung von Mainz. Er beteiligt sich am Krieg als Schnappschütze. Nach der Eroberung der Stadt bringt er sein Gerät auf der Zitadelle in Anschlag, um ein Bild der „entstellten Stadt" (*ebd.*, S. 395) zu schießen. Die Teilnahme der drei Herren am Kriege entspricht genau jener von Kant beschriebenen Stellvertreter-Haltung, mit der sich das physische Ich der Erhabenheit auszusetzen traut: gewappnet gegen die physische Bedrohung durch die Rhetorisierung der Natur und die eigene Zeichenwerdung.

Goethes Schilderung der Belagerung von Mainz berichtet über das Bedürfnis, nicht nur mit literarischen, sondern auch mit visuellen Mitteln sich der Erhabenheit des Krieges zu versichern. Der Krimkrieg (1853–56) gilt als der erste in diesem Sinne multimedial kommentierte und dokumentierte Feldzug. Neu war die parallele Berichterstattung in Wort und Bild. Aufgrund der technischen Probleme wurden zunächst nicht Fotografien der Kriegsschauplätze, sondern Illustrationen nach Originalaufnahmen veröffentlicht. Gleichwohl erreichten die illustrierten Zeitungen mit ihren kombinierten Text-Bild-Reportagen hohe Auflagen. Die Bilder freilich verschwiegen das wichtigste im Krieg: den Tod. Die Schlachtfelder wirkten klinisch rein und in höchstem Grade malerisch, ganz so, wie in der Camera obscura des Herrn Gore. Roger Fentons in Buchform veröffentlichte Fotos von der Krim sparten den Tod aus. Auch Alexander Gardners *Sketchbook of the Civil War* von 1866 zeigte nur auf fünf von hundert Originalabzügen gefallene Soldaten. Den Schock des Todes freilich nahmen die glorifizierenden Bildunterschriften zurück.

Die Gewohnheit, sich durch Semiotechniken im Krieg den Tod vom Leib zu halten, versagt im Ersten Weltkrieg. Ein britischer Soldat berichtet: „I took a photograph of B gun and its damage [...], and as I did so I said to myself that this should be the end of my photography, which seemed to me was a pastime belonging to another world [...] and that things like this [...] did not need photographing by me" (Fussell 1975, S. 89).

Die Materialschlachten des Ersten Weltkriegs zertrümmern den imaginären semiotischen Panzer der Soldaten. Sie beschleunigen die Geschwindigkeit und zerreiben den an die organischen Bewegungsarten gewöhnten Menschen „in einem Kraftfeld zerstörender Ströme und Explosionen": „Eine Generation, die noch mit der Pferdebahn zur Schule gefahren war, stand unter freiem Himmel in einer Landschaft, in der nichts unverändert geblieben war als die Wolken und unter ihnen, in einem Kraftfeld zerstörender Ströme und Explosionen, der winzige, gebrechliche Menschenkörper" (Benjamin 1969, S. 34).

Die Perspektive, aus der in diesem Bild Benjamins der Mensch wahrgenommen wird, ist eine erhabene; das Bild der winzigen, gebrechlichen Wesen wirkt wie aus dem Flugzeug fotografiert. Nach dem Ersten Weltkrieg ist nicht mehr der Petersdom erhaben, sondern seine mehrfach belichtete, aus dem Flugzeug „geschossene" Fotografie, sozusagen der mehrfach beschleunigte hyperkinetische Doppelgänger: Masseros „Anflug zum Petersdom" (Abb. bei Koppen 1987, S. 104). Hyperkinesis entsteht aus der Verkoppelung des Fotodynamismus mit der Flug-Dynamik und der Dynamik des Krieges. Sie übertrifft alle bisherigen Vorstellungen von Geschwindigkeit. Ein typisches Beispiel für die hyperkinetische Erhabenheit findet sich in einer Reportage von Egon Erwin Kisch, die ganz im Sinne der Theorie Vischers das Ich zu einer „grenzenlosen Naturmacht" erhebt – auf dem Rücken eines kinetischen Apparats. Anders als Giannozzo kehrt dieses Ich unbeschädigt zurück, aber wie jener erfährt es aus der Höhe die Relativität des Erhabenen.

Die hyperkinetische Erhabenheit

Kisch, nicht umsonst als „rasender Reporter" zumeist außer sich, ekstatisch, wie es nach „Pseudo-Longinos" der Mensch im Zustand des Erhabenen ist, sieht sich während eines Aufklärungsfluges über Venedig auf dem Rücken eines Pegasus dem Olymp entgegenreiten: „Das Pferd sprengt über die blaue, nasse Steppe, der Wind spritzt mir den Schaum des Pferdemaules ins Gesicht, kühl treffen mich Klumpen der Reitbahn, von den Hufen aufgewirbelt. Plötzlich bäumt sich das Roß, die Luft erbebt von seinem Wiehern, einige Sprünge auf den Hinterfüßen, und dann, dann hebt sich der ganze Leib des Hippogryphen von der Erde, seine Flügel straffen sich, und er schwebt mit mir dem Olymp zu" (Kisch 1986, S. 59).

Mit diesen delirierenden Worten beschreibt Kisch den Start eines Aufklärungs-Flugbootes, das ihn in eine andere Welt erhebt. Aus der Perspektive der anderen Welt erscheint die historische Welt seltsam und winzig. Die gewaltigen Hafenbarrikaden Venedigs wirken wie „Streichhölzchen", von Kindern dahingestreut, Detonationen auf der Wasseroberfläche wie „Fontänen" und „Springbrunnen" (*ebd.*, S. 61). Der erhabene Blick aus dem Flugzeug denunziert die Sehenswürdigkeiten Venedigs als Bestandteile einer kindischen Spielkultur. Er denunziert das überlieferte Erhabene, indem er es zu Objekten infantiler Anschauung macht, der alles Große riesenhaft erscheint: „Euch sehe ich nicht, ihr glockenschlagenden Riesen auf der Torre d'Orologio; Zwerge seid ihr! Oder habt ihr euch verkrochen?" (*ebd.*). Der erhabene Blick aus dem Flugzeug ist nicht menschlich, er ist technisch. Er schweift über technisch-militärische „Sehenswürdigkeiten". Der Tourist ist zum Späher geworden. Seinen Blick hat er delegiert an die Kamera, sein Gehör an das Bordradio: „Das Maschinengewehr ist drehbar vor mir und für dringende Verständigung der Radioapparat, dessen Antenne von Bord herabhängt. Aber meine Hauptwaffe liegt zu meinen Füßen: die Kamera, dreizehn mal achtzehn. Wenn nur der Apparat klappt, ist meine Mission schon zur Zufriedenheit gelöst. Vorausgesetzt, daß ich zurückkomme. Oder wenigstens die belichteten Platten" (*ebd.*, S. 60).

Der Aero-Fotograf „schießt" keine terrestrischen Bilder, er fängt abstrakte ornamentale Muster ein. Das gilt auch für die umgekehrte Perspektive, für den, der Flugzeuge von der Erde aus fotografiert. Fliegende Objekte ordnen sich vor dem Auge der Kamera nach Mustern. Ein Beispiel findet sich in Moholy-Nagys Buch über *Malerei, Photographie, Film* von 1925. Unter der Fotografie einer aus fünf Militärflugzeugen bestehenden, über das nördliche Eismeer fliegenden Flugzeugformation heißt es erläuternd: „Die Wiederholung als raum-zeitliches Gliederungsmotiv, das nur in unserer Zeit der technisch-industrialisierten Vervielfältigung entstehen konnte" (Moholy-Nagy 1925, S. 43). Dieses technische ornamentale Muster der Flugzeuge steht in einem erhabenen Kontext, denn die Formation befindet sich über einem klassisch erhabenen Naturobjekt, der Eismeer-Einöde. Die erhabene Topographie ist als fahles Schemen, als unendliche Weite „sichtbar", gegliedert durch die serielle Anordnung der Aufklärungsflugzeuge. Die Flugzeuge werden zu abstrakten Zeichen der Hyperkinesis.

Die durch den Ersten Weltkrieg ausgelöste Hyperkinese wirkt nicht nur bedrohlich, sie hat auch ihre lustvollen Aspekte. Bruno Tauts utopische Friedensarchitektur ist hyperkinetische Theater-Architektur (Brauneck 1987, S. 30); sie schließt nahtlos an die Landschaftsarchitektur des 18. Jahrhunderts und die viktorianische Stadtarchitektur an. Nur beschränkt Taut sich nicht auf die Inszenierung eines Wasserfalls oder eines ägyptischen Gaswerks nach dem Modus Schinkels. Er steigert die Dynamik der Natur und der Technik vielmehr ins Hyperkinetisch-Gigantische: „Taut schlug [...] vor, die Bergspitzen und die Schluchten der Alpen vom Monte Rosa bis zum Luganer See mit einer Konstruktion aus Stahl, Beton und farbigem Glas zu überbauen. Ein ähnliches Projekt entwickelte er auch für die Insel Rügen" (*ebd.*, S. 20).

Die hyperkinetische Landschaftsarchitektur geht aufs Ganze, sie bezieht den Weltraum mit ein; das dorische Hochhaus von Adolf Loos wirkt hiergegen veraltet. Tauts nach futuristischem Muster geplante Lufttheater sollen solche Architekturfossilien gerade auflösen. Seine Kosmo- und Aerotheatralik ist Bestandteil einer hyperkinetischen Semiotik. Sie überbietet die Geschwindigkeitsrhetorik der viktorianischen Stadtarchitektur. Tauts Luftarchitektur-Projekt *Die Auflösung der Städte* richtet sich gegen die Verherrlichung der Dampfmaschine. Statt dessen verherrlicht es das Flugzeug.

Noch schneller als das Flugzeug ist der Mikro-Computer. Die alten Maschinen, die Saurier der mechanischen Kultur, hatten eine darstellbare kinetische Linie, die man fotografieren und auch hören konnte wie die Explosionen eines Verbrennungsmotors. Die Energie der Kleincomputer ist weder hör- noch sichtbar; sie explodiert nicht, sie implodiert. Dem Nutzer erscheint sie als Abstraktum, als die „Echtzeit", zu der die Differenz zwischen In- und Output geschrumpft ist. Unvorstellbar sind die in dieser Differenz zurückgelegten Distanzen. Die Kleincomputer sind die hyperkinetischen Maschinen der Gegenwart. Mit ihnen läßt sich das Kantische Stellvertreterprinzip vollendet realisieren: Der Bremer Informatiker Klaus Haefner fordert die Ersetzung von Realkriegen, an denen Menschen beteiligt sind und die naturgemäß ein hohes Sicherheitsrisiko für die Beteiligten bilden, durch semiotische Stellvertreterkriege. Die Kriege der Zukunft müßten auf dem Bildschirm als dynamisches Spiel ausgetragen werden (Haefner 1985, S. 18).

Haefners Bildschirmkrieg ist die Konsequenz aus der zunehmenden Mediatisierung der neuzeitlichen Materialkriege. Während Charles Gore und seine Begleiter die Belagerung von Mainz als ein eher malerisches Ereignis auffaßten, das es mit der Camera obscura einzufangen galt, um daraus ein „Nachtstück" zu verfertigen, wirkte die Schlacht von Waterloo auf die Teilnehmer wie ein Medienereignis. Pulverdampf und Sonnenlicht machten das Schlachtfeld nach einem Augenzeugenbericht zu einer riesigen Camera obscura (Keegan 1978, S. 151). Einhundertdreißig Jahre später verglich der japanische Fotograf Yoshito Matsuhige die Explosion der Atombombe in Hiroshima mit einem gigantischen „Magnesium-Blitzlicht" (Del Tredici 1988, S. 193). Diese hohe energetische Entladung erfüllte den Traum Talbots von der „photogenischen" Selbstmitteilung des Lichts, mit der Einschränkung freilich, daß in diesem Falle der „Stift der Natur" von den Naturwissenschaften geführt wurde. Nach der Zündung der Atombombe über Nagasaki ging eine Aufnahme des Fotografen Eiichi Matsumoto vom September 1945 um die Welt, die auf einer Holzwand den Schatten einer Leiter und eines Menschen zeigte. Von dem Opfer blieb lediglich dieser im Augenblick des Atomblitzes entstandene „photogenische" Schnappschuß: „die Mauern der Stadt wurden jetzt zu Bildschirmen" (Virilio 1986, S. 177).

Viele Teilnehmer des Zweiten Weltkriegs fühlten sich allerdings nicht als Opfer eines universellen Fotoapparats, sondern als Schauspieler vor dem Auge einer Filmkamera. Filme über den Ersten Weltkrieg hatten diese in der Memoirenliteratur mehrfach bezeugte Wahrnehmung hervorgerufen (Fussell 1975, S. 221), die sich auch für den Vietnam-Krieg nachweisen läßt: „An if one's perception of the Second War naturally takes the form of one's response to cinema, one's perception of the Vietnam War equates that experience with the films of the Second War – and with those films as seen on late-night television" (*ebd.*, S. 222). Die wahren Helden in Kubricks Vietnam-Film „Full Metal Jacket" sind folgerichtig die Fotoreporter und Kriegskorrespondenten des Fernsehens. In einer Szene bewegen sich Fernsehleute wie Soldaten, die Kamera im Anschlag statt des Maschinengewehrs. Kubricks Vietnam-Krieg ist ein Krieg der Bilder: Die Film-Südvietnamesen rühren zum Verdruß der Film-Amerikaner keine Waffe an, aber sie stehlen ihren Verbündeten die Kameras.

Die Mediatisierung des Krieges verwandelt Krieger in Filmstars. „Am D-Day", läßt Pynchon einen deutschen Filmemacher sagen, „als ich Eisenhower hörte, wie er im Radio die Invasion der Normandie bekanntgab, da hab ich geglaubt, es wäre in Wirklichkeit Clark Gable. Ist Ihnen das jemals aufgefallen? Ihre Stimmen sind *identisch* ..." (Pynchon 1981, S. 901). An anderer Stelle macht Pynchon in Zusammenhang mit der Erfindung des Countdown durch Fritz Lang auf die Verwertbarkeit von Regieeinfällen durch die Militärs aufmerksam (*ebd.*, S. 1182). Das amerikanische SDI-Projekt ist besser bekannt unter dem Namen „Sternenkrieg". Pate stand der US-Film „Star Wars". Die Unterschiede zwischen filmischen und militärischen Kriegen verschwinden allmählich. Der Krieg wird zu einem Medienereignis.

Und er wird, Bruno Tauts Kosmo- und Aerotheatralik überbietend, zu einem siderischen Höchstgeschwindigkeitsspektakel. Er pulverisiert sämtliche Vorstellungen von Geschwindigkeit, Dynamik und Energie. Kubrick inszenierte seinen Vietnam-Krieg auf dem Gelände eines viktorianischen Gaswerks bei London, das im Laufe der Dreharbeiten abgerissen wurde. Dieser langsame Abriß des Gaswerks simuliert nicht nur die Zerstörung der Stadt Hue, sondern spiegelt auch den Zerfall der fossilen Bilder des Tempo-Erhabenen. Gekoppelt an diesen Zerfall ist der Aufstieg der hyperkinetischen Erhabenheit. Das „Geschwindigkeitskino der Fernsehanstalten" (Virilio 1987, S. 209) ist der eigentliche Sieger in „Full Metal Jacket". Lediglich die Geschwindigkeit der elektronischen Aufzeichnungs- und Informationsmedien scheint den Höchstgeschwindigkeitsereignissen moderner Kriege ebenbürtig. Diese Verkoppelung von Krieg und Bildschirm signalisiert eine erneute Steigerung der Hyperkinesis.

Der Bildschirm ermöglicht die Perfektionierung des in der Kantischen Theorie des Erhabenen entwickelten Stellvertreterprinzips. Er macht Kriege sichtbar, die dem bloßen Auge verborgen bleiben, weil sie buchstäblich erhaben sind. Erst auf dem Bildschirm werden die Sternenkriege wirklich, erkennbar an den Spuren und Zeichen, die sie auf den Aufzeichnungs- und Informationsmedien hinterlassen. Der Bildschirm begünstigt jene Semiotechniken, die den Menschen helfen, sich im Krieg den Tod vom Leib zu halten, und die Haefner auf den Einfall gebracht haben, reale Kriege durch elektronische Stellvertreterkriege zu ersetzen. Für diejenigen, die in Haefnersche Spielkriege verwickelt werden, ist natürlich ununterscheidbar, ob es sich um einen Krieg der Bilder und Zeichen oder doch um einen „wirklichen" Krieg der Sterne handelt. Klarheit gewinnen sie erst, wenn das Kriegsspiel kein semiotisches Ereignis mehr ist, wenn sie kein semiotischer Panzer gegen die physische Verwundung und den Tod mehr schützt, wenn sich das „roh"-erhabene, gräßliche Antlitz der Geschichte enthüllt wie in Hiroshima und Nagasaki.

Literatur

Theodor W. Adorno (1970), *Ästhetische Theorie,* Frankfurt/M.
Jurgis Baltrušaitis (1984), *Imaginäre Realitäten. Fiktion und Illusion als produktive Kraft,* Köln.
Christian Begemann (1984), „Erhabene Natur. Zur Übertragung des Begriffs des Erhabenen auf Gegenstände der äußeren Natur in den deutschen Kunsttheorien des 18. Jahrhunderts", in: *Deutsche Vierteljahrsschrift für Literaturwissenschaft und Geistesgeschichte* 58; S. 74–110.
Christian Begemann (1987), *Furcht und Angst im Prozeß der Aufklärung. Zu Literatur und Bewußtseinsgeschichte des 18. Jahrhunderts,* Frankfurt/M.
Karin von Behr (1988), „Ein Zeigefinger aus Granit", in: *Hamburger Abendblatt/Journal Szene* v. 27./28. August; S. 6.
Walter Benjamin (1967), „Goethes Wahlverwandtschaften", in: *Goethe im XX. Jahrhundert. Spiegelungen und Deutungen.* Hrsg. v. Hans Mayer, Hamburg, S. 179–240.
Walter Benjamin (1969), *Über Literatur,* Frankfurt/M.
Manfred Brauneck (1987), „Theater-Utopien am Jahrhundertbeginn. Zum Verhältnis von Theater und utopischer Architektur bei Bruno Taut", in: *TheaterZeitSchrift 20,* S. 17–31.
Edmund Burke (1980), *Philosophische Untersuchung über den Ursprung unserer Ideen vom Erhabenen und Schönen.* Übersetzt von Friedrich Bassenge, Hamburg.
William Chambers (1972), *A Dissertation on Oriental Gardening 1772.* Hrsg. v. John Harris, Farnborough.
Robert Del Tredici (1988), *Unsere Bombe. Fotos und Texte,* Frankfurt M.
Paul Fussell (1975), *The Great War and Modern Memory,* New York/London.
Sigfried Giedion (1987), *Die Herrschaft der Mechanisierung. Ein Beitrag zur anonymen Geschichte,* Frankfurt/M.
Johann Wolfgang von Goethe (1948 ff.), *Werke. Hamburger Ausgabe.* Hamburg.
Klaus Haefner (1985), „Mensch und Computer im Jahre 2000: Ökonomie und Politik für eine human computerisierte Gesellschaft", in: *Kommtech 85, Kongreß III* 3A, S. 1–19.
John Harris (1970), *Sir William Chambers. Knight of Polar Star,* London.
Lars Peder Hedberg (1988), „Wenn Kant Autos verkauft hätte ...", in: *Esquire 4,* S. 43–45.
Georg Wilhelm Friedrich Hegel (1969 ff.), *Theorie-Werkausgabe,* Frankfurt/M.
Heinrich Heine (1976), *Sämmtliche Schriften in zwölf Bänden.* Hrsg. v. Klaus Briegleb, München/Wien.
Johann Gottfried Herder (1880), *Sämtliche Werke.* Hrsg. v. Bernhard Suphan, Bd. 22, Berlin.
Charles Jencks (1980), *Die Sprache der postmodernen Architektur,* Stuttgart.
Immanuel Kant (1968 ff.), *Werke in zehn Bänden.* Hrsg. v. Wilhelm Weischedel, 3. Aufl. Darmstadt.
John Keegan (1978), *Das Antlitz des Krieges,* Düsseldorf/Wien.
Hugh Kenner (1969), *Von Pope zu Pop. Kunst im Zeitalter von Xerox,* München.
Egon Erwin Kisch (1986), *Gesammelte Werke.* Bd. 5, Berlin/Weimar.
Erwin Koppen (1987), *Literatur und Photographie. Über Geschichte und Thematik einer Medienentwicklung,* Stuttgart.
Lázló Moholy-Nagy (1925), *Malerei, Photographie, Film,* München.

Novalis (1978), *Werke, Tagebücher und Briefe Friedrich von Hardenbergs.* Hrsg. v. Hans-Joachim Mähl und Richard Samuel, Bd. 2, München/Wien.
Stephan Oettermann (1980), *Das Panorama. Die Geschichte eines Massenmediums,* Frankfurt/M.
Jean Paul (1975), *Werke in zwölf Bänden.* Hrsg. v. Norbert Miller, München/Wien.
Thomas Pynchon (1981), *Die Enden der Parabel. Gravity's Rainbow,* Reinbek b. Hamburg.
Hannelore Schlaffer (1988), „Zurück auf den Stadtplatz", in: *Frankfurter Allgemeine Zeitung* v. 16. Juni, S. 31.
Arthur Schopenhauer (1988), *Die Reisetagebücher,* Zürich.
Arthur Schopenhauer (1985), *Metaphysik des Schönen,* München/Zürich.
Arthur Schopenhauer (1946–50), *Sämtliche Werke.* Hrsg. v. Arthur Hübscher, 2. Aufl. Wiesbaden.
Mathias Schreiber (1988), „Sehnsucht nach Höhe", in: *Frankfurter Allgemeine Zeitung/Bilder und Zeiten* v. 6. August. Ohne Paginierung.
Ullrich Schwarz (1986), „Zonen des Verfalls. Braucht die Stadt Ruinen?", in: *Deutsches Architektenblatt* 11, S. 1383–1386.
Nicholas Taylor (1973), „The awful sublimity of the victorian city. Its aesthetic and architectural origins", in: *The Victorian City: Images and Realities.* Hrsg. v. H.J. Dyos und Michael Wolff, London, S. 431–447.
Philippe Auguste Mathias Comte de Villiers de L'Isle-Adam (1960), *L'Ève Future,* Paris.
Robert Venturi (1978), *Komplexität und Widerspruch in der Architektur,* Braunschweig.
Paul Virilio (1986), *Krieg und Kino. Logistik der Wahrnehmung,* München/Wien.
Paul Virilio (1987), „Abrißgenehmigung", in: *die tageszeitung* v. 24. Oktober, S. 20.
Friedrich Theodor Vischer (1967), *Über das Erhabene und Komische und andere Texte zur Ästhetik,* Frankfurt/M.
Thomas Weiskel (1976), *The Romantic Sublime: Studies in the Structure and Psychology of Transcendence,* Baltimore/London.
Wolfgang Welsch/Christine Pries (1988), „Alt für neu. Kritische Bemerkungen zu Schopenhauers traditioneller Auslegung des Erhabenen", in: *Zeitschrift für Didaktik der Philosophie* 10, S. 63–69.
Hayden White (1982/83), „The politics of historical interpretation: discipline and de-sublimation", in: *Critical Inquiry* 9, S. 113–137.
Carsten Zelle (1987), *Angenehmes Grauen. Literaturhistorische Beiträge zur Ästhetik des Schrecklichen im achtzehnten Jahrhundert,* Hamburg.

V.

Anhang

Das Undarstellbare – wider das Vergessen

Ein Gespräch zwischen Jean-François Lyotard und Christine Pries

CP: Das Erhabene ist in Mode, und daran sind Sie nicht ganz unschuldig. Sie haben in ganz unterschiedlichen Kontexten und zu verschiedenen Gelegenheiten vom Erhabenen gesprochen. Könnten Sie kurz beschreiben, worin Ihr Interesse am Erhabenen besteht?

JFL: Das ist eine lange Geschichte. Ich denke, mein Interesse am Erhabenen hat vor allem mit Kant zu tun, d.h. mit der Wiederaufnahme der Kantischen Fragestellung in *Au juste,* das ja nach der *Ökonomie des Wunsches* eine ‚Wende' brachte. Mein junger Freund Jean-Loup Thébaud rief mich an und sagte: „Nach der *Ökonomie des Wunsches* gibt es nichts mehr zu sagen. Was machen Sie mit der Politik und der Ethik?" Da das genau die Frage war, die ich mir auch gerade stellte, haben wir diskutiert, und auf diese Weise ist *Au juste* zustande gekommen. Gleichzeitig habe ich wieder angefangen, im Seminar Kant zu lesen, übrigens eher die zweite *Kritik* und einzelne Abschnitte der Dialektik der ersten *Kritik*. Nach und nach habe ich gemerkt, daß das reflektierende Urteil das eigentlich Wichtige ist. Also habe ich die dritte *Kritik*, die Analytik des Schönen aufmerksam gelesen, die immerhin eine alte Leidenschaft von mir war und eigentlich schon in *Discours figure* vorkommen sollte. All das in einer Atmosphäre tiefer Zuneigung zu dieser merkwürdigen, zugleich kindlichen, genialen, komischen und ernsthaften Person. Und danach die Lektüre der völlig dunklen Analytik des Erhabenen und des ganzen Kontextes: die *Querelle des Anciens et des Modernes,* ‚Longinos', dessen Darstellung durch Boileau, der englische Korpus, der auch sehr merkwürdig ist, Teile des deutschen Korpus.

Aber all das antwortet eigentlich nicht auf Ihre Frage, woher diese Konzentration auf das Erhabene kommt. Ich glaube, eigentlich fehlt jemand in meiner kleinen Geschichte, nämlich der große amerikanische Maler Barnett Newman. Newman kannte Burke und Kant sehr gut. Er hatte eine alte jüdische Tradition. Eigentlich hieß er Baruch Newman, Barnett war nur sein New Yorker Name.

Zufällig hatte ich einige seiner Texte gelesen. Und ich sagte mir: das ist neben Rothko ein möglicher und sicherlich einschlägiger Einstieg in die Avantgarde. Also habe ich haltgemacht, bin zu den Kubisten zurückgegangen und habe Texte von Apollinaire nochmals gelesen. Dann die Romantiker, also nochmalige Lektüre von Schlegels Athäneum-Fragmenten, Kants Zeitgenosse Diderot – gibt es eine Ästhetik des Erhabenen bei Diderot? Ja und nein, denn es gibt mindestens drei Ästhetiken bei Diderot. Und gleichzeitig Wiederaufnahme von Adorno und Benjamin usw. Es gab also innerhalb dieses allgemeinen Projekts einen ganzen Parcours, der – obwohl es so aussah, als ob ich nur so lustwandelte – im Grunde ziemlich *focussed* war. Das Problem bestand darin, daß es innerhalb der Ästhetik einen wesentlichen Bruch mit der Ästhetik selbst gibt, d.h., daß die Ästhetik in der Mitte des 18. Jahrhunderts mit der *Querelle des Anciens et des Modernes* in Erscheinung tritt, also genau in dem Moment, wo die Frage des Erhabenen aufgeworfen wird. Und wie verhält sich das, was im Laufe des 19. und 20. Jahrhunderts in den Künsten geschehen wird, dazu?

Ich glaube, ich erzähle da im Moment eine falsche Geschichte. Wenn ich mich recht erinnere, erfolgte der eigentliche Einstieg in die Problematik des Erhabenen über das politische Denken Kants. Historisch gesehen – wenn es denn unbedingt eine Geschichte werden soll – habe ich, glaube ich, mitten aus der Verzweiflung der *Ökonomie des Wunsches* heraus angefangen, die Sophisten und die chinesischen Strategen zu lesen. Ich fragte mich, was man noch machen kann, wenn es keine große revolutionäre Alternative mehr gibt und man trotzdem die Gerechtigkeit liebt. So muß ich in Kant eingestiegen sein, über die zweite *Kritik* und seine politischen Texte, die ich schon als Student oder sogar noch eher gelesen habe. Also bin ich über den Enthusiasmus auf die Idee, besser gesagt auf das Studium des Erhabenen gekommen.

CP: Da Sie sich so ausdrücklich auf Kant beziehen, stellt sich die Frage, ob ‚Ihr' Erhabenes gegenüber dem Kantischen nicht so beträchtlichen Veränderungen ausgesetzt ist, daß es vielleicht gar nicht mehr dasselbe ist. So sprechen Sie erstens in bezug auf das Erhabene von der Kunst, was Kant ausdrücklich ausgeschlossen hat. Wie rechtfertigen Sie diese Modifikation? Zweitens übernehmen Sie meines Erachtens nur die Struktur des Erhabenen, nämlich die Dialektik von Unlust und Lust angesichts des Undarstellbaren. Bei Kant ist es die Vernunftidee, die die Lust garantiert: Die Einbildungskraft scheitert am natürlichen Chaos, woraus Unlust entsteht. Die Vernunft greift ein und ordnet dieses Chaos gewissermaßen. Erst dadurch entsteht Lust. Bei Ihnen scheint es mir eher umgekehrt zu sein: man empfindet die Lust, weil etwas in Unordnung gebracht wird. Was schockiert in ‚Ihrem' Erhabenen? Das Ereignis? Oder ist das Ereignis ganz im Gegenteil das positive Moment, das die Gefahr, daß nichts geschehen könnte, bannt? Wie würden Sie die Kantischen Vermögen Einbildungskraft und Vernunft in diesen Mechanismus einordnen? Zumal die Vernunft heute ziemlich suspekt geworden ist.

JFL: Ich protestiere aufs Entschiedenste. Die Vernunft ist überhaupt nicht suspekt, jedenfalls nicht die Vernunft, die Kant im zweiten Teil der ersten *Kritik* und in der zweiten *Kritik* ausgearbeitet hat.

Mir ist daran gelegen, Kant vollkommen getreu zu sein, und ich glaube, ich bin es auch. Kant thematisiert in der Tat ein Unvermögen dessen, was er Einbildungskraft als Vermögen der Darstellung oder der Synthese nennt. Dabei handelt es sich zwangsläufig um die grundlegendsten Synthesen. Er sagt z.B. über die Seiten der Pyramide sehr klar: in dem Maße, wie ich in der Synthese fortschreite, verliere ich das, was ich schon synthetisiert habe. Es handelt sich also um die Synthesen, die in der Deduktion der Kategorien der ersten *Kritik* beschrieben werden (Apprehension, Reproduktion und Rekognition), also wirklich um die grundlegendsten Synthesen, durch die etwas gegeben wird. Das Erhabene ist eine Art Loch, eine Bresche im Gegebenen selbst. Das ist die Unlust, fast die Angst, daß nichts gegeben wird, genau wie Sie am Ende Ihrer Frage sagten. Auch diese Interpretation ist meines Erachtens Kant getreu. Dann sagt Kant, daß gerade anläßlich dieser Unordnung zugleich eine absolut große oder absolut mächtige Vernunftidee gegeben wird. Diese erlaubt zwar nicht, das Loch zu überwinden, aber sie kommt sozusagen aus der Lichtung dieses Lochs hervor. Jedenfalls kommt es zu einer Art „Quasi" – er benutzt sogar den Ausdruck „Quasi-Darstellung" – von etwas, was qua Voraussetzung nicht darstellbar, nämlich Gegenstand einer Vernunftidee ist. Auch in diesem Punkt meine ich, Kant vollkommen getreu zu sein, wenn ich sage, daß es eine Art Präsenz gibt, die eben gerade nicht durch die Darstellung entsteht.

CP: Und von da aus gehen Sie zur Kunst über ...

JFL: Wenn Sie sagen, daß es bei Kant um Natur geht und nicht um Kunst, dann ist das meines Erachtens eine etwas voreilige Lektüre. Möglicherweise hat Kant das selbst gedacht, aber wenn man sich den Text ganz genau (und so getreu wie möglich) ansieht, bemerkt man folgendes: Die großen Schauspiele der sich in Unordnung befindenden Natur sind ein Beispiel dafür, daß die menschliche Kunst niemals etwas Derartiges hervorbringen kann. Denn alle menschliche Kunst ist immer nur Mimesis und letztlich suspekt, weil immer die Möglichkeit besteht, daß sie mit einer Absicht konzipiert worden ist und von daher ein Begriff und eine Zweckmäßigkeit mit Zweck auf ihr lasten. Schon das Schöne ist relativ suspekt, das Erhabene scheint aber offensichtlich noch suspekter zu sein. Trotzdem ist das eigentlich Wichtige – und das sogar vom Kantischen Standpunkt aus – dieser Bruch oder *split* im Darstellungsvermögen durch Synthese, also in dem Vermögen, das etwas in Raum oder Zeit zu einer einzigen Form synthetisiert, daher das Thema der „*Unform*"*. Die natürliche Unordnung, der Sturm usw., also das Inkommensurable für die imaginative Synthese, dient meiner Ansicht nach nur zur Veranschaulichung dessen, was Kant sagen will. Der eigentliche transzendentale oder kritische Inhalt dessen, was Kant das Erhabene nennt, ist viel eher das Unvermögen zur Synthese, und man kann sich sehr wohl vorstellen, daß Künstler entweder durch Abstraktion oder Minimal Art versuchen, etwas hervorzubringen, was diese Formsynthesen zum Scheitern bringt und deshalb mit der transzendentalen Essenz des Erhabenen bei Kant ziemlich genau übereinstimmt. Dafür sehe ich keinen Hinderungsgrund. Die Ästhetik des Erhabenen in der Romantik beruht dagegen auf einem Irrtum.

CP: Sie verbinden das Erhabene häufig mit der Arbeit der modernen Avantgarden, ja definieren die Avantgarde sogar durch die Aufgabe, vom Undarstellbaren Zeugnis abzulegen. Kann dieser vollkommen moderne Begriff von Avantgarde in unseren „postmodern" genannten Zeiten überhaupt noch gültig sein? Ist er nicht viel zu normativ und streng, weil er direkt zur non-figurativen, abstrakten Kunst führt? Mich hat erstaunt, daß Sie in *Que peindre?* auch von figurativer Kunst sprechen. Dort handeln Sie allerdings weniger vom Undarstellbaren als von der „Präsenz". Ist diese Modifikation ein Zeichen dafür, daß Sie das bis dahin der abstrakten Kunst eingeräumte Privileg heute vielleicht als Irrtum oder Sackgasse betrachten? Aber wie kann eine figurative Kunst erhaben sein bzw. auf das Undarstellbare anspielen?

JFL: Ich verabscheue das Wort „Avantgarde", das zum militärischen Vokabular gehört. Als ob die Künstler eine Armee wären, die als erste die Grenzen oder den *limes* erkundet. Das ist nicht besonders ernst zu nehmen oder deutet zumindest auf eine aktivistische Kunstkonzeption hin, die mir gar nicht gefällt. Ich habe den Ausdruck zwar selber verwendet, weil er in der Kunstgeschichte anerkannt ist und erlaubt, eine im übrigen sehr komplizierte Bewegung zu bezeichnen, aber er ist trotzdem sehr anfechtbar. Das gestehe ich Ihnen zu.

Es stimmt auch, daß ich der abstrakten Kunst besonders viel Aufmerksamkeit geschenkt habe, doch das war keine Sackgasse, sondern ein Moment. Ich bin, wie gesagt, über die Problematik des Erhabenen in dieser Sphäre gelandet, insbesondere über die Texte von Newman, also über eine gewisse Abstraktion, die man den „lyrischen" oder abstrakten amerikanischen Expressionismus der Fünfziger Jahre nennt. In dem neueren Buch *Que peindre?* habe ich im Gegensatz dazu darauf geachtet, drei vollkommen verschiedene Maler oder Künstler auszuwählen. Der eine ist Arakawa, den man für zugleich abstrakt und konzeptuell halten

* Im Original deutsch.

kann. Der andere, Buren, ist ein sogenannter „Installateur", weil er Installationen macht, die sowohl abstrakt als auch *in situ,* also konkret sind. Er inspiziert ja sogar die Orte, an denen er etwas installieren soll, um sich eine Vorstellung zu machen. Die Installationen sind immer an einen bestimmten Ort gebunden. Sie sind intransportabel und verschwinden mit der Ausstellung. Und schließlich Adami, der in gewisser Weise ein sehr klassischer Maler ist. Er lebt von seiner italienischen Tradition, die von jeher auf Raffael und Michelangelo bezogen ist. Er ist ein wunderbarer Zeichner. Natürlich decken diese drei so unterschiedlichen Künstler nicht das gesamte Feld der zeitgenössischen Kunst ab, aber sie kommen offenbar von Duchamp her – zumindest Arakawa und Buren, auch wenn Buren sagt, daß Duchamp nichts begriffen hat. Er muß es immerhin sagen. Adami ist dagegen Duchamp in gewisser Weise entkommen: er ist eher wie Duchamp vor 1912, der mit Öl auf Leinwand malte. Anhand dieser drei heterogenen und inkommensurablen künstlerischen Vorhaben habe ich zu zeigen versucht, daß es in allen drei Fällen eigentlich um die „Präsenz" geht und daß es nicht stimmt, daß die Malerei einfach nur dazu dient, etwas, was man schon gesehen hat oder vielleicht auch noch nicht gesehen hat, einfach so zu zeigen. Selbst bei jemandem wie Adami steht absolut fest, daß seine Arbeit an der Zeichnung – weniger an der Farbe, weil er vor allem Zeichner ist –, seine Kompositionsweise selbst auf etwas anspielt, was eben gerade außerhalb jeder möglichen Darstellung liegt. Seine ganze „figurative" Malerei spielt also auf etwas Unfigurierbares an. Ich weiß nicht, ob ich mein Ziel erreicht habe, aber meine Schlußfolgerung besteht darin, daß wahrscheinlich jede wichtige Malerei immer schon an der Grenze der Repräsentierbarkeit arbeitet und daß es in der großen Malerei wie in der großen Literatur darum geht, die Schuld einer Präsenz zu begleichen, die immer verfehlt wird.

CP: Würden Sie so weit gehen zu sagen, daß jede wichtige Malerei oder Literatur von dieser Präsenz Zeugnis ablegen muß? Das wäre doch ziemlich normativ.

JFL: Ich kann nicht sagen, daß sie es „muß". Ich meine das nicht normativ. Ich kann nicht zu einem Künstler sagen, was er machen muß, um diese Schuld zu begleichen.

CP: Um wichtig zu sein ...

JFL: Das weiß man erst im nachhinein. Ein Beispiel aus der Literatur: Montaigne, Proust und Beckett kommt es auf absolut unterschiedliche Weise eigentlich auf das Gleiche an. Es geht immer darum zu sagen: „Wissen Sie, da gibt es etwas. Ich habe versucht, es Ihnen zu sagen, aber wie ich es schaffen soll, das weiß der Himmel." Man sieht sehr wohl, daß die Arbeit an dem enormen Ding, das sich Sprache nennt, bei Montaigne ganz anders ist als bei Proust, aber die Arbeit ist bei beiden offensichtlich. Montaignes enorme, in ihrer Verrücktheit faszinierende Arbeit, seinen *Essais* mehr und mehr lateinische und griechische Brocken hinzuzufügen. Diese Arbeit ist übrigens Joyce sehr ähnlich. Bei Proust ist es dagegen die Art Entfaltung eines Satzes, der eben gerade durch seine Entfaltung zu verstehen gibt, daß er beim Entfalten verfehlt, was er ver-sucht. Bei Beckett wird es dann in einer ganz spezifischen Art angespannter Nervosität und Traurigkeit und gleichzeitiger Schelmenhaftigkeit fast thematisiert. Es ist nicht meine Aufgabe, einem jungen Mann, der vor seiner weißen Seite oder seinem Bildschirm sitzt – ich weiß nicht, ob man auf einem Bildschirm schreiben kann –, zu sagen, was er zu tun habe. Das hat gar keinen Sinn. Ich kann bloß im nachhinein sagen: hier scheint es mir um etwas Wesentliches zu gehen. Und genauso verhält es sich offensichtlich mit einem Maler. An der sogenannten transavantgardistischen Malerei heute regt mich auf, daß ich im allgemeinen – nicht immer – nichts dergleichen sehe. Im allgemeinen sehe ich da eher Leute, die sich in Szene setzen, um zu zeigen, daß sie die Wünsche des Publikums verstanden haben und genauso gut malen können wie alle anderen auch. Mich frappiert, daß Männer wie Montaigne oder Proust – so mondän dieser auch gewesen sein mag – mit ihren Mitteln, Phobien und Leidenschaften machen, was sie nur können, um von diesem Etwas Zeugnis abzulegen. Meines Erachtens ist jedes Kunstwerk, das die Existenz dessen vergißt, was immer vergessen wird, vollkommen uninteressant. Das ist nicht normativ, sondern konstativ.

CP: Um Sie noch einmal auf den häufig verwendeten Terminus „Postmoderne" anzusprechen, an dem Sie auch nicht ganz unschuldig sind: worin besteht der Unterschied zwischen einer modernen und einer postmodernen Kunst? Jencks wirft Ihnen zum Beispiel vor, daß Sie eigentlich nur ein Spätmoderner seien, der einen Gesichtspunkt der Moderne als postmodern bezeichnet und auf diese Weise eine vollkommen moderne Linie fortsetzt. Er sucht dagegen die wahre Postmoderne in einer eher prämodern zu nennenden Haltung, die auf eine neue Einheit ausgerichtet ist. Was halten Sie davon?

JFL: Jencks sagt das und versucht in der Tat, in einer postmodernen Architektur eine Art Einheit wiederherzustellen. Mich wundert nur, daß die zwei, drei großen italienischen und englischen Architekten, mit denen ich ziemlich lange diskutiert habe, nicht dasselbe denken wie Jencks. Sie verstehen im Gegenteil ganz gut, daß man in dem, was eigentlich in der Architektur Postmodernismus heißt – und von dort ist das Wort im Prinzip gekommen –, übereingekommen ist, daß im Grunde das modernistische Projekt, nicht das moderne, das modernistische, im Sinne der großen Architektur von 1910 bis

1930 oder sogar 1940 nicht mehr weiterverfolgt werden kann. Dieses Projekt bestand immerhin darin, ein Heim *(habitat)* für einen Menschen zu konstruieren, der dabei ist, sich in jeder Hinsicht zu emanzipieren. Dafür gab es unterschiedliche Lösungen. Offensichtlich hat Mies van der Rohe, ja eigentlich das ganze *Bauhaus** das Problem anders gelöst als Frank Lloyd Wright in den Vereinigten Staaten. Von den merkwürdigen Spaniern ganz zu schweigen. Die Antworten waren also sehr unterschiedlich, aber die Frage war dieselbe. Die Architekten, mit denen ich gesprochen habe, waren sich mindestens in einem Punkt einig: daß ihnen diese Frage in gewisser Weise enteignet worden ist, weil es eine Bauindustrie gibt. So einfach ist das. Es werden für die Konstruktion von Häusern keine Architekten mehr benötigt, mit anderen Worten: die Durchsetzung des industriellen Modells hat eine Krise des Modernismus in der Architektur ausgelöst. Das ist sehr schwerwiegend, und wenn die Architekten keine einfachen Ingenieure – also kleine Angestellte eines Bauunternehmens – werden wollen, müssen sie sich die Frage stellen, was sie angesichts dieser Tatsache tun können. Schon der Begriff des „Wohnens" oder des „Bauens" im Sinne von „ein Heim bauen" ist problematisch. Trotzdem versucht der Modernismus im Grunde, das Problem der Bestimmung der Behausung *(demeure)* unter den Bedingungen der Emanzipation, deutlicher gesagt der *Aufklärung**, wiederaufzunehmen. In allen großen Zivilisationen hatte jede Behausung traditionell eine Bestimmung. Sie war einem Fürsten, König, Gott, Volk oder einer Entität bestimmt, gewidmet, geweiht. Besonders im europäischen Modernismus (z.B. bei Le Corbusier oder den großen Architekten des *Bauhauses**) waren die Gebäude eindeutig z.B. für das Volk oder das Proletariat bestimmt. Oder für das Kapital: die Gebäude von van der Rohe in New York sind große Unternehmen. Die Form, die dem so seltsamen Verhältnis von Außen und Innen gegeben wird und die das ganze Problem des Heims in der Architektur ausmacht, d.h. die Antwort auf die Frage, was draußen und was drinnen sein wird, bleibt magisch – wenn ich so sagen darf – von einer allgemeinen Idee angezogen. Das kann die Idee der Emanzipation der Freiheit sein oder im Gegenteil die Idee der Herrschaft eines Schöpfers. Die Christen des mittelalterlichen Europas bauen wie zufällig eher Kathedralen als Paläste, die des monarchistischen Europas eher Paläste als Kathedralen. Und die Juden bauen eine kleine transportable Arche, die sie als Taschen- oder Reisebücherei mit durch die Wüste nehmen können. Für sie ist das ein Heim, weil dort die Stimme wohnt. Sie werden mir entgegnen, daß das keine Architektur sei, doch im Grunde sind das Entitäten, die als Modell, als *pattern,* für eine ganze Architektur innerhalb einer gegebenen Kultur gelten können. Meine italienischen, englischen und amerikanischen Freunde sagen: „Was wollen Sie eigentlich, wir haben kein *pattern* mehr. Wir befinden uns am Ende der *Aufklärung**. Man kann nicht fortfahren, für eine sich gerade emanzipierende Menschheit Bauwerke zu konstruieren, weil man sehr wohl weiß, daß das nicht der Fall ist." Um die Sache auf den Punkt zu bringen, würde ich sagen, daß nach den Konzentrationslagern das Bauenkönnen wirklich zum Problem wird. Denn diese waren zwar eine Antwort, aber nicht, um die Menschheit zu emanzipieren. Man kann auch Baracken bauen, und letztlich wird das auch getan. Daran muß man sich immerhin erinnern. Vielleicht hält Jencks mich für einen alten, kaputten und archaischen Modernen, ich sage nur: diese Frage kann man nicht umgehen. Die sollen mir doch keine Geschichten erzählen! Ich will nicht, daß man mir sagt: „Ach wissen Sie, ich nehme eine neoklassische Kolonnade und bringe da ein bißchen Barock oder Rokoko an. Gleichzeitig sorge ich für moderne Lebens- und Komfortbedingungen und setze all das in eine Landschaft. Oder ich konstruiere eine Landschaft so, daß sie Spuren von dem behält, was Heidegger über den griechischen Tempel und seinen Bezug zur Natur beschrieben hat. Aus all dem mache ich dann einen Vorort." Meinetwegen, einige sind ja gar nicht so schlecht, aber das ist kein Projekt, man antwortet nicht auf die Frage. Man nimmt sie nicht ernst. Sie werden mir sagen: „Sie sind vielleicht lustig. Was würden Sie denn machen, wenn Sie Architekt wären?" Ich bitte vielmals um Entschuldigung, aber ich bin von Haus aus Philosoph, und in der Philosophie herrscht dieselbe Situation wie in der Architektur. Ebenso wie es wegen der Bauindustrie keine Architektur mehr gibt, gibt es wegen der Kulturindustrie keine Philosophie mehr. Wir kommen auch erst nach der Philosophie, aber das hindert uns nicht daran, weiterhin nachzudenken. Die Architekten mögen doch bitte nachdenken.

Das soll nicht heißen, daß man die Avantgarde fortsetzen muß, das hat überhaupt keinen Sinn, sondern bloß: hier stellt sich eine Frage, also?

CP: Gibt es denn auch keinen Unterschied zwischen einer modernen und einer postmodernen Kunst, nachdem diese entscheidendere Frage gestellt worden ist?

JFL: So einfach ist es nun auch wieder nicht. Mit dem Namen Postmoderne belege ich – heute, denn ich glaube, im *Postmodernen Wissen* war mir das noch nicht so klar – einen sehr wichtigen Gedanken, nämlich, daß der Modernismus, nicht die Moderne, nicht mehr möglich ist, nämlich eine Kunst, die ein allgemeines Emanzipationsprojekt begleitet, unterstützt und illustriert. Irgend etwas ist zerbrochen. Es ist vollkommen uninteressant, das zu datieren, vor allem weil man schon bei jemandem wie Diderot eine Kritik am Modernismus sehr leicht nachweisen kann und es sogar bei Stendhal offensichtlich eine Art Kritik am Modernismus gibt, eben gerade aufgrund seines Bonapartismus. Die Kritik am Modernismus war also sicherlich immer schon innerhalb des Modernismus vorhanden. Er hat sich unaufhörlich selber kritisiert, aber jetzt ist es mehr als eine Kritik. Es ist eine Art Melancholie – um ein etwas sanftes Wort zu gebrauchen, das im übrigen gar nicht so sanft ist –, die man Beckett oder bestimmten Werken der Kunst und der Musik sehr wohl anmerkt. Es gibt ein wunderbares Musikstück von dem großen italienischen Musiker Nono für vier, fünf Instrumente und ein Tonband: *Guai ai gelidi mostri*. Es ist mir egal, ob es zur Avantgarde gehört. Es gehört jedenfalls nicht zur Wiener Schule, es ist nicht wie Schönberg, sondern kommt danach.

CP: Wenn Sie nun sagen, daß das wahre Problem darin besteht, die Präsenz fühlen zu machen oder Zeugnis von ihr abzulegen, und ausdrücklich dazu aufrufen, wie ja auch im *Widerstreit*, wie legitimieren Sie diesen Aufruf? Beruht er auf der vollkommen modernen Idee der Gerechtigkeit? Doch wie legitimieren Sie diese Idee der Gerechtigkeit, ohne in eine prämoderne Theologie oder in eine weitere der von Ihnen kritisierten „großen Erzählungen" der Moderne zurückzufallen? Oder hat dieser Aufruf eher mit einem Gefühl zu tun und hat dieselbe Legitimation bzw. Nicht-Legitimation wie die Ästhetik?

JFL: Diese Frage betrifft den Unterschied zwischen der ethischen Pflicht – der Pflicht zur Gerechtigkeit – und der Pflicht zu schreiben oder zu malen. Vielleicht habe ich die Tendenz, ein prämoderner Theologe zu werden: Im Augenblick kann ich nur sagen, daß es gerecht ist, sich ausdrücklich für etwas empfänglich zu halten, was immer vergessen wird. Ist dieses Etwas das Gesetz, das im wesentlichen sagt „Du sollst nicht töten", oder ist es die „Präsenz", die eher ästhetisch-ontologisch als ethisch ist? Das würde ich gerne herausfinden. Das ist ein sehr wichtiger Punkt, von dem der Unterschied zwischen Ethik und Ästhetik abhängt. Ich weiß, daß zwischen ihnen ein Unterschied besteht, aber alles, was ich im Moment sagen kann, ist, daß es im wesentlichen darauf ankommt, an etwas zu erinnern, in dessen Schuld wir stehen. „Du sollst nicht töten" heißt: „Du bist nicht Herr über Leben und Tod". Diejenigen, die das vorgeben, sind Verbrecher, und zwar nicht, weil sie töten, sondern weil sie vergessen, daß Geburt und Tod gegeben sind und weder Sie noch ich daran rütteln können. Insofern ist es der elementarsten Gerechtigkeit sehr nahe. Man muß das „Du sollst nicht töten" in allen Bedeutungen des Wortes „töten" verstehen. Es bedeutet nicht nur, das Leben zu nehmen, es gibt unendlich viele Arten, ‚Leben zu nehmen', und daran muß man sich erinnern.

CP: Im *Widerstreit* sagen Sie, daß der Widerstreit zwischen zwei Diskursgenres sich manchmal nur durch ein Gefühl ankündigt. Der Abgrund, den Sie andererseits zwischen den unterschiedlichen Diskursgenres sehen, suggeriert, daß es sich bei diesem Gefühl um das Erhabene handeln könnte. Wenn dieses Gefühl das einzige Kriterium dafür ist, daß ein Widerstreit vorliegt, wenn es also das einzige Kriterium dafür ist, gerecht handeln zu können, führt das zu einer ästhetischen Theorie der Gerechtigkeit?

JFL: Ich denke nicht, daß man vom Erhabenen übermäßig Gebrauch machen sollte. Ich glaube nicht, daß im *Widerstreit* irgendwo steht, daß das Gefühl mit dem Erhabenen verbunden ist. Das, was ich im *Widerstreit* „Gefühl" nenne, ist in der Tat problematisch, denn es ist ein Paradox im Rahmen des *Widerstreits,* in dem es nur um Sätze geht, und das Gefühl ist kein Satz. Es ist ein verpaßter Satz, ein unvollendeter Satz, ein nichtbegonnener Satz, Auslassungspunkte, eine Parenthese. Deshalb wird es einen Zusatz zum *Widerstreit* geben müssen. Dieses Gefühl kann nicht nicht empfunden werden. Das ist übrigens ein Punkt, der mich sehr an dem interessiert, was Freud z.B. den unbewußten Affekt nennt, d.h. ein Gefühl, daß niemanden affiziert, weil es nicht bewußt ist. Wenn ich an Ihre Frage anknüpfe, gibt es offensichtlich von einem Satz zum anderen 1000 mögliche Sätze. Habe ich das Gefühl dieser 1000 möglichen Sätze? Nein, und doch ist es da. Man kann es also nicht nicht empfinden. Im Grunde müßte man dieses Gefühl ontologisieren, depsychologisieren. Man muß notwendig anknüpfen, aber man weiß nicht wie. Man kann vergessen, daß man es nicht weiß. Meines Erachtens sind die meisten philosophischen Diskurse das tiefe Vergessen, daß man nicht weiß, wie man anknüpfen soll. Und das bedeutet eine Psychiatrisierung dieses Gefühls, das man als Angst charakterisieren kann, fast im Heideggerischen Sinne in *Sein und Zeit**. Es ist die ontologische *Angst**. Sie ist in keiner Weise psychologisch, sondern gehört einer anderen Ordnung an. Das „erhaben" zu nennen, wäre mißbräuchlich, denn das Erhabene ist trotz allem etwas sehr Spezifisches. Es ist zwar auch nicht psychologisch – auch wenn Burke es so behandelt –, denn Kant behandelt es auf transzendentale Weise, aber es ist auch nicht die ontologische Angst, ins Leere vorzustoßen, sondern etwas anderes. Es ist ein ästhetisches Problem, für das es wesentlich ist, daß ein Bruch in der Darstellung vorliegt. Wenn ich die Verknüpfung von Sätzen problematisiere, ist das Problem des Bruchs der Darstellung nicht vorherrschend.

CP: Aber da ist trotzdem dieser Abgrund ...

JFL: Ja, aber nicht im sinnlich Gegebenen, in der *aisthesis.* Bei Kant geht es meines Erachtens um den Bruchpunkt der *aisthesis* als solcher. Es gibt auch einen Abgrund bei Kant. Er sagt es selbst in der Einleitung zur dritten *Kritik:* zwischen der spekulativen und der praktischen Vernunft liegt ein Abgrund, und die dritte *Kritik* ist zum *Übergehen** gemacht. Ich würde sagen, daß es sich eher um *Untergehen**, *underground,* handelt. Dahin gehört der Abgrund zwischen den Vermögen im *Widerstreit.* Im Falle des Erhabenen – und da wird es interessant – besteht auch ein Abgrund zwischen den Vermögen. Es ist ein Grenzfall, wo die Vermögen plötzlich nicht mehr kooperieren können. Es ist, als ob die Vernunft der Einbildungskraft vorschriebe, ihr etwas Undarstellbares, d.h. eine Idee der Vernunft, darzustellen. Die Einbildungskraft bemüht sich und bricht zusammen. Es ist also ein sehr eingeschränkter, exemplarischer Grenzfall eines absoluten Scheiterns jeglichen Versuchs, ein System zu bilden. Doch dieser Fall ist nur für die *aisthesis,* die Ästhetik, exemplarisch. Offensichtlich ist das nicht der Abgrund zwischen Diskursgenres, von dem die Einleitung zur dritten *Kritik* spricht, nämlich zwischen dem spekulativen und dem ethischen Genre. Dieser impliziert keinen Bruch in der *aisthesis.*

CP: Aber wenn die *Kritik der Urteilskraft* dazu da ist, diesen Abgrund zu überschreiten, und ihr Schwachpunkt das Erhabene ist, dann besteht da doch ein Zusammenhang.

JFL: Ja, aber die *Kritik der Urteilskraft* soll den Abgrund zwischen dem Spekulativen und dem Ethischen durch das Schöne, und nicht durch das Erhabene überschreiten – und das gelingt ihr meines Erachtens auch teilweise. Kants Texte zögern diesbezüglich zwar etwas, sind aber letztlich sehr klar. Das Schöne, d.h. eine *aisthesis,* die sich – wie in der Erkenntnis – auf die Welt bezieht, in der aber trotzdem etwas, was die Erkenntnis übersteigt, nämlich die reflexive Urteilskraft, im Spiel ist und sich auch in der Ethik wieder im Spiel befindet, hat die Funktion, die Brücke zu schlagen. Das Erhabene sagt nur: die Brücke kann auch zerstört werden, das kommt vor.

CP: Der Abgrund wird also im Erhabenen offengelassen.

JFL: Ja. Der Abgrund wird offengelassen, und das heißt meines Erachtens, daß die Kantische Doktrin wegen des Erhabenen nicht als geschlossene Einheit betrachtet werden kann; daß die Frage des Subjekts offenbleibt und daß gleichzeitig die Ästhetik selbst unmöglich wird. Die Analytik des Erhabenen ist nur eine ganz kleine Sache, wie Kant selber sagt, ein Anhang. Nun werden Sie mir sagen, daß Anhänge sehr wichtig sind.

CP: Ja. Kann es aus diesem Grund auch keine ästhetische Theorie der Gerechtigkeit geben?

JFL: Ja, aber eigentlich verweisen Sie mich da auf meine eigene Unsicherheit. Ich glaube, daß es keine ästhetische Theorie der Gerechtigkeit geben kann, aber trotzdem frage ich mich – und dies müßte wirklich einmal ausgearbeitet werden –, welcher Zusammenhang zwischen der Schuld besteht, die ein Schriftsteller, Musiker oder Bildender Künstler unaufhörlich durch sein Werk zu begleichen sucht – nicht durch sein fertiges Werk, sondern während er schreibt, malt, musiziert, während sein Werk entsteht –, denn er macht das nicht, um am Ende zu sagen, daß er seine Schuld bezahlt hätte, das wäre lächerlich, weil er sich dann ja an die anderen Menschen wenden würde, und sein Werk wendet sich nicht an die anderen Menschen: ein Kunstwerk ist nicht für die Öffentlichkeit bestimmt, nachher vielleicht, wenn es die Götter wollen, aber das ist absolut nicht vorschreibbar, welcher Zusammenhang also zwischen dieser Schuld und der Gerechtigkeit, kurz: zwischen der Ethik und der Ästhetik besteht. Ich sehe sehr wohl den gemeinsamen Punkt, aber nicht genug den Unterschied. Der gemeinsame Punkt ist das „Nicht-Vergessen", der Kampf gegen die Amnesie, die wahrscheinlich immer das Verbrechen ist.

CP: Aber in jedem Fall würde doch eher ein Zusammenhang zwischen dem Politischen und dem Erhabenen als zwischen dem Politischen und dem Schönen bestehen. Sie selbst haben mehrmals gesagt, daß man das Politische gut vom Schönen unterscheiden muß, daß es der Irrtum der gesamten abendländischen Tradition schon seit Platon gewesen ist, eine schöne Politik machen, Gemeinschaften nach dem ‚guten' Modell formen zu wollen.

JFL: Das ist der Punkt in *Heidegger und „die Juden"*, wo ich Lacoue-Labarthe angreife. Im Prinzip übernimmt er als Modell für das Politische gerade wieder das plastische Werk, das griechische *plattein*, d.h. das Formen, Formgeben, In-Formieren. Die Gesellschaft, die menschliche Gemeinschaft, wird dabei als Material vorgestellt, dem man eine schöne Form geben muß, und in dem Moment, wo sie schön ist, ist sie gerecht. Wenn man dieses Modell zugrunde legt, dann kann man so weit gehen wie Lacoue-Labarthe – der meines Erachtens übertreibt – und sagen: das ist das Geheimnis des Nationalsozialismus, der nichts anderes getan hat, als die Bestimmung der Politik als Ästhetik, die schon bei Platon eingeschrieben ist, zu vollenden. Ich glaube, daß das falsch ist und daß es sich trotz allem etwas komplizierter verhält. Weder das Christentum mit der christlichen Politik noch die Moderne mit der Revolution unterstehen in irgendeiner Weise dem Platonischen Modell. Andere Modelle greifen ein. So weit, so gut. Wenn man in dieser Sphäre bleibt, d.h. einer Politik als Ästhetik, wird man hauptsächlich auf das Problem einer schönen sozialen Form, einer schönen Gemeinschaft, eines schönen Staatsbürgers, eines schönen Todes usw. achten. Ich denke – und da fühle ich mich sehr kantianisch –, daß Kant recht hat: wenn eine soziale Gemeinschaft irgendeinen Zusammenhang mit der Gerechtigkeit hat – bzw. mit dem Fortschritt in der Moralität, wie er sagt –, dann schreibt sich diese Gerechtigkeit – bzw. dieser Fortschritt – in Form eines erhabenen Gefühls in die Gemeinschaft ein und nicht in Form ihrer Organisation, die Kant ganz im Gegenteil fast wie eine Maschine beschreibt.

CP: Aber dieses Gefühl des Erhabenen, des Enthusiasmus bei Kant ist nichtsdestotrotz ein ästhetisches Gefühl. Es sind nur die Zuschauer, die – aus ausreichender Distanz – dieses Gefühl empfinden. Besteht hier nicht die Gefahr einer Ästhetisierung des Ereignisses, in diesem Falle also der Revolution? – Im *Enthusiasmus* berufen sie sich im Gegensatz zu Kant eher auf negative Geschichtszeichen: Auschwitz, Budapest 1956 usw. Was hat sich seit Kant verändert? Heißt das, daß es keinen ästhetischen Umweg in der Politik mehr gibt, oder eher umgekehrt, daß es immer noch ästhetische Geschichtszeichen für uns gibt, die als negative auf ein Unrecht hinweisen und sich vielleicht trotzdem auf eine ästhetisch orientierte Theorie der Gerechtigkeit auswirken könnten?

JFL: Keine Theorie der Politik. Darum geht es nicht. Ich glaube letztlich nicht an die Theorie.

CP: Eine Theorie in Anführungszeichen, denn wir brauchen eine.

JFL: Eine Reflexion. Man muß nachdenken, reflektieren. Aber das heißt nicht eine Theorie konstruieren. Im allgemeinen bedeutet es – wenn ich Kant glaube – sogar das Gegenteil. Im Gegensatz zur Bestimmung durch Begriffe in der Theorie gibt das reflektierende Urteil für die Bestimmung nichts her. Bleiben wir also beim Reflektierenden. Sie sagen, daß ich weniger positive Zeichen sehe. Sogar bei Kant sind die Zeichen – wenn man den Abschnitt über das *signum historicum* noch einmal liest – recht schwer aufzuspüren, und man vermerkt – ich wage nicht zu sagen ‚bestimmt' – sie nur auf reflexive Weise. Man sagt sich: diese kleinen unglücklichen Franzosen stürmen ein Nichts, verkünden die Republik, und alle Völker Europas sagen „bravo". Das ist trotz allem ein Zeichen, denn es kann im Grunde nicht soziologisch, mechanisch usw. erklärt werden. Ich kann dieses Echo im Saal „Europa", der die Bühne der Bastille betrachtet, nur ästhetisch vernehmen und erklären. Aber das bedeutet meines Erachtens keineswegs eine Ästhetisierung der Politik. Der Sturm auf die Bastille ist keineswegs das Zeichen, hat an sich keinen Moralität oder Ähnliches signalisierenden Wert, wenn ich so sagen darf. Für Kant ist das klar. Ganz im Gegenteil: all das wird mit dem schlimmsten Verbrechen und Terror verbunden sein, und man darf niemals darüber entscheiden, ob die Leute, die das getan haben, freie Geister sind. Denn man kann nicht über die Freiheit entscheiden, siehe die erste *Kritik*. Als Zeichen gilt, daß die Leute, die in Ostpreußen der Republik applaudiert haben, kein Interesse daran, ja sogar keine Lust dazu hatten. Das kann keine Ästhetisierung sein, weil Kant nicht empfiehlt, Bastillen zu stürmen, um Applaus zu bekommen. Das Zeichen wird nachträglich bezeichnet – in der Unsicherheit. Es kann also in keiner Weise Stoff für ein Programm abgeben. Kant ist – insofern es bei ihm eine politische Theorie als Programm gibt – extrem vorsichtig, was das Programm angeht. Er ist für eine aufgeklärte Monarchie. – Der Enthusiasmus, von dem er in diesem Text über die

Politik spricht, ist eines der erhabenen Gefühle. Es gibt andere, eine ganze Reihe, er zählt eine bestimmte Anzahl in der dritten *Kritik* auf, aber man kann sicherlich andere hinzufügen. Auf jeden Fall kann die tiefe Melancholie ein Gefühl des Erhabenen sein. Ist es möglich, daß die historischen Begebenheiten, auf die ich am Ende des Buches anspiele, einstimmig z.B. eine tiefe Melancholie hervorgerufen haben? Einige von ihnen zumindest, wie Auschwitz. Warum sollte das keinen Fortschritt veranlassen? Jedes erhabene Gefühl zeugt von einer Idee der Vernunft. Die Melancholie attestiert eine Vernunftidee und deren Abwesenheit in der empirischen Realität. Und das ist eine Art und Weise, von dem zu zeugen, was vergessen wird. Es ist ein Gefühl, das bis zum Erhabenen gehen kann, also ‚beweisen', bedeuten, attestieren kann, daß diese Idee nicht verloren ist. Es kann also heute durchaus eine Traurigkeit über die Politik geben, die, wenn sie einstimmig und interesselos ist, als Geschichtszeichen gelten kann.

CP: Wenn Sie nun die Interesselosigkeit betonen, was meines Erachtens vollkommen richtig ist, wie stimmt das mit Ihrem neuen Text über das Erhabene „Das Interesse des Erhabenen" überein, in dem Sie zeigen, daß das Interesse im Erhabenen trotzdem eine Rolle spielt und daß der entscheidende Unterschied zwischen Ethik und Ästhetik – der ja im Erhabenen nicht ganz leicht zu entdecken ist – darin besteht, daß das Erhabene ein Interesse enthält? Kant hat sich die größte Mühe gegeben, den ästhetischen Status des Erhabenen zu erhalten. Er nennt es „Geistesgefühl", und das ist bereits ziemlich paradox.

JFL: Das ist eine Grenzfrage, die die innere Grenze Kants selbst berührt. Nicht die äußere Grenze von Kants Denken, sondern die Grenze als solche, als verborgene. In der dritten *Kritik* sagt Kant stets, daß das Erhabene als Beleg für die Präsenz der Vernunft mit ihren absoluten und nicht-darstellbaren Ideen gilt. Aber trotzdem, sagt er, ist das Erhabene ein zu leidenschaftliches Gefühl und nähert sich insofern etwas, das ethisch nicht rein ist. Das nennt sich „pathologisch" bei Kant. Hier zählt die zweite *Kritik*. Das Erhabene kann also nur in der Unreinheit Zeuge nicht der Erfahrung im Sinne der Erkenntnis, sondern der Erfahrung im Sinne der Ethik sein. Wenn es nicht rein ist, heißt das, daß das Ego ein Interesse an seiner eigenen Leidenschaft hat. Bei Kant heißt das „Interesse", bei Freud „Besetzung". Das Erhabene ist noch zu besetzt, als daß es ein reines moralisches Gefühl sein könnte. Die Achtung ist das reine moralische Gefühl, weil sie interesselos, ohne Besetzung ist. Diese Idee müßte man, durch Freud ergänzt, weiter ausarbeiten. Gibt es ein reines Verhältnis zum Gesetz, ohne jegliches Interesse im Sinne einer Besetzung? Wir wissen sehr gut, daß es überbesetzte Verhältnisse zum Gesetz gibt: Gerechtigkeitsparanoia, Opferparanoia usw. Vielleicht gibt es ein reines Verhältnis zum Gesetz bei Kafka. Der Enthusiasmus als solcher ist jedenfalls letztlich zu mitreißend, als daß man ihn für ein moralisches Gefühl halten könnte. Er ist ästhetisch sehr interessant, gerade weil er vom Undarstellbaren zeugt, aber ethisch kann man ihn nicht zum Modell nehmen. Die wahre Sittlichkeit ist nicht enthusiastisch und soll es auch nicht sein.

CP: Ist der Enthusiasmus nun interesselos oder nicht?

JFL: Ich habe in „Das Interesse des Erhabenen" zwei Dinge zu zeigen versucht. Erstens gibt es bei Kant immer zwei Arten von Interesse: das Interesse der Vernunft – wobei niemand weiß, was das heißen soll – und die Interessen des empirischen Ichs, insbesondere in der zweiten *Kritik*. Er beschreibt das ethische Gefühl als zweiseitiges. Seine positive Seite ist die *Achtung** für das Gesetz, die sich im empirischen Ich immer als Hemmung, als Zerstörung seiner empirischen Interessen, d.h. faktisch der Selbstliebe, äußert. Auf diesen Narzißmus reduziert sich das Ganze. Kant ist diesbezüglich sehr klar. Im Grunde ist das Ich mit seinem eigenen Interesse beschäftigt, also grundlegend narzißtisch. Die *Achtung** kann sich im praktischen Ich nur in Form einer Verletzung manifestieren, deren bloße Wirkung der vom Subjekt empfundene Schmerz ist, den Kant in der zweiten *Kritik* beschreibt. Bei der Beschreibung des Erhabenen hat man dagegen das Gefühl, daß der von der Einbildungskraft empfundene Schmerz buchstäblich die Ursache ist; daß das ästhetische Ich sich zerstören, wenn man so sagen kann, jedenfalls zerstört werden muß, damit das Erhabene, die Präsenz einer Vernunftidee sich manifestiert. Das Verhältnis ist sehr viel tückischer als in der Achtung, die transzendental gesehen empirisch interesselos ist. Im Erhabenen hat man den Verdacht, daß es sich – wenn die Vernunft zur Einbildungskraft sagt: los, zeig mir das Absolute – um einen Konflikt zwischen den Vermögen handelt, der bewirkt, daß ich leiden muß, um zu merken, daß ich frei bin. Das ist suspekt. Hier stellt sich das Problem, wie es mit dem Interesse zwischen den Vermögen steht, denn darum geht es im Grunde genommen. Es gibt die Interessen des empirischen Ichs, aber auch das Interesse der Vernunft, also ein Interesse innerhalb der Vermögen. Am Ende der zweiten *Kritik* findet sich ein ganzer Abschnitt über das Interesse der Vernunft bei diesem Konflikt, beim *Widerstreit** zwischen dem Spekulativen und dem Praktischen. Wenn man sich wirklich daranmacht, das Kantische Haus (das eine verfluchte Baracke ist) zu bewohnen, kann man sich die Frage stellen, warum die Vernunft zur Einbildungskraft sagt, daß sie ihr das Absolute zeigen solle. Wenn die Vernunft vernünftig wäre, wüßte sie, daß die Einbildungskraft das Absolute qua Voraussetzung nicht darstellen kann, weil sie Synthesen vornimmt und man sich im Relativen befindet, sobald man synthetisiert. Hier besteht eine merkwürdige Leidenschaft auf seiten der Vernunft, die Darstellung von etwas zu verlangen, das nicht darstellbar ist. Ist das ein Interesse der Vernunft? Im Grunde genommen nicht. Auf jeden Fall besteht ein Konflikt zwischen dem Interesse der Vernunft und dem Interesse der Einbildungskraft, und vielleicht sogar der Vernunft mit sich selbst. Wenn die Vernunft vernünftig ist, kann sie nur vom Schönen eine Darstellung vermittels der Natur verlangen. Im Erhabenen wird die Vernunft verrückt. Sie sagt: all das ist mir schnuppe, ich will die Freiheit selbst darstellen.

CP: In dem, was Sie sagen und schreiben, besteht eine Affinität zwischen Kunst und Philosophie. Beide sind reflektierend und sollen vom Undarstellbaren Zeugnis ablegen, haben also beide mit dem Erhabenen zu tun. In welchem Verhältnis stehen die beiden zueinander? Welche Rolle spielt z.B. die Kunst in der Philosophie? Könnte man sagen, daß die Kunst, selbst wenn es ihr nie gelingt, das Undarstellbare darzustellen oder von der Präsenz unmittelbar Zeugnis abzulegen, für den Widerstreit in der Philosophie sensibilisieren soll, also dabei helfen soll, eine Art Kultur im Kantischen Sinne zu entwickeln?

JFL: Ja, das könnte man sagen. Eine Kultur im Kantischen Sinne, d.h. ungefähr das Gegenteil von dem, was sich heute Kultur nennt, die keine Reflexionskultur mehr ist, sondern bloß eine Anerkennungskultur.

CP: Bedeutet das nicht eine Funktionalisierung der Kunst?

JFL: Nein, denn wenn sie funktionalisiert wird, ist sie keine Kunst mehr.

CP: Aber wenn ihre Funktion darin besteht zu sensibilisieren, ist das doch eine Funktionalisierung.

JFL: Nein. Sie muß diese Funktion erfüllen können, ohne daß ihr daran gelegen ist. Beethoven hat das Quartett, das ich mir anhöre, sicherlich nicht geschrieben, damit ich besser philosophieren kann. Das werden Sie mir ja wohl zugestehen. Warum hat er es geschrieben? Das Beispiel ist gar nicht so schlecht, weil man daran sehr gut sieht, wie er versucht, innerhalb der klassischen Tonleiter, der klassischen Sonatenform – auch wenn diese schon ziemlich erschüttert ist – und innerhalb der klassischen Harmonie – wenn er sich auch die ganze Zeit in der Disharmonie bewegt – etwas auszusagen, was in der Musik, wie er sie geerbt hat, also in der musikalischen Sprache, mit der er arbeitet, nicht dargestellt werden kann. Was hat das mit der Philosophie zu tun? Ich bin versucht zu sagen, daß sie parallel dazu verläuft. Wir befinden uns mit dem philosophischen Denken in derselben Situation wie Beethoven mit der musikalischen Tradition. Auch wir empfangen ein enormes Erbe. Wir kennen, lieben und bewundern es, was sehr wichtig ist. Aber gleichzeitig muß man dagegen ankämpfen, mit ihm gegen es ankämpfen, damit etwas präsent wird, was noch nicht präsent ist. Natürlich wissen wir genau wie Beethoven, daß uns das nicht gelingen wird. Nun werden Sie mir wie alle meine deutschen Kollegen entgegnen, daß ich damit die Aufgabe des Schriftstellers und nicht des Philosophen beschreibe. Vielleicht stimmt das, aber offen gestanden finde ich das Schreiben wichtiger als das Philosophieren, weil Philosophieren, in dem Sinne, wie es schon bei Kant präsent ist und dann im großen deutschen spekulativen Denken – also im Bilden eines Systems der Welt, das gleichzeitig das Denken und die Dinge umfaßt – vorherrschend wird, in gewisser Weise nicht mehr möglich ist. Das soll natürlich nicht heißen, daß es nichts mehr zu tun oder zu denken gibt. Denn diese Unmöglichkeit, ein System oder eine Doktrin aufzustellen, die in sich selbst geschlossen ist, muß in der Art und Weise, wie sich das Denken einschreibt, ausgedrückt werden. Ich erzähle als Beispiel dafür immer die folgende kleine chassidische Geschichte: „Herr, ich habe das Gebet vergessen, aber ich kann die Geschichte des Vergessens des Gebets erzählen", und das gilt als Gebet. – Man kann die Ethik von Spinoza heute nicht noch einmal schreiben. Zumindest würde das niemanden interessieren und es wäre sogar verrückt, gefährlich und monströs. Aber man kann die Geschichte von der Unmöglichkeit von Spinozas Ethik erzählen. – Gibt es einen Unterschied zwischen Philosophie und Kunst oder nicht? Ich bin versucht zu sagen, daß wir mit Worten so arbeiten wie Beethoven und Nono mit Tönen und Buren und Arakawa mit Farben.

CP: Wenn also einerseits die Kunst für etwas sensibilisiert, was die Philosophie immer schon sagen oder zeigen wollte, so scheint bei Ihnen andererseits die Philosophie zu einer Kunst zu werden. In *Que peindre?* sagen Sie, daß sich die Präsenz im Kommentar zum Werk selbst fühlen lassen soll. In diesem Fall wird die philosophische Disziplin Ästhetik zu einer Kunst. Soll die Philosophie also keine normative Ästhetik mehr entwerfen, wie in der Klassik, sondern selbst zur Kunst werden?

JFL: Die Ästhetik war nie normativ. Normativ war nur die Poetik. Man kann schon seit Ende des 18. Jahrhunderts keine normative Poetik mehr schreiben. Daraus wird der Romantismus entstehen.

Ich bin mit dem, was Sie sagen, einverstanden, wenn wir uns über die Bedeutung des Wortes Kunst verständigen. Meiner Meinung nach war die Philosophie in gewisser Weise immer eine Kunst, in dem Sinne, wie die Medizin und die Psychoanalyse Künste sind. Sie sind keine Wissenschaften. Ich würde sogar sagen, daß mich auch an den Wissenschaften ihre Kunst interessiert. Die größten Wissenschaftler sind große Wissenschaftler, weil sie Künstler sind. Sie sind Künstler der mathematischen Symbole, Photon- oder Elektronkünstler, Korpuskel- oder Kosmoskünstler, aber sie sind Künstler, denn sie schreiben damit. Auch sie empfangen ein enormes Erbe. Einstein steht vor dem Berg, dem

Monument der ganzen Newtonschen Physiktradition. Und dann setzt er sich hin und arbeitet damit wie ein Künstler. Das reflektierende Urteil ist in allem, was erfunden wird, am Werk. Sonst würde nichts erfunden werden.

CP: Aber trotzdem besteht ein Unterschied zwischen dem Schriftsteller und dem Philosophen. Im allgemeinen beschränkt sich der Philosoph auf den philosophischen Diskurs und argumentiert. Er schreibt keine Romane, sondern ein philosophisches Buch. Ist dieses also auch ein Kunstwerk?

JFL: Vielleicht muß man das sagen. Im *Widerstreit* habe ich zu zeigen versucht, daß der philosophische Diskurs auf der Suche nach seinen eigenen Regeln ist, sich also in diesem Sinne reflexiv fortbewegt. In gewisser Weise weiß er nicht, was er gerade sagt, weil er nicht im Besitz seiner Regel ist. Er kann also nicht sofort argumentieren, weil man zum Argumentieren die Regeln der Argumentation benötigt und nichts beweist, daß es die richtigen sind. Man kann aber auch die umgekehrte Lösung wählen und sagen, daß es sich beim philosophischen Diskurs um reine *écriture* handelt, um *écriture* innerhalb eines literarischen Genres, das reflexiv, aber kein Roman oder Drama ist.

CP: Für die *Immaterialien* haben Sie mit den fortgeschrittensten Technologien gearbeitet. Nun waren Sie immer sehr vorsichtig, wenn es darum ging, die Neuen Technologien mit dem Erhabenen in Verbindung zu bringen. Sie sagten, das eine sei reflektierend, das andere bestimmend, weil es kalkuliere, synthetisiere usw. Aber wenn die Kunst Neue Technologien verwendet, wie es ja in den *Immaterialien* der Fall war, ändert das nicht vielleicht den Status der Neuen Technologien? Synthetisieren sie immer noch, wenn sich ein Betrachter mit seinen sehr begrenzten Fühl- und Verstehensvermögen einer solchen Kunst gegenübersieht? Sind die Neuen Technologien nicht sogar ganz im Gegenteil das beste Mittel, um erhabene Effekte zu erzielen, weil sie aus der Perspektive eines endlichen Betrachters Raum und Zeit vollkommen auflösen?

JFL: Das ist meines Erachtens das zentrale Problem. Ich habe versucht, es in den *Immaterialien* anzuschneiden, mehr aber auch nicht. Auf der einen Seite haben wir das Erhabene, verkürzt gesagt eine Art Aufgabe, die ich in der Kunst und im Denken für wesentlich halte. Auf der anderen Apparate, bei denen der Verlust der Präsenz, der unmittelbaren perzeptiven Darstellung zentral ist. Aufzeichnungsapparate, die ich in meinem neuen Buch *L'inhumain* „telegraphisch" – aus der Ferne einschreibend – nenne. Bilder, Töne usw. werden aus der Ferne transportiert, indem ihre Form analysiert wird und ihre Bestandteile, d.h. ihre „semantischen" Elemente mit ihren syntaktischen Rekonstitutionsregeln, übertragen werden. Und der Empfänger, der im Besitz des syntaktischen Codes ist, rekonstruiert sie. Auf dieser Grundlage funktioniert z.B. das televisuelle System. Daraus folgt eine vollkommen mediatisierte Beziehung zu dem, was in der *aisthesis* perzeptiv und sinnlich gegeben ist – der Ausdruck „Medien" ist dafür sehr treffend –, und daher immer etwas Synthetisiertes. Das Synthetisierte muß mit der Synthese im Kantischen Sinne in Verbindung gebracht werden. Als Synthetisiertes hat es eine Form angenommen, und die Synthese ist dazu da, eine Form zu geben. Das geht immer zusammen. Die Lichtpunkte auf einem Bildschirm scheinen vollkommen zufällig aufzutauchen und zu verschwinden, machen also eine Art chaotisches Bild aus. Aber sie sind immer synthetisiert. Dazu kommt die Ferne oder die Distanz, d.h. der Verlust der unmittelbaren Bezüglichkeit, also eine Art Kollaps des Gegebenen überhaupt. Auf diese extreme Äquivozität der Immaterialitäten war mein besonderes Augenmerk gerichtet. Selbst die konstitutiven Bestandteile der Wahrnehmung sind nicht gegeben, sondern werden erst nach einem Transport restituiert. Sie sind also nicht ‚da' und doch synthetisiert. Ist das eine Situation, die an das Erhabene denken läßt? Zwei Bemerkungen dazu.

Erstens arbeiten Ingenieure, Kybernetiker oder Informatiker mit Begriffen. Selbst um einen Sonnenuntergang über Alaska synthetisieren zu können, müssen materielle Synthesen vorgenommen worden sein, wenn ich so sagen darf, und zwar durch Begriffe, so daß das Bild bis nach Australien übertragen werden kann. Dabei befindet man sich also wirklich im Bereich des Bestimmenden. Man kann das Bild verfeinern – es wird unaufhörlich verfeinert, man macht den Sonnenuntergang immer „getreuer" –, aber es ist eine Mimesis durch Begriffe. Man muß also überall in den Medien – auch bei ihrer künstlerischen Verwendung – notwendig über den Begriff gehen. Die Künstler, die beispielsweise mit Fernsehern arbeiten – wir haben eine solche Künstlerin in den *Immaterialien* präsentiert –, müssen entweder selbst eine Ausbildung als Informatiker oder Ingenieur haben oder sich von jemandem helfen lassen, der sagt: ja, das kann ich machen, das Menü – wie sie das nennen – kann ich abspeichern oder das kann ich nicht, weil mein Computer zu schwach ist. All das sind Probleme der Bestimmung von Kapazitäten. Die angestrebten Wirkungen werden nach einer Zweckmäßigkeit so konzipiert, daß sie vollkommen bestimmt, also wirklich sehr weit von der Zweckmäßigkeit ohne Zweck entfernt sind. Ich ziehe daraus nicht die übliche Schlußfolgerung, daß diese Kunst zur Reproduktion verurteilt ist. Es verhält sich komplizierter, denn wenn Künstler mit diesen Apparaten intervenieren, dann offensichtlich gerade deshalb, weil sie etwas anderes als die Reproduktion erreichen wollen. Doch dafür muß man trotzdem über den Begriff gehen. Das Reflexive kann sich des Bestimmenden bemächtigen, um es vorläufig unbestimmt zu machen, aber dieses Unbestimmtmachen muß selbst bestimmt sein. Über dieses ganz eigentümliche und wirklich sehr komplizierte Verhältnis von

Reflexivem und Bestimmendem, an das Kant noch nicht denken konnte, müßte einmal nachgedacht werden.

Meine zweite Bemerkung betrifft den Namen der Ausstellung. *Immaterialien** steht für das Gefühl, die Funktion „Mat" in „*mater*" „*materia*", „materiell", „Material" usw. verloren zu haben. Und das heißt nach wie vor etwas sehr Wichtiges. Die Medien – das hört sich jetzt sehr nach Luhmann an – dienen dazu, das System in sich abzuschließen, indem sie die Exterioritäten in das System inkorporieren. Wie in „Mutter" bezeichnete „Mat" etwas, das geboren hat, also das Geheimnis des Daseins ausmacht und insofern den Medien ähnlich zu sein scheint. Aber es bleibt als Exteriorität erhalten. Diese Exteriorität steht am Ursprung und ist verloren, aber sie ist als Ursprung verloren. „Immaterialien" bedeutet den Verlust dieser verlorenen Sache. Es ist, als ob es gar keinen Ursprung gäbe. Der wichtige Punkt ist die Inkorporation der Exterioritäten in das System, und zwar nicht nur in das System der Medien, sondern auch der technischen Wissenschaften im allgemeinen. Das hat zur Folge, daß alles „Mitteilung" wird, sogar das Schweigen, und daß das Verlorene, das eigentlich nichts mitteilt, nicht existiert. „Mutter" enthält im Grunde die Vorstellung, daß etwas verloren ist, dessen Schweigen oder dessen Verschwinden nichts mitteilt, sondern Sinn macht. Und in diesem Sinne sind die Neuen Technologien nicht erhaben. Es gibt kein Erhabenes bei Luhmann. Und wenn es ein Erhabenes gäbe, wäre es auf jeden Fall dazu bestimmt, inkorporiert zu werden.

CP: War die Äquivozität der Neuen Technologien, von der Sie sprechen, nicht auch im Erhabenen immer schon vorhanden? Schon bei Kant ist das Erhabene eine Art Technik, sich von der Natur zu distanzieren, in der zuviel geschieht, sie also zu ordnen und in gewisser Weise durch die Kultur eine Art zweite Natur zu entwickeln. Sind die Neuen Technologien nicht gerade der Gipfel dieser zweiten Natur, also gleichsam ein „verwirklichtes Erhabenes", so daß der Bezug heute umgekehrt wäre, denn das, was uns heute Angst macht, ist eben gerade diese zweite Natur.

JFL: Das ist eine interessante Hypothese, die ich gerne weiterverfolgen würde, um zu sehen, ob sie der Überlegung standhält. Auf den ersten Blick würde ich sagen, daß es nicht so ist. Denn die Angst, von der Sie sprechen, hat meiner Meinung nach nicht besonders viel mit dem Erhabenen zu tun. Diese Angst ist eine Forderung nach Hyperschutz, die entsteht, weil das System sich auf und gegen alles hin entwickelt und sogar Auswirkungen hat, die für uns wackere Menschen sehr nachteilig sein könnten. Und diese Menschen fordern nun ihr Recht, zumindest auf Überleben. Ihre Angst ist nicht von der gleichen Ordnung wie die Furcht im Erhabenen, sondern konzentriert sich ganz im Gegenteil auf den Narzißmus.

Ist nun in die Analytik des Erhabenen schon eine Art Verfahren, Technik, Inkorporation, letztlich die Distanz bzw. die Ferne selbst, der Bruch der Darstellung eingeschrieben? Mir scheint, daß die Logik der Entwicklung der Techno-Wissenschaften eher zu einem Bewältigungsprozeß gehört, zu einem Prozeß der Inbesitznahme der Natur (übrigens nicht einmal durch den Menschen), der darin besteht, die noch „naive" Natur, wenn ich so sagen darf, in ein nützliches Element der oder des sich gerade entwickelnden großen Monade oder Dispositivs umzuwandeln, damit alle Exterioritäten gespeichert werden können und dadurch alle Ereignisse, die aus ihnen entstehen könnten – die von Kant beschriebene Unordnung inbegriffen –, kontrolliert werden können.

CP: Aber bei Kant wird die Unordnung auch verinnerlicht. Sie gehört offensichtlich zum Äußerlichen, während das Erhabene nur das Subjekt betrifft.

JFL: Ja, aber das Erhabene kann als Gefühl nur gefühlt werden, weil das Subjekt gleichzeitig ohnmächtig vor dieser Unordnung steht. Doch wenn man die Unordnungen der Natur mit diesem enormen Speicherungsapparat ins Innere eines Kontrollsystems interiorisiert, dann sind wir überhaupt nicht ohnmächtig, ganz im Gegenteil. Denn dieser enorme Bearbeitungsapparat bietet die Möglichkeit, passend auf die Unordnung der Natur zu reagieren, die er gewissermaßen schon antizipiert hat.

CP: Ja, aber wenn die Neuen Technologien z.B. in der Kunst verwendet werden, dann gelingt es dem Betrachter eines derartigen Kunstwerks nicht, es zu bewältigen. Der Effekt ist also derselbe wie beim Erhabenen.

JFL: Nein. Ich glaube nicht, daß es derselbe Effekt sein kann, weil er weiß, daß sich alles nur auf seinem Bildschirm abspielt.

CP: Aber ein Bildschirm ist in gewisser Weise auch eine Leinwand. Ein Künstler malt auf einer Leinwand, ein anderer auf einem Bildschirm.

JFL: Nein. Der große Unterschied besteht darin, daß es für den Betrachter heute immer schwieriger wird, überhaupt noch erstaunt zu sein. Das war für die Leute, die Bilder betrachtet haben, nicht der Fall. Als Cézanne seine ersten Bilder im Salon des Indépendents aufhängen will, wirft man ihn raus und sagt ihm: „Hören Sie zu, das ist eine Schweinerei." Dieses Erstaunen ist nicht besonders fein und nimmt die Form von Ablehnung an. Heute werden dagegen, wie mir scheint – und darin besteht dann doch der Anteil der enormen Kulturindustrie –, nur Dinge präsentiert, die nicht erstaunen, sondern mit denen sich die Betrachter ganz im Gegenteil identifizieren können, in denen sie sich wiederfinden, sich wiedererkennen können. Sie werden mir sagen, daß das nur an der Rolle der Industrie bei der Reproduktion liegt. Vielleicht kann ein Künstler geniale Sachen auf dem Bildschirm machen, es gibt z.B. solche Filme. Die Neuen Medien verbieten solche Kunstwerke nicht, aber die Erhabenheit ist ganz sicher nicht konstitutiv für die Verwendung von Neuen Medien.

CP: Aber es besteht immerhin eine Äquivozität. Eben haben Sie auf die Krise des Neuen angespielt. Es ist heute sehr schwierig, schockiert zu werden. Ist das nicht auch eine Grenze von „erhabener Kunst", die ja schockieren muß?

JFL: Sie muß dermaßen schockieren, daß etwas zerbricht. Ich denke, darin sind wir uns einig. Doch daran ist nichts Äquivokes. Eine Kunst, die den Bedingungen der industriellen Reproduzierbarkeit und immer mehr der industriellen Rentabilität unterworfen ist, muß konsumierbar sein. Die Erhabenheit ist im Gegensatz dazu gerade das Unkonsumierbare, das man nicht verdauen kann.

CP: Aber wie kann man noch provozieren oder erhabene Effekte erzielen, wenn man schon alles oder fast alles kennt und es nichts Neues mehr gibt?

JFL: Aber natürlich kann es Neues geben. Es geht dabei übrigens gar nicht so sehr um das Neue, das nur ein äußerliches Zeichen ist. Das hat Adorno zu zeigen versucht. Das Neue ist immer noch möglich, manchmal allerdings nur noch mit sehr raffinierten Mitteln, so daß die Begriffe und ihre Bestimmtheit eine enorm große Rolle spielen. Eine Lichtregulierung auf einer Kinobühne wird von jemandem mit einer photoelektrischen Zelle vorgenommen, der sagt: „Nein, das ist zu stark" usw. Doch gleichzeitig muß dieser Jemand ein Künstler sein und sagen: „Ah ja, das ist ein bißchen zu stark, genauso wollte ich es. Ich wußte es vorher nicht, doch letztlich ist es gut so." Dabei befindet man sich wirklich im Bereich des Reflexiven, weil man die Regel sucht. Man dachte, man hätte sie, aber dann hatte man sie doch nicht. Das bleibt immer noch möglich. Doch es stimmt, daß das Gewicht der Industrie bewirkt, daß das heute vielleicht schwieriger ist als zu der Zeit, als man bloß losgehen mußte, um sich ein Stück Leinwand zum Malen zu kaufen. Schon die Produktion von Kunstwerken erfordert heute, daß man bereits einen Produzenten hat. Dieser Produzent stellt Bedingungen, weil er Geld investiert. Es ist, als ob man nur unter der Bedingung ein Buch schreibt, daß der Verleger einem Papier und Bleistift kauft. Nicht mehr als Papier und Bleistift, das ist alles. Keine Zensur, sondern Papier und Bleistift. Das macht die Dinge trotzdem sehr schwierig. Zumindest ist das meine Erfahrung. Wenn man ein Film- oder ein Buchprojekt präsentiert und der Verleger sagt, daß er damit Geld verlieren würde, dann wird er einem nicht Papier und Bleistift kaufen, und man wird das Buch nicht machen.

CP: Aber bei dieser Schwierigkeit hinsichtlich des Neuen besteht doch auch eine Ambiguität des Erhabenen in bezug auf den Kapitalismus, weil alles Neue vom Kapitalismus vereinnahmt wird, wie auch die Neuen Technologien. Wie kann man mit diesem ‚Ideal' des Erhabenen eine wirklich kritische Haltung gegenüber dem Kapitalismus und den Neuen Technologien einnehmen?

JFL: Man muß mit größter Sorgfalt innerhalb des Terminus des Neuen oder der Innovation unterscheiden, was nur in die Ordnung der Reproduktion und was tatsächlich zum „Neuen" gehört.

CP: Aber trotzdem haben Sie gesagt, daß der Kapitalismus selbst gewisse erhabene Züge hat.

JFL: Das war vielleicht etwas schnell gesagt. Es sollte heißen, daß der Kapitalismus, insofern er expandiert, offensichtlich prinzipiell an Neuheiten interessiert ist. Aber nicht jede Neuheit ist erhaben. Das Kapital kalkuliert, was es für die Zirkulation an Neuem und an Nicht-Neuem benötigt. Was man an Neuheiten braucht, um den Markt auszudehnen und die Macht, also die Herrschaft des Kapitals, zu vergrößern, und was man vom Gleichen braucht, vom Nicht-Neuen, Wiedererkennbaren, damit die Reproduktibilität funktioniert. Diese Art Spanne ist nun wirklich äquivok. Unsere Aufgabe besteht darin, zwischen einer Neuheit, die den Verkauf steigert, und einer Neuheit, die etwas fühlen läßt oder Zeugnis ablegt, zu unterscheiden.

CP: Wer empfindet das Gefühl, wer legt Zeugnis ab? Man könnte meinen, daß die Wichtigkeit, die Sie dem Erhabenen und dem Ereignis einräumen, zu einer Genieästhetik führt. Doch Sie sagen z.B. in *Que peindre?* ganz im Gegenteil, daß es nicht um eine Ästhetik geht, die sich auf ein Subjekt bezieht. Ebenso im *Widerstreit:* nicht das Subjekt spricht, sondern die Sprache. – Wer empfindet das Gefühl des Erhabenen, wer bringt das Ereignis hervor? Wie soll man sich eine Ästhetik ohne Subjekt vorstellen? Ebenso im *Widerstreit:* wer fühlt sich aufgerufen, vom Widerstreit Zeugnis abzulegen? Würden Sie nicht wenigstens eine Art flexiblen ‚Haufen' Subjektivität zugestehen, vielleicht kein Subjekt, aber etwas wird doch berührt. Was, wenn nicht Subjektivität?

JFL: Das hängt davon ab, was man unter ‚Subjekt' versteht. Offen gestanden habe ich von diesem Terminus genug, weil man alles mögliche darunter subsumiert. Man kann die Dinge trotzdem ziemlich einfach mit Hilfe unseres wackeren Kant klären. Es gibt ein Problem des Subjekts bei Kant. Schon in der ersten *Kritik* stellt sich explizit die Frage, ob es eine synthetische Einheit der Apperzeption, eine finale Einheit gibt. Kant sagt: ja, ich brauche ein *Ich denke**, obwohl es vielleicht nur eine reine Abstraktion ist. Das ist schon ziemlich verdächtig. Welcher Zusammenhang besteht nun aber vor allem zwischen diesem *Ich denke** der ersten *Kritik* und dem ‚Du sollst' der zweiten? Ein Zusammenhang von ‚Ich' und ‚Du', der gar nicht selbstverständlich ist. Als ‚Ich bin' denke ich z.B., schreibe, erkenne, artikuliere, argumentiere ich – alles Aufgaben des Verstandes und der Vernunft. Aber als – wie soll ich sagen – ‚Ich soll', doch eigentlich ist es nicht ‚Ich soll', sondern ‚Du sollst', bin ich Empfänger eines Gesetzes. Ist der Empfänger eines Gesetzes ein Subjekt? Das kommt darauf an. Wenn man unter ‚Subjekt' denjenigen versteht, der den Platz des Sprechers einnimmt, dann nein, weil er Hörer ist. Wenn man unter ‚Subjekt' jede Instanz versteht, die von einer Sprache betroffen ist, einverstanden. Dann ist man von vornherein aus dem Schneider. Das ist eine Lösung, aber man sagt damit nichts aus. – Die Ästhetik des Erhabenen wurde eine Zeitlang als Genieästhetik thematisiert. Was versteht man darunter? Eben gerade eine Ästhetik – und ich glaube, daß das ein tiefer Sinn des Wortes Ästhetik im Unterschied zur Poetik ist –, in der man den Künstler vor allem als Empfänger betrachtet, als ‚Du' und nicht als ‚Ich'. Kant sagt selbst, daß dieser neue Formen erfindet, jedoch deren Regeln nicht kennt, daß die Natur im Geist handelt usw., d.h., daß sich der Geist in der Tat in der Position befindet, für etwas empfänglich zu sein, über das er keine Kontrolle hat. Darum ging es in der *Querelle des Anciens et des Modernes,* und interessanterweise waren die Modernen schon Männer des Begriffs, während die ‚Partei' der *Anciens* – besonders Boileau – die These des Genies vertraten. Das ist sehr seltsam, denn die Poetik ist in keiner Weise eine Genieästhetik, ganz im Gegenteil. Die Modernen nahmen also eine fast alte *(d'ancien)* Position ein, und die *Anciens* eine, die ich versucht wäre, ‚modern' zu nennen.

CP: Und wer empfindet das Gefühl?

JFL: Wir haben vorhin bereits darüber gesprochen. Kann man sich ein Gefühl vorstellen, das nicht von jemandem empfunden wird? D.h. ein Gefühl, daß ein fremder Gast in einem Haus ist, welches nichts von diesem Gast merkt? Das ist immerhin nicht undenkbar. Ich sehe daran nichts Monströses. Das heißt nicht, daß es kein Subjekt gibt, denn es gibt ja das Haus. Das Haus ist ein Subjekt. Interessant ist aber nicht das Haus, sondern der heimliche Gast. Dieser Gast ist so heimlich, daß das Haus nichts von ihm merkt. Von Zeit zu Zeit verläßt etwas das Haus, was das Haus nicht kennt. Das werde ich ja wohl noch denken dürfen.

CP: Aber im *Widerstreit* gehen Sie so weit zu sagen, daß „es spricht", die Sprache spricht, und gestehen den Diskursgenres sogar Gefühle zu. Geraten Sie damit nicht in dasselbe Dilemma wie z.B. die Strukturalisten, die aus der Struktur eine Art neues Subjekt gemacht haben?

JFL: Nein. Zwei Dinge. Sie sagen, daß die Diskursgenres Gefühle hätten. Es steht klar im *Widerstreit,* daß die Diskursgenres auf etwas abgezweckt sind. Man benutzt die Rhetorik zu Zwecken der Überredung, die Poetik zu Zwecken der Rührung, das Kognitive zu Zwecken der Überzeugung. Die Diskursgenres erlegen also Anknüpfungen auf, um gewisse Ziele zu erlangen. Ich glaube nicht, daß man ein Diskursgenre verstehen kann, wenn man nicht gelten läßt, daß eine Teleologie in es eingeschrieben ist, ein gewisser Typus von Einsatz, der spezifisch für es ist. So versuche ich es jedenfalls zu verstehen. Man kann mir also nicht vorwerfen, daß die Diskursgenres wie Personen sind. Das sage ich nicht. Ich sage, daß es lokale Finalisierungen von Diskursgenres gibt, die einen bestimmten Diskurstypus definieren und die wir in die Sprache der Produktion übersetzen können: jedes Diskursgenre produziert einen spezifischen, ihm eigenen Effekt. Wenn Sie bei einer Wahlversammlung auf die Bühne steigen und ein Gedicht aufsagen, funktioniert das nicht. – Zweitens: Wenn ich sage, daß die Sprache spricht, heißt das ganz einfach, daß ich, wenn ich in eine Sprache eintrete, in etwas eintrete, das vor mir spricht. Alle Wörter, über die ich Herr zu werden versuche, wie man so schön sagt – was übrigens niemals gelingt –, sagen bereits sehr viel mehr, als ich weiß. Es spricht also. Das sind *„Les voix du silence"* (Die Stimmen der Stille), wie Merleau-Ponty und Malraux gesagt hatten. Das heißt nicht, daß das Unbewußte wie eine Sprache strukturiert ist. Ich bin kein Neostrukturalist oder Poststrukturalist in diesem Sinne, eben weil ich das nicht glaube. Ich habe ein ganzes Buch dagegen geschrieben: *Discours, figure.* Was heißt überhaupt ‚Sprache'? Alles und nichts. Wenn ich sage ‚es spricht', heißt das nicht, daß es sich um eine Sprache handelt, sondern im Gegenteil um eine Masse von Bedeutungen und Konnotationen, die fest oder freischwebend mit den Wörtern oder den Wortformationen, die sich Sätze nennen, verbunden sind. Und dahinein komme ich unaufhörlich, nicht nur in der Kindheit. In dieser Hinsicht bleibt man immer ein Kind. Es ist gerade nicht strukturiert. Ich fühle mich also nicht als verkappter Subjektivist, der sich hinter der Struktur verbirgt.

CP: Sie sagen z.B., daß ein Satz geschieht und ein Widerstreit zwischen den einzelnen Diskursgenres besteht, wie man daran anknüpfen soll. Sie wollen alle. Das meinte ich vorhin mit den Gefühlen der Diskursgenres. Meinen Sie, daß das durch den jeweiligen Zweck veranlaßt wird?

JFL: Ja. Das ist meine Kritik an Lévi-Strauss, den ich mit großer Leidenschaft gelesen habe. Seine Vorstellung von der Ordnung der Erfahrung im weitesten Sinne, also z.B. der Geschlechtsunterschiede, Generationsunterschiede, des Naturbezugs usw., seine Vorstellung, daß die Sinnproduktion immer durch eine Ordnung erfolgt, die sich Struktur nennt und selbst nicht kontrolliert wird, ist an sich gut, aber begrenzt dadurch, daß er zu glauben scheint, daß dies das einzige Mittel ist. Es ist aber nur eines der Mittel. Die Struktur ist ein Organisationsmodus, der, wenn ich so sagen darf, den Zwecken von Lévi-Strauss angepaßt ist. Es ist, als ob ‚die Wilden' strukturiert sind, damit der Ethnologe, der Gelehrte, verstehen kann. Man sieht daran sehr gut, daß eine Konvergenz der Zweckmäßigkeiten zwischen den Organisationstypen, die Lévi-Strauss sich vorstellt, besteht und dem Organisationstyp, den man zum Wissen benötigt und der sich Struktur nennt, d.h.: im Grunde ist es eine kognitive Organisation. Meines Erachtens ist das nur *ein* Diskursgenre. Lévi-Strauss gibt dem kognitiven Diskursgenre durch die Struktur eine absolute Vorherrschaft. Ich glaube, daß man z.B. eine mythische Erzählung auch ganz anders untersuchen kann. Ein Vorteil der Einführung der Pragmatik in die Untersuchung der Sprachen bestand darin, daß es andere mögliche Zwecke, also andere mögliche Beschreibungen des Diskursgenres gibt, das sich Erzählung nennt, als die strukturalistische. D.h.: nicht nur zu Zwecken des Verstehens, sondern z.B. auch des Überredens, der Rückversicherung. Dabei geht es um ganz etwas anders als um Erkenntnis. Ich glaube, daß man ein Diskursgenre in der Tat im Hinblick auf seinen Einsatz definieren kann. Dieser Gedanke des Einsatzes stammt von Aristoteles und seiner Unterscheidung der Analytiken, Topiken, sophistischen Widerlegungen, der Rhetorik bzw. Rhetoriken, der Poetik, der Ethik usw. Diese wunderbare Aufteilung der verschiedenen Diskursgenres kommt von Aristoteles und von den Sophisten, die trotz allem auf gleiche Weise gearbeitet haben. Es sind die Unterscheidungen der Grammatiker im alten Sinne des Wortes. Man muß sich neue ausdenken, hat Wittgenstein gesagt. Es gibt neue Vororte, die zur alten Stadt der Sprache hinzukommen. Vielleicht ist die Kybernetik ein neuer Vorort und vielleicht besteht ihr Zweck im Beherrschen.

CP: Kann man denn die Diskursgenres überhaupt so klar trennen? Im *Widerstreit* betonen Sie die extreme Heterogenität der unterschiedlichen Diskursgenres. Jedes muß von anderen unterschieden werden, damit keines seine Macht über ein anderes ausüben kann. Bestehen nicht immer auch Übergänge zwischen ihnen? Doch wie soll man sich die vorstellen, wenn die Diskursgenres wirklich so unterschiedlich sind und alle ihre eigene Regel haben? Wie ist da noch ein Übergang denkbar? Ästhetisch oder zumindest reflektierend? Welche Rolle spielt die reflektierende Urteilskraft dabei?

JFL: Die Antwort ist ganz einfach: Die klare Unterscheidung der Diskursgenres ist nur auf einer Ebene möglich, die ich transzendental im Kantischen oder analytisch im Aristotelischen Sinne nennen würde. In der Praxis, d.h. in der Empirizität, in dem, was man – leider – den Sprach-„Gebrauch" nennt, also in der Art und Weise, wie sich die Sätze faktisch bilden und aneinander anknüpfen, schwimmen wir offensichtlich in Äquivozität. Es kommt sehr häufig vor, daß ein bestimmter deskriptiver Satz den Wert eines präskriptiven haben kann. „Oh, die Tür ist offen" heißt: „Schließ die Tür!" Auch die Interrogation ist ein Diskursgenre, das eine Präskription bedeuten kann: „Könnte man nicht daran denken, die Tür zu schließen?" Die Praxis, die Oberfläche – um ein altes Wort zu gebrauchen – der Satzanknüpfungen ist ein fast unentwirrbares Mischmasch. Trotzdem irrt man sich seltsamerweise gar nicht so häufig, d.h., daß der Gesprächspartner, wie z.B. der Empfänger von „Oh, die Tür ist offen", versteht, daß er sie schließen soll. Man kann nicht verstehen, wie Sätze im weitesten Sinne – einschließlich des Satzes aufzustehen und die Tür zu schließen – aneinander anknüpfen, wenn man nicht berücksichtigt, daß die transzendentalen Werte der Diskursgenres gegenwärtig sind. Diese erlauben die Unterscheidung und bewirken, daß die Verknüpfung nach einem bestimmten Genre vorgenommen wird. Man kann sehr wohl auf „Oh, die Tür ist offen" mit „na und?" anknüpfen, also mit einem ganz anderen Genre, das der impliziten Erwartung dieser falschen Deskription, die in Wirklichkeit eine Präskription ist, nicht entspricht. Dafür braucht man keine Ästhetik.

CP: Ist es denn selbst auf transzendentaler Ebene möglich, sie so klar zu trennen? Kant gelingt es z.B. nur über die Exklusion, das Ästhetische von den anderen zu unterscheiden. Er sagt zu Beginn der Analytik des Schönen: das Schöne ist weder das noch das, er denkt also alle drei Teile zusammen. Ist das nicht schon ein Übergang, wenn man ein Diskursgenre nur in Abgrenzung zu anderen definieren kann? Man denkt sie zusammen, und das ist eine Art – vielleicht ein reflektierender – Übergang.

JFL: Man hat keine Wahl. Denn man tritt in eine Sprache als ungeordnetes Gewimmel von Sinn und möglichen Konnotationen ein, die vollkommen Gegenteiliges sagt. Z.B. die Volksweisheiten, aus denen Tausende von Sprichwörtern entstehen. Diese Sprichwörter sagen eine Sache und ihr Gegenteil. Man kann für alles, was man sagen will, ein passendes Sprichwort finden. Das würde ich die Prosa im fast ontologischen Sinne des Wortes nennen. Die Prosa der Sprache, die Sprache als Prosa ist etwas, das gerade kein Ziel hat. Sie bildet eine Art Palette, auf der alle Chromatismen, alle Bedeutungen vorhanden sind und in die man eintritt. Die Diskursgenres sind atomische, molekulare Organismusformationen, die Einheiten – Sätze, Wörter – isolieren, um sie auf eine gewisse Weise zu ordnen. Die Physiker kennen das unter dem Namen der Reihung, die einen Körper bildet. Ich nenne das Zweckmäßigkeit, aber das ist nicht wichtig. Man kann die Reihungen, die konstitutiv für die Sprachorganismen sind, die ich Diskursgenres nenne und die als Entitäten nie als solche präsent sind, nicht beschreiben, ohne sie zu vergleichen, ohne sie von anderen Formationen zu unterscheiden. Auf dem Hintergrund des reinen Un-Sinns, der Palette im Rohzustand, der absoluten Prosa, die die immer bedrohliche Grundlage bildet. Kant beschreibt sogar auch die Ethik in bezug auf das Kognitive negativ. Er sagt: In der Ethik besteht auch eine *Gesetzmäßigkeit**, aber sie ist ein *Typos* und hat nicht dieselbe Funktion. Er unterscheidet, analysiert selbst hier noch. Anders geht es nicht, weil wir endlich sind. All das übersteigt uns.

CP: Gibt es Übergänge auf der transzendentalen Ebene? Denn wenn es keine Übergänge, keine gemeinsamen Punkte gäbe, dann gäbe es keinen Widerstreit. In der Archipelmetapher sagen Sie, daß die Urteilskraft die unterschiedlichen Gebiete bestimmt ...

JFL: Ja, das ist die Unterscheidungsfunktion, die ich eben erwähnte ...

CP: ... aber wenn sie sie *bestimmt,* wenn die verschiedenen Diskursgenres also festgelegte Regeln haben, die nichts miteinander zu tun haben, gibt es keinen Widerstreit.

JFL: Sie haben vollkommen recht. Zwei Antworten. Auf der empirischen Ebene – wenn ich so sagen darf –, d.h., wenn wir in unserem Kauderwelsch schreiben, das eher Sprache als Denken ist (obwohl ich nicht weiß, ob das die Angelegenheit regelt), gibt es immer Sätze, die anders verstanden werden können, besteht also immer eine Äquivozität. Es ist äußerst selten, daß wir bei dem ankommen, was wir versucht haben zu machen, daß es uns gelingt, Eindeutigkeiten einzugrenzen. Man kann also die Aufgabe des Unterscheidens nicht umgehen. Diese Unterscheidung, Analyse, Kritik – all diese Termini meinen dasselbe – bedeutet eine reflexive Aktivität, die zu trennen versucht, auch wenn sie ihre eigene Regel noch nicht hat, und in diesem Sinne ist es sicher, daß das reflexive Urteil die kritische Haltung konstituiert. Es ist ihre einzige Grundlage. Mit dem Entdecken des reflexiven Urteils gibt Kant seine Methode. Er beginnt nicht mit der Doktrin, sondern mit dem Versuch, die Regel zu finden. – Meine andere Antwort betrifft die transzendentale Ebene. Sie sagen, daß trotzdem Beziehungen zwischen den Vermögen bestehen, die ich so sorgfältig trenne, weil man ohne sie diese gar nicht trennen müßte. Im Unterschied zu Aristoteles sind die Vermögen bei Kant rein abstrakte Entitäten auf dem Papier. Sie sind Fähigkeiten, wie das Wort Vermögen sagt. Erkenntnisfähigkeiten, Fähigkeiten, gerecht zu sein, reine Lust zu empfinden usw. Ich sage

,usw.', weil es auch Untereinheiten innerhalb der Vermögen gibt, je nachdem, ob es sich um Gemüts- oder Erkenntnisvermögen handelt. Es sind also nur Fähigkeiten, die durch Kants reflexives Urteil auf dem Papier eingeschrieben worden sind. Dieses reflexive Urteil gibt letztlich die Bedingungen der Möglichkeit apriori dafür an, daß ein kognitiver Satz Anspruch auf Wahrheit erheben kann. Es untersucht alle Bedingungen der Möglichkeit apriori und leitet daraus ein Erkenntnisvermögen ab, das sich Verstand nennt und eine Gruppe von Bedingungen der Möglichkeit der Realität ausmacht. Sehr merkwürdige Vorgehensweise. Man geht vom Gegebenen aus und erarbeitet dessen Bedingungen der Möglichkeit. Man verwandelt also das Reale in Mögliches, man vermöglicht. Wenn man wieder herabsteigen will, spielt das Interesse der Vermögen eine Rolle. Typisch Kantischer Ausdruck. Was kann das heißen: ein Interesse der Vermögen? Das Interesse eines Vermögens besteht in seiner Aktualisierung. Es ist daran interessiert, da zu sein. Man muß sich das so vorstellen – und jetzt übertreibe ich ein bißchen –, daß es innerhalb der Kantischen Vermögen, die sich zu aktualisieren suchen, eine Art Energetik, Philosophie des *Conatus* gibt. Sich aktualisieren heißt, in dem Moment da zu sein, wo ich spreche, Sie sprechen, wir sprechen. Dieser Moment ist einzig. Daher streiten die Vermögen in diesem Moment um die Aktualisierung. Es gibt also Konflikte, Überschneidungen, Übereinkünfte, Vergleiche, einen richtigen Handel, um zur Aktualisierung zu kommen. Die Vermögen sind wie Banken, deren Investitionsgebiet bereits bestimmt ist – Bank für Konsumkredite, Bank für Produktionskredite, Bank für eigentliche Handelskredite usw. Aber all das besteht – wie man so schön sagt – nur auf dem Papier. Anders gesagt: es ist nur interessant, wenn es investiert wird.

CP: Und sie wollen sich ausdehnen.

JFL: Ja, das geschieht z.B. im Erhabenen. Die Vernunft will sich ausdehnen und nimmt der Einbildungskraft an Boden. Es gibt also Konflikte, aber diese setzen ein Interesse der Vermögen voraus, sich zu aktualisieren, d.h., präsent zu werden. Bei Kant gibt es meines Erachtens eine Art geheime dynamische Ontologie. Doch man hat nicht das Recht, das zu behaupten, weil die Vermögen bloße Entitäten sind und bleiben, die aus der reflexiven Analyse resultieren und keinerlei Realität besitzen.

Siegen, am 6. Mai 1988

Aus dem Französischen von Christine Pries

Bibliographie

Peer Sporbert

Die folgende Bibliographie ist eine Auswahlbibliographie. Neben den von den Autoren dieses Bandes zitierten Texten finden sich Werke zum Erhabenen und aus seinem direkten Umkreis, wobei es sich vornehmlich um theoretische Erörterungen handelt – auf Werke aus der schönen Literatur, die der Ästhetik des Erhabenen zuzurechnen sind, mußte aus Platzgründen weitestgehend verzichtet werden. Bei der Auswahl der Texte wurde besonderer Wert darauf gelegt, für jeden Aspekt des Erhabenen Belege zusammenzutragen. Die Werke, die den Begriff des Erhabenen für die neuzeitliche Ästhetik entwickelten – die französischen Texte des 17. Jahrhunderts und die englischen Texte des 18. Jahrhunderts –, und diejenigen, welche die gegenwärtige Renaissance des Erhabenen ausgelöst haben, wurden besonders ausführlich berücksichtigt.

Abbeele, Georges van den: Up against the wall: The stage of judgement, in: *Diacritics* Vol. 14, Nr. 3, 1984, S. 90–98.

Adam, Antoine: *Histoire de la Littérature française au XVII Siècle*, Paris 1962.

Addison, Joseph: Essays on the Pleasures of the Imagination, in: ders./Steele, Richard, *The Spectator*, 4 Bde, (Hrsg): Smith, Gregory, New York/London 1967 (Everyman's Library) Band III, S. 276–309; deutsch: *Der Zuschauer*, übers. v. Gottsched, Luise Adelgunde Victorie u. a., 9 Tle, Leipzig 1739–1744.

Adorno, Theodor W.: *Ästhetische Theorie*, Frankfurt/M. 1983.

– Thesen über die Sprache des Philosophen, in: ders., *Gesammelte Schriften* (*GS*), Band 1: Philosophische Frühschriften, Frankfurt/M. 1973.

– Negative Dialektik, in: ders., *GS*, Band 6, S. 7–412.

– Schubert, in: ders., *GS*, Band 17, S. 18–33.

– *Minima Moralia. Reflexionen aus dem beschädigten Leben*, Frankfurt/M. 1980.

– *Philosophie der neuen Musik*, Frankfurt/M. 1958.

Aggeler, William F.: *La Conception du Sublime dans la Littérature française de 1660 à 1720*, Berkeley 1939.

A. G. I. (Pseud.): Examination of Burke's Theory of the Sublime, in: *The Knickerbocker Magazine* II, 1833, S. 113–119.

Akenside, Mark: *The Pleasures of Imagination*, London 1744.

Albert, Karl: *Die Lehre vom Erhabenen in der Ästhetik des Deutschen Idealismus*, (Diss.) Bonn 1950.

Albrecht, William Price: *The Sublime Pleasures of Tragedy. A Study of Critical Theory from Dennis to Keats*, Lawrence/Manhattan/Wichita 1975.

Alewyn, Richard: Die literarische Angst, in: Ditfurth, Hoimar von (Hrsg): *Aspekte der Angst. Starnberger Gespräche*, Stuttgart 1965, S. 38–52 (Nachdruck München 1977).

– Die Lust an der Angst, in: ders., *Probleme und Gestalten. Essays*, Frankfurt/M. 1974, S. 307–330.

Alision, Archibald: *Essays on the Nature and Principles of Taste*, Edinburgh 1790; und in: Elledge, Scott (Hrsg): *Eighteenth-Century Critical Essays*, Ithaca/New York 1966, Band 2, S. 1011ff.

Allen, Grant: The Origin of the Sublime, in: *Mind* III, 1878, S. 324–339.

Alloway, Lawrence: The American Sublime, in: *Arts Magazine,* Nr. 2, 1963.

– *Barnett Newman. The Stations of the Cross*, The Salomon R. Guggenheim Museum, New York 1966.

– Notes on Barnett Newman, in: *Art International* XII, Nr. 6, 1969.

Anderson, Howard/Shea, John S. (Hrsg): *Studies in Criticism and aesthetics 1660–1800, Essays in honor of Samuel Holt Monk*, Minneapolis 1967.

Anonym: *An Essay on the Sublime in writing*, o.O. 1759.

Anonym: The sublime and the beautiful – Progress of Criticism, in: *Eclectic Magazine of Foreign Literature, Science and Art* LX, 1863, S. 387–396.

Anonym: Kant on the National Character in Relation to the Sense of the Sublime and the Beautiful, in: *London Magazine* LX, 1824, S. 381–388.

Anonym: Vom bürgerlichen Trauerspiele, in: *Neue Erweiterungen der Erkenntnis und des Vergnügens* 6, 1755.

Anonymos: Abhandlung von den Ursachen des Vergnügens, welches uns die Beschreibungen unvollkommner Dinge bey den Rednern und Dichtern geben, in: Mylius, Christlob/Cramer, Johann Andr. (Hrsg): *Bemühungen zur Beförderung der Critik und des guten Geschmacks*, Halle 1743, Band I, S. 159–178.

Anonymos: Von den Gründen des Vergnügens an traurigen Gegenständen, in: *Neue Bibliothek der schönen Wissenschaften und der freyen Künste,* 1791, Band 43, S. 177–185.

Anonymos: [Rez.] Edmund Burke, A philosophical Enquiry into the Origin of the Sublime and Beautiful, in: *The Critical Review, or Annals of Litterature* III, London 1757, S. 361–374.

Anz, Thomas: Die Historizität der Angst. Zur Literatur des expressionistischen Jahrzehnts, in: *Jahrbuch der deutschen Schillergesellschaft* 19, 1975, S. 237–283.

Apollinaire, Guillaume: *Les peintres cubistes. Méditations esthétiques*, Genf 1950; deutsch: *Die Maler des Kubismus*, Zürich 1956.

Appleton, Jey: *The Experience of Landscape*, London 1975.

Arensberg, Mary (Hrsg): *The American sublime*, Albany/New York 1986.

Aristoteles: *Dichtkunst*, übers. v. Curtius, Michael Conrad, Hannover 1753.

– *Poetik*, griechisch/deutsch, Übers. u. Eingel. v. Fuhrmann, M., Stuttgart 1982.

– *Rhetorik*, Übers. mit einer Bibliographie, Erläuterungen u. einem Nachwort v. Sieveke, Franz G., München 1980.

Armstrong, John: *Taste: an Epistle to a Young Critic*, London 1753.

Assmann, Aleida: Vorwärts im Rückwärtsgang, in: *Neue Zürcher Zeitung* vom 3. 1. 1989.

Atkins, J. W. H.: *Literary Criticism in Antiquity*, [2] London 1952, Band 2, S. 210–253 (Nachdruck Gloucester/Mass. 1961).

Augustinus: *Confessiones – Bekenntnisse, lateinisch/deutsch*, München 1960, bes. Buch X – XII.
Avison, Charles: *An Essay on Musical Expression*, London 1753.

Bachelard, Gaston: *Poetik des Raums*, München 1960.
Baeumler, Alfred: *Ästhetik*, Darmstadt 1972.
– *Das Irrationalitätsproblem in der Ästhetik und Logik des 18. Jahrhunderts bis zur Kritik der Urteilskraft*, zuerst 1923, Neudr. mit einem Nachwort, Darmstadt 1975.
Bahr, Hans-Dieter: *Sätze ins Nichts, Versuch über den Schrecken*, Tübingen 1985.
Baillie, John: *An Essay on the Sublime* (1747), Los Angeles 1953.
Baioni, Giuliano: Naturlyrik, in: Glaser, Horst Albert (Hrsg): *Deutsche Literatur. Eine Sozialgeschichte*, Band 4: Zwischen Absolutismus und Aufklärung: Rationalismus, Empfindsamkeit, Sturm und Drang (1740–1786), Reinbek b. H. 1980, S. 234–253.
Balint, Michael: *Angstlust und Regression. Ein Beitrag zur psychologischen Typenlehre*, Reinbek b. H. 1972.
Barker, Arthur: „... And on his crest sat Horror". Eighteenth-Century Interpretation of Milton's Sublimity and his Satan, in: *University of Toronto Quarterly* 11, 1942, S. 421–436.
Barnes, Thomas: On the Pleasures which the Mind in many Cases receives from Contemplating Scenes of Distress. Read April 3, 1782, in: *Memoirs of the Literary and Philosophical Society of Manchester*, Vol. I., 1785, S. 144–158.
Barnouw, Jeffrey: The Morality of the Sublime: Kant and Schiller, in: *Studies in Romanticism* 19, 1980, Heft 4, S. 497–514.
– The Morality of the Sublime: To John Dennis, in: *Comparative Literature* 35, 1984, Heft 1, S. 21–42.
Barrett, Basil: *Pretensions to a Final Analysis of Sublimity. With an Appendix, Explaining the Causes of the Pleasure which is Derived from Tragedy*, London 1812.
Bartels, Klaus: Zwischen Fiktion und Realität: Das Phantom, in: *Zeitschrift für Semiotik*, Band 9, 1987, Heft 1/2, S. 159–181.
Bartkowski, Frances: A Fearful Fancy: Some Reconsiderations of the Sublime, in: *Boundary 2* 15, 1986/87, S. 23–39.
Bartsch, Gerhard: Bemerkungen zur Bedeutung der drei antiken Autoritäten Aristoteles, Horaz und Pseudo-Longinus in der Ästhetik des 18. Jahrhunderts unter besonderer Berücksichtigung des Begriffs des Erhabenen, in: Rump, Gerhard Charles (Hrsg): *Kunst und Kunsttheorie des 18. Jahrhunderts in England. Studien zum Wandel ästhetischer Anschauungen 1650–1830*, Hildesheim 1979, S. 119–159.
Bartuschat, Wolfgang: *Zum systematischen Ort von Kants Kritik der Urteilskraft*, Frankfurt/M. 1972, bes. S. 118ff.
Basch, Victor: *Essai Critique sur l'esthétique de Kant*, Paris 1927.
Bataille, Georges: *L'érotisme*, 1957; deutsch: *Der heilige Eros*, Darmstadt/Neuwied 1974.
– Der Begriff der Verausgabung, in: ders., *Das theoretische Werk*, Band I. Die Aufhebung der Ökonomie, München 1974, S. 9–31.
Bate, W. Jackson: *The Burdon of the Past and the English Poet*, Cambridge/Mass. 1970 (Nachdruck New York 1972).
Batteux, Charles: *Principes de la Littérature*, [5] Paris 1774.
Battisti, Eugenio/Assunto, Rosario: Artikel: Tragedy and the Sublime, in: *Encyclopedia of World Art*, Bd. XIV, New York/Toronto/London 1967, Sp. 264–276.

Baudelaire, Charles: *Zur Ästhetik der Malerei und der bildenden Kunst*, München o.J.

Baudrillard, Jean: Towards the vanishing point of Art, in: *Kunstforum International*, Band 100, April/Mai 1989, S. 386–391.

Baumgarten, Alexander Gottlieb: *Aesthetica* in 2 Bänden, Frankfurt/O. 1750/1758 (Nachdruck 1961).

– *Theoretische Ästhetik. Die grundlegenden Abschnitte aus der ‚Aesthetica' (1750/1758)*, lateinisch/deutsch, Übers. u. hg. v. Schweizer, Hans Rudolf, Hamburg 1983.

Beattie, James: Illustrations on Sublimity, in: ders., *Dissertations, Moral and Critical. Facsimile-reprint of the first edition, London 1783. With a bio-bibliographical notice on Beattie by Friedrich O. Wolf*, Stuttgart 1970, S. 605–655.

– Bemerkungen über das Erhabene, in: ders., *Moralische und kritische Abhandlungen*, aus dem Englischen, mit Zusätzen v. Große, Carl Friedrich August, 3 Tle., Göttingen 1790.

– Erläuterungen über das Erhabene, in: *Neue Bibliothek der schönen Wissenschaften und der freyen Künste*, Leipzig 1785, Band 30, S. 5–52 u. 195–228.

Becker, Oskar: Von der Hinfälligkeit des Schönen und der Abenteuerlichkeit des Künstlers. Eine ontologische Untersuchung im ästhetischen Phänomenbereich, in: *Festschrift. Edmund Husserl zum 70. Geburtstag gewidmet*, Ergänzungsband zum Jahrbuch für Philosophie und phänomenologische Forschung, Halle 1927, S. 27–52.

Begemann, Christian: Erhabene Natur. Zur Übertragung des Begriffs des Erhabenen auf Gegenstände der äußeren Natur in den deutschen Kunsttheorien des 18. Jahrhunderts, in: *Deutsche Vierteljahresschrift für Literaturwissenschaft und Geistesgeschichte*, Band 58, 1984, Heft 1, S. 74–110.

– *Furcht und Angst im Prozeß der Aufklärung. Zur Literatur und Bewußtseinsgeschichte des 18. Jahrhunderts*, Frankfurt/M. 1987.

Bender, Wolfgang: *Johann Jacob Bodmer und Johann Jakob Breitinger*, Stuttgart 1973.

– Lessing, Dubos und die rhetorische Tradition, in: Barner, Wilfried/Reh, Albert M. (Hrsg): *Nation und Gelehrtenrepublik. Lessing im europäischen Zusammenhang. Beiträge zur internationalen Tagung der Lessing Society* (11.–13. Juli 1983), München 1984, S. 53–66.

Benhabib, Seyla: Kritik des ‚postmodernen Wissens' – eine Auseinandersetzung mit Jean-François Lyotard, in: Huyssen, Andreas/Scherpe, Klaus R. (Hrsg): *Postmoderne. Zeichen eines kulturellen Wandels*, Reinbek b. H. 1986, S. 103–127.

Benjamin, Walter: *Das Passagen-Werk* Band I u. II, (Hrsg): Tiedemann, Rolf, Frankfurt/M. 1983.

– Goethes Wahlverwandtschaften, in: ders., *Gesammelte Schriften* (*GS*), (Hrsg): Tiedemann, Rolf/Schweppenhäuser Herrmann, Frankfurt/M. 1980, Band I.1.

– Ursprung des deutschen Trauerspiels, in: *GS*, Band I.1.

– Über den Begriff der Geschichte, in: *GS*, Band I.2.

– Das Kunstwerk im Zeitalter seiner technischen Reproduzierbarkeit, in: *GS*, Band I.2.

– Über das Programm der kommenden Philosophie, in: *GS*, Band II.1.

– Der Erzähler. Beobachtungen zum Werk Nikolai Lesskows, in: *GS*, Band II.2.

– Einbahnstraße, in: *GS*, Band IV.1.

Benn, Gottfried: *Briefe an F.W. Oelze 1945–1949*, (Hrsg): Steinhagen, Harald/Schröder, Jürgen, Wiesbaden/München 1979.

Bergenholtz, Henning: *Das Wortfeld „Angst". Eine lexikographische Untersuchung für ein großes interdisziplinäres Wörterbuch der deutschen Sprache*, Stuttgart 1980.

Berghahn, Klaus G.: Das Pathetischerhabene, in: Grimm, Reinhold (Hrsg): *Deutsche Dramentheorien* I, [3] Wiesbaden 1980, S. 197–222.

Bernhard, Kenneth: Charles Brockden Brown and the Sublime, in: *The Personalist* XLV, 1964, S. 235–249.

Bilz, Rudolf: Der Subjektzentrismus im Erleben der Angst, in: ders., *Studien über Angst und Schmerz*, Frankfurt/M. 1974.

Birkhead, Edith: *The Tale of Terror. A Study of the Gothic Romance*, London 1921.

Blair, Hugh: *A Critical Dissertation on the Poems of Ossian, the Son of Fingal*, London 1763.

– *Lectures on Rhetoric and Belles Lettres*, London 1783; deutsch: *Vorlesungen über Rhetorik und schöne Wissenschaften*, übers. v. Schreiter, K. G., 4 Bde. Liegnitz/Leipzig 1785–1789.

Blankenburg, Friedrich von: *Literarische Zusätze zu Johann Georg Sulzers Allgemeiner Theorie der schönen Künste*, Leipzig 1796 (Nachdruck Frankfurt/M. 1972, Band 1, Artikel: Erhaben, S. 484–490).

Bloom, Harold: The Internalization of Quest Romance, in: *The Ringers in the Tower. Studies in the Romantic Tradition*, Chicago/London 1971.

– *The Anxiety of Influence. A Theory of Poetry*, New York 1973.

– Freud and the Poetic Sublime: A Catastrophe Theory of Creativity, in: Meisel, Perry (Hrsg): *Freud: A Collection of Critical Essays*, New York 1981.

– „Auras": The Sublime Crossing and the Death of Love, in: *The Oxford Literary Review* 4, 1981, S. 3–19.

– (Hrsg): *Poets of sensibility and the sublime*, New York 1986.

Blume, H.-D.: *Untersuchungen zu Sprache und Stil der Schrift ‚Peri hypsus'*, (Diss.) Göttingen 1963.

Blumenberg, Hans: *Genesis der kopernikanischen Welt*, Frankfurt/M. 1975.

– *Arbeit am Mythos*, Frankfurt/M. 1979.

– *Schiffbruch mit Zuschauer. Paradigma einer Daseinsmetapher*, Frankfurt/M. 1979.

Bodmer, Johann Jacob: Der vierte Brief. Vom Erhabenen in der Sprache, in: ders., *Critische Briefe*, Zürich 1746 (Nachdruck 1969).

– Der fünfte Brief. Anmerkungen zu dem Grundrisse eines epischen Gedichtes von dem geretteten Noah, in: ders., *Critische Briefe*, Zürich 1746 (Nachdruck 1969).

– *Critische Betrachtungen über die Poetischen Gemählde der Dichter*, Zürich 1741 (Nachdruck 1971).

– *Critische Abhandlung von dem Wunderbaren in der Poesie und dessen Verbindung mit dem Wahrscheinlichen*, Zürich 1740; Nachdruck mit einem Nachwort, (Hrsg): Bender, Wolfgang, Stuttgart 1966.

Bodmer, Johann Jacob/Breitinger, Johann Jacob: *Von dem Einfluß und Gebrauche der Einbildungs=Kraft*, Frankfurt/Leipzig 1727.

– *Schriften zur Literatur*, (Hrsg): Meid, Volker, Stuttgart 1980.

Bodmer, Johann Jacob/Calepio, Pietro dei Conti di: *Brief=Wechsel von der Natur des poetischen Geschmackes*, Zürich 1736; Nachdruck mit einem Nachwort, (Hrsg): Bender, Wolfgang, Stuttgart 1966.

Böckmann, Paul: Die Sprache des Erhabenen in Klopstocks ‚Frühlingsfeier', in: ders., *Formensprache. Studien zur Literaturästhetik und Dichtungsinterpretation*, Hamburg 1966, S. 98–105.

Boehm, Gottfried: In einander über. Anmerkungen zur Malerei Gerhard Hoehmes, in:

Ausstellungskatalog *Gerhard Hoehme, in einander über*, Frankfurt/M. 1985, S. 6–17.
– Das neue Bild der Natur. Nach dem Ende der Landschaftsmalerei, in: Smuda, Manfred (Hrsg): *Landschaft*, Frankfurt/M. 1986, S. 87–110.
Böhme, Hartmut/Böhme, Gernot: *Das Andere der Vernunft*, Frankfurt/M. 1983.
Böhme, Hartmut: Apokalypse, in: *Spuren* 22, Februar 1988, S. 37–40.
– Vergangenheit und Gegenwart der Apokalypse, in: ders., *Natur und Subjekt*, Frankfurt/M. 1988, S. 380–398.
– Über die Unvorstellbarkeit der Gegenwart und den Verbleib des Menschen, in: Strom, Hermann (Hrsg): *Verzeichnungen. Vom Handgreiflichen zum Zeichen*, Essen 1989, S. 123–141.
Bohrer, Karl Heinz: *Plötzlichkeit. Zum Augenblick des ästhetischen Scheins*, Frankfurt/M. 1981, bes. S. 126–138.
– Das Böse – eine ästhetische Kategorie?, in: ders., *Nach der Natur. Über Politik und Ästhetik*, München/Wien 1988, S. 110–132; zuerst in: *Merkur*, Nr. 436, 1985, S. 460–473.
– *Die Ästhetik des Schreckens. Die pessimistische Romantik und Ernst Jüngers Frühwerk*, München/Wien 1978.
– Wer hat Angst vor Jüngers Schrecken? Gedanken zu Ernst Jüngers Werk anläßlich seines 85. Geburtstages, in: *Frankfurter Allgemeine Zeitung* vom 29. März 1980.
Boileau–Despréaux, Nicolas: Traité du Sublime, ou du Merveilleux dans le Discours, traduit du Grec de Longin, in: ders., *Œuvres complètes*, Introduction par Antoine Adam, Textes établis et annotés par François Escal, Paris 1966.
– Au Lecteur, in: ders., *Œuvres complètes*, Paris 1966.
– L'Art poétique, in: ders., *Œuvres complètes*, Paris 1966.
– Discours sur l'Ode, in: ders., *Œuvres complètes*, Paris 1966.
– Réflexions sur Longin, in: ders., *Œuvres complètes*, Paris 1966.
Bolla, Peter de: *The Discourse of the Sublime. History, Aesthetics and Subject*, Cambridge 1989.
Bonfantini, M.: *Le idee di Boileau. Appunti conclusivi*, Turin 1965.
– *Boileau e le sue idee*, Mailand 1965.
Borgerhoff, E.B.O.: *The Freedom of French Classicism*, Princeton N. J. 1950.
Bouhours, Père Dominique: *Les Entretiens d'Ariste et de'Eugène*, Paris 1671 (Nachdruck Paris 1920).
– *La manière de bien penser dans les ouvrages de l'esprit*, [2] Paris 1688 (Nachdruck Hildesheim/New York 1974).
Bouillier, Victor: Silvain et Kant, ou les Antécédents Français de la Théorie du Sublime, in: *Revue de Littérature Comparée* VIII, 1928, S. 242–257.
Boulez, Pierre: *Anhaltspunkte*, Stuttgart 1975.
Boyle, Hon. Robert: *Some Considerations touching the Style of the Holy Scriptures*, London 1661.
Brandt, Reinhard: Einleitung, in: ders. (Hrsg): *Pseudo–Longinos: Vom Erhabenen*, griechisch/deutsch, Darmstadt 1966, S. 11–26.
– „... ist endlich eine edle Einfalt, und eine stille Größe“, in: *Johann Joachim Winkelmann (1717–1768)*, (Hrsg): Gaehtgens, Thomas W., Hamburg 1986.
Brauchli, Jacob: *Der englische Schauerroman um 1800 unter Berücksichtigung der unbekannten Bücher*, Weida 1928.
Bray, René: *La Fondation de la Doctrine classique en France*, Paris 1927.
Breitinger, Johann Jacob: *Critische Dichtkunst worinnen die Poetische Mahlerey in*

Absicht auf die Erfindung im Grunde untersuchet und mit Beyspielen aus den berühmtesten Alten und Neuern erläutert wird, Zürich 1740 (Nachdruck 1966).
– *Fortsetzung der Critischen Dichtkunst. Worinnen die Poetische Mahlerey in Absicht auf den Ausdruck und die Farben abgehandelt wird*, Zürich 1740 (Nachdruck Stuttgart 1966).
Bretall, R.W.: Kant's Theory of the Sublime, in: Whitney, George Tapley/Bowers, David F. (Hrsg): *The Heritage of Kant*, Princeton 1939 (Nachdruck New York 1962, S. 379–402).
Brody, Jules: *Boileau and Longinus*, Genf 1958.
– The Date of Boileaus ‚Traité du Sublime', in: *Romanic Review* XLVIII, 1957, Heft 4, S. 265–275.
Brunetière, Ferdinand: L'Esthétique de Boileau, in: *Revue des Deux Mondes* XCIII, 1889, S. 662–685.
Buci-Glucksmann, Christine et al., A propos du Différend. Entretien avec Jean-François Lyotard, in: *Cahiers de Philosophie* 5, Lille 1988, S. 35–62.
Bucke, Charles: *On the Beauties, Harmonies and Sublimities of Nature*, 4 vols., [2] London 1823.
Bühler, Winfried: *Beiträge zur Erklärung der ‚Schrift vom Erhabenen'*, Göttingen 1964.
Bürger, Christa: Moderne als Postmoderne: Jean-François Lyotard, in: Bürger, Christa/Bürger, Peter (Hrsg): *Postmoderne: Alltag, Allegorie und Avantgarde*, Frankfurt/M. 1987, S. 122–143.
Bürger, Peter: *Zur Kritik der idealistischen Ästhetik*, Frankfurt/M. 1983, bes. S. 144–156.
Burg, Peter: *Kant und die französische Revolution*, Berlin 1974.
Burger, Rudolf: Verschönerung der Theorie, in: *Falter*, Nr. 302, 1987, S. 23–27.
Burke, Edmund: *A Philosophical Enquiry into the Origin of our Ideas of the Sublime and Beautiful*, [2] London 1759, Nachdruck (Hrsg): Boulton, J.T., London 1958; deutsch: *Philosophische Untersuchungen über den Ursprung unsrer Begriffe vom Erhabenen und Schönen*, Nach der fünften englischen Ausgabe, übers. v. Garve, Christian, Riga 1773; und: *Vom Erhabenen und Schönen*, (Hrsg): Bassenge, Friedrich, Berlin 1956; oder: *Philosophische Untersuchung über den Ursprung unserer Ideen vom Erhabenen und Schönen* (1717), (Hrsg): Strube, Werner, Hamburg 1980.
Byron, John: *Enthusiasm. A poetical essay*, o.O. 1773.

Candrea, George: *Der Begriff des Erhabenen bei Burke und Kant*, (Diss.) Straßburg 1894.
Capelle, Wilhelm: *Die Vorsokratiker. Die Fragmente und Quellenberichte*, Stuttgart 1968.
Carlyle, Thomas: *Heldenverehrung*, übers. u. eingel. v. Friedell, E., München 1914.
Carriere, Max: Über das Erhabene. Ein Capitel aus der Ästhetik, in: *Zeitschrift für Philosophie und philosophische Kritik* 33, 1862, S. 1–29.
Carroll, David: Rephrasing the political with Kant and Lyotard, in: *Diacritics*, Vol. 14, Nr. 3, 1984, S. 74–87.
– *Paraesthetics. Foucault, Lyotard, Derrida*, New York/London 1987.
Cassirer, Ernst: *Die Philosophie der Aufklärung*, [3] Tübingen 1973.
Castel, A. P.: Réflexions sur la Nature et la Source du Sublime dans le Discours, in: *Memoires pour l'Histoire des Sciences et des Beaux Arts*, Oktober 1733, S. 1748–1762.

Chaffin, Tom: Toward a Poetics of Technology: Hart Crane and the American Sublime, in: *The Southern Review* 20, 1984, S. 68–81.

Chaitin, Gregory J.: Der Einbruch des Zufalls in die Zahlentheorie, in: *Spektrum der Wissenschaft* 9, 1988, S. 62–67.

Charles, Daniel: *John Cage oder die Musik ist los*, Berlin 1979.

Chateau, J.: Note sur le sublime, in: *La Revue d'Esthétique* IX, 1956, S. 305–311.

Chérel, A.: L'idée du Naturel et le Sentiment de la Nature chez Fénelon, in: *Revue d'histoire littéraire* 18, 1911, S. 810–826.

Christadler, Martin: Heilsgeschichte und Offenbarung. Sinnzuschreibung an Landschaft in der Malerei der amerikanischen Romantik, in: Smuda, Manfred (Hrsg): *Landschaft*, Frankfurt/M. 1986, S. 135–158.

Claessens, Dieter: Angst, Furcht und gesellschaftlicher Druck, in: ders., *Angst, Furcht und gesellschaftlicher Druck und andere Aufsätze*, Dortmund 1966, S. 88–101.

Clark, Alexander F.B.: *Boileau and the French Classical Critics in England*, Paris 1925.

Clough, Wilson O.: Reason and Genius – An Eighteenth Century Dilemma (Hogarth, Hume, Burke, Reynolds), in: *Philological Quarterly* XXIII, Januar 1944, S. 33–54.

Cohen, Hermann: Ästhetik des reinen Gefühls, 2 Bde., in: ders., *Werke*, (Hrsg): Hermann-Cohen Archiv, Hildesheim 1982, Band 8 u. 9.

Cohn, Jan/Miles, Thomas H.: The Sublime: In Alchemy, Aesthetics, and Psychoanalysis, in: *Modern Philology* 74, 1977, S. 289–304.

Coleridge, Samuel Taylor: *Anima Poetae from the Unpublished Note-Books*, (Hrsg): Coleridge, E. H., London 1895.

– *Miscellanies, Aesthetic and Literary*, (Hrsg): Ashe, T., London 1884.

– *Table Talk, and Omniana*, (Hrsg): Ashe, T., London 1884.

Condrau, Gion: *Angst und Schuld als Grundprobleme der Psychotherapie. Philosophische und psychotherapeutische Betrachtungen zu Grundfragen menschlicher Existenz*, Frankfurt/M. 1976.

Conrad, Horst: *Die literarische Angst. Das Schreckliche in Schauerromantik und Detektivgeschichte*, Düsseldorf 1974.

Conradi, Peter: Three Critics and the Sublime, in: *Critical Quarterly* 27, 1985, Nr. 1, S. 25–42.

Cosgrove, Denis E.: *Social Formation and Symbolic Landscape*, London/Sydney 1984, bes. Kap. 8: Sublime Nature: Landscape and Industrial Capitalism.

Courtine, Jean-François: Tragédie et sublimité, in: Nancy, Luc/Deguy, Michel (Hrsg): *Du Sublime*, Paris 1988, S. 211–236.

Crane, Ronald S.: Samuel H. Monk, The Sublime. A Study of Critical Theories in 18. Century England, in: *Philological Quarterly* 15, 1936, Heft 2, S. 165–167.

Crawford, Donald W.: The Place of the Sublime in Kant's Aesthetic Theory, in: Kennington, Richard (Hrsg): *The Philosophy of Immanuel Kant*, Washington D.C. 1985, S. 161–183.

Crousaz, Jean Pierre: *Traité du Beau*, Amsterdam 1724.

Crowther, Paul: Barnett Newman and the Sublime, in: *The Oxford Art Journal*, Band 7, Nr. 2, 1985, S. 52–59.

– Beyond Art and Philosophy: Deconstruction and the Post-Modern Sublime, in: *Art and Design*, Vol. 4, Nr. 3/4, 1988, S. 47–52.

– The Aesthetic Domain: Locating the Sublime, in: *The British Journal of Aesthetics*, Vol. 29, Nr. 1, 1989, S. 21–31.

– The Kantian Sublime, the Avantgarde and the Postmodern: A Critique of Lyotard, in: *New Formations* 7, 1989, S. 67–77.

Crutchfield, James P./Farmer, J. Doyne/Packard, Norman/Shaw, Robert S.: Chaos, in: *Spektrum der Wissenschaft* 2, 1987, S. 78–90.

Curtius, Ernst Robert: *Europäische Literatur und lateinisches Mittelalter*, [1] 1948, [10] Bern/München 1984.

Curtius, Michael Conrad: Abhandlung von dem Erhabenen in der Dichtkunst, in: ders., *Kritische Abhandlungen und Gedichte*, Hannover 1760, S. 3–68.

Dahlhaus, Carl: Der symphonische Stil, in: ders., *Ludwig van Beethoven und seine Zeit*, Laaber 1987, S. 100–125.

– Metaphysik der Musikinstrumente, in: Die Musik des 19. Jahrhunderts, in: ders. (Hrsg): *Neues Handbuch der Musikwissenschaft*, Wiesbaden 1980, Band 6, S. 73–79.

Darwin, Erasmus: Interlude I. from: The Loves of the Plants, in: Elledge, Scott (Hrsg): *Eighteenth-Century Critical Studies*, Bd. 2, Ithaca/New York 1966.

Davidson, Hugh M.: The Literary Art of Longinus and Boileau, in: *Studies in Seventeenth-Century French Literature*, Ithaca 1962, S. 247–264.

– Yet Another View of French Classicism, in: *Bucknell Review* 1, 1965, S. 51–62.

Dedner, Burghard: Über das Vergnügen am Unerfreulichen in der Komiktheorie der Aufklärung, in: *Jahrbuch der Jean-Paul-Gesellschaft* 19, 1984, S. 7–82.

Deguy, Michel: Le Grand-Dire, in: Nancy, Jean-Luc/Deguy, Michel (Hrsg): *Du Sublime*, Paris 1988, S. 11–35.

Delacampagne, Christian: Le désir du sublime, in: *Le Monde* vom 4./5. 11. 1988.

Delaporte, Victor: *L'Art Poétique de Boileau, commenté par Boileau et ses contemporains*, Lille 1888.

Deleuze, Gilles: *La Philosophie critique de Kant*, Paris 1963, bes. S. 73–76; englisch: *Kant's critical Philosophy. The doctrine of the faculties*, Minneapolis 1984.

– *Présentation de Sacher-Masoch*, Paris 1967.

Denkmann, Gerhard: *Kants Philosophie des Ästhetischen: Versuch über die philosophischen Grundgedanken von Kants Kritik der ästhetischen Urteilskraft*, Heidelberg o.J., bes. S. 75–100.

Dennis, John: Letter describing his crossing the Alps, dated from Turin, Oct. 25, 1688, in: ders., *The Critical Works*, (Hrsg): Hooker, Edward Niles, 2 Bde., Baltimore 1939/43 (Nachdruck 1964), Band II, S. 380–382.

– The Advancement and Reformation of Modern Poetry, in: ders., *The Critical Works*, Band I, S. 197–278.

– The Grounds of Criticism in Poetry, in: ders., *The Critical Works*, Band I, S. 325–373.

– Letter To Mr. *** Dated Oct. 1, 1717, in: ders., *The Critical Works*, Band II, S. 401–402.

– *Remarks on the Book entituled, Prince Arthur, a Heroic Poem*, London 1696.

– *Select Works*, London 1718.

Derrida, Jacques: Economimesis, in: Agacinski, Sylviane et al. (Hrsg): *Mimesis des articulations*, Paris 1975, S. 55–93; englisch: Economimesis, in: *Diacritics* 11/2, 1981, S. 3–25.

– Parergon, in: ders., *La vérité en peinture*, Paris 1978; englisch: *The Truth in Painting*, Chicago 1988.

Descartes, René: *Die Leidenschaften der Seele*, (Hrsg): Hammacher, Klaus, Hamburg 1984.

Dessoir, Max: *Ästhetik und Allgemeine Kunstwissenschaft*, Stuttgart 1906, bes. S. 204–213.

Dickstein, Morris: The Aesthetics of Fright, in: *Planks of Reason*, Ed. Grant, S. 65–78.

Diderot, Denis: Entretien entre D'Alembert et Diderot, in: ders., *Œuvres philosophiques*, Paris 1964, S. 272–284.

– Le rève de D'Alembert, in: ders., *Œuvres philosophiques*, S. 285–371; deutsch: D'Alemberts Traum, in: ders., *Philosophische Schriften*, (Hrsg): Lücke, Theodor, Frankfurt/M. 1967, S. 525–572.

– Suite de l'entretien, in: ders., *Œuvres philosophiques*, S. 372–385.

– Entretiens sur le fils natural, in: *Œuvres esthétiques*, introduction et notes de Paul Vernière, Paris 1959.

– Recherches philosophiques sur l'origine et la nature du beau, in: *Œuvres esthétiques*.

– *Ästhetische Schriften*, mit einer Einleitung v. Friedrich Bassenge, 2 Bde., Frankfurt/M. 1968.

Dieckmann, Herbert: Esthetic Theory and Criticism in the Enlightenment. Some Examples of Modern Trends, in: *Introduction to Modernity, A Symposium of 18th Century Thought*, Austin 1954.

– Die Wandlung des Nachahmungsbegriffs in der französischen Ästhetik des 18. Jahrhunderts, in: Jauß, Hans Robert (Hrsg): *Nachahmung und Illusion*, München 1964.

– Zur Theorie der Lyrik im 18. Jahrhundert in Frankreich, mit gelegentlicher Berücksichtigung der englischen Kritik, in: ders., *Studien zur Europäischen Aufklärung*, München 1974, S. 327–371; und in: Iser, Wolfgang (Hrsg): *Immanente Ästhetik – ästhetische Reflexion. Lyrik als Paradigma der Moderne* (Poetik und Hermeneutik 2), München 1966, S. 73–112.

– Das Abscheuliche und Schreckliche in der Kunsttheorie der 18. Jahrhunderts, in: ders., *Studien zur Europäischen Aufklärung*, München 1974, S. 372–424; und in: Jauß, Hans Robert (Hrsg): *Die nicht mehr schönen Künste. Grenzphänomene des Ästhetischen* (Poetik und Hermeneutik 3), München 1968, S. 271–317.

Diehl, Joanne Feit: In the Twilight of the Gods: Women Poets and the American Sublime, in: *The American Sublime*, Ed. Arensberg, S. 173–214.

– At Home with Loss: Elisabeth Bishop and the American Sublime, in: Bloom, Harold (Hrsg): *Elisabeth Bishop*, New York 1985, S. 175–188.

Dockhorn, Klaus: Die Rhetorik als Quelle des vorromantischen Irrationalismus in der Literatur- und Geistesgeschichte, in: ders., *Macht und Wirkung der Rhetorik. Vier Aufsätze zur Ideengeschichte der Vormoderne*, Bad Homburg/Berlin/Zürich 1968, S. 46–95.

Dörrie, Heinrich: *Leid und Erfahrung*, Mainz 1956.

Drake, Nathan: *Literary Hours or Sketches Critical and Narrative*, London 1798.

Dreves, Georg: *Resultate der philosophierenden Vernunft über die Natur des Vergnügens, der Schönheit und des Erhabenen*, Leipzig 1793.

Dryden, John: *The Grounds of Criticism in Tragedy*, o.O. 1679.

– *Essays*, (Hrsg): Ker, W. P., Oxford 1900.

Dubois, Elfrieda Teresa: Some Definitions of the Sublime in Seventeenth Century French Literature, in: dies./Laugh, John (Hrsg): *Essays presented to Cuthbert Morton Girdlestone*, Newcastle upon Tyne 1960, S. 77–91.

Dubos, Jean-Baptiste: *Réflexions critiques sur la Poésie et sur la Peinture*, 2 Bde., Paris

1719, 3 Bde. [2] 1733; deutsch: *Kritische Betrachtungen über die Poesie und Mahlerey. Aus dem Französischen des Herrn Abtes Du Bos*, übers. v. Funk, Gottfried Benedictus, 3 Tle., Kopenhagen 1760–1761.

– Ausschweifungen von den theatralischen Vorstellungen der Alten, übers. v. Lessing, Gotthold Ephraim, in: *Theatralische Bibliothek*, 3 St.; abgedr. in: Lessing, G. E., *Werke, Vollständige Ausgabe in 25 Teilen*, (Hrsg): Petersen, Julius/Olshausen, Waldemar von, Berlin 1925–1935, Band XIII, S. 232–394.

Dülmen, Richard von: Das Schauspiel des Todes. Hinrichtungsrituale in der frühen Neuzeit, in: ders./Schindler, Norbert (Hrsg): *Volkskultur. Zur Wiederentdeckung des vergessenen Alltags (16.–20. Jahrhundert)*, Frankfurt/M. 1984, S. 203–245.

Düsing, Klaus: *Schillers Idee des Erhabenen,* (Diss.) Köln 1967.

Duff, W.: *An Essay on Original Genius*, etc., London 1767.

Dupont, Paul: *Houdar de la Motte*, Paris 1890.

Duve, Thierry de: Kant nach Duchamp, in: *Kunstforum International*, Band 100, April/Mai 1989, S. 187–206.

Eberhard, Johann August: *Handbuch der Ästhetik für gebildete Leser aus allen Ständen in Briefen herausgegeben*, 2 Tle., Halle 1803.

Edelmann, Bernard: Lyotard (dé)porté par l'enthousiasme, in: *Libération* vom 18. 12. 1986.

Eisler, Rudolf: Artikel: Erhaben, in: ders., *Kant-Lexikon. Nachschlagewerk zu Kants sämtlichen Schriften, Briefen und handschriftlichem Nachlaß*, Hildesheim/Zürich/New York 1984, S. 131–134.

Elledge, Scott: Cowley's ode of wit and Longinus on the sublime: A study of one definition of the word „wit", in: *Modern Language Quarterly* 9, 1948.

Ellison, Julie: Emerson's Sublime Analysis, in: *Bucknell Review* 28, 1983, S. 42–62.

Elton, O.: Reason and Enthusiasm in the 18th Century, in: *English Association Essays and Studies*, Vol. X, Oxford 1924.

Engel-Holland, Eva J.: Die Bedeutung Moses Mendelssohns für die Literatur des 18. Jahrhunderts, in: *Mendelssohn-Studien* 4, 1979, S. 111ff.

Engell, James: *The Creative Imagination: Enlightenment to Romanticism*, Cambridge/Mass. 1981.

Epikur: *Von der Überwindung der Furcht*, übers. v. Gigon, Olof, [3] München 1983.

Escoubas, Eliane: Kant ou la simplicité du sublime, in: Nancy, Jean-Luc/Deguy, Michel (Hrsg): *Du Sublime*, Paris 1988, S. 77–95.

Fénelon, François de Salignac de la Mothe: Dialogues sur l'éloquence, in: *Œuvres choisies*, Tome II, Paris 1879.

– Discours de réception à l'Académie française, in: *Œuvres choisies*, Tome II.

– Lettre à M. Dacier sur les Occupations de l'Académie, in: *Œuvres choisies*, Tome II.

Fergusson, Frances: The Sublime of Edmund Burke, or the Bathos of Experience, in: *Glyph: John Hopkins Textual Studies*, Baltimore/London 1981, S. 62–78.

– Legislating the Sublime, in: Cohen, Ralph (Hrsg): *Studies in Eighteenth-Century British Art and Aesthetics*, Berkeley/Los Angeles/London 1985, S. 128–147.

– The Nuclear Sublime, in: *Diacritics* 14, 2, 1984, S. 4–10.

– A Commentary on Suzanne Guerlac's „Longinus and the Subject of the Sublime", in: *New Literary History* 16, 1985, S. 291–297.

Fink, Eugen: *Vom Wesen des Enthusiasmus. Ein Vortrag,* Freiburg i. Br. 1947.

Flemming, Willi: *Der Wandel des deutschen Naturgefühls vom 15. zum 18. Jahrhundert*, Halle 1931.

Flugel, J. C.: Sublimation: Its Nature and Conditions, in: *Studies in Feeling and Desire*, London 1955, S. 1–48.

Folkierski, Wladyslaw: *Entre le Classicisme et le Romantisme, Etude sur l'Esthéthique et les Esthéticiens du XVIII Siècle*, Krakau 1925.

Fontano, Alfred: *Der Begriff des Erhabenen bei Kant, modern psychologisch betrachtet*, (Diss.) Graz 1951.

Fontenelle, Bernard le Bovier de: Sur la poésie en général, in: ders., *Œuvres*, Tome III, Paris 1818.

– Histoire des Oracles, in: ders., *Œuvres*, Tome III.

Fortunati, Vita: La retorica del sublime in Pseudo-Longin e in Edmund Burke, in: *Aesthetica/preprint*, Heft 13, Palermo 1986, S. 76–86.

Foucault, Michel: *Les mots et les choses*, Paris 1966; deutsch: *Die Ordnung der Dinge*, Frankfurt/M. 1971.

– *Histoire de la sexualité*, Bd. 1: La Volonté de savoir, Paris 1975; deutsch: *Sexualität und Wahrheit*, Bd. 1: Der Wille zum Wissen, Frankfurt/M. 1977.

Frehner, Matthias: Le sublime d'en bas. Retrospektive Henri de Toulouse-Lautrec in Tübingen, in: *Neue Zürcher Zeitung* vom 25. 11. 1986.

Freud, Sigmund: Der Witz und seine Beziehung zum Unbewußten (1905), in: ders., *Studienausgabe* in elf Bänden, Frankfurt/M. 1982, Band IV, S. 9–220.

– Das Unheimliche, in: ders., *Studienausgabe*, Band IV, S. 241–274.

– Der Humor, in: ders., *Studienausgabe*, Band IV, S. 275–282.

Freund, Winfried: Von der Aggression zur Angst. Zur Entwicklung der phantastischen Novellistik in Deutschland, in: Zondergeld, Rein A. (Hrsg): *Phaicon 3*, Frankfurt/M. 1978, S. 9–31.

Frühwald, Wolfgang: Fremde und Vertrautheit. Zum Naturverständnis in der deutschsprachigen Literatur seit dem 18. Jahrhundert, in: *Neue Zürcher Zeitung* vom 9. 9. 1988.

Fry, Paul H.: The Possession of the Sublime, in: *Studies in Romanticism. The Sublime: A Forum* 26, 1987, S. 187–207.

– Longinus at Colonus. The Grounding of Sublimity, in: ders., *The Reach of Criticism: Method and Perception in Literary Theory*, New Haven/London 1983, S. 47–86.

Fuhrmann, Manfred: *Einführung in die antike Dichtungstheorie*, Darmstadt 1973, bes. S. 135–183.

Funk, Holger: *Ästhetik des Häßlichen. Beiträge zum Verständnis negativer Ausdrucksformen im 19. Jahrhundert*, Berlin 1983.

Fuseli, Henry: A History of Art in the Schools of Italy, in: ders., *Life and Works*, (Hrsg): Knowles, John, London 1831.

Gäng, P.: *Aesthetik oder allgemeine Theorie der schönen Künste und Wissenschaften*, Salzburg 1785.

Gambiez, F.: La peur et la panique dans l'histoire, in: *Mémoires et communications de la commission française d'histoire militaire*, I, Juni 1970, S. 91–124.

Garber, Klaus: *Der locus amoenus und der locus terribilis. Bild und Funktion der Natur in der deutschen Schäfer- und Landleben-Dichtung des 17. Jahrhunderts*, Köln/Wien 1974.

Garte, Hansjörg: *Kunstform Schauerroman. Eine morphologische Begriffsbestimmung des Sensationsromans*, (Diss.) Leipzig 1935.

Garve, Christian: Ueber einige Schönheiten der Gebirgsgegenden (1789), in: ders., *Popularphilosophische Schriften über literarische, ästhetische und gesellschaftliche Gegenstände*, (Hrsg): Wölfel, Kurt, Stuttgart 1974, S. 1067–1114.

Gellert, Christian Fürchtegott: Von den Annehmlichkeiten des Mißvergnügens, in: ders., *Sämtliche Schriften*, Neue rechtmäßige Ausgabe, Tl. 1–10, Leipzig 1839–1840, Teil V, S. 108–115.

Georg-Lauer, Jutta: Das ‚postmoderne Wissen' und die Dissens-Theorie von Jean-François Lyotard, in: Kemper, Peter (Hrsg): *‚Postmoderne' oder Der Kampf um die Zukunft*, Frankfurt/M. 1988, S. 189–206.

Gerard, Alexander: *An Essay on Taste*, [2] Edinburgh 1764.

Gethmann-Siefert, Annemarie: Das Erhabene, in: Mittelstraß, Jürgen (Hrsg): *Enzyklopädie, Philosophie und Wissenschaftstheorie*, Wien/Zürich 1980, Band 1, S. 571–572.

Gillot, Hubert: *La Querelle des Anciens et des Modernes en France, de la Défense et Illustration aux Parallèles des Anciens et des Modernes*, Paris 1914 (Nachdruck Genf 1968).

Gilpin, William: *Three Essays: On Picturesque Beauty; on Picturesque Travel; and on Sketching Landscape*, etc., [2] London 1794, und: Three Essays (1792), in: Elledge, Scott (Hrsg): *Eighteenth-Century Critical Essays*, Bd. 2, Ithaca/New York 1966, S. 1047–1064.

Glättli, Walter: *Die Behandlung des Affekts der Furcht im englischen Roman des 18. Jahrhunderts*, Zürich 1949.

Glaser, David J.: Transcendence in the vision of Barnett Newman, in: *The Journal of aesthetics and art criticism*, Band 40, 1981, Nr. 4, S. 415–420.

Gleick, James: *Chaos – die Ordnung des Universums. Vorstoß in Grenzbereiche der modernen Physik*, München 1988.

Glover, Edward: Sublimation, Substitution, and Social Anxiety (1931), in: *On the Early Development of Mind*, New York 1956, S. 130–159.

Gohr, Sigfried: Über das Häßliche, das Entartete und den Schmutz, in: ders./Grachnang, Johannes (Hrsg): *Bilderstreit. Widerspruch, Einheit und Fragment in der Kunst seit 1960*, Köln 1989, S. 45–53.

Goodman, Paul: *The Structure of Literature*, Chicago 1954.

Goossen, Eugene C.: The Philosophic lines of Barnett Newman, in: *Art News* 57, Nr. 4, Sommer 1958.

– The big Canvas, in: Art International II, Nr. 8, 1958; Wiederabdruck in: Battcock, G. (Hrsg): *The New Art*, New York 1966.

Gottsched, Johann Christoph: Die Schauspiele und besonders die Tragödien sind aus einer wohlbestellten Republik nicht zu verbannen, in: ders., *Schriften zur Literatur*, (Hrsg): Steinmetz, Horst, Stuttgart 1972.

– Zufällige Gedanken von dem Bathos in den Opern, in: Schwabe, Johann Joachim: *Anti=Longin, oder die Kunst in der Poesie zu kriechen*, Leipzig 1734.

– *Versuch einer kritischen Dichtkunst*, [4] Leipzig 1751 (Nachdruck Darmstadt 1982).

– (Hrsg): *Handlexicon oder kurzgefaßtes Wörterbuch der schönen Wissenschaften und der freyen Künste. Zum Gebrauche der Liebhaber derselben herausgegeben*, Leipzig 1760.

Gould, Glenn: *Schriften zur Musik*, 2 Bde., hrsg. u. eingel. v. Page, Tim, [2] München 1987.

Gramann, Heinz: *Die Ästhetisierung des Schreckens in der europäischen Musik des 20. Jahrhunderts*, Bonn 1984.

Grassi, Ernesto: Das Problem des Erhabenen, in: *Geistige Überlieferung*, Jahrbuch 2, Berlin 1942, S. 125–153.

Grimm, Jacob/Grimm, Wilhelm: *Deutsches Wörterbuch*, Leipzig 1862, Artikel: erhaben, Erhabenheit, Band 3, Sp. 832ff.

Grimminger, Rolf: Die Utopie der vernünftigen Lust: Sozialphilosophische Skizzen zur Ästhetik des 18. Jahrhunderts bis Kant, in: Bürger, Christa/Bürger, Peter/Schulte-Sasse, Jochen (Hrsg): *Aufklärung und literarische Öffentlichkeit*, Frankfurt/M. 1980.

– *Die Ordnung, das Chaos und die Kunst*, Frankfurt/M. 1986.

Grönbech, Wilhelm: *Der Hellenismus*, Göttingen 1953, bes. S. 25–39.

Grosse, Karl: *Ueber das Erhabene*, Göttingen/Leipzig 1788.

– Ueber Größe und Erhabenheit, in: *Deutsche Monatsschrift*, Berlin 1790, Band 2, S. 275–302.

– *Der Genius: Aus den Papieren des Marquis C. von G.*, Frankfurt/M. 1984, bes. Nachwort v. Günter Dammann, S. 725–835.

Grube, G. M. A.: Notes on the ‚Peri hypsus', in: *The American Journal of Philology* 78, 1957, S. 355–374.

Guerlac, Suzanne: Longinus and the Subject of the Sublime, in: *New Literary History* XVI, 1985, S. 275–290.

Hagstrum, J. H.: Johnson's conception of the beautiful, the pathetic, and the sublime, in: *Publications of the Modern Language Association of America* LXIV, 1949, S. 134–157.

Hamacher, Werner: Das Beben der Darstellung, in: Wellbery, David (Hrsg): *Positionen der Literaturwissenschaft. Acht Modellanalysen am Beispiel von Kleists ‚Erdbeben in Chili'*, [2] München 1987, S. 149–173.

– Die Sekunde der Inversion. Bewegungen einer Figur durch Celans Gedichte, in: ders./Menninghaus, Winfried (Hrsg): *Paul Celan*, Frankfurt/M. 1988, S. 81–126.

Hardison, Jacques: Réflexions sur un passage de Longin (Rede 1718), in: *Histoire de l'Académie Royale des Inscriptions et Belles Lettres* (1718–1725), Band V, Paris 1729, S. 202–205.

Hartman, Geoffrey: *The Unmediated Vision. An Interpretation of Wordsworth, Hopkins, Rilke, and Valéry*, New Haven 1954 (Nachdruck New York 1966).

– *Beyond Formalism. Literary Essays 1958–1970*, New Haven 1970.

– *Wordsworth's Poetry 1787–1814*, New Haven 1964.

Hartmann, Alma von: Das Problem des Häßlichen, in: *Preussische Jahrbücher* 161, 1915, S. 295–314.

Hartmann, Nicolai: *Ästhetik*, [2] Berlin 1966, bes. S. 363–412.

Hegel, Georg Wilhelm Friedrich: Phänomenologie des Geistes, in: ders., *Werke in 20 Bänden* (*W*), (Hrsg): Moldenhauer, Eva/Michel, Karl Markus, Frankfurt/M. 1970, Band 3.

– Vorlesungen über die Philosophie der Geschichte, in: ders., *W*, Band 12.

– Vorlesungen über die Ästhetik, in: ders., *W*, Band 13, 14, 15.

– Philosophie der Religion, in: ders., *W*, Band 16 u. 17.

Heldmann, Konrad: *Antike Theorien über Entwicklung und Verfall der Redekunst*, München 1982.

Hendrickson, G. L.: The Origin and the Meaning of the Ancient Characters of Style, in: *American Journal of Philology* XXVI, 1905, S. 249–290.

Herder, Johann Gottfried: Kritische Wälder. Oder Betrachtungen Über die Wissenschaft und Kunst des Schönen, in: ders., *Sämmtliche Werke*, (Hrsg): Suphan, Bernhard, Berlin 1877 ff, Band 4, S. 1–218.
– Plastik, in: ders., *Sämmtliche Werke*, Band 8, S. 1–263.
– Kalligone. Vom Erhabenen und vom Ideal. Dritter Theil, in: ders., *Sämmtliche Werke*, Band 22.
Hertz, Neil: Lecture de Longin, in: *Poétique* 15, 1973, S. 292–306; englisch: A Reading of Longinus, in: ders., *The End of the Line*, New York 1985, S. 1–20.
– The notion of blockage in the literature of the sublime, in: Hartman, Geoffrey M./Hertz, Neil, *Psychoanalysis and the Question of the Text*, London 1978.
– Freud and the Sandman, in: Harari, Josué V. (Hrsg): *Textual Strategies: Perspectives in Post-Structuralist Criticism*, New York 1979, S. 296–321.
– *The end of the line. Essays on psychoanalysis and the sublime*, New York 1985.
Hervier, Marcel: *L'Art poétique de Boileau; Etude et Analyse*, Mellotée 1938.
Hess, Benno/Markus, Mario: Ordnung und Chaos in chemischen Uhren, in: Küppers, Bernd-Olaf (Hrsg): *Ordnung aus dem Chaos, Prinzipien der Selbstorganisation und Evolution des Lebens*, München 1987, S. 157–174.
Hess, Thomas B. (Hrsg): *Barnett Newman*, The Museum of Modern Art, New York 1971.
Heydenreich, Karl Heinrich: Grundriß einer neuen Untersuchung über die Empfindungen des Erhabenen, in: *Neues philosophisches Magazin, Erläuterungen und Anwendungen des Kantischen Systems bestimmt*, (Hrsg): Abicht, J. H./Born, F. G., Leipzig 1790, Band 1, S. 86–96.
Heynen, Julian: *Barnett Newmans Texte zur Kunst*, Hildesheim/New York 1979.
Hiltscher, Reinhard: *Kant und das Problem der Einheit der endlichen Vernunft*, Würzburg 1987, bes. S. 124–166.
Hipple, Walter John: *The Beautiful, the Sublime and the Picturesque in Eighteenth-Century British Aesthetic Theory*, Carbondale 1957.
Historisches Wörterbuch der Philosophie, (Hrsg): Ritter, Joachim, Artikel: Erhaben, Band 2, Basel 1972, Sp. 624ff.
– Artikel: Angst, Furcht, Band 1, Sp. 310–314.
– Artikel: Enthusiasmus, Band 2, Sp. 525ff.
– Artikel: Pathos, erscheint demnächst.
Hobbes, Thomas: Tripos; in Three Discourses: I. Human Nature, or the Fundamental Elements of Policy, in: *The English Works of Thomas Hobbes of Malmesbury. Now first collected and edited by Sir William Molesworth*, Vol. IV, London 1840, S. 1–76.
– Preface to Homer's Odyssee, in: *Critical Essays of the Seventeenth Century*, Oxford 1909, II, S. 70.
– *Leviathan oder Wesen, Form und Gestalt des kirchlichen und bürgerlichen Staates*, übers. v. Tidow, Dorothee, (Hrsg): Meyer-Tasch, Peter Cornelius, Reinbek b.H. 1969.
Hofmann, Heinrich Jakob: *Die Lehre vom Erhabenen bei Kant und seinen Vorgängern*, (Diss.) Halle/Saale 1913.
Holmes, John: *The Art of Rhetoric Made Easy: or, the Elements of Oratory*, etc., London 1739.
Homann, Renate: *Zum Begriff des Erhabenen bei Kant und Schiller*, (Diss.) Münster 1975.
– *Erhabenes und Satirisches. Zur Grundlegung einer Theorie ästhetischer Literatur bei Kant und Schiller*, München 1977.

Home, Henry: *Of our Attachment to Objects of Distress*, 1751; deutsch: Von den Neigungen des Menschen, sich mit unglücklichen Gegenständen zu beschäftigen, in: ders., *Versuche über die ersten Gründe der Sittlichkeit und der natürlichen Religion*, übers. v. Rautenberg, Christian Günther, Braunschweig 1768, S. 3–32.
– *The Elements of Criticism*, Edinburgh 1762; deutsch: *Grundsätze der Kritik*, 3 Bde., übers. v. Meinhard, Johann Nicolaus, [1] Leipzig 1763–1766, [3] 1790–1791.
Honneth, Axel: Der Affekt gegen das Allgemeine. Zu Lyotards Konzept der Postmoderne, in: *Merkur*, Nr. 430, 38. Jahrg., Dez. 1984, Heft 8, S. 893–902.
Hopps, Walter: Barnett Newman, in: *Katalog VIII. Sao Paulo Biennial (USA)*, Sao Paulo/Washington 1966.
Horanec, Carol P.: Melville as Artist of the Sublime: Design in ‚The Tartarus of Maids', in: *MHLS* 8, 1985, S. 41–51.
Horaz, Quintus Horatius Flacus: *Ars Poetica – Die Dichtkunst*, lateinisch/deutsch, (Hrsg): Schäfer, Eckart, Stuttgart 1972.
Horstmann, Ulrich: *Das Untier: Konturen einer Philosophie der Menschenflucht*, Wien/Berlin 1983.
Howes, Craig: Burke, Poe, and ‚Usher': The Sublime and Rising Woman, in: *ESQ: A Journal of the American Renaissance* 31, 1985, S. 173–189.
Huet, Pierre Daniel: Examen du sentiment de Longin, sur ce passage de la Genèse, etc., in: *Bibliothèque Choisie* X, 1706, S. 211–260.
– Lettre à Mgr. le Duc de Montausier, in: Nisard, Charles (Hrsg): *Mémoires*, Paris 1825.
Hume, David: Of Tragedy, in: ders., *Of the Standard of Taste. And other Essays*, (Hrsg): Lenz, John W., Indianapolis/New York 1965; deutsch: Vom Trauerspiel, in: ders., *Vier Abhandlungen*, übers. v. Resewitz, Friedrich Gabriel, Leipzig 1759, S. 217–234.
– Abhandlung vom Trauerspiele, in: Dusch, Johann Jakob: *Vermischte kritische und satyrische Schriften, nebst einigen Oden auf gegenwärtige Zeiten*, Altona 1758, S. 221–239.
Hund, William B.: Kant and A. Lazaroff on the Sublime, in: *Kant-Studien* 73, 1982, S. 351–355.
Hurd, Richard: *Letters on Chivalry and Romance*, (Hrsg): Morley, Edith, London 1911.
Hussey, Christopher: *The Picturesque, Studies in a Point of View*, London/New York 1927.
Hutcheson, Francis: *An Inquiry into the Original of our Ideas of Beauty and Virtue*, London 1725, [3] London 1739.

The Ideas of Art. 6 Opinions on ‚What is Sublime in Art?', in: *The Tiger's Eye* 1, 1948, Heft 6, S. 46–57.

Jacobi, Johann G.: Vom Erhabenen, in: *Iris*, Düsseldorf 1775, Band 4, S. 106–132.
Jacoby, G.: *Herders Kalligone und ihr Verhältnis zu Kants Kritik der Urteilskraft*, (Diss.) Berlin 1906.
Jacoubet, H.: A propos du ‚Je ne sais quoi', in: *Revue d'Histoire littéraire*, Januar-März 1928.
Jäger, Hans-Wolf: *Politische Kategorien in Poetik und Rhetorik der zweiten Hälfte des 18. Jahrhunderts*, Stuttgart 1970.
Jähnig, Dieter: *Schelling. Die Kunst in der Philosophie*, 2 Bde., Pfullingen 1966 u. 1969.

– Die Schlüsselstellung der Kunst bei Schelling, in: Frank, Manfred/Kurz, Gerhard (Hrsg): *Materialien zu Schellings philosophischen Anfängen*, Frankfurt/M. 1975, S. 329–340.

Jaffé, H.L.C.: *De Stijl 1917–1931. Der niederländische Beitrag zur modernen Kunst*, Frankfurt/M. 1965.

Jameson, Fredric: Postmoderne – zur Logik der Kultur im Spätkapitalismus, in: Huyssen, Andreas/Scherpe, Klaus R. (Hrsg): *Postmoderne: Zeichen eines kulturellen Wandels*, Reinbek b. H. 1986, S. 45–102.

Jaucourt, Louis Chevallier de: Le Sublime, in: *Encyclopédie ou Dictionnaire Raisonné des sciences, des arts et des métiers, par une société des gents de lettres. Mis en ordre e publié par Denis Diderot,* 17. Vol., Paris 1751–1765, T. IV, S. 566–570.

Jauß, Hans-Robert: *Ästhetische Erfahrung und literarische Hermeneutik*, München 1977, Band 1, bes. S. 118–123.

– (Hrsg): *Die nicht mehr schönen Künste. Grenzphänomene des Ästhetischen*, (Poetik und Hermeneutik 3) München 1968.

Jean Paul: Vorschule der Ästhetik, in: ders., *Werke in 12 Bänden*, (Hrsg): Miller, Norbert, München 1975.

Jencks, Charles: *The Language of Postmodern Architecture*, [3] New York 1981; deutsch: *Die Sprache der postmodernen Architektur*, [2] Stuttgart 1980.

Jentsch, Ernst: Zur Psychologie des Unheimlichen, in: *Psychiatrisch-neurologische Wochenschrift*, Jg. VIII, 1906, Nr. 22, S. 195–198 u. Nr. 23, S. 203–205.

Johnson, S. F.: Hardy's and Burke's Sublime, in: Martin, H. C. (Hrsg): *Style in Prose Fiction*, New York 1959, S. 55–86.

Jones, Ernest: The Theory of Symbolism, in: *Papers on Psychoanalysis*, [4] London 1938, S. 129–186.

Judd, Don: Barnett Newman, in: *Studio International*, Vol. 179, Nr. 919, Februar 1970, S. 67–69.

Kambartel, Walter: *Jackson Pollock. Number 32. 1950*, Frankfurt/M. 1970.

Kamper, Dietmar: *Zur Geschichte der Einbildungskraft*, München/Wien 1981.

Kanngießer, Gustav: *Die Stellung Moses Mendelssohn's in der Geschichte der Ästhetik*, (Diss.) Marburg 1868.

Kant, Immanuel: Beobachtungen über das Gefühl des Schönen und Erhabenen (1764), in: ders., *Werke in sechs Bänden*, (Hrsg): Weischedel, Wilhelm, [2] Darmstadt 1966, Band I, S. 825–886.

– Bemerkungen zu den Beobachtungen über das Gefühl des Schönen und Erhabenen (ca. 1764), in: *Kants Werke* (Akademie-Ausgabe), Band XX, Berlin 1942.

– Beantwortung der Frage: Was ist Aufklärung (1784), in: ders., *Werke*, Darmstadt 1966, Band VI, S. 51–61.

– Idee zu einer allgemeinen Geschichte in weltbürgerlicher Absicht (1784), in: ders., *Werke*, Darmstadt 1966, Band VI, S. 31–50.

– Mutmaßlicher Anfang der Menschengeschichte (1786), in: ders., *Werke*, Darmstadt 1966, Band VI, S. 83–102.

– Was heißt: Sich im Denken orientieren? (1786), in: ders., *Werke*, [2] Darmstadt 1966, Band III, S. 267–283.

– Kritik der Urteilskraft (1790/1793) in: ders., *Werke*, Darmstadt 1966, Band V, S. 233–620.

– Erste Einleitung in die Kritik der Urteilskraft (ca. 1790), in: ders., *Werke*, Darmstadt 1966, Band V, S. 171–232.

– Über den Gemeinspruch: Das mag in der Theorie richtig sein, taugt aber nicht für die Praxis (1793), in: ders., *Werke*, Darmstadt 1966, Band VI, S. 125–172.
– Das Ende aller Dinge (1794), in: ders., *Werke*, Darmstadt 1966, Band VI, S. 173–190.
– Zum ewigen Frieden. Ein philosophischer Entwurf (1795), in: ders., *Werke*, Darmstadt 1966, Band VI, S. 191–251.
– Verkündigung des nahen Abschlusses eines Traktats zum ewigen Frieden in der Philosophie (1796), in: ders., *Werke*, Darmstadt 1966, Band III, S. 405–416.
– Anthropologie in pragmatischer Hinsicht (1798), in: ders., *Werke*, Darmstadt 1966, Band VI, S. 395–690.
– Der Streit der Fakultäten (1798), in: ders., *Werke*, Darmstadt 1966, Band VI, S. 261–393.

Kaprow, Allan: Impurity, in: *Art News* 61, Nr. 9, Januar 1963.

Kaulbach, Friedrich: *Ästhetische Welterkenntnis bei Kant*, Würzburg 1984, bes. S. 161–206.

Kenner, Hugh: *The Counterfeiters*, Bloomington/London 1968; deutsch: *Von Pope zu Pop. Kunst im Zeitalter von Xerox*, München 1969.

Kerber, Bernhard: Der Ausdruck des Sublimen in der amerikanischen Kunst, in: *Art International* XIII, Nr. 10, 1969, S. 31–33.
– *Amerikanische Kunst seit 1945*, Stuttgart 1971.

Kierkegaard, Søren: *Der Begriff der Angst*, übers. v. Hirsch, Emanuel, Düsseldorf 1965.

Kindervater, Christian Victor: Ueber das Wohlgefallen an traurigen Vorstellungen, in: Cäsar, Karl Adolph (Hrsg): *Denkwürdigkeiten aus der philosophischen Welt*, Leipzig 1787, S. 85–117; wiederabgedr. in: Fest, Johann Samuel (Hrsg): *Beiträge zur Beruhigung und Aufklärung über diejenigen Dinge, die dem Menschen unangenehm sein können, und zur näheren Kenntniß der leidenden Menschheit*, Leipzig 1789, 2. St., S. 223–251.

Kittler, Friedrich im Gespräch mit Florian Rötzer: Synergie von Mensch und Maschine, in: *Kunstforum International*, Band 98, Jan./Febr. 1989, S. 108–117.

Klein, Jürgen: *Der gotische Roman und die Ästhetik des Bösen* (Impulse der Forschung 20), Darmstadt 1975.

Klein, T.: Hamlet und der Melancholiker in Kants ‚Beobachtungen über das Gefühl des Schönen und Erhabenen', in: *Kantstudien* 10, 1905, S. 76–80.

Kleist, Heinrich von: Empfindungen vor Friedrichs Seelandschaft, in: ders., *Sämtliche Werke und Briefe*, (Hrsg): Sembdner, H., Band 2, München 1961.

Klopstock, Friedrich Gottlieb: Epigramme, in: ders., *Werke und Briefe*, (Hrsg): Hurlebusch, Klaus, Band II, Berlin 1982.

Knabe, Peter Eckhard: *Schlüsselbegriffe des kunsttheoretischen Denkens in Frankreich von der Spätklassik bis zum Ende der Aufklärung*, Düsseldorf 1972.

Knapp, Steven: *Personification and the sublime: Milton to Coleridge*, Cambridge MA 1985.

Knight, Richard Payne: *An Analytical Inquiry into the Principles of Taste*, [2] London 1805.

Köhler, Erich: *Klassik II.*, (Hrsg): Krauß, Henning, Stuttgart/Berlin/Köln/Mainz 1983.

König, Johann Christoph: *Philosophie der schönen Künste*, Nürnberg 1784.

Koller, Benediktus Joseph von: *Entwurf zur Geschichte und Literatur der Ästhetik, von Baumgarten bis auf die neueste Zeit*, Regensburg 1799.

Korff, Friedrich Wilhelm: Unsichtbares sichtbar zu machen. Eine ‚Natur'-Geschichte, in: *Neue Zürcher Zeitung* vom 9.9.1988.

Kortum, Hans: *Die gesellschaftlichen Hintergründe der Auseinandersetzung zwischen Perrault und Boileau um die Vorbildgeltung der Antike. Ein Beitrag zur Querelle des Anciens et des Modernes*, (Diss.) Leipzig 1962.

– *Charles Perrault und Nicolas Boileau. Der Antike-Streit im Zeitalter der klassischen französischen Literatur*, Berlin 1966.

Kramer, D.: Passion in poetic theory: Dennis and Wordsworth, in: *Neuphilologische Mitteilungen* 69, 1968.

Kristeva, Julia: *Powers of Horror: An Essay on Abjection*, tr. Roudiez, Leon S., New York 1982.

Kühn, Joseph Hans: *Hypsos. Eine Untersuchung zur Entwicklungsgeschichte des Aufschwunggedankens von Platon bis Poeseidonios*, Stuttgart 1941.

Kuhns, Richard: The Beautiful and the Sublime, in: *New Literary History* 13, 1982, S. 287–307.

La Bruyère, Jean de: *Les Caractères, accompagnés des Caractères de Théophraste et du Discours à l'Académie*, Paris 1926.

Lacoue-Labarthe, Philippe: Où en étions-nous?, in: Derrida, Jacques et al.: *La Faculté de juger*, Paris 1985, S. 165–193; englisch: Talks, in: *Diacritics*, Vol. 14, Nr. 3, 1984, S. 24–37.

– La vérité sublime, in: Nancy, Jean-Luc/Deguy, Michel (Hrsg): *Du Sublime*, Paris 1988, S. 97–147.

Lairesse, Gérard de: *The Art of Painting*, tr. J. F. Fritsch, London 1738.

Lalande, André: *Vocabulaire technique et critique de la philosophie*, Artikel: sublime, [15] Paris 1985, S. 1042ff.

La Motte, Antoine Houdar de: *Odes*, Amsterdam 1709.

– Discours sur la poésie en général et sur l'ode en particulier, in: ders., *Odes*, Tome I, Amsterdam 1709.

– Réflexions sur la Critique, in: ders., *Œuvres*, Tome III, Paris 1754.

Landolf, Gottfried: *Esthétique de Fénelon*, Bern 1912 (Nachdruck Zürich 1914).

Lanson, John: *Lectures concerning Oratory*, [2] Dublin 1759.

Laplanche, J./Pontalis, J.-B., *Das Vokabular der Psychoanalyse*, Frankfurt/M. 1972, Artikel: Sublimation.

Laurence, David: William Bradford's American Sublime, in: *PMLA* 102, 1987, S. 55–65.

Lausberg, Heinrich: *Elemente der literarischen Rhetorik*, München 1963, bes. S. 468.

Lazaroff, Allan: The Kantian Sublime: Aesthetic Judgement and Religious Feeling, in: *Kant-Studien* 71, 1980, Heft 2, S. 202–220.

Le Clerc, Jean: Remarques sur la X Réflexion sur Longin, in: *Bibliothèque Choisie* XXVI, 1713, S. 83–112.

Lefebvre, Georges: Die große Furcht von 1789, in: Hartwig, Irmgard A. (Hrsg): *Geburt der bürgerlichen Gesellschaft: 1789*, Frankfurt/M. 1979, S. 88–135.

Lehmann, Hans-Thies: Ökonomie der Verausgabung – Georges Bataille, in: *Merkur*, 9/10, 1987, S. 835–849.

Leighton, Angela: *Shelley and the sublime: an interpretation of the major poems*, New York 1984.

Lenk, Elisabeth: Poesie und Polizei. Künstlicher Nonkonformismus und totalitäre Systeme, in: *die tageszeitung* vom 21.11.1988.

Leonhard, Rudolf: Vom Pathos, in: Pörtner, P. (Hrsg): *Literatur-Revolution 1910–1925*, Band 1: Zur Ästhetik und Poetik, Darmstadt/Neuwied 1960.

Lepenies, Wolf: *Melancholie und Gesellschaft*, Frankfurt/M. 1972.

Lesky, A.: *Geschichte der griechischen Literatur*, [2] Bern/München 1963, bes. S. 886.

Lessing, Gotthold Ephraim: *Laokoon*, (Hrsg): Blümner, Hugo, [2] Berlin 1880.

– *Lessings Briefwechsel mit Mendelssohn und Nicolai über das Trauerspiel*, (Hrsg): Petsch, Robert, Leipzig 1910; auch in: Schulte-Sasse, Jochen (Hrsg): *Lessing, G. E.; Mendelssohn, M.; Nicolai, F.: Briefwechsel über das Trauerspiel*, München 1972.

Levy, Leo B.: Hawthorne and the Sublime, in: *American Literature* XXXVII, 1965/66, S. 391–402.

Lichtenberg, Georg Christoph: *Aphorismen*, nach den Handschriften herausgegeben v. Leitzmann, Albert, Berlin 1902–1908.

Liessmann, Konrad Paul: Modetorheiten, in: *Falter*, Nr. 302, 1987, S. 28.

Lippe, Rudolf zur: *Naturbeherrschung am Menschen*, 2 Bde., Frankfurt/M. 1974.

Litman, Théodore A.: *Le Sublime en France (1660–1714)*, Paris 1971.

Lobsien, Eckhard: *Landschaft in Texten: Zur Geschichte und Phänomenologie der literarischen Beschreibung*, Stuttgart 1961.

– Landschaft als Zeichen. Zur Semiotik des Schönen, Erhabenen und Pittoresken, in: Smuda, Manfred (Hrsg): *Landschaft*, Frankfurt/M. 1986, S. 159–177.

Lombard, A.: *La Querelle des Anciens et des Modernes, l'Abbé Dubos*, Neufchatel 1908.

– *Fénelon et le Retour à l'Antique du XVII Siècle*, Neufchatel 1954.

Longin, Dionysius: Vom Erhabenen, Griechisch und Teutsch. Nebst dessen Leben, einer Nachricht von seinen Schriften, und einer Untersuchung, was Longin durch das Erhabene verstehe, von Heineken, Carl Heinrich, Dresten 1737, [3] 1742.

– *Longinus vom Erhabenen*, Übers. u. Hrsg. v. Schlosser, Johann Georg, Leipzig 1781.

– *Die Schrift vom Erhabenen. Dem Longinus zugeschrieben*, Griechisch u. Deutsch, (Hrsg): Scheliha, Renata von, Berlin 1938 (Nachdruck Stuttgart 1970).

– *Pseudo-Longinos: Vom Erhabenen*, griechisch/deutsch, (Hrsg): Brandt, Reinhart, Darmstadt 1966.

Looby, Christopher: The Constitution of Nature: Taxonomy as Politics in Jefferson, Peale, and Bartram, in: *Early American Literature* 3, 1987, S. 252–273.

Lorke, Kani Elise: The Role of Sublimity in the Development of Modernist Aesthetics, in: *Journal of Aesthetics and Art Criticism* 40, 1982, S. 421–429.

Lowth, Robert: *Lectures on the Sacred Poetry of the Hebrews*, tr. G. Gregory, London 1787.

Luc, Jean André de: *Physisch=moralische Briefe über die Berge, und die Geschichte der Erde und des Menschen*, aus dem Franz. übers. v. Marcard, Henrich Matthias, Leipzig 1778.

Ludwig, Christian Gottlieb: Abhandlung von denen auf der Schaubühne sterbenden Personen; insofern man sie nemlich vor den Augen der Zuschauer solle sterben oder ihren Tod erzählen lassen, in: *Critische Beyträge*, Band IV, 1736, 15. St., S. 390–406.

Lukrez, Titus Lucrezius Carus: *De rerum natura*, deutsch: *Über die Natur der Dinge*, lateinisch und deutsch von Josef Martin, Berlin 1972.

Lyotard, Jean-François: Réponse à la question: Qu'est-ce que le postmoderne?, in: *Critique*, 37/419, 1982, S. 357–367; deutsch: Beantwortung der Frage: Was ist postmodern?, in: *Tumult* 4, 1982, S. 131–142; oder in: ders., *Postmoderne für Kinder*,

Wien 1987, S. 11–31; oder in: Welsch, Wolfgang (Hrsg): *Wege aus der Moderne. Schlüsseltexte der Postmoderne-Diskussion*, Weinheim 1988, S. 193–203.
– *Le Différend*, Paris 1983; deutsch: *Der Widerstreit*, München 1987.
– *L'Assassinat de l'expérience par la peinture, Monory*, Pantin 1984.
– Le sublime et l'avantgarde, in: *Poesie* 34, 1985, S. 97–109; deutsch: Das Erhabene und die Avantgarde, in: *Merkur*, 2/1984, S. 151–164; oder in: Raulet, Gérard/Le Rider, Jacques (Hrsg): *Verabschiedung der (Post-)Moderne?*, Tübingen 1987, S. 251–269.
– Judicieux dans le différend, in: Derrida, Jacques et al., *La faculté de juger*, Paris 1985, S. 195–236.
– *L'enthousiasme. La critique kantienne de l'histoire*, Paris 1986; deutsch: *Der Enthusiasmus. Kants Kritik der Geschichte*, Wien 1988.
– Grundlagenkrise, in: *neue hefte für philosophie* 26, 1986, S. 1–33.
– Das Schöne und das Erhabene. Ein Gespräch zwischen J.-F. Lyotard und G. Raulet (Juni 1985), in: *Spuren*, Nr. 17, Nov./Dez. 1986, S. 11–40.
– *Philosophie und Malerei im Zeitalter ihres Experimentierens*, Berlin 1986.
– Sensus Communis, in: *Cahier du Collège international de philosophie* 3, 1987, S. 67–87; rep. in: *Cahiers Confrontations* 20, Winter 1989, S. 161–179.
– *Que Peindre? Adami, Arakawa, Buren*, Paris 1987; teilweise übers. in: ders., *Über Daniel Buren*, Stuttgart 1987.
– Post-Skriptum zum Schrecken und zum Erhabenen, in: ders., *Postmoderne für Kinder*, Wien 1987, S. 91–98, oder unter dem Titel: Über den Terror und das Erhabene – Ein Nachtrag, in: Raulet, Gérard/Le Rider, Jacques (Hrsg): *Verabschiedung der (Post-)Moderne?*, Tübingen 1987, S. 269–274.
– *Heidegger et ‚les juifs'*, Paris 1988; deutsch: *Heidegger und ‚die Juden'*, Wien 1988.
– Die Moderne redigieren, in: Welsch, Wolfgang (Hrsg): *Wege aus der Moderne. Schlüsseltexte der Postmoderne-Diskussion*, Weinheim 1988, S. 204–214; u. Separatdruck Bern 1988.
– L'Intérêt du sublime, in: Nancy, Jean-Luc/ Deguy, Michel (Hrsg): *Du Sublime*, Paris 1988, S. 149–177; deutsch: in diesem Band.
– *Peregrinations. Law, Form, Event*, New York 1988; deutsch: *Streifzüge. Gesetz, Form, Ereignis*, Wien 1989.
– *L'inhumain. Causeries sur le temps*, Paris 1988; deutsch: *Das Inhumane. Plaudereien über die Zeit*, Wien 1989.
– *Témoigner du différend. Quand phraser ne se peut. Autour de Jean-François Lyotard avec des exposés de Francis Guibal et Jacob Rogozinski*, Paris 1989.
– Die Aufklärung, das Erhabene, Philosophie, Ästhetik. Interview mit J.-F. Lyotard, geführt v. Willem van Reijen u. Dick Veerman, in: Reese-Schäfer, Walter: *Lyotard zur Einführung*, Hamburg 1988, S. 103–147; [2] 1989.
Lyotard, Jean-François im Gespräch mit Florian Rötzer, in: Rötzer, Florian: *Französische Philosophen im Gespräch*, München 1986, S. 101–118.
Lyotard, Jean-François et al.: *Immaterialität und Postmoderne*, Berlin 1985.
Lyotard, Jean-François/Francken, Ruth: *L'Histoire de Ruth*, Pantin 1984.
Lyotard, Jean-François/Rogozinski, Jacob: La police de la pensée, in: *L'autre journal*, Dezember 1985, S. 28–34; ital.: La polizia del pensiero, in: *Alfabeta*, Januar 1988.
Lyotard, Jean-François/Thébaud, Jean-Loup: *Au juste*, Paris 1979.

Maaß, Johann Gebhart Ehrenreich: *Versuch über die Leidenschaften. Theoretisch und practisch*, 2 Tle., Halle/Leipzig 1805–1807, bes. Tl. II, S. 125–128.

Mac Dermot, Martin: *A Philosophical Inquiry into the Sources of the Pleasures derived from Tragic Representations*, London 1824.
Maeger, R.: The Sublime and the Obscene, in: Osborne, Harold (Hrsg): *Aesthetics in the modern world*, London 1968, S. 148–165.
Maggiori, Robert: Heidegger au nom de la loi, in: *Libération* vom 28. 4. 1988.
Man, Paul de: Hegel on the Sublime, in: Krupnik, Mark (Hrsg): *Displacement. Derrida and After*, Bloomington 1983, S. 139–153.
– Phenomenality and Materiality in Kant, in: Shapiro, Gary/Sica, Alan (Hrsg): *Hermeneutics, Questions and Prospects*, Amherst 1984, S. 121–144.
Mandelbrot, Benoît: *The Fractal Geometry of Nature*, San Francisco 1982.
Mangin, Edward: *Essays on the Sources of the Pleasures Received from Literary Compositions*, London 1809.
Manwaring, Edward: *Institutes of Learning, Taken from Aristotle, Plutarch, Longinus*, etc., London 1737.
Manwaring, E.: *Italian Landscape in Eighteenth Century England*, New York 1925.
Marc-Wogau, Konrad: Das Schöne, in: Kulenkampff, Jens (Hrsg): *Materialien zu Kants Kritik der Urteilskraft*, Frankfurt/M. 1974, S. 295–327.
Marin, D. J.: *Bibliography of the ‚Essay on the Sublime'*, o.O. 1967.
Marin, Louis: Sur une tour de Babel dans un tableau de Poussin, in: Nancy, Jean-Luc/Deguy, Michel (Hrsg): *Du Sublime*, Paris 1988, S. 237–258.
Marquard, Odo: Kant und die Wende zur Ästhetik, in: *Zeitschrift für philosophische Forschung* 16, 1962.
– Über einige Beziehungen zwischen Ästhetik und Therapeutik in der Philosophie des neunzehnten Jahrhunderts, in: Schrimpf, Hans Joachim (Hrsg): *Literatur und Gesellschaft. Vom neunzehnten ins zwanzigste Jahrhundert. Festgabe für Benno v. Wiese*, Bonn 1963, S. 22–55.
Martignoni, Ignazio: *Del bello e del sublime* (zuerst 1810), Como 1826.
Martinson, Steven D.: *On Imitation, Imagination and Beauty. A Critical Reasessment of the Concept of the Literary Artist During the Early German ‚Aufklärung'*, Bonn 1977.
Marvick, Louis W.: *Mallarmé and the sublime*, Albany/New York 1986.
Massias, Nicolas: *Théorie du beau et du sublime*, Paris 1824.
Mathy, Dietrich: *Poesie und Chaos. Zur anarchistischen Komponente der frühromantischen Ästhetik*, München 1984.
Mattenklott, Gert: Drama – Gottsched bis Lessing, in: Glaser, Horst Albert (Hrsg): *Deutsche Literatur. Eine Sozialgeschichte*, Band 4: Zwischen Absolutismus und Aufklärung: Rationalismus, Empfindsamkeit, Sturm und Drang (1740–1786), Reinbek b. H. 1980, S. 277–298.
– Der Ursprung der Freiheit aus der Katastrophe des Sinnenwesens. Ein Beitrag zur Dialektik der Aufklärung, in: Rupp, Heinz/ Roloff, Hans-Gert (Hrsg): *Akten des VI. Internationalen Germanistenkongresses*, Bern/Frankfurt/Las Vegas 1980, Band 4, S. 50–56.
Mc Fadden, G.: Dryden, Boileau and Longinian Imitation, in: *Actes du IV. Congrès de l'Association Internationale de Littérature Comparée*, Den Haag/Paris 1966, S. 751–755.
Mc Farland, Thomas: The Originality Paradox, in: *New Literary History* 5, 1974, S. 447–476.
Meier, Georg Friedrich: *Theoretische Lehre von den Gemüthsbewegungen überhaupt*, Halle 1744 (Nachdruck Frankfurt/M. 1971).

Melchior, Johann Peter: *Versuch über das sichtbar Erhabene in der bildenden Kunst*, Mannheim 1781.
Melmoth, Courtney: *The Sublime and Beautiful of Scripture*, London 1777.
Melville, Herman: *Moby-Dick or, The Whale*, New York 1952.
Mendelssohn, Moses: Ueber die Empfindungen, in: ders., *Gesammelte Schriften. Jubiläumsausgabe* (*GS*), Begonnen von Ismar Elbogen, Julius Guttmann, Eugen Mittwoch, fortgesetzt von Alexander Altmann, Berlin 1929–1932, Breslau 1938, Stuttgart/Bad Cannstatt 1971ff., Band I, S. 41–123.
– Anmerkungen über das englische Buch: On the Sublime and the Beautiful, in: ders., *GS*, Band III, S. 237–253.
– Du Sublime et du Naif dans les Belles Lettres [Ueber das Erhabene und das Naive in den schönen Wissenschaften], in: *Journal Etranger* VIII, 1762, S. 5–59.
– *Schriften zur Philosophie, Aesthetik und Apologetik*, Mit Einl., Anm. u. einer biogr.-hist. Charakteristik Mendelssohns, 2 Bde., (Hrsg): Brasch, Moritz, Leipzig 1880.
– Über das Erhabene und Naive (1758), in: ders., *Ästhetische Schriften in Auswahl*, (Hrsg): Best, Otto F., Darmstadt 1974, S. 207–246.
– Philosophische Untersuchung des Ursprungs (1758), in: ders., *Ästhetische Schriften in Auswahl*, S. 247–265.
Michaelis, Ch. F.: Über das Erhabene, in: *Eunomia* I, 1801, S. 102–122.
– Über das Erhabene in der Musik, in: *Monatsschrift für Deutsche* 1, 1801, S. 42–52.
Michiels, Alfred: La Théorie de Kant sur le Sublime Exposée par un Français en 1708, in: *Revue Contemporaine* III, 1852, S. 447–465.
Miles, Josephine: The Sublime Poem, in: Lehmann, B. H. et al. (Hrsg): *The Image of the Work: Essays in Criticism*, Berkeley/Los Angeles 1955, S. 59–85.
– *Eras and Modes in English Poetry*, Berkeley/Los Angeles 1964.
Miller, George: An Essay on the Origin and Nature of our Ideas of the Sublime, in: *Transactions of the Royal Irish Academy* V, 1794.
Miller, John R.: *Boileau en France au XVIII Siècle*, Baltimore 1942.
Mitchell, W. J. T.: Eye and Ear: Edmund Burke and the Politics of Sensibility, in: *Iconology: Image, Text, Ideology*, Chicago/London 1986, S. 116–149.
Mitscherlich, Alexander: Überwindung der Angst, in: ders., *Gesammelte Schriften*, Frankfurt/M. 1983, Band 7, S. 125–130.
Modiano, Raimonda: Humanism and the Comic Sublime: From Kant to Friedrich Theodor Vischer, in: *Studies in Romanticism* 26, 1987, S. 231–244.
Moholy-Nagy, Lázló: *Malerei, Photographie, Film*, München 1925.
Mongin, O.: Renouer le fil de la Peinture, in: *Autrement*, Nr. 102, 1988, S. 38–43.
Monk, Samuel H.: A Grace Beyond the Reach of Art, in: *Journal of the History of Ideas* 5, 1944, S. 131–150.
– *The Sublime. A Study of Critical Theories in Eighteenth-Century England*, [1] Michigan 1935, [2] 1960.
– Review of Walter Hipple, The Beautiful, the Sublime, and the Picturesque in Eighteenth-Century British Aesthetic Theory, in: *Modern Language Notes* 74, 1959, S. 257–261.
Montesquieu, C. de S.: *Pensées et Fragments inédits*, Bordeaux 1899–1901.
Moone, L. Hugh: The Aesthetic Theory of William Bartram, in: *Essays in Arts and Sciences* 12, 1983, S. 17–35.
Moore, Jared S.: The Sublime, and Other Subordinate Aesthetic Concepts, in: *The Journal of Philosophy* XLV, 1948, Heft 2.

Morgenstern, Karl: Ist das Erhabene mit dem Schönen in Einem Gegenstande vereinbar?, in: *Neue Bibliothek der schönen Wissenschaften und der freyen Künste* 57, 1796, 1. St., S. 41–50.

Morris, David B.: *The Religious Sublime. Christian Poetry and Critical Tradition in 18th Century England*, Lexington 1972.

– Gothic Sublimity, in: *New Literary History* 26, 1985, S. 299–320.

Morris, Meaghan: Postmodernity and Lyotard's Sublime, in: *The Pirate's Fiancée: Feminism, Reading, Postmodernism*, London 1988, S. 213–239.

Müller, Adam Heinrich: *Kritische, ästhetische und philosophische Schriften*, (Hrsg): Schröder, Walter /Siebert, Werner, Neuwied/Berlin 1967, Band 2.

Munsky, Wolfgang: Die Welt als Schreckenskabinett, in: Thomsen, Christian W./Fischer, Jens Malte (Hrsg): *Phantastik in Literatur und Kunst*, Darmstadt 1980, S. 471–491.

Munteano, Basil: Survivances antiques. L'Abbé Du Bos esthéticien de la persuasion passionelle, in: *Revue de la Littérature comparée* XXX, 1956, S. 318–350.

Murdoch, Iris: The Sublime and the Beautiful Revisited, in: *Yale Review* XLIX, 1959, Nr. 2, S. 247–271.

– The Sublime and the Good, in: *Chicago Review* XIII, 1959, S. 42–55.

Murphy, Arthur: Review on Burke's Enquiry, in: *Works of Johnson*, (Hrsg): Hawkins, Sir John, London 1787, X, S. 199–219.

Murray, Henry A.: Introduction, in: *Pierre, or, The Ambiguities*, New York 1949 (Nachdruck 1957).

Murray, Timothy: What's happening?, in: *Diacritics*, Vol. 14, Nr. 3, 1984, S. 100–110.

Muth, Ludwig: *Kleist und Kant*, (Diss.) Köln 1954.

Mutschmann, H.: *Tendenzen, Aufbau und Quellen der Schrift vom Erhabenen*, Berlin 1913.

Nagl-Docekal, Herta: Das heimliche Subjekt Lyotards, in: Frank, Manfred/Raulet, Gérard/Reijen, Willem van (Hrsg): *Die Frage nach dem Subjekt*, Frankfurt/M. 1988, S. 230–246.

Nancy, Jean-Luc: Logodaedalus. Kant écrivain, in: *Poétique* 21, 1975, S. 24–52.

– Le kategorein de l'excès, in: ders., *L'impératif catégorique*, Paris 1983, S. 5–32.

– DIES IRAE, in: Derrida, Jacques et al.: *La Faculté de juger*, Paris 1985, S. 9–54.

– L'Offrande sublime, in: Nancy, Jean-Luc/Deguy, Michel (Hrsg): *Du Sublime*, Paris 1988, S. 37–75.

Neuberger-Donath, Ruth: *Longini de Sublimitate Lexicon*, Hildesheim 1987.

Newberry, John: *The Art of Poetry on a New Plan*, London 1762.

Newman, Barnett: The sublime is now, in: *The Tiger's Eye I*, 1948, Heft 6.

– The freedom of space, the emotion of human scale ..., in: *Katalog VIII. Sao Paulo Biennial (USA)*, Sao Paulo/Washington 1966.

– For Impassioned Criticism, in: *Art News* 67, Nr. 4, Sommer 1968.

– Who's afraid of red, yellow and blue I, in: *Art Now: New York* 1, Nr. 3, März 1969.

– Chartres and Jericho, in: *Studio International* 179, Nr. 919, Februar 1970.

Nichols, G. T.: The Gift of Sublimity, in: *General Magazine and Impartial Review* II, 1788, S. 153–154.

Nicolai, Friedrich: Abhandlung vom Trauerspiele, in: Schulte-Sasse, Jochen (Hrsg): *Lessing, G. E.; Mendelssohn, M.; Nicolai, F.: Briefwechsel über das Trauerspiel*, München 1972, S. 11–44.

Nicolis, Gregoire/Prigogine, Ilya: *Die Erforschung des Komplexen. Auf dem Weg zu einem neuen Verständnis der Naturwissenschaften*, München 1987.
Nicolson, Majorie Hope: *Newton Demands the Muse: Newton's ‚Optics' and the Eighteenth Century Poets*, Princeton N.J. 1949.
– *Mountain Gloom and Mountain Glory: The Development of the Aesthetics of the Infinite*, Ithaca N.Y. 1959.
– Sublime in external Nature, in: Wiener, Ph. P. (Hrsg): *Dictionary of the History of Ideas. Studies of selected pivotal Ideas*, New York 1973, Band IV, S. 333–337.
Nietzsche, Friedrich: Morgenröte, in: ders., *Sämtliche Werke. Kritische Studienausgabe in 15 Bänden* (*KS*), (Hrsg): Colli, Giorgio/Montinari, Mazzino, München/Berlin/ New York 1980, Band 3.
– Die Geburt der Tragödie aus dem Geist der Musik, in: *KS*, Band 1.
– Menschliches, Allzumenschliches, in: *KS*, Band 2.
– Die fröhliche Wissenschaft, in: *KS*, Band 3.
– Also sprach Zarathustra, in: *KS*, Band 4.
– Zur Genealogie der Moral, in: *KS*, Band 5.
– Götzen-Dämmerung, in: *KS*, Band 6.
Nivelle, Armand: *Theorie esthétique en Allemagne de Baumgarten à Kant*, Paris o.J.; deutsch, neubearbeitet: *Kunst- und Dichtungstheorie zwischen Aufklärung und Klassik*, Berlin 1960.
– *Literaturästhetik der europäischen Aufklärung*, Wiesbaden 1977, bes. S. 40–54.
Norden, Eduard: *Das Genesiszitat in der Schrift vom Erhabenen*, Berlin 1955.
Noss, Mary T.: *La Sensibilité de Boileau*, Gamber 1932.

Oesterle, Günter: Entwurf einer Monographie des ästhetisch Häßlichen. Die Geschichte einer ästhetischen Kategorie von Friedrich Schlegels ‚Studium'-Aufsatz bis zu Karl Rosenkranz' ‚Ästhetik des Häßlichen' als Suche nach dem Ursprung der Moderne, in: Bänsch, Dieter (Hrsg): *Zur Modernität der Romantik*, Stuttgart 1977, S. 217–297.
Ogden, Henry V. S./Ogden, Margarete S.: *English taste in landscape in the 17th Century*, Ann Arbor/Michigan 1955.
O'Hara, Daniel T.: The Poverty of Theory: On Society and the Sublime, in: *Contemporary Literature* 26, 1985, S. 335–350.
Ohly, Friedrich: Vom geistigen Sinn des Wortes im Mittelalter, in: ders., *Schriften zur mittelalterlichen Bedeutungsforschung*, Darmstadt 1983, S. 1–32.
– Die Zerreißung als Strafe für Liebesverrat in der Antike und im Alten Testament, in: Hauck, Karl et al. (Hrsg): *Sprache und Recht. Festschrift für Ruth Schmidt-Wiegand zum 60. Geburtstag*, Berlin 1986, S. 554–624.
Otto, Rudolf: *Das Heilige. Über das Irrationale in der Idee des Göttlichen und sein Verhältnis zum Rationalen* (1917), München 1979.
Otto, Stephan: Das verspielte Darstellbare, in: *Kunstforum International*, Band 100, April/Mai 1989, S. 364–369.
Owen, W. J. B.: The Sublime and Beautiful in The Prelude, in: *The Wordsworth Circle* 4, Frühling 1973, S. 67–86.
– *Wordsworth as Critic*, Toronto 1969.

Pascal, Blaise: *Pensées* (posthum 1669), Nouvelle Edition établie pour la première fois d'après la copie de référence de Gilberte Pascal par Philippe Sellier, St.-Amand (Cher) 1976; deutsch: *Gedanken*, Nach der endgültigen Ausgabe von Fortunat Strowski übertragen von Wolfgang Rüttenauer, Wiesbaden 1947.

Paulson, Roland: Versions of Human Sublime, in: *New Literary History* 16, 1985, S. 427–437.

Pease, Donald: Sublime Politics, in: *The American Sublime*, Ed. Arensberg, S. 21–50.

Peitgen, Heinz O./Richter, Peter H.: *The Beauty of Fractals. Images of complex dynamical systems*, Heidelberg/New York/Tokio 1986.

– *Harmonie in Chaos und Kosmos. Broschüre der Städtischen Sparkasse Bremen*, Bremen 1984.

Pemberton, Henry: *Observations on Poetry, Especially on the Epic*, etc., London 1738.

Perella, N. J.: *Night and the sublime in Giacomo Leopardi*, Berkeley 1970.

Perrault, Charles: *Parallèles des Anciens et des Modernes en ce qui regarde les Arts et les Sciences* (4 Bde. 1688–1697), (Hrsg): Jauß, Hans Robert/Imdahl, Max, München 1964.

– Reponse aux Réflexions Critiques de M. Despréaux sur Longin, in: *Mélange Curieux des Meilleurs Pièces Attribuées à M. De Saint-Evremond*, Amsterdam 1726.

Peter, Klaus: *Idealismus als Kritik. Friedrich Schlegels Philosophie der unvollendeten Welt*, Stuttgart 1973.

Petsch, Robert: Die Lehre von den gemischten Gefühlen im Altertum, in: *Neue Jahrbücher für das klassische Altertum, Geschichte der deutschen Literatur und Pädagogik*, Abt. I, 33, 1914, S. 377–389.

Pieper, Joseph: *Begeisterung und göttlicher Wahnsinn, über den platonischen Dialog ‚Phaidros'*, München 1962.

Pikulik, Lothar: Vermischte Empfindungen, in: *E. T. A. Hoffmann. Mitteilungen der E. T. A. Hoffmann-Gesellschaft* 27, 1981, S. 113–116.

Piles, Roger de: *The Art of Painting, and the Lives of the Painters*, etc., London 1706.

Pilkington, M.: *The Gentleman's and Conoisseur's Dictionary of Painters*, etc., London 1770.

Pillaus, Helmut: *Die fortgedachte Dissonanz*, München 1981, bes. S. 9–52.

Pizzorusso, Arnoldo: La Poetica di La Bruyère, in: *Studii Francesi* I, Januar-April 1957, S. 43–57, 198–212.

– *La poetica di Fénelon*, Mailand 1959.

Platon: Ion, in: ders., *Werke in acht Bänden*, griechisch/deutsch, übers. v. Friedrich Schleiermacher et al., Darmstadt 1983, Band 1, S. 1–40.

– Phaidros, in: ders., *Werke*, Band 5, S. 1–194.

– Theaitetos, in: ders., *Werke*, Band 6, S. 1–218.

– Timaios, in: ders., *Werke*, Band 7, S. 1–211.

– *Platons Gastmahl: Symposion*, deutsch, übertragen u. eingeleitet v. Hildebrand, Kurt Leipzig 1919.

Plessy, Bernard: Certain je ne sais quoi ..., in: *Le Bulletin des lettres* 15, Nov. 1964, S. 385–388.

Poe, Edgar Allan: *Faszination des Grauens. 11 Meisterwerke*, Aus dem Amerikanischen übertr. v. Schmidt, Arno/Wollschläger, Hans, München 1981.

Poenicke, Klaus: Schönheit im Schoße des Schreckens: Raumgefüge und Menschenbild im englischen Schauerroman, in: *Archiv für das Studium der Neueren Sprachen und Literaturen* 207, Jg. 122, 1970, Heft 1, S. 1–19.

– *‚Dark Sublime': Raum und Selbst in der amerikanischen Romantik*, Heidelberg 1972.

Poirson, E.: *Le sublime et le beau chez les grands préromantiques et romantiques français*, (Diss.) Paris 1975.
Pol-Droit, Roger: Lyotard et la politique de Kant, in: *Le Monde* vom 29. 11. 1986.
Pope, A.: *The Art of Sinking in Poetry* (1727), (Hrsg): Steeves, E. L., New York 1952.
Praz, Mario: *Liebe, Tod und Teufel. Die schwarze Romantik* (ital. Orgin. 1930), [2] München 1981.
– *The Romantic Agony*, London 1933, bes. S. 25–50.
Price, Martin: The Sublime Poem. Pictures and Powers, in: *Yale Review* 58, 1969, S. 194–213.
– The Picturesque Moment, in: Hilles, F.W./Bloom, H. (Hrsg.): *From Sensibility to Romanticism*, New York 1965, S. 259–292.
Price, Uvedale: *An Essay on the Picturesque as Compared with the Sublime and the Beautiful*, London 1794–1798.
Pries, Christine/Welsch, Wolfgang: Artikel: Lyotard, Jean-François, in: *Metzler Philosophen Lexikon*, Stuttgart 1989, S. 485–487.
Pries, Johann Friedrich: *Melpomene. Ein Versuch über die Gründe des Wohlgefallens an tragischen Gegenständen*, Rostock/Leipzig 1804.
Prigogine, Ilya/Stengers, Isabelle: *Dialog mit der Natur. Neue Wege naturwissenschaftlichen Denkens*, [4] München 1983.
Proklos: *De philosophia chaldaica*, (Hrsg): Jahn, Halle 1891.
Punter, David: *The Literature of Terror: A History of Gothic Fictions from 1765 to the Present Day*, London/New York 1980.

Quincey, Thomas de: *Der Mord als schöne Kunst betrachtet* (engl. 1827), Hg. und eingel. v. Kohl, Norbert, Frankfurt/M. 1977.
Quinton, A.: Burke on the Sublime and Beautiful, in: *Philosophy* 36, 1961, S. 71–73.

Ränsch-Trill, Barbara: ‚Erwachen erhabener Empfindungen bei der Beobachtung unserer Landschaftsbilder'. Kants Theorie des Erhabenen und die Malerei Caspar David Friedrichs, in: *Kant-Studien* 68, 1977, Heft 1, S. 90–99.
Ralph, Benjamin: *The School of Raphael: or, the Student's Guide to Expression in Historical Painting*, etc., London 1759.
Rapin, Père René: *La Comparaison des Grands Hommes de l'Antiquité qui ont le plus Excellé dans les Belles Lettres*, Paris 1684.
– *Œuvres, qui Contiennent les Réflexions sur l'Eloquence, la Poétique, l'Histoire et la Philosophie*, Amsterdam 1709.
– Réflexions sur l'Usage de l'Eloquence de ce Temps en Général, in: ders., *Œuvres*, La Haye 1725.
– *Réflexions sur la Poétique d'Aristotle*, Paris 1674.
– *Les Réflexions sur la poétique de ce temps et sur les ouvrages des poètes anciens et modernes* (1674), Genf 1970.
Raulet, Gérard: Modernes et post-modernes, in: ders. (Hrsg), *Weimar ou l'explosion de la modernité*, Paris 1984.
– Das Schöne und das Erhabene. Ein Gespräch zwischen J.-F. Lyotard und G. Raulet (Juni 1985), in: *Spuren*, Nr. 17, Nov./Dez. 1986, S. 11–40.
– *Gehemmte Zukunft. Zur gegenwärtigen Krise der Emanzipation*, Darmstadt/Neuwied 1986, bes. S. 122–141.
– Zur Dialektik der Postmoderne, in: Huyssen, Andreas/Scherpe, Klaus R. (Hrsg): *Postmoderne: Zeichen eines kulturellen Wandels*, Reinbek b. H. 1986, S. 128–150.

Redfield, Marc D.: Pynchon's Postmodern Sublime, in: *PMLA*, 1989, S. 152–162.
Reese-Schäfer, Walter: *Lyotard zur Einführung*, Hamburg 1988, bes. S. 54–75; [2] 1989.
Rehm, Walter: Römisch-französischer Barockheroismus und seine Umgestaltung in Deutschland, in: ders., *Götterstille und Göttertrauer. Aufsätze zur deutsch – antiken Begegnung*, o.O. 1951, S. 11–61.
Reid, Thomas: *Essays on the Intellectual Powers of Man*, Edinburgh 1785.
Reifferscheid, Bettina: *Die Analogie von Idee und Natur in Kants Theorie des Erhabenen*, (Magister) Hamburg 1983.
Reijen, Willem van: Miss Marx, Terminals und Grands Récits oder: Kratzt Habermas, wo es nicht juckt?, in: Kamper, Dietmar/Reijen, Willem van (Hrsg): *Die unvollendete Vernunft: Moderne versus Postmoderne*, Frankfurt/M. 1987, S. 536–569.
Reise, Barbara: The Stance of Barnett Newman, in: *Studio International* 179, Nr. 919, Februar 1970.
Renaitour, Jean-Michel: Un auteur oublié: Longin, in: BGB Supplément *Lettre d'humanité*, 1965, S. 502–513.
Reynolds, Sir Joshua: *Discourses Delivered to the Students of the Royal Academy*, (Hrsg): Fry, Roger, London 1905.
Richardson, Jonathan: *An Essay on the Theory of Painting*, [2] London 1725.
Richter, Karl: *Literatur und Naturwissenschaft. Eine Studie zur Lyrik der Aufklärung*, München 1972.
Richter, Liselotte: *Philosophie der Dichtkunst. Moses Mendelssohns Ästhetik zwischen Aufklärung und Sturm und Drang*, Berlin 1948.
Riedel, Friedrich Justus: *Theorie der schönen Künste und Wissenschaften*, Jena 1767.
Riethmüller, Albrecht: Aspekte des musikalisch Erhabenen im 19. Jahrhundert, in: *Archiv für Musikwissenschaft* 40, 1983, S. 38–49.
Rigaut, Hippolyte: *Histoire de la Querelle des Anciens et des Modernes*, Paris 1856.
Ritoók, Emma v.: Das Häßliche in der Kunst, in: *Zeitschrift für Ästhetik und allgemeine Kunstwissenschaft* 11, 1916, S. 4–27.
Rodman, Selden: *The Insider*, Baton Rouge 1960.
Rötzer, Florian: Geschichtszeichen, Auschwitz und Satzereignisse, in: *die tageszeitung* vom 13. 3. 1987.
– Humpeln, Stolpern oder Fallen?, in: *Kunstforum International* 88, März/April 1987.
– Zur Genese des Erhabenen, in: Kamper, Dietmar/ Wulf, Christoph (Hrsg): *Der Schein des Schönen*, Göttingen 1989.
Rogozinski, Jacob: Der Aufruf des Fremden. Kant und die Frage nach dem Subjekt, in: Frank, Manfred/Raulet, Gérard/Reijen, Willem van (Hrsg): *Die Frage nach dem Subjekt*, Frankfurt/M. 1988, S. 192–229.
– Le don du monde, in: Nancy, Jean-Luc/ Deguy, Michel (Hrsg): *Du Sublime*, Paris 1988, S. 179–210.
Rommel, Otto: Rationalistische Dämonie. Die Geisterromane des ausgehenden 18. Jahrhunderts, in: *Deutsche Vierteljahresschrift für Literaturwissenschaft und Geistesgeschichte* XVII, 1939, S. 183–220.
Rosenberg, Alfred: *Longinus in England bis zum Ende des 18. Jahrhunderts*, (Diss.) Berlin 1917.
Rosenblum, Robert: The Abstract Sublime, in: *Art News* 59, Nr. 10, Februar 1961, S. 38–41; Wiederabdruck in: Geldzahler, Henry (Hrsg): *Painting and Sculpture: 1940–1970*, The Metropolitan Museum of Art, New York 1969, S. 56–58.

– *Die moderne Malerei und die Tradition in der Romantik. Von C. D. Friedrich zu Mark Rothko*, München 1981.

Rosenkranz, Karl: *Aesthetik des Häßlichen*, Königsberg 1853; Nachdruck mit einem Vorwort, (Hrsg): Henckmann, Wolfhart, Darmstadt 1979.

Rossaint, Josef: *Das Erhabene und die neuere Ästhetik*, (Diss.) o.O. 1926.

Rostagni, Augusto: Il ‚Sublime' nella storia dell'estetica antica, in: ders., *Scritti minori. I: Aestetica,* Turin 1955, S. 447–518.

Rotenstreich, Nathan: Sublimity and Terror, in: *Idealistic Studies* III, 1973, Heft 3, S. 238–251.

Rotermund, Erwin: Der Affekt als literarischer Gegenstand: Zur Theorie und Darstellung der Passiones im 17. Jahrhundert, in: Jauß, Hans Robert (Hrsg): *Die nicht mehr schönen Künste. Grenzphänomene des Ästhetischen* (Poetik und Hermeneutik 3), München 1968, S. 239–269.

Rousseau, Jean-Jacques: *Emile oder Über die Erziehung*, übers. v. Sckommodau, Eleonore, (Hrsg): Rang, Martin, Stuttgart 1976.

– *Julie oder Die neue Héloise. Briefe zweier Liebenden aus einer kleinen Stadt am Fuße der Alpen*, München 1978.

– Träumereien eines einsamen Spaziergängers, in: ders., *Schriften*, 2 Bde., (Hrsg): Ritter, Henning, München/Wien 1978, Band 2, S. 637–760.

– *Bekenntnisse*, übertragen v. Hardt, Ernst, [3] Leipzig 1955.

Rucker, Rudy: *Der Ozean der Wahrheit oder die fünf Arten zu Denken. Über die logische Tiefe der Welt*, Frankfurt/M. 1988.

Ruhl, Ludwig Sigismund: *Über den Eindruck des Schrecklichen in den Werken antiker und moderner Kunst*, Kassel 1876.

Safranski, Rüdiger: *Schopenhauer und die wilden Jahre der Philosophie. Eine Biographie*, München/Wien 1987.

Saint-Evremond, Charles de Marquetel de Saint-Denis: Sur les tragédies, in: ders., *Œuvres choisies*, (Hrsg): Gidel, A.Ch., Paris 1867.

– Dissertation sur le mot ‚Vaste', in: *Œuvres choisies*.

Sanford, Charles: The Concept of the Sublime in the Works of Thomas Cole and William Cullen Bryant, in: *American Literature* XXVIII, 1957, S. 434–448.

Sartre, Jean-Paul: *La Nausée*, Paris 1938; deutsch: *Der Ekel*, Reinbek b.H. 1963.

Scalione, A.: Nicholas Boileau comme Mulcro nella Fortuna del Sublime, in: *Convivium* 2, 1950, S. 161–187.

– La Responsabilità di Boileau per la Fortuna del ‚Sublime' nel settecento, in: *Convivium* 2, 1952, S. 166–195.

Schasler, Max: *Ästhetik. Grundzüge einer Wissenschaft des Schönen und der Kunst*, Leipzig 1886, bes. S. 31–73.

Schelling, Friedrich Wilhelm Joseph: *System des transzendentalen Idealismus*, Hamburg 1957.

Schiller, Friedrich: Über den Grund des Vergnügens an tragischen Gegenständen, in: ders., *Sämtliche Werke*, [8] München 1989, Band V, S. 358–372.

– Kallias oder über die Schönheit, in: *Sämtliche Werke*, Band V, S. 394–426.

– Vom Erhabenen, in: ders., *Sämtliche Werke*, Band V, S. 489–512.

– Über das Pathetische, in: ders., *Sämtliche Werke*, Band V, S. 512–536.

– Über das Erhabene, in: ders., *Sämtliche Werke*, Band V, S. 792–810.

– *Über die ästhetische Erziehung des Menschen. Briefe an den Augsburger, Ankündigung*

der ‚Horen' und letzte, verbesserte Fassung, Vorwort u. (Hrsg): v. Henckmann, Wolfhart, München 1967.
– *Schillers Briefe*, (Hrsg): Strettfield, Erwin/Žmegač, Viktor, Königstein 1983.
Schlegel, August Wilhelm: Die Kunstlehre (1801), in: ders., *Kritische Schriften und Briefe*, (Hrsg): Lohner, Edgar, Stuttgart 1963, Band 2.
Schlegel, Friedrich: Philosophische Vorlesungen I, in: *Kritische Ausgabe* (*KA*), (Hrsg): Behler, Ernst, München 1964, Band XII.
– Philosophische Lehrjahre I, in: *KA*, München 1963, Band XVIII.
– Philosophische Lehrjahre II, in: *KA*, München 1971, Band XIX.
– *Kritische Schriften*, (Hrsg): Rasch, W., [2] München 1964.
– *Literary Notebooks*, (Hrsg): Eichner, Hans, London 1957.
– *Athenaeum I*, (Hrsg): Grützmacher, Curt, Hamburg 1969.
Schleiermacher, Friedrich: *Über die Religion. Reden an die Gebildeten unter ihren Verächtern* (1799), (Hrsg): Ratschow, Carl Heinz, Stuttgart 1977.
Schlosser, Johann Georg: Versuch über das Erhabene als ein Anhang zum Longin vom Erhabenen, in: ders. (Übers. u. Hrsg.), *Longinus vom Erhabenen*, Leipzig 1781, S. 266–334.
Schmidt, Burghart: in: ders., *Postmoderne – Strategien des Vergessens*, Darmstadt/ Neuwied 1986, bes. S. 132–170 (Das Erhabene aktuell diskutiert. Ein Versuch).
Schmidt, Horst Michael: *Sinnlichkeit und Verstand. Zur philosophischen und poetologischen Begründung von Erfahrung und Urteil in der deutschen Aufklärung (Leibniz, Wolf, Gottsched, Bodmer, Breitinger, Baumgarten)*, München 1982.
Schmidt, Paul: *Kant, Schiller, Vischer über das Erhabene*, Halle 1880.
Schmitz, Heinz-Günter: Phantasie und Melancholie. Barocke Dichtung im Dienst der Diätetik, in: *Medizinhistorisches Journal*, Band 41, 1969, S. 210–230.
Schneider, Helmut: Ironische Erhabenheit, in: *Die Zeit* vom 3. 7. 1987.
Schneider, Manfred: Ein exzentrischer Piano-Bandit als Autor. Anmerkungen zu den Schriften von Glenn Gould, in: *Merkur*, Heft 2, 42. Jg., Febr. 1988, S. 141–145.
Schoene, Wolfgang: Zur Frühgeschichte der Angst. Angst und Politik im nichtdurchrationalisierten Gesellschaften, in: Wiesbock, Heinz (Hrsg): *Die politische und gesellschaftliche Rolle der Angst*, Frankfurt/M. 1967, S. 113–134.
Schönert, Jörg: Behaglicher Schauer und distanzierter Schrecken. Zur Situation von Schauerroman und Schauererzählung im literarischen Leben der Biedermeierzeit, in: Martino, Alberto (Hrsg): *Literatur in der sozialen Bewegung. Aufsätze und Forschungsberichte zum 19. Jahrhundert*, Tübingen 1977, S. 27–92.
Scholten, Willem: *Charles Robert Maturin: The Terror-Novelist*, (Diss.) Amsterdam 1933.
Schopenhauer, Arthur: Die Welt als Wille und Vorstellung, in: ders., *Sämtliche Werke*, (Hrsg): Hübscher, Arthur, Wiesbaden 1946–1950.
– *Die Metaphysik des Schönen*, München/Zürich 1985.
– *Reisetagebücher*, Zürich 1988.
Schor, Naomi: Details and Realism: ‚Le Curé de Tours', in: *Poetics Today* 5, 1984, Nr. 4, S. 701–709.
Schott, Andreas H.: *Theorie der schönen Wissenschaften*, 2 Bde., Tübingen 1789.
Schrecken, in: *Konkursbuch 9. Zeitschrift für Vernunftkritik*, Tübingen 1982.
Schulten, Klaus: Ordnung aus Chaos, Vernunft aus Zufall – Physik biologischer und digitaler Informationsverarbeitung, in: Küppers, Bernd-Olaf (Hrsg): *Ordnung aus dem Chaos, Prinzipien der Selbstorganisation und Evolution des Lebens*, München 1987, S. 213–268.

Schweiker, Joh. Ev.: Das Häßliche in der Kunst, in: *Literarische Warte. Monatsschrift für schöne Literatur*, Jg. II, 1901, S. 630–632.
Seckler, Dorothy: Frontiers in Space, in: *Art in America* 60, Nr. 2, 1962.
Seel, Martin: Dialektik des Erhabenen. Kommentare zur ‚ästhetischen Barbarei heute', in: Reijen, Willem van / Schmid Noerr, Gunzelin (Hrsg): *Vierzig Jahre Flaschenpost: ‚Dialektik der Aufklärung' 1947–1987*, Frankfurt/M. 1987, S. 11–40.
Seeßlen, Georg: *Kino der Angst. Geschichte und Mythologie des Film-Thrillers*, Reinbek b. H. 1980.
Segal, Charles P.: Hypsos and the Problem of Cultural Decline in the De Sublimate, in: *Harvard Studies in Classical Philology* 64, 1959, S. 121–146.
Seidl, Arthur: *Zur Geschichte des Erhabenheitsbegriffs seit Kant*, Leipzig 1888.
Selb, H.: *Probleme der Schrift peri hypsus. Untersuchungen zur Datierung und Lokalisierung der Schrift sowie Textkritische Erläuterungen*, (Diss.) Heidelberg 1957.
Shaftesbury, Anthony A.-C. Earl of: *A letter concerning enthusiasm*, (1707) o.O.; deutsch: *Ein Brief über den Enthusiasmus. Die Moralisten*, in d. Übersetzung v. Frischeisen-Köhler, Max, [2] Hamburg 1980.
Shapiro, Gary: From the Sublime to the Political: Some Historical Notes, in: *New Literary History* 16, 1985, S. 213–215.
Sheppard, Sallye: Blair and Emerson on the Sublime: A Question of Influence, in: *Lamar Journal of the Humanities*, Jg. 11, H. 1, 1985, S.19–25.
Shields, David S.: The Religious Sublime and New England Poets of the 1720's, in: *Early American Literature* 19, 1984/85, S. 231–248.
Shields, John C.: Phillis Wheatley and the Sublime, in: Robinson, William H. (Hrsg): *Critical Essays on Phillis Wheatley*, Boston 1982, S. 189–205.
Silvain: *Traité du Sublime*, Paris 1732.
Simon, Irène: John Dennis and Neoclassical Criticism, in: *Revue belge de Philologie et d'Histoire* 56, 1978, Heft 3, S. 662–677.
Simpson, David: Commentary: Updating the Sublime, in: *Studies in Romanticism* 26, 1987, S. 245–258.
Skalweit, St.: *Edmund Burke und Frankreich*, Köln 1956.
Smith, Adam: *The Theory of Moral Sentiments*, (Hrsg): Raphael, D. D./Macfie, A.L., Oxford 1976; deutsch: *Theorie der moralischen Empfindungen*, übers. v. Rautenberg, Christian Günther, o.O. 1770; *Theorie der ethischen Gefühle*, übers., eingeleitet u. hrsg. v. Eckstein, Walter, Leipzig 1926.
Smuda, Manfred: Vorwort, in: ders. (Hrsg): *Landschaft*, Frankfurt/M. 1986, S. 7–10.
– Natur als ästhetischer Gegenstand und als Gegenstand der Ästhetik. Zur Konstitution von Landschaft, in: ders. (Hrsg): *Landschaft*, Frankfurt/M. 1986, S. 44–69.
Snell, Friedrich Wilhelm Daniel: Ueber das Gefühl des Erhabenen, nach Kants Kritik der Urtheilskraft, in: *Neues philosophisches Magazin, Erläuterungen und Anwendungen des Kantischen Systems bestimmt*, (Hrsg): Abicht, J. H./Born, F. G., Leipzig 1791, Band 2, S. 426–465.
Solger, Karl Wilhelm Ferdinand: *Vorlesungen über Ästhetik* (1829), (Hrsg): Heyse, Karl Wilhelm Ludwig, Leipzig 1829 (Nachdruck Darmstadt 1969).
Sorel, Julien: *Über die Gewalt*, Frankfurt/M. 1968.
Souriau, Etienne: Le Sublime, in: *Revue esthétique* 19, 1966, S. 266–289.
Spacks, Patricia Meyer: *The Insistance of Horror. Aspects of the Supernatural in 18th Century Poetry*, Cambridge MA 1962.
Stack, Richard: An Essay on Sublimity of Writing, in: *Transactions of the Royal Irish Academy* I, Dublin 1787, S. 19–26.

Stafford, Barbara M.: *Voyage into Substance. Art, Science, Nature & the Illustrated Travel Account 1760–1840*, Cambridge MA 1984.

Stahl, Karl-Heinz: *Das Wunderbare als Problem und Gegenstand der deutschen Poetik des 17. und 18. Jahrhunderts*, Frankfurt/M. 1975.

Stanlis, P. J.: Burke and the Sensibility of Rousseau, in: *Thought* 36, 1961, S. 246–276.

– (Hrsg): *The Relevance of Edmund Burke*, New York 1964.

Starobinski, Jean: *1789. Die Embleme der Vernunft*, (Hrsg): Kittler, Friedrich A., Paderborn/München/Wien/Zürich 1981.

Stedman, J.: *Laelius and Hortensia; or, Thoughts on the Nature and Objects of Taste and Genius; in a Series of Letters to Two Friends*, Edinburgh 1782.

Steele, Sir Richard: On the Sublime, in: *Tatler* 43, 19. Juli 1709.

Steward, Dugald: *Philosophical Essays*, Edinburgh 1810.

Stockdale, Percival: *An Inquiry into the Nature and Genuine Laws of Poetry Including a particular Defense of the Writings and Genius of Mr. Pope*, London 1778.

Stoehr, Taylor: Robert H. Collyer's Technology of the Soul, in: Wrobel, Arthur et al. (Hrsg): *Pseudo-Science and Society in 19th-Century America*, Lexington 1987, S. 21–45.

Stoicorum veterum fragmenta collegit Ioannes ab Armin, Teil 1, [2] o.O. 1921–1923, bes. frg. 52 u. 216.

Stover, Frederick: ‚Sublime' as applied to nature, in: *Modern Language Notes* LXX, 1955, S. 484–487.

Strauß, Botho: Anläßlich Kaspar, in: *Theater heute*, Heft 11, 1968.

– *Rumor*, München/Wien 1980.

– *Kalldewey Farce*, München/Wien 1981.

– *Paare, Passanten*, München/Wien 1986.

– *Niemand anderes*, München/Wien 1987.

Strube, Werner: Burkes und Kants Theorie des Schönen, in: *Kant-Studien* 73, 1982, Heft 1, S. 55–62.

The Sublime and the Beautiful: Reconsiderations, in: *New Literary History. A Journal of Theory and Interpretation* XVI, 1985, Heft 2.

The Sublime: A Forum, (Hrsg): Frey, Paul H., in: *Studies in Romanticism* 26, 1979.

Sulzer, Johann Georg: *Allgemeine Theorie der schönen Künste*, in 4 Bänden, [2] Leipzig 1778–1779; Nachdruck (Hrsg): Tonelli, Giorgio, Hildesheim 1967–1970, bes. Artikel: Erhaben, Band 2, S. 84–96.

– Theorie der angenehmen und unangenehmen Empfindungen, in: *Sammlung vermischter Schriften zur Beförderung der schönen Wissenschaften und freyen Künste*, Berlin 1762, Band V, S. 5–136.

– Untersuchung über den Ursprung der angenehmen und unangenehmen Empfindungen, in: *Vermischte philosophische Schriften*, Leipzig 1773, Band I, S. 1–98.

Swift, Jonathan: *On Poetry: A Rhapsody*, London 1758; und in: ders., *The poetical works*, London 1833, S. 62 ff.

Szondi, Peter, *Versuch über das Tragische*, Frankfurt/M. 1961.

– Poetik und Geschichtsphilosophie 1, in: ders., *Studienausgabe der Vorlesungen*, Band 2, [3] Frankfurt/M. 1980.

Tarn, Nathaniel: Fresh Frozen Fenix: Random Notes of the Sublime, the Beautiful, and the Ugly in the Postmodern Era, in: *New Literary History* 16, 1985, S. 417–425.

Taylor, Nicholas: The awful sublimity of the victorian city. Its aesthetic and architectural origins, in: Dyos, H. J./Wolff, Michael (Hrsg): *The victorian City: Images and Realities*, London 1973, S. 431–447.

Temple, Sir William: *Essay on Poetry*, Springarn 1690, III, S. 81.

Thorpe, Clarence De Witt: Two Augustans Cross the Alps: Dennis and Addison on Mountain Scenery, in: *Studies in Philology* XXXII, 1935, Heft 3, S. 463–482.

Tieck, Ludwig: Über das Erhabene, abgedruckt von Zeydel, Edwin H.: Tiecks Essay ‚Über das Erhabene', in: *PMLA* 50, 1935, S. 537–549.

Tieghem, P. van: *Le sentiment de la nature dans le préromantisme européen*, Paris 1960, bes. S. 123–204.

Tonelli, Giorgio: Kant, dall'estetica metafisica all'estetica psicoempirica. Studi sulla genesi del Criticismo (1754–1771) e sulle sue fonti, in: *Memorie dell'Accademia delle Science di Torino*, serie III, tomo 3, parte 2, Turin 1955, S. 77–421.

Torbruegge, Marilyn K.: Bodmer and Longinus, in: *Monatshefte* 63, 1971, Heft 4, S. 341–357.

– Johann Heinrich Füßli und ‚Bodmer-Longinus'. Das Wunderbare und das Erhabene, in: *Deutsche Vierteljahresschrift für Literaturwissenschaft und Geistesgeschichte* 46, 1972, S. 161–185.

Trautwein, Wolfgang: *Erlesene Angst. Schauerliteratur im 18. und 19. Jahrhundert. Systematischer Aufriß; Untersuchungen zu Bürger, Maturin, Hoffmann, Poe und Maupassant*, München 1980.

Tschierske, Ulrich: *Vernunftkritik und ästhetische Subjektivität. Studien zur Anthropologie Friedrich Schillers*, Tübingen 1988.

Tumarkin, A.: Die Überwindung der Mimesislehre in der Kunsttheorie des 18. Jahrhunderts, in: *Festgabe für S. Singer*, Tübingen 1930.

Turnbull, George: *A Treatise on Ancient Painting*, London 1740.

Tuveson, Ernest Lee: Space, Deity, and the ‚Natural Sublime', in: *Modern Language Quarterly* 12, 1951, S. 20–38.

– *The Imagination as a Means of Grace: Locke and the Aesthetics of Romanticism*, Berkeley/Los Angeles 1960.

Twitchell, James B.: *Romantic horizons. Aspects of the sublime in English poetry and painting 1770 – 1850*, Columbia 1983.

Unger, Rudolf: ‚Der bestirnte Himmel über mir ...'. Zur geistesgeschichtlichen Deutung eines Kant-Wortes, in: ders., *Gesammelte Studien*, Band II: Aufsätze zur Literatur- und Geistesgeschichte, Darmstadt 1966, S. 40–66.

Unruh, F.: *Studien zur Entwicklung, welche der Begriff der Erhabenheit seit Kant genommen hat*, Pr. Königsberg 1898.

Unzer, Johann August: Gedanken von dem Vergnügen bey der Traurigkeit, in: *Gesellschaftliche Erzählungen für die Liebhaber der Naturlehre, Haushaltungswissenschaft, Arzney=Kunst und Sitten*, 4 Tle., Hamburg 1753–1754, S. 1–10; auch abgedr. in: ders., *Sammlung kleiner Schriften*, Rinteln/Leipzig 1766, S. 402–411.

Usher, James: Untersuchung der Frage, ob es in der Seele des Menschen eine allgemeine Richtschnur des Geschmacks gebe? (Aus einer englischen Schrift, die an ein junges Frauenzimmer gerichtet ist, und den Titel führt: „Clio, or a Discourse on Taste"), in: *Hannoverisches Magazin*, Jg. V, 77. St., Freytag, den 25 Sept. 1767, Sp. 1227–1232.

Vaucher, Louis: *Etudes Critiques; Traité du Sublime et les Ecrits de Longin*, Genf 1954.
Vietor, Karl: De Sublimitate, in: *Harvard Studies and Notes in Philology and Literature* XIX, 1937, S. 255–289.
– *Die Idee des Erhabenen in der deutschen Literatur*, [1] 1937, erw. in: ders., *Geist und Form. Aufsätze zur deutschen Literaturgeschichte*, Bern 1952, S. 234–266 u. 346–357.
– Die Idee des Erhabenen in der Literatur des 18. Jahrhunderts, in: *Verhandlungen der 54. Versammlung deutscher Philologen und Schulmänner. Mit einem Anhang der 54. Versammlung*, Leipzig/Berlin 1926, S. 63–64.
Villiers de L'Isle-Adam, Philippe Auguste Mathias Comte de: *L'Eve Future*, Paris 1960.
Villwock, Jörg: *Metapher und Bewegung*, Frankfurt/Bern 1983.
Vischer, Friedrich Theodor: *Aesthetik oder Wissenschaft des Schönen*, 3 Bde., Reutlingen/ Leipzig 1846–1857
– *Kritische Gänge*, (Hrsg): Vischer, R., 1–6, Leipzig 1914–1922.
– *Über das Erhabene und Komische und andere Texte zur Ästhetik*, Frankfurt/M. 1967.
Volkelt, Johannes: *System der Ästhetik*, 3 Bde., München 1905–1914, Band II, S. 104–187.
Voltaire, François Marie: Dissertation sur la tragédie ancienne et moderne, in: ders., *Œuvres*, Tome IV, Paris 1878.
– Artikel: Enthousiasme, in: *Œuvres*, Tome XVIII.

Wagner, Hans: *Ästhetik der Tragödie. Von Aristoteles bis Schiller*, Würzburg 1987.
Wagner, Monika: Das Gletschererlebnis, in: Großklaus/Oldemeyer (Hrsg): *Natur als Gegenwelt*, Karlsruhe 1983.
Wandruszka, Mario: *Angst und Mut*, Stuttgart 1950.
Ward, John: *A System of Oratory, Delivered in a Course of Lectures Publicly used at Gresham College*, London 1749.
Wassermann, Earl R.: The Pleasures of Tragedy, in: *Journal of English Literary History* 14, 1947, S. 283–307.
Webb, Daniel: *Observations on the Correspondence between Poetry and Music*, London 1769.
– *Remarks on the Beauties of Poetry*, London 1762.
Weber, Samuel: ‚Postmoderne' und ‚Poststrukturalismus'. Versuch eine Umgebung zu benennen, in: *Ästhetik und Kommunikation* 63, 1986, S. 105–111.
Wehrli, Fritz: Der erhabene und der schlichte Stil in der poetisch-rhetorischen Theorie der Antike, in: Gigon, Olaf (Hrsg): *Phyllobolia für Paul von der Mühll*, Basel 1946, S. 9–34.
Weinberg, Bernard: Translations and Commentaries of Longinus, On the Sublime, to 1600: a Bibliography, in: *Modern Philology* 47, 1950, S. 145–151.
– *A History of Literary criticism in the Italian Renaissance*, 2 Bde., Chicago/Toronto 1961.
– Une Traduction Française du ‚sublime' de Longin vers 1645, in: *Modern Philology* 59, Febr. 1962, S. 159–201.
Weischedel, Wilhelm: Rehabilitation des Erhabenen, in: Derbolaw, Josef/Nicolin, Friedrich (Hrsg): *Erkenntnis und Verantwortung. Festschrift für Theodor Litt*, Düsseldorf 1961, S. 335–345.

Weiskel, Thomas: *The Romantic Sublime: Studies in the Structure and Psychology of Transcendence*, Baltimore/London 1976.
Weiss, Richard: *Das Alpenerlebnis in der deutschen Literatur des 18. Jahrhunderts*, Zürich/Leipzig 1933.
– (Hrsg): *Die Entdeckung der Alpen. Eine Sammlung schweizerischer und deutscher Alpenliteratur bis zum Jahre 1800*, Frauenfeld/Leipzig 1934.
Wellmer, Albrecht: *Zur Dialektik von Moderne und Postmoderne. Vernunftkritik nach Adorno*, Frankfurt/M. 1985, bes. S. 48–114.
Welsch, Wolfgang: Einleitung, in: ders. (Hrsg), *Wege aus der Moderne. Schlüsseltexte der Postmoderne-Diskussion*, Weinheim 1988, S. 1–43.
– Zur Aktualität ästhetischen Denkens, in: *Kunstforum International*, Bd. 100, April/Mai 1989, S. 134–149.
Welsch, Wolfgang/Pries, Christine: Alt für neu. Kritische Bemerkungen zu Schopenhauers traditioneller Auslegung des Erhabenen, in: *Zeitschrift für Didaktik der Philosophie*, 10. Jg., 1988, Heft 2, S. 63–69.
White, Hayden: The Politics of Historical Interpretation: Discipline and De-Sublimation, in: *Critical Inquiry* 9, Sept. 1982, S. 113–137.
Wichelns, Herbert A.: Burke's Essay on the Sublime and its Reviewers, in: *The Journal of English and Germanic Philology* 21, 1922, Heft 4, S. 645–661.
Wiegand, Anke: *Die Schönheit und das Böse*, München/Salzburg 1967.
Wilcox, Kenneth: On Sublimation and Suppression in the Works of Schiller, in: *Germanic Review* 55, 1980, S. 146–151.
Wlecke, Albert: *Wordsworth and the Sublime*, Berkeley/Los Angeles 1973.
Wolf, Bryan Jay: *Romantic Re-Vision*, Chicago/London 1982, bes. Kap. 5: Thomas Cole and the Creation of the Romantic Sublime.
Wood, Theodore: *The word ‚Sublime' and its context: 1650–1760*, The Hague/Paris 1972.
Woodward, George Murgatroyd: A Curious Specimen of the Sublime and Beautiful, in: *The General Magazine and Impartial Review*, I, London 1787, S. 206–208.
Wotton, William: *Reflections on Ancient and modern Learning*, Springarn 1694.

Zacharias-Langhans, Garleff: *Der unheimliche Roman um 1800*, (Diss.) Bonn 1968.
Zelle, Carsten: Strafen und Schrecken. Einführende Bemerkungen zur Parallele zwischen dem Schauspiel der Tragödie und der Tragödie der Hinrichtung, in: *Jahrbuch der deutschen Schillergesellschaft* 28, 1984, S. 76–103.
– [Rez.] Holger Funk, Ästhetik des Häßlichen. Beiträge zum Verständnis negativer Ausdrucksformen im 19. Jahrhundert (Berlin 1983), in: *Zeitschrift für deutsche Philologie* 103, 1984, Heft 4, S. 622–624.
– [Rez.] Ingeborg Weber, Der englische Schauerroman (München/Zürich 1983), in: *Aurora. Jahrbuch der Eichendorff-Gesellschaft* 44, 1984, S. 244–245.
– *‚Angenehmes Grauen'. Literaturhistorische Beiträge zur Ästhetik des Schrecklichen im achtzehnten Jahrhundert*, Hamburg 1987.
Zschokke, Johann Heinrich: *Ideen zur psychologischen Ästhetik*, Berlin 1793.
Zumthor, P./Sommer, H.: A propos du mot ‚génie', in: *Zeitschrift für romanische Philologie* 66, 1950, S. 170–201.

Personenregister